New Coal Gasification
and
Gasified Coal Technology

新型煤气化及气化煤技术

汪寿建　编著

化学工业出版社

·北京·

内容简介

《新型煤气化及气化煤技术》是一部基于煤气化技术特征和气化煤性质介绍新型煤气化技术比选方法的著作。本书在介绍煤气化分类及气化原理、煤炭资源分布现状及分类、煤化工用煤指标分析及标准的基础上，详细阐述了动力煤焦煤选择及质量评定方法、气化煤选择及质量评定方法、煤气化性能比选评价方法；总结分析了煤制合成氨、煤制甲醇、煤制烯烃、煤制乙二醇、煤制油品、煤制天然气、煤制氢中各种煤气化技术的市场份额及应用情况；重点介绍了固定床加压气化、熔渣固定床加压气化、循环流化床气化、灰熔聚流化床气化、干煤粉流化床气化、水煤浆气流床气化等技术中典型气化炉的发展历程、主要技术特征和商业应用业绩；最后给出了煤气化比选计算范例。

本书对于煤化工项目确定适宜的气化炉具有指导意义，可助力煤炭高效转化利用、降低单位产品综合能耗、获取较佳经济效益，可供煤化工行业从事技术开发、工程设计及建设、生产运营及销售人员使用，也可供大专院校煤化工及相关专业的师生参考。

图书在版编目（CIP）数据

新型煤气化及气化煤技术 / 汪寿建编著. -- 北京：化学工业出版社，2025. 3. -- ISBN 978-7-122-46978-6

Ⅰ. TQ546

中国国家版本馆 CIP 数据核字第 20243X0X40 号

责任编辑：傅聪智　仇志刚
责任校对：王　静　　　　　　装帧设计：王晓宇

出版发行：化学工业出版社
（北京市东城区青年湖南街 13 号　邮政编码 100011）
印　　装：北京建宏印刷有限公司
787mm×1092mm　1/16　印张 29¾　字数 738 千字
2025 年 2 月北京第 1 版第 1 次印刷

购书咨询：010-64518888　　　售后服务：010-64518899
网　　址：http://www.cip.com.cn

凡购买本书，如有缺损质量问题，本社销售中心负责调换。

定　　价：199.00 元　　　　　　　版权所有　违者必究

前 言

FOREWORD

中国煤炭资源十分丰富，作为能源生产与消费大国，煤炭在我国能源结构中占有非常重要的地位和作用。现代煤化工将原料煤经过适当处理后与氧化剂均匀混合送入气化炉内。在一定温度和压力下，以一定的流动方式（固定床、流化床和气流床），经过干燥、干馏、裂解、燃烧、氧化和还原反应转化为有效合成气（$CO+H_2$）。合成气被应用于合成氨、甲醇、醋酸、醋酐、乙二醇、聚烯烃、液体燃料、天然气、氢气等产业，得到所需要的煤化工产品。并不是所有煤都适合煤气化，有些煤适合作为动力煤，有些煤适合作为炼焦煤，有些煤适合作为化工煤。而化工煤和动力煤中有一部分煤适用于煤气化，被称为气化煤。理论上所有的煤炭都能通过煤气化炉进行气化反应，但气化效率、碳转化率、产品综合能耗、能量转化效率、环保性和经济性有很大区别。

21世纪中叶是我国新型煤气化战略引领与高质量发展期，先进、低能耗、大型化的新型煤气化技术应符合我国煤种多、成分复杂的特点。新型煤气化炉对气化煤的质量要求是不同的，只有与煤气化炉的适应性匹配、满足新型煤气化工艺的质量要求和经济性要求的气化煤，才是最适宜的气化煤。新型气化炉应适应在高温、高压、大容量炉内进行有效合成气转化，发挥高负荷、高碳转化率、高冷煤气效率、低比煤耗、低比氧耗、低排放等优势，促进新型煤气化行业稳步发展。

不同的煤化工企业、煤化工产品和气化炉型会对气化煤提出不同的质量要求。通过气化煤和气化炉性能比选，可确定适宜的气化炉和气化煤匹配，提高煤炭清洁转化利用效率，降低产品单位综合能耗。正是鉴于气化煤和煤气化的多样性和复杂性，我们立足国内外新型煤气化技术商业化应用成果，广泛收集和研究这些成果并进行归纳和总结，推出了《新型煤气化及气化煤技术》一书。本书涉及大量新型煤气化技术及市场应用相关数据，有些资料受专利保护和商业秘密限制，无法详尽介绍。由于编者经验不足和水平有限，书中难免有不妥之处，敬请广大读者批评指正。

汪寿建

2024 年 8 月 30 日

目录

第一章 绪论

第一节 煤气化及其特点 …………… 001
  一、煤气化定义 ………………………… 001
  二、洁净煤气化技术 …………………… 001
  三、洁净煤气化应用特征 ……………… 002
第二节 国外煤气化发展历程 ……… 003
  一、煤气化起始期 ……………………… 003
  二、煤气化发展及萧条期 ……………… 004
  三、新型煤气化开发及发展期 ………… 004
第三节 国内煤气化发展历程 ……… 007
  一、早期煤气化期 ……………………… 007
  二、煤气化技术引进与自主研发期 …… 008
  三、煤气化战略引领与高质量发展期 … 010
第四节 煤气化应用范畴 …………… 011
第五节 新型煤气化技术创新 ……… 014
  一、煤气化低能耗大型化技术创新 …… 014
  二、煤气化CO_2减排技术创新 ………… 016
  三、煤气化废气、废渣排放控制技术
     创新 …………………………………… 017
  四、煤气化废水排放控制技术创新 …… 018
  五、配套净化合成及多联产技术创新 … 020
第六节 新型煤气化技术发展趋势 … 022
  一、高质量持续创新趋势 ……………… 022
  二、产业布局更严趋势 ………………… 022
  三、气化高温高压发展趋势 …………… 023
  四、低能耗高能效发展趋势 …………… 024
  五、煤种匹配适应性发展趋势 ………… 024
  六、节水型资源利用发展趋势 ………… 025
参考文献 ………………………………… 026

第二章 煤气化分类及气化原理

第一节 概述 …………………………… 027
第二节 按供热方式和气化剂分类 …… 027
  一、按供热方式分 ……………………… 027
  二、按气化介质分 ……………………… 029
第三节 按流动状态分类 …………… 029
第四节 固定床气化 ………………… 031
  一、固定床主要特征 …………………… 031
  二、固定床气化分类 …………………… 031
  三、固定床常压气化 …………………… 032
  四、固定床加压气化 …………………… 033
  五、固定床熔渣气化 …………………… 034
  六、固定床主要炉型 …………………… 034
第五节 流化床气化 ………………… 035
  一、流化床主要特征 …………………… 035
  二、流化床气化分类 …………………… 036
  三、高温温克勒气化 …………………… 036
  四、CFB循环流化床气化 ……………… 037
  五、灰熔聚（灰团聚）流化床气化 …… 038
  六、流化床主要炉型 …………………… 039
第六节 气流床气化 ………………… 040
  一、气流床主要特征 …………………… 040
  二、气流床气化分类 …………………… 041
  三、气流床常压气化 …………………… 042
  四、气流床水煤浆气化 ………………… 043

五、气流床干煤粉气化 …………………… 044
六、气流床主要炉型 ……………………… 045
第七节　煤气化基本原理 …………………047
一、概述 …………………………………… 047
二、煤干馏及热分解 ……………………… 047
三、影响煤干馏的主要因素 ……………… 049
四、气化过程主要气化反应 ……………… 050
五、气化过程一次非均相反应 …………… 050
六、气化过程二次非均相反应 …………… 051
七、其他气态产物二次均相反应 ………… 051
第八节　气化反应化学平衡 ………………052
一、独立的化学反应数选择 ……………… 052
二、温度对化学平衡的影响 ……………… 052
三、压力对化学平衡的影响 ……………… 054
四、汽/氧比（H_2O/O_2比）对平衡常数的影响 …………………………………… 056
第九节　气化反应速度 ……………………056
一、煤气化反应模型 ……………………… 056
二、气固相反应过程 ……………………… 057
三、碳的氧化反应动力学模型 …………… 058
四、二氧化碳的还原反应动力学模型 …… 058
五、水蒸气分解反应动力学模型 ………… 058
参考文献 ……………………………………058

第三章　煤炭资源分布现状及分类

第一节　概述 ………………………………060
第二节　煤炭资源发展及布局 ……………061
一、煤炭资源规划发展 …………………… 061
二、煤炭资源优化布局 …………………… 062
三、山西省煤炭资源分布及产量 ………… 062
四、内蒙古自治区煤炭资源分布及产量 … 063
五、陕西省煤炭资源分布及产量 ………… 063
六、新疆维吾尔自治区煤炭资源分布及产量 ……………………………………… 063
第三节　无烟煤资源分布及利用现状 …064
一、无烟煤特点及分布 …………………… 064
二、无烟煤储量及产量和进出口 ………… 066
三、无烟煤需求量及价格 ………………… 066
第四节　烟煤资源分布及利用现状 ……067
一、烟煤类型及用途 ……………………… 067
二、烟煤价格 ……………………………… 068
第五节　褐煤/低阶煤资源分布及利用现状 …………………………………068
一、褐煤/低阶煤特点 …………………… 068
二、褐煤/低阶煤产量及储存量 ………… 069
三、褐煤资源量及布局 …………………… 071
四、褐煤主要质量指标 …………………… 071
五、褐煤/低阶煤综合利用 ……………… 073
第六节　煤化工气化用煤现状及趋势 …073
一、煤化工气化炉产能 …………………… 073
二、煤化工主要产品及气化煤炭 ………… 074
三、部分产品综合能耗估算基准 ………… 075
第七节　煤炭资源分类及命名 ………… 076
一、中国煤炭早期分类标准 ……………… 076
二、中国煤炭第二次分类标准 …………… 077
三、中国煤炭第三次分类标准 …………… 078
四、中国煤炭分类表 ……………………… 080
第八节　分类煤种的主要特征 ………… 083
一、无烟煤（WY）主要特征 …………… 083
二、烟煤主要特征 ………………………… 083
三、褐煤（HM）主要特征 ……………… 086
参考文献 ……………………………………086

第四章　煤化工用煤指标分析及标准

第一节　煤化工用煤 ………………………087
一、概况 …………………………………… 087
二、煤质指标评价 ……………………………087
三、评价指标要求 ……………………………088

四、煤质分析及采用标准…………089
第二节　煤的工业分析……………090
一、全水分（M_t）………………091
二、灰分（A）…………………091
三、挥发分（V）………………093
四、固定碳（FC）……………094
五、全硫（$S_{t,ad}$）……………095
第三节　煤的元素分析……………096
一、元素组成和测定方法………096
二、元素氧含量…………………097
三、元素碳、氢含量……………099
四、元素氮含量…………………099
第四节　煤的工艺性质分析………100
一、煤发热量（Q）……………100

二、煤灰成分（A）……………104
三、煤的灰熔融性温度（ST）…104
四、煤对二氧化碳的化学反应性（α）……105
五、焦渣特征（CRC）…………107
六、水煤浆成浆试验……………107
七、哈氏可磨性指数（HGI）…109
八、透光率（PM）……………110
第五节　炼焦煤工艺性质分析……110
一、烟煤黏结指数（$G_{R.I}$）…110
二、烟煤胶质层指数（Y）……111
三、奥阿膨胀度（b）…………112
四、吉氏流动度…………………114
参考文献………………………………114

第五章　动力煤焦煤选择及质量评定

第一节　动力煤选择及分级………116
一、动力煤定义及范围…………116
二、动力煤加工…………………117
三、动力煤指标选择……………118
四、动力煤煤质等级划分………119
第二节　工业锅炉（炉窑）用煤控制
　　　　指标……………………121
一、粉煤炉用煤类型指标要求…121
二、粉煤炉发热量等级指标要求…121
三、粉煤炉全硫等级指标要求…122
四、粉煤炉其他组分含量等级指标要求…122
五、粉煤炉宜选择的煤种和质量指标
　　要求…………………………122
第三节　链条炉用煤控制指标……123
一、链条炉发热量等级指标要求…123
二、链条炉全硫等级指标要求…123

三、链条炉其他组分含量指标要求………123
第四节　流化床锅炉用煤控制指标…124
一、流化床锅炉特点……………124
二、环保控制指标总要求………124
三、流化床锅炉用煤指标要求…125
四、流化床锅炉用煤一般要求…126
第五节　工业窑炉用煤……………126
第六节　高炉喷吹用煤……………127
第七节　烧结矿用煤………………129
第八节　炼焦煤选择及质量评定…130
一、概述…………………………130
二、炼焦用煤质量要求…………131
三、焦煤煤质指标选择…………132
四、对焦煤选择的一般要求……134
参考文献………………………………134

第六章　气化煤选择及质量评定

第一节　气化煤选择………………135
一、概述…………………………135
二、气化煤定义…………………135

三、固定床气化选煤……………136
四、流化床气化选煤……………136
五、气流床气化选煤……………137

第二节　气化煤煤质分级……………137
第三节　固定床气化炉用煤质量
　　　　要求………………………141
一、固定床气化用煤标准……………141
二、固定床气化炉一般用煤要求……142
三、常压固定床气化煤质量指标……143
四、固定床二段炉气化煤质量指标…144
第四节　流化床气化用煤质量要求……145
一、流化床气化用煤标准……………145
二、流化床气化用煤不同标准分析…147
三、流化床气化煤质量指标…………147

第五节　水煤浆气流床气化用煤质量
　　　　要求………………………149
一、水煤浆气化用煤选择标准………149
二、水煤浆气化炉一般用煤要素……151
三、水煤浆气化煤质量指标…………152
第六节　干煤粉气流床气化用煤质量
　　　　要求………………………153
一、干煤粉气化用煤标准……………153
二、干煤粉气化炉一般用煤要素……154
三、干煤粉气化煤质量指标…………155
参考文献…………………………………157

第七章　煤气化性能比选评价方法

第一节　概述……………………………158
第二节　煤气化比选及评价……………159
第三节　煤种类型和变质程度对气化的
　　　　影响………………………161
一、气化煤质指标要素对气化的影响……161
二、煤种类型对气化的影响…………162
三、煤变质程度对气化的影响………163
第四节　煤工业分析组分对气化的
　　　　影响………………………165
一、灰分的影响………………………165
二、硫分的影响………………………165
三、水分的影响………………………166
四、挥发分的影响……………………167
五、固定碳的影响……………………167
第五节　煤的工艺性质对气化的影响……169

一、发热量的影响……………………169
二、黏结指数的影响…………………171
三、煤灰熔融性温度的影响…………172
四、煤的化学反应性的影响…………176
五、热稳定性的影响…………………178
六、抗碎强度的影响…………………178
七、煤粒度的影响……………………179
八、哈氏可磨性指数的影响…………180
第六节　气化性能评价…………………180
一、评价范围…………………………180
二、气化炉性能指标评价……………181
三、气化炉物耗指标评价……………183
四、气化炉工艺性能指标评价………185
五、气化炉的其他性能指标…………191
参考文献…………………………………192

第八章　煤气化炉市场份额及应用

第一节　概述……………………………193
第二节　新型煤气化应用………………193
第三节　不同煤气化工艺在应用领域的
　　　　产能及占比…………………197
一、煤气化制合成氨领域产能及占比……197
二、煤气化制甲醇领域产能及占比……198
三、煤气化制烯烃领域产能及占比……199

四、煤气化制乙二醇领域产能及占比……199
五、煤气化制氢领域产能及占比……200
六、煤气化制天然气领域产能及占比……201
七、煤气化制油品领域产能及占比……201
八、煤气化制燃气领域产能及占比……202
九、不同煤气化炉型在煤化工综合领域
　　产能及占比………………………202

第四节　煤气化制合成氨领域············204
一、合成氨现状··························204
二、煤气化制合成氨产业政策·········205
三、煤气化制合成氨技术···············206
四、不同气化炉型制合成氨产能及
　　投煤量································207
五、主流气化炉制合成氨产能、投煤量及
　　占比····································210

第五节　煤气化制甲醇领域···············211
一、甲醇现状······························212
二、煤气化制甲醇产业政策············213
三、煤气化制甲醇技术··················214
四、不同气化炉型制甲醇产能及投煤量···215
五、主流气化炉制甲醇产能、投煤量及
　　占比····································217

第六节　煤气化制烯烃领域···············218
一、烯烃现状······························218
二、煤气化制烯烃产业政策············220
三、煤气化制烯烃技术··················220
四、不同气化炉型制烯烃产能及投煤量···222
五、主流气化炉制烯烃产能、投煤量及
　　占比····································223

第七节　煤气化制乙二醇领域···········224
一、乙二醇现状··························224
二、煤气化制乙二醇产业政策·········225
三、煤气化制乙二醇技术···············225
四、不同气化炉型制乙二醇产能及
　　投煤量································226
五、主流气化炉制乙二醇产能、投煤量及
　　占比····································228

第八节　煤气化制油品领域···············230
一、油品现状······························230
二、煤气化制油品产业政策············232
三、煤气化制油品技术··················232
四、不同气化炉型制油品产能及投煤量···234
五、主流气化炉制油品产能、投煤量及
　　占比····································236

第九节　煤气化制天然气领域···········237
一、天然气现状··························237
二、煤气化制天然气产业政策·········238
三、煤气化制天然气技术···············238
四、不同气化炉型制天然气产能及
　　投煤量································239
五、主流气化炉制天然气产能、投煤量及
　　占比····································241

第十节　煤气化制氢气领域···············242
一、工业氢气现状·······················242
二、煤气化制氢气产业政策············242
三、煤气化制氢技术·····················243
四、不同气化炉型制氢产能及投煤量···244
五、主流气化炉制氢气产能、投煤量及
　　占比····································245

参考文献···246

第九章　固定床加压连续气化技术

第一节　固定床加压气化···················248
第二节　鲁奇碎煤加压气化技术·········249
一、鲁奇炉发展历程·····················250
二、鲁奇炉主要技术特征···············251
三、鲁奇炉商业应用业绩···············252
第三节　赛鼎碎煤加压气化技术·········253
一、赛鼎炉发展历程·····················253
二、赛鼎炉主要技术特征···············254
三、赛鼎炉商业应用业绩···············255

第四节　晋城无烟块煤加压气化技术···256
一、晋城炉发展历程·····················256
二、晋城炉主要技术特征···············257
三、晋城炉商业应用业绩···············258
第五节　昊华骏化移动床纯氧气化
　　　　技术··································258
一、TG炉发展历程······················259
二、TG炉主要技术特征················259
三、TG炉商业应用业绩·················260

第六节　昌昱低压纯氧连续气化技术 … 261
　一、DY 炉发展历程 … 261
　二、DY 炉主要技术特征 … 262
　三、昌昱炉商业应用业绩 … 263
第七节　昌昱加压纯氧连续气化技术 … 264
　一、JY 炉发展历程 … 264
　二、JY 炉主要技术特征 … 265
　三、JY 炉示范装置业绩 … 266
参考文献 … 266

第十章　固定床熔渣加压气化技术

第一节　固定床熔渣气化 … 267
　一、概述 … 267
　二、固定床熔渣气化特点 … 267
　三、固定床熔渣气化的不足 … 268
　四、固定床熔渣气化炉型 … 268
第二节　泽玛克熔渣加压气化技术 … 268
　一、BGL 炉发展历程 … 269
　二、BGL 炉主要技术特征 … 271
　三、BGL 炉商业应用业绩 … 271
第三节　云煤熔渣加压气化技术 … 272
　一、YM 炉发展历程 … 272
　二、YM 炉主要技术特征 … 274
　三、云煤炉商业应用业绩 … 274
第四节　晋航熔渣加压气化技术 … 275
　一、JMH 炉发展历程 … 275
　二、JMH 炉主要技术特征 … 276
　三、晋航炉商业应用业绩 … 277
第五节　晋煤熔渣加压气化技术 … 277
　一、JML 炉发展历程 … 278
　二、JML 炉主要技术特征 … 278
　三、晋煤炉商业应用业绩 … 279
第六节　固废高温熔渣常压气化技术 … 279
　一、五环熔渣炉发展历程 … 280
　二、五环熔渣炉主要技术特征 … 280
　三、固废高温熔渣炉商业应用业绩 … 281
第七节　昌昱熔渣气化技术 … 282
　一、GAG 炉发展历程 … 282
　二、GAG 炉主要技术特征 … 282
　三、昌昱 GAG 炉商业应用业绩 … 283
参考文献 … 284

第十一章　循环流化床气化技术

第一节　循环流化床气化 … 285
第二节　中合循环流化床粉煤气化技术 … 286
　一、CGAS 炉发展历程 … 286
　二、CGAS 炉主要技术特征 … 287
　三、CGAS 炉商业应用业绩 … 288
第三节　中兰循环流化床粉煤气化技术 … 289
　一、中兰炉发展历程 … 289
　二、中兰炉主要技术特征 … 290
　三、中兰炉商业应用业绩 … 291
第四节　恩德粉煤流化床气化技术 … 291
　一、恩德炉发展历程 … 291
　二、恩德炉主要技术特征 … 293
　三、恩德炉商业应用业绩 … 294
第五节　科达循环流化床煤粉气化技术 … 295
　一、KEDA 炉发展历程 … 295
　二、KEDA 炉主要技术特征 … 296
　三、KEDA 炉商业应用业绩 … 297
第六节　黄台循环流化床粉煤气化技术 … 298
　一、黄台炉发展历程 … 298
　二、黄台炉主要技术特征 … 299

三、黄台炉商业应用业绩…………299
第七节 中科能循环流化床粉煤气化
　　　　技术……………………300
一、中科能炉发展历程……………301
二、中科能炉主要技术特征………301
三、中科能炉商业应用业绩………302
第八节 RH循环流化床粉煤气化
　　　　技术……………………303
一、RH炉发展历程………………303
二、RH炉主要技术特征…………304

三、RH炉商业应用业绩…………304
第九节 TRIG循环流化床气化技术……305
一、TRIG炉发展历程……………305
二、TRIG炉主要技术特征………306
三、TRIG炉商业应用业绩………307
第十节 大连高温温克勒气化技术………307
一、HTW炉发展历程……………307
二、HTW炉主要技术特征………308

参考文献…………………………………309

第十二章　灰熔聚流化床气化技术

第一节 灰熔聚气化………………310
第二节 U-gas灰熔聚气化技术………312
一、U-gas炉发展历程……………312
二、U-gas炉主要技术特征………313
三、U-gas炉商业应用业绩………314
第三节 SES灰熔聚加压气化技术……314
一、SES炉发展历程………………314
二、SES炉主要技术特征…………315
三、SES炉商业应用业绩…………316
第四节 CAGG灰黏聚流化床气化
　　　　技术……………………316
一、CAGG炉发展历程……………317
二、CAGG炉主要技术特征………317
三、CAGG炉商业应用业绩………318
第五节 ICC灰熔聚粉煤气化技术……319
一、ICC炉发展历程………………319
二、ICC炉主要技术特征…………320
三、ICC炉商业应用业绩…………321
第六节 T-SEC灰熔聚粉煤气化

　　　　技术……………………322
一、T-SEC炉发展历程……………322
二、T-SEC炉主要技术特征………323
三、T-SEC炉商业应用业绩………324
第七节 HYGAS高压多级流化床
　　　　气化技术…………………324
一、HYGAS炉发展历程…………324
二、HYGAS炉主要技术特征……325
三、HYGAS炉商业应用业绩……326
第八节 CCSI粉煤热解流化床气化
　　　　技术……………………327
一、CCSI炉发展历程……………327
二、CCSI炉主要技术特征………328
三、CCSI炉商业应用业绩………329
第九节 KSY双流化床煤粉气化技术……330
一、KSY炉发展历程………………330
二、KSY炉主要技术特征…………331
三、KSY炉商业应用业绩…………331

参考文献…………………………………332

第十三章　干煤粉气流床气化技术

第一节 干煤粉气流床气化………333
一、概述……………………………333
二、气流床气化分类………………333

三、干煤粉气流床加压气化技术特点……334
四、干煤粉气流床气化炉型………336
第二节 壳牌干煤粉加压气化技术……336

一、壳牌炉发展历程 337
　二、壳牌炉主要技术特征 337
　三、壳牌炉商业应用业绩 338
第三节　GSP干煤粉加压气化技术 339
　一、GSP炉发展历程 339
　二、GSP炉主要技术特征 340
　三、GSP炉商业应用业绩 341
第四节　科林粉煤加压气化技术 342
　一、科林炉发展历程 342
　二、科林炉主要技术特征 342
　三、科林炉商业应用业绩 343
第五节　航天粉煤加压气化技术 344
　一、航天炉发展历程 344
　二、航天炉主要技术特征 345
　三、航天炉商业应用业绩 346
第六节　神宁粉煤加压气化技术 349
　一、神宁炉发展历程 349
　二、神宁炉主要技术特征 350
　三、神宁炉商业应用业绩 351
第七节　华能二段干煤粉加压气化技术 352
　一、华能二段炉发展历程 352
　二、华能二段炉主要技术特征 352
　三、华能二段炉商业应用业绩 353
第八节　SE单喷嘴冷壁式粉煤加压气化技术 354
　一、SE-东方炉发展历程 354
　二、SE-东方炉主要技术特征 355
　三、SE-东方炉商业应用业绩 356
第九节　五环干煤粉加压气化技术 357
　一、五环炉发展历程 357
　二、五环炉主要技术特征 357
　三、五环炉商业应用业绩 358
第十节　新奥煤加氢气化联产甲烷和芳烃技术 359
　一、新奥炉发展历程 359
　二、新奥炉主要技术特征 360
　三、新奥炉商业应用业绩 361
第十一节　GF昌昱高效干粉气化技术 361
　一、GF昌昱炉发展历程 361
　二、GF昌昱炉主要技术特征 362
　三、GF昌昱炉商业应用业绩 362
第十二节　科达干煤粉气流床煤气化技术 363
　一、KEDA煤粉炉发展历程 363
　二、KEDA煤粉炉主要技术特征 363
　三、KEDA煤粉炉商业应用业绩 364
第十三节　齐耀柳化干煤粉加压气化技术 364
　一、齐柳炉发展历程 364
　二、齐柳炉主要技术特征 366
　三、齐柳炉商业应用业绩 366
第十四节　金重干煤粉加压气化技术 367
　一、金重炉发展历程 367
　二、金重炉主要技术特征 367
　三、金重炉商业应用业绩 368
第十五节　邰式复合粉煤加压气化技术 368
　一、邰式炉发展历程 368
　二、邰式炉主要技术特征 369
　三、邰式炉商业应用业绩 370
第十六节　R-GAS™新型气化技术 370
　一、R-GAS™炉发展历程 370
　二、R-GAS™炉主要技术特征 371
　三、R-GAS™炉商业应用业绩 372
参考文献 373

第十四章　水煤浆气流床气化技术

第一节　水煤浆气流床气化 374
　一、概述 374

二、水煤浆气流床加压气化技术特点……374
三、水煤浆气流床气化炉型………377
第二节　GE水煤浆加压气化技术……377
一、GE炉发展历程………377
二、GE炉主要技术特征………378
三、GE炉商业应用业绩………379
第三节　E-gas两段式水煤浆加压气化技术……381
一、E-gas炉发展历程………381
二、E-gas炉主要技术特征………382
三、E-gas炉商业应用业绩………383
第四节　多喷嘴对置式水煤浆加压气化技术……384
一、多喷嘴炉发展历程………384
二、多喷嘴炉主要技术特征………385
三、多喷嘴炉商业应用业绩………386
第五节　多元料浆新型加压气化技术……389
一、多元料浆炉发展历程………389
二、多元料浆炉主要技术特征………390
三、多元料浆炉商业应用业绩………391
第六节　清华水煤浆加压气化技术……392

一、清华炉发展历程………392
二、清华炉主要技术特征………393
三、清华炉商业应用业绩………395
第七节　晋华水冷壁水煤浆加压气化技术……395
一、晋华炉发展历程………395
二、晋华炉主要技术特征………396
三、晋华炉商业应用业绩………397
第八节　SE水煤浆加压气化成套技术……399
一、SE水煤浆炉发展历程………399
二、SE水煤浆炉主要技术特征………400
三、SE水煤浆炉商业应用业绩………400
第九节　东昱经济型水煤浆气化技术……401
一、东昱炉发展历程………401
二、东昱炉主要技术特征………402
三、东昱炉商业应用业绩………403
第十节　新奥浆粉耦合气化技术………403
一、新奥粉浆炉发展历程………403
二、新奥粉浆炉主要技术特征………404
三、新奥粉浆炉商业应用业绩………404

参考文献……………………405

第十五章　煤气化比选计算范例

第一节　煤气化比选概述……………406
一、比选范围………406
二、比选概况………406
三、煤制油项目………407
第二节　比选基础数据……………408
一、原料煤工业分析………408
二、煤的工艺性质分析………409
三、煤气化比选界区范围………409
第三节　两种气化工艺物料平衡计算……410
一、方案一物料平衡………410
二、方案二物料平衡………411
第四节　公用工程消耗及投资估算……412
一、方案一公用工程消耗及投资估算………412

二、方案二公用工程消耗及投资估算………415
第五节　基础数据计算……………417
一、煤发热量计算………417
二、原料煤各种基换算表………418
三、各种基换算系数及组分计算………418
第六节　物料平衡及主要消耗计算……420
一、气化过程独立化学反应式………420
二、方案一物料平衡计算………421
三、方案一气化性能指标计算………427
四、方案二物料平衡计算………431
五、方案二气化性能指标计算………435
第七节　气化煤质与拟选气化炉匹配分析……438

一、煤质分析概述 ……………………… 438
二、气化煤煤质分析 …………………… 439
三、干煤粉炉对气化煤的质量要求 …… 442
四、水煤浆炉对气化煤质的要求 ……… 443

第八节　两种气化工艺性能比选 ……… 445
一、两种气化炉结构特征比选分析 …… 445
二、两种气化工艺性能指标比选分析 …… 447
三、两种气化工艺合成气组分比选分析 …… 450
四、两种气化界区工艺配置比选分析 …… 451
五、两种气化界区公用工程消耗比选

　　分析 ……………………………………… 453
六、两种气化界区单位产品综合能耗比

　　选分析 …………………………………… 454
七、两种气化界区总投资估算比选分析 …… 457

第九节　两种方案界区技术经济比选
　　　　　分析 …………………………… 458
一、计算基准 …………………………… 458
二、合成气成本分析 …………………… 459
三、费用现值分析 ……………………… 460

参考文献 ……………………………… 461

第一章

绪论

第一节 煤气化及其特点

一、煤气化定义

煤气化（coal gasification）是指在特定的设备（气化炉）内，在一定温度及压力下使煤中有机质与气化剂（如蒸汽、空气或氧气等）发生一系列化学反应，将煤中的固定碳转化为混合气的过程，其中 CO、H_2 及 CH_4 称为可燃气体，CO_2、N_2 称为非可燃气体，混合气体中的 $CO+H_2$ 可称为有效合成气。本质上煤气化过程就是将含碳固体物质或液体物质或气体物质向主要成分为 H_2 和 CO 的有效合成气的转化。在煤气化转化过程中，碳转化率越高，则煤气化能效就越好，这是评价煤气化工艺性能优劣的重要指标之一。煤气化过程所产生的有效合成气 $CO+H_2$ 既可用作洁净燃料，也可作为生产碳一化学的基本原料。

煤气化过程包括煤给料的干燥、热解、燃烧、气化、还原等一系列的物理和化学反应过程。在干燥热解过程中，煤给料需要提供热量，在缺少 O_2 的条件下经过干燥、热解，煤中含碳化合物分解；在燃烧反应过程中，煤给料发生完全氧化反应，燃烧反应的氧化剂是 O_2 或空气，反应生成 CO_2 并放出大量的热量，气化炉内温度升高，煤中的无机物在高温下接近灰熔点或达到灰熔点；在气化反应或还原反应过程中，煤给料发生部分氧化反应或还原反应，气化反应的氧化剂是 O_2 或空气和蒸汽。气化过程生成 $CO+H_2$，并且吸收大量热量，蒸汽可起到温度调节的作用，因为蒸汽与给料中的碳的反应是吸热反应。

煤气化技术就是指把原料煤进行适当处理后，送入煤气化炉内，在一定的温度和压力下，通过氧化剂（O_2、H_2O 或 CO_2）以一定的流动方式（固定床、移动床、流化床、气流床等），经过包括干燥、干馏、裂解、燃烧、气化、还原而获得有效合成气，然后通过后续合成气净化等工艺得到气体、液体、固体燃料以及碳一化学品的过程。所以说煤气化是进行煤炭化学加工的一个重要方法和途径。

二、洁净煤气化技术

洁净煤气化技术是指煤炭在开采、加工、干燥、热解、燃烧、气化等过程中，减少污染和提高煤炭转化效率等一系列洁净技术的总称,使煤炭洁净气化过程达到最大转化利用潜能。而洁净煤气化过程释放的污染物控制在技术经济环保最佳的许可范围,从而实现煤炭高效、绿色、洁净、经济利用的目的。洁净煤气化技术是新型煤化工转化技术的重要分支,在煤炭高效转化过程中发挥重要的作用。

中国煤炭资源丰富,缺油少气。无论是过去,还是未来,煤炭在我国能源结构中都将占主导地位,是最安全和最可靠的能源之一。作为煤炭能源生产与消费大国,我国在煤炭洁净转化及洁净煤气化方面,尤其是在能源效率、环境污染和碳减排方面还有很大的提升空间和创新容量。

洁净煤气化是通过煤在一定温度、压力下与气化剂反应,生成有效合成气 $CO+H_2$ 的过程,而这个过程必须是煤炭高效、绿色、洁净、安全、环保的转化过程。目前,世界上已经实现商业化应用的煤气化技术有近百种。根据不同煤气化工况,按进料方式不同可分为块/碎煤进料、干煤粉进料和水煤浆进料;按排渣状态可分为干法(固态)和熔渣(液态);按炉内气流方向可分为上行和下行;按合成气冷却方式可分为废锅型和直接水激冷型;按喷嘴的数量和布置可分为单喷嘴直喷和多喷嘴对喷;按气化炉内耐火内衬方式不同可分为热炉壁和水冷壁;按原料或气化剂进料方式不同可分为一段式或两段式、氧气分级等;按煤在气化炉中的流体力学特性,可分为固定床气化、流化床气化及气流床气化。各种煤气化技术在工业商业化应用中均有成功的运行案例。气化技术的选择除了要考虑装置投资、技术成熟性等因素外,还要综合考虑原料煤煤种适应性、装置规模、产品方案等条件,从整个项目的角度确定最佳的洁净煤气化技术。

先进高效的洁净煤气化技术尤其能够适应在高温、高压、大容量气流床气化炉内进行高效转化。气流床技术具备的大容量、高负荷、高碳转化率、高冷煤气效率、低比煤耗、低比氧耗、低排放指标等显示了煤化工良好的技术经济环保效益,是新型煤化工最核心的煤炭高效转化技术之一。洁净煤气化过程生成的副产品,如高纯度硫、CO_2 和无毒无害炉渣等具有循环经济综合利用的商业价值。

三、洁净煤气化应用特征

早期煤气化应用范围主要是将煤炭转化成燃料气,用于民用、照明和供暖。现在虽然气化仍有这类用途,但在大多数国家和地区,这种应用已逐渐减少。尤其是中国的新型煤化工领域,洁净煤气化主要用于生产化学品,将煤炭转换成有效合成气 $CO+H_2$ 后,为碳一化工开辟了新的原料路径。洁净煤气化用途的主要特征有以下几点。

1. 生产清洁能源化工产品

以煤为原料,洁净煤气化转化,生产洁净能源和可替代石油化工产品,如柴油、汽油、航空煤油、液化石油气、聚乙烯、聚丙烯、芳香烃类产品、替代燃料(甲醇、二甲醚)等。

2. 煤炭-能源化工一体化

新型煤化工是未来中国能源技术发展的战略方向,紧密依托煤炭资源的开发,洁净煤气化转化,即煤气化制甲醇、烯烃、二甲醚以及煤气化制油品、天然气、氢气等,并与其他能源及化工技术融合,形成煤炭-能源化工一体化的新兴产业。

3. 高新技术应用及优化集成

新型煤化工根据煤种、煤质特点及目标产品不同,采用不同煤炭转化高新技术,尤其是洁净煤高效气化技术，可在能源梯级利用、产品结构方面对不同工艺优化集成，提高新型煤化工整体经济效益，如煤焦化-煤直接液化联产、煤焦化-化工合成联产、煤气化合成-电力联产等。

4. 建设大型煤化工企业和产业基地

建设大型煤化工企业集群，包括采用大型反应器和建设新型煤化工单元工厂，如百万吨级以上的煤直接液化、煤间接液化工厂以及大型联产装置等。在建设大型煤化工企业的基础上，形成新型煤化工产业基地群。每个产业基地包括若干不同的大型工厂，成为国内新的重要能源产业。

5. 有效利用煤炭资源

新型煤化工技术注重煤的洁净转化和气化、高效循环利用，如高硫煤或高活性低变质煤作为原料煤，通过不同的洁净煤气化技术加工不同煤种并使各种技术得到集成和互补，使各种煤炭达到物尽其用，充分发挥煤种、副产煤气、合成尾气、燃烧灰渣等废物和余热的综合循环利用。

第二节　国外煤气化发展历程

煤化工始于18世纪后半叶，19世纪形成了完整的煤化学体系，而煤气化是煤化学系统中重要的组成部分。进入20世纪后，煤气化得到快速发展，以煤为原料由煤气化转化得到合成气，再经深加工就得到我们需要的有机化学品。

煤气化是在气化炉内完成的，由此形成了上百种气化炉型，而完全商业化的煤气化炉型多达几十种。若按固定床、流化床和气流床划分，有代表性的固定床工业化煤气化炉型主要有 UGI 炉、Lurgi 炉、BGL 熔渣炉；有代表性的流化床工业化煤气化炉型主要有 Winkler 炉、HTW 炉、U-gas 炉、KRW 炉和 CFB 气化炉；有代表性的气流床工业化煤气化炉型主要有 KT 炉、Texaco 炉、Destec 炉、E-gas 炉、Shell 炉、Prenflo 炉、GSP 炉、科林炉等。回顾和总结煤气化发展及气化炉推广应用历程，为提高煤气化整体效率、拓宽煤种适应性、提高单炉气化强度、降低比煤耗及比氧耗、减少三废排放对环境的影响，以及提高煤气化装置的可靠性、成熟性、稳定性及安全性等诸方面具有非常重要的借鉴意义。

一、煤气化起始期

煤气化发展起始于18世纪中叶，由于工业革命的进展，炼铁用焦炭的需求，炼焦产业应运而生。18世纪末19世纪初，英法等西欧国家开始用煤炭生产焦炉煤气。那时英国人发明了一种改善煤炭品质的炼焦技术，用煤干馏的生产方法来获得煤气。煤干馏法就是在隔绝空气的条件下，加热煤炭使之发生一系列热解反应，生成焦炭和挥发性可燃气体，这种可燃气体就是焦炉煤气。1792年，瓦特利用焦炉煤气作为工厂的燃料，并用于照明。在当时的欧洲，开始用煤来生产焦炉煤气，首先用于家庭和城市照明。

19世纪中叶，煤气的大规模工业化应用是从炼焦开始的，焦炉煤气是最早被发现的煤气，1840年法国用焦炭制取发生炉煤气用于炼铁。随着炼铁产业的发展，在高炉燃烧时直接通入空气，故出现了高炉煤气。高炉煤气中氮气含量很高，这是高炉煤气与焦炉煤气的区别；水煤气是由水蒸气通过高温煤层得到的气体，其发生装置最早出现在美国，1875年美国生产增热水煤气用作城市煤气。英国人在1889年模仿高炉过程，设计了一台煤气发生炉，生产空气煤气，其燃气组成与高炉煤气类似；若将蒸汽和空气按一定比例吹入煤气发生炉中与无烟煤和焦炭作用，则会产生水煤气和空气煤气的混合物，被称为半水煤气。顾名思义，无论这些气化过程产生何种煤气，其中的可燃成分都主要是 $CO+H_2$。

在第一次世界大战期间，英国钢铁工业得到了高速发展，作为火药原料的氨、苯及甲醇需求量也出现增长，这促使炼焦产业进一步发展，并形成炼焦副产化学品的回收和利用。

二、煤气化发展及萧条期

1. 煤气化制液体燃料阶段

20世纪上半叶，第二次世界大战前夕及大战期间，煤气化在德国得到迅速发展，为发动和维持战争，德国大规模开展了煤制取液体燃料的研究工作。

1923年德国化学家弗朗兹·费歇尔和汉斯·托罗普斯发明了煤间接液化的费托合成法（F-T合成），该法以合成气为原料，在催化剂和适当条件下合成液体燃料；1931年德国化学家柏吉斯发明了煤直接液化的方法即柏吉斯法，该法将煤用氢气在高压高温下转化为液相产物，再制成汽油等轻质油品，柏吉斯由此而获得诺贝尔化学奖。德国为加速发展液体燃料的工业化生产，分别将费托合成法和柏吉斯法制取液体燃料技术进行产业化。1933年德国创建了第一个费托合成油厂，1935~1945年在德国建设了9个合成油厂，基于两种技术的液体燃料总产能，1938年产量达59万t，1939年产量达110万t。第二次世界大战末期，德国用加氢液化方法由煤生产液体燃料产量达400万t/a；而由煤生产液体燃料的总产量已达480万t/a。同期，还建立了大型煤低温干馏工厂，以褐煤为主，加入少量烟煤压制成型煤作为干馏和煤气化原料，开发了克虏柏-鲁奇外热式干馏炉和鲁奇-斯皮尔盖斯内热式干馏炉。所得半焦用作煤气化原料制取合成气，经费托合成生产液体燃料。低温干馏焦油经处理后作为船用燃料，或经高压加氢制取汽油和柴油，或从煤焦油中提取各种芳烃及杂环有机产品，作为染料、炸药原料。1944年低温干馏焦油产能达到94.5万t。此外，由烟煤直接化学加工制取磺化煤、腐殖酸和褐煤蜡的小型工业，以及以煤为原料制取碳化钙（电石）进而生产乙炔等的产业也得到发展。

2. 煤气化萧条期

第二次世界大战后，开始大量开采廉价石油和天然气，除炼焦工业发展外，由煤制取液体燃料的生产基本停滞，随之是以石油和天然气为原料的石油化工产业兴起，煤在世界能源构成中由65%~70%下降至25%~27%。但南非由于其所处的特殊地理和政治环境，以煤为原料合成液体燃料的产业一直在持续发展。

南非在1939年就购买了德国的费托合成技术，成立了SASOL公司。由于受到石油制裁，南非被迫以煤原料生产油品，在煤化工产业发展方面也独具特色，并取得成功。1955年建立了SASOLⅠ厂（费托合成法工业装置），1977年开发了大型流化床反应器，1980年建立了SASOLⅡ厂，1982年建立了SASOLⅢ厂，先后三套煤制液体燃料装置投入运行。SASOL的三套煤制液体燃料装置可生产130余种煤化工产品，液体燃料及煤化工产品总产量达710万t/a，其中液体燃料430万t/a，约占南非油品消耗的40%。

三、新型煤气化开发及发展期

1973年中东战争以及随之而来的石油大幅度涨价，使由煤生产液体燃料及化学品的方法又重新受到重视，欧洲和美国加强了煤化工的研究开发工作，并取得了进展。如在煤直接液化的方法中发展了氢煤法、供氢溶剂法（EDS）和溶剂精炼煤法（SRC）等；在煤间接液化法中发展 SASOL 法，将煤气化制得的合成气，再经合成制取发动机燃料；亦可将合成甲醇再转化生产优质汽油或直接作为燃料甲醇使用。

20 世纪 80 年代后期，煤化工有了新的突破，开始由传统煤化工向新型煤化工转型，由传统煤气化向洁净煤气化发展，成功地由煤制取乙酐，从化学和能量利用来看其效率都是很高的，并有经济性。

1. 碳一化学品及洁净能源发展阶段

20 世纪下半叶，随着煤化工新技术的诞生，美国伊斯曼（Eastman）公司于 1975 年通过开发催化剂，以乙酸甲酯与一氧化碳为原料，羰基合成制取乙酐，1977 年中试成功。这是煤气化制取合成气，通过羰基合成生产乙酸、乙酐的一个重要突破。至此，新型煤化工延伸到碳一化学领域，美国伊斯曼公司是以新型煤化工原料路线生产碳一化学品的典型企业，其装置位于美国田纳西州，也是美国唯一采用煤为原料生产醋酸、醋酐的大型装置，产品总产量达 51 万 t/a，于 1983 年正式运营。

美国大平原气化厂位于美国北达科他州，采用煤为原料，生产合成天然气，煤制气生产能力为 300 万 m^3[❶]/d。为改善装置的经济效益，1997 年增加了一套 900 t/d 的合成氨装置。该套装置的成功运行，开始将固体煤炭进行清洁转化，并向洁净能源及综合利用的方向发展。

2. 碳捕集及油田驱油利用阶段

在煤炭清洁转化中，会产生大量的 CO_2，这是新型煤化工发展过程中的一个短板，CO_2 捕集及综合利用是必须要解决的一个问题。大平原气化厂在生产煤制天然气项目中已经考虑到此问题了，于 2000 年建成了一条 328 km 的 CO_2 管道，每年输送 140 万 t CO_2 到加拿大注入油田采油。由于 CO_2 注入，加拿大油田产量从 2000 桶/天增加到 9000 桶/天。在煤炭清洁转化方面探索了一条碳减排的发展路径。

2006 年美国推进一揽子清洁煤深加工计划，以提高能源的自给率，满足美国未来发展的需要。一揽子计划包括 8 个项目，新增 11.8 亿 t 的煤炭需求。通过煤炭液化技术生产石油、醇类等液体燃料，通过煤炭气化技术合成天然气，通过洁净煤气化发电技术建设总装机 1 亿千瓦的发电厂，开发煤氢转化技术以及开发二氧化碳的捕集综合利用技术等。

3. IGCC 阶段

在 20 世纪 90 年代，世界上主要建成并运行的 250 MW 及以上的 IGCC 电站有美国的 Wabash River 和 Tampa、荷兰的 Demkolec、西班牙的 Puertollano。它们采用的煤气化工艺分别是 Destec、Texaco、Shell 和 Prenflo 加压气流床煤气化技术。Destec 和 Texaco 是气流床水煤浆加压气化的主要代表，而 Shell 和 Prenflo 则是干粉进料加压气流床气化的主要代表。用于 IGCC 的 4 类煤气化炉投煤量均达到 2000 t/d 以上，其气化炉运行状况将直接影响 IGCC 的可用率和可靠性，也是 IGCC 电站最关键的核心技术。

Texaco 水煤浆气化炉建于美国 Tampa IGCC 电站，净功率 250 MW，煤气热值约 8563.8 kJ/m^3，采用单炉。1989 年立项，1996 年 7 月投运，12 月进入验证运行。用于 IGCC 发电，气化炉的可用率达到 80% 以上，但喷嘴和耐火衬里的寿命较短，碳转化率 96%～98%，

---

❶ 本书中气体体积若无特殊说明，均指标准状态下的体积。

冷煤气效率71%～76%，组成IGCC的效率还较低。若IGCC效率设计为43%（LHV），则必须使其废热锅炉和全热回收系统有较大的改进，才有可能达到。

Destec水煤浆气化炉建于美国Wabash River IGCC电站，净功率260.6 MW，煤气热值约10425.5 kJ/m^3，采用2炉（1开1备），项目于1995年投运。Destec气化炉虽然也是水煤浆进料，但它是二段气化，提高了煤气热值，降低氧耗，煤气出口温度降低，可省去辐射废热锅炉，采用火管式对流冷却器使造价大幅降低，有利于提高IGCC电站总效率。若IGCC效率设计为43%（LHV），则基本能达到，碳转化率约98%，冷煤气效率73%～78%。截至1997年底，Wabash River电厂累计运行4656 h，气化46.9万t煤，气化炉最大负荷可达100%～103%，气化炉最长连续运行时间可达362 h。气化炉可用率1996年达84%，1997年达98%，1998年达96%。气化炉喷嘴寿命一般为2～3个月，耐火砖寿命一般为2～3年，二段耐火砖寿命更长。

Shell干煤粉气化炉建于荷兰Buggenum IGCC电站，净功率253 MW，采用单炉，日投煤量2000 t，1990年10月开工建设，1993年投运，1994年进入3年验证期，气化炉可用率达到95%以上，IGCC发电效率（LHV）为43.2%，碳转化率＞98%，冷煤气效率80%～83%，目前已处于商业化运行。气化炉的运行压力为2.6～2.8 MPa，炉壳体直径约4.5 m，高约30 m，4个喷嘴位于炉子下部同一水平面上，沿圆周均匀布置，借助撞击流以强化热质传递过程，使炉内横截面气速相对趋于均匀，炉衬为水冷壁，其喷嘴和水冷壁的寿命都较长，总重500 t。Shell炉采用干煤粉进料系统，原煤干燥和磨煤系统与常规电站类似，破碎后进入煤的干燥系统，使煤中的水分小于2%，然后进入磨煤机中被制成煤粉，送料系统是高压N$_2$气浓相输送。与水煤浆不同，整个系统必须采取防爆措施。气化炉温度维持在1400～1600 ℃，这个温度使煤中碳所含的灰分熔化，并滴到气化炉底部，经淬冷后，变成一种玻璃态不可浸出的渣排出。Shell干煤粉气化工艺与水煤浆进料气化工艺投资相比，造价比Texaco和Destec要高。

Prenflo干煤粉气化炉建于西班牙Puertollano IGCC电站，净功率300 MW，采用单炉，日投煤量2600 t，1998年初投运，IGCC发电效率（LHV）为45%，待验证，碳转化率＞98%，冷煤气效率80%～83%，气化炉总效率可达95%。Prenflo炉制粉和输送系统采用干法进料，对烟煤的煤粉细度R_{100}为25%，且含水量小于2%（质量分数）；对于褐煤要求煤粉细度R_{100}为25%，且含水量小于6%（质量分数）。原料用50%煤和50%石油焦混烧时的试验表明实际运行数据与设计值非常接近。Prenflo炉于1998年初开始用煤气发电，累计运行198 h，最长连续运行时间为25 h，此时负荷为80%，气化炉在75%负荷下曾运行了40 h。截至1998年9月气化炉没有100%负荷运行的记录。对美国Pittsburgh 8号煤的试验结果证明85%纯度的氧气作为气化剂，煤气的热值、碳转化率、冷煤气效率、总效率与95%纯度的氧气气化相比相差不大。因此，Prenflo炉采用85%纯度的氧气作为气化剂。Prenflo气化炉与Shell气化炉基本相似，只是冷却器结构有所不同，由于西班牙Puertollano示范电站的运行时间很短，气化炉性能尚待验证。

4. 含氧燃料及低碳烯烃阶段

随着新型煤气化技术的发展，以生产含氧燃料为主的煤气化合成甲醇、二甲醚有广阔的发展前景和市场。甲醇除了用作化工原料生产烯烃、芳烃、乙二醇等外，还可作为替代燃料应用。二甲醚不仅是合成气经甲醇制汽油、低碳烯烃的重要中间体，也是多种化工产品的重要原料。煤气化在单元工艺、中间产物、目标产品等方面有非常强的互补性，可以优化组合实现多联产，达到资源综合利用的目的。世界各国十分关注车用石油燃料替代问题，也是新型煤化工的重要组成部分。发展车用石油燃料替代的目的是解决汽车快速发展所带来的石油资源的短缺和环保问题，最大限度减少汽车对石油资源的过度依赖，保证能源安全和实现汽车工业可持续发展。由于各国资源和能源结构不同，在石油替代燃料选择方面有较大差异。以煤生产合成油是最直接的石油替代方案，技术上已经实现大规模工业化，合成油是各国汽车工业最易接受的石油替代燃料。

甲醇和乙醇燃料作为液体燃料在储运、分配、使用上都与传统的汽油相近，二甲醚与传统柴油相近，燃烧性能较好，较清洁，因而受到国际重视。美国、德国、加拿大、法国、日本、瑞典、新西兰等发达国家政府和汽车公司都开展过应用与发展工作。世界各大汽车厂示范了许多不同方案的甲醇燃料汽车。欧盟、美国都允许使用甲醇燃料，许多加油站都使用过低比例掺烧甲醇汽油。二甲醚是理想的柴油替代产品，二甲醚发动机能够满足目前世界上清洁的排放标准，动力性能较好，丹麦、瑞典、日本等国在车用二甲醚方面开展了较多工作。

从国外煤气化发展历程分析，煤化工的兴衰始终与石油和天然气化工紧密相关，在世界石油供应紧张和价格居高不下的压力下，新型煤化工可能成为替代石油供应的重要选择之一。发展新型煤化工及洁净煤气化生产煤基石油产品、车用燃料和洁净能源是传统煤化工向新型煤化工发展的重要突破。

第三节 国内煤气化发展历程

一、早期煤气化期

中国煤化工及煤气化技术起步较晚，始于20世纪初期。1925年在石家庄建成了第一座炼焦化学厂。20世纪20~30年代，煤的低温干馏发展较快，所得半焦可作民用燃料，低温干馏焦油则进一步加工成液体燃料。20世纪30~40年代在大连、南京用UGI炉生产合成气制合成氨。1934年在上海建成直立式干馏炉和增热水煤气炉的煤气厂，生产城市煤气。1937年在南京建立了第一家生产合成氨厂，即永利宁化学公司硫酸厂，后改为南京化学工业公司氮肥厂。

1949年我国合成氨产能仅为年产5000t的规模，新中国成立后至20世纪50年代末，合成氨原料改用无烟煤，许多小合成氨厂和小甲醇厂，以焦炭和无烟煤为原料，采用UGI炉生产合成气。煤气化主要采用固定床常压气化制合成气（半水煤气）。当时国内有常压固定床气化炉数千台，配套碳酸氢铵低浓度氮肥装置，以及少量甲醇和联醇装置。从50年代至70年代末，西方发达国家对我国工业及科技领域进行全面的技术封锁，其中工业领域中的煤气化等技术，几乎完全依赖常压固定床气化，装置规模小、原料适应性差、环境污染严重。这个阶段，中国的发电、工业锅炉和民用煤等多为直接燃烧，绝大多数煤炭转化利用效率极低，环境污染严重。为了高效、清洁、经济、合理地转化利用煤炭资源，需要对煤炭转化技术进行自主研发创新并实现煤炭清洁高效利用。中国早期煤气化技术的研究开发主要以模仿创新和引进消化吸收再创新为主。中国煤炭的储量位于世界前列，所以煤炭的转化和合理利用，包括煤的气化对中国无论当时还是未来都具有重要意义。因此，在冶金、化工、机械等工业部门均建立了流化床煤气发生炉、加压移动床气化炉和气流床煤气发生炉。中国科学院及工业部门所属的研究院和高等院校进行了灰熔聚流化床和气流床等煤的气化扩大实验和其他基础研究工作。60年代，开始进行粉煤气化试验，并于70年代初在新疆建成一套KT式粉煤气化制氨装置，气化炉四开一备，投产能力为每台炉4800 m^3/h。投产后由于耐火材料被腐蚀、碳转化率低、排渣困难等而改烧重油，此后没有新的发展。

70年代出现的石油危机，推动了煤炭利用技术的发展，其中包括煤的气化、液化和快速热解，尤其是煤气化的研究和实验工作发展迅速。新型气化炉或气化方法也用于液态排渣加压碎煤气化、水煤浆加压气化、灰熔聚流化床气化等领域。其中在先进的气流床湿法气化方面西北化工研究院起步早，在70年代就开始研究水煤浆气化并建立中试装置，为之后国内引进GE（Texaco）水煤浆气化技术及自主创新水煤浆气化工艺提供了丰富的经验。

二、煤气化技术引进与自主研发期

20世纪80年代初至90年代末的20年是我国煤气化技术引进和自主研发同步发展、齐头并进的时期。中国对于新型气化炉和新型煤气化技术引进和自主研究始于1979年改革开放初期，先后开展的固定床加压碎煤气化，相当于鲁奇炉；灰熔聚流化床气化，相当于U-gas炉；水煤浆（多元料浆）加压气化，相当于GE炉；干煤粉二段加压气化，相当于E-gas炉（壳牌炉）。这个时期虽然较短，但煤气化技术引进和自主开发工作取得实质性进展，先进的煤气化技术开发与国外煤气化技术引进发展的路径基本一致，炉型开发从固定床、流化床再到气流床；入炉煤颗粒逐渐由厘米级到微米级，反应温度从中温到高温，气化煤种由焦炭、无烟煤到烟煤和褐煤，相继实现了煤气化领域内很多共性技术的突破，自主创新取得了多项技术。由于煤化工产品种类繁多，煤炭资源特点各不相同，用煤的性质和原料气要求对气化条件以及气化反应器的结构要求是多元化的，必然导致煤气化工艺的多元化发展，以适应对新型煤化工的各种需求。

1. 固定床气化技术引进和自主研发阶段

20世纪80年代初，我国引进德国鲁奇固定床碎煤加压气化技术用于山西化肥厂（现为山西天脊煤化工集团有限公司）1000 t/d合成氨装置（气化炉三开一备）和云南解放军化肥厂（现云南解化清洁能源开发有限公司）合成氨装置。实际上早在20世纪70年代，云南解化曾从苏联引进早期的鲁奇炉，以褐煤气化生产合成氨。

鉴于该技术对中国新型煤化工发展的重要性，在"六五""七五"期间，国家科委就把碎煤加压气化技术列为国家重大科技攻关课题。由化工部第二设计院、上海化工研究院、太原化肥厂等有关单位共同承担课题的攻关研究，项目于1991年完成"碎煤加压气化技术开发"和"Φ2.8 m碎煤加压气化炉设计及制造"等项工作，1991年通过了化工部验收。该炉Φ3.8 m、压力3.0 MPa，单炉产煤气量可达到50000 m^3/h以上，实际应用取得了较好的效果，对新型煤化工发展初期起到了较重要的推动作用。

2. 流化床气化技术引进和自主研发阶段

80年代末，我国首次引进美国U-gas灰熔聚流化床粉煤低压气化技术用于上海焦化厂生产燃料煤气，设计建造了8台U-gas炉，这是世界上首套U-gas灰熔聚流化床粉煤气化工业装置在中国的应用。1995年建成投料运行，采用空气和水蒸气作气化剂，生产低热值燃料煤气。由于存在的工艺问题未能有效解决，运行不到一年就停止了。

70代初，中国科学院山西煤炭化学研究所在煤气化理论基础研究、冷态模试、实验室小试和中试基础上，系统研究了灰熔聚流化床粉煤气化过程中的理论和工程放大特性，以及气化过程煤化学、灰化学与气固流体力学的基础研究。研制了特殊结构的射流分布器，以及在强烈混合状态下的煤灰团聚物与半焦选择性分离等重大难题。80年代，在中国科学院和国家科委的支持下，建立了投煤量1 t/d气化冷态试验装置、投煤量24 t/d中试装置等。2001年建成首套工业示范装置用于陕西城化股份有限公司，投煤量约100 t/d，配套2万t合成氨装置，实现了灰熔聚流化床粉煤常压气化技术的工业示范应用。

3. 气流床水煤浆气化技术引进和研发阶段

80年代中期，我国首次引进以煤为原料的气流床Texaco（GE或AP）水煤浆气化技术，用于兖矿鲁南化肥厂一期化肥煤气化与净化改造工程。化工部第一设计院（现中国天辰工程有限公司）完成设计，1988年开始工程采购和建设，1994年，鲁南气化、净化装置建设全部完工，正式投料试车成功。同期还有上海焦化厂、陕西渭河化肥厂、安徽淮南化工厂、黑龙江浩良河化肥厂也引进了Texaco水煤浆气化技术，均用于生产合成气，制合成氨或甲醇。此后还引进了多套Texaco水煤浆技术用于金陵、榆林和南京等地，为气流床水煤浆的工业化应用和开发积累了丰富的经验。

60年代中期，西北化工研究院开展气流床煤气化的基础研究，其中包括常压粉煤（KT）气流床气化技术、合成氨常压粉煤气化工业化实验、干煤粉气化过程模型开发研究、水煤浆/多原料浆气化技术研发、多元料浆加压气化技术研究，其中国家重点研发项目包括高浓度有机废液污染物削减和资源化清洁利用技术研究开发、煤液化残渣制合成气技术开发研究等。并建立了投煤量0.48 t/d和0.96 t/d小试装置，模拟水煤浆气化的试验研究，验证工艺气化过程的原理和机理。在20世纪90年代末建立36 t/d中试装置，通过中试装置气化试烧，进一步验证水煤浆气化机理及主要参数设计，为放大到150 t/d多元料浆工业示范装置奠定了基础，从1967年开始研究并建设中试装置到1999年实现工业化示范装置应用，跨越了30年。2001年，首套环保型多元料浆气化炉，将城市污水添加到水煤浆中，投煤量150 t/d，用于浙江兰溪丰登3万t/a合成氨项目并同时处理城市污水。

90年代中期，在化工部科技司主持下，国家计委（现国家发展和改革委员会）批准立项，由华东理工大学、兖矿鲁南化肥厂及化工部第一设计院联合承担了国家"九五"重点科技攻关课题"多喷嘴对置式水煤浆气化技术研究与开发"及多喷嘴对置式水煤浆气化工艺和气化炉及关键部件。2000年6月，在兖矿鲁南化肥厂建成日处理22 t煤的多喷嘴对置式水煤浆气化中试装置，同年10月中试装置通过72 h工艺技术考核，各项经济指标均达到设计值。在中试装置基础上，进行工业放大示范装置建设。首台气化炉，投煤量750 t/d，气化压力6.5 MPa，在山东华鲁恒升化工公司建设，这是当时国产化最大投煤量的水煤浆气化炉。2004年12月示范装置投料试车成功，在整改完善的基础上，2005年12月中旬由中国石油和化学工业协会组织示范装置现场168 h满负荷工业考核。2006年1月上旬通过专家技术鉴定，同年5月底通过科技部组织的国家验收。考核验收表明该技术打破了国外先进的气流床水煤浆气化技术垄断，具备了与国外先进水煤浆气化技术竞争的实力。

4. 气流床干煤粉气化引进和研发阶段

90年代中期，我国开始为引进国际先进的干煤粉气化技术做了大量的技术研究和调研工作。2001年首次引进Shell煤气化技术，由湖北双环科技股份有限公司与Shell公司签订SCGP技术许可合同和关键设备及部件引进合同。中国五环化学工程公司做详细工程设计，项目于

2006 年在湖北应城建设日投煤量 900 t 的干煤粉气化装置，生产有效合成气 5.5 万 m^3/h，用于生产 20 万 t 合成氨，并一次开车成功。同期引进多套 Shell 干煤粉气化技术，分别由柳州化学工业集团有限公司、岳阳中石化壳牌煤气化有限公司、中石化湖北化肥分公司、中石化安庆分公司等企业引进，在柳州、岳阳、枝江、安庆等地建设，用于合成氨、甲醇、制氢气等工业项目，此后，还引进了多套该技术生产合成氨、甲醇、液氨、乙二醇、合成气、煤气化制液态燃料、煤气化制烯烃等项目。为我国先进的气流床干煤粉气化的工业化应用和开发积累了丰富的经验。

90 年代初，华能清洁能源技术研究院就开始对干煤粉加压气化技术进行了基础研究，并于 1996 年建成了干煤粉浓相输送及气化小试平台，日投煤量 0.7~1.0 t。在此平台上完成了 14 种国内典型煤种的干煤粉加压气化特性实验，获取了大量的煤种实验数据。在国家"十五"期间，华能二段炉干煤粉加压气化技术被列入国家"863"计划能源领域重点项目，并引入产、学、研相结合的方式，联合中国五环化学工程公司、陕西渭河煤化工集团有限责任公司等单位，于 2004 年，在陕西渭南煤化工集团公司的生产装置区内建设一套带有水冷壁和煤气冷却器的干煤粉加压气化中试装置，日投煤量 36~40 t，操作压力 3.0~4.0 MPa，经过一年多的试烧实验于 2006 年通过 168 h 连续运行验证。装置累计运行 2300 h，进行了烟煤、贫煤、无烟煤和褐煤等典型煤种的试烧数据。2006 年 5 月 16 日，由科技部组织华能炉的评审和验收，一致认为华能二段干煤粉加压气化技术已经达到国际同类气化技术的性能指标，具备了工程化的条件。华能炉商业化建设于 2012 年竣工，单炉最大投煤量为 2000 t/d，该工业示范装置于 2012 年底投料试车成功。

三、煤气化战略引领与高质量发展期

21 世纪是我国煤气化战略引领与高质量发展期，发展新型煤化工及煤炭洁净转化的战略目标是基于中国煤炭禀赋特点和洁净能源战略需求，在国际先进煤气化技术基础上进行深度消化吸收与自主研发融合创新，形成具有完全自主知识产权的新型煤洁净气化技术，为新型煤化工和能源高效利用提供不同需求的洁净煤气化核心技术。

常压固定床气化技术应在一定时期和需求范围内，淘汰落后的气化炉型，有条件地过渡和放弃使用；加压固定床气化技术应在充分利用其优势的同时，在排出的含焦油、氨、酚等污染物的废水处理方面进行改进和完善，并降低废水处理投资和成本。综合考虑能效、环保、投资、资源、产品和经济及社会效益进行有限使用。

流化床气化技术要进一步研发创新，完善和改进现有常压和加压气化工艺过程中存在的问题，充分利用其结构简单、操作方便，投资省，可直接利用煤炭开采过程中的粉煤，尤其适应高活性的褐煤及不黏结性（也称无黏结性）或弱黏结性煤的优势，以适应我国煤炭资源的多样性和复杂性特点。

气流床气化技术在大型煤炭洁净气化中处于优势地位，符合国际先进的煤气化发展方向，顺应国际煤气化发展趋势。气流床干煤粉及水煤浆气化重点应放在装置大型化、高效洁净转化、绿色环保友好、长周期满负荷稳定生产运行的煤气化炉的高质量研发和应用。

进入 21 世纪，从 2000 年至 2021 年期间，我国的煤气化技术已经进入煤气化战略引领与高质量发展期。我国在气流床煤气化技术的研究和工业应用方面已经处于国际领先地位。煤气化技术在 21 世纪持续发展 20 多年，煤气化技术开发涉及煤炭、化工、材料、控制等多学科多要素之间的协同，煤气化的先进性影响着新型煤化工整体技术的效率、成本和发展。

回顾这一高质量发展阶段，具有自主知识产权的多喷嘴水煤浆炉、多元料浆炉、清华水煤浆炉、晋华水冷壁水煤浆炉、航天粉煤炉、神宁粉煤炉等已在国内大规模应用，有些气化炉已成功出口海外。这些新型煤气化炉以洁净能源和化学品为目标产品，应用煤转化高新气化技术，在全国建成一批新型煤炭能源化工联合产业园区和企业集群。新型煤化工已成为煤炭工业调整产业结构，走新型工业化道路的战略方向。中国是世界上新型煤化工发展规模最大的国家，煤化工产品多，拥有世界上最大的煤制合成氨、煤制甲醇、煤制油、煤制烯烃、煤制天然气等，以石油替代为目标的现代煤化工产业已经起步。采用洁净煤气化技术，充分发挥我国煤炭资源优势，大力发展和扩宽洁净煤气化产业链，将成为我国新型煤化工发展的一个重要方向。

第四节　煤气化应用范畴

随着石油和天然气的供需紧张和资源减少，寻求石油和天然气的替代能源就十分重要。除新能源外，煤炭的洁净转化、CO_2的捕集利用及减排、碳一化学和含氧醇醚酯类燃料及低碳烯烃的技术开发，通过煤气化合成各种化学品的原料路线已经打通，成为新型煤化工产业的重要基础。因此，新型煤气化被广泛应用于煤化工及下游产品。同时通过直接液化和间接液化制备洁净能源、液体燃料的原料路线也被打通，新型煤气化的应用范畴十分广阔。

（1）煤气化制合成氨

氨的工业生产是由氮和氢在高温高压和催化剂作用下直接合成，故称合成氨。气氨20 ℃加压到0.87 MPa时液化为液氨，液氨的物理性质和水相似，是一种优良的溶剂。液氨可以溶解钠、钾、硫、磷、无机氯化合物、氰化物、硝酸盐、亚硝酸盐、糖、苯、有机胺化合物、酚、醇、醛、羧酸、酯类等。

（2）煤气化制甲醇

煤气化制甲醇的工业生产是由合成气中的一氧化碳和氢气在高温高压和催化剂条件下进行典型的复合气-固相催化反应生成甲醇。粗甲醇中存在易挥发组分二甲醚和难挥发组分乙醇、高级醇及水等杂质，需要通过精制过程予以脱除，得到精甲醇。低压合成得到的粗甲醇比高压合成得到的粗甲醇更容易精馏。甲醇是一种透明、无色、易燃、有毒的液体，略带酒精味，熔点-97.8 ℃，沸点64.8 ℃，闪点12.22 ℃，自燃点470 ℃，爆炸极限下限6%，上限36.5%，能与水、乙醇、乙醚、苯、丙酮和大多数有机溶剂相混溶。

甲醇工业在国民经济中占有非常重要的地位，是一种基本的有机化工原料。

（3）煤气化制低碳烯烃

烯烃是国民经济重要的基础原料，特别是随着新型煤化工的快速发展，煤（甲醇）制烯烃（煤基烯烃）的产能快速扩大，烯烃产业布局日趋合理、技术装备水平不断提高、节能降耗成效显著、综合实力明显增强。

工业生产煤基烯烃以煤为原料，通过煤气化得到$CO+H_2$的合成气后合成甲醇，然后由甲醇转化制得烯烃及聚烯烃。其技术集成了从甲醇到聚烯烃的技术（或类似技术）。如中国科学院大连化学物理研究所的DMTO（甲醇制低碳烯烃）技术、中石化的SMTO技术、美国ABB Lummus公司的烯烃分离技术、美国Univation公司聚乙烯技术及美国Dow化学公司的聚丙烯技术等。

（4）煤气化制乙二醇

乙二醇（ethylene glycol），分子式为 $C_2H_6O_2$，简称 MEG，是一种无色微黏的液体。

煤制乙二醇路线可以分为甲醛路径和合成气路径，特别是随着新型煤化工的快速发展，煤制乙二醇（煤基乙二醇）产能快速扩大，乙二醇产业布局也日趋合理。以煤为原料生产乙二醇的方法有合成气直接合成法、甲醛法和草酸酯法。其中草酸酯法技术工业应用比较成熟，以煤为原料，通过煤气化得到 $CO+H_2$ 的合成气，再以合成气中的 CO 和 H_2 为原料，经中间化合物后再转化为乙二醇。草酸二甲酯制备是由 CO 在催化剂作用下，与亚硝酸甲酯反应生成草酸二甲酯和 NO，这个反应被称为偶联反应；生成的 NO 与甲醇、O_2 反应生成亚硝酸甲酯，被称为再生反应，生成的亚硝酸甲酯返回偶联过程循环使用。

（5）煤气化制氢气

工业生产制 H_2 是以煤为原料，通过煤气化等一系列工艺过程制取 H_2。但煤气化制 H_2 最大的弊端是合成气中伴生了大量的 CO_2，其中 CO 可通过水蒸气变换转化为氢和 CO_2，最终要排放大量的 CO_2。通常生产 1 kg H_2，会伴生 5.5～11 kg 的 CO_2。

目前煤气化制氢是充分发挥煤炭资源优势、实现大规模制氢的首选技术。我国相对丰富的煤炭资源为煤气化制氢提供了原料保障。煤制氢工艺能够实现大规模制氢，满足炼厂用氢需求，而且煤制氢成本较低，是炼厂降本增效、实现供氢平衡的首选工艺。采用煤制氢后可置换现有天然气、干气等制氢原料，为炼厂干气资源综合利用创造价值更高的条件。另外氢气的制备应与储存、运输、加注、运用协同，产业链要协调发展，同时在制氢的选择上要保证安全性、能效性。

（6）煤气化制天然气（甲烷气）

天然气（甲烷气）作为洁净能源，热值一般为 8000～8500 kcal/m³（1 kcal=4.184 kJ），在绿色低碳能源转型中将发挥重要的作用。天然气主要成分是烷烃，由气态低分子烃和非烃气体混合组成，其中甲烷（约 85%）和少量乙烷（约 9%）、丙烷（约 3%）、氮（约 2%）和丁烷（约 1%），此外还有硫化氢、二氧化碳、氮和水汽及少量一氧化碳和微量稀有气体。尽管天然气无色无味，但在送到最终用户前，需用硫醇给天然气添加气味，以助于泄漏检测。在标准状况下，甲烷至丁烷以气体状态存在，戊烷以上为液体。有机硫化物和硫化氢是常见的杂质，通常必须预先除去。

煤制天然气是以煤为原料，通过煤气化得到 $CO+H_2+CH_4$ 合成气，然后再经过气体净化、变换和甲烷化等一系列工艺过程制取 CH_4 气。

2021 年我国煤气化制天然气产能 61.25 亿 m³，产量 44.53 亿 m³。虽然煤制天然气产量占我国天然气总产量的 2.15%，占比低。但由于传统煤化工行业重点转型升级、绿色发展，其能效也在不断提升。

（7）煤气化制液体燃料

以煤为原料生产液体燃料的技术已经非常成熟，新型煤气化制液体燃料技术主要包括煤的直接液化和间接液化。煤直接液化，即煤高压加氢液化，可以生产液体燃料和化学产品。煤间接液化是由煤气化生产合成气，再经催化合成液体燃料和化学产品，在石油短缺时，煤的液化产品可替代天然石油。液体燃料主要产品包括汽油、柴油、石脑油、液化气和化学品等。煤炭直接液化制油是在高温（>400 ℃）和高压（>15 MPa）及催化剂作用条件下，通过一系列加氢反应将煤直接液化生成液态烃类及气体烃的转化过程。煤炭间接液化制油是以煤为原料，煤气化制合成气（$CO+H_2$），在催化剂作用下，经 F-T 合成生成烃类产品和化学品。另外，还可经过煤制甲醇，在催化剂作用下生产甲醇汽油。

我国煤制油产量仅占全国成品油产量的 1.81%，占比非常低。虽然煤制液体燃料示范项目发展缓慢，但在国家相关政策的助推下，作为战略储备技术的煤制液体燃料项目的发展前景仍然较好。

(8) 煤气化制燃气

燃气的热值 1500～3000 kcal/m³，其中民用燃气一般要求 CO 含量小于 8%，且越低越好。

除焦炉煤气外，民用燃气可以明显提高用煤效率，减轻环境污染，具有较好的社会效益与环保效果。工业燃气的热值一般为 1100～1500 kcal/m³，采用流化床和改进型的固定床气化工艺均可制得。

"十三五"期间，在工业煤改气政策的推动下，我国工业燃气消耗量大幅提升，2020 年我国工业燃气消费量达到 1246 亿 m³，占天然气消费总量的 37%～38%，5 年间消费量增长了 509 亿 m³。

(9) 煤气化及 IGCC 发电

IGCC 发电是将洁净煤气化技术与高效燃气、蒸汽联合循环发电技术相结合的一种先进动力系统。由煤气化及净化部分和燃气、蒸汽联合循环发电部分组成。作为联合循环发电燃气，一般热值为 2200～2600 kcal/m³ 的粗合成气便可作为联合循环发电的燃气，但对合成气净化度要求是比较高的，如对粉尘及硫化物含量要求很高。整体煤气化和燃气、蒸汽联合循环发电是煤在高温加压下气化，产生的合成气经净化处理后燃烧，高温烟气驱动燃气轮机发电、烟气余热副产蒸汽驱动蒸汽轮机发电。IGCC 既有高的发电效率，又有极好的绿色环保性能。在目前工况条件下，常规发电净效率可达 43%～48%；污染物排放量仅为常规燃煤电站的 10%；脱硫效率可达 99%；二氧化碳排放为 25 mg/m³，远低于排放标准 1200 mg/m³；氮氧化物排放量只有常规电站的 15%～20%，耗水只有常规电站的 30%～50%，因此对环境保护具有重要意义。

IGCC 用燃气轮机是以煤气化生产净化后的合成气燃料作为工质，把燃料燃烧时释放出来的热量转变为有用功的动力机械。它由压气机、燃烧室、燃气透平等组成。空气被压气机连续地吸入和压缩，压力升高后流入燃烧室，在其中与燃料混合燃烧成为高温燃气，再流入透平中膨胀做功，压力降低后排入大气（热量回收副产蒸汽，进入蒸汽透平发电）。由于燃料燃烧，化学能转化为热能，加热后的高温燃气做功能力显著提高，燃料在透平中的膨胀功大于压气机压缩空气所消耗的功，因而使透平在带动压气机后有多余的功率带动负荷。

燃气轮机分为轻型燃气轮机和重型燃气轮机，轻型燃气轮机为航空发动机的转型，如 LM6000PC 和 FT8 燃气轮机，其优势在于装机快、体积小、启动快、简单循环效率高，主要用于电力调峰、船舶动力。重型燃气轮机为工业型燃机，如 GT26 和 PG6561B 等燃气轮机，其优势为运行可靠、排烟温度高、联合循环组合效率更高，表 1-1 为小型燃气轮机发电与常规火电站发电经济比较。

表 1-1 小型燃气轮机发电与常规火电站发电经济比较

机组形式		40 MW 燃气轮机单循环电站	55 MW 燃气蒸汽联合循环电站	300 MW 常规燃煤火电站
热效率/%		31.8	46	38
单位造价/（千元/kW）		2.5～3.2	3.2～4	8～10
环境污染状况	粉尘/（t/a）	9	9	203
	硫/（t/a）	—	—	16800
	$NO_x \times 10^{-6}$	25～42	25～42	600
耗水量/（t/a）		—	5200	109200
建设周期		10 个月	12 个月	36 个月

国外燃气轮机主要有 GE 公司、Siemens 公司、ABB 公司、西屋公司等，燃气轮机发电机组单机容量已达 300 MW 以上，其供电效率已提高到 35%以上。瑞士 ABB 公司生产的 KA26-1 型、容量 368 MW 的联合循环机组在 ISO 工况下的发电效率已经达到 58.5%，美国 GE 公司研制的 STAG109G 联合循环机组的效率接近 60%。

国内燃气轮机的制造公司有南京汽轮电机（集团）有限责任公司、中国航发沈阳黎明航空发动机有限责任公司、中国航空工业燃机动力集团公司、中国航发成都发动机有限公司、西安航空发动机（集团）有限公司、中国航空发电机集团有限公司等。南京汽轮电机（集团）有限责任公司是国内重型燃气轮机的主要生产企业，主要产品为燃气轮机、蒸汽轮机、发电机及大中型电动机等产品。

20 世纪 80 年代初南汽与美国通用电气公司（GE 公司）建立合作生产关系，生产 MS6001B 系列燃气轮机，同时又引进英国 BRUSH 电机有限公司的技术，生产空冷无刷励磁发电机，与燃气轮机成套提供发电设备。燃烧低热值煤气的燃气轮机为 PG6561B-L 型，功率为 50 MW，采用美国 GE 公司低热值燃烧技术，达到国际先进水平。燃气轮机-蒸汽轮机联合循环是较理想的发电装置，与传统的电站相比，具有发电效率高、节约用水、节省占地、造价低廉及环境代价低等优点。

第五节　新型煤气化技术创新

我国是一个缺油少气、煤炭资源相对丰富的国家，能源结构的特点决定了现阶段煤炭资源仍然在我国能源消费结构中占主导地位。据国家统计局相关统计数据，2017~2021 年中国能源消费总量及煤炭消费的比例和实物量见表 1-2 所示。

表 1-2　2017~2021 年中国能源消费总量及煤炭消费的比例和实物量

指标	2021	2020	2019	2018	2017
能源消费总量（标准煤）/万 t	524000	498314	487488	471925	455827
煤炭占能源消费总量的比重/%	56.0	56.8	57.7	59.0	60.6
煤炭消费实物量（标准煤）/万 t	293440	283042	281281	278436	276231
煤炭同比增加率/%	3.67	0.63	1.02	0.80	—
石油占能源消费总量的比重/%	18.5	18.9	19.0	18.9	18.9
天然气占能源消费总量的比重/%	8.9	8.4	8.0	7.6	6.9
一次电力及其他能源占能源消费总量的比重/%	16.6	15.9	15.3	14.5	13.6

2021 年我国煤炭消费量占能源消费总量的 56.0%，石油及天然气占能源消费总量的 27.4%，一次电力及其他能源占能源消费总量的 16.6%。2021 年煤炭消耗量为 29.344 亿 t 标准煤，同比增加 3.67%，略有上升的趋势。由于煤炭总体属低效、高污染能源，新型煤化工及煤气化行业能否长期实现高质量、可持续发展不只取决于经济效益，还取决于更严格的环境保护方面的标准规范约束。因此，新型煤气化是科技含量高、能源资源消耗低、环境污染排放达标、经济效益好的技术创新，将是我国新型煤气化高质量发展的核心内涵。

一、煤气化低能耗大型化技术创新

先进低能耗大型煤气化技术是发展新型煤化工发展的核心，也是新型煤化工发展的重要标志之一。低能耗大型化的煤气化发展趋势和方向应符合我国煤种多、成分复杂的特点。推进大型化新型煤气化稳步发展,确保在长周期、满负荷、稳定性及可靠性的前提下,发挥煤转化率高、气化性能好、有效气产率高,节能低消耗、成本造价适当、绿色环保的气化工艺,推进主流煤气化技术多元化发展。由于煤气化的大型化及低能耗可有效减少气化炉设备的数量,增加单位气化炉生产强度,节约气化装置占地面积,降低单位合成气投资成本,有效提高新型煤气化装置企业效益。因此无论从我国煤化工产业政策调控,还是从企业生产发展需求,新型煤气化的低能耗及大型化均符合煤气化技术研发的重点方向。新型煤气化创新要以高效绿色转化、低能耗大型化、低成本投资少、长周期稳定性为目标。

1. 新型煤气化性能指标

新型煤气化创新发展的方向应符合我国煤种多、成分复杂的特征,始终把煤转化率高、气化性能好、有效气组分高、能耗低、成本造价低、绿色环保的煤气化作为创新目标。对气流床干煤粉/水煤浆气化、流化床加压气化及固定床加压气化技术,应推进创新升级、集成、耦合及大型装备国产化。新型煤气化主要气化性能指标见表1-3。

表1-3 新型煤气化主要气化性能指标

序号	名称	性能指标主要内容	性能指标参考值
一、煤气化装置气化炉性能指标			
1	气化强度	气化炉生产能力	$10000 \sim 13000$ m³/(m²·h)
2	单炉投煤量	单位时间气化炉处理量	$2000 \sim 4000$ t/d
3	单炉生产能力	单位时间气化炉产合成气量	12万~20万 m³/h
4	有效气产量	有效合成气占粗煤气比例	$90\% \sim 93\%$
二、煤气化产品物料消耗性能指标			
5	比煤耗	生产1000 m³合成气消耗原料煤	$500 \sim 580$ kg/1000 m³
6	比氧耗	生产1000 m³合成气消耗氧气	$285 \sim 380$ m³/1000 m³
7	蒸汽耗	气化炉消耗1 kg原煤所消耗的水蒸气量	$0.15 \sim 0.23$ kg
8	蒸汽分解率	分解水蒸气与入炉水蒸气质量比	对固定床$50\% \sim 60\%$
三、煤气化综合性能评价			
9	碳转化率	气化过程煤中碳转化的程度	$96\% \sim 99.5\%$
10	冷煤气化效率	煤气化学能与煤化学能比值	$80\% \sim 85\%$
11	热煤气化效率	煤气化学能与回收蒸汽焓值增量与煤化学能比值	约95%
12	废水排放量	投煤量2000~3000 t/h	$25 \sim 40$ m³/h

2. 新型煤气化创新重点

先进低能耗大型化煤气化技术应符合我国煤种多、煤质多样的特点,应开发适合灰熔点高、中强黏结性煤种的煤气化技术。多元化推进新型煤气化稳步发展。新型煤气化创新重点见表1-4所示。

表1-4 新型煤气化创新重点

序号	煤气化创新方向	煤气化重点研发技术
1	煤气化关键工艺技术	4.0 MPa气流床干煤粉加压气化,单炉投煤量>3000 t/d
		8.5 MPa气流床水煤浆加压气化,单炉投煤量3000~4000 t/d
		6.7 MPa气流床水煤浆水冷壁气化,单炉投煤量>3000 t/d

续表

序号	煤气化创新方向	煤气化重点研发技术
1	煤气化关键工艺技术	低压粉煤气流床纯氧制燃气，单炉投煤量>1000 t/d
		加压流化床纯氧气化，单炉投煤量>1500 t/d
		碎煤加压固定床气化，单炉投煤量 1500～2000 t/d
		复合式气流床加压气化，单炉投煤量>2000 t/d
2	煤气化创新要点	低能耗、洁净、高效、转化、煤种适应性强、投资适宜
		碳转化率>99.2%
		冷煤气化效率>86%
		热煤气化效率>95.5%
		比氧耗<290 m^3/1000 m^3（干法）
		比氧耗<340 m^3/1000 m^3（湿法）
		比煤耗 500～580 kg/1000 m^3
		气化炉投煤量>2000 t/d；>3000 t/d；>4000 t/d 系列

二、煤气化 CO_2 减排技术创新

新型煤气化及产业发展应有效实施国家 CO_2 减排要求，这是中国煤炭洁净转化必须做的一项重要选择。中国 2030 年前碳达峰、2060 年前碳中和目标（以下简称"双碳"目标）的提出，在国内外引发关注。由于现阶段我国使用最多的能源还是煤炭、石油、天然气等化石能源，可再生新能源及核能占比较小，我国主动提出"双碳"目标，将使碳减排迎来历史性转折，这也是促进我国能源、相关工业及新型煤气化产业升级，实现国家经济长期健康可持续发展的必然选择。

新型煤气化及配套项目应通过优化技术方案、提高技术能效等措施减少 CO_2 排放量，要充分发挥新型煤气化及配套项目所产 CO_2 浓度高、易于捕集的优势。积极探索 CO_2 气驱采油、地质封存、微藻制液体燃料等有效途径。如利用 CO_2 制尿素、碳酸二甲酯、甲醇、聚碳酸酯、降解塑料等来实现 CO_2 减排。实现"双碳"的目标并不是要禁止 CO_2 排放，而是如何降低 CO_2 排放并促进排放的二氧化碳更好地吸收。用回收更多的 CO_2 来抵消排放的 CO_2，使得 CO_2 净排量减少，才能更好地促进煤炭洁净能源转化结构逐步由高碳向低碳转变。

当前中国碳排放主要来源于化石能源的利用过程，其中包括煤炭洁净转化生产合成气及配套的各种煤化工产品（石油化工替代产品、洁净能源产品和煤炭转化洁净发电能源产品）的过程。国家有关气候变化的数据显示，能源活动是目前中国温室气体最主要的碳排放源，约占中国全部 CO_2 排放量的 86.8%。而在这些能源活动中，化石能源占首要地位。"双碳"目标指引下的能源革命，意味着要将传统的化石能源为主的能源体系转变为以可再生能源为主导、多能互补的能源体系，从而促进我国能源、相关工业及煤化工产业升级，促进多能互补、提高能源整体利用效率。以石油和煤炭转化为例，我国石油资源是短缺的，且基础石化产品不足，由此制约了下游石化及精细化工的发展。而我国煤炭资源约占化石资源总量的 95%，若以煤炭为原料高效制取清洁燃料及基础化学品，将成为缓解石油供应压力和弥补石油化工缺陷的一种有效补充途径，新型煤化工的快速发展已经得到验证。

煤气化是新型煤化工能源发展的基础，以煤为原料的煤化工能源产品均离不开煤炭气化燃烧过程。新型煤气化转化利用首先是通过煤炭气化及燃烧反应将原料煤炭中的碳和水中的

氢转化为基本的有效合成气 CO+H_2 及 CO_2 等气体，然后再以有效合成气 CO+H_2 为基础原料进行各种类型的产品深加工，同时排出大量的 CO_2。因此，煤炭转化利用过程中伴随着的 CO_2 排放就成为关注的焦点，CO_2 捕集及综合利用技术也成为创新重点。新型煤气化及煤化工产业能否少用化石能源来解决碳排放难题？利用现有技术是存在这种可能的。如将新型煤气化与可再生新能源耦合，利用太阳能、风能、水能、地热能等可再生能源，会减少 CO_2 排放，对环境更为友好，但现有的新能源难以满足新型煤气化发展的需求。近年来，国家也在积极布局可再生新能源产业和调查研究制定相关产业政策。

相关数据显示，"十三五"期间，我国水电、风电、光伏、核电装机规模等多项指标保持世界第一。截至 2021 年底，我国清洁能源发电装机规模增至 10.83 亿千瓦，约占总装机比重的 50%。但要让可再生新能源完全替代化石能源，成为我国能源消费结构的主体还需要时间。虽然新型煤气化与新能源耦合，会实现 CO_2 的减排目标，但可再生新能源也存在能量密度低、时空分布不均衡、不稳定、成本较高等不足，成为新型煤化工规模化应用的一个瓶颈。在未来的一段时间内，化石能源仍将在我国能源结构及现代煤化工产业中发挥重要作用。加快优化用煤结构，提高新型煤气化与可再生新能源的耦合，以及煤气化联产 IGCC 发电，实施燃煤电厂超低排放和新型洁净煤气化转化是推进煤炭清洁化利用、改善大气环境质量的重要举措，也是实现"双碳"目标的必由之路。

三、煤气化废气、废渣排放控制技术创新

选择新型煤气化技术是一项高投入、高难度、高风险的工程。除选择先进成熟可靠的煤气化技术外，对煤气化废气、废渣及废水排放的环保控制技术创新也变得越来越重要，在很大程度上决定了新型煤气化及配套产品生产系统能否长周期、满负荷、安全稳定运行，也决定了产品的成本和效益。首先对煤气化生产过程中的三废排放污染源控制要有清醒的认识，无论选择固定床气化、流化床气化还是气流床气化，这些装置都存在各种气体污染源、液体污染物和固体污染物，而且污染物的数量、污染强度和处理控制技术的差别也不同。对污染源项排查、污染物机理研究、污染因子分析、污染源强度确定以及对污染物数据库建立和环保标准规范的应用及污染物防控技术选择均有十分重要的意义。

1. 煤气化废气排放技术

环境容量是衡量煤气化项目排放污染物许可量的一个重要指标。废气排放要按照《煤炭清洁高效利用行动计划（2015～2020 年）》提出的大气污染物和污水排放要符合最严格的环保要求。增产减排，以总量定项目，严控污染物新增排放量。新建项目排放的二氧化硫、氮氧化物、工业烟粉尘、挥发性有机物要实行污染物排放减量替代，重点控制区和大气环境质量超标城市，新建项目实行区域内现役源 2 倍削减量替代，一般控制区实行 1.5 倍削减量替代。VOCs 挥发性有机物排放应严格按照环境保护部 2014 年发布的《石化行业挥发性有机物综合整治方案》执行。

对挥发性有机物排放过程中的关键泄漏点，如设备动静密封点、有机液体储存和装卸、污水收集暂存和处理系统、备煤、储煤等应有效控制挥发性有机物（VOCs）、恶臭物质及有毒有害污染物的逸散与排放；对挥发性有机物无组织排放过程中的关键工序，如煤气水分离、酚氨回收、储水罐和气化、净化、硫回收、污水处理装置应根据挥发性有机物浓度采取针对性措施；对废水、废液、废渣收集、储存、处理过程中关键环节，针对逸散挥发性有机物的

特点，采取有效封闭与收集措施，确保废气经收集处理后达到相关标准要求；对非正常排放的废气，应送专有设备或火炬等设施处理，严禁直接排放。

一般情况下，气流床气化干法在正常生产过程中废气排放量较少，主要是气化炉升温连续放空气及事故状态下放空气排放。在干粉制备时，会有大量废气排放，其中含有少量的煤粉、NO_x、硫化物、一氧化碳等，这部分废气通过增加脱硫脱硝装置后达标排放。对加热炉烟气、酸性气回收装置尾气以及 VOCs 等应根据项目产品的种类按《石油化学工业污染物排放标准》(GB 31571) 相关要求进行控制。根据煤种差异，涉及微量元素迁移排放限值的影响，如 P、F、V、Cu、Zn、Pb、Cd、Cr、As、Ni、Hg 以及非金属 Cl 等予以关注和技术创新。据相关研究表明，F、P、Ni、Cr、Pb、Cu、Zn、As 等元素迁移到灰渣中的比例通常＞60%，其中 P、Cr、Cu 通常＞90%，这些微量元素随合成气带入下游系统的比例＜1%。尤其有毒有害微量元素迁移后的排放对人类的影响要予以高度重视，要采取必要的措施加强控制。

2. 煤气化废渣排放技术

对煤气化炉而言，有原料煤入炉，必有废渣从炉内排出。对固定床、流化床及气流床湿法气化炉，由于气化温度较低，反应温度均在煤的灰熔点以下操作，因此，煤中无机物难以熔融成为熔渣排放，通常为干渣固体排放或湿渣排放。而流化床气化，由于气化反应温度高，均在煤的灰熔点以上进行气化反应，故煤中无机物在高温下全部熔融，经激冷后排放。煤中的碳及有机物全部气化，无毒无害的熔渣经激冷后排出呈玻璃状颗粒的粗渣。一般情况下，气流床干法粉煤加压气化的排渣量占煤中灰分总量的 60%～80%（视煤种和气化炉型而定），滤饼含固量 50%（质量分数）。

气流床水煤浆加压气化排渣量约占 85%。废渣可作为建筑材料或水泥原料循环利用，尤其是气流床干法高温气化得到的熔渣是良好的建筑材料，如制造水泥、煤渣砖等，不会对环境产生污染。对气流床干煤粉加压气化，从飞灰过滤器排出的飞灰，约占煤中灰分量的 34%，对飞灰的综合利用应与技术进行有机结合，避免对周围环境产生污染。对于煤粉尘危害较大的设备，采用通风除尘设备进行处理，直接放空的气体均经过布袋过滤器过滤，粉尘浓度降到 10 mg/m^3 以下。粉煤加压气化工艺在一定程度上减少粉尘污染，改善劳动环境。

气流床湿法气化装置排放的粗、细灰渣主要来源于渣池，粗渣含碳量为 2%～5%，无需特殊处理，对环境无害。细渣主要来源于过滤机，细渣含碳量为 25%～35%，可与锅炉的燃料煤掺烧。

煤气化高浓度废水中结晶出来的杂盐，因其含有机物及微量重金属而被划定为危险固废。杂盐应全部得到利用或安全处理，而目前杂盐分质资源化利用技术还有待完善，下游产品标准也存在不适用等制约，应高度关注高含盐废水有效处置措施和环保控制技术的使用。

四、煤气化废水排放控制技术创新

新型煤化工废水处理和排放要遵循清污分流、污污分治、深度处理、分质回用的原则，选择经工业示范应用成熟、经济可行的废水排放控制技术。在具备纳污水体的区域建设新型煤气化及配套项目，煤气化废水（含盐废水）排放应满足相关污染物排放标准要求，有条件时应采用废水近零排放控制技术，并确保项目所处地表水体满足下游用水功能要求。在缺乏纳污水体的区域建设新型煤化工项目，不得污染地下水、大气、土壤等。

煤气化污水处理主要为实现煤气化污水近零排放奠定基础，采用洁净煤气化新技术，降低煤气化过程中污染物的排放，并通过新型污水处理控制技术，严格控制有害微量元素的释放和煤气化过程中的废水、废渣排放，促进新型煤化工废水资源综合利用。

1. 固定床气化污水排放控制技术

由于固定床气化温度低，一般为950~1250 ℃，蒸汽分解率低，煤中有机物分解不彻底，气化污水量大。煤气废水成分复杂，含有难降解有机物多，如单元酚、多元酚、苯环和杂环类等，在好氧环境下分解较难，需在厌氧/兼氧环境下才能开环和降解；污水中含有毒性抑制物多，如酚、氰、氨氮等毒性抑制物，需通过驯化提高微生物的抗毒能力以及选择合适的工艺，提高系统抗冲击能力；污水中氨氮物质浓度高，如含油类物质中油浮、分散油、乳化油类和溶解油类等，其中乳化油需要采用气浮方式加以去除，溶解性油类物质需要通过生化、吸附的方法去除；污水中溶解性固体含量高，需要全部除盐。污水的主要组成是氨、单元酚、多元酚、苯环和杂环类、甲酸盐、硫酸盐、氯化物、碳酸盐、含氰化合物及不溶性固体等。NH_3-N＜350 mg/L、单元酚 15 mg/L、多元酚 250 mg/L、BOD_5＜1200 mg/L、COD＜3000 mg/L、含盐量 3600 mg/L。

2. 气流床干法气化污水排放控制技术

废水排放主要来自灰水、渣池水等。由于气化炉温度高，为 1350~1750 ℃，有机物分解彻底，污水中有害物质含量低，污水排放量少，易于处理。废水的主要组成是氨、甲酸盐、硫酸盐、氯化物、碳酸盐、含氰化合物及不溶性固体等。其中，不溶性固体主要是未完全反应所剩余的碳以及铁、钙、镁、铝、硅的化合物（视煤种而定）。悬浮物＜80 mg/L、Cl^-＜500 mg/L、NH_3-N＜250 mg/L、BOD_5＜300 mg/L、COD＜500 mg/L。

3. 气流床湿法气化污水排放控制技术

废水排放主要来自灰水、渣池水等。一般情况下，气化废水不含难降解的有机物，通过生化处理容易达标。此外，可利用其他系统难以处理的有机污水来制浆，污水中有机物进入气化炉后，能瞬间和氧气发生反应，变成 CO、H_2S、H_2、CH_4 等物质。湿法污水主要组成：NH_3-N＜400 mg/L、Cl^-＜350 mg/L、CN^-＜0.5 mg/L、甲酸盐＜530 mg/L、总硫化物＜1 mg/L、总悬浮物＜60×10^{-6}、COD 约为 800 mg/L、BOD_5 约为 200 mg/L。

4. 高浓度易降解煤气化污水排放控制技术

对煤气化排放的不同浓度有机物污染废水，当 BOD_5/COD＞0.3 时，通常是易降解可生化处理的污水，其中的污染物主要以 COD 为主，排出的 COD 浓度在 3000~5000 mg/L，甚至更高，但同时 BOD_5 也高。当 BOD_5/COD＞0.3 时，这种废水就相对容易处理，一般生化处理就能脱除污水中的 COD。但对污水处理量大的项目，如果工艺选择不正确，排放也会不达标。

但污水中 COD 1500~5000 mg/L，氨氮 50~200 mg/L，BOD_5/COD 在 0.25~0.35 时，采用具有脱氮功能的生化组合工艺能脱除大部分 COD，氨氮也可被降解。常用工艺有：A/O 法、A-A/O 法、SBR 法、氧化沟、BAF 法等。对这类煤气化污水生化处理采用 A/O 工艺是比较经济的。

5. 高浓度难降解煤气化污水排放技术

对煤气化排放的高浓度污水，当 BOD_5/COD＜0.3 时，通常是难降解有机物污染废水，主要特点是有机物（难降解的苯类、酚类、芳香烃类等物质）含量高。如焦化废水中含有较高浓度的氨氮、苯酚、酚的同系物以及萘、蒽、苯并芘等多环类化合物，此外还含有氰化物、硫化物、硫氰化物等。

这类废水污染物主要以芳香族化合物和杂环化合物居多，同时含有硫化物、氮化物、重金属和有毒有机物，色度高，有异味，散发出刺鼻恶臭，具有强酸强碱性；如低阶煤低温气化、热解等工艺产生的废水可生化性较差。究其原因是化学组成和结构非常复杂，在微生物群落中，没有针对要处理的化合物的酶，使其具有抗降解性，同时其含有对微生物有毒或者能抑制微生物生长的物质，从而使得有机物不能快速降解。

高浓度酚氨废水初步经酚氨回收处理，废水成分依然复杂且有毒有害，其中酚化合物浓度可达 100～600 mg/L、氨氮浓度可达 100～300 mg/L。这种情况下，通常选择具有脱氮功能的 A/O 法增加厌氧反应，把环状、长链的复杂大分子结构降解成直链、小分子结构，这样才能有利于有机污染物脱除。具有改善污水生化性能的酸化水解工艺比较适合热解、焦化类污水，能使污水中大分子结构发生改变，使某些好氧、不可降解的有机物在此发生分子间键断裂，转化，羟基化，污水组分发生改变，有利于提高污水生化性能，特别是当 BOD_5/COD 比值升高时，可将某些好氧难生化的有机物予以脱除。经生化处理后，有机物污水中的 COD 可从 1500～5000 mg/L 减少至 100～200 mg/L；氨氮从 100～200 mg/L 减少至 5～15 mg/L。

6. 高浓盐水污水排放技术

高浓含盐废水含盐量高，主要来源于煤气化生产过程中的煤气洗涤废水、循环水排水、除盐水排水、回用浓水以及补充新鲜水等。采用低温气化工艺等使煤中轻质组分在气化过程中转化为焦油、酚、氨、烷烃类、芳香烃类、杂环类、氨氮、氰、吡啶、烷基吡啶等物质，与煤气同时产生。在随后的煤气洗涤、冷却、净化过程中，上述物质大部分进入煤气洗涤水中，生成高浓度、难降解、含盐量高的废水，而且量大、有毒有害物质组分结构复杂。这类废水还含有新鲜水带入的高含盐量、生产过程和水系统添加的化学药剂产生的含盐量等。煤化工含盐废水的总含盐量（TDS）通常为 500～5000 mg/L，甚至更高。

高浓盐水多级蒸发结晶得到杂盐的技术在新型煤气化项目中也得到了验证，但通过分步结晶的方式分离出的氯化钠、硫酸钠产品质量难以满足工业应用需求，而且我国氯化钠、硫酸钠的产品质量标准并不适用于工业废水制盐。如何有效处置浓盐水中含有的有机物等杂质是个难题，分步结晶技术的效果还有待改进和完善。鉴于煤化工结晶盐综合利用难度大，为实现"零排放"，促进结晶盐的无害化和资源化利用，蒸发结晶分盐研究是一个可行方向。由于未经处理的杂盐，含有多种无机盐及杂质，被列入危险废弃物进行严格管控。杂盐具有极强的可溶性，其稳定性和固化性较差，可随着淋雨渗出，造成二次污染，处理成本也非常高，需要继续研发创新。只有当技术经济和运行可行性论证后，才能进行应用，但该技术为高浓盐水处理提供了一条路径。

五、配套净化合成及多联产技术创新

除新型煤气化技术创新外，对合成气配套的净化、合成及多联产技术创新也应同步展开，如气体净化技术、甲醇合成技术、多联产技术等。只有同步创新这些技术，按照煤炭清洁转化统一规划，全过程合理布局，统筹推进煤炭清洁转化、气化、净化、合成、多联产，环保控制全过程技术创新，才能提升新型煤气化产业整体发展水平，才能真正实现煤炭分级分质

高效循环利用效率最大化，减少对生态环境的负面影响，促进新型煤气化的健康发展。

1. 大型气体净化技术

针对不同新型煤气化技术、合成气差异和目标产品的特征，优化最佳的气体净化集成方案，在目前合成气净化技术基础上，集成创新具有自主知识产权的大型合成气净化技术。①开发大型化高含量一氧化碳变换技术，优化集成以适应各种变换气的工艺参数，提高耐硫宽温变换催化剂活性和使用寿命，集成以适应各种洁净煤气化合成气低能耗变换工艺，提高一氧化碳变换率，降低蒸汽消耗和能耗，降低投资。②开发单系列变换气脱碳大型化低温甲醇洗工艺，满足各种产品对脱硫脱碳的要求，提高脱碳效率，降低能耗，降低蒸汽消耗，降低投资的大型低温甲醇洗技术，形成能匹配大型二氧化碳脱除工艺技术的大型吸收塔器等设备。开发二氧化碳回收及综合利用技术，实现新型煤气化二氧化碳减排目标。③开发大型国产化空分技术及关键设备（如空压机等大型动设备）。④开发脱硫与硫回收以及一氧化碳与二氧化碳分离技术，通过PSA、膜分离、低温精馏等工艺的组合，满足不同产品、不同规模、不同组分的气体分离需求。

2. 大型甲醇合成技术

大型甲醇合成应以突破大型装备制造瓶颈为目标，开发以副产蒸汽等温合成为特征的大型甲醇合成反应器、浆态床甲醇合成反应器等示范装置，提高甲醇反应器换热能力，延长催化剂使用寿命。

开发重点应放在：①多段绝热、段间换热的甲醇合成反应器工艺，掌握二塔串联的工艺设计，在甲醇反应器大型化方面要有发展，突破现有规模的限制；②段间激冷的甲醇合成反应器工艺，降低甲醇合成能耗；③开发浆态床甲醇合成反应器工艺示范装置，提高甲醇反应器换热能力，延长催化剂使用寿命。

3. 大型煤气化及多联产技术

大型煤气化联合低阶煤（褐煤）预处理、热解、副产品回收、合成、发电、供热等多联产技术，是未来新型煤气化产业最具发展前景的技术。低阶煤低温热解，通过热解与半焦气化的耦合，以半焦气化产生的高温煤气作为热载体，进行逆向串联直接接触热解，可实现高温煤气显热的高效合理利用与低阶煤的梯级热解。特别对含油率较高的低阶煤，经低温（500～600℃）热解，获得焦油、煤气等轻质组分，同时获得热值较高的固体清洁燃料（半焦）。煤气可用于制氢或甲烷化以及其他化学品。煤焦油经提酚等处理后与氢气催化裂化生产石脑油和柴油馏分。脱除了挥发分的半焦，比原煤热值更高、更洁净，既可气化生产合成气，继而生产化工产品，又可作为优质民用燃料和电厂燃料，从而实现煤炭的分质分级高效清洁利用。

低阶煤低温（中温、高温）快速（中速）热载体气流床（固定床、流化床）热解工艺，以焦油、干馏煤气和半焦为主要产品的分级提质、分类转化技术是一种发展趋势。

4. 煤焦油精炼与制备技术

煤焦油是煤在热解过程中产生的液体产物，目前我国煤焦油年总产量在千万吨级，利用煤焦油加氢精制和加氢裂化的方法来生产满足环保要求的石脑油和柴油产品，可以在一定程度上缓解车用燃油供应紧张的局面。

煤焦油加氢技术是指对煤焦油采用加氢改质工艺，在一定温度、压力及催化剂作用下，完成脱硫、不饱和烃饱和、脱氢反应、芳烃饱和，达到改善其安定性、降低硫含量和芳烃含量的目的。最终获得石脑油和优质燃料油，其产品质量可达到汽油、柴油调和油指标。

焦油延迟焦化加氢技术：是将煤焦油中的重油部分通过延退焦化生成轻馏分油和焦炭。然后把煤焦油的轻馏分油和延迟焦化生成的轻馏分油进行加氢反应制得汽油和柴油。该技术可使焦油全馏分不经蒸馏分离而直接利用，同时氢耗量少。主要特点是把一部分重质煤焦油转化成了轻油产品，同时也把一部分煤焦油转化成了焦炭，没有充分利用好煤焦油资源。神木天元化工公司开发的延迟焦化工艺已经工业化。

焦油全馏分加氢技术：是将焦油加氢反应器和缓和加氢裂化反应器串联，全馏分油或轻馏分油，经加氢处理或加氢精制使其氮、硫、金属、氧等杂原子和芳烃、饱和烯烃等杂质脱除，进而生成柴油、石脑油和碳材料原料等产品。该技术的主要特点是工艺过程较简单，易操作和控制，油品收率高（98.1%），但耗氢量较大。神木富油能源科技公司开发的全馏分加氢工艺（FTH）已经工业化。

煤焦油加氢发展趋势：一是焦油加工规模大型化，有 100 万～200 万 t 的装置；二是煤矿、煤热解与焦油加工一体化建设，解决焦油和氢源问题，有利于实现多联产，降低能耗，提高能效和经济效益；三是开发高附加值产品，如精酚、高档润滑油、润滑脂、高档蜡等。

第六节　新型煤气化技术发展趋势

由于我国能源结构仍然是以煤炭为主，煤炭气化技术是洁净能源转化的一个有效途径，有着较大的发展空间，在国家新型煤化工产业政策支持下，加大对新型煤气化技术的研发创新任重而道远。因此新型煤气化技术发展趋势及方向体现在以下几方面。

一、高质量持续创新趋势

新型煤气化技术创新包含了低能耗大型化煤气化技术、污染物排放控制技术、配套气体净化合成技术（即低能耗气体净化、含氧物高效合成、煤质分质分级、煤气化多联产耦合集成），这些持续创新的技术为新型煤气化产业发展留下了很大的技术空间。

在此期间，要有序推进新型煤气化示范工程和生产标定评价工作，掌握现有新型煤气化技术的标定物耗、能耗、水耗以及三废排放等主要性能指标，包括能源转化效率、二氧化硫（SO_2）、氮氧化合物（NO_x）及二氧化碳（CO_2）排放强度；煤气化炉负荷强度及各机组转动设备运行指标、产品品种质量指标、投资及经济效益等。针对存在的问题，总结分析原因，为新型煤气化技术持续创新提供可靠的依据。

二、产业布局更严趋势

新型煤气化及产业布局更为严格地设置在国家及相关部门批准的煤化工产业园区，并要完全符合园区规划及环评要求。由于国家对新型煤化工布局有严格的要求，优先布置在有煤炭资源的开发区和重点开发区；优先选择水资源相对丰富、环境容量较好的地区并符合环境保护规划。对没有环境容量的地区布局新型煤化工项目，要先期采用经济结构调整、煤炭消费等量或减量替代等措施腾出环境容量，并采用先进的污染控制技术，最大限度减少污染物的排放。不在以下区域布局煤化工项目：已达到或超过污染物总量控制指标、水资源总量控制指标或能源消费量控制指标的地区；《全国主体功能区规划》中确定的限制和禁止开发重点生态功能区，以及其他需要特别保护的区域；城市规划区边界外 2 km 内，主要河流、公路、铁路两侧 1 km 内，居民聚集区卫生防护距离范围内。选址错误会导致环境影响报告一票否决的严重后果，环境影响上有硬伤的新型煤气化及产业项目将不能予以通过。

新型煤气化及产业布局的主要任务就是围绕能效、环保、节水及技术装备自主化等内容开展产业化工程示范，依托示范项目不断完善新型煤气化等先进技术，加快转变煤炭清洁利用方式，为煤炭绿色化综合利用提供坚强支撑。坚持量力而行，严格控制缺水地区项目建设；坚持清洁高效转化能效、资源消耗及污染物排放符合法定准入条件；坚持示范先行，重点推进示范项目建设，把握产业发展节奏；坚持科学合理布局，禁止在生态脆弱、环境敏感的地区建设煤化工项目；坚持技术装备自主化，推广应用具有自主知识产权的技术和装备。

从新型煤气化利用方式分析，煤炭有直接燃烧、炼焦和气化等，其中煤炭气化最为清洁，过程也最为复杂。由于新型煤气化消费煤炭量仅占中国煤炭消费量的 10% 左右，从长远看，清洁高效利用煤炭资源对于保障国家能源安全、经济和社会可持续发展意义重大。由于洁净煤气化是煤炭清洁高效转化的关键核心，也是通过煤气化发展煤基大宗化学品（化肥、甲醇、低碳烯烃、芳烃、乙二醇）、煤基清洁燃料、天然气、氢能源、工业燃气、IGCC 发电、多联产、燃料电池和直接还原炼铁等过程的工业基础。因此，新型煤气化及产业布局应在利用方式方面进行融合和统筹，应符合园区规划及环评要求，力求煤炭清洁转化技术、核心工艺技术、高端产品技术、装备制造技术以及环保控制技术方面的技术创新，进一步提升园区洁净煤气化及其他转化技术的新技术应用水平，持续推动新型煤化工等领域的技术进步。

三、气化高温高压发展趋势

针对新型煤气化固定床、气流床和流化床多元化全面推进，尤以大型化气流床为重点，通过提高反应温度、增加气化压力、优化炉内流场结构，强化气固及气液固混合、匹配合理喷嘴强化混合过程，提高气化炉生产强度，以满足气化炉大型化发展的需求。由于受制造、运输、安装等客观因素制约，在现有设备尺寸上，尽量提高气化炉生产强度来实现大型化发展的趋势。

1. 气化向高压发展

煤气化正由常压、低压（<1.0 MPa），向中压（3.0~4.0 MPa）、高压（约 8.7 MPa）的方向发展，由此提高气化效率、提高碳转化率和气化炉生产强度，对于实现气化装置大型化和能量高效回收利用，降低合成气压缩能耗，实现后续配套等压氨合成、甲醇合成，降低运行成本发挥重要作用。

2. 气化向高温发展

煤气化温度受气化床特性、煤种灰熔点和气化活性的影响，固定床（鲁奇炉）气化温度为 900~1250 ℃；流化床气化温度为 950~1100 ℃（U-gas 炉），气流床水煤浆（GE 炉）气化温度为 1250~1350 ℃，气流床粉煤（Shell 炉）气化温度为 1400~1600 ℃，其中，固定床（鲁奇炉）、流化床（U-gas 炉）均提高了气化温度，尤其是气流床干煤粉气化（壳牌炉）和水煤浆（晋华炉水冷壁结构）明显向高温方向发展，如美国 R-GIT 气化温度甚至高达 2600 ℃。气化温度越高，煤中有机物质分解气化越彻底，对环境污染越小，煤种的适应性范围越广。因此，无论何种气化炉床型，其趋势是温度由低温向高温发展，如固定床气化炉：早期鲁奇炉、改进型 MarkⅡ和 MarkⅢ、BGL 熔渣炉，其气化温度都是逐渐升高的；如流化床型气化炉：改进循环流化床气化炉、U-gas 灰熔聚炉，气化温度也是逐渐升高的；如气流床型气化炉：GE 炉、多喷嘴炉、清华炉、晋华炉（水冷壁）、Shell 炉、神宁炉、航天炉等，气化温度更是大幅提高，尤其是气流床干法气化能够适应更高灰熔点的原料煤，碳转化率也高。因此对大型化气流床煤气化过程尽可能在苛刻的高温（1350～1650 ℃）、高压（3.0～8.5 MPa）和多相流条件下进行气化反应，对煤炭的洁净高效低能耗转化才更有利；而对固定床和流化床大型化煤气化过程则可适当降低气化温度和压力。

四、低能耗高能效发展趋势

1. 碳转化率和冷煤气效率更高

新型煤气化在研发创新过程中，不断降低能耗，使气化性能指标越来越有利于向低能耗方向发展，不断提高碳转化率和有效合成气质量，使碳转化率高达 98%～99.4%（气流床），粗合成气中含 $CO+H_2$ 可达 80%～93%（气流床）；而固定床和流化床的碳转化率为 65%～80%，粗合成气中含 $CO+H_2$ 可达 45%～60%，冷煤气效率不断提高。

2. 比煤耗和比氧耗更低

比煤耗和比氧耗不断降低，由此可改善煤气化性能指标，降低单位有效合成气成本，提高单位产品经济效益。当先进的大型化煤气化装置与其配套的后续净化、合成及多联产融合应用时，如 IGCC 联合循环发电、低压氨合成、低压甲醇、二甲醚及低阶煤热解，分级分质利用等使生产过程简化，能量合理利用，使得产品总能耗降低。

3. 热煤气效率更高

煤气化是在高温条件下进行气化反应的，对原料中氧气、原煤、蒸汽进行合理匹配，混合均匀，营造高温高压的气化环境，可提高气化过程中碳转化效率，并对气化化学能进行合理分配和回收。优化回收合成气高温显热，提高煤气化热量的回收利用，选择和优化激冷流程和废热锅炉流程。激冷流程设备简单、投资省，但能量回收品位低、效率低，更适应生产煤基化学品工艺；废锅流程设备复杂，投资高，工艺复杂，但能量回收品位高，热效率高，更适应 IGCC 发电工艺或副产高温高压蒸汽用于发电和作为大型动设备蒸汽透平动力使用，此外还应进行全厂蒸汽平衡，满足工艺用蒸汽要求。有效回收气化高温热量，提高热煤气效率，降低能耗。

4. 余热回收品位更高

合理回收煤气高温显热是提高煤气化整体效率的关键环节。相对于煤化工行业，我国发电行业用煤量巨大，选择新型煤气化用于发电行业是煤气化发展的另一个路径。对发电行业，采用废热锅炉可回收 9.8 MPa 的高压蒸汽，是适合 IGCC 发电的。当高效余热回收与脱硫、除尘结合，气化炉内加入脱硫剂（石灰），脱硫效率一般可在 80%～85%之间；采用高效除尘器，可使煤气中含尘量降到 <2 mg/m³，可大大改善我国火力发电的环境影响效果。

先进的煤气化与 IGCC 发电结合可显著提高整体发电效率，降低发电成本。

五、煤种匹配适应性发展趋势

煤炭相对于石油和天然气而言，是一种结构复杂，灰分、有害物质等杂质较多的固体原料。在进行煤炭利用时，首先是通过气化将煤炭转化为有效合成气后，才能进行煤化工产品的深加工。因此，如何提高煤种与气化工艺的匹配适应性是很关键的要素，有效合成气组分含量是衡量煤种匹配适应性的主要指标。尽管该指标随气化工艺、气化剂类别以及气化反应器结构有区别，但煤种匹配适应性是选择煤气化工艺的重要因素。

原料煤的固有属性包括水分含量、挥发分含量、灰分含量、黏结性、化学活性、成浆性能、灰熔点、成渣特性、力学强度和热稳定性等均会影响煤气化有效合成气的指标。这些属性在很大程度上将会影响煤气化性能，所以开发适应更大范围煤种的煤气化反应器，是新型煤气化技术追求的一个目标。

优化新型煤气化入炉配煤特性，可以保证煤炭灰熔融温度和黏温特性指标的稳定性，通过关键气化炉、材料以及关键部位技术创新，降低煤气化炉能量转化和物料消耗，精细化能量流和物料流，提高整个煤气化洁净高效转化效率，提高煤气化行业效益。

新型煤气化可采用坑口气化转化，尤其是大型化煤气化装置在实现煤炭资源优化配置的同时，可大幅降低煤炭输送成本。依据煤质和煤气化反应器匹配性，选择合适的气化反应器，通过配煤和劣质煤融合预处理拓宽气化炉对煤种的适应范围。

新型煤气化反应器由于对煤种煤质的要求较高，在气化成本及能耗上相对更高，拓宽煤种适应性可降低煤气化成本，提高煤气化单位合成气的经济收益。除匹配和拓宽煤种的适应性外，开发煤气化反应器结构和部件与煤种适应性相关的技术创新也尤其重要。

六、节水型资源利用发展趋势

中国煤炭资源和水资源分布是不匹配的，有煤的地区没有水，有水的地区缺少煤。主要的煤炭产地和布局的煤化工项目基地多分布在水资源相对匮乏、环境相对脆弱的地区。煤化工是一个大量消耗水资源的产业，主要耗水有：参加化学反应的工艺蒸汽、循环冷却水蒸发或跑冒滴漏损失需要的系统补充水、除盐水补充水及生活用新鲜水。同时还会产生大量废水，对环境产生巨大威胁。若不采取切实可行的节水措施，如开式循环冷却水系统节水技术、空冷技术、闭式冷凝液回收技术、水的梯级利用及重复利用技术等措施，单位水耗和废水排放量就降不下来，从而影响煤化工项目布局。

新型煤气化技术应强化节水措施，减少新鲜水用量。具备条件的地区，优先使用矿井疏干水、再生水；沿海地区应利用海水作为循环冷却用水；缺水地区应优先选用空冷、闭式循环等节水措施；取用地表水不得挤占生态用水、生活用水和农业用水；禁止取用地下水作为生产用水。通过采用空气冷却、闭式循环、废水制浆等节水技术和装备，尽可能提高用水效率。工业用水重复利用率不得小于97%，冷却水循环利用率不得小于98%。对新上项目除要参考已投产示范项目的实际数据外，还应在设计环节进行节水优化，遵循"高水高用、低水低用、清污分流、梯级利用"的原则。

闭式空冷循环冷却水系统用软水或除盐水充当冷却水，吸收工艺换热设备热量，升高温度后，进入节能型水膜式空冷器或联合式空冷器管内进行预冷，然后进入喷淋管段被管外的空气和喷淋水吸收热量，降温后由循环水泵加压，至工艺换热设备。软水在闭式循环系统中循环使用，不与外界空气接触，完成吸热和放热的热量传递过程。该工艺替代传统的工业循环冷却水系统，以节能型水膜式空冷器或联合式空冷器代替凉水塔，既保证冷却水温度以满足各项工艺要求，还可节水，减少管道设备结垢，提高设备使用寿命。

参考文献

[1] 胡迁林，赵明."十四五"时期现代煤化工发展思路浅析[J]. 中国煤炭, 2021, 47(3): 5-7.

[2] 程晓磊，张鑫. 现代煤气化技术现状及发展趋势综述[J]. 煤质技术, 2021, 36(1): 1-9.

[3] 周志英. 新形势下现代煤化工发展现状及对策建议[J]. 煤炭加工与综合利用, 2020(3): 31-34.

[4] 杨芊，杨帅，张绍强. 煤炭深加工产业"十四五"发展思考[J]. 中国煤炭, 2020, 47(3): 67-73.

[5] 杨芊，杨帅，樊金璐，等."十四五"时期现代煤化工煤炭消费总量控制研究[J]. 煤炭经济研究, 2020, 40(2): 25-30.

[6] 王振西. 煤气化工艺技术现状及发展趋势[J]. 化工设计通讯, 2019, 45(10): 17-19.

[7] 张云，杨倩鹏. 煤气化技术发展现状及趋势[J]. 洁净煤技术, 2019(S2): 7-13.

[8] 黄格省，雪静，杨延翔，等. 我国煤制油技术发展现状与产业发展方向[J]. 石油技术与应用, 2017, 35(6): 421-428.

[9] 丁郡瑜. 中国煤制油产业与发展环境分析[J]. 国际石油经济, 2017, 25(4): 45-49.

[10] 汪寿建."十三五"现代煤化工创新与发展研讨[J]. 煤炭加工与综合利用, 2016(2): 4-10.

[11] 汪寿建. 现代煤气化技术发展趋势及应用综述[J]. 化工进展, 2016, 35(3): 653-664.

[12] 高实泰. 对我国现代煤化工（煤制油）产业发展的思考[J]. 煤化工, 2012(5): 34-37.

[13] 沈小波. 煤制油新局[J]. 能源, 2014(5): 43-49.

[14] 张杨健. 我国发展煤制油的可行性和前景分析[J]. 中国石化, 2011(1): 21-23.

[15] 解玉梅. 煤制油产业技术现状及发展要素条件分析[J]. 化学工业, 2009, 27(1-2): 23-30.

第一章 煤气化分类及气化原理

第一节 概述

煤气化过程是一个复杂的热化学反应系统，在高温高压下进行一系列复杂的多相物理及物理化学的反应，几乎将煤中所含的全部有机物质进行剥离，这是获得基本有机化学原料的一个重要途径。简而言之，煤炭气化是将煤炭中的碳物质与气化剂（空气、氧气、水蒸气等）在高温、高压下发生化学反应，从而把煤中的有机物转变为煤气的过程。

煤气中的有效成分主要是指 CO、H_2、CH_4 等，既可以作为工业燃气、城市煤气，也可以作为化工原料。

气化过程中产生的煤气或合成气组分，随气化所用的原料煤炭或煤焦性质、气化剂类别、气化过程条件以及气化反应器结构不同而不同。因此很难用一种统一的方法对煤炭气化进行分类，实际上煤炭气化工艺按不同的分类方法有不同的类别。

根据不同的分类方法会产生不同的煤气化类别，按供热方式和气化剂质可以分为内热式、热载体式，在具体供热方式下按不同气化剂可以分为空气气化、富氧气化、加氢气化、水蒸气气化、纯氧气化等；按物料在炉内流动状态划分为固定床气化、流化床气化和气流床气化，在具体床层的前提下还可以分炉型。随着洁净煤气化新工艺、新材料和新设备的研发应用，洁净煤气化技术将会逐步向煤种适用范围更宽、能源利用效率更高、综合能耗更低、环境更友好、生产装置规模更大的新型煤气化目标靠近。

第二节 按供热方式和气化剂分类

一、按供热方式分

煤气化过程是一个热化学过程，按供热方式不同分为内热式气化和外热式气化。

1. 内热式气化

煤在气化过程中不需要外部供热，利用煤和氧的自身化学反应放出热量来达到气化反应所需要的温度和热量。即将一部分气化煤作为燃料，与气化剂中的氧进行燃烧反应，气化剂可以是纯氧、空气或富氧空气等。将燃烧放出的热量积累到煤炭层里，为原料煤与通入的水蒸气与碳发生的化学反应提供热量，也为二氧化碳与碳的还原反应生成一氧化碳提供热量，生产制取煤气（合成气）。气化过程可以是连续的气化反应，也可以是间歇的气化反应，内热式煤的水蒸气及气化反应如图2-1所示。

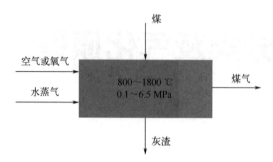

图 2-1　内热式煤的水蒸气及气化反应示意图

在内热式气化过程中，一部分碳与氧发生氧化燃烧反应，放出热量。氧化燃烧反应是一个升温的过程，见反应式（2-1）所示。

$$C+O_2 \longrightarrow CO_2 \quad \Delta H = 393.30 \text{ kJ/mol} \tag{2-1}$$

在提供足够热量达到一定温度时，再将碳与水蒸气以及二氧化碳发生还原化学反应，并吸收热量生成 $CO+H_2$ 合成气，制气的过程是一个降温的过程，见反应式（2-2）、式（2-3）所示。

$$C+H_2O \longrightarrow H_2+CO \quad \Delta H = -135.00 \text{ kJ/mol} \tag{2-2}$$

$$C+CO_2 \longrightarrow 2CO \quad \Delta H = +173.30 \text{ kJ/mol} \tag{2-3}$$

上述这一过程可以用纯氧直接连续反应，也可用空气间歇交替进行反应。

2. 外热式气化

煤在气化过程中需要外部给气化反应器提供热量，其热源可由加热外部炉壁来加热燃料，炉壁选用耐火度高的、导热性能好的材料，也可用高度过热的水蒸气（1100 ℃）或者加热水蒸气和燃料到1100 ℃，达到水蒸气发生化学反应所需要的温度。外热式煤的水蒸气气化过程如图2-2所示。

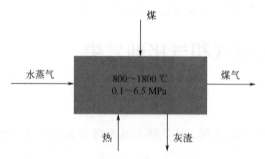

图 2-2　外热式煤的水蒸气气化过程示意图

在外部提供足够热量和温度时，煤与水蒸气发生气化反应，吸收热量生成合成气，制气的过程是一个降温的过程，见反应式（2-2）所示。

二、按气化介质分

根据进入气化反应器中的气化介质不同进行分类，可以有富氧气化、纯氧气化、水蒸气气化、氢气气化等若干种完全不同的气化介质进行煤气化过程。气化介质不同，得到的煤气组成是完全不同的。它们又可分为空气煤气、水煤气、半水煤气、混合煤气和加氢煤气。

1. 空气煤气

以空气作为气化剂生产的煤气。其中含有60%的氮气及一定量的CO、少量的CO_2和H_2，在煤气中，空气煤气的热值最低，主要是作为煤气发动机燃料和化工原料。

2. 水煤气

以水蒸气作为气化剂生产的煤气，其中H_2和CO含量可达85%以上，主要用作化工原料。

3. 半水煤气

以水蒸气为主，加适量的空气或富氧同时作为气化剂生产的煤气，主要用作合成氨的原料，其中要求体积比（H_2+CO）/N_2=3。

4. 混合煤气

以空气和适量的水蒸气的混合物作为气化剂生产的煤气。这种煤气主要是作为工业燃料。

5. 加氢煤气

以氢气作为气化剂在温度800～1000 ℃、压力1～10 MPa条件下生产的煤气。这种煤气主要用于生产甲烷。但煤与氢气的反应中仅部分碳转化为甲烷，此时可加水蒸气、氧气与未反应的碳进行气化反应，生产H_2、CO和CO_2。

第三节 按流动状态分类

如常压固定床间歇气化、鲁奇碎煤加压气化、粉煤流化床气化、粉煤气流床气化，包括Shell炉、GSP炉、Texaco炉等，各种气化方法均有其优缺点，对原料煤的品质均有一定的要求，其工艺的先进性、技术成熟程度互有差异。因此应根据煤种、用途、技术成熟可靠度及投资等来选择气化方法。煤炭气化技术有不同的分类方法，根据流体力学的原理，按照物料在气化炉内流动特征进行分类。

1. 固定床

按物料在炉内的流体力学条件或气固相间相互接触的方式分类是目前工程中应用比较多的一种分类方法。

当气体以较低的速度自下而上通过均匀的固体颗粒床层时，气体只在静止不动的固体颗粒之间的空隙中穿过，固体颗粒床层的高度基本上维持不变。这样的床层称为固定床。此时，气体通过固体颗粒床层的压力降随气体空床速度的增大而增大，如图2-3中AB段所示。随着气体流速增大到B点，固体颗粒床层开始松动，固体颗粒的相对位置也在一定区域内进行调整，床层高度略有增加，到C点为最高点。

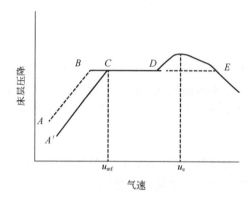

图 2-3　气体通过均匀颗粒床层的压力降与流速的关系曲线

2. 流化床

当气体流速继续增大到流速 u_{mf} 时，固体颗粒则完全悬浮在向上流动的气体中，并进行相当不规则的运动；气体流速进一步增大，床层高度将随之增加，固体颗粒的运动更为激烈，但仍停留在床层中，而不被气流所带出，这样的床层 CD 段称为流化床。此时，气体通过固体颗粒床层的压力降随气体空床速度的增大而基本上保持不变，如 CE 段所示。C 点的气体流速 u_{mf} 称为临界流化速度。此时，气体通过固体颗粒床层的压力降随气体空床速度的增大而急剧减小，甚至固体颗粒被气体全部带出。当固体颗粒处于流化床状态时，床层有一个明显的上界面，看起来很像沸腾的液体，并在许多方面呈现出类似液体的性质，故有时也称流化床为沸腾床。

3. 气流床

当气体流速继续增大到 E 点时，流化床的上界面消失，固体颗粒分散悬浮在气体中并被气流夹带而离开床层，这样的床层称为气流床，E 点的气流速度称为气流极限速度。

根据上述原理，按物料在气化炉床层内流动状态，即流体力学条件以及气体、固体及液体相互间接触方式进行分类，可以分为固定床、流化床和气流床三类。三种气化炉床层的主要特征区别见表 2-1 所示。

表 2-1　三种气化炉床层的主要特征区别

项目	固定床	流化床	气流床
原料煤流态	固态	固态	固态和液态
原料煤粒度/mm	6~65	<10	<0.12
原料煤停留时间	约 30 min	5~50 s	1~10 s
合成气出口温度/℃	400~500	700~1000	900~1400①
气化温度/℃	800~950	900~1050	1300~1700
气化压力	常压、低压、中压	常压、低压	常压、中压、高压
排渣方式	固态灰渣、液态	固态灰渣	液态
煤种范围	无烟块煤、限制	高活性煤	一般不限

① 气化炉内设有淬冷段时，温度会较低。

第四节 固定床气化

一、固定床主要特征

固定床气化炉典型特征是在床炉内的气化介质流速较慢，原料煤粒度较大，处于相对静止状态，物料停留时间较长，可达 0.5～1.0 h，固定床气化炉主要特征如下。

温度：800～900 ℃。

压力：常压～4.0 MPa。

粒度：6～50 mm。

气化剂：空气、富氧、纯氧。

在固定床气化炉里，氧化剂（蒸汽和 O_2）被吹入气化炉的底部。产生的粗煤气通过固体燃料床向上移动，随着床底部的供料消耗，固体原料逐渐下移。因此移动床的限定特性是逆向流动。在粗燃料气流经床层时，被进来的给料冷却，而给料被干燥和脱去挥发分。因此在气化炉内上下温度显著不同，底部温度为 1000 ℃ 或更高，顶部温度大约 500 ℃。燃料在气化过程中脱除挥发分意味着输出的燃料气含有大量煤焦油成分和甲烷。故粗燃料气在出口处用水洗来除去焦油。其结果是，燃料气不需要在合成气冷却器中高温冷却，假如燃料气来自气流反应器，它就需冷却。移动床气化炉为气化煤而设计，但它也能接受其他固体燃料，比如废物。固定床气化过程中对煤种的要求是高活性、高灰熔点和高热稳定性。20 世纪 30 年代开发出的早期鲁尔干法排灰鲁奇炉，已被广泛应用于城市煤气，以及在南非用于生产煤制化学品。在早期鲁奇炉内，床层底部温度保持低于灰熔点，便于煤灰作为固体排出。

二、固定床气化分类

煤炭在固定床气化炉中的气化，也称块煤气化，包括常压固定床气化和加压固定床气化。固定床气化可分为三类。

第一类炉型为 UGI 炉，由美国联合气体改进公司（United Gas Improvement Company）开发。它最早由德国鲁奇公司于 1882 年设计的规模为 200 t/d 的煤气发生炉，1913 年在德国 OPPAU 建设的第一套用炭制半水煤气的常压固定层造气炉基础上演变而来的。由美国联合气体公司开发的常压固定床间歇式 UGI 气化炉，以无烟小块煤、焦炭为原料，气化能力小，环境污染大，属于淘汰炉型。

第二类炉型为鲁奇炉（Lugri 炉），由德国鲁奇公司开发的加压碎煤固定床鲁奇炉，以褐煤、次烟煤等为原料，气化能力大。鲁奇炉是逆向气化，原料煤在炉内停留时间长，反应炉的操作温度和炉出口煤气温度低，碳转化效率高、气化效率较高。但煤气化污水治理难度大，投资高。

第三类炉型为 BGL 炉，由德国鲁尔公司与英国煤气公司（BGL 公司）合作开发的加压块煤熔渣气化炉。BGL 炉以褐煤、次烟煤等为原料，液态排渣，气化能力大，炉底部温度足以使灰熔化为液态排渣。三种固定床气化炉的主要区别见表 2-2 所示。

表 2-2　三种固定床气化炉的主要区别

专利商	气化炉名称	气化压力	进料方式	排渣方式	气化剂
美国联合气体公司	UGI 炉	常压	块煤	干法	空气+水蒸气
德国鲁奇公司	Lugri 炉	2.5～4.0 MPa	碎煤	固态	氧气+水蒸气
英国燃气公司	BGL 炉	2.5～4.0 MPa	块煤	液态	氧气+水蒸气

三、固定床常压气化

固定床常压气化有间歇法和连续法，气化剂有空气或富氧空气，在炉内与碳进行反应，提供气化所需热量。水蒸气则利用炉内燃烧反应提供的热量和碳进行气化反应，生成氢气、一氧化碳、二氧化碳和甲烷等气体。出口煤气种类根据炉内使用气化剂和煤气的热值不同，分为空气煤气、混合煤气、水煤气、半水煤气等。固定床由于气化反应温度低，煤中有机物反应不完全，在较低温度下，生成的副产物多，煤气洗涤过程中产生的污染较大，容易产生废水、废渣和废气，尤其是间歇法气化工艺等。在日益重视环境保护和能源高效转化的时代，这种常压煤气化工艺由于设备产能低、三废排放量大以及使用无烟块煤等缺陷，已属落后的技术，将来会逐步被新型煤气化技术所取代。

1. 固定床间歇气化

常压固定床 UGI 炉是非常传统的气化方法，该技术是 20 世纪 30 年代开发成功的，设备容易制造、操作简单、投资少。我国是 20 世纪 50 年代开始以无烟煤或焦炭为原料，或同时将无烟粉煤制备成碳化煤球或煤棒为原料的中小氮肥厂使用，目前仍有一部分中小氮肥厂在生产运行。UGI 炉最大炉径为 3.6 m，以块状无烟煤或焦炭或碳化煤球（煤棒）为原料，以空气和水蒸气为气化剂，在常压间歇条件下生产合成原料气为生产小型合成氨、小型甲醇或联醇等提供原料气。

在气化炉内，煤是分阶段间歇装入的，当炉料装好进行气化时，空气作为气化剂，或以空气（氧气、富氧空气）与水蒸气作为气化剂。气化炉内料层自上而下分别为：空层、干燥层、干馏层、还原层、氧化层、灰渣层。由于气化剂不同，原料煤质不同，在炉的停留时间和发生的化学反应不同，最终出口的煤气组分也有一定的差异。整个气化过程是在常压下进行的，由于各层带的气体组成不同，温度不同，随着反应时间的延长，燃料逐渐下移，经过前述的干燥、干馏、还原和氧化等各个阶段，最后以灰渣形式排出。由于原料和排渣是间隔一定时间进行操作的，因此操作方法为间歇式气化。

2. 固定床连续气化

固定床间歇气化的特点是入炉的空气及蒸汽按照一定的比例时间进行间歇操作燃烧和制气；而粒度为 25～80 mm 的块状无烟煤或焦炭或碳化煤球入炉及排渣也是间歇式操作，按比例时间添加原料和排渣，因此这种间歇式操作方法导致原料煤利用率低，合成气单耗高、操作非常频繁和繁杂、单炉产气量低、对大气污染严重。因此在这种基础上进行了改进，推出了常压固定层无烟煤/焦炭富氧连续气化工艺，这是在间歇式气化工艺上进行改进的，一是采用富氧为气化剂，提高氧气含量并连续气化；二是在原料粒度上改进，采用 8～10 mm 粒度的无烟煤或焦炭等，显然提高了原料煤的利用率，对大气排放减少，污染强度降低，维修费用及成本也得到降低。但由于固定床气化只能以不黏无烟块煤为原料，不仅原料成本高，气化强度低,而且气-固逆流换热,粗煤气中含有酚类、焦油等,使后续净化流程加长,增加了投资和成本。

四、固定床加压气化

碎煤固定层加压气化是在气化压力 2.5~4.0 MPa,气化温度 800~900 ℃ 的条件下,采用原料煤粒度为 6~50 mm,水蒸气与纯氧作为气化剂与煤炭反应,产生 CO 和 H_2、CH_4 及其他气体组分。经改进后的工艺能够完全将煤炭固体转化为燃料气,避免了固体废物的产生。固定床加压气化比较典型的气化工艺是鲁奇碎煤加压气化技术,该工艺是 20 世纪 30 年代由联邦德国鲁奇公司开发的,技术非常成熟可靠,是目前世界上建厂数量较多的煤气化技术。主要用于生产城市煤气和合成原料气。鲁奇碎煤加压气化炉发展进程见表 2-3 所示。

表 2-3 鲁奇碎煤加压气化炉发展进程

项目	第一阶段	第二阶段		第三阶段	第四阶段
	MK-Ⅰ	MK-Ⅱ	MK-Ⅲ	MK-Ⅳ	MK-Ⅴ
年份	1936~1954 年	1952~1965 年	1952~1965 年	1969 年	1978 年
炉径/mm	2600	2600	3700	3800	5000
适宜煤种	褐煤	弱黏结煤	非黏结煤	各种煤	各种煤
气化能力/(m^3/h)	5000~8000	14000~17000	32000~45000	35000~50000	75000~100000

该工艺的主要特点是原料适应广,适用于褐煤、长焰煤、烟煤、无烟煤、焦炭等。除黏结性较强的烟煤外,水分、灰分较高的劣质煤也可气化。但比较经济的气化原料主要还是褐煤、不黏结性或弱黏结性煤,对原料煤的一般要求是煤的热稳定性高、灰熔点高、机械强度高和化学活性好。该工艺煤的比氧耗量低,是目前固定床、流化床和气流床气化过程中比氧耗量最低的气化工艺。气固在床层内流动是逆向流动气化,停留时间长达 1 h,气化炉操作温度和炉出口煤气温度低,气化效率高,碳转化效率高。气化较年轻的低阶煤时,能够得到约 10% 甲烷含量,高碳氢化合物含量约 1%,适合生产天然气及城市燃气。此外,还能得到各种有价值的焦油、轻质油及粗酚等副产品。若用作合成气生产化工产品,虽然粗煤气经烃类分离和蒸汽转化后可作为合成气,但工艺流程长,投资高,技术经济指标较差。

鲁奇炉以小块煤(10~50 mm)为原料,蒸汽纯氧连续送风制取中热值煤气。气化炉床层自上而下分为干燥层、干馏层、还原层、氧化层和灰渣层等,生成的煤气经热回收和除油,含有 10%~12% 的甲烷和不饱和烃。气化剂有空气、空气-水蒸气、氧气-水蒸气等,燃料由固定床上部的加煤装置加入,底部通入气化剂,燃料与气化剂逆向流动,反应后的灰渣由底部排出。Lugri 炉较好地解决了 UGI 单炉产气强度低的问题,由于使用了碎煤,使得煤利用率得到相应提高。但 Lugri 炉对煤种和煤质有较高的要求,煤种范围适宜使用弱黏结性烟煤和褐煤,灰熔点(氧化气氛)大于 1500 ℃;对黏结性强、热稳定性差、灰熔点低以及粉状煤则难以直接使用;虽然改进型的 Lugri 炉增设了破黏装置、搅拌器等,但也局限于黏结性较小的煤种;Lugri 气化用进料灰锁上、下阀使用寿命短,需要进口;制造工艺较复杂,辅助设备较多,维修和操作都比较复杂;由于鲁奇气化过程中,气化温度低,煤中有机质不能完全气化,副反应比较复杂,煤气焦油和酚类等物质含量多,含酚难降解污水处理较复杂;蒸汽分解率较低,约为 45%,蒸汽消耗量大,未分解的蒸汽在后序工段冷却,造成气化废水多,环保问题不易解决,使得污水处理投资高,增加了单位合成气的运行成本。

五、固定床熔渣气化

BGL 气化炉是在鲁奇碎煤加压气化技术的基础上,将固体排渣改为液体排渣的气化工艺。20 世纪 80 年代鲁奇公司和英国煤气公司联合开发了 BGL 液态排渣炉,BGL 炉将气流床的高温液态排渣气化与固定床碎煤加压气化相结合,具有气流床和固定床的各自优点。在高温条件下,将固体原料煤中的有机物完全气化生产燃料气和合成气,无机物呈液态方式排出炉外,废渣无毒无害,具有耗氧量低、气化温度高、热效率高、煤转化率高、气化强度大、污染小等一系列优点,由于该炉是在原鲁奇碎煤加压气化固态排渣基础上进行了改进和优化后的产物,解决了 Lurgi 炉水蒸气分解率低、工艺废水量大、气化温度低、固定碳利用率不高以及单炉气化强度低等问题而受到广泛重视。但是由于高温、高压的操作条件,对于炉衬材料、熔渣池的结构和材质以及熔渣排出的有效控制都有待完善。

随着炉内压力、温度增加,气化、干馏强度与装置能力加大。压力增加有助于提高产油率(尤其轻质油)和油品质量,煤气热值也随之增加(甲烷等轻烃物质增加)。BGL 气化炉入煤原料粒度为 6~50 mm,每台气化炉设有两台煤锁,交替操作,间断地将原料煤加入炉内,通过炉内搅拌器将煤均匀地分布在气化炉的横截面上,气化炉床层从上至下分为干燥层、干馏层、气化层、燃烧层和熔渣层。气化剂为纯氧和水蒸气,在此过程中原料与蒸汽和氧气混合物进行一系列复杂的物理化学反应,高温产生的液态渣储存在渣池内,通过下渣口间断排入激冷室和渣锁,渣锁间断地把激冷后的玻璃渣排入渣沟,通过水力作用冲入渣池。产生的粗合成气与炉内原料煤进行逆流接触降温至 550 ℃±50 ℃离开气化炉。

六、固定床主要炉型

由于固定床气化技术在中国市场应用比较早,技术比较成熟,投资低,规模小,一批中小型化肥企业仍在应用。虽然性能指标、环保指标和技术经济指标较先进的气流床存在非常大的差距,但投资低,工业燃气和城市燃气以及煤制化学品还有一定的市场,因此一些研发单位也在进行改进和完善。目前在中国煤气化市场已经商业化应用的固定床气化炉见表 2-4 所示。

1. 固定床炉型

表 2-4　中国市场固定床气化炉应用炉型

序号	气化炉及气化技术名称	技术专利商	备注
1	鲁奇炉(Lurgi 碎煤加压气化技术)	北京鲁奇工程咨询有限公司	业绩表
2	BGL 炉(泽玛克熔渣气化技术)	德国泽玛克清洁能源技术有限公司	业绩表
3	赛鼎炉(碎煤加压气化技术)	赛鼎工程有限公司	业绩表
4	YM 炉(云煤炉熔渣气化技术)	云南煤化工集团有限公司	业绩表
5	晋城炉 JMS(无烟碎煤加压气化技术)	山西晋城无烟煤矿业集团有限责任公司、赛鼎工程公司	业绩表
6	晋航炉 JMH(无烟煤加压气化技术)	山西晋城无烟煤矿业集团有限责任公司、西安航天源动力工程	业绩表
7	晋煤炉 JML(无烟碎煤加压气化技术)	山西晋城无烟煤矿业集团有限责任公司、上海倍能化工技术有限公司	业绩表
8	T-G 炉(昊华骏化纯氧气化技术)	昊华骏化集团有限公司	业绩表
9	DJ 昌昱炉(低压纯氧连续气化技术)	江西昌昱实业有限公司、河南昌昱实业有限公司	业绩表
10	JY 昌昱炉(加压纯氧连续气化技术)	江西昌昱实业有限公司、河南昌昱实业有限公司	业绩表
11	GAG 昌昱炉(熔渣气化技术)	江西昌昱实业有限公司、河南昌昱实业有限公司	业绩表

2. 炉型主要参数

固定床气化炉型主要参数见表 2-5 所示。

表 2-5　固定床气化炉型主要参数

序号	气化炉	进料方式	气化压力/MPa	气化剂	排渣方式	单炉投煤量/(t/d)
1	鲁奇炉	碎煤	3.0～4.0	氧气+水蒸气	固态	650～750
2	BGL 炉	块煤	3.0～4.5	氧气+水蒸气	液态	750～1200
3	赛鼎炉	碎煤	3.0～4.0	空气+水蒸气	固态	420～1200
4	YM 炉	碎煤	约 3.0	氧气+水蒸气	液态	约 1000
5	晋城炉 JMS	碎煤	约 4.0	氧气+水蒸气	固态	约 550
6	晋航炉 JMH	碎煤	约 4.0	氧气+水蒸气	固态	约 350
7	晋煤炉 JML	碎煤	约 4.0	氧气+水蒸气	固态	约 550
8	T-G 炉	块煤	低压	富氧空气+水蒸气	固态	130～150
9	DJ 昌昱炉	块煤	低压	富氧空气+水蒸气	固态	90～160
10	JY 昌昱炉	碎煤	约 2.5	富氧空气+水蒸气	固态	180～350
11	GAG 昌昱炉	碎煤	约 2.5	氧气+水蒸气	固态	约 180

第五节　流化床气化

一、流化床主要特征

流化床气化是指在一个流化床层内，固态煤和灰悬浮在一股向上、可通过气化剂使固态煤和灰流动的气流中，煤气化反应就是在这种气化剂与固态煤、灰形成的流化床层内进行的。煤的粒度既不能过大，大粒度煤不易形成流化态环境，气固相接触面小；又不能过小，小粒度常易被气流带出。一般工况下，流化床气化用煤的粒度是 1～6 mm 或 1～10 mm，<1 mm 的细粉过多，容易被气流带出炉外。在流化床层内，气化剂（通常是空气或富氧空气）作为流化介质，流化床气化温度不能过高，以至于让煤粒灰过热，熔化粘接而失去流化态环境，流态化功能就将停滞。将空气作为气化剂就是为了保持气化温度<1000 ℃。流化床气化炉的典型特征是在流化床气化过程中，炉内气化介质流速较大，粉煤粒度较小，煤粒悬浮于气流中做相对运动，呈沸腾状，有明显床层界限，停留时间可达数分钟。主要特征如下。

温度：850～1050 ℃。

压力：常压～2.5 MPa。

粒度：1～10 mm。

气化剂：空气或富氧空气。

德国在 20 世纪 20 年代开发了温克勒（Winkler）气化炉，这是最早的流化床煤气化工业生产装置，1926 年在德国投入运行。此后，世界各国共建了约上百台温克勒气化炉，我国早期也有这种流化床气化炉，产生的气体含甲烷较少，适用于生产合成氨、氢气和发电。流化床气化工艺适合于气化活性较高、形成年代较短的低阶煤及褐煤的气化，对原料的粒度一般要求为<10 mm，对含灰较高的劣质煤也能气化，煤种适应性较好。煤粒在气化剂的作用下，呈现流态化在炉内运动。通常粉煤粒度控制在 0～8 mm，由于气化反应速率快，入炉煤粒迅

速完成干燥、干馏、氧化及还原气化反应。

流化床内温度场分布均匀，气化过程在灰熔点以下运行。流化床气化炉床层内必须维持一定的含碳量，才能维持炉内的还原性气氛，这样在流化状态下渣与料层中碳的分离就比较困难。70%的灰及部分碳粒被煤气夹带离开气化炉，热损失也比较大。此外，30%的灰粒由于一定的黏结性也含有料层中的碳，重量增大而落入灰斗，灰渣与飞灰的含碳量均较高。通常流化床内温度在900~1000℃范围内，工艺过程易于控制。由于气化温度较低，煤气出口温度为900℃左右。因此对气化炉设备、气固分离设备及余热回收设备等结构、材质的要求相对较低，工艺及设备不过于复杂，使得流化床气化的投资相对较低。

二、流化床气化分类

为了提高煤炭利用率，降低流化造成的碳损失，流化床气化技术也在不断改进和完善。流化床气化炉与流化床锅炉不同，后者可提高空气过剩系数，尽量让炉内碳与氧气发生燃烧反应，放出热量副产蒸汽，使得炉内保持氧化性气氛。而前者必须保证炉内物料的一定含碳量（一般应大于40%），以维持炉内的还原性气氛，便于进行气化还原反应，生产$CO+H_2$。因此，如何降低流化床气化灰渣排放碳含量，以及提高碳的利用率，自然成为改进的一个方向。在流化状态下，渣与料层的碳粒分离很困难。为了防止炉栅结渣，全炉的操作温度控制在灰熔点以下约150℃温差范围内，降低了气化温度，由此影响了气化强度，使得粗煤气质量变差，单炉生产能力降低、碳转化率降低。当气化局部超温时，黏结性强的煤，会在加料口的高温区结焦，造成加料堵塞，这自然成为另一个改进的方向。

其中较典型的是高温温克勒气化技术，该技术是在高温、高压的状态下，提高入炉循环系统的返料循环量，以此增强气化炉床层内部的煤炭转化率，同时提高粉煤的气化强度及CO产率。高温温克勒气化法操作温度达1000℃左右。在加压条件下，可以气化含水率12%以下的<10 mm的粉煤。流化床气化以空气、富氧和蒸汽为气化剂，在适当煤粒度和气速下，使床层中粉煤沸腾，气固两相充分混合接触，在部分燃烧产生高温的条件下进行煤的气化反应。

流化床类型有浓相与稀相之别，气化炉结构有鼓泡床和沸腾床之分。一般沸腾床炉径上部粗，下部细，底部做成锥形。炉径扩大后，喷口可由多个喷嘴组成，在底部床层内中心形成一个隐埋的喷泉。沸腾床一旦形成喷泉，通过床层阻力降要比鼓泡床小，横向的传质、传热要优于单纯鼓泡床。几种流化床气化的主要区别见表2-6所示。

表2-6 几种流化床气化的主要区别

专利商	气化炉名称	气化压力	进料方式	排渣方式	气化剂
德国 Winkler	HTW炉	常压	碎煤	固态	空气、氧气、水蒸气
美国 KBR公司	Trig炉	中压	块煤	固态	空气、氧气、水蒸气
德国 Lurgi	CFB炉	常压	粉煤	固态	空气、氧气、水蒸气
美国煤研所	U-gas炉	中压	粉煤	灰团聚	空气、氧气、水蒸气
中国山西煤化所	ICC炉	低压	块煤	灰熔聚	空气、氧气、水蒸气

三、高温温克勒气化

温克勒气化是流化床气化发展过程中最早用于工业生产的一种气化工艺。高温温克勒HTW炉气化技术是在早期温克勒炉基础上改进而来的，广泛适用于褐煤等劣质煤种的加压气泡型流化床气化炉。气化由进料、气化、合成气冷却、干尘脱除以及合成气洗涤等组成。高温温克勒流化床工艺优于常压温克勒气化炉。

1. 早期温克勒炉

早期温克勒炉属常压细粒煤流化床气化工艺，用空气或氧气和蒸汽为气化介质。以空气作为气化剂的温克勒炉，单炉处理煤炭能力为 700~1100 t/d，用氧气作为气化剂时，单炉处理煤炭能力为 1100~1500 t/d。对煤质基本要求为：灰分<50%，水分<18%，粒度 1~6.5 mm。原料可不经干燥预处理直接入炉，煤气中基本不含焦油和重质烃类。1926 年建成第一台温克勒气化炉，用富氧和蒸汽连续鼓风制取合成氨原料气。至 20 世纪 70 年代末，国外曾有 70 多台炉在运行。常压温克勒炉，螺旋给煤，炉箅布风，煤气带出物多，飞灰含碳量为 60%~70%，碳转化率在 80%左右。

2. 高温温克勒炉（HTW）

HTW 炉由德国莱茵褐煤公司发明。该公司拥有并经营德国鲁尔地区的褐煤煤矿，所有的开发及应用是以褐煤气化为基础，于 1978 年开发了高温温克勒技术（HTW 炉），用于生产铁矿石还原气，后来转向生产合成气和发电。HTW 气化炉是一个带有耐火衬里的压力容器，炉内无任何内件，结构简单、维护费用低。在原温克勒炉的基础上气化压力提高至 1.0~2.0 MPa，最高可达 3.0 MPa。随着气化压力的升高，气化过程反应速度加快，气化炉单位截面积处理负荷增大，有利于装置生产能力的强化，进而提高了气化炉的生产能力，冷煤气效>77%，碳转化率>95%。

HTW 气化炉温度低于煤的灰熔点，增加了二次风，使炉温提高，床层温度为 760~820 ℃；采用喷嘴组代替炉箅布风，干法排渣、排灰减少了排渣的含碳量，碳转化率可达 96%；避免富含焦油以及酚类的黑水产生，废水量少，处理简单，接近零排放；具有广泛的原料适应性，可气化多种原料煤，涵盖褐煤、长焰煤、高熔点高灰量高含硫量煤（三高煤）、生物质以及民用垃圾等。HTW 炉在德国柯伯瑞（Kobra）300MW IGCC 示范电站中进行示范，白仁拉特褐煤制甲醇工业项目中得到了验证，连续 12 年可靠运转，平均设备在线率超过 85%。高温温克勒炉螺旋给煤，喷嘴布风，辐射废锅，二级收尘返灰，气化强度提高。

四、CFB 循环流化床气化

流化床气化是原料粉煤在入炉气化剂的作用下，呈现流态化状态，通常粉煤粒度控制在 0.5~8 mm，由于气化反应速率快，入炉粉煤迅速完成气化反应过程。CFB 粉煤循环流化床气化也称为沸腾床气化，这是一种比较成熟的流化床工艺，在国外应用较多，德国 Lurgi 循环流化床气化炉是在流化床燃烧锅炉技术的基础上开发的。CFB 气化炉适合于煤的气化活性高、不黏及弱黏性的烟煤、年轻的褐煤，对原料粒度的一般要求为 0.5~6 mm。粉煤在氧化剂和气化剂的作用下，呈流态化状态在炉内运动。由于气化反应速度快，入炉粉煤迅速完成干燥、干馏及烃类二次裂解、氧化还原反应。所以出口煤气中几乎不含焦油和酚水，环境友好。流化床内温度场分布均匀，过程易于控制，床层温度一般为 900~1050 ℃，工艺过程易于控制，煤气出口温度约 900 ℃，对气化炉设备、气固分离装置及余热回收设备的结构及材质要求相对较低，工艺设备不过于复杂，属于投资低环保型煤气化工艺。

CFB 炉采用变截面炉膛结构，上部直径扩大，增加反应停留时间和降低空速，便于气固分离。下部设置高效布风气体分布器，使入炉气固混合均匀，流化充分，强化流化床层传热传质。依据煤质灰熔点，气化反应温度控制在 950～1050 ℃ 范围，尽可能在较高温度下将煤中的挥发分热解，焦油、重质碳氢化合物等完全裂解和气化，以减少后续废水排放，消除焦油及含酚废水污染。

在流化状态下，为避免炉内局部超温引起熔渣堵塞，气化炉膛顶部排出煤气夹带半焦气固混合物的分离选择高效低阻旋风分离装置；高通量返料系统及高倍率固体物料循环系统。循环流化床气化的正常运行是由反应器床层温度、气固浓度分布以及气速等操作因素决定的，由于循环流化床处于高气速操作环境时，气体携带固体的能力增强，使得大量的固体被带出了反应器。因此必须安装相关的气固装置与返料装置对固体进行收集与返回。循环流化床的气固分离装置一般伴有高温惯性分离器与高温旋风分离器，采用多级分离的方式。固体颗粒的循环则依靠返料装置实现，立管与返料阀为返料装置的组成部分。立管主要防止气流出现反窜的现象；返料阀则对固体颗粒的流动起着开闭及调节的作用，有效通过返料重回炉内多次循环气化。强化流化床层的内、外循环是提升流化床粉煤气化转化率的一种有效途径。

五、灰熔聚（灰团聚）流化床气化

灰熔聚气化是流化床气化的一种改进工艺，以末煤或碎煤为原料，粒度在 6～8 mm 之间，以空气、富氧、氧气为氧化剂，水蒸气或二氧化碳为气化剂，在适当的煤粒度和气速下促使床层中粉煤沸腾，并发生强烈返混，达到气固两相充分混合。根据射流原理，利用流化床较高的传热、传质速率特征，使得气化反应主要区域内温度分布均匀，并设计了独特的气体分布器和灰团聚分离装置，使得中心射流形成床内局部高温区，温度在 1150～1250 ℃ 之间，促使灰渣团聚成球，借助重量的差异达到灰团与半焦的分离。在非结渣情况下，连续有选择地排出低碳含量的灰渣，并提高床层操作温度，使其适用煤种拓宽到低活性的烟煤乃至无烟煤。

典型炉型有美国气体技术研究院开发的 U-gas 气化法和中国科学院山西煤化所 ICC 气化法，并有工业化装置成功运行。灰熔聚气化炉内衬绝热层和耐火砖，原煤粉煤粒度<8 mm，干燥后由循环煤气或空气进行输送。由进料喷嘴送入气化炉燃烧段，粉煤在喷射区附近快速脱除挥发分生成半焦，同时喷入的气化剂（蒸汽、氧或富氧空气混合物）在喷口处形成一个射流高温燃烧区，使煤和煤焦发生燃烧反应。

灰熔聚气化炉设置变径段圆筒形，上部直径设置扩大段自由层，增加反应时间，使煤料停留时间>15 min，有利于提高碳转化率，减少煤气带出飞灰。下部设置中心射流管，为气化高温段，形成了床层局部高温区（1000～1250 ℃）。在高温段气化剂与煤粉充分混合接触，床层中的粉煤沸腾流化与氧反应，为提供气化反应所需的热量，确保脱挥发分过程中生成的焦油和轻油充分热解，发生热解和氧化还原反应。

床层底部设置灰黏聚分离装置，较好实现灰球和煤粒的分离。由于煤气化反应温度是在煤灰熔点温度以下操作，因此灰渣在高温区内没有液化，但相互黏结，团聚成球，再借助重量差异达到灰球和煤粒的分离，降低灰的含碳量，提高碳利用率。在气化剂进口处设置气体分布器，使得气固混合均匀。煤粉从气化炉下部进入，被底部高速进入的气化剂（氧气或富氧空气和水蒸气）流化，使床层煤粒灰粒沸腾起来。在局部高温区内从下到上逐步发生煤干燥、干馏、热解和燃烧、水蒸气分解以及碳还原反应，最终生成煤气。具有较高的碳转化率，可达 90% 左右，有效合成气中 $CO+H_2$>72%，CH_4 含量 3.5%～4.5%，煤气质量较好。分离的灰渣从炉底排渣管落入渣锁，定时排出。

六、流化床主要炉型

1. 流化床炉型

流化床气化技术在中国煤化工市场应用相对较少,该技术在国外比较成熟,但大型化炉型的应用业绩较少。虽然流化床气化技术已有较大发展,相继开发了高温温克勒气化工艺(HTW 炉)、循环流化床气化工艺(CFB 炉)、流化床灰团聚气化工艺(U-gas 炉和 ICC 炉)等新技术,在一定程度上解决了常压流化床气化存在的问题。但仍然存在一些瓶颈,稳定长周期运行、碳转化率偏低及气化温度低,热损失大,粗煤气质量、气化性能指标较气流床要差。但投资低,工业燃气和合成气也得到相关煤化工企业的重视。流化床气化主要炉型见表 2-7 所示。

表 2-7 流化床气化主要炉型

序号	气化炉及气化技术名称	技术专利商	备注
1	U-gas 炉(灰熔聚流化床气化技术)	美国 IGT 燃气技术研究院	业绩表
2	SES 炉(灰熔聚流化床气化技术)	美国综合能源系统有限公司	业绩表
3	CAGG 炉(灰黏聚循环流化床粉煤气化技术)	陕西华祥能源科技集团有限公司	业绩表
4	ICC 炉(灰熔聚流化床粉煤气化技术)	中国科学院山西煤炭化学研究所煤化工程中心	业绩表
5	T-SEC 炉(灰熔聚流化床气化技术)	江苏天沃综合清洁能源技术有限公司	业绩表
6	KEDA 炉(科达流化床煤气化技术)	安徽科达洁能股份有限公司	业绩表
7	黄台炉(黄台流化床气化技术)	济南黄台煤气炉有限公司	业绩表
8	中合炉(中科合肥循环流化床气化技术)	中科合肥煤气化技术有限公司	业绩表
9	中兰炉(循环流化床粉煤气化技术)	中国科学院工程热物理研究所、兰石集团	业绩表
10	中科能炉(中科能循环流化床气化技术)	中科清能燃气技术(北京)有限公司	业绩表
11	RH 炉(循环流化床气化技术)	内蒙古宏裕科技股份有限公司	业绩表
12	HYGAS 炉(高压多级流化床气化技术)	上海联化投资发展有限公司	业绩表
13	CCSI 炉(粉煤热解流化床气化一体化技术)	陕西延长石油(集团)有限责任公司碳氢高效利用技术研究中心	业绩表
14	KSY 炉(双流化床煤粉气化技术)	陕西延长石油(集团)有限责任公司碳氢高效利用技术研究中心	业绩表
15	新奥催化炉(流化床气化技术)	新奥科技发展有限公司	业绩表
16	TRIC 炉(输运床气化技术)	美国 KBR 公司及美国南方电力公司	调整

2. 炉型主要参数

流化床炉型主要参数见表 2-8 所示。

表 2-8 流化床炉型主要参数

序号	气化炉	进料方式	气化压力/MPa	气化剂	排渣方式	单炉投煤量/(t/d)
1	U-gas 炉	粉煤	约 1.0	氧气+水蒸气	灰团聚	400~1200
2	SES 炉	粉煤	约 1.0	氧气+水蒸气	灰团聚	400~1500
3	CAGG 炉	块煤	常压	空气/富氧+水蒸气	固态	750~2000
4	ICC 炉	块煤	0.4~0.6	空气/富氧+水蒸气	固态	330~450
5	T-SEC 炉	碎煤	0.2~1.0	氧气+水蒸气	固态	300~480

续表

序号	气化炉	进料方式	气化压力/MPa	气化剂	排渣方式	单炉投煤量/(t/d)
6	KEDA 炉	碎煤粉煤	常压~低压	空气/富氧+水蒸气	固态	120~550
7	黄台炉	粉煤	常压	空气/富氧+水蒸气	固态	120~550
8	中合炉	碎煤	常压	富氧空气+水蒸气	固态	约 360
9	中兰炉	碎煤	常压	富氧空气+水蒸气	固态	540~1100
10	中科能炉	碎煤	低压	富氧空气+水蒸气	固态	约 260
11	RH 炉	碎煤	常压	氧气+水蒸气	固态	400~840
12	HYGAS 炉	粉煤	约 7.0	氧气+水蒸气	固态	约 2400
13	CCSI 炉	粉煤	约 1.0	氧气+水蒸气	固态	约 36
14	KSY 炉	粉煤	常压	富氧空气+水蒸气	固态	约 100
15	新奥催化炉	粉煤	常压	富氧空气+水蒸气	固态	约 5
16	TRIC 炉	粉煤	中压	富氧/纯氧+水蒸气	固态	1200~1600

第六节 气流床气化

一、气流床主要特征

气流床气化是 20 世纪 50 年代发展起来的一种新型煤气化技术，与固定床和流化床气化相比，气流床气化温度高，气化温度为 1300~1700 ℃，最高气化温度可达 2300 ℃，气化炉处理煤量大，单炉日投煤量为 750~3000 t，最大日投煤量约 4000 t，合成气有效成分高，一般为 80%~92%，煤转化率高，一般为 96%~99%。气流床气化均以纯氧作为气化剂，在高温高压下完成气化过程，碳转化率高，不产生焦油、萘和酚水等，是一种环境友好型的气化技术，也是未来新型煤气化的发展方向。气流床气化的主要特征如下。

温度：1300~1650 ℃。
压力：1.0~8.7 MPa。
粒度：0.075~0.1 mm。
煤种：适应范围广。
气化剂：纯氧、蒸汽。
原料停留时间：<10 s。

在气流床气化过程中，炉内气体流速最大，粉煤粒度小，与气流做同向运动，气流床属于一种并流气化。物料在炉内停留时间短，仅数秒就在高温下完成了气化反应。由于气化反应温度高，且多为高压下运行，煤炭中大分子物质全部被完全裂解和转化，合成气中不含酚类、芳烃类物质，气化过程清洁高效，没有二次污染。用气化剂 N_2 气或 CO_2 气将粒度<100 μm 的干煤粉喷入气化炉内，也可将煤粉制备为水煤浆，用煤浆泵打入气化炉内。煤料在高于灰熔点的温度下与氧化剂发生燃烧反应和气化反应，灰渣以液态形式排出气化炉。

当采用纯氧和蒸汽作气化剂时，避免了因使用空气作为气化剂时带入的大量氮气，可维持较高的反应温度，有利于碳粒的完全气化，提高了二氧化碳和蒸气的浓度，加快反应速度。生成的一氧化碳和氢浓度相应提高，改善了煤气的质量。同时没有氮气带走热量，气化过程的热损失大为减少，有利于吸热反应的进行，这就是气流床使用纯氧气化的原因。气流床反应动力学表明，煤气化的总反应速度控制步骤是由动力学控制，所以选择使用高活性煤种对气流床反应有利；使用高挥发分、低固定碳的煤种有益于挥发分的逸出速度加快，使剩余的碳转化率提高，气化性能指标好；选择低灰熔点煤比高灰熔点煤更加节省能量，有益于气流床在较低温度下使灰渣熔融，并让煤炭中的有机物全部气化转化为煤气；气流床高压法能够提高气化炉的气化强度、气相分压增大，有益于气化反应向生成物转化，停留时间延长，碳转化率提高，提高生产能力。气流床气化工艺包括煤粉制备（或水煤浆制备）、原料输送、煤气化、废热回收、煤气净化、排渣等工序。其中，煤的进料方式、热量回收类型、喷嘴数量及分布、内衬材料等是区分各种气流床气化炉的关键要素。

早期气流床典型的炉型为常压 KT 炉、Destec 炉和 Prenflo 炉，随后 Texaco 炉、Shell 炉等一批新型气流床炉型的开发，因其出色的生产能力和气化效率，在世界范围内得到了广泛的应用。

二、气流床气化分类

对于气流床气化的分类有多种方法，按气化压力高低可分为常压（低压）和加压气化；按炉内气流方向及移热方式可分为上行废锅和下行水激冷；按喷嘴数量和布置可分为单喷嘴直喷和多喷嘴对喷；按炉内保温材料形式可分为热炉壁和水冷壁；按喷烧段式可分为一段喷烧和二段喷烧等。此外，按进料方式可分为干煤粉进料和水煤浆进料两大类，这是目前采用得比较多的分类方法，通常被称为气流床干煤粉气化和气流床水煤浆气化，同时也要考虑气化压力的因素。

气流床以干煤粉为原料与高压 N_2 气（或 CO_2 气）混合或水煤浆经煤浆泵加压高速喷入炉内，与氧化剂混合在 1300~1650 ℃ 的高温下运行，气化反应速度极快、气化强度极高，碳的转化率达 99%，单炉处理煤炭能力可达 750~4000 t/d，气流床气化炉获得的有效合成气质量高，气体中不含焦油和酚类，不污染环境，三废处理方便。

对气流床，无论是干煤粉气化还是水煤浆气化，氧化剂通常均为纯氧，通过喷嘴进入炉内，气化温度高，且混合均匀。原料在炉内滞留数秒，入炉的煤粉在很高的温度下瞬间着火，直接发生火焰反应，来不及熔结即迅速气化，煤的黏结性指标对气化过程影响较小。主要操作参数是反应温度、氧煤比和碳转化率。气化反应温度与选择的煤种有关，取决于煤的灰熔点及灰渣的性质。提高温度可提高平衡转化率，即提高有效合成气 $CO+H_2$ 的产物，但实际操作温度受到气化炉保温材料和煤的灰熔点限制。由于干法气化采用膜式水冷壁保温和炉渣挂渣结构而受高温的影响较小，一般可在 1650 ℃ 左右的条件下运行。热壁炉受耐火保温材料耐温性能的限制，受高温的影响较大，一般可在 1350 ℃ 左右的条件下运行。因此选择一个最适宜的氧煤比非常重要，当氧煤比高时，可提高气化反应温度，有利于二氧化碳还原反应和蒸汽分解反应，提高产物的有效合成气 $CO+H_2$ 的含量和碳转化率，当过高时，尤其对水煤浆气化，耐火砖保温材料就会烧蚀；另一方面，燃烧反应直接生成的二氧化碳和蒸汽往往来不及参与碳的还原反应，就被气体带出炉外，反而降低了碳转化率。

气流床按压力分为常压气流床和加压气流床，加压气化工艺是近些年发展较快的一种新型煤气化技术，与传统常压气流床相比，加压气流床具有气化温度高、有效合成气成分高、碳转化率高、气化性能好及大型化生产能力强等特点。三种气流床气化炉类型见表 2-9 所示，三种气化炉型区别见表 2-10 所示。

表 2-9 三种气流床气化炉类型

类型	专利商名称	气化炉简称	气化压力/MPa	进料方式	排渣方式	气化剂
一	德国 Koppers	KT 炉	常压	粉煤	液态	氧气/水蒸气
二	美国 Texaco	Texaco 炉	2.5~8.7	水煤浆	液态	氧气
二	美国 Dow 化学	Destec 炉		水煤浆	液态	氧气
三	荷兰 Shell	Shell 炉	2.5~4.0	粉煤	液态	氧气/水蒸气
三	Krupp-Uhde	Prenflo 炉		粉煤	液态	氧气/水蒸气

表 2-10 三种气化炉型区别

项目	气流床常压	气流床湿法（水煤浆）		气流床干法（干煤粉）	
气化炉型	KT 炉	Texaco 炉	Destec 炉	Shell 炉	Prenflo 炉
进料方式	干煤粉	水煤浆	水煤浆	干煤粉	干煤粉
氧气纯度/%	95	95	95	95	85~95
喷嘴	多喷嘴	单喷嘴	多喷嘴	多喷嘴	多喷嘴
喷嘴寿命/h	—	1440	1440~2160	>10000	—
气化炉内衬	耐火砖	耐火砖	耐火砖	水冷壁+涂层	水冷壁+涂层
冷煤效率/%	71~83	71~76	74~78	80~83	80~83
碳转化率/%	80~98	96~98	98	>98	>98
单炉投煤量/(t/d)	<4000	2200~2400	2500	2000	2600
运行时间/h	长周期	>8860	>7500	>10000	—

三、气流床常压气化

早期常压气流床 KT 炉粉煤气化方法，也称 GKT 法，1936 年由德国 Koppers 公司开发，目前世界上还有 20 余台 KT 炉用于生产合成氨。KT 炉采用干煤粉常压气化，耐火砖内衬热壁炉结构，第一台工业化炉于 1952 年建于芬兰。煤粉和气化剂由两头喷入，高温煤气由中空反应器排出，液态渣由反应室流入水浴室淬冷。工艺单元由粉煤制备（破碎机干燥）、粉煤给料、气化、废热回收及煤气除尘冷却系统组成。KT 炉属高温气化，火焰中心温度可达 2000 ℃左右，气化剂一般为氧气（富氧）和蒸汽，煤气质量较好，不含可冷凝的高级烃类、焦油和酚，CH_4 含量较低。

煤气中含有效成分（$CO+H_2$）高达 85%~88%，甲烷含量<0.1%，冷煤气效率 74%~83%，气化炉生产能力大，可达 4000 t/d，与固定床相比为其 5~10 倍。不同煤种对煤气组分也有些区别，见表 2-11 所示。

表 2-11 KT 炉使用煤种及煤气指标

序号	名称	烟煤	褐煤	备注
一	原料原始组成/%			煤工业元素分析
1	M（水分）	1.0	8.5	
2	A（灰分）	16.2	18.6	
3	C	68.8	49.7	
4	H	4.2	3.3	

续表

序号	名称	烟煤	褐煤	备注
5	O	8.6	16.1	
6	N	1.1	1.8	
7	S	0.1	2.0	
二	合成气组分/%			煤气化粗煤气分析
1	H_2	33.3	27.2	
2	CO	53.0	57.1	
3	CH_4	0.2	0.2	
4	CO_2	12.0	11.8	
5	N_2+Ar	1.5	2.2	
6	H_2S	<0.1	1.5	
三	气化性能指标			
1	合成气热值/(MJ/m³)	10.36	10.22	
2	产气率/(m³/kg)	1.87	1.27	

KT 炉常压操作，对原料煤适用范围较宽，但对高灰分和高灰熔点煤也有一定的要求。以空气为气化剂时，反应区温度为 1500～1600 ℃，比灰熔融温度（FT）高 100～200 ℃，入炉煤粉粒度要求 85%通过 200 目的筛子。使用低活性煤的碳转化率较低，如烟煤的碳转化率约 80%；更适用于高活性、低灰熔点和低灰分的煤种，如褐煤的碳转化率可达约 98%。

KT 炉原料粉煤制备电耗高；热回收所需换热设备大；煤气净化脱硫前需要增压电耗高；气化炉带出飞灰多，除尘效率低，须设置洗涤、机械除尘、静电除尘三级除尘系统，才能满足煤气进压缩机的要求。与先进的气流床加压气化相比，KT 炉电耗高、比氧耗高、比煤耗高。此外，KT 炉操作过程也比较复杂，对运行水平要求较高，运行条件较为苛刻，材料及部件的耐温要求较高。

四、气流床水煤浆气化

气流床湿法气化有代表性的工艺是 Texaco 水煤浆气化。该技术由美国 Texaeo 公司于 20 世纪 40 年代末开发。由于耐火材料和高浓度水煤浆等技术问题，20 世纪 80 年代初，随着耐高温抗熔渣耐火材料的突破及高浓度水煤浆制备技术的成熟，气流床湿法改为直接用水煤浆和氧气入炉气化，并于 1982 年试验成功。先后在美国实验基地建有 15 t/d 和 25 t/d 两套装置，在德国建有 150 t/d 的试验厂。中试成功后建设了 12 套工业装置，是率先实现商业化气流床气化工艺及气化炉运行台数最多的代表性工艺。国内较早引进了 GE（Texaco）水煤浆加压气化技术。1993 年首套 Texaco 水煤浆加压气化装置在鲁南化肥厂投运，其后又先后在上海焦化厂、陕西渭河化肥厂、安徽淮南化工集团引进建成 4 套 Texaco 水煤浆气化工业装置，均已稳定运行。

原料煤适应范围较广，除含水高的褐煤外，各种烟煤、石油焦、煤加氢液化残渣均可作为气化原料，尤以年轻烟煤为主，对煤的粒度、黏结性、硫含量没有严格要求。但气化用煤的灰熔点温度 T_3 值<1350 ℃，这是由气化炉内壁耐火保温材料耐高温属性所决定的。对高于该灰熔点的煤，虽可通过配煤或加添加剂等措施来降低煤的灰熔点，使其满足灰熔点<1350 ℃的要求，但煤的气化性能显然变差，单位合成气的能耗增加，因此水煤浆气化对煤质仍有最佳适应性选择。另外煤中灰含量以不超过 15%为宜（越低越好），煤内水分含量低于

8%才能制成60%~65%浓度的水煤浆,装置运行才较为平稳和经济。煤的热值高于26.0 MJ/kg时,具有较好的成浆性能,才能制成≥58%浓度的水煤浆。

气化炉加压气化,在2.8~8.7 MPa(G)之间,可根据使用煤气需求及后工序特征进行压力选择。在一定容积的炉膛内,提高气化压力与生产能力增大成正比,也有利于降低升高煤气压力所需的功耗。采用湿法进料,煤与水研磨制成水煤浆,煤浆浓度一般控制在55%~70%(质量分数),用隔膜煤浆泵输送,水煤浆进气化炉,湿法进料操作安全又便于计量控制。湿法气化炉结构较简单,炉内壁保温采用热壁炉,燃烧室内由多层特种耐火砖砌筑。根据煤的灰熔点温度,气化炉操作温度为1300~1350 ℃。湿法煤气除尘较简单,与干煤粉气化相比,降低了煤气除尘的投资。气化热回收有激冷流程和半废锅流程,可根据煤气用途及热量综合利用加以选择,其中激冷流程更为简单,关键设备均可国产化,制造方便,运行稳定,即使增加了气化备用炉,气化整体投资还是相对较低。

合成气质量较好,其有效组分($CO+H_2$)含量约占80%、甲烷量<0.1%、碳转化率约96%、冷煤气效率70%~76%、热效率高约85%、比氧耗410 $m^3/1000\ m^3$ $CO+H_2$,气化指标较为先进。气化过程不产生焦油、萘、酚等污染物,故废水治理简单,易达到排放指标、高温排出的溶渣,冷却固化后可用于建筑材料,填埋时对环境也无影响。

由于水煤浆中通常含有35%~40%水分,因而氧气用量比干法要多20%左右;对原料煤的选择有一定要求,如成浆性差、灰分含量高、灰熔点高的煤均不宜使用水煤浆气化;冷煤气效率、碳转化率比干法气化要低;采用热炉壁,耐火砖造价较高。

五、气流床干煤粉气化

气流床干煤粉气化代表性工艺是Shell炉。荷兰壳牌(Shell)公司在渣油气化取得成功经验的基础上开发的,1993年在荷兰Buggenum的日投煤量2000 t大型气化装置建成并投产,用于IGCC联合循环发电。

Shell炉可气化褐煤、烟煤、无烟煤、石油焦及高灰熔点的煤,属多烧嘴上行制气;炉内壁采用水冷壁保温结构,水冷壁和废热锅炉副产中、高压蒸汽;气化温度可达1400~1700 ℃,气化压力可达2.5~4.0 MPa。

气化炉原煤干燥和磨煤系统与常规电站类似,煤中水分<2%,煤粉细度为100目。磨煤机常压运行,制成煤粉后用N_2或CO_2气送入煤粉仓。送料系统采用高压N_2或CO_2气浓相输送。进入2级加压锁斗系统,再用高压N_2或CO_2气,以较高的固气比将煤粉送至4个气化炉喷嘴,整个磨煤输送系统必须采取防爆措施。煤粉在喷嘴里与氧气(95%纯度)混合并与蒸汽一起进入气化炉,在炉内迅速发生气化反应,炉温度维持在1400~1650 ℃,高温下使煤中的碳所含的灰分熔化并滴到气化炉底部,经激冷后变成一种玻璃态不可浸出的渣排出。

粗煤气随气流上升到气化炉出口,经过一个过渡段,用除尘后的低温粗煤气(150 ℃左右)使高温热煤气急冷到900 ℃,然后进入对流式煤气冷却器。在有一定倾角的过渡段中,由于热煤气被骤冷,所含的大部分熔融态灰渣凝固后落入气化炉底部。

Shell气化炉的压力壳内布置垂直管膜式水冷壁,产生4.0 MPa的中压蒸汽。向火侧有一层很薄的耐火涂层,当熔融态渣在上面流动时,起到保护水冷壁的作用。气化炉的运行压力为2.6~4.0 MPa。粗热煤气在煤气冷却器中被进一步冷却到250 ℃左右,低温冷却段副产高4.0 MPa的中压蒸汽,高温冷却段产生9.8 MPa的高压蒸汽。冷却器的压力外壳里布置有8层螺旋管圈,上下共分成5段,热煤气由上而下在螺旋管外流动与螺旋管内的水换热。每一层螺旋管圈都有一个气动锤振打清除积灰。由于 Shell 气化炉采用干法除尘，故黑水和灰水处理系统相对比较简单。

废锅流程适宜 IGCC 发电，投资高、工艺复杂是其缺陷。后来与惠生公司合作改进了 Shell 气流床混合气化技术（Hybrid），既吸收了 SCGP 废锅的优势，又取消了合成气冷却器（废锅）和飞灰过滤器，融合了合成气激冷的优势，保留煤种适应性强、易大型化和投资低的优势。

六、气流床主要炉型

1. 气流床干法气化炉型

由于气流床气化技术在中国煤化工市场应用较多，该技术成熟，大型化炉型的应用业绩较多，是新型煤气化发展的趋势，也解决了常压气流床气化存在的瓶颈。在稳定长周期运行、高碳转化率、高气化温度、煤气质量好等方面得到用户好评。气流床干法主要炉型见表 2-12 所示。

表 2-12 气流床干法气化主要炉型

序号	气化炉及气化技术名称	技术专利商	备注
1	AP 炉（壳牌炉）（干煤粉加压气化技术）	美国空气化工产品公司	业绩表
2	GSP 炉（德国西门子燃料气化技术）	北京杰斯菲克气化技术有限公司	业绩表
3	CCG 炉（科林粉煤加压气化技术）	科林能源技术（北京）有限公司	业绩表
4	HT-L 炉（航天粉煤加压气化技术）	航天长征化学工程股份有限公司	业绩表
5	神宁炉（粉煤加压气化技术）	宁夏神耀科技有限责任公司	业绩表
6	华能两段炉（干煤粉加压气化技术）	中国华能集团清洁能源技术研究院有限公司	业绩表
7	SE 东方炉（单喷嘴冷壁式粉煤加压气化技术）	中国石化集团有限公司华东理工大学	业绩表
8	五环炉（WHG 干煤粉加压气化技术）	中国五环工程有限公司	业绩表
9	新奥加氢炉（煤气化联产甲烷和芳烃技术）	新奥科技发展有限公司	业绩表
10	GF 昌昱炉（高效干粉气化技术）	江西昌昱实业有限公司	业绩表
11	KEDA 炉（科达干煤粉气流床气化技术）	安徽科达洁能股份有限公司	业绩表
12	齐耀柳化炉（干煤粉加压气化技术）	上海齐耀柳化煤气化技术工程有限公司	业绩表
13	邰式炉（复合粉煤加压气化技术）	北京兴荣泰化工科技有限公司	业绩表
14	R-GAS 炉（干煤粉气化技术）	阳煤集团、美国燃气技术研究院	业绩表

2. 气流床干法炉型主要参数

气流床干法炉型主要参数见表 2-13 所示。

表 2-13 气流床干法炉型主要参数

序号	气化炉名称	进料方式	气化压力/MPa	气化剂	排渣方式	单炉投煤量/(t/d)
1	AP 炉（壳牌炉）	干煤粉	4.0	氧气+水蒸气	液态	750~3000
2	GSP 炉	干煤粉	4.2	氧气+水蒸气	液态	750~3000
3	CCG 炉	干煤粉	4.0	氧气+水蒸气	液态	1500~2000
4	HT-L 炉	干煤粉	4.0~6.5	氧气+水蒸气	液态	750~3500

续表

序号	气化炉名称	进料方式	气化压力/MPa	气化剂	排渣方式	单炉投煤量/(t/d)
5	神宁炉	干煤粉	4.0	氧气+水蒸气	液态	1000~4000
6	华能两段炉	干煤粉	4.0	氧气+水蒸气	液态	240~2800
7	SE炉	干煤粉	4.0	氧气+水蒸气	液态	1000~2000
8	五环炉	干煤粉	4.0	氧气+水蒸气	液态	约1300
9	新奥加氢炉	干煤粉	5.0	氧气+水蒸气	液态	约400
10	GF昌昱炉	干煤粉	4.0	氧气+水蒸气	液态	约120
11	KEDA炉	干煤粉	低压	氧气+水蒸气	液态	约190
12	齐耀柳化炉	干煤粉	4.0	氧气+水蒸气	液态	约2000
13	邰式炉	干煤粉	4.0	氧气+水蒸气	液态	约500
14	R-GAS炉	干煤粉	4.0	氧气+水蒸气	液态	约800

3. 气流床湿法气化主要炉型

气流床湿法气化主要炉型见表2-14所示。

表2-14　气流床湿法气化主要炉型

序号	气化炉及气化技术名称	技术专利商	备注
1	AP炉（GE炉）（GE水煤浆加压气化技术）	空气化工产品（上海）神华气化技术有限公司	业绩表
2	E-gas炉（E-gas两段式水煤浆加压气化技术）	西比埃鲁姆斯工程技术（北京）有限公司	业绩表
3	多喷嘴炉（多喷嘴对置式水煤浆加压气化技术）	华东理工大学、兖矿能源集团股份有限公司	业绩表
4	MCSG炉（多元料浆加压气化技术）	西北化工研究院有限公司	业绩表
5	清华炉（清华水煤浆加压气化技术）	北京盈德清大科技有限责任公司	业绩表
6	晋华炉（水冷壁水煤浆加压气化技术）	北京清创晋华科技有限公司	业绩表
7	SE东方炉（SE单喷嘴水煤浆加压气化技术）	中国石化集团有限公司华东理工大学	业绩表
8	东昱炉（东昱经济型水煤浆气化技术）	江西昌昱实业公司东方电气研究院	业绩表
9	新奥粉浆炉（新奥浆粉耦合气化技术）	新奥科技发展有限公司	业绩表

4. 气流床湿法炉型主要参数

气流床湿法炉型主要参数见表2-15所示。

表2-15　气流床湿法炉型主要参数

序号	气化炉名称	进料方式	气化压力/MPa	气化剂	排渣方式	单炉投煤量/(t/d)
1	AP炉(GE)炉	水煤浆	2.8~8.7	氧气	液态	350~1500
2	E-gas炉	水煤浆	4.2	氧气	固体	约2500
3	多喷嘴炉	水煤浆	4.0~6.5	氧气	液态	750~4000
4	MCSG炉	多元料浆	1.0~6.5	氧气	液态	150~2200
5	清华炉	水煤浆	2.5~6.7	氧气	液态	500~1500
6	晋华炉	水煤浆	2.5~6.7	氧气	液态	500~2000
7	SE东方炉	水煤浆	4.0	氧气	液态	600~2500
8	东昱炉	水煤浆	1.0	氧气	液态	约30

第七节　煤气化基本原理

一、概述

煤气化过程是一个热化学过程，在高温高压（常压）下，气化炉内会发生一系列复杂的多相物理变化及化学变化。通过煤炭气化的方法将煤中所含的几乎全部有机物质剥离，转变为煤气。简单讲就是煤炭与气化剂发生化学反应，气化剂通过高温固体燃料层或与煤的气固/液固混合物均匀混合，所含游离氧或结合氧将煤混合物中的有机物转化成可燃性气体。煤气中的有效成分主要为 CO、H_2、CH_4 和非可燃性成分 CO_2、N_2 等，有效气成分经净化处理后可以作为燃气、城市煤气和化工原料等。煤气成分则取决于随气化所用的煤质、气化剂类型、气化温度、气化压力、气化过程参数及气化炉结构形式等多种因素的影响。

煤气化过程一般包括干燥、干馏、燃烧和气化四个阶段。煤干燥过程是进入气化炉内的煤随着温度的升高，水分开始受热蒸发，这个过程属于物理变化，其他属于化学变化；煤干馏过程是随着气化炉内温度进一步升高，煤分子发生热分解反应，生成大量挥发性物质，如热解煤气、焦油和热解水等，同时煤黏结成半焦，煤热解是将煤从固相变为气、固、液三相产物的过程；煤燃烧过程是热解后的煤或形成的半焦在更高的温度下与通入气化炉的气化剂发生强烈的氧化反应，生成二氧化碳，并放出大量的热量，为后续气化反应或还原反应提供热源，因此燃烧过程也被认为是气化还原反应的一部分；气化过程是煤在气化炉燃烧过程中，提供了大量的热量和还原性氛围，碳与二氧化碳、水蒸气进行气化反应，生成一氧化碳、氢气、甲烷、二氧化碳、氮气、硫化氢、水等气态产物，即粗煤气。气化反应包括很多复杂的化学反应和副反应，主要是碳、水、氧、氢、一氧化碳、二氧化碳相互间的影响和制约。

二、煤干馏及热分解

煤在干馏炉内的热解与在气化炉内的热解是有区别的。前者是在隔绝空气的工况下发生的；热解原料是低阶煤（如长焰煤、不黏煤、弱黏煤和褐煤等）；热解温度低；热解过程产品为热解煤气、焦油和半焦；热解压力低，热解时间较长等。后者是在空气或纯氧及较低温度工况下发生；原料除低阶煤外，还有其他煤种；气化炉内温度高；热解煤气和焦炭在高温下快速发生化学反应；气化工况条件不同。因此，低阶煤在干馏炉内的热解是指在隔绝空气或惰性气氛条件下，持续加热至较高温度时所发生的一系列物理变化和化学变化的复杂过程。在这个过程中，低阶煤会发生交联键断裂、产物重组和二次反应，将低阶煤中的有机物转化为煤气、煤焦油和半焦产品，使得低阶煤中的有机质转化为附加值更高的化学品和能源。

煤干馏按照加热终温、加热速度、加热方式、热载体类型、气氛和压力等工艺条件分为不同类型。按加热终温煤干馏热解工艺可分为低温干馏（500～600 ℃）、中温干馏（700～800 ℃）、高温热解（950～1050 ℃）和超高温热解（>1200 ℃）；按加热速度煤热解工艺可分为慢速热解（3～5 ℃/min）、中速热解（5～100 ℃/s）、快速热解（500～10000 ℃/s）、闪裂解（>10000 ℃/s）；按加热方式和热载体可分为外热式热解、内热式热解、内外并热式热解；按热载体类型可分为固体热载体热解、气体热载体热解、固气混合热载体热解；

按气氛可分为氢气热解、氮气热解、水蒸气热解、隔绝空气热解；按压力可分为常压热解、加压热解。

1. 煤干馏过程

一般干馏热解过程是煤料温度在 100～150 ℃时，煤中的水分蒸发，是干燥过程。温度升高到 200 ℃时，有机质开始分解，放出吸附的气体甲烷、氮气等，煤中结合水释出。不同煤质，有机质分解也有差别。褐煤在 200 ℃时发生脱羧基反应，300 ℃时开始热解反应；烟煤、无烟煤发生热解反应。

在 350～550 ℃时，以解聚和分解反应为主，并产生大量挥发物，如煤气和焦油。当温度＞350 ℃时，对黏结性煤开始软化，并进一步形成黏稠的胶质体成为半焦，煤中的灰分全部存在于半焦中；对不黏结性煤或黏结性差的气化类，如泥煤、褐煤等不发生此现象，胶质体不明显，半焦不能黏结成大块；对烟煤经过软化、熔融、流动和膨胀到再固化过程，并形成气、液、固共存胶质体。至 400～500 ℃时，大部分煤气和焦油析出，成为一次热分解产物。

在约 550 ℃时，热分解继续进行，残留物逐渐变稠并固化形成半焦。当大于 550 ℃时，半焦继续分解，析出余下的挥发物，主要成分是氢气。半焦失重同时进行收缩，形成裂纹。高于 800 ℃时：半焦体积缩小变硬形成多孔焦炭。当热解在管式热解炉内进行时：一次热分解产物与赤热焦炭及高温炉壁相接触，发生二次热分解，形成二次热分解产物，焦炉煤气和其他炼焦化学产品。

2. 气化炉内煤干馏

气化炉内干馏既有一般干馏热解的属性，也有些差异，其干馏过程并非在完全隔绝空气条件下受热分解成煤气、焦油、粗苯和半焦。由于入炉煤本身就与入炉空气、富氧或纯氧进行均匀混合的加热过程。入炉的床层不同，其干馏的过程也有区别。通常情况下，按炉内温度，气化炉内煤的干馏可分为三个阶段进行。

（1）第一阶段：干燥及有机质热分解

在室温～350 ℃时，当煤料温度在 100～150 ℃时，是煤的干燥阶段，水分开始蒸发。温度升高到 200 ℃时，煤中结合水释出，放出 CH_4、CO_2、N_2 等吸附气体，高达 300 ℃以上时开始煤中有机质分解。

（2）第二阶段：有机质裂解反应

在 350～550 ℃时，煤受热至 400～550 ℃，称为煤一次热分解反应，其结构中相应的化学键断裂，发生裂解反应，主要包括桥键断裂生成自由基；脂肪侧链断裂；含氧官能团裂解、羰基裂解成 CO，羧基分解为 H_2O；含氧杂环裂解成 CO_2；以及低分子化合物的裂解，其中以脂肪为主的低分子化合物受热熔化，不断断裂，生成较多的挥发分物质。在 450～550 ℃时，残留物逐渐变稠并固化形成半焦。

（3）第三阶段：二次裂解及缩聚反应

当煤受热温度＞550 ℃时，半焦继续分解，一次热解产物的挥发分物质在析出过程中若受到更高温度的影响和作用，就会继续分解。二次裂解主要反应有直接裂解反应、芳构化反应、加氢反应、缩合反应和桥键分解等。煤的热解最后生成热解气（小分子结构）、焦油（中等分子结构）和半焦或焦炭（大分子结构），大部分煤气和焦油析出，半焦失重同时收缩，形成裂纹；当温度＞800 ℃时，半焦体积缩小变硬形成多孔焦炭。

三、影响煤干馏的主要因素

1. 温度影响

煤干馏过程是吸热过程,需要外部提供热源,供给的热量对干馏热分解反应有极大的影响。选择不同的干馏温度对热分解获得的产品需求也是完全不同的。低温干馏温度为500～600℃,中温干馏温度为700～800℃,高温干馏温度为850～1050℃。选择合适的干馏温度非常重要。不同干馏类型,其产出物是不同的。在低温下,更易获得较多的液体焦油产品;在高温下,更易获得较多的热解煤气产品;在中温下,除得到焦油外,还能得到煤气。热解温度高低对半焦产出物内部结构影响也较大。热解温度越高,固体原料的焦化程度也越高,碳内部结构发生一定的质变。

2. 压力影响

压力和温度对干馏的影响主要在于提高温度,有利于平衡向热分解(吸热)方向移动,而提高压力有利于平衡向体积减小的方向移动。当有活性介质氢气、水蒸气存在时,随着压力提高,气体产率及低温焦油产率增加,而半焦和热解水产率下降。氢气和水蒸气存在条件下,对干馏过程中的热分解一次反应和分解产物的二次裂解反应有一定的影响,压力越大,影响越大。

3. 煤种影响

煤种煤质成分及含油率等参数,对干馏有较大的影响。对年轻褐煤干馏,煤气中CO、CO_2、CH_4含量多,煤气、焦油和热解水产率高,半焦或焦炭黏结性差;年老煤(无烟煤)干馏,煤气、焦油产率低,残炭没有黏结性;对烟煤干馏,煤气和焦油产率高,热解水少,残炭黏结性强。

4. 煤粒度影响

原料粒度与传热传质有关:显然不同的加热速度,如慢速(3～5 ℃/min)、中速(5～100 ℃/s)、快速(500～10000 ℃/s)等对原料煤的粒度大小、热解反应器的结构要求是不同的,粒度须与炉型结构和工艺参数匹配,才能获得较高的热解目标产物。一般情况下,粒度范围划分为粉煤(6～8 mm、10～20 mm)、碎煤(8～50 mm)、块煤(10～100 mm)等。不同的粒度对应不同的热解反应器类型结构,热解反应器结构要选择最佳的原料粒度。既可以由粒度来对应不同类型的热解炉结构,也可以根据确定的炉型来匹配相应的最佳原料粒度。通常适用于小颗粒的原料煤粒度,对应的床层具有快速加热裂解的特点,提高加热速度,增加煤气和焦油的产率。小粒度在床层内呈流化状态或气流化状态,传热过程比较快,容易实现热分解的过程。在低温时挥发物产率增加,气体烃与液态烃比例降低,对后续的油气灰分离难度大。对纯低温流化床或气流床干馏热解,粒度小,不怕煤加热粉化,焦油中含有脂肪烃、芳烃和酚类物质,经加工能得到化学品和燃料油。

5. 干馏炉(室)类型影响

流化床与气流床均适用于小颗粒的原料煤粒度,具有快速加热裂解、产煤气和焦油多等特点。流化床一般以<6 mm粒度为宜,气流床在100目以下为宜。固定床选择6～10 mm粒度为宜,比较容易实现热解过程,在热解中也会产生少量的粉尘,油气粉尘的混合分离相对

流化床要容易些。

对固定床气化炉内的干馏热解过程，一般控制在<50 mm。固定床除了出焦系统外，热解温度为渐温加热过程，热解产生的油气逐渐上升，遇冷煤重质焦油便凝析，随煤下行进入高温区，重质焦油会二次热解，产生轻质油，煤层之间有较好的过滤作用，煤的热破碎概率较小，粉尘易于除去。

对其他类型的纯干馏热解炉型的粒度要求各不相同，如回转（旋转）热解炉选择粒度：通常适合较大颗粒的热解原料煤，一般以 8~30 mm 粒度为宜。这种粒度在热解过程中较少形成粉尘，油气粉尘的混合分离相对要容易些。炉内物料受热也比较均匀，升温速度较快，温度控制比较精准，易于实现最佳热解温度，避免温度过高导致焦油二次裂解，产生的荒煤气体积小，含焦油浓度高，便于回收。

粉煤回转热解炉粒度：适于粒径 0.2~30 mm 的粉煤为原料，热烟气在干燥粉煤的同时，去除粒径小于 0.2 mm 的煤尘。采用回转炉干燥与回转炉热解串联，加热介质采用逆、并流结合的方式供热，炉内温度分布较合理，煤焦油收率高、煤气组分优、固体产品活性好、耗水少、原煤中水的回用率高。

四、气化过程主要气化反应

煤的气化过程是一个热化学过程。它是以煤为原料。氧气、空气、富氧和纯氧、蒸气和氢气为气化剂，又称气化介质。在高温条件下，通过化学反应将原料煤中的可燃部分转化为气体燃料，其有效成分包括一氧化碳、氢气及甲烷等。煤炭在经过干燥脱水、干馏热分解脱出挥发分和残炭半焦后进入气化燃烧反应。

在气化炉中煤受热分解，馏出低分子碳氢化合物甲烷、焦油及半焦和煤，固体产物半焦煤再与气化剂中的 O_2 或 H_2O 以及气化反应产物中的 CO_2、H_2、H_2O 等发生一系列化学反应，生成煤气。气化过程由非均相和均相反应组成，即气固反应和气气反应两种类型，由于煤结构非常复杂，生产煤气的过程取决于这些反应的综合过程，一般考虑碳、水蒸气、氧之间发生的一次反应，反应产物再与燃料中的碳和其他气态产物发生二次反应。

气化过程主要化学反应可用式（2-4）所示。

$$煤+O_2+H_2O \xrightarrow{\text{高温、高压}} C+CH_4+CO+H_2+CO_2+H_2O \qquad (2\text{-}4)$$

气化条件不同，反应组分也不同，即 CO/CO_2 比率不同，其机理是氧在燃料中的碳表面形成中间碳氧配合物 C_xO_y，然后在不同条件下发生热分解反应，生成 CO 和 CO_2，可用反应式（2-5）表示。

$$C_xO_y \longrightarrow mCO_2+nCO \qquad (2\text{-}5)$$

五、气化过程一次非均相反应

气化过程中碳与气化剂一次反应，属于气固非均相反应，主要包括碳-氧反应、碳-水蒸气反应和碳-氢反应。其中反应式（2-1）是碳的燃烧反应，反应式（2-6）是部分氧化反应，这两个反应放出大量的反应热，为煤气化还原反应提供热量；反应式（2-2）是水蒸气分解反应，也称水煤气反应，是煤气化生成煤气 $CO+H_2$ 的重要还原反应。

（1）碳-氧间氧化反应［或焦氧化反应，式（2-1）和式（2-6）］

$$C+1/2O_2 \longrightarrow CO \quad \Delta H = -110.5 \text{ kJ/mol（部分氧化反应）} \qquad (2\text{-}6)$$

（2）碳-水蒸气反应

也称水蒸气分解反应，见式（2-2）。

六、气化过程二次非均相反应

一次反应产物与燃料中碳非均相反应。二次非均相反应主要有碳与氢气、水蒸气和 CO_2 气体的反应，其中反应式（2-7）是一个煤气化副反应，消耗 H_2 气并放出热量；反应式（2-8）是 C 与过量蒸汽反应，是生成 CO_2 和 H_2 的还原反应，并吸收大量的热量；反应式（2-3）是 C 在 CO_2 氛围下进行重要的还原反应，这是一个吸热过程，把 CO_2 还原成 CO 的煤气化主反应。气化过程二次非均相反应见式（2-7）、式（2-8）、式（2-3）所示。

（1）碳-反应产物氢生成甲烷非均相反应

$$C+2H_2 \longrightarrow CH_4 \quad \Delta H=-74.9 \text{ kJ/mol} \tag{2-7}$$

（2）碳-水蒸气产物非均相反应

$$C+2H_2O \longrightarrow CO_2+2H_2 \quad \Delta H=+377.4 \text{ kJ/mol} \tag{2-8}$$

（3）碳-反应产物 CO_2 非均相还原反应［见式（2-3）］

七、其他气态产物二次均相反应

气态产物二次均相反应主要有 CO 与 O_2 的部分反应式（2-9），生成 CO_2，消耗有效气 CO 和 O_2，并放出反应热；CO 与 H_2 的甲烷化反应式（2-10），生成 CH_4 和 H_2O 蒸汽，并放出反应热；重要的 CO 与水蒸气变换反应式（2-11），可以调节煤气化的氢碳比，将 CO 转化为 H_2 和 CO_2，并放出热量；产物 H_2 与 O_2 的部分反应，生成水蒸气更是消耗了有效气 H_2。对于煤气化而言，反应主要以产出有效合成气为主，提高 $CO+H_2$ 的产出率，任何消耗 CO 和 H_2 的反应都可认为是煤气化的副反应，如甲烷化反应式（2-10）等。但对生产化工产品而言，如生产燃气和天然气时，适当增加甲烷含量可提高煤气的热值，降低后续甲烷化反应的负荷。

（1）产物一氧化碳与气化剂氧的均相反应

$$CO+1/2O_2 \longrightarrow CO_2 \quad \Delta H=-282.0 \text{ kJ/mol} \tag{2-9}$$

$$CO+3H_2 \longrightarrow CH_4+H_2O \quad \Delta H=-219.3 \text{ kJ/mol （甲烷化反应）} \tag{2-10}$$

$$CO+H_2O \longrightarrow H_2+CO_2 \quad \Delta H=-40.58 \text{ kJ/mol （变换反应）} \tag{2-11}$$

（2）产物氢与气化剂氧的均相反应

$$H_2+1/2O_2 \longrightarrow H_2O \quad \Delta H=-245.3 \text{ kJ/mol} \tag{2-12}$$

（3）其他重要的副反应

由于煤中含有机硫、无机硫、氮及其他杂质等，这些杂质在气化反应过程中也会发生一系列的化学反应，特别是硫会对设备管道等造成腐蚀，以及氮氧化物、氢氰酸等对环境造成污染。而煤气化是在高温下（900~1600 ℃）进行气化，同时对这些杂质也进行分解或转化为无机物和易处理组分，使后续净化处理工艺更简单。其他重要的副反应见式（2-13）~式（2-21）所示。

$$S+O_2 \longrightarrow SO_2 \tag{2-13}$$

$$SO_2+3H_2 \longrightarrow H_2S+2H_2O \tag{2-14}$$

$$SO_2+2CO \longrightarrow S+2CO_2 \tag{2-15}$$

$$2H_2S + SO_2 \longrightarrow 3S + 2H_2O \quad (2\text{-}16)$$

$$C + 2S \longrightarrow CS_2 \quad (2\text{-}17)$$

$$CO + S \longrightarrow COS \quad (2\text{-}18)$$

$$S + O_2 + 3H_2 \longrightarrow H_2S + 2H_2O \quad (2\text{-}19)$$

$$N_2 + xO_2 \longrightarrow 2NO_x \quad (2\text{-}20)$$

$$N_2 + 3H_2 \longrightarrow 2NH_3 \quad (2\text{-}21)$$

第八节 气化反应化学平衡

一、独立的化学反应数选择

气化炉内的煤气化反应是十分复杂的，上述列出了煤气化主要的 10 个化学反应式，如式（2-1）~式（2-3）和式（2-6）~式（2-12）共计 10 个反应式，但独立的化学反应数并没有这么多。一般情况下，通过经验法可计算出独立的化学反应数。对于一个复杂的化学反应系统进行热力学平衡的计算，能够确定独立的反应数、独立反应物质数和独立的化学反应方程数，就能确定系统唯一达到化学平衡时的各组分平衡含量，否则就无法确定各组分平衡含量。独立反应数的计算有两种方法，即矩阵求秩法和经验法。其中矩阵求秩法较为复杂，不再详述；经验法计算，见式（2-22）所示。

$$P = \sum M_i - \sum N_j \quad (2\text{-}22)$$

式中　P——复杂反应系统中独立的化学反应数；

　　　M_i——复杂反应系统中独立的反应物质数；

　　　N_j——复杂反应系统物质数形成的独立原子数。

从气化过程式（2-1）~式（2-3）和式（2-6）~式（2-12）共计 10 个反应式中，存在的独立物质数有：C、O_2、H_2O、CO、CO_2、CH_4、H_2 共 7 个，即 $\sum M_i = 7$。由物质数形成的独立的原子数有 C、H、O 共计 3 个，即 $\sum N_j = 3$。故由式（2-22）得到复杂气化过程中的独立化学反应数，计算结果如下：

$$P = \sum M_i - \sum N_j = 7 - 3 = 4$$

由前所述 10 个煤气化反应式，实际上只有 4 个独立的化学反应数，其他的化学反应数均可通过这 4 个独立的化学反应数衍生而来。故只需取 4 个独立的化学反应数进行气化热力学平衡及影响因素分析。在对系统进行热力学平衡计算时，如将不是独立的化学反应数当作独立的化学反应数计算，将可能得不到平衡组分。煤气化反应取的 4 个独立反应数为式（2-1）、式（2-3）、式（2-7）、式（2-8）。

由于反应式（2-1）的反应速度极快，在产物中基本不含氧气，因此只需对后面 3 个独立化学反应式进行化学平衡分析即可。

二、温度对化学平衡的影响

1. 化学平衡常数计算

在煤气化过程中，实质上是煤中的 C、H、N、S 元素与氧化剂发生剧烈的氧化反应的过程，首先会产生大量的热量和反应产物。很多气化反应，除式（2-1）、式（2-2）、式（2-6）外，其他均为可逆反应过程，尤其是煤的二次气化几乎都是可逆反应。在一定条件下，当正反应速率与逆反应速率相等时，化学反应就达到化学平衡。化学平衡可用一般反应式（2-23）表示。

$$mA+nB \rightleftharpoons pC+qD \tag{2-23}$$

式中　A、B——化学反应中反应物组分物；
　　　C、D——化学反应中生成物组分物；
m、n、p、q——化学反应中反应物、生成物的组分物系数。

一般反应式（2-23）是一个可逆反应，达到化学平衡时，正反应速率用式（2-24）表示。

$$v_{正} = k_{正}[A]^m[B]^n \tag{2-24}$$

式中　$k_{正}$——正反应速率常数，与温度有关；
　　[A]——反应物组分 A 的摩尔浓度；
　　[B]——反应物组分 B 的摩尔浓度；
　　$v_{正}$——正反应化学反应速率。

同样逆反应速率用式（2-25）表示。

$$v_{逆} = k_{逆}[C]^p[D]^q \tag{2-25}$$

式中　$k_{逆}$——逆反应速率常数，与温度有关；
　　[C]——反应物组分 C 的摩尔浓度；
　　[D]——反应物组分 D 的摩尔浓度；
　　$v_{逆}$——逆反应化学反应速率。

当系统达到热力学化学平衡时，正反应化学反应速率和逆反应化学反应速率相等，即 $v_{正}=v_{逆}$，将式（2-24）和式（2-25）代入下式：

$$k_{正}[A]^m[B]^n = k_{逆}[C]^p[D]^q$$

从而得到式（2-26）：

$$K_p = k_{正}/k_{逆} =[A]^m[B]^n/\{[C]^p[D]^q\} \tag{2-26}$$

式中　K_p——一定温度条件下化学反应平衡常数。

假设气相组分为可压缩理想气体，m、n、p、q 取 1，则式（2-26）可简化表示为：

$$\begin{aligned}K_p &= k_{正}/k_{逆} =[A]^m[B]^n/\{[C]^p[D]^q\} \\ &= p_A^m p_B^n/(p_C^p p_D^q)=y_A^m y_B^n/(y_C^p y_D^q)\end{aligned} \tag{2-27}$$

式中　p_A、p_B、p_C、p_D——各气体组分分压；
　　y_A、y_B、y_C、y_D——各气体组分体积分数。

2．反应平衡常数计算

通常情况下，平衡常数计算见式（2-28）所示。

$$\lg K_p = -\Delta H/(2.303RT)+C \tag{2-28}$$

式中　ΔH——反应热效应，放热为负，吸热为正，kJ/kmol；
　　R——摩尔气体常数，8.314 kJ/(kmol·K)；
　　T——热力学温度，K；
　　C——常数。

由式（2-28）可知，若 ΔH 为负值，则是放热反应，温度升高，K_p 值减少，降低温度有利于反应进行；若 ΔH 为正值，则是吸热反应，温度升高，K_p 值增大，升高温度有利于反应进行。CO_2 还原反应在不同温度时的平衡常数曲线见图 2-4。

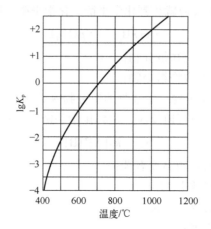

图 2-4　CO_2 还原反应的平衡常数曲线

通过对平衡常数计算，可得到煤气组分、产率、热值和气化效率的计算，如气化反应式 (2-3)。

对式（2-3）反应过程进行分析，这是一个吸热反应，升高温度，有利于反应平衡向正方向移动，即升高温度对气化反应有利。由式（2-28）可知，当 ΔH 为负值时，反应过程是放热反应，温度升高，K_p 值减少，降低温度有利于反应进行。表 2-16 给出了在不同温度下，式（2-3）反应中 CO 与 CO_2 的平衡组成。

表 2-16　不同温度下 CO 与 CO_2 的平衡组成

温度/℃	450	650	700	750	800	850	900	950	1000
CO_2 体积分数/%	97.8	60.2	41.3	21.1	12.4	5.9	2.9	1.2	0.9
CO 体积分数/%	2.2	39.8	58.7	78.9	87.6	94.1	97.1	98.8	99.1

由表 2-16 可知，随着温度升高，其还原产物 CO 的含量增加，当温度从 450 ℃ 升至 1000 ℃，CO% 平衡组分从 2.2% 升至 99.1%。温度越高，CO 平衡浓度越高。由此可知，一氧化碳平衡组分会随着温度升高而升高，升高温度有利于二氧化碳吸热还原反应的进行。

三、压力对化学平衡的影响

平衡常数与压力存在一定的关联，平衡常数对液相反应影响不大。但 pH 常数 K_p 对气相和气液相的反应平衡影响较大，随着压力变化而变化。根据化学平衡原理，升高压力，平衡向气体体积减小的方向进行；降低压力，平衡向气体体积增加的方向进行。平衡常数与压力的函数关系见式（2-29）。

$$K_p' = K_n P \Delta u \tag{2-29}$$

式中　K_p'——用压力表示的平衡常数；
　　　K_n——用物质的量表示的平衡常数；
　　　Δu——反应过程中气体物质分子数的增加或体积的增加。

在煤气化的一次反应中，基本所有反应均为增大体积的反应，故增加压力不利于反应进行。合成气的理论产率随 K_n 的增加而增大。当反应体系的平衡压力增加时，$P\Delta u$ 值将由 Δu 决定。

如果 $\Delta u<0$，增大压力 P 后，$P\Delta u$ 减少。由于 K_p' 不变，若 K_n 保持原来的值不变，就不能维持平衡。所以当压力增高时，K_n 必须增加，因此加压有利，即加压使平衡向体积减小或分子数减少的方向移动。

如果 $\Delta u>0$，则相反，加压将使平衡向反应物方向移动。因此，加压对气化反应不利，故此类反应适宜在常压或减压下进行。

如果 $\Delta u = 0$，反应前后体积或分子数无变化，则压力对合成气理论产率基本没有影响。如 CO_2 还原反应式[式（2-3）]，$\Delta u = 2-1 = 1$，此时 $\Delta u>0$，即反应后气体体积和分子数增加，当增加压力时，则使 $P\Delta u$ 增大，平衡向反应物移动，不利于还原反应进行。相反，当降低压力时，平衡则向产物方向移动，利于还原反应进行。因此反应式（2-3）适宜在较低压下进行。

图 2-5 为粗煤气组成与气化压力的关系曲线，由图 2-5 可知，压力对粗煤气中各气体组成的影响是不同的。随着压力增加，CH_4 和 CO_2 含量增加，而 H_2 和 CO 含量减少。因此，压力越高，一氧化碳平衡浓度越低，煤气产率也越低。

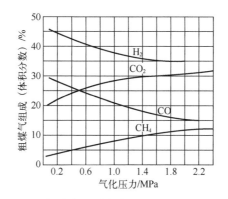

图 2-5　粗煤气组成与气化压力的关系曲线

由上所述，在煤气化反应中可根据最终产品需求来确定气化压力。当粗煤气用作化工原料时，可在较低压力下生产；当粗煤气用作燃料时，需要提高气化压力。这是因为压力提高后，在气化炉内氢气氛围中，甲烷产率会随压力提高而增加。气化炉内生成甲烷的反应见式（2-7）、式（2-10）及下面两式。

$$CO_2+4H_2 \longrightarrow CH_4+2H_2O \quad \Delta H = -162.8 \text{ kJ/mol} \quad (2-30)$$

$$2CO+2H_2 \longrightarrow CH_4+CO_2 \quad \Delta H = -247.3 \text{ kJ/mol} \quad (2-31)$$

上述反应均为体积减小的反应，加压有利于甲烷生成；而甲烷生成过程为放热反应，反应热可为水蒸气分解和二氧化碳吸热反应提供热源，从而减少碳燃烧中氧气的消耗。因此增加压力，气化反应中氧耗减少，还可阻止气化上升气流带出物料量，提高鼓风速度，增大生产能力。

在常压气化和加压气化中，若带出物数量相等，则出气化炉煤气动压头相等，可近似计算加压气化炉与常压气化炉生产能力的比例关系，见下式。

$$V_2/V_1 = [T_1P_2/(T_2P_1)]^{1/2} \quad (2-32)$$

对常压气化，P_1 略高于大气压，当 $P_1=0.1078$ MPa 时，常压、加压炉的气化温度 $T_1/T_2=1.1\sim$

1.23，由式（2-32）得：

$$V_2/V_1=(3.19\sim 3.41)(P_2)^{1/2} \tag{2-33}$$

例如将鲁奇常压气化炉提高气化压力到 2.5~3 MPa 时，根据式（2-33）计算，加压鲁奇炉将比常压鲁奇炉的生产能力提高 5~6 倍。此外，煤气中甲烷含量、气化效率、煤处理量均将提高，而耗氧量将降低。但由式（2-2）水蒸气分解反应可知：增加压力，平衡向反应逆方向移动，不利于水蒸气分解，降低了氢气生成量，因此增加压力，水蒸气消耗量增多。

四、汽/氧比（H_2O/O_2 比）对平衡常数的影响

H_2O/O_2 比反映了气化炉加入气化剂的工况。当 H_2O/O_2 比<2 时，气化剂为蒸汽+氧气，表示蒸汽量低，氧气量多；当 H_2O/O_2 比≥2 时，气化剂是蒸汽或蒸汽+氧气，表示蒸汽量多，氧气量低。当 H_2O/O_2 比增加时，CH_4 和 H_2 含量增加，而 CO 和 CO_2 含量减少，反之亦然。将温度、压力、H_2O/O_2 比变化对 C-H-O 体系的平衡趋势影响列入表 2-17。

表 2-17　C-H-O 体系的平衡趋势影响

气体平衡组成/%	温度增加	压力增加	H_2O/O_2 比增加
Y_{CO}	增加	减少	减少
Y_{CO_2}	先增后减	增加	减少
Y_{H_2}	增加	减少	增加
Y_{H_2O}	减少	增加	先增后减
Y_{CH_4}	先增后减	增加	增加
$Y_{CH_4}:(Y_{CO+CO_2}+Y_{CH_4})$ 先增后减	A 先增后减，B 减少	增加	增加

注：A 为 H_2O/O_2 比<2；B 为 H_2O/O_2 比≥2。

第九节　气化反应速度

研究煤气化反应动力学的任务在于研究煤气化反应的速度和机理以及各种因素对反应速度的影响。煤的气化反应主要是非均相反应，其中既包含了化学过程——化学反应，又包含了物理过程——吸附、扩散、流体力学、热传导等，同时也有气体反应物之间的均相。因此，对气化反应动力学的研究也就包括化学反应机理及物理因素。

一、煤气化反应模型

在气化炉中煤首先进行脱挥发分和热分解反应，得到固体残留物半焦。随着热分解进行，将发生半焦与气体间的反应。这种反应可以分为两类，即整体反应模型和表面反应模型。整体反应主要在煤焦内表面进行，而表面反应则是反应气体扩散到固体颗粒外表面就反应了，很难扩散到煤焦内部。两者都属于气固相反应。通常当温度高时或反应进行得极快时，容易发生表面反应，如氧化反应、燃烧反应。而整体反应主要发生在多孔固体及反应速度较慢的情况下。

在整体反应模型中，反应气体扩散到颗粒的内部分散渗透了整个固体。反应自始至终同时在整个颗粒内进行，产生的灰尘在颗粒的孔腔壁表面逐渐积累起来。固体反应物逐渐消失。

在表面反应模型中，反应气体很难渗透到固体颗粒的内部。流体一开始就与颗粒外表面发生反应，随着反应的进行，反应表面不断向固体内部移动，并在已反应过的地方产生灰尘。未反应的核随时间变化不断收缩，反应局限于未反应核的表面，整个反应过程中反应表面是不断变小的。

二、气固相反应过程

对于气固相反应，其总的气化过程需经过 7 个步骤。
① 气体反应物由气相扩散到固体碳表面（物理外扩散过程）；
② 气体反应物再通过颗粒内孔进入小孔的内表面（物理内扩散过程）；
③ 被吸附的气体反应物在固体碳表面形成中间络合物；
④ 吸附的中间络合物之间和气相分子之间发生表面反应；
⑤ 吸附态产物从固体碳表面脱附；
⑥ 产物分子通过固体的内孔道扩散出来（物理内扩散过程）；
⑦ 产物分子由颗粒表面扩散到气相中（物理外扩散过程）。

由此可见，在总的反应过程中包括了扩散过程 1、2、6、7 和化学过程 3、4、5 步，扩散过程又分为内扩散和外扩散过程；化学过程包括了吸附、表面反应和脱附等过程。上述各步骤阻力不同，反应过程的总速度取决于阻力最大的步骤，该步骤被称为速度控制步骤。

当总反应速度受化学过程控制时，称为化学动力学控制；反之，当总反应速度受扩散控制时，称为扩散控制。

在气化过程中，当温度很低时，气体反应剂与碳之间的化学反应速度很低。气体反应剂的消耗量很小，则碳表面上气体反应剂的浓度就增加。接近于周围介质中气体的浓度。在此情况下，单位时间内其反应的碳量是由气体反应剂与碳的化学反应速度来决定的，而与扩散速度无关，即总过程速度取决于化学反应速度。此时传质系数 β 远大于化学反应速度常数 k，即 $\beta \gg k$，则该区间称为化学动力学控制区，见式（2-34）所示。

$$k_{总} = \beta k/(\beta+k) = k \qquad (2-34)$$

式中　β——传质系数；
　　　k——化学反应速率常数；
　　　$k_{总}$——总过程化学反应速率常数。

随着温度的升高，在碳粒表面的化学反应速率越快，温度越高，化学反应速率越快。直至当气体反应剂扩散到碳粒表面就迅速被消耗，从而使碳粒表面气体反应剂的浓度逐渐下降而趋于零。此时扩散过程的总反应速度起了决定作用，其化学反应速率常数远大于传质系数，即 $k \gg \beta$，该区间称为扩散控制区，见式（2-35）所示。

$$k_{总} = \beta k/(\beta+k) = \beta \qquad (2-35)$$

在扩散控制区，碳表面上反应剂的浓度趋近于零，但不等于 0，因为当反应剂浓度等于 0 时，化学反应将停止。

气化反应的动力学控制区与扩散控制区是反应过程的两个极端情况，实际气化过程有可能是在中间过渡或者邻近极端区进行。如果操作条件介于扩散控制区和化学动力学控制区之间，即所谓两方面因素同时具有明显控制作用的过渡区间，此时物理和化学作用同样重要，则应考虑两种阻力对总过程化学反应速率的影响。

三、碳的氧化反应动力学模型

重点关注三个重要的气化反应：碳的氧化反应、二氧化碳的还原反应、水蒸气的分解反应。

研究证明煤的氧化反应与反应温度、氧分压及流动动力条件有关。不同条件下所获得的煤气中的碳的氧化物比例不同，即：V_{CO}/V_{CO_2} 不同。本节简化，仅给出下面反应动力学模型，见式（2-36）和式（2-37）所示：

$$V_a = k_s P_n \tag{2-36}$$

$$k_s = ATN \exp[-E/(RT)] \tag{2-37}$$

式中　k_s——反应速率常数，可表示修正的阿伦尼乌斯公式；
　　　A——频率因子，由试验确定；
　　　E——反应活化能；
　　　T——反应温度；
　　　N——反应指数；
　　　P——反应气体中氧的分压；
　　　n——反应级数，在 0~1 之间。

四、二氧化碳的还原反应动力学模型

研究证明二氧化碳还原成一氧化碳是重要的二次反应，在很大程度上确定了所获得的煤气质量。在还原反应中，温度影响很大，在较低温度时，还原速度较小，当温度大于 300 ℃时，还原速度显著提高。下面仅给出二氧化碳还原反应动力学模型：

$$V_a = k_1 P_{CO_2} / (1 + k_2 P_{CO} + k_3 P_{CO_2}) \tag{2-38}$$

式中　k_1、k_2、k_3——表面氧化物分解生成 CO 并逸入气相及 CO 的解吸等阶段常数；
　　　P_{CO}，P_{CO_2}——一氧化碳和二氧化碳的分压。

五、水蒸气分解反应动力学模型

研究证明水蒸气分解反应存在二次反应，过程类似前述。分解过程中同样形成表面碳氧配合物，下面仅给出水蒸气分解反应动力学模型：

$$V_a = k_1 P_{H_2O} / (1 + k_2 P_{H_2} + k_3 P_{H_2O}) \tag{2-39}$$

式中　k_1——在碳表面上水蒸气的吸附速度常数；
　　　k_2——氢的吸附和解吸平衡常数；
　　　k_3——碳与吸附的水蒸气分子之间的反应速率常数；
　　　P_{H_2}、P_{H_2O}——氢和水蒸气的分压。

参考文献

[1] 贺永德. 现代煤化工技术手册[M]. 北京：化学工业出版社，2020.
[2] 吴罗刚. 余热回收在煤化工行业的应用[J]. 山东化工，2017，46(8)：126-127.
[3] 陈兆辉，高士秋，许光文. 煤热解过程分析与工艺调控方法[J]. 化工学报，2017(10)：3693-3707.

[4] 朱银惠. 煤化学[M]. 北京：化学工业出版社，2015: 124-135.
[5] 张宗飞，任敬，李泽海，等. 煤热解多联产技术评述[J]. 化肥设计，2010, 48(6): 6-7.
[6] 汪寿建. 褐煤干燥成型多联产在工程实践中的应用和发展[J]. 化工进展，2010, 29(8): 1379-1387.
[7] 郭树才. 煤化工工艺学[M]. 2版. 北京：化学工业出版社，2006: 118-125.
[8] 初茉，李华民. 褐煤的加工利用技术[J]. 煤炭工程，2005(2): 47-49.
[9] 史斗，郑军卫. 21世纪的能源科技[J]. 科学新闻，2002(3): 25.
[10] 谢克昌. 煤的结构与反应性[M]. 北京：科学出版社，2002.
[11] 虞继舜. 煤化学[M]. 北京：冶金工业出版社，2000.
[12] 谢克昌. 煤的优化利用技术及其开发中的科学问题[J]. 煤炭转化，1994, 17(3): 1-8.
[13] 朱之培，高晋生. 煤化学[M]. 上海：上海科学技术出版社，1984.
[14] 谢克昌. 煤炭气化技术丛书[M]. 北京：化学工业出版社，2010.

第一章

煤炭资源分布现状及分类

第一节 概述

我国化石能源的赋存特点：富煤、贫油、少气。据自然资源部发布的《中国矿产资源报告 2022》数据，截至 2021 年底，我国煤炭资源储量为 2078.85 亿 t（参照国家标准 GB/T 17766—2020《固体矿产资源储量分类》），山西省储量占比最多，约为 23%，其次为陕西、新疆、内蒙古、贵州。截至 2021 年底，我国石油储量为 36.89 亿 t（油气储量参照国家标准 GB/T 19492—2020《油气矿产资源储量分类》），天然气为 63392.67 亿 m^3，煤层气为 5440.62 亿 m^3，页岩气为 3659.68 亿 m^3。国家统计局数据显示，2021 我国原油对外依存度为 72%，天然气对外依存度约为 42%，煤炭进口量为 3.23 亿 t。煤炭、石油、天然气、非化石能源（含水电、核电、风电、光电等）在能源结构中的占比分别为 67.0%、6.6%、6.1% 和 20.3% 左右。我国目前一次能源消费结构仍然以煤炭为主，发展煤制油气产业并逐步延伸清洁能源产业链，高度重视煤炭高效清洁转化，包括煤制大化肥、煤制大甲醇、煤制大烯烃、煤制大型天然气基地、煤制大型液体燃料等油气产业及化学品产业的高质量发展是保证我国能源安全的重要战略部署。

2021 年 9 月 13 日，习近平总书记在国家能源集团榆林化工有限公司考察时强调，煤化工产业潜力巨大、大有前途，要提高煤炭作为化工原料的综合利用效能，促进煤化工产业高端化、多元化、低碳化发展，把加强科技创新作为最紧迫任务，加快关键核心技术攻关，积极发展煤基特种燃料、煤基生物可降解材料等。2021 年 12 月的中央经济工作会议提出，要正确认识和把握碳达峰和碳中和，要科学考察，新增可再生能源和原料用能不纳入能源消费总量控制，创造条件尽早实现"能耗双控"，提高能源利用效率，倒逼经济发展方式转变，促进产业结构不断优化升级，实现高质量发展。2022 年 2 月 28 日，国家能源局再次提出"继续把发展煤炭清洁利用技术列作国家科技发展重点方向，包括清洁煤电技术和清洁煤炭转化技术两大类"。由此可知，现阶段我国高层对煤炭仍然是能源供应体系中重要的基础能源，能够发挥能源压舱石作用的共识是贯通和一致的。

2021 年我国一次能源生产总量为 43.3 亿 t 标准煤，比上年增长 6.2%；能源消费总量为 52.4 亿 t 标准煤，增长 5.2%，能源自给率为 82.63%。与十年前相比，煤炭消费占能源消费比重下降了 14.2 个百分点，水电、核电、风电等非化石能源比重提高了 8.2 个百分点。2021 年煤炭产量为 41.3 亿 t，比上年增长 5.7%，消费量 42.3 亿 t，增长 4.6%。

煤炭作为能源和原料不仅可以固碳，而且能提供丰富的液体燃料和化工产品，煤炭作为原料参与化学反应，进行着碳进碳出过程。碳进部分是碳元素进入煤化工产品，具有固碳能力，转化成清洁能源或化学品，拓展了煤炭的消费利用空间；碳出部分是部分碳元素转化为二氧化碳，少量碳元素随灰渣流失。在碳进碳出过程中，应继续把发展煤炭清洁高效转化利用技术的创新作为重点，不断延伸碳进化学品产业链，开发高性能产品是新型煤化工发展的趋势，生产高附加值、稀缺、石油、天然气难以生产的产品；高热值燃料（航空煤油）、耐寒燃料（军品）、高档含碳材料（电池负极碳材料）以及对 CO_2 进行集中处理与回收利用，提高煤炭转化效率、节能降耗、绿色环保低排放新技术和新工艺。随着我国化石能源占能源结构的比例逐步降低，我国煤炭供应结构逐步发生变化。低变质程度烟煤已成为新型煤气化的主要煤种和转化途径；无烟煤利用变质程度高、含碳量高、杂质元素少等特点，向精细化工及新材料应用转变。

第二节　煤炭资源发展及布局

中国是当今世界第一产煤大国，煤炭产量占世界的 35% 以上，同时也是世界煤炭消费量最大的国家。煤炭一直是我国的主要能源和重要原料，在一次能源生产和消费构成中煤炭始终占一半以上。根据自然资源部发布的《2020 年全国矿产资源储量统计表》，截至 2020 年底，全国煤炭资源储量为 1622.88 亿 t。其中排名前四的省份分别为：山西省煤炭储量达 507.25 亿 t，占全国储量的 31.26%，居全国之首；陕西省煤炭储量达 293.90 亿 t，占全国储量的 18.11%，位居第二；内蒙古自治区煤炭储量达 194.47 亿 t，占全国储量的 11.98%，位居第三；新疆维吾尔自治区煤炭储量达 190.14 亿 t，占全国储量的 11.72%，位居第四。排名前四省份累计煤炭储量达 1185.76 亿 t，占全国储量的 73.07%。

一、煤炭资源规划发展

由中国煤炭工业协会发布的《煤炭工业"十四五"结构调整指导意见》指出，在"十四五"期间，国家将继续优化煤炭开发布局，稳步推进大型煤炭基地建设，大力发展优质产能，推进智能化煤矿建设，为矿建市场拓展空间。指导意见订立了我国煤炭发展目标，到"十四五"末，全国煤炭产量控制在 41 亿 t 左右，全国煤炭消费量控制在 42 亿 t 左右，年均消费增长 1% 左右。煤炭发展目标的主要内容如下：

① 全国煤矿数量控制在 4000 处以内，大型煤矿产量占 85% 以上，大型煤炭基地产量占 97% 以上；建成煤矿智能化采掘工作面 1000 处以上；建成千万吨级矿井（露天）数量 65 处，产能超过 10 亿 t/a。培育 3~5 家具有全球竞争力的世界一流煤炭企业。

② 煤矿采煤机械化程度 90% 左右，掘进机械化程度 75% 左右；原煤入选（洗）率 80% 左右；煤矸石、矿井水利用与达标排放率 100%。

③ 形成若干行业智能化煤矿、智能选煤厂、智慧矿区、智慧企业标杆。智能化开采产量达到全国原煤产量的 30% 左右。推进煤炭产业数字化建设，基本实现数字技术与煤炭生产、安全、市场、管理各环节的有机融合。

④ 优化煤炭资源开发布局，提高保障能力。继续去产能，在"碳中和"、煤炭需求逐渐

减量的大背景下,"十四五"期间全国煤矿数量要由 5300 处左右减少到 4000 处左右。预计未来产能将进一步向资源禀赋好、开采条件好的西部地区集中,不具备大规模资源赋存、开采效率较差的东部、中部地区将持续发力退出落后产能。

二、煤炭资源优化布局

在我国 14 个大型煤炭生产基地基础上,进一步优化、开发布局,提高保障能力,为我国能源安全奠定基础。

（1）内蒙古东部（东北）、云贵基地

稳定规模、安全生产,区域保障。煤炭产量分别稳定在 5 亿 t/a、2.5 亿 t/a 左右,提高区域煤炭稳定供应保障能力。

（2）冀中、鲁西、河南、两淮基地

控制规模,提升水平,基本保障。河北、山东、河南、安徽及周边省市是我国主要煤炭消费区,煤炭需求主要依靠外部调入。基地内煤炭产量分别稳定在 0.6 亿 t/a、1.2 亿 t/a、1.2 亿 t/a、1.3 亿 t/a 左右。

（3）晋北、晋中、晋东、神东、陕北、黄陇基地

控制节奏,高产高效,兜底保障。控制煤炭总产能,建设一批大型智能化煤矿,提高基地长期稳定供应能力。山西、陕西、蒙西地区是我国主要煤炭生产地区,也是我国主要的煤炭调出地区,担负着全国煤炭供应保障的责任。晋北、晋中、晋东基地煤炭产量控制在 9 亿 t/a 左右,神东基地控制在 9 亿 t/a 左右,陕北和黄陇基地控制在 6 亿 t/a 左右。

（4）新疆基地

科学规划,把握节奏,梯级利用。超前做好矿区总体规划,合理把握开发节奏和建设时序,就地转化与外运结合,实现煤炭梯级开发、梯级利用。"十四五"期间煤炭产量稳定在 3 亿 t/a 左右。

（5）宁东基地

稳定规模,就地转化,区内平衡。煤炭产量稳定在 0.8 亿 t/a 左右。

2020 年,全国煤炭总产量达到了 38.4 亿 t。全国煤炭生产量排名前四位的省份分别为山西省、内蒙古自治区、陕西省和新疆维吾尔自治区,产量分别为 10.63 亿 t、10.01 亿 t、6.78 亿 t 和 2.66 亿 t。四省份累计煤炭生产量为 30.08 亿 t,占全国煤炭总产量的 78.33%。

三、山西省煤炭资源分布及产量

山西省是煤炭储量和生产大省,区域内煤炭资源具有分布广、品种全、煤质优、埋藏浅、易开采等特点。区域内含煤面积 6.2 万 km^2,占国土面积的 40.4%,煤炭资源自北向南主要分布于大同、宁武、西山、河东、沁水、霍西六大煤田。截至 2017 年,全省 2000 m 以浅煤炭预测资源储量 6652 亿 t;探明保有资源储量 2674.3 亿 t,约占全国的 25%。

山西沁水煤田的东北部阳泉和晋东南的晋城、阳城以无烟煤为主,是全国最大的无烟煤生产基地,沁水为我国最大无烟煤产地,无烟煤年产量约占全国的 29%。

山西、安徽、贵州、山东四省的焦煤储量占全国焦煤总储量的 70.43%,而山西焦煤储量占全国焦煤总储量的 27.65%,占全国已探明焦煤储量的 60% 左右。主要分布在山西中南部,河东、西山和霍西为我国主要焦煤产地,柳林、乡宁焦煤全国闻名;山西大同为我国优质动力煤产地。

在全国 14 个大型煤炭基地中，山西省拥有晋北、晋中和晋东三大基地，2020 年原煤产量为 10.63 亿 t，占全国原煤产量的 27.68% 左右，是全国第一大产煤省。

四、内蒙古自治区煤炭资源分布及产量

内蒙古自治区煤炭资源丰富，分布广、储量大、埋藏浅、易开发、煤种全。区域内已探明煤炭储量逾 8000 亿 t，居全国首位，煤种以动力煤为主。在煤炭探明储量中，低变质烟煤占 53%，褐煤占 45%，炼焦煤仅占 2%。焦煤主要分布在自治区的桌子山煤田和乌达煤田。

区域内煤炭资源可大体划分为三大片区，即鄂尔多斯含煤区、二连含煤区、海拉尔含煤区。三大片区累计探明储量约占全区的 90% 以上，三个片区分布在鄂尔多斯市、锡林郭勒盟、呼伦贝尔市三个盟市。其中，鄂尔多斯市主要是烟煤，赋存 80% 以上；呼伦贝尔市与锡林郭勒盟主要是褐煤，赋存近 90%。

截至 2021 年 3 月底，内蒙古共有在产煤矿 329 座，合计产能 93595 万 t/a。其中，小型煤矿 9 座，产能合计 270 万 t，占煤矿产能的 0.29%；中型煤矿 124 座，产能合计 8055 万 t，占煤矿产能的 8.61%；大型煤矿 193 座，产能合计 84970 万 t，占煤矿产能的 90.78%。内蒙古煤矿以大型煤矿为主，其中，鄂尔多斯煤矿数量最多，达到 229 座，占总数的 69.64%，总产能为 62685 万 t，占内蒙古总产能的 66.95%。

2020 年，内蒙古自治区原煤产量为 10.01 亿 t，占全国煤炭总产量的 26.07%，是国内第二大产煤省，也是全国最大的露天煤矿（开采成本低）之乡。

五、陕西省煤炭资源分布及产量

陕西省煤炭资源丰富，截至 2016 年底，查明保有资源储量 1639.5 亿 t，占全国煤炭资源储的 10.3%，为我国第三大产煤省。陕西省煤种以低变质程度的长焰煤、不黏煤和弱黏煤为主，占探明储量的 65% 以上；气煤、瘦煤、贫煤次之；肥煤、焦煤和无烟煤很少。

陕北煤炭基地主要包括榆神、榆横大型矿区，以低硫煤为主，被全国多城市指定为城市环保专用煤；黄陇煤炭基地的黄陵煤田位于延安市，以生产长焰煤、不黏煤和弱黏煤为主，可用作动力用煤、气化液化用煤、炼焦配煤等；另外神东基地的神府煤田位于榆林市，占全国探明储量的 15%，主产优质动力煤。由于陕北地区煤炭埋藏浅、赋存条件好，且易建设大型特大型矿井，煤炭生产成本总体较低。

2020 年，陕西省煤炭产量为 6.78 亿 t，占全国煤炭产量的 17.65%，是国内第三大产煤省，也是国内生产优质低硫动力煤的主产地之一，以长焰煤、不黏煤和弱黏煤等低变质动力煤为主。

六、新疆维吾尔自治区煤炭资源分布及产量

新疆维吾尔自治区（以下简称新疆）是我国重要的煤炭资源接续区和战略性储备区，资源储量丰富、煤炭种类齐全。新疆煤炭资源丰富且分布范围广，大多是整装待开发煤田，储量大、埋藏浅、开采条件好、煤炭种类齐全，新疆煤炭预测储量 2.19 万亿 t，占全国的 39.3%，探明可采储量 190 亿 t，居全国第四位，是我国第 14 个大型煤炭生产基地。截至 2015 年，新疆累计探明煤炭资源储量 4225.58 亿 t，其中保有资源储量为 4102.77 亿 t，已占用资源储量 847.54 亿 t，尚未利用资源量 3255.23 亿 t。新疆煤炭资源分布于新疆"三山两盆"，即阿尔泰山、天山、昆仑山和准噶尔盆地、塔里木盆地的区域内，含煤地层以侏罗系中、下系统

为主，煤炭资源量占总资源量的 99.9%，其中，中侏罗统约占总量的 73.1%。

从煤种分布看，低变质的长焰煤、不黏煤、弱黏煤等占了全部查明保有资源储量的 95%；中变质和中高变质的气煤、气肥煤、1/3 焦煤、焦煤和瘦煤等炼配焦煤相对较少，其资源储量不足查明资源储量的 3.4%；而高变质的贫煤、无烟煤甚少，仅占总资源量的 1.6%，新疆煤炭主要以动力煤为主。新疆煤炭呈"北富南贫"不均衡分布，区域内煤炭资源主要分布在准噶尔含煤盆地和天山山间等含煤盆地，塔里木盆地北缘也有部分分布，其他地区很少或零星分布。其中，98%的煤炭资源分布于北疆，南疆四地州（阿克苏、喀什、克州、和田）煤炭资源仅占新疆煤炭资源总量的 2%，而且主要集中在阿克苏地区。现已逐步形成吐哈、准噶尔、伊犁、库拜四大煤田。

准噶尔盆地及周边地带：以中低变质煤种为主，生产长焰煤，弱黏煤、不黏煤次之，少量气煤；东段主要为气煤和肥煤，中侏罗统西山窑以弱黏煤为主，气煤、长焰煤和气肥煤次之；准东煤田西山窑以长焰煤和不黏煤为主；和什托洛盖煤田以长焰煤为主，不黏煤次之；东部库仑铁布克一带以不黏煤为主；库普的三塘湖煤田西部均以不黏煤为主。哈密煤田：以焦煤为主，生产气煤、气肥煤和肥焦煤。东部吐斯-淖毛湖生产长焰煤，少量不黏煤、弱黏煤。吐哈盆地煤田：中部变质程度低，以长焰煤为主，弱黏煤次之，局部地段还有变质程度更低的褐煤。盆地西端分布气煤、肥煤、焦煤和瘦煤，西南天山区域煤种单一，以长焰煤为主，个别煤层为气肥煤。伊宁煤田：煤类较单一，以长焰煤和不黏煤为主。尼勒克煤田西部以长焰煤为主，向东变质程度增高，至塘坝-沙特布拉克一带以气煤为主。可尔克煤产地以气煤和气肥煤为主。库拜煤田：煤的变质程度由东向西增高，煤类齐全。东部主要为不黏煤、弱黏煤，少量气煤。中部以气煤、肥煤和焦煤为主，并有少量焦瘦煤。西部则为高变质无烟煤和贫煤。塔里木盆地西南缘各煤田煤类变质程度差异大。托云煤田煤类主要为气煤、1/3 焦煤，少量肥煤。

新疆煤炭资源发热量高，哈密是新疆高热值、特高热值煤最多的地区，煤炭发热量平均值为 28.96 MJ/kg（6928 kcal/kg）；准噶尔-哈密市的淮北地区煤炭的发热量平均值为 24.71 MJ/kg；准东地区的煤炭发热量平均值为 26.98 MJ/kg；巴里坤地区煤炭发热量平均值为 26.87 MJ/kg；伊犁地区伊北煤田煤炭的发热量平均值为 24.82 MJ/kg；尼勒克煤田的煤炭发热量平均值为 27.27 MJ/kg；昭苏煤田的煤炭发热量平均值为 24.61 MJ/kg；库车-拜城地区的库车地区煤炭的发热量平均值为 29.37 MJ/kg；拜城地区的煤炭发热量平均值为 28.10 MJ/kg。

2020 年，新疆原煤产量为 2.66 亿 t，占全国煤炭总产量的 6.93%，以生产长焰煤、不黏煤和弱黏煤等低变质动力煤为主。新疆煤炭预测资源总量大，也是我国未来十分重要的能源接续区和战略性能源储备区。

第三节　无烟煤资源分布及利用现状

一、无烟煤特点及分布

1. 无烟煤特点

无烟煤（anthracite），俗称白煤或红煤，是一种坚硬、致密且高光泽的煤矿品种，是煤化程度最大的煤。固定碳含量高，挥发分低，密度大，硬度大，燃点高，燃烧时无烟，热值为

6000～6500 kcal/kg，燃烧时无烟等。无烟煤主要应用于民用、化工、电力、陶瓷、水泥、冶金等行业，也是碳素生产的重要原料。一些低灰低硫的无烟粉煤可用作于高炉喷吹的原料。无烟末煤一般用作电厂发电燃料。除发电外，无烟块煤主要用于煤化工固定床原料，生产合成氨、尿素、甲醇、醋酸及一系列煤化工产品等。

无烟煤根据粒度可以分为无烟块煤、无烟粉煤以及无烟末煤，其中粒度 13～25 mm 被称为无烟小块；粒度 25～50 mm 被称为无烟中块；粒度大于 50 mm 的称为无烟大块；粒度＜13 mm 的煤称为无烟末煤；粒度＜6 mm 的煤称为无烟粉煤。

2. 无烟煤分布

优质无烟煤主要指灰分＜15%、硫分＜1%、可选性好的无烟煤，主要分布于北京京西、山西阳泉、山西晋城、河南焦作、河南永城和宁夏汝箕沟等矿区。无烟煤储量小、优质无烟煤量更少，是煤化程度最大的煤。一般无烟煤含碳量在80%～90%之间，挥发物在10%以下，无胶质层厚度，热值为 6000～6500 kcal/kg。无烟煤煤质指标主要由挥发分、成块率、含碳量及含硫量等决定。山西省无烟煤产量最高，且质量较好。在现有探明储量中，无烟煤类约占煤炭总量的 13%，主要分布在山西、贵州、河南和四川。由于无烟煤煤化程度高，挥发分低，其中无烟块煤主要用于化肥化工等行业，无烟粉煤主要用于冶金高炉喷吹等，我国区域内部分典型的无烟煤组分见表 3-1 所示。

表 3-1 我国区域内部分典型的无烟煤组分

煤种指标	北京京西	山西晋城	山西阳泉	河南焦作	宁夏汝箕沟	河南永城
水分（M_{ad}）	2.50	2.75	1.80	2.50	1.20	1.60
灰分（A_{ad}）/%	10.8	9.59	10.64	10.52	5.12	10.30
挥发分（V_{ad}）/%	6.70	7.76	9.71	8.40	5.94	7.90
碳（FC_{ad}）/%	80.00	79.90	77.85	78.58	87.74	80.2
硫（$S_{t,ad}$）/%	0.20	0.50	1.60	0.36	0.18	0.21
氢（H_{ad}）/%		3.10	3.26	2.33	3.11	2.31
氮（N_{ad}）/%	0.27	1.12	1.14	0.92	0.81	0.94
磷（P_{ad}）/%	0.02	0.03	0.02		0.04	
耐磨指数（HGT）		60	57	50	49	51
灰熔点（T_3）/℃	1140	1446	1500	1356	1200	1380
热值 Q/(kcal/kg)	6600	6555	7250	6900	7767	7100

我国六大无烟煤基地主要由北京京西（已经关闭）、山西晋城、山西阳泉、河南焦作、河南永城和宁夏汝箕沟等组成。其中阳泉无烟煤因具有可磨性好的特点，是理想的高炉喷吹用燃料。晋城、阳泉一带的无烟煤被称为"兰花炭"，闻名中外。山西无烟煤资源储量大、质量好，居全国首位。晋城和阳泉分别产一号、二号、三号无烟煤。其中山西阳泉矿区是国家规划的 14 个大型煤炭基地之"晋东煤炭基地"的重要组成部分。另外，我国最好的优质无烟煤分布在内蒙古自治区阿拉善左旗的古拉本敖包镇，被称为古拉本无烟煤，也称"太西煤"，有"三低六高"的优点，即低灰、低硫、低磷，高发热量、高机械强度、高比电阻率、高化学活性、高原煤块煤率、高精煤回收率，是质量最优的无烟煤。目前已知探明储量为 3.84 亿 t，预测储量则在 10 亿 t 以上，全国第一。

二、无烟煤储量及产量和进出口

1. 无烟煤储量

无烟煤在我国煤炭结构中是一个重要的品种,虽然生产和消费比重不大,但由于资源稀缺和适用性,仍然是我国最为稀缺的煤种。全国无烟煤预测储量为4740亿t,占全国煤炭总资源量的10%;无烟煤累计保有储量约1130.79亿t,仅占全国煤炭总量的13%,可采储量为160亿t。贵州无烟煤含硫量高,大多只能用作低质动力煤;山西无烟煤主要产自晋城和阳泉矿区,但阳泉矿区无烟煤成块率较低;河南无烟煤主要产自永城和焦作矿区,产出率低。

2. 无烟煤产量及进口量

2012—2021年期间,无烟煤生产量虽然有一定波动性,但总体变化不大。2012年无烟煤产量为3.79亿t;2020年无烟煤产量为3.59亿t,同比下降0.8%;2021年无烟煤产量为3.62亿t,同比增长0.8%。无烟煤产量主要集中在山西、贵州、河南三省,2016年三省无烟煤产量占国内无烟煤总产量的比例分别为44%、16%和11%。

2021年,无烟煤进口数量为916.9万t,同比增长586.3%,进口金额为13.79亿美元,同比增长560.1%。我国无烟煤进口量要大于出口量。虽然近几年随着国家大力提倡环保,煤炭也需检测氟、氯、砷、汞、磷元素等,尤其是进口煤炭都有相应的标准范围,使得进口量整体下降,但依然要高于出口量。数据显示,截至2021年我国无烟煤进口量为923.95万t,同比增长19.12%,出口量为149.58万t,同比增长11.97%。目前俄罗斯联邦是我国无烟煤主要进口来源地。数据显示,2021年我国无烟煤进口量96.52%来自俄罗斯联邦,进口量为891.77万t。其次向秘鲁、南非进口少量无烟煤,进口量分别占比1.88%与1.07%,其他地区进口占比0.53%。

三、无烟煤需求量及价格

1. 无烟煤需求

由于无烟煤以其优质的成分,较小的污染,成本的低廉,逐渐被人们所接受。2019年我国无烟煤表观需求量为3.67亿t,同比增长7.6%;2020年无烟煤表观需求量为3.65亿t,同比下降0.54%。无烟煤下游消费量主要为电煤,占比54%,其次为喷吹煤和块煤,分别占比27%、13%。

2. 无烟煤价格

2014年底,无烟块煤价格创下最高纪录,当时无烟煤出矿车板价1400元/t,并有少部分块煤突破2000元/t。但随着国内新型煤气化的快速发展,新型气化炉普遍采用价格低廉的低变质程度的烟煤作为原料,而使用无烟煤气化技术的中、小型煤化工企业的常压固定床炉数量因环保、运行成本等逐年减少,导致无烟煤在化工行业化肥企业的用量正在不断萎缩;而民用块煤也因环保压力使用范围在逐步减少,使得无烟煤的用户范围逐步缩小。最终导致无烟煤需求量减少,供需平衡打破,价格下降,使得2020年无烟块煤出矿车板价仅1000元/t左右。自2022年以来,我国无烟煤价格整体又呈现上涨态势。虽然初期在限价政策下,无烟煤价格高位小幅回调。如晋城无烟末煤(A 15%、V 6%~7%、S<0.5%、Q 6000 kcal/kg),坑口价一度回调至含税1170元/t;阳泉无烟末煤(A 9%~12%、V 6%~7%、S 0.8%~1.2%、

Q 6500 kcal/kg）车板价含税 1100 元/t，价格有所回暖。无烟煤未来的发展趋势应借助于含碳量高、变质程度高和热值高的优势，在化工新材料领域依然是最佳选择，而且随着碳基新材料对高固定碳含量原材料的需求，无烟煤在煤炭新用途中会发挥更大的优势。

第四节　烟煤资源分布及利用现状

一、烟煤类型及用途

1. 烟煤分类

按中国煤炭分类标准划分为褐煤、烟煤和无烟煤 3 类，对于褐煤（碳化程度或变质程度最低）和无烟煤（碳化程度或变质程度最高），再分别按其煤化程度和工业利用的特点分为小类；烟煤又可分为 12 类：从长焰煤到贫煤。烟煤按碳化程度从低到高可划分为：低变质烟煤 4 类（长焰煤、不黏煤、弱黏煤、1/2 中黏煤），中变质烟煤 5 类（气煤、气肥煤、1/3 焦煤、肥煤、焦煤）和高变质烟煤 3 类（瘦煤、贫瘦、贫煤）。

烟煤一般为粒状、小块状，也有粉状，多呈黑色而有光泽，质地细致，含挥发分 30% 以上，燃点不太高，较易点燃；含碳量与发热量较高，燃烧时上火快，火焰长，有大量黑烟，燃烧时间较长，因为大多数烟煤有黏性，燃烧时易结渣。

2. 烟煤主要用途

烟煤按用途划分为 3 类：动力煤、化工煤和炼焦煤。其中动力煤主要用作燃料，化工煤主要用作原料。低及中偏低变质程度烟煤，如长焰煤、不黏煤、弱黏煤、1/2 中黏煤、气煤和高变质程度烟煤（如瘦煤、贫瘦煤、贫煤），一般可用作动力煤和化工煤，根据煤质组成，其中有些煤种适合作发电锅炉燃料，有些煤质适合作化工原料。有些煤种既能作燃料，也能作原料，要根据煤种质量和用途功能采用的技术要求确定。对中变质程度及中偏低变质程度、中黏结性偏强及强黏结性的烟煤，适合用作炼焦原料煤，如焦煤、肥煤、1/3 焦煤、气肥煤、气煤和瘦煤等，有些用作主炼焦煤原料，有些用作炼焦配煤原料。

3. 动力煤

动力煤指用于作为动力原料的煤炭，一般指用于火力发电的煤。从广义上讲，凡是以发电、机车推进、锅炉燃烧等为目的产生动力而使用的煤炭都属于动力用煤，简称动力煤。动力煤作为燃料对煤的品质要求相对较低，如贫煤、弱黏煤、不黏煤、长焰煤等都可用作动力煤。但从动力技术经济考虑，动力用煤也是有一定的质量要求的。煤的发热量是衡量动力煤的重要指标之一，作为动力煤，通常用较高发热量的煤为宜。动力煤煤质评价指标主要有发热量、挥发分、灰分、硫分、水分和灰熔点。由于动力煤作为动力的燃料，主要用于火力发电、锅炉燃烧等。我国动力煤资源主要集中在华北和西北地区，其中晋北、神东和陕北动力煤发热量最高；新疆、宁东、冀中和两淮基地次之；贵州动力煤含硫量较高，煤质偏差。

4. 化工煤

化工煤作为原料用于煤化工时，主要是通过煤气化将煤转化为 $CO+H_2$ 合成气。随着新型煤气化的研发和应用，采用低变质程度的烟煤范围和适应性也越来越强，如贫煤、瘦煤、弱黏煤、不黏煤、长焰煤，以及烟煤中的三高煤等均能被相关的气化炉用于气化。总体而言，对动力煤和化工煤的区分，对气化煤的品质是有一定限制的，以满足气化工艺的要求为原则。动力煤、化工煤是我国生产原煤的主产煤种，产量大，价格也低廉。主要生产省份有：山西、内蒙古、陕西、西北地区（新疆、甘肃、宁夏）、辽宁、河北、河南、山东、安徽、西南地区（贵州、云南、四川）等。其中山西、陕西、内蒙古（蒙西）的煤种煤质最好；西北地区、河北、安徽次之，贵州最差。

5. 炼焦煤

焦煤是中等及低挥发分的中等黏结性及强黏结性的一种烟煤。焦煤的煤化度较高，结焦性好。由于焦煤黏结性强，能炼出强度大、块度大、强度高、裂纹少的优质焦炭，是炼焦的最好原料。通常是将若干种焦煤按照一定比例进行配煤后才能作为最佳的炼焦原料。炼焦煤对煤炭的黏结性是有一定要求的，在室式焦炉炼焦条件下可以结焦。贫瘦煤、瘦煤、主焦煤、肥煤、1/3焦煤、气肥煤、气煤、1/2中黏煤都属于炼焦煤。在我国炼焦煤资源相对稀缺，价格较高。炼焦煤生产主要省份有：山西、河北、黑龙江、河南、山东、安徽、贵州等，其中河北、山西、河南、淮北的炼焦煤煤质具有一定优势，山东、东北地区的次之，贵州炼焦煤硫分含量较高，品质最差。

二、烟煤价格

截至2020年，全球已探明煤炭储量为1.07万亿t，中国的煤炭储备全球第四，占13.3%；煤炭（原煤）产量38.4亿t，全球第一；煤炭消耗为28.3亿t标准煤（约39.63亿t原煤），全球第一。所以中国还需要从海外进口部分煤炭，特别是焦煤。

（1）动力煤

我国动力煤市场需求在较大程度上受宏观经济状况和相关下游行业发展的影响，属于典型的需求拉动型市场。动力煤产量大约占我国煤炭总产量的80%，也是上市煤炭企业的主力产品，和市场有着千丝万缕的联系。

（2）焦煤

焦煤生产位于煤焦钢产业链的上游，是生产焦炭、炼铁的原材料。从储量来看，我国炼焦煤储量为1569.6亿t，占我国煤炭总储量的20%~25%，属于稀缺资源。由于我国低硫优质主焦煤资源有限，炼焦煤资源分布不均，主要在山西省，因此每年需从国外进口焦煤约7000万t，对外依存度较高。2020年中国海外进口3.04亿t原煤，印度尼西亚、澳大利亚、俄罗斯、蒙古国和加拿大是主要进口国。炼焦煤，2020年12月前主要进口国为澳大利亚、蒙古国、俄罗斯、加拿大和印度尼西亚，2020年12月后停止从澳大利亚进口煤炭。

第五节 褐煤/低阶煤资源分布及利用现状

一、褐煤/低阶煤特点

褐煤多为块状，呈黑褐色，光泽暗，质地疏松，含挥发分40%左右，燃点低，容易着火，火焰大，冒黑烟。褐煤含碳量与发热量较低，因产地褐煤等级不同，发热量差异很大。褐煤属于低阶煤中的一个煤种，而低阶煤是由煤化程度较低的年轻褐煤和长焰煤等组成。从褐煤炭化程度分析，具有成煤时间短、煤化程度低、煤空隙发达、含水量高、挥发分高等特点；

从元素组成分析，具有含氧量高、H/C 高、含氧官能团复杂、化学性质活泼等特点；从使用特性分析，褐煤具有易风化破碎、易自燃、长时间贮存性能不好、能量密度低等特点。作为动力煤燃料，能量利用效率比烟煤要低，褐煤含水量高，长距离运输会增加运输成本，降低其褐煤利用的经济性。挥发分高，化学性质活泼，运输和储存还存在安全隐患。但由于褐煤是煤化程度最低的矿产煤，埋藏浅，易开采、成本低，价格低廉，具有挥发分高、含油率高、化学活性好等特点，经分质梯级利用，具备产生大幅增值效益的巨大潜力。

近十年来，褐煤产量增加，且成本低，褐煤的加工利用越来越引起重视。褐煤加工利用的方式有很多种，包括褐煤发电、褐煤气化、褐煤液化、褐煤提质等，其中褐煤气化是褐煤清洁化利用最重要的途径之一，褐煤通过气化得到粗煤气，进一步加工可以生产液体燃料、气体燃料和化学品等。

二、褐煤/低阶煤产量及储存量

1. 褐煤产量

2010 年，全球煤炭总产量为 72.65 亿 t，其中褐煤为 13.38 亿 t，褐煤产量占全球煤炭总产量的 18.41%，2010 年全球 10 大煤炭/褐煤生产国产量及褐煤占比见表 3-2 所示。

表 3-2　2010 年全球 10 大煤炭/褐煤生产国产量及褐煤占比

排序	国家	煤炭总产量/亿 t	褐煤产量/亿 t	褐煤占产出比例/%
1	中国	32.36	3.36[①]	10.4
2	德国	1.83	1.69	92.3
3	南非	2.51	1.63	65.0
4	土耳其	0.79	0.69	87.5
5	澳大利亚	4.20	0.67	16.0
6	美国	9.81	0.65	6.6
7	波兰	1.33	0.56	42.1
8	希腊	0.56	0.56	100.0
9	捷克	0.56	0.44	79.2
10	塞尔维亚	0.37	0.37	100.0
	前十国产量小计	54.32	10.62	19.55（占比）
11	全球其他国家合计	18.33	2.76	15.06（占比）
	全球产量合计	72.65	13.38	18.42（占比）

① 中国褐煤产量根据 2010 年 1~5 月产量推算。

由表 3-2 可知，在全球煤炭产量中，褐煤产量占本国煤炭总产量比例最高的国家是希腊和塞尔维亚，其次是德国和土耳其，2010 年我国褐煤产量的占比仅为 10.4% 左右。

2. 我国褐煤/低阶煤产量

我国褐煤和低变质烟煤资源相对丰富，全国第三次煤炭普查数据显示，褐煤赋煤区预测储量约 1903.06 亿 t，低变质烟煤预测储量约 13553.72 亿 t，褐煤和低变质烟煤预测储量合计 15456.78 亿 t；褐煤赋煤区已探明储量约 1334.69 亿 t，低变质烟煤赋煤区已探明储量约 7423.63 亿 t，褐煤和低变质烟煤已探明储量合计约 8758.32 亿 t。褐煤和低变质烟煤预测储量和已探明量合计为 24215.10 亿 t，占我国煤炭预测总资源量的 53.19%，其中褐煤已探明储量约为 1334.69 亿 t，占全国已探明煤炭储量 10517.65 亿 t 的 12.69%。

褐煤具有高灰分、高硫分、发热量低、热稳定性差的特点，平均灰分 21.90%，挥发分约 45.21%，水分 30% 左右，发热量约 28.71 MJ/kg。由于褐煤的煤化程度低，属于低阶煤的一种，主要分布在东北赋煤区的内蒙古东部和黑龙江东部、华北赋煤区的豫北鲁西北和华南赋煤区的云南东部。表 3-3 给出了我国 23 个盆地赋存褐煤分布区预测和已探明资源量。

表 3-3 我国 23 个盆地赋存褐煤分布区资源量

赋煤区	赋存含煤区	褐煤预测储量/亿 t	褐煤已探明储量/亿 t	资源量合计/亿 t	全国占比
华北	1. 阴由	18.29		18.29	
	2. 恒山五台山	2.83		2.83	
	3. 豫西	9.85		9.85	
	4. 冀北	8.35		8.35	
	5. 豫北鲁西北	33.49	3.42	36.91	
	小计	72.81	3.42	76.23	2.35%
东北	6. 海拉尔盆地群	925.76	260.23	1185.99	
	7. 两边盆地群	786.34	821.85	1608.19	
	8. 多伦盆地群	15.59		15.59	
	9. 平庄—元宝山	0.38	15.97	16.35	
	10. 三江—穆棱河	41.08		41.08	
	11. 延边	0.85	4.49	5.34	
	12. 敦化—抚顺	11.95	9.88	21.83	
	13. 依兰—伊通	7.24	5.41	12.65	
	14. 松辽盆地西南部	8.17		8.17	
	15. 辽河凹陷	0.00	31.78	31.78	
	16. 大兴安岭	2.29	15.97	18.26	
	小计	1799.65	1165.58	2965.23	91.58%
华南	17. 跨竹可矿	1.32	7.89	9.21	
	18. 邵通—曲靖	1.00	81.99	82.99	
	19. 昆明—开远	10.16	16.61	26.77	
	20. 攀枝花—楚雄	0.77		0.77	
	21. 百色	1.20	3.97	5.17	
	22. 南宁	0.49	2.03	2.52	
	23. 华南其他地区	14.22	7.89	22.11	
	小计	29.16	120.38	149.54	4.62%
三大赋煤区小计		1901.62	1289.38	3191.00	98.56%
全国褐煤赋煤区合计		1903.06	1334.69	3237.75	7.11%
全国低变质烟煤		13553.72	7423.63	20977.35	46.08%
全国低变质烟煤+褐煤		15456.78	8758.32	24215.10	53.19%
全国煤炭预测总量				45521.04	

注：依据全国第三次煤炭普查数据。

三、褐煤资源量及布局

全国褐煤预测总量是 3237.75 亿 t，其中已探明储量是 1334.69 亿 t，已探明褐煤占褐煤预测总量的 41.22%以上，褐煤预测总资源量占全国煤炭资源总量的 7.11%。这些褐煤资源量主要分布在东北、华北及华南三大赋煤区。我国褐煤基地主要设立在 13 个褐煤煤田，已探明储量约 777 亿 t，占整个褐煤探明储量的 58.22%，表 3-4 给出了我国 13 个褐煤基地的煤田资源量。

表 3-4 我国 13 个褐煤基地的煤田资源量

序号	褐煤基地名称	褐煤预测区已探明储量/亿 t	预测区储量/亿 t	备注
1	内蒙古满洲里扎赉诺尔煤田	80.00	140.00	
2	内蒙古通辽市霍林河煤田	130.00	—	露采
3	内蒙古伊敏煤田	50.00	120.00	
4	内蒙古呼伦贝尔市大雁煤田	30.00	—	
5	内蒙古锡林郭勒盟胜利煤田	160.00		
6	内蒙古呼伦贝尔市宝日希勒煤田	64.00		露采
7	内蒙古通辽市平庄和元宝山煤田	15.00		
8	内蒙古锡林郭勒盟白音华煤田	141.00	1000.00	
9	云南昭通煤田	80		水分灰分高
10	云南红河州小龙潭煤田	10		
11	云南昆明先锋煤田	3		
12	吉林舒兰煤田	4		
13	山东烟台龙口煤田	10		低硫低灰
	小计	777.00	1260.00	
	其他煤田小计	557.69	1977.75	
	合计	1334.69	3237.75	

四、褐煤主要质量指标

衡量褐煤品质的主要质量指标有含水量、挥发分含量、灰分含量、硫含量及热值等指标数据。我国主要褐煤矿区的质量指标见表 3-5 所示。由于同一煤田，不同煤层、不同矿井的煤质组分也是千差万别的，该数据仅供参考。

表 3-5 我国主要褐煤矿区的质量指标　　　　　　　　　　　　　单位：%

序号	矿区	全水分 M_t	内水分 M_{ad}	干基灰分 A_d	干燥无灰基挥发分 V_{daf}	干基全硫 $S_{t,d}$	C_{ad}	H_{ad}	N_{ad}	低位热值收到基 $Q_{net,ar}$/(MJ/kg)
1	扎赉	32.3	9.29	17.66	44.53	0.32	55.38	3.66	1.19	15.36
2	霍林河	28.1	18.02	31.51	51.11	0.51	41.16	2.44	0.67	12.66
3	伊敏	38.7	12.88	23.38	45.04	0.17	47.60	3.34	1.08	11.20
4	大雁	34.9	24.88	15.22	46.04	0.56	45.44	3.09	0.78	14.04
5	宝日希勒	31.8	13.35	16.93	40.25	0.21	52.54	3.19	0.83	14.48
6	平庄	23.1	10.91	29.08	43.09	1.20	46.24	2.78	0.68	14.52
7	昭通	50.5	13.9	25.5	55.40	1.05	—	—	—	<10.00

续表

序号	矿区	全水分 M_t	内水分 M_{ad}	干基灰分 A_d	干燥无灰基挥发分 V_{daf}	干基全硫 $S_{t,d}$	C_{ad}	H_{ad}	N_{ad}	低位热值收到基 $Q_{net,ar}$/(MJ/kg)
8	小龙潭	35.5	14.04	10.42	50.40	1.27	51.86	3.65	1.41	14.50
9	先锋	34.8	19.6	7.70	49.10	0.58	—	—	—	21.40
10	舒兰	21.9	17.20	39.03	54.68	0.27	33.00	2.50	0.99	10.70
11	龙口	21.1	10.25	16.98	44.82	0.68	56.62	4.05	1.52	19.57
12	珲春	17.8	15.86	24.38	47.56	0.40	46.58	3.53	0.91	17.22

由表 3-5 可知,这 12 个矿区褐煤的基本质量数据为: M_t 17.8%～50.5%, M_{ad} 9.29%～24.88%, A_d 7.7%～39.03%, V_{daf} 40.25%～55.40%, $Q_{net,ar}$ 10～21.40 MJ/kg(2400～5100 kcal/kg)。表 3-6 给出了我国部分矿区的褐煤质量指标。

表 3-6 我国部分矿区的褐煤质量指标

序号	矿区	全水分 M_{ar}/%	内水分 M_{ad}/%	干基灰分 A_d/%	干燥无灰基挥发分 V_{ad}/%	干基全硫 $S_{t,d}$/%	收到基低位热值 $Q_{net,gr}$/(MJ/kg)	哈氏可磨性指数
1	白音华矿区	30.0	18.02	21.31	31.28	1.04	14.93	39
2	锡林浩特矿区	41.5	26.49	9.96	44.60	1.37	13.62	43
3	芒来矿区	42.5	32.42	14.47	27.34	2.69	11.96	43
4	龙陵矿区	60.3	8.77	15.83	44.88	0.52	7.19	49

表 3-6 数据显示, M_{ar} 30.0%～60.3%, M_{ad} 8.77%～32.42%, A_d 9.96%～21.31%, V_{ad} 27.34%～44.88%, $Q_{net,gr}$ 7.19～14.93 MJ/kg(1700～3570 kcal/kg)。显然这组褐煤数据表明,有些褐煤含水量更高、灰分偏高、硫含量偏高、热值偏低,褐煤的品质变差。表 3-7 给出了国内外典型褐煤主要质量指标对比。

表 3-7 国内外典型褐煤主要质量指标对比

序号	褐煤产地	M_t/%	A_d/%	$S_{t,d}$/%	$Q_{net,ar}$/(MJ/kg)
1	中国内蒙古东部	33～35	17～25	0.5～1.5	13～15
2	中国云南	50～65	5～15	0.3～0.5	8～10
3	印度尼西亚	30～33	3～6	0.2～0.5	16～18
4	澳大利亚	50～65	1～4	<0.5	7～10

显然这组国内外褐煤数据对比表明,印度尼西亚和澳大利亚的褐煤属于低灰低硫型褐煤、褐煤的热值也略高于国内的褐煤。表 3-8 给出国内褐煤基地的部分煤田的组分和焦油产率,其焦油产率普遍>10%,其中最高的焦油产率达到 16.26%。

表 3-8 国内部分矿区褐煤的组分和焦油产率

序号	矿区	M_t/%	A_{ad}/%	V_{ad}/%	V_{daf}/%	C/%	H/%	N/%	焦油产率/%	燃点/℃	Q/(MJ/kg)
1	大雁	35.84	4.83	44.95	47.23	69.48	5.03	1.64	10.77	175	18.21
2	平庄	19.81	13.61	38.14	44.15	72.70	5.23	0.84	11.38	246	20.67
3	先锋	32.06	7.03	45.58	49.17	66.29	4.92	1.78	16.26	217	17.45
4	龙口	21.84	7.28	42.13	45.49	71.62	5.34	2.41	13.38	219	22.52
5	罗茨	42.24	9.08	54.36	59.79	63.54	5.91	1.18	16.00	200	14.98

通过对表 3-5~表 3-8 分析，可知褐煤的质量指标数据变化幅度非常大，尤其褐煤的主要质量指标数据以及焦油产率，对后续的褐煤加工利用带来了很多不确定因素和难度。

五、褐煤/低阶煤综合利用

褐煤/低阶煤作为化工原料进行综合利用，早在国家"十三五"期间就已经明确提出，基于褐煤及低阶煤的资源禀赋特点，进行清洁高效梯级转化利用十分必要。国家能源局发布的《煤炭清洁高效利用行动计划（2015—2020）》中就明确褐煤及低阶煤的清洁高效梯级利用是七项重点任务之一，要在低阶煤清洁高效梯级转化利用的关键技术上取得突破，建成一批百万吨级低阶煤转化利用示范项目。由前所述，截至 2014 年，我国已探明的低阶煤储量达 8758.32 亿 t（含 1334.69 亿 t 褐煤），理论上出油率按 7.5%估算，蕴藏着约 657 亿 t 油品；理论上出气率按 58.2 m³/t 煤估算，蕴藏着约 51 万亿 m³ 天然气。我国每年消费的近 40 亿 t 煤炭中 55%左右低阶煤含有丰富的油气组分，假设全部实现梯级利用相当于增加 1.65 亿 t 燃料油和 1280 亿 m³ 天然气供应。

因此国家能源局在发布的《煤炭深加工产业示范"十三五"规划》中对低阶煤分质利用的功能定位予以明确，即成煤时期晚、挥发分含量高、反应活性高的低阶煤进行分质利用，通过油品、天然气、化学品和电力的联产，实现低阶煤使用价值和经济价值的最大化。通过研发清洁高效的低阶煤热解技术，攻克粉煤热解、气液固分离工程难题，开展百万吨级工业化示范；研究更高油品收率的快速热解、催化（活化）热解、加压热解、加氢热解等新型煤化工技术。加强热解与气化、燃烧的有机集成，开展焦油和电力的联产示范；研发煤焦油轻质组分制芳烃、中质组分制高品质航空煤油和柴油、重质组分制特种油品的分质转化技术，开展百万吨级工业化示范；研究中低温煤焦油提取精酚、吡啶、咔唑等石油难以生产的精细化工产品技术，开展 50 万 t 级中低温煤焦油全馏分加氢制芳烃和环烷基油工业化示范；开展半焦用于民用灶具、工业窑炉、烧结、高炉喷吹、大型化气流床和固定床气化、粉煤炉和循环流化床锅炉工业化试验、示范及推广。为低阶煤的油、气、化、电多联产千万吨级分质利用工业化示范工程奠定基础。褐煤低阶煤清洁高效梯级利用，作为国家在"十三五"及其以后相当一段时间鼓励和发展的方向，也是破解褐煤及低阶煤利用困局的关键，使其由单一燃料化应用向原料化应用转化，成为未来褐煤的发展趋势。

第六节　煤化工气化用煤现状及趋势

一、煤化工气化炉产能

"十一五"至"十三五"期间是我国现代煤化工快速发展的高峰期，建设的大型煤化工项目达 100 余项，其中新型煤气化是现代煤化工最重要的单元技术，被广泛应用于煤制甲醇、煤制合成氨、煤制氢、煤制油、煤制烯烃、煤制天然气、煤制乙二醇及其他化工产品等。现代煤化工采用大型高温加压煤气化技术，先进的气流床气化技术已实现工业化和大型化，其中衡量煤气化先进性的指标，如单位有效合成气（$CO+H_2+CH_4$）的煤耗、氧耗、蒸汽耗、电耗及综合能耗等不断创新高，并在生产实践中不断改进和创新。

从表 3-9 可知，截至 2021 年，在煤化工行业采用的 19 种主要煤气化炉技术，包括新型煤气化炉和传统改进型煤气化炉生产不同类型的主要化学品煤炭转化量约为消耗煤炭能力 141.65 万 t/d，以及各气化炉消耗煤炭量所占的比例份额；另有约 26 种煤气化炉消耗煤炭能力 10.23 万 t/d，二者合计消耗煤炭能力为 151.88 万 t/d，折年消耗煤炭能力为 5.01 亿 t。

表 3-9　不同类型煤气化制化学品的煤炭转化量及所占比例

序号	气化炉名称	合成氨/（万 t/d）	甲醇/（万 t/d）	烯烃/（万 t/d）	乙二醇/（万 t/d）	氢气/（万 t/d）	天然气/（万 m³/d）	油品/（万 t/d）	燃气/（万 m³/d）	小计/（万 t/d）	气化煤炭所占比例
1	航天炉	6.65①	3.78	3.00②	2.18②	—	—	2.85③	—	18.46	13.03%
2	神宁炉	0.84	0.50	1.80③	0.60	2.12②	—	6.50①	—	12.36	8.73%
3	壳牌炉	2.33	1.55	0.84	0.26	0.44	—	1.34	—	6.76	4.77%
4	GSP 炉	0.48	0.20	0.80	—	—	1.60②	0.80	—	3.88	2.74%
5	科林炉	1.15	—	0.80	1.30③	—	—	—	—	3.25	2.30%
6	东方炉	—	—	1.50	—	0.80	—	—	—	2.30	1.62%
	小计	11.45	6.03	8.74	4.34	3.36	1.60	11.49	—	47.01	33.19%
7	多喷嘴炉	4.85③	10.75①	0.84	0.80	2.45①	0.80③	3.44②	—	23.93	16.89%
8	GE 炉	2.45	5.53③	6.53①	0.45	1.80③	—	0.30	—	17.06	12.04%
9	多元料浆	1.92	5.58②	1.40	—	—	0.40	0.40	—	9.70	6.85%
10	晋华炉	5.35②	0.85	—	2.20①	0.95	—	—	—	9.35	6.60%
11	清华炉	1.35	0.70	—	0.25	0.50	—	—	—	2.80	1.98%
	小计	15.92	23.41	8.77	3.70	5.70	1.20	4.14	—	62.84	44.36%
12	科达炉	0.08	—	—	—	—	—	—	2.87①	2.95	2.08%
13	黄台炉								2.41②	2.41	1.70%
14	恩德炉	0.86	0.21	—	0.14	—	—	—	0.66	1.87	1.32%
15	CGAS 炉	0.29	0.13	—	—	—	—	—	1.32	1.74	1.23%
	小计	1.23	0.34	—	0.14	—	—	—	7.26	8.97	6.33%
16	赛鼎炉	1.30	1.40	—	0.23	—	11.58①	—	0.21	14.72	10.39%
17	昌昱炉	0.97	0.50	—	—	0.09	—	—	1.89③	3.45	2.44%
18	鲁奇炉	1.27	—	—	—	—	—	0.26	0.81	2.34	1.65%
19	BGL 炉	0.82	1.40	—	—	—	—	—	0.10	2.32	1.64%
	小计	4.36	3.30	—	0.23	0.09	11.58	0.26	3.01	22.83	16.12%
	合计	32.96	33.08	17.51	8.41	9.15	14.38	15.89	10.27	141.65	100.00%

注：1. 本表列出了 19 种煤气化工艺在 8 类化学品中的日煤炭气化量能力及煤炭气化产能占比为 93.26%；
　　2. 本表数据后面标注的①、②、③分别表示该气化炉型气化煤量产能的排序。

二、煤化工主要产品及气化煤炭

1. 煤化工主要产品

2021 年我国焦炭、合成氨、甲醇等产能均为全球第一，存在着严重的产能过剩、产品附加值有限问题。随着国家对煤化工污染管控力度的加大，在今后一段时间内须淘汰一批用落后的传统煤化工技术生产的产能，采用新型的煤化工及煤气化技术。尤其是五大示范工程项目，煤制甲醇、煤制烯烃、煤制乙二醇、煤制油及煤制气项目，截至 2021 年，其产品生产量分别达到 6650.1 万 t、932.00 万 t、513.75 万 t、883.40 万 t 和 80.09 亿 m³（天然气）。表 3-10 给出了甲醇、烯烃、乙二醇、油品、天然气和合成氨、氢气及低阶煤等产能、产量及消耗煤炭量基本情况。

表 3-10 2021 年新型煤化工产品及煤炭消耗量

名称	合成氨	甲醇①	烯烃	乙二醇	氢气②	天然气	油品	低阶煤	合计③
产能/(万 t 或亿 m³)	6488.00	7741.00	932.00	685.00	670.00	89.65	986.00	2000.00	19591.65
产量/(万 t 或亿 m³)	5909.20	6650.10	932.00	513.75	550.00	80.09	883.40	1400.00	16918.54
开工率/%	91.08	85.91	100.00	75.00	82.09	89.34	89.59	70.00	
煤炭消耗量/万 t	12822.5	16758.25	7083.20	1746.75	5698.00	2883.24	4417.00	1400.00	52808.94

① 2021 年我国甲醇年总产能 9743 万 t，年总产量为 7765 万 t。
② 2021 年我国氢气年总产能约 4100 万 t，年总产量约 3342 万 t，煤制氢约 550 万 t。
③ 天然气产能、产量折重量后计入合计。

由表 3-10 可知，2021 年我国煤化工生产的 8 类产品，合成氨、甲醇、烯烃、乙二醇、氢气、天然气、油品和低阶煤的产能分别为 6488.00 万 t、7741.00 万 t、932.00 万 t、685.00 万 t、670.00 万 t、89.65 亿 m³、986.00 万 t 及 2000.00 万 t；产量分别为 5909.20 万 t、6650.00 万 t、932.00 万 t、513.75 万 t、550.00 万 t、80.09 亿 m³、883.40 万 t、1400 万 t。

2. 煤化工主要产品能耗

由表 3-10 可知，2021 年我国煤化工生产的 8 类产品的当量产能合计约为 1.96 亿 t，当量产量合计约为 1.69 亿 t，当量消耗煤炭量合计约为 5.28 亿 t。当量吨产品综合能耗约为 2.23 t 标准煤。

三、部分产品综合能耗估算基准

关于新型煤化工部分产品单位能源消耗标准按照国家相关的煤化工能源消耗限额标准进行换算。表 3-11 给出了新型煤化工部分吨产品煤炭的换算系数。

表 3-11 新型煤化工部分吨产品煤炭的换算系数

序号	项目	标煤产品	折原煤②	备注
1	煤制油/(t/t)	3.60	5.00	GB 30178—2013
2	煤制天然气/(t/km³)	2.60	3.60	GB 30179—2013
3	低阶煤分质利用①/(t/t)	0.70	1.00	
4	煤制烯烃/(t/t)	4.50	7.60	GB 30180—2024
5	煤制丙烯/(t/t)	6.00		GB 30180—2024
6	煤制乙二醇/(t/t)	2.40	3.40	
7	煤制甲醇/(t/t)	1.80	2.52	GB 29436，取基准水平值③
8	煤制合成氨/(t/t)	1.55	2.17	GB 21344，取基准水平值④
9	煤制氢气/(t/t)	7.40	10.36	

① 低阶煤分质利用产能是指原煤加工量。
② 原煤热值按 5000 kcal/kg 计算。
③ 取国标中烟煤基准水平综合能耗计，若为褐煤 2.0 kgce/t 产品，无烟煤 1.6 kgce/t 产品。
④ 取国标中粉煤基准水平综合能耗计，若为优质无烟煤 1.35 kgce/t 产品。

2012年起，由国家标准化管理委员会、国家发展和改革委员会资源节约与环境保护司等多个部门组织，提出并颁布了新型煤化工的能耗限额类强制性标准，包括GB 29436.1—2012《甲醇单位产品能源消耗限额 第1部分：煤制甲醇》、GB 30178—2013《煤直接液化制油单位产品能源消耗限额》、GB 30179—2013《煤制天然气单位产品能源消耗限额》和GB 30180—2013《煤制烯烃单位产品能源消耗限额》等，统一了新型煤化工单位产品能源消耗的统计范围、边界和计算方法，并提出了单位产品能源消耗指标的限定值、准入值和先进值，对产业不同发展阶段的能耗指标进行规范，实现限定值指标淘汰落后产能、准入值指标提高准入门槛、先进值指标引领技术发展方向的目的。因此在产品折算煤耗的过程中考虑了生产产品的单位综合能耗因素，故比产品单纯消耗原料煤要高。

据相关资料报道，2016年全国化工用煤约为2.7亿t，而2021年全国化工用煤产能达5.28亿t，由于新型煤化工的快速发展，导致化工用煤量翻番。目前我国化工用无烟煤和烟煤主产区分别是山西和宁东-鄂尔多斯-榆林能源基地。2019年，全国无烟煤产量占煤炭总产量的10%，约为3.5亿t，而同期烟煤产量增幅达4%左右，这主要与化工用煤品种的转化有极大关系，新型煤气化项目几乎以低变质程度的烟煤作为气化原料煤。

第七节　煤炭资源分类及命名

一、中国煤炭早期分类标准

煤炭是世界上分布最广的化石资源，它是由植物遗体埋藏在地下经过漫长的成煤过程变化，尤其是通过生化反应、物化反应和化学反应转化为一种固体化石可燃物。各种煤炭都是漫长的煤化阶段过程中的产物，成煤过程中的多样性和成煤时间长短决定了煤炭的不均匀性和复杂性。通常的植物遗体成煤理论，表征植物在成煤过程中，是由植物泥炭化和煤炭化的两个阶段完成的。第一阶段植物泥炭化过程，植物在水中通过细菌等生化反应，经过漫长的数万年甚至数十几万年的生化作用转化为泥炭；第二阶段煤炭化过程，泥炭在不太深的地表，经数百万年时间，在压力及物化作用下，加压失水，成岩。岩矿炭化变质过程时间更长，在地球深处，经数千万年的时间甚至更长的时间变质炭化，在温度、压力以及化学作用下变质炭化成为我们今天所见到的煤炭。煤炭主要由碳（C）、氢（H）、氧（O）、氮（N）、硫（S）及一些稀有元素和矿物质组成，工业分析可以测定出煤炭中的水分、灰分、挥发分和固定碳的含量。

由于煤炭成煤机理复杂，煤炭种类繁多，国内外对煤炭的分类方法也不尽相同。我国对煤炭分类方法共进行了三次全国性的标准，经过三次对煤炭分类标准的提出、修订和完善，煤炭分类标准的系统性、完整性和科学性已经达到相当高的水平，为指导我国煤炭领域科学研究、勘探、开采、生产、运输、商品交易、工业应用对国民经济发展发挥了巨大作用。

20世纪50年代末期，我国第一次煤炭分类方案（相当于标准）《中国煤炭分类方案》出台，1958年4月，国家科学技术委员会（现科学技术部）正式颁布。该方案以炼焦煤为主，将中国煤炭先分为无烟煤、次无烟煤（贫煤）、烟煤和褐煤。通过煤的挥发分（V_{daf}）指标，将烟煤与褐煤划分，挥发分大于40%的煤称为褐煤，挥发分小于40%的煤称为烟煤。其后，烟煤以可燃基挥发分V_{daf}与胶质层最大厚度Y为指标，又将烟煤细分为7种类型，即瘦煤、焦煤、肥煤、气煤、弱黏结、不黏结、长焰煤。由此,《中国煤炭分类方案》将煤炭分为 10 大类,即无烟煤、半无烟煤(贫煤)、瘦煤、焦煤、肥煤、气煤、弱黏结、不黏结、长焰煤和褐煤。无烟煤主要用于化工固定床气化或用作燃料;烟煤主要用于冶金行业的炼焦及配煤、动力煤用于动力锅炉、机车、发电和化工粉煤气化;褐煤主要用于液化、动力煤发电、供热和化工鲁奇炉气化等。

二、中国煤炭第二次分类标准

我国第二次煤炭分类国家标准于 1986 年 1 月 9 日由国家标准局正式颁布,《中国煤炭分类》(GB 5751—1986)于 1989 年 10 月 1 日正式实施。国标(GB 5751—1986)首先按煤的干燥无灰基挥发分(V_{daf}),将中国所有煤炭分为无烟煤、烟煤和褐煤三大类,然后再对无烟煤、烟煤和褐煤进行细分。《中国煤炭分类》(GB 5751—1986)将煤炭分为 14 个大类,19 个小类。《中国煤炭分类》(GB 5751—1986)简表见表 3-12 所示。

表 3-12 《中国煤炭分类》(GB 5751—1986)简表

类别	缩写	分类指标					
		V_{daf}/%	G	Y/mm	b/%	PM/%	$Q_{gr,maf}$
无烟煤	WY	10					
贫煤	PM	>10.0~20.0	<5				
贫瘦煤	PS	>10.0~20.0	5~20				
瘦煤	SM	>10.0~20.0	>20~65				
焦煤	JM	>20.0~28.0	>50~65	<25.0	(<150)		
		>10.0~20.0	>65				
肥煤	FM	>10.0~37.0	(>85)	>25.0			
1/3 焦煤	1/3JM	>28.0~37.0	>65	<25.0	(<220)		
气肥煤	QF	>37.0	(>85)	>25.0	>220		
气煤	QM	>28.0~37.0	>50~65	<25.0	(<220)		
		>37.0	>35~50				
1/2 中黏煤	1/2ZN	>20.0~37.0	>30~50				
弱黏煤	RN	>20.0~37.0	>5~30				
不黏煤	BN	>20.0~37.0	<5				
长焰煤	CY	>37.0	<5~35			>50	
褐煤	HM	>37.0				<30	<24
		>37.0				>5~35	

注:《中国煤炭分类》(GB 5751—1986)已被 GB/T 5751—2009 新版代替。

对无烟煤采用干燥无灰基挥发分(V_{daf})和干燥无灰基氢含量(H_{daf})作为煤化程度指标,将其划分成 3 小类;对褐煤采用透光率(PM)辅以恒湿无灰基高位发热量($Q_{gr,maf}$)作为煤化度指标,划分为 2 小类;对于烟煤,采用煤化程度和黏结性程度两类指标划分。以干燥无灰基挥发分(V_{daf})表征煤化程度,以黏结性指数 $G_{R.I}$(简称 G)、胶质层最大厚度 Y 或奥阿膨胀度 b 表征黏结性程度,通过上述指标将烟煤分为 12 个类别,其中焦煤和气煤又各划分为 2 个小类,烟煤共计 14 个小类。关于烟煤的煤化程度用干燥无灰基(V_{daf})表征,按挥发分分为 4 个等级,见表 3-13。

表 3-13 烟煤挥发分（V_{daf}）分级范围

序号	分级范围	
1	$10.0\% < V_{daf} \leqslant 20.0\%$	低挥发分烟煤
2	$20.0\% < V_{daf} \leqslant 28.0\%$	中挥发分烟煤
3	$28.0\% < V_{daf} \leqslant 37.0\%$	中高挥发分烟煤
4	$V_{daf} > 37.0\%$	高挥发分烟煤

关于烟煤黏结性，按黏结指数 G 区分，对于强黏结煤，又把其中胶质层最大厚度 $Y > 25$ mm 或奥阿膨胀度 $b > 150$（对于 $V_{daf} > 28\%$ 的烟煤，$b > 220$）的煤分为特强黏结煤。表 3-14 列出了烟煤黏结性（G）分级范围。

表 3-14 烟煤黏结性指数（G）分级范围

序号	分级范围		
1	$0 < G \leqslant 5$		不黏结和微黏结性煤
2	$5 < G \leqslant 20$		弱黏结性煤
3	$20 < G \leqslant 50$		中等偏弱黏结性煤
4	$50 < G \leqslant 65$		中等偏强黏结性煤
5	$G > 65$	$Y > 25$ mm 或奥阿膨胀度 $b < 150$	强黏结性煤
6		$V_{daf} > 28\%$ 烟煤，$b > 220$	特强黏结性煤

各类煤均采用两位数字命名，十位数按挥发分区分，$V_{daf} \leqslant 10\%$ 的煤为 0（0 表征无烟煤代码），$10\% < V_{daf} \leqslant 20\%$ 的煤为 1；$20\% < V_{daf} \leqslant 28\%$ 的煤为 2；$28\% < V_{daf} \leqslant 37\%$ 的煤为 3；$V_{daf} > 37\%$ 的煤为 4；1、2、3、4 表征烟煤的代码，褐煤为 5；对于无烟煤个位数，按煤化程度区分为 1~3，对于褐煤个位数，按煤化程度区分为 1~2；对于烟煤个位数，按黏结性区分为 1~6。

三、中国煤炭第三次分类标准

我国第三次煤炭分类，即《中国煤炭分类》（GB/T 5751—2009）国标于 2009 年 6 月 1 日由国家标准局正式颁布，2010 年 1 月 1 日正式实施。国标（GB/T 5751—2009）在总结前二版煤炭分类标准的基础上，延续了原标准的基本结构、体系及分类方法，对使用过程中存在的问题进行改进，用更加先进科学的方法进行了修订完善。

1. 分类基本方法

首先按煤的干燥无灰基挥发分（V_{daf}），将煤炭分为无烟煤、烟煤和褐煤三大类；其次把无烟煤和褐煤直接分为小类，烟煤先按类别划分，然后将烟煤类别再细分为小类。按上述煤炭分类层次如下，第一层次把煤炭按大类划分为无烟煤、烟煤和褐煤。第二层次把无烟煤、褐煤直接分为小类。其中无烟煤直接分为无烟煤 1 号、无烟煤 2 号和无烟煤 3 号，共计 3 个小类；褐煤直接划分为褐煤 1 号、褐煤 2 号，共计 2 个小类；烟煤先划分为贫煤、贫瘦煤、瘦煤、焦煤、肥煤、1/3 焦煤、气肥煤、气煤、1/2 中黏煤、弱黏煤、不黏煤、长焰煤共计 12 个类别。第三层次把 12 个烟煤类别中的 8 个再细分为 20 个小类，其中瘦煤分为 2 个小类、焦煤分为 3 个小类、肥煤分为 3 个小类、气煤分为 4 个小类；另外 1/2 中黏煤、弱黏煤、不黏煤和长焰煤各分为 2 个小类；4 个未细分的贫煤、贫瘦煤、1/3 焦煤和气肥煤直接分为 4 个小类，烟煤共计分为 24 个小类。无烟煤、烟煤和褐煤共分为 29 个小类。

2. 煤炭分类命名及代码

国标 09 版煤炭分类标准在煤类的命名上，考虑到新旧标准分类的延续性，仍保留贫煤、瘦煤、焦煤、肥煤、气煤、弱黏煤、不黏煤和长焰煤 8 个煤炭类别，新增了贫瘦煤、1/3 焦煤、气肥煤、1/2 中黏煤，使得煤炭分类更加科学合理，也与煤炭科学研究技术进步更加吻合。国标 09 版煤炭共分 14 个大类，简称：WY——无烟煤、PM——贫煤、PS——贫瘦煤、SM——瘦煤、JM——焦煤、FM——肥煤、1/3JM——1/3 焦煤、QF——气肥煤、QM——气煤、1/2ZN——1/2 中黏煤、RN——弱黏煤、BN——不黏煤、CN——长焰煤、HM——褐煤。

无烟煤数码为 01、02、03，数码中的"0"表示无烟煤，个位数表示无烟煤煤化程度，数字越小表示煤化程度越高。无烟煤的命名及数码为 WY01，其他以此类推。

烟煤 24 个小类，共用 24 个数码，分别为 11，12，13，14，15，16，21，22，23，24，25，26，31，32，33，34，35，36，41，42，43，44，45，46。数码中十位数（1～4）表示烟煤煤化程度，数字越小表示煤化程度越高。数码中个位数（1～6）表示黏结性，数字越大表示黏结性越强。烟煤的命名及数码为 PM11，其他以此类推。

褐煤数码为 51、52，数码中的"5"表示褐煤，个位数表示褐煤煤化程度，数字越小表示煤化程度越低。褐煤的命名及数码为 HM51，其他以此类推。表 3-15 给出煤炭分类命名及代码。

表 3-15 无烟煤、烟煤及褐煤分类表

类别	代号	编码	分类指标	
			$V_{daf}/\%$	$PM/\%$
无烟煤	WY	01、02、03	≤10.0	
烟煤	YM	11、12、13、14、15、16	>10.0～20.0	
		21、22、23、24、25、26	>20.0～28.0	
		31、32、33、34、35、36	>28.0～37.0	
		41、42、43、44、45、46	>37.0	
褐煤	HM	51、52	>37.0	≤50

3. 烟煤类别划分

烟煤类别划分与国标 86 版类似，用煤炭化程度和煤黏结性强弱指标进行类别划分，烟煤炭化度按挥发分含量 V_{daf} 区分，按挥发分 $10\% < V_{daf} \leq 20\%$、$20\% < V_{daf} \leq 28\%$、$28\% < V_{daf} \leq 37\%$ 和 $V_{daf} > 37\%$ 四个指标范围分为低、中、中高及高干燥无灰基挥发分（V_{daf}）烟煤。

烟煤黏结性强弱按黏结指数 G 区分，$0 < G \leq 5$ 为不黏结和微黏结煤；$5 < G \leq 20$ 为弱黏结煤；$20 < G \leq 50$ 为中等偏弱黏结煤；$50 < G \leq 65$ 为中等偏强黏结煤；$G > 65$ 则为强黏结煤。对于强黏结煤，又把其中胶质层最大厚度 $Y > 25$ mm 或奥阿膨胀度 $b > 150\%$（$V > 28\%$ 的烟煤，$b > 220\%$）的煤分为特强黏结煤，黏结性煤共分 6 类。按照上述将烟煤分为 12 个类别。

对 G 值大于 100 的烟煤，尤其是矿井或煤层若干样品的平均 G 值在 100 时，一般可不测 Y 值，而直接确定为肥煤或气肥煤类。当 $V_{daf} > 37\%$，$G < 5$ 时，再以透光率 PM 来区分其为长焰煤或褐煤。当 $V_{daf} > 37\%$，$30\% < PM < 50\%$ 时，再测 $Q_{gr,maf}$，如其值大于 24 MJ/kg(5739 cal/g)，应划分为长焰煤。

四、中国煤炭分类表

1. 煤炭分类总表

当 $V_{daf}>37.0\%$,$G<5$ 时,再用透光率 PM 来区分烟煤和褐煤,在地质勘探中 $V_{daf}>37.0$,在不压饼的条件下测定的焦渣特征为 1~2 号的煤,再用 PM 来区分烟煤和褐煤。

当 $V_{daf}>37.0$,$PM>50\%$ 时,为烟煤;$30\%<PM<50\%$ 时,如 $Q_{gr,maf}>24$ MJ/kg,则为长焰煤。表 3-16 给出了国标 09 版煤炭分类总表。

表 3-16 煤炭分类总表

类别	符号	分类指标	
		$V_{daf}/\%$	$PM/\%$
无烟煤	WY	<10.0	
烟煤	YM	>10.0	
褐煤	HM	>37.0	<50

2. 无烟煤分类

在已确定无烟煤小类的生产矿、无烟煤分类日常工作中,可只按 V_{daf} 分类;在地质勘探中,为新区确定小类或生产矿、厂以及其他单位需要核定小类时,应同时测定 V_{daf} 和 H_{daf} 进行小分类。当按 V_{daf} 和 H_{daf} 分类有矛盾时,以 H_{daf} 划分小类结果为准。表 3-17 给出了国标 09 版煤无烟煤分类。

表 3-17 无烟煤分类

类别	符号	分类指标	
		$V_{daf}/\%$	$H_{daf}/\%$
无烟煤一号	WY1	0~3.5	0~2.0
无烟煤二号	WY2	>3.5~6.5	>2.0~3.0
无烟煤三号	WY3	>6.5~10.0	>3.0

3. 烟煤分类

分类用的煤样,如原煤灰分小于或等于 10% 者,不需减灰。灰分大于 10% 的煤样需按 GB/T 474—2008 的《煤样的制备方法》,用氯化锌重液减灰后再分类。

在烟煤类别中,对 $G>85$ 的烟煤需再测定胶质层最大厚度 Y 值或奥阿膨胀度 b 值来区分肥煤、气肥煤与其他烟煤类。当 Y 值大于 25 mm 时,应划分为肥煤或气煤,当 $V_{daf}>37\%$,则划分为气肥煤,如 $V_{daf}<37\%$,则划分为肥煤;当 Y 值小于 25 mm 时,则按其 V_{daf} 值的大小而划分为相应的其他煤类,如 $V_{daf}>37\%$,则应划分为气煤类,如 $28\%<V_{daf}\leqslant37\%$,则应划分为 1/3 焦煤,如 $V_{daf}<28\%$,则划分为焦煤类。

对 G 值大于 85 的烟煤,若不测 Y 值,也可用奥阿膨胀度 b 值来确定肥煤、气煤与其他煤类。即对 $V_{daf}<28\%$ 的煤,暂定 b 值 $>150\%$ 的为肥煤;对 $V_{daf}>28\%$ 的煤,暂定 b 值 $>220\%$ 的为肥煤(当 V_{daf} 值 $<37\%$ 时)或气肥煤(当 V_{daf} 值 $>37\%$ 时)。当按 b 值划分的煤类与按 Y 值划分的煤类有矛盾时,则以 Y 值确定的煤类为准。因而在确定新分类的强黏结性煤的牌号时，可只测 Y 值而暂不测 b 值。表 3-18 给出了《中国煤炭分类》（GB/T 5751—2009）新版烟煤分类。

表 3-18 烟煤分类

类别	代号	编码	分类指标			
			$V_{daf}/\%$	G	Y/mm	$b/\%$ [2]
贫煤	PM	11	>10.0~20.0	<5		
贫瘦煤	PS	12	>10.0~20.0	>5~20		
瘦煤	SM	13	>10.0~20.0	>20~50		
		14	>10.0~20.0	>50~65		
焦煤	JM	15	>10.0~20.0	>65 [1]	≤25.0	≤150
		24	>20.0~28.0	>50~65	≤25.0	≤150
		25	>20.0~28.0	>65		
肥煤	FM	16	>10.0~20.0	(>85) [1]	>25.0	>150
		26	>20.0~28.0	(>85) [1]	>25.0	>150
		36	>28.0~37.0	(>85) [1]	>25.0	>220
1/3 焦煤	1/3 JM	35	>28.0~37.0	>65	≤25.0	≤220
气肥煤	QF	46	>37.0	(>85)	>25.0	>220
气煤	QM	34	>28.0~37.0	>50~65		
		43	>37.0	>35~50		
		44	>37.0	>50~65		
		45	>37.0	>65 [1]	≤25.0	≤220
1/2 中黏煤	1/2 ZN	23	>20.0~28.0	>30~50		
		33	>28.0~37.0	>30~50		
弱黏煤	RN	22	>20.0~28.0	>5~30		
		32	>28.0~37.0	>5~30		
不黏煤	BN	21	>20.0~28.0	≤5		
		31	>28.0~37.0	≤5		
长焰煤	CY	41	>37.0	≤5		
		42	>37.0	>5~35		

① 当烟煤黏结指数测值 G≤85 时，用干燥无灰基挥发分 V_{daf} 和黏结指数 G 来划分煤类，当烟煤黏结指数测值 G>85 时，则用干燥无灰基挥发分 V_{daf} 和胶质层最大厚度 Y，或用干燥无灰基挥发分 V_{daf} 和奥阿膨胀度 b 来划分煤类。在 G>85 的情况下，当 Y>25.00 mm 时，根据 V_{daf} 的大小可划分为肥煤或气肥煤；当 Y≤25.00 时，则根据 V_{daf} 划分为焦煤、1/3 焦煤或气煤。

② 当 G>85 时，用 Y 和 b 并列作为分类指标，当 V_{daf}≤28,0%时，b>150%的为肥煤；当 V_{daf}>28,0%时，b>220%的为肥煤或气肥煤。如按 b 值和 Y 值划分的类别有矛盾时，以 Y 值划分的类别为准。

4. 褐煤分类

当煤的 V_{daf}>37.0%、30%<PM<50%时，若 $Q_{gr,maf}$>24 MJ/kg，则划分为长焰煤。表 3-19 给出了国标 GB/T 5751—2009 的褐煤分类。

表 3-19 褐煤分类

类别	符号	分类指标	
		$PM/\%$	$Q_{gr,maf}/(MJ/kg)$
褐煤一号	HM1	>0~30	
褐煤二号	HM2	>30~50	<24

5. 煤炭分类简表

综上所述,根据国标 2009 新版煤炭分类总表,将各类煤炭分类表进行汇总,煤炭分类简表见表 3-20 所示。

表 3-20　中国煤炭分类简表(29 小类煤种控制指标)

类别	编码	缩写	分类指标				
			$V_{daf}/\%$	G	无烟煤用指标 Y/mm 或 $H/\%$	褐煤用指标 $b/\%$ 或 $PM/\%$	$Q_{gr,maf}/(MJ/kg)$
无烟煤	01	WY	0～3.5		0～2.0		
	02		>3.5～6.5		>2.0～3.0		
	03		>6.5～10.0		>3.0		
贫煤	11	PM	>10.0～20.0	<5			
贫瘦煤	12	PS	>10.0～20.0	5～20			
瘦煤	13	SM	>10.0～20.0	>20～50			
	14			>50～65			
焦煤	15	JM	>10.0～20.0	>65	<25.0	(<150)	
	24		>20.0～28.0				
	25			>50～65			
肥煤	16	FM	>10.0～20.0	(>85)	>25.0	(>150)	
	26		>20.0～28.0				
	36		>28.0～37.0				
1/3 焦煤	35	1/3JM	>28.0～37.0	>65	<25.0	(<220)	
气肥煤	46	QF	>37.0	(>85)	>25.0	>220	
气煤	34	QM	>28.0～37.0	>50～65			
	43		>37.0	>35～50		(<220)	
	44			>50～65			
	45			>65	<25.0		
1/2 中黏煤	23	1/2ZN	>20.0～28.0	>35～50			
	33		>28.0～37.0				
弱黏煤	22	RN	>20.0～28.0	>5～30			
	32		>28.0～37.0				
不黏煤	21	BN	>20.0～28.0	<5			
	31		>28.0～37.0				
长焰煤	41	CY	>37.0	<5			
	42			>5～35			
褐煤	51	HM	>37.0			>0～30	
	52					>30～50	<24

第八节　分类煤种的主要特征

《中国煤炭分类》把煤炭分为无烟煤、烟煤和褐煤三大类，烟煤再分为12个类型，共计14大煤炭种类。各分类煤种的主要特征如下。

一、无烟煤（WY）主要特征

无烟煤又称白煤或硬煤，是煤化程度最高的一种煤。挥发分低，V_{daf}为0%～10%；固定碳高，含碳量为89%～97%；相对密度大，一般为1.4～1.9，其纯煤真相对密度达1.90；燃点高，一般在380℃以上，因其燃烧时无黑烟而称无烟煤。无烟煤可分为01号老年无烟煤、02号典型无烟煤、03号年轻无烟煤。

无烟煤主要是民用和制造成气的原料，低灰、低硫、可磨性好的无烟煤不仅可做高炉喷吹及烧结铁矿石用的燃料，还可以制造各种碳素材料，如碳电极、阳极糊和活性炭的原料，某些优质无烟煤制成航空用型煤可用于飞机发动机和车辆马达的保温。

山西无烟煤资源储量大、质量好，居全国首位。北京、晋城和阳泉分别产一号、二号、三号无烟煤。阳泉无烟煤可磨性好，是高炉喷吹的主要燃料；晋城、阳城无烟煤被称为"兰花炭"闻名中外。

二、烟煤主要特征

烟煤的煤化度低于无烟煤，高于褐煤。烟煤具有黏结性，燃烧时火焰较长，因燃烧时有烟而得此称。烟煤范围由煤化度和黏结性指数划分，煤化度由煤的干燥无灰基挥发分V_{daf}表征，烟煤V_{daf}范围在10%～37%之间，黏结性指数G在5～65之间，当$G>65$时，还要参考烟煤的胶质层最大厚度Y值或奥阿膨胀度b值来区分烟煤。根据《中国煤炭分类》国标2009版，烟煤分为贫煤、贫瘦煤、瘦煤、焦煤、肥煤、1/3焦煤、气肥煤、气煤、1/2中黏煤、弱黏煤、不黏煤、长焰煤。烟煤主要用作燃料及炼焦、低温干馏、气化等原料。

1. 贫煤（PM）特征

贫煤是烟煤变质程度最高的一种烟煤，V_{daf}范围在10%～20%之间，$G<5$，属于低挥发分、不黏结或微弱黏结烟煤，在层状炼焦炉中不结焦，燃烧时火焰短，耐烧，主要用作发电燃料、民用和锅炉燃料，低灰低硫的贫煤也可用作高炉喷吹的燃料。在缺乏瘦料的地区，可充当配煤炼焦的瘦化剂。贫煤主要分布在山西太原东西山、交城、文水、清徐、汾阳、平遥、沁源、长治、临汾、寿阳、阳泉、平定、昔阳、襄垣、长子、榆次、曲沃、屯留、高平、襄汾、翼城和左权等地；潞安矿区产典型贫煤以及河南的鹤壁等地。

2. 贫瘦煤（PS）特征

贫瘦煤变质程度仅次于贫煤，V_{daf}范围在10%～20%之间，G为5～20，属于低挥发分、黏结性较弱的高变质烟煤，结焦性比典型瘦煤差。用贫瘦煤单独炼焦时，生成的焦粉甚少。若在炼焦配煤中配入一定比例的贫瘦煤，能起到瘦化作用。贫瘦煤主要用于发电、民用及锅炉燃料。贫瘦煤主要产自山西西山、古交、清徐、东山、交城、文水、平遥、沁源、古县、襄垣、长治、屯留、武乡、左权、孟县和寿阳等地。

3. 瘦煤（SM）特征

瘦煤变质程度次于贫煤，V_{daf} 范围在 10%～20% 之间，G 为 20～50 和 G 为 50～65 属于低挥发分、中等黏结性偏弱和偏强的两种炼焦煤种，也是煤化程度最高的炼焦煤，瘦煤挥发分低，受热后产生的胶质体数量比焦煤少，且软化程度高，焦化过程中能产生相当数量的焦质体。单独炼焦时，能得到块度大、裂纹少、抗碎强度高的焦煤。但焦炭的耐磨强度稍差，作为炼焦配煤使用，炼焦效果较好。某些高灰高硫瘦煤也可作为锅炉发电和铁路机车、锅炉等的掺烧燃料用。瘦煤主要产自山西的西山、清徐、离石、交城、东山、长治、襄垣、临汾、洪洞、沁源、古县、孟县、乡宁、襄汾、武乡、翼城和屯留等地。其中河北峰峰四矿产典型的瘦煤。

4. 焦煤（JM）特征

焦煤变质程度次于瘦煤，分为 3 个煤种，V_{daf} 范围分别在 10%～20% 和 20%～28%，属于中、低挥发分变质煤种；$G>65$ 和 G 为 50～65 属于中等偏强和强黏结性烟煤。三种焦煤均是结焦性最好的炼焦用煤，碳化度高、黏结性好。焦煤加热时能产生热稳定性很高的胶质体，若单独炼焦，能得到块度大、裂纹少、抗碎强度（也称落下强度）高的焦煤，耐磨强度高。但单独炼焦时，由于膨胀压力大，易造成推焦困难，因此，一般用作炼焦配煤，效果较好。焦煤主要产自山西河东煤田中、南部的离石、柳林和乡宁矿区，属低硫、低灰主焦煤。所产焦炭为特优焦，列全国重点。河北峰峰五矿、安徽淮北石台和山西古交矿主产典型焦煤。

5. 肥煤（FM）特征

肥煤变质程度次于焦煤，分为 3 个煤种，V_{daf} 范围分别为 10%～20%、20%～28% 和 28%～37%，属于低、中、中高挥发分变质煤种；$G>85$、$Y>25$ mm、$b>220$ 属于特强黏结性烟煤，加热时能产生大量的胶质体。肥煤单独炼焦时，能生成熔融性好、强度高的焦炭，其耐磨强度比焦煤炼出的焦炭好。但焦炭的横裂纹多，气孔率高，易碎，且焦根部分常有蜂焦。

因此肥煤多与黏结性较弱的气煤、瘦煤或弱黏煤等配合炼焦。肥煤是配煤炼焦中的基础煤，能起骨架作用。肥煤因品种稀少，只占全国探明煤炭资源的 5%，而山西探明肥煤的储量约占全国的 50%，河北开滦、山东枣庄是肥煤的主要产区。

6. 1/3 焦煤（1/3JM）特征

1/3 焦煤变质程度次于肥煤，是介于焦煤、肥煤和气煤之间的过渡煤。V_{daf} 范围为 28%～37%、$G>65$ 的中高挥发分，属强黏结性烟煤。单独炼焦时能生成熔融性良好、强度较高的焦炭。炼焦时，1/3 焦煤的配入量可在较宽范围内波动，均能获得强度较高的焦炭，该煤种也是良好的炼焦配煤用的基础煤。1/3 焦煤主要产自山西、山东等地。

7. 气肥煤（QF）特征

气肥煤也称液肥煤，结焦性介于肥煤和气煤之间。$V_{daf}>37\%$、$G>85$、$Y>25$ mm、$b>220$ 时，属于变质程度较低的一种挥发分和胶质体厚度都很高的特强黏结性烟煤。气肥煤单独炼焦时能产生大量气体和液体化学产品。这种煤最适于高温干馏制煤气，也可用于配煤炼焦，以增加化学产品产率。气肥煤主要产自山西的原平、五台、宁武、怀仁、临县、方山、岚县、保德、兴县、汾西、霍市、灵石、蒲县、交口、静乐和古交等地。

8. 气煤（QM）特征

气煤是一种变质程度较低的炼焦煤，共分为 4 个煤种，V_{daf} 范围分别为 28%～37% 和 >37%，属于较低变质程度、中高及高挥发分烟煤；G 为 35～50、G 为 50～65 和 $G>65$ 及 $Y<25$ mm，属中等偏强和强黏结性炼焦煤。气煤加热时能产生较多的挥发分和焦油，胶质体热稳定性低于肥煤。气煤也能单独炼焦，但焦炭的抗碎强度和耐磨强度较差，焦炭多呈细长条且易碎，并有较多的纵裂纹。配煤炼焦时多配入气煤，可增加产气率和化学产品回收率。气煤也可用作动力煤，用于机车、发电、工业锅炉、水泥回转窑的燃料和煤气化生产城市煤气。

气煤主要产自山西的大同、左云、霍市、右玉、平鲁、朔州朔城区、怀仁、河曲、偏关、原平、宁武、浑源、兴县、娄烦和岚县等地。辽宁抚顺老虎台和山西平朔产典型气煤。

9. 1/2 中黏煤（1/2 ZN）特征

1/2 中黏煤是一种变质程度较低的炼焦煤或动力煤，共分 2 个煤种。V_{daf} 范围分别在 20%～28%、28%～37% 和 $G>35$～50，属于较低变质、高中挥发分，中等偏弱黏结性烟煤。一部分中黏煤在单独炼焦时能生成一定强度的焦炭，可作配煤炼焦的原料。黏结性较弱的另一部分中黏煤单独炼焦时，生成的焦炭强度差，粉焦率较高。因此，1/2 中黏煤在配煤炼焦时可适当配入。也可用作气化用煤或动力用煤。1/2 中黏煤主要产自山西大同、左云、右玉、怀仁、平鲁、朔州朔城区、保德和兴县等地。

10. 弱黏煤（RN）特征

弱黏煤是一种低变质程度或中变质程度的烟煤，共分 2 个煤种。V_{daf} 范围分别为 20%～28%、28%～37% 和 $G>5$～30，属于低变质、中及中高挥发分，弱黏结性烟煤。弱黏煤的灰分和硫分较低，含碳量一般为 80%～90%。加热时产生的胶质体较小，单独炼焦时焦炭质量差，有的能生成强度很差的小块焦，有的只有少部分能结成碎屑焦，粉焦率很高。但用作炼焦的配煤原料，也可炼出强度较好的冶金焦。弱黏煤通常适用于煤气化原料和电厂、机车及锅炉的燃料，典型的弱黏煤产于山西大同，其中的低灰、低硫高发热量弱黏煤是闻名中外的优质动力煤，大同马武等矿区弱黏煤是较好的炼焦配煤。

11. 不黏煤（BN）特征

不黏煤是一种低变质程度或中变质程度的烟煤，共分 2 个煤种。V_{daf} 范围分别为 20%～28%、28%～37% 和 $G<5$，属于低变质程度、中及中高挥发分，不黏结性烟煤。不黏煤在成煤初期就已经受到不同程度的氧化作用的低变质煤到中等变质程度的烟煤，含碳量一般为 75%～85%，水分高、燃点低，用火柴可点燃，燃烧时间长，不易熄灭。不黏煤加热时基本不产生胶质体，这种煤含有一定量的次生腐殖酸，含氧量有的高达 10%。不黏煤主要作气化和发电用煤，也可作动力和民用燃料。不黏煤主要产于中国的西北部，主要用作煤气化和发电用煤，也可作动力及民用燃料。不黏煤主要产自内蒙古鄂尔多斯的东胜、神府矿区和甘肃白银市的靖远矿区、新疆维吾尔自治区哈密矿区等地，生产典型的不黏煤。

12. 长焰煤（CY）特征

长焰煤是烟煤中最年轻的一种烟煤，共分 2 个煤种。$V_{daf}>37\%$ 和 $G<5$、G 为 5～35，属于烟煤中最低变质程度、高挥发分，不黏结性或弱黏结性，从不黏结性到弱黏结性的烟煤。最年轻的长焰煤还含有一定数量的腐殖酸，贮存时易风化碎裂。其挥发分和水分含量仅次于褐煤，碳化程度高于褐煤，含碳量低于 80%，着火点多低于 300 ℃，燃烧时火焰较长。煤化度较高的长焰煤加热时还能产生一定数量的胶质体，结成细小的长条形焦炭。但焦炭强度甚

差，粉焦率相当高。因此，长焰煤一般作气化、发电和机车等燃料用煤。长焰煤主要用于发电或动力燃料，也可用于新型煤气化的原料和低温热解（500～600 ℃）提取煤焦油，其副产品半焦可用来制造合成氨及其他煤化工产品。辽宁省是我国长焰煤储量最大的赋煤区。长焰煤（CY）主要产自辽宁省阜新、铁法和内蒙古准格尔等地，是长焰煤的主要生产基地。

三、褐煤（HM）主要特征

褐煤是未经成岩阶段或很少经过变质过程的煤，外观呈褐色或褐黑色，含碳量较低、挥发分高、不黏结、易燃烧。分为两小类：透光率 PM 在 30%～50% 之间的年老褐煤和 $PM \leqslant 30\%$ 的年轻褐煤。褐煤的主要特点是水分大，密度小，不黏结，含有不同数量的腐殖酸。煤中含氧量高达 15%～30%。化学反应活性好，热稳定性差，块煤加热时破碎严重，存放在空气中易风化变质，碎裂成小块乃至粉末状。发热量低，煤灰熔点大都较低，煤灰中含较多的氧化钙和较低的三氧化二铝。褐煤主要用于发电，也可作气化原料和锅炉燃料，有的可用来制造磺化煤或活性炭，有的可作提取褐煤蜡的原料。褐煤主要产自内蒙古霍林河和云南小龙潭矿区等地，是典型褐煤的生产基地。

参考文献

[1] 尚建选. 低阶煤分质利用[M]. 北京：化学工业出版社，2021.
[2] 丁国峰，吕振福，曹进成，等. 我国大型煤炭基地开发利用分析[J]. 能源与环保，2020, 42(11): 107-110, 120.
[3] 王海宁. 中国煤炭资源分布特征及其基础性作用思考[J]. 中国煤炭地质，2018, 30(7): 5-9.
[4] 尚建选，马宝岐，张秋民，等. 低阶煤分质转化多联产技术[M]. 北京：煤炭工业出版社，2013.
[5] 汪寿建. 关于大型褐煤分级提质多联产循环经济解决方案的探讨[J]. 化肥设计，2012, 50(1): 1-7.
[6] 国家标准化管理委员会. 中国煤炭分类：GB/T 5751—2009[S]. 2009-06-01.
[7] 陈鹏. 中国煤质的分类[M]. 2版. 北京：化学工业出版社，2007.
[8] 陈鹏. 中国煤炭性质、分类和利用[M]. 北京：化学工业出版社，2005.
[9] 谢克昌. 煤的结构与反应性[M]. 北京：科学出版社，2002.
[10] 毛节华，许慧龙. 中国煤炭资源分布现状和远景预测[J]. 煤田地质与勘察，1999, 27(3): 1-5.

第四章

煤化工用煤指标分析及标准

第一节 煤化工用煤

一、概况

我国煤炭资源丰富，2020年全国煤炭资源储量为1622.9亿t，占全球总储量的15.1%。煤种以褐煤、无烟煤等动力煤和化工煤为主；烟煤分类中的炼焦煤较为稀缺，烟煤中用于动力煤和化工煤的烟煤品种相对焦煤资源要丰富得多。根据中国煤田地质总局第三次煤田预测结果，全国已发现的煤炭资源中，褐煤资源占比为12.7%，低变质烟煤（长焰煤、弱黏煤、不黏煤等）资源量占比为42.4%，贫煤、无烟煤资源量占比为17.3%；炼焦煤（包含肥煤、焦煤、瘦煤、气肥煤、气煤、1/3焦煤）占比为27.6%。而炼焦煤以气煤为主，其中稀缺炼焦煤（肥煤、焦煤、瘦煤）合计占比仅为50%左右。

我国煤炭资源呈现出"西多东少、北多南少"的地理特征，山西煤炭储量遥遥领先，2020年资源储量约500亿t，占全国的31.3%，其次为陕西、内蒙古、新疆，煤炭储量也在百亿吨以上，而北京、广东、浙江等7个省/直辖市储量不足亿吨。

根据《全国矿产资源规划（2016—2020年）》，我国共有14个煤炭能源基地，162个国家规划煤矿，超过95%的煤炭资源均位于这14个煤炭基地中。其中，山西的晋北及晋中基地、山东的鲁西基地、安徽的两淮基地以及云贵基地部分矿区的炼焦煤资源较丰富，其余基地则以生产褐煤、无烟煤、长焰煤、不黏煤等动力煤和化工煤为主。

煤化用煤类型和气化炉型也非常丰富，不同用煤类型、不同化工产品和不同的煤气化炉型对化工煤的要求也有非常大的区别。一般情况下，煤炭的中低温热解、低阶煤的分质利用制液体燃料、气体燃料和固体燃料、固定床煤气化、流化床煤气化、气流床水煤浆气化、气流床干煤粉气化，以及煤制合成氨甲醇、煤制天然气和煤直接液化制液体燃料等对原料煤的要求均有较大的差异。因此煤化工用煤选择和控制指标是煤化工煤炭高效洁净转化的关键要素。

二、煤质指标评价

煤化工用煤质量评价的目的是衡量煤炭质量水平，通常是指煤炭质量的好坏，常规煤质指标有水分、灰分、挥发分、硫分、发热量、黏结性。根据用煤要求不同，煤焦化主要关注煤质指标中的黏结性和结焦性；煤气化主要关注煤质指标中的煤与 CO_2 的反应活性、煤灰熔融性、可磨性（间接表示块煤强度）；动力煤燃烧发电主要关注煤质指标中的煤热值、反应活性、可磨性和煤灰熔融性。

《煤化工用煤技术导则》（GB/T 23251—2021）对煤化工用煤的质量评价指标与控制提出了要求，对具有特殊性质或用途的稀缺性煤炭资源、对较高有害元素含量的煤炭资源及煤化工设计煤种确定了指导性原则规定。适应于新建、改扩建煤化工的中低温热解、煤炭焦化、煤炭气化、煤炭直接液化等项目。对煤中低温热解项目用煤指标有28项需要进行评价，其他煤化工项目用煤指标分别为：煤焦化27项；固定床煤气化30项；流化床煤气化25项；气流床煤气化26项；煤直接液化24项。

三、评价指标要求

表4-1给出了煤化工用煤质量指标评价要求。

表4-1　煤化工用煤质量指标评价要求

序号	指标名称	单位	煤中低温热解	煤焦化	固定床煤气化	流化床煤气化	气流床煤气化	煤炭直接液化
一	煤的工业分析							
1	全水分（M_t）	%	√	√	√	√	√	√
2	灰分（A）	%	√	√	√	√	√	√
3	挥发分（F）	%	√	√	√	√	√	√
4	固定碳（FC）	%	√					
5	全硫（S_t）	%	√	√	√	√	√	√
6	形态硫	%	√	√				
二	煤的元素分析							
7	碳（C）	%	√	√	√	√	√	√
8	氢（H）	%	√	√	√	√	√	√
9	氮（N）	%	√	√	√	√	√	√
10	氧（O）	%	√	√	√	√	√	√
11	磷（P）	%	√	√	√	√	√	√
12	氯（Cl）	%	√	√	√	√	√	√
13	砷（S）	µg/g	√	√	√	√	√	√
14	汞（Hg）	µg/g	√	√	√	√	√	√
15	氟（F）	µg/g	√	√	√	√	√	√
三	煤的主要工艺性质分析							
16	煤发热量（Q）	MJ/kg			√	√	√	√
17	煤灰成分	%	√	√	√	√	√	√
18	煤灰熔融性温度（灰熔点）	℃			√	√	√	√
19	煤对二氧化碳化学反应性（α）	%	√	√	√	√	√	√
20	焦渣特征（CRC）	%			√	√		
21	水煤浆成浆试验①	—					√	
22	哈氏可磨性指数（HGI）	—	√		√	√	√	√

续表

序号	指标名称	单位	煤中低温热解	煤焦化	固定床煤气化	流化床煤气化	气流床煤气化	煤炭直接液化
23	磨损指数（AI）	mg/kg					√	
24	煤自燃倾向性	—	√		√	√	√	√
25	煤灰黏度	Pa·s			√	√	√	
26	真相对密度	—	√		√	√	√	√
27	堆密度	t/m³	√	√	√	√	√	√
28	格金干馏试验	—	√	√	√			√
29	粒度	mm	√		√			
30	块煤限下率	%	√		√			
31	落下强度 S_{25}	%	√		√			
32	热稳定性（TS_{+6}）	%	√		√			
四	焦煤的主要工艺性质分析							
33	黏结指数（$G_{R.I}$）	—	√	√	√	√		
34	胶质层最大厚度（Y 或 X）	mm		√				
35	奥亚膨胀度（a 或 b）	%		√				
36	镜质体发射率（R_{max}）	%	√	√				√
37	煤岩组成	%	√	√				√
38	吉氏流动度	dd/min		√				
39	坩埚膨胀序数（CSN）	—		√				
40	焦炭反应性和反应后强度（CRI 或 CRS）	%		√				
	指标小计（项）		28	27	30	25	26	24

①水煤浆气流床煤气化应测试成浆性指标。

四、煤质分析及采用标准

针对煤炭产品的特殊性和复杂性，国家及相关部门制定了相关的煤炭分类、品种、等级划分、工业分析方法、煤的元素分析、煤的元素测定方法、煤的发热量、煤的相关质量指标测定方法和煤气化用煤技术条件等，并分别颁布了相应的国家标准。涉及煤化工用煤的煤炭资源与质量评价标准体系也相对较为完善。现有 50 多项国标及行标涉及煤质管理、煤质评价及煤炭基础标准。相关标准如下：

《中国煤炭分类》（GB/T 5751—2009）
《煤化工用煤技术导则》（GB/T 23251—2021）
《商品煤质量评价与控制技术指南》（GB/T 31356—2014）
《商品煤质量抽查和验收方法》（GB/T 18666—2014）
《商品煤标识》（GB/T 25209—2022）
《商品煤杂物控制技术要求》（GB/T 31087—2014）
《煤样的制备方法》（GB/T 474—2008）
《商品煤样人工采取方法》（GB/T 475—2008）
《煤层煤样采取方法》（GB/T 482—2008）

《煤质及煤分析有关术语》（GB/T 3715—2022）
《煤的工业分析方法》（GB/T 212—2008）
《煤中全水分的测定方法》（GB/T 211—2017）
《煤的最高内在水分测定方法》（GB/T 4632—2008）
《煤炭质量分级　第1部分：灰分》（GB/T 15224.1—2018）
《煤炭质量分级　第2部分：硫分》（GB/T 15224.2—2021）
《煤的元素分析》（GB/T 31391—2015）
《煤中全硫的测定方法》（GB/T 214—2007）
《煤中碳和氢的测定方法》（GB/T 476—2008）
《煤中氮的测定方法》（GB/T 19227—2008）
《煤中砷的测定方法》（GB/T 3058—2019）
《煤中氯的测定方法》（GB/T 3558—2014）
《煤中汞的测定方法》（GB/T 16659—2008）
《煤的发热量测定方法》（GB/T 213—2008）
《煤炭质量分级　第3部分：发热量》（GB/T 15224.3—2022）
《煤灰成分分析方法》（GB/T 1574—2007）
《煤灰熔融性的测定方法》（GB/T 219—2008）
《煤对二氧化碳化学反应性的测定方法》（GB/T 220—2018）
《水煤浆试验方法　第1部分：采样》（GB/T 18856.1—2008）
《水煤浆试验方法　第2部分：浓度测定》（GB/T 18856.2—2008）
《水煤浆试验方法　第3部分：筛分试验》（GB/T 18856.3—2008）
《水煤浆试验方法　第4部分：表观黏度测定》（GB/T 18856.4—2008）
《燃料水煤浆》（GB/T 18855—2014）
《气化水煤浆》（GB/T 31426—2015）
《煤的可磨性指数测定方法　哈德格罗夫法》（GB/T 2565—2014）
《烟煤黏结指数测定方法》（GB/T 5447—2014）
《测定烟煤粘结指数专用无烟煤技术条件》（GB/T 14181—2010）
《烟煤胶质层指数测定方法》（GB/T 479—2016）
《烟煤奥阿膨胀计试验》（GB/T 5450—2014）
《煤的塑性测定恒力矩吉氏塑性仪法》（GB/T 25213—2010）
《低煤阶煤的透光率测定方法》（GB/T 2566—2010）
《商品煤质量　固定床气化用煤》（GB/T 9143—2021）
《商品煤质量　流化床气化用煤》（GB/T 29721—2023）
《商品煤质量　气流床气化用煤》（GB/T 29722—2021）

第二节　煤的工业分析

煤炭的化学组成很复杂，归纳起来可分为有机质和无机质两大类，以有机质为主体。煤中的有机质主要由碳、氢、氧、氮和有机硫等五种元素组成。其中，碳、氢、氧占有机质的95%以上。此外，还有极少量的磷和其他元素。煤中有机质的元素组成，随煤化程度的变化而有规律地变化。煤中的无机质主要是水分和矿物质,它们的存在降低了煤的质量和利用价值,其中绝大多数是煤中的有害成分。

煤的工业分析方法包括水分(M)、灰分(A)、挥发分(V)和固定碳(FC)四个分析指标测定的总称。此外,还包括全硫分等。国标《煤的工业分析方法》(GB/T 212—2008)规定了煤和水煤浆的工业分析的测定方法和技术方法。根据分析数据计算结果,可以初步了解煤中有机质的含量及挥发分的高低,判断煤的类型以及工业利用途径,根据工业分析数据还可计算煤的发热量、动力煤发电效率、焦化产品产率、煤化工气化效率和产品类型等。煤质工业分析无论对于煤炭生产开采运输和商业贸易企业还是煤炭加工利用,企业均具有十分重要的意义。

一、全水分(M_t)

水分是指煤样中单位重量煤中水的含量。工业分析中测定的水分有原煤样的全水分 M_t(有时等于接受煤样的水分 M_{ar})和分析煤样水分 M_{ad}(计算煤挥发分时用)两种。全水分 M_t 包括内在水分和外在水分,内在水分(M_{inh})是植物变成煤时所含的水分;外在水分(M_f)是在开采、运输等过程中附在煤表面和裂隙中的水分,在一定条件下煤样与周围空气湿度达到平衡时所失去的水分。全水分是内在水分和外在水分的总和。GB/T 211—2017 规定了测定煤中全水分的计算,煤中全水分按式(4-1)计算:

$$M_t = M_f + [(100-M_f)/100] \times M_{inh} \qquad (4-1)$$

式中　M_t——煤中全水分,%;

　　　M_f——试样的外在水分,%;

　　　M_{inh}——试样的内在水分,%。

一般情况下,煤的变质程度越大,内在水分越低。褐煤、长焰煤内水普遍较高;贫煤、无烟煤内水较低。煤的外水易蒸发、去除,与煤质无直接关系。煤的内水越大,质量越差,内水较难去除。高内水对煤的利用不利,不仅浪费了运输的资源和能耗,而且当作动力煤燃料时,在燃烧过程中会蒸发为水蒸气,消耗热量,动力煤水分每增加 2%,发热量会降低 100 kcal/kg;作炼焦煤原料时,冶炼精煤中水分每增加 1%,结焦时间延长 5~10 min。

二、灰分(A)

灰分是指煤样在规定条件下完全燃烧后所得的残留物,通常是指 950 ℃下的灰分。《煤灰成分分析方法》(GB/T 1574—2007)国标规定煤灰中相关组分的测定方法,其中对二氧化硅、三氧化二铁、二氧化钛、三氧化二铝、氧化钙和氧化镁采用半微量分析法;对三氧化硫、五氧化二磷、氧化钾、氧化钠的测定以及钾、钠、铁、钙、镁和锰的原子吸收法等计算公式如下。

1. SiO_2 质量分数

二氧化硅质量分数 $w_{(SiO_2)}$(%)按式(4-2)计算:

$$w_{(SiO_2)} = 5 \times m_{(SiO_2)}/m \qquad (4-2)$$

式中　$m_{(SiO_2)}$——由工作曲线上查得的二氧化硅的质量,mg;

　　　m——灰样的质量,g。

2. Fe_2O_3 质量分数

三氧化二铁质量分数 $w_{(Fe_2O_3)}$(%)按式（4-3）计算：

$$w_{(Fe_2O_3)} = 5 \times m_{(Fe_2O_3)}/m \tag{4-3}$$

式中　$m_{(Fe_2O_3)}$——由工作曲线上查得的三氧化二铁的质量，mg；
　　　m——灰样的质量，g。

3. TiO_2 质量分数

二氧化钛质量分数 $w_{(TiO_2)}$(%)按式（4-4）计算：

$$w_{(TiO_2)} = 5 \times m_{(TiO_2)}/m \tag{4-4}$$

式中　$m_{(TiO_2)}$——由工作曲线上查得的二氧化钛的质量，mg；
　　　m——灰样的质量，g。

4. Al_2O_3 质量分数

三氧化二铝质量分数 $w_{(Al_2O_3)}$(%)按式（4-5）计算：

$$w_{(Al_2O_3)} = 0.5 \times T_{(Al_2O_3)} \times V_2/m - 0.638\, w_{(TiO_2)} \tag{4-5}$$

式中　$T_{(Al_2O_3)}$——乙酸锌标准溶液对三氧化二铝的滴定度，mg/mL；
　　　V_2——试液所耗乙酸锌标准溶液的体积，mL；
　　　m——灰样的质量，g；
　　　0.638——由二氧化钛换算为三氧化二铝的因数。

5. CaO 质量分数

氧化钙质量分数 $w_{(CaO)}$(%)按式（4-6）计算：

$$w_{(CaO)} = T_{(CaO)} \times (V_3 - V_4)/m \tag{4-6}$$

式中　$T_{(CaO)}$——EGTA 标准溶液对氧化钙的滴定度，mg/mL；
　　　V_3——试液所耗 EGTA 标准溶液的体积，mL；
　　　V_4——空白溶液所耗 EGTA 标准溶液的体积，mL；
　　　m——灰样的质量，g。

6. MgO 质量分数

氧化镁质量分数 $w_{(MgO)}$(%)按式（4-7）计算：

$$w_{(MgO)} = T_{(MgO)} \times (V_3 - V_4)/m \tag{4-7}$$

式中　$T_{(MgO)}$——EGTA 标准溶液对氧化镁的滴定度，mg/mL；
　　　V_3——试液所耗 EGTA 标准溶液的体积，mL；
　　　V_4——空白溶液所耗 EGTA 标准溶液的体积，mL；
　　　m——灰样的质量，g。

7. SO_3 质量分数

三氧化硫质量分数 $w_{(SO_3)}$(%)按式（4-8）计算：

$$w_{(SO_3)} = 34.3 \times (m_1 - m_2)/m \tag{4-8}$$

式中　m_1——硫酸钡的质量，g；
　　　m_2——空白测定时，硫酸钡的质量，g；
　　　m——灰样的质量，g。

8. P_2O_5 质量分数

五氧化二磷质量分数 $w_{(P_2O_5)}$(%)按式（4-9）计算：

$$w_{(P_2O_5)} = 10 \times m_{(P_2O_5)}/(m \times V_1) \quad (4-9)$$

式中　$m_{(P_2O_5)}$——由工作曲线上查得的五氧化二磷的质量，mg；
　　　V_1——从灰样溶液总体积（100 mL）中分取的溶液的体积，mL；
　　　m——灰样的质量，g。

9. K_2O、Na_2O 质量分数

氧化钾、氧化钠的质量分数 $w_{(K_2O)}$(%)、$w_{(Na_2O)}$(%)按式（4-10）和式（4-11）计算：

$$w_{(K_2O)} = 0.2 \times m_{(K_2O)}/(m \times V_1) \quad (4-10)$$

$$w_{(Na_2O)} = 0.2 \times m_{(Na_2O)}/(m \times V_1) \quad (4-11)$$

式中　$m_{(K_2O)}$、$m_{(Na_2O)}$——工作曲线上查得的氧化钾、氧化钠的质量，mg；
　　　V_1——从灰样溶液总体积（100 mL）中分取的溶液的体积，mL；
　　　m——灰样的质量，g。

10. K、Na、Fe、Ca、Mg、Mn 质量分数

钾、钠、铁、钙、镁、锰质量分数按式（4-12）计算：

$$w_{(R_mO_n)} = \rho \times 0.001 \times 100/m \quad (4-12)$$

式中　ρ——由工作曲线上查得的测定成分的质量浓度，μg/mL；
　　　m——灰样的质量，g。

一般情况下，煤的灰分每增加 2%，发热量就降低 100 kcal/kg 左右；冶炼精煤中的灰分增加，高炉利用系数降低，焦炭强度下降，石灰石用量增加。灰分每增加 1%，焦炭强度就下降 2%，高炉生产能下降 3%，石灰石用量增加 4%。动力煤灰分一般要求小于 35%，其中褐煤要求小于 30%，炼焦煤灰分要求小于 12.5%。

三、挥发分（V）

1. 空干基挥发分

灰发分是指煤样在规定条件下隔绝空气加热时，并进行水分校正后的质量损失，即排出的气体和液体状态的产物。挥发分主要成分是甲烷、氢及其他碳氢化合物。挥发分在运输过程中是唯一不变的指标，是区别煤炭类别和质量的重要指标，属于煤炭的身份 ID，挥发分常用 V_{daf}（干燥无灰基）表示。空气干燥基（V_{ad}）的挥发分按式（4-13）计算：

$$V_{ad} = (m_1 \times 100/m) - M_{ad} \quad (4-13)$$

式中 V_{ad}——空气干燥基的挥发分的质量分数,%;
m——一般分析试验煤样的质量,g;
m_1——煤样加热后减少的质量,g;
M_{ad}——一般分析试验煤样的水分质量,%。

2. 干燥无灰基挥发分

干燥无灰基挥发分 V_{daf} 换算 V_{ad} 按式(4-14)计算:

$$V_{daf} = 100 \times V_{ad}/(100 - M_{ad} - A_{ad}) \tag{4-14}$$

式中 A_{ad}——空气干燥基的质量分数,%;
V_{daf}——换算为干燥无灰基挥发分的质量分数,%。

当一般分析试验煤样中碳酸盐二氧化碳的质量分数为2%~12%时,则按式(4-15)计算:

$$V_{daf} = [(V_{ad} - CO_{2,ad}) \times 100]/(100 - M_{ad} - A_{ad}) \tag{4-15}$$

当一般分析试验煤样中碳酸盐二氧化碳的质量分数为>12%时,则按式(4-16)计算:

$$V_{daf} = [V_{ad} - (CO_{2,ad} - CO_{2,ad(焦渣)})] \times 100/(100 - M_{ad} - A_{ad}) \tag{4-16}$$

式中 $CO_{2,ad}$——一般分析煤样中碳酸盐二氧化碳的质量分数,%;
$CO_{2,ad(焦渣)}$——焦渣中二氧化碳对煤样的质量分数,%;
V_{daf}——换算为干燥无灰基挥发分的质量分数,%。

3. 干燥无矿基挥发分

干燥无矿基挥发分 V_{dmaf} 按式(4-17)计算:

$$V_{dmaf} = 100 \times V_{ad}/(100 - M_{ad} - MM_{ad}) \tag{4-17}$$

式中 MM_{ad}——干燥无矿物质挥发分的质量分数,%;
V_{dmaf}——换算为干燥无矿基挥发分的质量分数,%。

一般而言,随着煤炭变质程度增加,煤炭的挥发分降低。褐煤、气煤挥发分较高,瘦煤、无烟煤挥发分最低。

四、固定碳(FC)

固定碳是指除去水分、灰分和挥发分的残留物,它是确定煤炭用途的重要指标。固定碳是计算出来的。测定煤样的挥发分时,剩下的不挥发物称为焦渣,即100减去煤的水分和挥发分。焦渣再减去灰分后就称为固定碳,它是煤中不挥发的固体可燃物,可以用计算的方法算出。根据使用的计算挥发分的基准,计算出干基、干燥无灰基等不同基准的固定碳含量。它是表示化验结果以什么状态时的煤样为基础而得出的,常见的有收到基、空气干燥基、干燥基、干燥无灰基、干燥无矿物质基。各种基准的定义如下:

收到基,用符号 ar 表示,是以收到状态的煤为基准;空气干燥基,用符号 ad 表示,是指与空气湿度达到平衡状态的煤为基准;干燥基,用符号 d 表示,是以假设无水状态的煤为基准;干燥无灰基,用符号 daf 表示,是以假设无水无灰状态的煤为基准;干燥无矿物质基,用符号 dmmf 表示,是以假设无水、无矿物质状态的煤为基准;恒湿无灰基,用符号 maf 表示,是指温度在 30℃,相对湿度为 96%时测得的煤样水分(或叫最高内在水分)为基准。根据各种基准的计算定义,固定碳(FC)的几种基准计算如下。

1. 空气干燥基 FC_{ad}

FC_{ad} 固定碳含量按式（4-18）计算：

$$FC_{ad} = 100-(V_{ad}+A_{ad}+M_{ad}) \tag{4-18}$$

2. 干燥基 FC_d

FC_d 固定碳含量按式（4-19）计算：

$$FC_d = 100-(V_d+A_d) \tag{4-19}$$

3. 干燥无灰基 FC_{daf}

FC_{daf} 固定碳含量按式（4-20）计算：

$$FC_{daf} = 100-V_{daf} \tag{4-20}$$

上述各种基准固定床互相换算如下：

4. 干燥基 FC_d 与 FC_{ad} 换算

FC_d 与 FC_{ad} 换算按式（4-21）计算：

$$FC_d = 100 \times FC_{ad}/(100-M_{ad}) \tag{4-21}$$

式中 FC_{ad}——分析基的化验结果（假设只含有挥发分、灰分、固定碳3种指标）；

M_{ad}——分析基水分；

FC_d——换算干燥基的化验结果。

5. 干燥无灰基 FC_{daf} 与 FC_{ad} 换算

FC_{daf} 与 FC_{ad} 换算按式（4-22）计算：

$$FC_{daf} = 100 \times FC_{ad}/(100-M_{ad}-A_{ad}) \tag{4-22}$$

式中 A_{ad}——分析基灰分；

FC_{daf}——换算为干燥无灰基的化验结果。

6. 收到基 FC_{ar} 与 M_{ad} 换算

FC_{ar} 与 M_{ad} 换算按式（4-23）计算：

$$FC_{ar} = (100-M_{ar})/(100-M_{ad}) \tag{4-23}$$

式中 M_{ar}——收到基水分；

FC_{ar}——换算为收到基的化验结果。

五、全硫（$S_{t,ad}$）

所有的煤中都含有数量不等的硫，它是煤炭中的有害物质，通常可分为有机硫和无机硫两大类。有机硫与煤的有机质结为一体较难清除，一般低硫煤以有机硫为主，洗选后精煤全硫因灰分减少而增高。无机硫主要为硫化物，在高硫煤的全硫中占比较大。全硫越大，煤炭质量越差，还会造成空气污染。工业分析中一般测定全硫，即有机硫+无机硫，常用指标用空气干燥基全硫（$S_{t,ad}$）、干燥基全硫（$S_{t,d}$）及收到基全硫（$S_{t,ar}$）表示，其中有机硫=全硫-无机硫。工业生产中动力煤要求全硫<2.5%，其中褐煤需<1.5%，炼焦煤全硫需<1.5%。环保煤要求硫含量<1%时，才能用作于燃料，部分地区要求在0.6和0.8以下，绿色能源均指硫分较低的煤。

《煤炭质量分级 第 2 部分：硫分》（GB/T 15224.2—2021）规定煤中硫含量的测定方法和计算公式。用艾氏卡法规定煤中硫含量的测定方法和计算公式。全硫质量分数 $S_{t,ad}$ 按式（4-24）计算：

$$S_{t,ad} = [0.1374 \times (m_1 - m_2)/m] \times 100 \qquad (4-24)$$

式中 $S_{t,ad}$——一般分析煤样中全硫质量分数，%；

m_1——硫酸钡质量，g；

m_2——空白试验的硫酸钡质量，g；

0.1374——由硫酸钡换算为硫的系数；

m——灰样的质量，g。

第三节 煤的元素分析

一、元素组成和测定方法

1. 元素组成

《煤的元素分析》（GB/T 31391—2015）规定了煤炭元素分析的碳、氢、氧、氮、硫五个项目。根据 GB/T 212—2008 工业分析方法及相关标准等可分别测定和计算得到煤中的碳、氢、氮、全硫、灰分和全水分的组分含量。煤中有机质主要由碳、氢、氮、氧、硫五种元素组成。

其主要影响和特征为：碳含量随煤化程度的加深而增大，是表征煤化程度高低的重要指标；氢含量随煤化程度的加深而减小；氧和氢一样，随煤化程度加深而减小；氮含量较少，为 1%~2%，其含量和煤化程度关系不明显；元素硫的含量随原始成煤物质和成煤时的沉积条件不同而有高有低，其中硫通常以硫酸盐硫、硫铁矿硫和有机硫三种形态存在。硫酸盐硫在我国煤炭中的含量一般较少，主要是以黄铁矿硫形态存在，呈结核状、透镜状、团块状等形态。元素硫对煤的产品质量影响较大，此外对设备、管道的腐蚀以及煤化工所用催化剂有严重影响。

煤中其他有害物质元素如磷、氯、砷等也可以通过元素分析测定。磷是影响钢铁质量的有害元素。其中无机磷是影响炼焦煤质量的重要指标，含磷的煤在炼焦时会全部进入焦炭，使得冶炼的钢铁冷脆。由于我国煤炭中磷含量较低，一般不超过炼焦煤 0.1% 的质量要求。氯多以碱金属化合物（主要是氯化钠）的形式存在，含量一般为 0.01%~0.02%，易溶于水，经过湿法分选后，其含量一般会得到降低。个别煤中氯的含量会在 1% 左右，当氯含量超过 0.3% 时，对于焦炉或锅炉管道会产生严重的腐蚀作用。

煤中其他稀有元素有锗、镓、铀、钍、铼等，如果证实某种稀有元素有利用价值，则在综合利用中应当加以考虑，达到提高社会效益和经济效益、减少环境污染的目的。

2. 元素测定方法

煤种的一般无机硫含量可通过分选除去一部分，而极细颗粒浸染在煤中的有机硫，则难以用分选的方法除去；而煤中有机硫一般不能用物理分选的方法脱除。煤中主要元素分析的测定方法见表 4-2。

表 4-2 煤中主要元素分析的标准测定方法

序号	元素分析项目	测定方法采用的国家标准
1	碳和氢	GB/T 476 或 GB/T 30733
2	氮	GB/T 19227 或 GB/T 30733
3	全硫	GB/T 214 或 GB/T 25214
4	灰分	GB/T 212 或 GB/T 30732
5	一般分析试验煤样水分	GB/T 212 或 GB/T 30732
6	全水分	GB/T 211

二、元素氧含量

元素氧的分析方法采用差减法得到，即用 100 减去碳、氢、氮、硫、灰分和水分，以质量分数表示。

1. 不含水中氧的元素氧含量

不含水中氧的元素氧含量按式（4-25）计算

$$O_{ad} = 100 - C_{ad} - H_{ad} - N_{ad} - S_{t,ad} - A_{ad} - M_{ad} \tag{4-25}$$

式中　O_{ad}——空气干燥基差减氧的质量分数，%；
　　　C_{ad}——空气干燥基碳的质量分数，%；
　　　H_{ad}——空气干燥基氢的质量分数，%；
　　　N_{ad}——空气干燥基氮的质量分数，%；
　　　$S_{t,ad}$——空气干燥基全硫的质量分数，%；
　　　A_{ad}——空气干燥基灰分产率（质量分数），%；
　　　M_{ad}——空气干燥基水分（一般分析试验煤样水分）的质量分数，%。

2. 含水中氧的元素氧含量

根据式（4-26）计算含水中氢的空气干燥基氢的质量分数（$H_{m,ad}$）：

$$H_{m,ad} = H_{ad} + \alpha M_{ad} \tag{4-26}$$

式中　$H_{m,ad}$——空气干燥基氢（包含水分中的氢）的质量分数，%；
　　　α——将水折算成氢的换算因素，取 0.1119。

按式（4-27）或式（4-28）计算差减氧（包括水分中的氧）得含水中氧的元素氧含量。

$$O_{m,ad} = 100 - C_{ad} - H_{m,ad} - N_{ad} - S_{t,ad} - A_{ad} \tag{4-27}$$

或

$$O_{m,ad} = O_{ad} + bM_{ad} \tag{4-28}$$

式中　$O_{m,ad}$——包括水中氧的收到基氧的质量分数，%；
　　　b——将水折算成氧的质量分数，%。

3. 干基氧含量

干基氧含量按式（4-29）计算：

$$O_d = 100 - C_d - H_d - N_d - S_{t,d} - A_d \tag{4-29}$$

式中　O_d——干基差减氧的质量分数，%；
　　　C_d——干基碳的质量分数，%；

H_d——干基氢的质量分数,%;
N_d——干基氮的质量分数,%;
$S_{t,d}$——干基全硫的质量分数,%;
A_d——干基灰分产率(质量分数),%。

4. 收到基氧含量(不含全水中的氧)

收到基氧含量(不含全水中的氧)按式(4-30)计算:

$$O_{ar} = 100 - C_{ar} - H_{ar} - N_{ar} - S_{t,ar} - A_{ar} - M_t \qquad (4\text{-}30)$$

式中 O_{ar}——收到基差减氧的质量分数,%;
C_{ar}——收到基碳的质量分数,%;
H_{ar}——收到基氢的质量分数,%;
N_{ar}——收到基氮的质量分数,%;
$S_{t,ar}$——收到基全硫的质量分数,%;
A_{ar}——收到基灰分产率(质量分数),%;
M_t——全水分的质量分数,%。

5. 收到基氧含量(含全水中的氧)

根据式(4-31)计算含水中氢的收到基氢含量($H_{m,ar}$):

$$H_{m,ar} = H_{ar} \times (100 - M_t)/(100 - M_{ad}) + \alpha M_t \qquad (4\text{-}31)$$

式中 $H_{m,ar}$——包含全水中氢的收到基氢的质量分数,%;
α——将水折算成氢的换算因素,取 0.1119。

收到基氧含量(含全水中的氧)按式(4-32)计算得:

$$O_{m,ar} = 100 - C_{ar} - H_{m,ar} - N_{ar} - S_{t,ar} - A_{ar} \qquad (4\text{-}32)$$

式中 $O_{m,ar}$——包含全水中氧的收到基的质量分数,%。

根据式(4-25)~式(4-32)计算出 100 单位煤的元素分析数据,见表 4-3。

表 4-3 100 单位煤的元素分析数据示例

项目	空气干燥基		收到基		干燥基
	不含水中氢和氧	含水中氢和氧	不含水中氢和氧	含水中氢和氧	
碳	70.00	70.00	66.40	66.40	72.20
氢	4.00	4.34	3.79	4.69	4.12
氮	1.50	1.50	1.42	1.42	1.55
硫	0.50	0.50	0.47	0.47	0.52
差减氧	11.00	13.66	10.42	17.52	11.31
灰分	10.00	10.00	9.50	9.50	10.30
水分	3.00	—	—	—	—
全水	—	—	8.00	—	—
合计	100.00	100.00	100.00	100.00	100.00

三、元素碳、氢含量

《煤中碳和氢的测定方法》（GB/T 476—2008）规定了煤和水煤浆中碳和氢的测定方法和采用的技术。采用三节炉法。煤中碳和氢的计算公式如下。

1. 煤中元素碳、元素氢含量

煤中元素碳、元素氢含量按式（4-33）和式（4-34）计算：

$$C_{ad} = 0.2729 \times m_1 \times 100/m \tag{4-33}$$

$$H_{ad} = [0.1119 \times (m_2-m_3) \times 100/m] - 0.1119 M_{ad} \tag{4-34}$$

式中 C_{ad}——一般分析煤样（或水煤浆）干燥试样中碳的质量分数，%；
H_{ad}——一般分析煤样（或水煤浆）干燥试样中氢的质量分数，%；
m——一般分析煤样的质量，g；
m_1——吸收二氧化碳 U 形管的增量，g；
m_2——吸水 U 形管的增量，g；
m_3——空白值，g；
M_{ad}——一般分析煤样水分（按 GB/T 212 测定）的质量分数，%；
0.2729——将二氧化碳折算成碳的因数；
0.1119——将水折算成氢的因数。

2. 有机碳含量

当需要测定有机碳时，按式（4-35）计算有机碳。

$$C_{ad} = 0.2729 \times m_1 \times 100/m - 0.2729(CO_2)_{ad} \tag{4-35}$$

式中 $(CO_2)_{ad}$——一般煤样中碳酸盐二氧化碳（按 GB/T 218 测定）的质量分数，%。

3. 水煤浆中元素碳、元素氢含量

水煤浆中碳和氢按式（4-36）和式（4-37）计算：

$$C_{cwm} = C_{ad} \times (100-M_{cwm})/(100-M_{ad}) \tag{4-36}$$

$$H_{cwm} = H_{ad} \times (100-M_{cwm})/(100-M_{ad}) \tag{4-37}$$

式中 C_{cwm}——水煤浆中碳的质量分数，%；
C_{ad}——水煤浆干燥试样中碳的质量分数，%；
M_{cwm}——水煤浆中水分的质量分数，%；
H_{cwm}——水煤浆中氢的质量分数，%；
H_{ad}——水煤浆干燥试样中氢的质量分数，%；
M_{ad}——水煤浆干燥试样中水的质量分数，%。

四、元素氮含量

《煤中氮的测定方法》（GB/T 19227—2008）规定了煤和水煤浆中氮的测定方法和采用的技术。采用半微量开氏法，煤中氮的计算公式如下。

1. 煤中元素氮含量

煤中元素氮含量按式（4-38）计算：

$$N_{ad} = \zeta \times (V_1 - V_2) \times 0.014 \times 100 / m \quad (4\text{-}38)$$

式中 N_{ad}——空气干燥煤样中氮的质量分数，%；
　　　ζ——硫酸标准溶液的浓度，mol/L；
　　　m——分析样品质量，g；
　　　V_1——样品试验时硫酸标准溶液的用量，mL；
　　　V_2——空白试验时硫酸标准溶液的用量，mL；
　　　0.014——氮的摩尔质量，g/mmol。

2. 水煤浆中元素氮含量

水煤浆中元素氮含量按式（4-39）计算：

$$N_{cwm} = N_{ad} \times (100 - M_{cwm}) / (100 - M_{ad}) \quad (4\text{-}39)$$

式中 N_{cwm}——水煤浆中氮的质量分数，%；
　　　N_{ad}——水煤浆干燥试样中氮的质量分数，%；
　　　M_{cwm}——水煤浆水分的质量分数，%；
　　　M_{ad}——水煤浆干燥试样中水的质量分数，%。

第四节　煤的工艺性质分析

煤的工艺性质分析主要包括：煤发热量（Q）、煤灰成分（A）、煤的灰熔融性温度（ST）、煤对二氧化碳的化学反应性（α）、焦渣特性（CRC）、水煤浆成浆试验、哈氏可磨性指数（HGI）、热稳定性（TS_{+6}）、透光率（PM）、磨损指数（AI）、粒度等。炼焦煤（烟煤及配煤）的工艺性质指标分析主要包括：黏结指数（G）、胶质层最大厚度（Y 或 X）、奥阿膨胀度（b）、吉氏流动度（ddpm）、坩埚膨胀序数（CSN）、岩相分析、黏结性和结焦性、焦炭热强度（CSR）、焦炭较弱反应性（CRI）等。

一、煤发热量（Q）

煤的发热量是指单位质量的煤在完全燃烧时产生的热量，也称热值，发热量可分为高位发热量和低位发热量，常用 MJ/kg 表示。低位发热量等于高位发热量减去水的汽化热，它是衡量煤炭质量的常用指标，也是评价煤炭贸易的重要指标。国际市场上动力用煤交易通常采用煤的发热量（煤热值）计价，我国自 1985 年 6 月起，也改革了以灰分计价改为煤热值计价，并与煤炭的国际贸易接轨。根据国家分类标准，发热量在 2000～3000 K、3000～5700 K、5700～6500 K、6500 K 以上的煤炭，分别称为低热值煤、中热值煤、高热值煤和特高热值煤。

1. 空气干燥基恒容高位发热量（$Q_{gr,v,ad}$）

空气干燥基恒容高位发热量是煤在空气大气压条件下燃烧后所产生的热量，实际上是在实验室中测得煤的弹筒发热量减去硫酸和硝酸生成热后得到的热量。而煤的弹筒发热量是在恒容（弹筒内煤样燃烧室容积不变）条件下测得的，所以叫恒容弹筒发热量。由恒容弹筒发热量折算出来的高位发热量称为空气干燥基恒容高位发热量，恒容高位发热量按式（4-40）计算：

$$Q_{gr,v,ad} = Q_{b,ad} - (94.1 S_{b,ad} + aQ_{b,ad}) \tag{4-40}$$

式中 $Q_{gr,v,ad}$——空气干燥基煤样（或水煤浆干燥试样）的恒容高位发热量，J/g；

$Q_{b,ad}$——空气干燥基煤样（或水煤浆干燥试样）的弹筒发热量，J/g；

$S_{b,ad}$——由弹筒洗液测得的煤的硫含量，以质量分数表示，%；

94.1——空气干燥基煤样（或水煤浆干燥试样）中每1.00%硫的校正值，J/g；

a——硝酸形成热校正系数。

2. 空气干燥基恒容低位发热量（$Q_{net,v,ad}$）

空气干燥基恒容低位发热量是指煤在空气中大气压条件下燃烧后产生的热量，扣除煤中水分（煤中有机质中的氢燃烧后生成的氧化水，以及煤中的游离水和化合水）的汽化热，剩下的实际可用的热量。同样，实际上由恒容高位发热量算出的低位发热量，也叫恒容低位发热量。它与在空气中大气压条件下燃烧时的恒压低位热之间也有一定的差别。

3. 收到基恒容低位发热量（应用基）（$Q_{net,v,ar}$）

工业应用上常以收到基恒容低位发热量（$Q_{net,v,ar}$）进行设计。煤的收到基恒容低位发热量按式（4-41）计算：

$$Q_{net,v,ar} = (Q_{gr,v,ad} - 206H_{ad}) \times (100 - M_t)/(100 - M_{ad}) - 23M_t \tag{4-41}$$

或 $Q_{gr,v,ad} = (Q_{net,v,ar} + 23M_t) \times (100 - M_{ad})/(100 - M_t) + 206H_{ad}$

式中 $Q_{net,v,ar}$——煤或水煤浆收到基恒容低位发热量，J/g；

$Q_{gr,v,ad}$——煤或水煤浆干燥试样的空气干燥基恒容高位发热量，J/g；

H_{ad}——煤或水煤浆干燥试样的空气干燥基氢的质量分数，%；

M_{ad}——煤或水煤浆干燥试样的空气干燥基水分的质量分数，%；

M_t——煤的收到基全水分或水煤浆的水分（M_{cwm}）的质量分数，%；

206——对应于空气干燥基煤样（或水煤浆干燥试样）中每1.00%氢的气化反应热校正值（恒容），J/g；

23——对应于收到基煤全水分或水煤浆中每1.00%氢的气化反应热校正值（恒容），J/g。

由于收到基恒容低位发热量比较接近实际燃烧能量消耗的工况，能反映煤炭的应用效果，经验公式也表明每增加1个水分，就会损失60~70 kcal的发热量。但收到基低位发热量（$Q_{net,v,ar}$）受影响的因素较多，不能反映煤的真实品质，而采用空气干燥基恒容高位发热量（$Q_{gr,v,ad}$）就能较准确地反映煤的真实品质。

4. 收到基恒压低位发热量（$Q_{net,p,ar}$）

收到基恒压低位发热量按式（4-42）计算：

$$Q_{net,p,ar} = [(Q_{gr,v,ad} - 212H_{ad}) - 0.8(O_{ad} + N_{ad})](100 - M_t)/(100 - M_{ad}) - 24.4M_t \tag{4-42}$$

式中 $Q_{net,p,ar}$——煤或水煤浆收到基恒压低位发热量，J/g；

$Q_{gr,v,ad}$——煤或水煤浆干燥试样的空气干燥基恒容高位发热量，J/g；

H_{ad}——煤或水煤浆干燥试样的空气干燥基氢的质量分数，%；

M_{ad}——煤或水煤浆干燥试样的空气干燥基水分的质量分数，%；

M_t——煤的收到基全水分或水煤浆的水分（M_{cwm}）的质量分数，%；

O_{ad}——煤或水煤浆干燥试样的空气干燥基氧的质量分数，%；

N_{ad}——煤或水煤浆干燥试样的空气干燥基氮的质量分数，%；

212——对应于空气干燥基煤样（或水煤浆干燥试样）中每1.00%氢的气化反应热校正值（恒压），J/g；

24.4——对应于收到基煤全水分或水煤浆中每1.00%氢的气化反应热校正值（恒压），J/g。

对水煤浆试样，式（4-42）可变为式（4-43）：

$$Q_{net,p,cwm} = Q_{gr,v,cwm} - 212H_{cwm} - 0.8(O_{cwm}+N_{cwm}) - 24.4M_{cwm} \qquad (4-43)$$

式中 $Q_{net,p,cwm}$——水煤浆的恒压低位发热量，J/g；

$Q_{gr,v,cwm}$——水煤浆干燥试样的空气干燥基恒容高位发热量，J/g；

H_{cwm}——水煤浆干燥试样的空气干燥基氢的质量分数，%；

M_{cwm}——水煤浆的水分质量分数，%；

O_{cwm}——水煤浆干燥试样的空气干燥基氧的质量分数，%；

N_{cwm}——水煤浆干燥试样的空气干燥基氮的质量分数，%。

煤的高位发热量有恒容高位发热量和恒压高位发热量之分，恒压高位发热量是煤在空气大气压下，燃烧条件恒压时（大气压不变）所产生的热量，该发热量称为恒压高位发热量。一般恒容高位发热量比恒压高位发热量低8.4～20.9 J/g，当要求精度不高时，一般可不予校正。

5. 常用的煤发热量换算公式（或经验计算公式）

（1）高位发热量与低位发热量换算公式

以收到基为基准的换算公式：

$$Q_{gr,ar} - Q_{net,ar} = 2500(M_{ar}/100 + 9H_{ar}/100) = 25M_{ar} + 225H_{ar} \qquad (4-44)$$

$$Q_{net,ar} = Q_{gr,ar} - 225H_{ar} - 25M_{ar}$$

以其他"基"为基准的换算公式：

$$Q_{net,ad} = Q_{gr,ad} - 225H_{ad} - 25M_{ad} Q_{net,d}$$
$$= Q_{gr,d} - 225H_d Q_{net,daf} = Q_{gr,daf} - 225H_{daf} \qquad (4-45)$$

高位发热量指燃料完全燃烧，并当燃烧产物中的水蒸气（包括燃料中所含水分生成的水蒸气和燃料中的氢燃烧时生成的水蒸气）全部冷凝为水时所放出的热量。低位发热量则是指燃料完全燃烧后，其燃烧产物中的水蒸气仍以气态存在时所放出的热量。实际燃烧时，温度很高，水蒸气均以气态存在，不可能凝结为水而放出汽化热。故燃烧计算中应以燃料收到基低位发热量为基准。

（2）$Q_{gr,v}$ 与 $Q_{gr,p}$ 换算公式

以恒容高位发热量（$Q_{gr,v}$）为基准的换算公式：

$$Q_{gr,p,ad} = Q_{gr,v,ad} + 6.15H_{ad} - 0.775O_{ad} \qquad (4-46)$$

（3）$Q_{gr,v}$ 与 $Q_{net,v}$ 换算公式

以恒容高位发热量（$Q_{gr,v}$）为基准的换算公式：

$$Q_{net,v,ad} = Q_{gr,v,ad} - 0.01(L-RT)(H_{ad}/2.016 + M_{ad}/18.0154)$$
$$= Q_{gr,v,ad} - 205.96H_{ad} - 23.05M_{ad} \qquad (4-47)$$

式中 L——水在恒压下的汽化热（25 ℃），L=44 kJ/mol；

R——摩尔气体常数，R=8.315 kJ/(mol·℃)；

RT——煤在恒压状态下燃烧，1 mol 的水蒸气变成恒容状态时因体积的减少而做的功。

(4) $Q_{gr,v,ad}$ 与 $Q_{net,p,ad}$ 换算公式

以空干基恒容高位发热量 $Q_{gr,v,ad}$ 为基准的换算公式：

$$Q_{net,p,ad} = Q_{gr,v,ad} - 212.1H_{ad} - 0.775O_{ad} - 24.42M_{ad} \tag{4-48}$$

(5) $Q_{gr,v,ad}$ 与 $Q_{net,p,ar}$ 换算公式

以空干基恒容高位发热量（$Q_{gr,v,ad}$）为基准的换算公式：

$$Q_{net,p,ar} = (Q_{gr,v,ad} - 212.1H_{ad} - 0.775O_{ad}) \times [(100-M_t)/(100-M_{ad})] - 24.42M_t \tag{4-49}$$

(6) $Q_{gr,v,ad}$ 与 $Q_{net,v,ar}$ 换算公式

以空干基恒容高位发热量（$Q_{gr,v,ad}$）为基准的换算公式：

$$Q_{net,v,ar} = (Q_{gr,v,ad} - 215.96H_{ad}) \times [(100-M_t)/(100-M_{ad})] - 23.05M_t \tag{4-50}$$

(7) 恒湿无灰基高位发热量（$Q_{gr,maf}$）计算

$$Q_{gr,maf} = Q_{gr,ad} \times (100-M)/(100-M_{ad}-A_{ad}-A_{ad} \times M/100) \tag{4-51}$$

式中 M——恒湿条件下测得的水分含量，%。

(8) 各种高位发热量基的换算公式

$$Q_{gr,d} = Q_{gr,ad} \times 100/(100-M_{ad}) \tag{4-52a}$$

$$Q_{gr,daf} = Q_{gr,ad}/(100-M_{ad}-A_{ad}) \times 100 \tag{4-52b}$$

$$Q_{gr,daf} = Q_{gr,d}/(100-A_{ad}) \times 100 \tag{4-52c}$$

$$Q_{gr,ar} = Q_{gr,ad} \times (100-M_t)/(100-M_{ad}) \tag{4-52d}$$

$$Q_{gr,ar} = Q_{gr,d} \times (100-M_t)/100 \tag{4-52e}$$

$$Q_{b,d} = Q_{b,ad} \times 100/(100-M_{ad}) \tag{4-52f}$$

$$Q_{b,daf} = Q_{b,ad} \times 100/(100-M_{ad}-A_{ad}) \tag{4-52g}$$

$$Q_{b,ar} = Q_{b,ad} \times (100-M_t)/(100-M_{ad}) \tag{4-52h}$$

$$Q_{net,ad} = Q_{gr,ad} - 206H_{ad} - 23M_{ad} \tag{4-52i}$$

$$Q_{net,d} = Q_{gr,ad} \times 100/(100-M_{ad}) \tag{4-52j}$$

$$Q_{net,d} = (Q_{net,ad} + 23M_{ad}) \times 100/(100-M_{ad}) \tag{4-52k}$$

$$Q_{net,daf} = (Q_{net,ad} + 23M_{ad}) \times 100/(100-M_{ad}-A_{ad}) \tag{4-52l}$$

$$Q_{net,daf} = Q_{net,ad} \times 100/(100-A_{ad}) \tag{4-52m}$$

式中 $Q_{gr,ad}$——空干基高位发热量，J/g；

$Q_{gr,d}$——干基高位发热量，J/g；

$Q_{gr,daf}$——干燥无灰基高位发热量，J/g；

$Q_{gr,ar}$——收到基高位发热量，J/g；

$Q_{b,ad}$——空干燥基弹筒发热量，J/g；

$Q_{b,d}$——干燥基弹筒发热量，J/g；

$Q_{b,daf}$——干燥无灰基弹筒发热量，J/g；

$Q_{b,ar}$——收到基弹筒发热量，J/g；

$Q_{net,ad}$——空干基低位发热量，J/g；

$Q_{net,d}$——干基低位发热量，J/g；

$Q_{net,daf}$——干燥无灰基低位发热量，J/g；
M_t——全水，%；
M_{ad}——分析基水分（内水），%；
A_{ad}——分析基灰分，%；
H_{ad}——煤或水煤浆干燥试样的空气干燥基氢的质量分数，%。

二、煤灰成分（A）

煤灰成分是由煤完全燃烧后的固态残留物组成，煤灰中主要成分为 SiO_2、Al_2O_3、Fe_2O_3 和 CaO，少量的 MgO、TiO_2、K_2O、Na_2O、P_2O_5 和 SO_3 以及微量元素化合物等。由此可知，煤灰是由各种金属氧化物和非金属氧化物组成的混合物。由于各成分的熔点不同，共同存在时可形成特有的熔点共熔体。因此，煤灰没有一个固定的熔点，只有一个熔化温度范围。煤灰中各成分含量不同，煤灰熔点也就不同。通常情况下，煤灰中 SiO_2 含量与煤灰熔点的关系不明显，当 SiO_2 含量为 45%~60%时，随着 SiO_2 含量增加，灰熔点会降低；Al_2O_3 含量多，则煤灰熔点高；Fe_2O_3、CaO 和 MgO 含量多，则煤灰熔点低。

煤灰成分分析方法有化学分析法和仪器分析法。前者所需设备简单，结果比较准确。但操作步骤多，时间长。后者能很快出结果，但存在一定的误差。《煤灰成分分析方法》（GB/T 1574—2007）对煤灰中的铁、钙、镁、钾、钠、锰、磷、硅、铅、钛、硫成分测定分析和方法做了规定，适用于煤、焦炭、水煤浆和煤矸石。对于 SiO_2、Fe_2O_3、TiO_2、Al_2O_3、CaO 和 MgO 计算公式采用半微量分析法，SO_3 采用硫酸钡法，P_2O_5 采用磷钼蓝分光光度法，K_2O、Na_2O 采用火焰光度法，钾、钠、铁、钙、镁、锰采用原子吸收法。

灰分常用 A_d（干燥基）表示，分为内在灰分和外在灰分。外在灰分是来自顶板和夹岩中的岩石碎块，它与采煤方法的科学合理工艺有直接关联，通过分选方法，大部分容易去除。内在灰分为原存在于成煤植物中的有机物，通过分选的方法难以除去。煤炭中的灰分是有害物质，内在灰分越高，煤的可选性越差。通常灰分越大、发热量越低、排渣量越大，煤越易结渣。

三、煤的灰熔融性温度（ST）

煤在高温燃烧后，残留下来的灰分，指煤中不燃烧的部分，主要由煤中的矿物质、氧化物、硫酸盐等组成。在煤燃烧过程中，其中的有机物燃烧掉了，无机物灰分则残留下来。煤的灰熔融性温度就是指灰分中的固体无机物灰分在高温下开始熔化的温度，也称其为煤的灰熔点。这个灰熔点温度取决于煤中灰分的成分和含量，不同煤质组成，煤的灰熔点是不一样的，即使同一种煤质，在不同煤层，其煤的灰熔点也是不一样的，因此，没有一个固定的灰熔点温度。

工业上煤的灰熔融性温度通常在规定条件下加热煤灰试样时，随加热温度而变化，煤灰试样会从局部熔融到全部熔融并伴随产生一定的物理状态，即变形、软化、半球和流动。并用这个物理状态相对应的变形温度来表征煤的灰熔融性温度的特征，分别为变形温度（DT，也表示为 T_1）、软化温度（ST，也表示为 T_2）、半球温度（HT，也表示为 T_3）和流动温度（FT，也表示为 T_4）。在四个煤的灰熔融性温度中，最常用的是软化温度 ST。煤的灰熔点可通过煤质实验分析测定得到。在实验中，将煤样加热到一定温度，使其燃烧完毕后，测定残留下来的灰分的熔点。一般情况下，测定煤灰熔点用块锥或角锥。角锥法是将煤灰加上糊精混匀，并在模中形成一定大小的三角锥体。将三角锥体放入灰熔点测定炉,在一定的气氛中,以一定速度升温,根据灰锥熔融过程的特征来表征煤的灰熔点。当灰锥尖端开始熔化并弯曲或棱角变圆时,称其为变形温度 DT;当灰锥尖端弯曲触及托盘或变成球形时,称其为软化温度 ST;当灰锥部分熔化或变成高度小于底长的半环形时,称其为半球温度 HT;当灰锥完全熔化展开成薄层时,称其为流动温度 FT。

工业上一般用 ST 来判断煤的灰熔融性温度特征,煤的 ST 温度越高,煤灰越不易结渣,可作为衡量煤的灰熔融性的重要指标,即煤灰熔点。试验时的气氛是氧化性还是还原性,会对煤的灰熔融性温度测定有较大的影响。由于在工业锅炉或气化炉中,煤灰成渣部位的气体介质呈现弱还原性氛围,所以为模拟工业条件,煤质实验分析测定是在弱还原性气氛中进行的。煤灰熔点与煤的利用价值和燃烧效率有密切关系,因工业上燃煤发电锅炉和煤气化炉设计不同,对煤的灰熔融性温度要求也不同。煤灰熔融性温度的高低,直接关系到煤炭作为动力煤燃料和气化原料时的工艺性能。通常煤的灰熔融性温度过低,煤灰容易结渣,增加了排渣的难度,尤其是固态排渣锅炉和固定床气化炉,对煤的灰熔融性温度要求较高。这是因为高灰、低灰熔点的煤在燃烧过程中,会产生大量的灰渣,会附着在锅炉和气化炉的内壁或烟道和管道上,降低传热效率,增加能耗,甚至影响设备运行,同时也造成排渣困难。因此,煤的灰熔点高,其利用价值和燃烧效率也高。煤灰熔点过高的煤又不易生成熔渣,因此不能使用熔渣气化炉。

四、煤对二氧化碳的化学反应性(α)

1. 煤反应活性

煤的化学反应性用来表示煤的反应活性,而煤的反应活性是指在一定温度条件下,煤与不同气化介质(如二氧化碳、氧、水蒸气等)发生化学反应的能力。表示煤反应活性的方法较多,如煤的着火点、活化能等均能反映煤反应活性的高低。在煤化工行业通常用被还原为 CO 的 CO_2 量占投入 CO_2 总量的体积分数,即 CO_2 还原率作为表征煤对二氧化碳化学反应活性的主要指标。

实验表明,测定煤在高温下干馏后的焦渣还原二氧化碳的能力,以二氧化碳的还原率表示煤对二氧化碳的化学反应性,各种煤的反应活性随煤化度的加深而减弱。年老的无烟煤,煤化程度高,化学反应活性最弱;年轻的褐煤,煤化程度低,化学反应活性最强。这是因为二氧化碳和碳的反应不仅在燃料外表面进行,而且在内部孔隙的毛细管壁上进行,孔隙率越高,反应表面积越大。由于褐煤煤化程度低,结构疏松,具有丰富的毛细管孔和过渡孔,煤焦反应的比表面积大,反应剂容量能够尽快扩散到褐煤的内外反应表面,所以褐煤反应活性最强。此外,除决定于煤焦的孔径和比表面积外,还与煤种的含氧基团及矿物组成中含有某些具有催化性质的碱金属和碱土金属等元素含量有关。

煤的反应活性强弱直接影响到煤在气化炉(气流床反应器)中反应的快慢和完成程度。反应活性强的煤,表明煤炭在气化反应和燃烧反应过程中的反应速度快,效率高。反应活性强弱直接影响到煤的产气率、耗氧量、有效煤气成分、灰渣或飞灰的含碳量以及煤的热电效率等。高活性煤可在产能稳定的工况下,使气化炉在较低温度下运行,从而避免灰分结渣影响煤的气化过程;在流化床锅炉和流化床气化炉的燃烧或气化过程中,煤的化学反应性强弱与其燃烧速度也有密切关系,影响燃烧和气化过程。因此,煤的活性是煤气化和燃烧的重要工艺特性指标。

《煤对二氧化碳化学反应性的测定方法》（GB/T 220—2018）规定了煤对二氧化碳化学反应性的测定方法，即先将煤样干馏，除去挥发物；然后将其筛分并选取一定粒度的焦渣装入反应管中加热到一定温度后，以一定的流量通入二氧化碳与试样反应，测定加热过程中反应后气体中二氧化碳的含量，即二氧化碳还原率 α。

2. 二氧化碳还原率 α

二氧化碳还原率 α 按式（4-53）计算：

$$\alpha = 100 \times (100-y-x) \times 100 / [(100-y) \times (100+x)] \quad (4-53)$$

式中　α——二氧化碳还原率（体积分数），%；
　　　y——二氧化碳气体中杂质气体体积分数，%；
　　　x——反应后气体中二氧化碳体积分数，%。

以温度为横坐标、α 值为纵坐标的图上标出两次测定的试验结果点，按最小二乘法原理绘出一条温度与二氧化碳还原率的关系曲线图。不同温度下煤样的二氧化碳还原率计算结果见表 4-4。

表 4-4　煤样在不同温度下的二氧化碳还原率

温度/℃	800	850	900	950	1000	1050	1100
α/%	3.5	11.0	23.0	37.3	54.3	69.5	79.9
	4.9	12.8	25.9	40.6	57.0	74.2	82.4

3. 二氧化碳还原率温度变化反应曲线

二氧化碳还原率随温度变化的反应性曲线见图 4-1 所示。

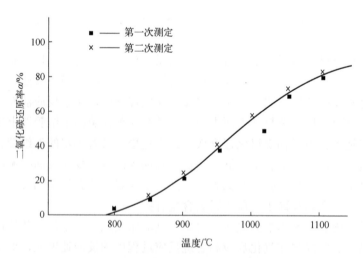

图 4-1　二氧化碳还原率-温度变化反应曲线

如果测定时气压与室温偏离（101.33±1.33）kPa 和 12～28 ℃，则二氧化碳流量按式（4-54）计算：

$$V=(500\times101.33/p)\times(273+t)/(273+20) \tag{4-54}$$

式中 V——需通入的二氧化碳流量，mL/min；
p——大气压，kPa；
t——室温，℃。

还原率 α 的大小与煤种和气化反应温度有关。地质年代久远的无烟煤，化学反应活性最弱，而地质年代较近的褐煤，化学反应活性最强。几种不同地质年代的煤种，随着气化操作温度的提高，其化学反应活性也提高，见表 4-5。

表 4-5 几种不同地质年代的煤种在不同温度下的二氧化碳还原率 α　　　　单位/%

温度/℃	750	800	850	900	950	1000	1050	1100	1200	1300
焦作无烟煤	—	—	—	4.5	5.0	15.0	22.0	30.0	50.0	83.0
大同烟煤	—	—	6.1	9.7	15.6	25.3	45.3	62.2	—	—
沈北褐煤	0.6	2.1	15.7	23.9	56.3	87.1	93.7	96.8	—	—

由表 4-5 可知，沈北褐煤活性高，在 850 ℃ 时，α=15.7%，1100 ℃ 时，α=96.8%，还原能力强；焦作无烟煤活性低，在 900 ℃ 时，α=4.5%，1100 ℃ 时，α=30.0%，还原能力弱；大同烟煤活性介于中间，在 900 ℃ 时，α=9.7%，1100 ℃ 时，α=62.2%，还原能力较强。故煤化程度低的煤，还原能力强，反应活性高；煤化程度高的煤，还原能力弱，反应活性低。

五、焦渣特征（CRC）

测定挥发分所得焦渣的特征，是指煤炭在气化、燃烧和热分解后剩余物质的形状特性。在煤气化时，煤灰结渣严重会导致停产，选择不易结渣或轻度结渣的煤炭用作气化原料为宜。根据不同形状分为 8 个序号加以区别，并用序号作为各种焦渣特征的代号。

① 粉状（1 型），全部是粉末，没有相互黏着的颗粒；
② 黏着（2 型），用手指轻碰即为粉末或基本上是粉末，其中较大的团块轻轻一碰即成粉末；
③ 弱黏性（3 型），用手指轻压即成块；
④ 不熔融黏结（4 型），用手指用力压才裂成小块，焦渣上表面无光泽，下表面稍有银白色光泽；
⑤ 不膨胀熔融黏结（5 型），焦渣形成扁平的块，煤粒的界限不易分清，焦渣上表面有明显的银白色金属光泽，下表面银白色光泽更明显；
⑥ 微膨胀熔融黏结（6 型），用手指压不碎，焦渣的上、下表面均有银白色金属光泽，但焦渣表面有较小的膨胀泡；
⑦ 膨胀熔融黏结（7 型），焦渣的上、下表面均有银白色金属光泽，明显膨胀，但高度不超过 15 mm；
⑧ 强膨胀熔融黏结（8 型），焦渣的上、下表面有银白色金属光泽，焦渣高度大于 15 mm。

六、水煤浆成浆试验

水煤浆是一种高效、清洁的煤基燃料，具有燃烧稳定、污染排放少等优点。水煤浆是由煤、水和化学添加剂按一定配比制成的混合物，具有较好的流动性和稳定性，易于安全运输和储存，可雾化燃烧，是一种燃烧效率较高和低污染的较廉价的洁净燃料。水煤浆是由65%~70%不同粒度分布的煤，29%~34%的水和约1%的化学添加剂制成的混合物。经过水煤浆制备，可筛去煤炭中部分无法燃烧的成分等，热值相当于油的一半，也被称为液态煤炭产品。

1. 水煤浆水分

水煤浆水分按式（4-55）计算：

$$M_{cwm} = (m-m_1) \times 100/m \tag{4-55}$$

式中　M_{cwm}——水煤浆水分的质量分数，%；
　　　m——水煤浆试样的质量，g；
　　　m_1——水煤浆试样干燥后的质量，g。

2. 水煤浆灰分

水煤浆灰分按式（4-56）计算：

$$A_{cwm} = A_{ad} \times (100-M_{cwm})/(100-M_{ad}) \tag{4-56}$$

式中　A_{cwm}——水煤浆灰分的质量分数，%；
　　　A_{ad}——水煤浆干燥试样的空气干燥基灰分质量分数，%；
　　　M_{ad}——水煤浆干燥试样水分的质量分数，%；
　　　M_{cwm}——水煤浆水分的质量分数，%。

3. 水煤浆挥发分

水煤浆挥发分按式（4-57）计算：

$$V_{cwm} = V_{ad} \times (100-M_{cwm})/(100-M_{ad}) \tag{4-57}$$

式中　V_{cwm}——水煤浆挥发分的质量分数，%；
　　　V_{ad}——水煤浆干燥试样的空气干燥基挥发分质量分数，%；
　　　M_{ad}——水煤浆干燥试样水分的质量分数，%；
　　　M_{cwm}——水煤浆水分的质量分数，%。

4. 水煤浆固定碳

水煤浆固定碳按式（4-58）计算：

$$FC_{cwm} = 100 - (M_{cwm} + A_{cwm} + V_{cwm}) \tag{4-58}$$

式中　FC_{cwm}——水煤浆固定碳的质量分数，%。

5. 水煤浆浓度

《水煤浆试验方法　第二部分：浓度测定》（GB/T 18856.2—2008）对水煤浆浓度测定做了规定，其水煤浆浓度按式（4-59）计算：

$$C = m_1/m_0 \tag{4-59}$$

式中　C——水煤浆浓度，以质量分数表示，%；
　　　m_1——式样干燥后的质量，g；
　　　m_0——式样质量，g。

6. 水煤浆技术要求

《燃料水煤浆》（GB/T 18855—2014）给出了燃料水煤浆的技术要求和试验方法。见表 4-6 所示。

表 4-6 燃料水煤浆的技术要求和试验方法

项目	单位	技术要求 Ⅰ级	技术要求 Ⅱ级	技术要求 Ⅲ级	试验方法
发热量（$Q_{net,cwm}$）	MJ/kg	≥16.80	≥16.00	≥15.20	GB/T 213
全硫（$S_{t,cwm}$）	%	≤0.30	≤0.45	≤0.55	GB/T 214
灰分（A_{cwm}）	%	≤6.00	≤7.50	≤8.50	GB/T 212
表观黏度（$\eta_{100s^{-1}}$）	MPa·s	≤1500			GB/T 18856.4
粒度（$P_{d,+0.5\,mm}$）①	%	≤0.8			GB/T 18856.3
煤灰熔融性软化温度（ST）	℃	≥1250			GB/T 219
氯含量（Cl_{cwm}）	%	≤0.15			GB/T 3558
煤灰中钾和钠含量 $\omega(K_2O)$②$+\omega(Na_2O)$③	%	≤2.80			GB/T 1574
砷含量（As_{cwm}）	μg/g	≤25			GB/T 16659
汞含量（Hg_{cwm}）	μg/g	≤0.20			GB/T 3058

① $P_{d,+0.5\,mm}$ 指大于 0.5 mm 的物料占水煤浆中干物料的含量，%。
② $\omega(K_2O)$指煤灰中氧化钾的含量，%。
③ $\omega(Na_2O)$指煤灰中氧化钠的含量，%。

《气化水煤浆》（GB/T 31426—2015）给出了气化水煤浆的技术要求和试验方法。见表 4-7 所示。

表 4-7 气化水煤浆的技术要求和试验方法

项目	单位	技术要求 Ⅰ级	技术要求 Ⅱ级	技术要求 Ⅲ级	试验方法
浓度（C）	%	≥63.0	≥59.0	≥55.0	GB/T 18856.2
灰分（A_{cws}）	%	≤6.00	≤12.00	≤15.00	GB/T 212
表观黏度（$\eta_{100s^{-1}}$）	MPa·s	≤1300			GB/T 18856.4
粒度（$P_{d,+0.5\,mm}$） $P_{d,+1.43\,mm}$① $P_{d,+2.38\,mm}$②	%	≤2.0 0			GB/T 18856.3
煤灰熔融性流动温度（FT）	℃	≤1300			GB/T 219
氯含量（Cl_{cws}）	%	≤0.08			GB/T 3558
砷含量（As_{cws}）	μg/g	≤40			GB/T 16659
汞含量（Hg_{cws}）	μg/g	≤0.300			GB/T 3058

① $P_{d,+1.43\,mm}$ 指大于 1.43 mm 的物料占水煤浆中干物料的含量，%。
② $P_{d,+2.38\,mm}$ 指大于 2.38 mm 的物料占水煤浆中干物料的含量，%。

七、哈氏可磨性指数（HGI）

煤的可磨性参数与煤化程度、煤岩结构、煤矿分布等要素有关，也与煤的硬度、强度和脆度等物理特性有关。国际上通常用哈氏可磨性指数（HGI）来衡量煤的可磨性，哈氏可磨性指数是表征煤的可磨性的一个重要参数。HGI 是一个无量纲的物理量,其值的大小反映了不同煤样破碎成粉的相对难易程度。我国可磨性指数也采用哈氏法,《煤的可磨性指数测定方法 哈德格罗夫法》(GB/T 2565—2014)对煤的可磨性指数测定方法做了相关的规定和要求。该法适用大多数煤种,测定方法操作简单,结果重现性好。

HGI 值越大,说明在消耗一定能量的条件下,相同量规定粒度的煤样磨制成粉的细度越细,或者说对相同量规定粒度的煤样磨制成相同细度时所消耗的能量越少。简言之,哈氏可磨性指数越大,煤越容易磨碎成粉,消耗的能量越小;可磨性指数越小,该煤种越难磨碎,消耗的能量越大。

哈氏可磨性指数的理论依据是磨碎定律,即研磨煤粉时所消耗的能量与被磨颗粒增加的表面积成正比,磨碎物料消耗的有效能量按式(4-60)计算:

$$E = K \times \Delta S / H \tag{4-60}$$

式中 E——磨碎物料消耗的有效能量,kJ;

K——常数,与消耗的能量有关;

H——物料的哈氏可磨性指数;

ΔS——物料研磨后增加的表面积,mm^2。

煤的可磨性与煤的变质程度有关,不同牌号的煤具有不同的可磨性。焦煤和肥煤的可磨性指数较高,即容易磨细;无烟煤和褐煤的可磨性指数较低,即不容易磨细。煤的可磨性指数还随煤的水分和灰分的增加而减小,同一种煤,水分和灰分越高,其可磨性指数就越低。一般而言,HGI 值介于 30(粉碎阻力较大或较难粉碎)和 100(较易粉碎)之间。一般褐煤、年老无烟煤最低约 40;烟煤较高,其中长焰煤、不黏煤次之,为 50~80;焦煤最高,100 以上。一般而言,焦煤和肥煤的可磨性指数较高,无烟煤和褐煤的可磨性指数较低,也就是说煤化程度中等的可磨性最高,煤化程度过高或过低的煤都不易磨碎。

煤的可磨性指数是评价煤炭研磨制粉难易程度的重要指标和设计参数,在动力用煤,如发电煤粉锅炉、水泥厂、高炉喷吹及化工煤气化的流化床和气流床气化炉等进行粉煤原料制备设计与改进制粉系统时,需要评价煤的可磨性指数指标,并估算和设计磨煤机的产量和制粉能耗等。

八、透光率(PM)

透光率 PM 是指低煤化程度的煤,如褐煤和长焰煤等在 99.5 ℃±5 ℃的温度下,用稀的硝酸和磷酸混合酸水溶液处理后所得有色溶液对一定波长的光的透过率。随着煤化程度加深,透光率逐渐加大。因此,它是区别褐煤、长焰煤和气煤的重要指标。

第五节 炼焦煤工艺性质分析

一、烟煤黏结指数($G_{R.I}$)

1. 烟煤黏结指数定义

烟煤黏结指数是指在规定条件下以烟煤在加热后黏结专用无烟煤的能力,即反映了烟煤黏结其本身或外加惰性物的能力。烟煤的黏结性是煤形成焦炭的前提和必要条件,也是炼焦用烟煤判断的重要指标,炼焦煤中肥煤的黏结性最好。通常烟煤黏结指数越高,煤炭黏结性越好,结焦性越强。烟煤黏结指数和挥发分构成了煤炭编号的两个重要的要素。此外,煤炭的焦渣特性与烟煤黏结指数正相关。《烟煤黏结指数测定方法》(GB/T 5447—2014)对烟煤的黏结指数($G_{R,I}$)测定方法做了相关的规定和要求,适用于烟煤的黏结指数计算。

2. 烟煤黏结指数计算

当专用无烟煤和试验烟煤的比例为5∶5时,烟煤黏结指数按式(4-61)计算:

$$G_{R,I} = 10+(30m_1+70m_2)/m \tag{4-61}$$

式中 $G_{R,I}$——烟煤的黏结指数;
m_1——第一次转鼓试验后筛上物的质量,g;
m_2——第二次转鼓试验后筛上物的质量,g;
m——焦化处理后焦渣的总质量,g。

当专用无烟煤和试验烟煤的比例为3∶3时,烟煤黏结指数按式(4-62)计算:

$$G_{R,I} = (30m_1+70m_2)/5m \tag{4-62}$$

式(4-62)中各量的单位同式(4-61)。

二、烟煤胶质层指数(Y)

1. 烟煤胶质层指数定义

烟煤胶质层指数是指烟煤加热到一定温度后,所形成的胶质层最大距离,即在胶质层指数测定中,利用探针测出的胶质体上下层面各点所绘制的层面曲线之间的最大距离,为胶质层最大厚度Y;同时在370 ℃时,体积曲线终点与零点间的距离X为最终收缩度。

2. 烟煤胶质层体积曲线Y、X值

试验过程中得到的体积曲线可反映出胶质体的厚度、黏度、透气性以及气体的析出情况和温度间隔,通过观察体积曲线的变化可判断出煤结焦过程隐藏的诸多性质。见图4-2所示。

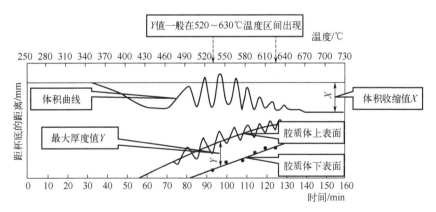

图4-2 烟煤胶质层曲线Y、X值示意图

Y值的大小与体积曲线形状有关,一般情况下,贫瘦煤、瘦煤的最大值出现在130 min左右,即550 ℃左右;焦煤、肥煤出现在120 min左右,即520 ℃左右;1/3焦煤出现在110~130 min之间,即490~550 ℃之间。当煤杯底有火喷出时,表明有了半焦裂缝,即有了下部层

面,这样可每隔 5 min 测一次上部层面,以此获得最大值。《烟煤胶质层指数测定方法》(GB/T 479—2016)对煤的胶质层指数测定方法做了相关的规定和要求,采用的胶质层指数是由萨波日尼科夫提出的一种烟煤塑性以胶质层最大厚度 Y 值和最终收缩度 X 值来表征的方法,适用于烟煤的胶质层最大厚度(Y)测定。当烟煤作为动力煤时,煤胶质层厚度大,容易结焦。冶炼精煤对胶质层厚度有明确的要求。

胶质层指数是表征炼焦煤结焦性、可塑性的一种指标,其测定过程反映了工业焦炉炼焦的全过程,通过测定过程中得到的一系列参数。胶质体的最大厚度 Y 表示煤的结焦性;Y 值随煤化度呈现有规律的变化,不同牌号的煤 Y 值范围见表 4-8 所示。

表 4-8 不同牌号的烟煤 Y 值范围

煤种	贫煤	瘦煤	焦煤	肥煤	气煤,1/3 焦煤	不黏煤	长焰煤	弱黏煤
Y 值/mm	0	0~12	12.5~25	25.5~60	5.5~25	0	≤5	0~9

在试验结束时测得的收缩度 X,可用来表示半焦收缩的程度。X 值是曲线终点与零点线间的距离,X 值的大小反映了烟煤结成半焦后体积收缩程度,可以推测焦炉出焦的难易程度。推焦顺利是焦炉正常生产的重要条件,也是焦炉安全和长寿的关键影响因素。烟煤胶质层指数 Y 或 X 是烟煤煤质的一个重要指标,是判断烟煤分类的重要标准。胶质层指数反映了煤在受热过程中生成胶质体的数量,表征了工业炼焦的过程。胶质层测定方法是模拟工业焦炉条件,在恒定压力下对煤样进行单侧加热(从底部加热),使煤样形成一系列自下而上递减的等温面,按半焦、胶质体、煤样依次分布,通过胶质体的测定可以预判煤在焦炉中的结焦情况及生成焦炭的质量状况。

三、奥阿膨胀度(b)

1. 奥阿膨胀计试验

通过奥阿膨胀计试验可以直接测定烟煤黏结性,特别是强黏结性的煤,如肥煤等煤种方面具有较大的优势。当煤受热达到一定温度后开始热解,析出部分挥发分,紧接着开始软化析出胶质体,此时可测得软化点 T_1;当胶质体不断析出,煤笔开始变形缩短,膨胀杆随之下降,表征煤的收缩过程,此时可测得始膨点 T_2;当煤笔完全熔融呈塑性状态时,会充满煤笔和膨胀管壁间的全部空隙,膨胀杆不再下降,表征收缩过程结束,随着温度继续升高,塑性体开始膨胀并推动膨胀杆上升,当温度达到该煤固化点时,塑性体固化成半焦,膨胀杆停止运动,此时可测得固化点 T_3。通过对位移曲线上升的最大距离与煤笔原始长度的百分数,表示煤的膨胀度 b;通过膨胀杆下降的最大距离占煤笔长度的百分数,表示最大收缩度 a;当膨胀曲线超过零点线后达到水平,则称之为正膨胀;当膨胀曲线在恢复到零点线前达到水平,称之为"负膨胀"。

2. 奥阿膨胀-温度曲线

图 4-3 为典型奥阿膨胀-温度曲线。

《烟煤奥阿膨胀计试验》(GB/T 5450—2014)对烟煤的奥阿膨胀计试验方法做了相关的规定和要求,通过奥阿膨胀计试验可测定软化点 T_1、开始膨胀点 T_2、固化点 T_3、煤的最大收缩度 a、最大膨胀度 b,可以反映烟煤胶质体的质量。试验过程也表明某些煤的膨胀并不是在膨胀杆下降到最低点后才开始的,在收缩过程中就伴随有膨胀过程,如果当塑性体充满管壁和煤笔之间的全部空隙后才能膨胀，根据管壁和煤笔间的空隙可以计算出膨胀杆至少要下降 19 mm，相当于 30%的收缩度。实际上，有些煤随塑性体不断热解析出，在收缩过程中，膨胀杆下降的实际距离大于 19 mm，如肥煤和部分气煤；另一部分煤在收缩过程中，膨胀杆下降的实际距离为 12～15 mm，相当于 20%～26%的收缩度，如焦煤和部分肥气煤。因此某些煤并不是下降到最低点后才膨胀，而是边热解边膨胀，所以使收缩度 a 变小。

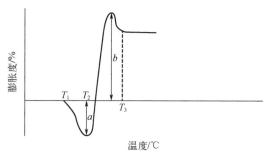

(a) 典型奥阿正膨胀曲线

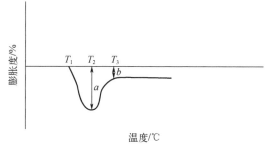

(b) 典型奥阿负膨胀曲线

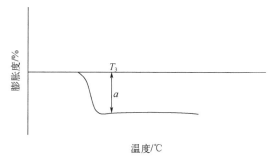

(c) 典型奥阿仅收缩曲线

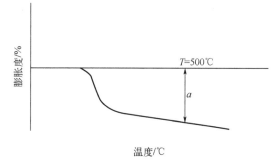

(d) 典型奥阿倾斜收缩曲线

图 4-3　典型奥阿膨胀-温度曲线

由此可见煤的收缩度 a 值既反映了煤的收缩性，也反映了煤的膨胀性。若两种黏结性煤，膨胀度 b 相同，但 a 值不同，则可以初步判断 a 值小的煤，胶质体的黏度大，透气性不好，因此收缩度 a 值也是反映煤黏结性的一种参数。各种煤的膨胀度 b 值均随升温速度的增加而增加，升温速度快，b 值增加；反之，则降低。但不同煤种，其影响程度也不同。一般而言，升温速度对变质程度低、黏结性差的烟煤膨胀度影响较大；而对变质程度高、黏结性强的烟煤，影响相对较小。

四、吉氏流动度

1. 煤的流动度定义

吉氏流动度定义：流动度反映了煤在干馏时形成胶质体的黏度，是表征煤的塑性指标之一。当煤隔绝空气加热至一定温度时，煤粒开始软化，出现胶质体，胶质体随热解反应数量不断增加，黏度不断下降，流动性越来越大，直至出现最大流动度。当温度进一步提高时，胶质体的分解速度大于生成速度，因而不断转化为固体产物和煤气，流动性越来越小，直到胶质体全部转化为半焦，流动度变为零。

流动度的测量是通过向搅拌桨轴施加一恒定的力矩，在煤受热软化形成胶质体后，测量随着温度升高胶质体流动度的变化。吉氏流动度单位用 dd/min 表示，其中"dd"代表搅拌桨每转动 360° 为 100 刻度盘度，而"$\min^{-1}$"表示每分钟的变化率。它是搅拌桨转动速度的量度，每分钟转动的刻度盘度数即为搅拌桨转动速度。搅拌桨因受到不同的阻力，其转动速度发生变化，从而可以测出煤的流动度。通过自动记录仪记录搅拌桨的角速度随温度升高的规律性变化，还可以得到流动度曲线。用吉氏流动度表征煤的黏度是一个重要指标，国外对吉氏流动度方面的研究和应用已经非常深入，并将其用于指导配煤炼焦。随着国内优质炼焦煤资源的短缺和炼焦煤资源的国际化，吉氏流动度作为炼焦煤的关键控制指标，已逐渐被国内接受。

2. 恒力矩吉氏塑性仪法

2010 年我国制定了《煤的塑性测定　恒力矩吉氏塑性仪法》（GB/T 25213—2010），对煤的吉氏流动度试验的测定方法做了相关的规定和要求，在测试过程中需先将煤样装入带有搅拌桨的坩埚中，坩埚在盐浴或金属浴中加热，随温度升高煤料发生软化致使搅拌桨规律运动。根据搅拌桨转动特性，可得出试验样品的吉氏流动度特征指标。主要包括开始软化温度（T_1）、最大流动度温度（T_2）、固化温度（T_3）、最大流动度（a_{max}）等特征指标，吉氏流动度可同时反映炼焦煤胶质体的数量、流动性和黏度等性质，对煤质性能、配煤成本、提高焦炭质量具有非常重要的指导意义。

参考文献

[1] 国家标准化管理委员会. 煤炭质量分级　第 3 部分：发热量：GB/T 15224.3—2022[S]. 2022-04-15.
[2] 国家标准化管理委员会. 煤质及煤分析有关术语：GB/T 3715—2022[S]. 2022-07-11.
[3] 国家标准化管理委员会. 煤化工用煤技术导则：GB/T 23251[S]. 2021-12-31.
[4] 国家标准化管理委员会. 煤炭质量分级　第 2 部分：硫分：GB/T 15224.2—2021[S]. 2021-08-20.

[5] 国家标准化管理委员会. 煤中砷的测定方法：GB/T 3058—2019[S]. 2019-06-04.
[6] 国家标准化管理委员会. 煤炭质量分级 第1部分：灰分：GB/T 15224.1—2018[S]. 2018-05-14.
[7] 国家标准化管理委员会. 煤中全水的测定方法：GB/T 211—2017[S]. 2017-09-07.
[8] 董大啸，邵龙义. 国际常见的煤炭分类标准对比分析[J]. 煤质技术，2015,(2): 54-57.
[9] 环境保护部. 现代煤化工建设项目环境准入条件(试行)通知[Z]. 2015-12-22.
[10] 国家能源局. 煤炭清洁高效利用行动计划(2015—2020年)[Z]. 2015-04-27.
[11] 国家环境保护部. 石油炼制工业污染物排放标准：GB 31570—2015[S]. 2015-07-01.
[12] 国家环境保护部. 石油化学工业污染物排放标准：GB31571—2015[S]. 2015-07-01.
[13] 胡迁林. 国家将从严规范煤制燃料示范项目[J]. 中国煤化工，2015(4): 1-3.
[14] 国家标准化管理委员会. 煤的元素分析：GB/T 31391—2015[S]. 2015-05-15.
[15] 国家标准化管理委员会. 商品煤质量评价与控制技术指南：GB/T 31356—2014[S]. 2014-12-31.
[16] 国家标准化管理委员会. 商品煤质量抽查和验收方法：GB/T 18666—2014[S]. 2014-06-09.
[17] 国家标准化管理委员会. 商品煤杂物控制技术要求：GB/T 31087—2014[S]. 2014-12-22.
[18] 国家标准化管理委员会. 煤中氯的测定方法：GB/T 3558—2014[S]. 2014-06-09.
[19] 国家住房和城乡建设部. 化学工业污水处理与回用设计规范：GB 50684—2011[S]. 2012-05-01.
[20] 国家标准化管理委员会. 商品煤标识：GB/T 25209—2022[S]. 2010-09-26.
[21] 国家标准化管理委员会. 煤中碳和氢的测定方法：GB/T 476—2008[S]. 2008-07-29.
[22] 国家标准化管理委员会. 煤中氮的测定方法：GB/T 19227—2008[S]. 2008-07-29.
[23] 国家标准化管理委员会. 煤样的制备方法：GB/T 474—2008[S]. 2008-12-04.
[24] 国家标准化管理委员会. 商品煤样人工采取方法：GB/T 475—2008[S]. 2008-12-04.
[25] 国家标准化管理委员会. 煤层煤样采取方法：GB/T 482—2008[S]. 2008-07-29.
[26] 国家标准化管理委员会. 煤的工业分析方法：GB/T 212—2008[S]. 2008-07-29.
[27] 国家标准化管理委员会. 煤的最高内在水分测定方法：GB/T 4632—2008[S]. 2008-09-18.
[28] 国家标准化管理委员会. 煤中汞的测定方法：GB/T 16659—2008[S]. 2008-07-29.
[29] 国家标准化管理委员会. 煤的发热量测定方法：GB/T 213—2008[S]. 2008-07-29.
[30] 国家标准化管理委员会. 煤灰成分分析方法：GB/T 1574—2007[S]. 2007-11-01.
[31] 国家标准化管理委员会. 煤中全硫的测定方法：GB/T 214—2007[S]. 2007-11-01.

第五章 动力煤焦煤选择及质量评定

在新型煤气化工艺中我们重点关注的是气化煤，它是生产煤化工化学品的重要原料之一，但另外一个重要原料是蒸汽，参加煤气化的化学反应过程，获得氢气。蒸汽除作为煤化工产品的原料外，还有驱动化工装置大型动设备的功能和工艺物料热交换的功能等。因此，有了这两种基本化工原料，煤气化才能生产合成气（$CO+H_2$）。锅炉副产蒸汽就涉及动力煤，也称燃料煤。因此原料煤和燃料煤就构成了煤化工的基本原料，一般情况下，在两煤耗中煤化工用原料煤占72%～80%，燃料煤占20%～28%，原料煤/燃料煤占2.8%～3.5%，主要由备用锅炉发电因素决定。炼焦煤中也有少量质量较差的焦粉等作为煤气化的原料，特别是热解后半焦等作为煤气化的原料。随着新型煤气化炉在煤化工中的成功应用，一批动力煤、劣质煤和三高煤也得到了新型煤气化的青睐。在此背景下，本章简要介绍一下动力煤焦煤的质量选择。

第一节 动力煤选择及分级

一、动力煤定义及范围

1. 动力煤定义

动力煤是指以发电、机车推进、锅炉燃烧等为目的，产生动力而使用的煤炭都属于动力用煤，简称动力煤。煤炭在世界一次能源消费中所占比重为26.5%，低于石油所占比重37.3%，高于天然气所占比重23.9%。从世界范围来看，动力煤产量占煤炭总产量的80%以上。中国动力煤消费结构中，有65%以上是用于火力发电；其次是建材用煤，约占动力煤消耗量的20%，以水泥用煤量最大；其余的动力煤消耗分布在冶金、化工等行业及民用。

动力煤资源主要集中在华北和西北地区。华北地区的动力煤资源储量占全国动力煤查明资源储量的46.09%，西北地区也高达39.98%，即"两北"地区的动力煤资源储量占全国的80%以上。华东地区仅占全国动力煤资源储量的1.77%，东北和中南地区的动力煤占全国动力煤资源储量也仅为5.02%。

2. 动力煤使用范围

动力煤使用范围较广，主要包括：不黏煤、长焰煤、褐煤、无烟煤、贫煤、弱黏煤及部分未分类的煤种。我国动力煤的保有资源储量中，不黏煤最多，占动力煤查明资源储量的 21.83%；第二是长焰煤，占动力煤查明资源储量的 20.07%；第三是褐煤，占动力煤查明资源储量的 17.69%；第四是无烟煤，占动力煤查明资源储量的 15.24%；储量最少的是弱黏煤，只占动力煤查明资源储量的 2.18%。在动力煤煤种中，灰分最低的是不黏煤，平均 13.48%，灰分最高的是贫煤，平均 19.51%。全国动力煤资源平均灰分为 17.06%，属于中等灰分。在动力煤资源中，硫分最低的是褐煤，平均只有 0.55%，硫分最高的是贫煤，平均达到 1.67%。全国动力煤的平均硫分为 0.86%，低于炼焦煤的平均硫分（1.06%），属中等硫分。动力煤的空气干燥基高位发热量（$Q_{gr,ad}$）平均为 25.52 MJ/kg，褐煤最低，平均还不到 20 MJ/kg。从商品煤来说，主要有洗混煤、洗中煤、粉煤、末煤等。

3. 动力煤特性指标

火电厂用煤选择的质量是锅炉设计和生产过程控制的重要依据。作为动力煤燃料的特性指标是由煤特性和灰特性构成。动力煤特性指标是指作为动力煤的水分、灰分、挥发分、固定碳、元素含量（碳、氢、氧、氮、硫）、发热量、着火温度、可磨性、粒度等。这些指标与燃烧、加工、输送和储存有直接关系；灰特性是指煤灰的化学成分、高温下的特性，以及比电阻等。这些特性对燃烧后的清洁程度、材料腐蚀性和煤的灰渣清除有很大的影响。

二、动力煤加工

我国以煤为主的一次能源格局在相当长时期内难以改变，存在的主要问题是能源利用效率低、环境污染严重。煤炭加工就是通过煤炭洗选、动力配煤、型煤、水浆煤等加工技术，为后续的煤炭高效、洁净转化为电能、液体燃料、气体燃料和固体燃料奠定基础，从而解决能源利用效率低、环境污染严重等问题。

1. 煤炭洗选

煤炭洗选又称选煤，是利用煤和杂质（矸石）的物理、化学性质的差异，通过物理、化学或微生物分选方法使煤和杂质有效分离，并将煤加工成质量均匀、用途不同的煤炭产品。煤炭洗选可提高煤炭质量和能源利用效率，减少燃煤污染物排放和运力浪费。

2. 动力配煤

动力配煤是以煤化学、煤燃烧动力学和煤质测试等学科和技术为基础，将不同类别、不同质量的单种煤，通过筛选、破碎、按不同比例混合和配入添加剂等过程，提供可满足不同燃煤设备要求的煤炭产品。

3. 粉煤成型煤

型煤是把一种或数种煤粉与一定比例的黏结剂或固硫剂混合，在一定压力下加工形成具有一定形状和一定物理化学性能的煤炭产品。工业层燃锅炉、工业窑炉燃用型煤与燃用原煤相比，前者能显著提高热效率，减少燃煤污染。

4. 燃料水煤浆

燃料水煤浆技术是 20 世纪 70 年代世界范围内的石油危机中产生的一种以煤代油的煤炭利用新方式。其主要技术特点是将煤炭、水、部分添加剂加入磨机中，经磨碎后成为一种类似石油的可以流动的煤基流体燃料。

三、动力煤指标选择

国标 GB/T 18666—2014 规定了商品煤抽查及验收时的方法提要、检验项目、煤质评定等内容,其中原煤、筛选煤和其他洗煤(包括非冶炼用精煤)检验发热量(或灰分)和全硫,冶金用精煤检验全水分、灰分、全硫等。质量评定时其灰分、发热量、全水分、全硫等测定需满足规定的相应允许差。目前煤质评价标准主要包括灰分、硫分、发热量、磷、氯、砷、氟、汞等煤炭质量分级国家标准以及煤的热稳定性、固定碳、黏结指数、挥发分、全水分分级等行业标准。

动力煤选取以发热量质量指标作为动力煤交割验收的计价指标,同时对动力煤的全硫、全水做了相关规定。挥发分、灰分、灰熔点等指标由指定的质检机构检验结果公布。动力煤发热量是指单位质量的煤燃烧后产生的热量,热量单位千卡每千克(kcal/kg)。动力煤发热量指标为收到基低位发热量;全硫是指煤中无机硫和有机硫的总和,以假想无水状态的干燥基煤为基准;煤的全水是指包括煤内在水和外在水的全部水分。除上述指标外,挥发分、灰分、灰熔点等也是动力煤相关的重要指标,在现货贸易中,这几项指标一般规定接受范围,并不计入结算。

1. 动力煤发热值

煤发热值是指单位质量煤完全燃烧时所产生的热量,可分为高位发热量和低位发热量。煤的高位发热量减去水的汽化热等于低位发热量。常用发热量标准为收到基低位发热量($Q_{net,ar}$),它反映煤炭的应用效果,但受外界因素影响较大,如水分等,因此 $Q_{net,ar}$ 不能真实反映煤的品质。通用发热量标准为空气干燥基高位发热量($Q_{gr,ad}$),它能较为准确地反映煤的真实品质,不受水分等外界因素影响。在同等水分、灰分等情况下,空气干燥基高位发热量比收到基低位发热量高 1.25 MJ/kg(约 300 kcal/kg)。煤发热量的高低只代表它的理论燃烧热量的大小,并不代表热能利用率的高低。煤的发热量过高或过低均会给锅炉的运行带来不利影响,因此煤的发热量应与锅炉炉型设计相适应,才能提高锅炉热效率,充分利用煤的热能。

我国西北地区、山西、陕西动力煤煤炭热值最高,平均热值>6000 kcal/kg,其中山西部分矿区动力煤热值最高;其次是陕西、内蒙古的鄂尔多斯矿区动力煤热值;西北地区动力煤热值也较高,甚至部分产煤区动力煤热值高于山西、陕西和蒙西地区;河北动力煤以长焰煤、不黏煤为主,动力煤平均发热量为 5800~7000 kcal/kg,但产量不多;河南动力煤密度较低,以义马矿区为主,动力煤主要是长焰煤和贫瘦煤,动力煤平均发热量为 4500~5500 kcal/kg;山东动力煤密度较低,以龙口矿区为主,动力煤热值低于 4000 kcal/kg。山东炼焦煤洗选后的洗混煤用作动力煤,所以热值不高。

2. 动力煤挥发分

煤在高温和隔绝空气条件下加热时,排出的气体和液体状态的产物称为挥发分。挥发分是煤中的可燃、易燃成分,如甲烷、氢气及其他碳氢化合物等,是判明煤炭着火特性的重要质量指标之一。通常煤的挥发分越高,煤越易燃,固定碳也越易燃尽,在发热量相同的情况下,燃用挥发分高的煤,锅炉的热效率也会较高。根据锅炉设计要求,供煤挥发分的值变化不宜太大,否则会影响锅炉的正常运行。挥发分是评价动力煤的重要指标,随着煤变质程度的增加,煤的挥发分降低。褐煤和气煤的挥发分较高,瘦煤和无烟煤的挥发分较低。

3. 动力煤灰分

灰分是煤在完全燃烧后剩下的残渣，即煤中的无机物，也称不可燃成分。煤燃烧时灰分会分解吸热，使火焰传播速度下降，煤着火困难，燃烧不稳定。当燃用高灰煤时，着火时间推迟，炉温降低，灰分在煤燃烧时还会形成灰壳，使固定碳难以燃尽，降低锅炉热效率。此外，灰分大量排放，热损失大，能耗增加，对环境也会造成很大污染。因此，对动力煤的灰分应加以限制。对动力煤，灰分最低的是不黏煤，平均 13.48%，灰分最高的是贫煤，平均 19.51%，全国动力煤资源平均灰分为 17.06%，属于中等。我国新疆和陕西大部分地区动力煤为特低灰分；内蒙古、山西、辽宁、安徽动力煤以低灰分为主；其余地区动力煤均为中灰分及以上灰分。因此，山西、陕西、内蒙古的动力煤煤质最好，西北地区、河北、安徽次之，贵州最差。

4. 动力煤硫分

硫是煤中的有害成分，是燃煤过程中最重要的污染源。虽对燃烧本身没有影响，但它的含量太高，对设备的腐蚀和环境污染都相当严重。因此，电厂燃用煤的硫分不能太高，一般要求最高硫含量不能超过 2.5%，全国动力煤平均硫分为 0.86%，属低硫煤。我国高硫动力煤主要分布在西南地区；山西小部分动力煤为中硫分；其余大部分地区动力煤为低硫煤；内蒙古鄂尔多斯、陕西、安徽大部分动力煤为特低硫煤。

5. 动力煤水分

煤水分蒸发后，使得煤层变疏松，有利于煤的燃烧。但过高水分会降低煤的发热量，且蒸发水分需要吸热，降低炉温，使煤不易着火。同时还会加大排烟损失，降低锅炉热效率。因此，水分也是燃烧过程中的有害物质，并在燃烧过程中消耗大量的燃烧热，对锅炉燃烧影响非常大。

6. 动力煤灰熔点

动力煤灰熔点是指煤灰在锅炉燃烧受热时由固态向液体转化时的特性温度，如变形温度（DT）、软化温度（ST）、半球温度（HT）和流动温度（FT），其中以软化温度作为衡量煤灰熔融性的重要指标。动力煤灰熔点的基本要求是确保煤炭在燃烧过程中不会在锅炉内结渣，通常动力煤灰熔点指标控制在 1250 ℃左右。当动力煤灰熔点过高时，会使锅炉排放烟气中的颗粒物增多，影响烟气脱硫效果，增加二氧化硫排放。当动力煤灰熔点温度大于 1350 ℃时，锅炉内结渣的可能性不大，但炉膛出口温度必须控制在灰熔点以下 150 ℃。若炉膛温度过高，煤灰就会结成渣块，影响通风和排渣，炉渣含碳量也会升高；有时还会粘在炉墙、管壁、炉排上；有时还会在烟道内过热器和再热器等位置上结成焦渣。当动力煤灰熔点过低时，会导致炉渣无法排出炉外，易引起堵灰，增大人工排灰量。如灰熔点小于 1200 ℃，煤灰可能结渣，小于 1100 ℃的煤灰可能结大渣。因此，为保证电厂正常生产运行，动力煤灰熔点是一个重要的考核质量指标。

四、动力煤煤质等级划分

我国动力煤平均灰分为 20%～25%，我国煤层的平均灰分属于较高灰煤，且机械化采煤（如综采放顶煤）时又混入大量矸石，此外动力煤洗选比例和洗选深度远不及工业发达国家，后者入洗比例高达 90%～95%，且洗煤灰分比我国约低 5%。为尽量减少燃煤排放的有害物质对大气的污染，需增加动力煤的入洗比例并提高洗选效率。对于动力用煤较为重要的煤质指标主要包括发热量、挥发分、灰分、硫分、煤灰熔融性和灰成分、结渣性和灰黏度等。此外还应采用安全、经济、效率、环境指标对动力煤煤质进行综合评价。

煤炭质量分级标准给出动力煤不同级别发热量、挥发分、灰分及硫分范围值。

1. 煤发热量质量分级范围

《煤炭质量分级　第3部分：发热量》（GB/T 15224.3—2022）规定 $Q_{gr,d}$ 范围分为6级。见表5-1。

表5-1　煤发热量质量分级范围

序号	分级范围	级别名称
1	$Q_{gr,d} \leq$ 16.70 MJ/kg（4000 kcal/kg）	低发热量煤（LQ）
2	16.70＜$Q_{gr,d} \leq$ 21.30 MJ/kg（4000～5100 kcal/kg）	中低发热量煤（MLQ）
3	21.30＜$Q_{gr,d} \leq$ 24.30 MJ/kg（5100～5800 kcal/kg）	中发热量煤（MQ）
4	24.30＜$Q_{gr,d} \leq$ 27.20 MJ/kg（5800～6500 kcal/kg）	中高发热量煤（MHQ）
5	27.20＜$Q_{gr,d} \leq$ 30.90 MJ/kg（6500～7380 kcal/kg）	高发热量煤（HQ）
6	$Q_{gr,d}$＞30.90 MJ/kg（＞7380 kcal/kg）	特高发热量煤（SHQ）

2. 煤挥发分质量分级范围

煤挥发分质量分级见表5-2。

表5-2　煤挥发分质量分级范围

序号	分级范围	级别名称
1	＜20%	低挥发分煤
2	20%～35%	中挥发分煤
3	＞35%	高挥发分煤

3. 煤灰分质量分级范围

《煤炭质量分级　第1部分：灰分》（GB/T 15224.1—2018）规定 A_d 范围为5级，见表5-3。

表5-3　煤层煤灰分质量分级

序号	分级范围/%	级别名称
1	$A_d \leq$ 10.00	特低灰煤（ULA）
2	10.00＜$A_d \leq$ 20.00	低灰煤（LA）
3	20.00＜$A_d \leq$ 30.00	中灰煤（MA）
4	30.00＜$A_d \leq$ 40.00	高灰煤（HA）
5	40.00＜$A_d \leq$ 50.00	特高灰煤（UHA）

4. 煤硫分质量分级范围

《煤炭质量分级　第2部分：硫分》（GB/T 15224.2—2021）规定 $S_{t,d}$ 范围为5级，见表5-4。

表 5-4 煤硫分 $S_{t,d}$ 质量分级范围

序号	分级范围/%	级别名称
1	$S_{t,d} \leqslant 0.5$	特低硫煤（SLS）
2	$0.5 < S_{t,d} \leqslant 1.0$	低硫煤（LS）
3	$1.0 < S_{t,d} \leqslant 2.0$	中硫煤（MS）
4	$2.0 < S_{t,d} \leqslant 3.0$	中高硫煤（MHS）
5	$3.0 < S_{t,d}$	高硫煤（HS）

第二节 工业锅炉（炉窑）用煤控制指标

我国工业火力发电锅炉、民用取暖锅炉和工业窑炉总量达 50 多万台，分布在建材、冶金、化工、机械等行业，年消耗煤炭量达数亿 t，平均效率为 60%，每年向大气排放二氧化硫 600 万 t 以上，烟尘超过 800 万 t，CO_2 排放量更高，对煤炭的洁净、高效转化利用造成了巨大的压力。

一、粉煤炉用煤类型指标要求

《商品煤质量 发电煤粉锅炉用煤》（GB/T 7562—2018）标准对发电煤粉锅炉用煤产品等级和技术要求、试验方法、检验规则、标识、运输及储存等进行了相应规定。对发电煤粉锅炉用煤产品按挥发分进行类别划分；按发热量和全硫进行质量等级划分；以"类别+发热量等级+全硫等级"的形式表示。其中产品类别包括以下 4 种：

发电煤粉锅炉用无烟煤（$V_{daf} \leqslant 10.00\%$）；
发电煤粉锅炉用低挥发分烟煤（$10.00\% < V_{daf} \leqslant 20.00\%$）；
发电煤粉锅炉中-高挥发分烟煤（$V_{daf} > 20.00\%$）；
发电煤粉锅炉用褐煤（$V_{daf} > 37.00\%$）。

分别简称为 FD-WY、FD-LVYM、FD-MHVYM、FD-HM。上述 4 个类别的发电煤粉锅炉用煤分别有 4、4、5、3 个发热量等级；与其相对应的技术指标要求共 16 个；全硫（$S_{t,d}$）指标有 5 个等级，即 S1、S2、S3、S4 和 S5。

二、粉煤炉发热量等级指标要求

发电煤粉锅炉用煤发热量等级见表 5-5。

表 5-5 发电煤粉锅炉用煤发热量等级与指标要求

产品类别	指标要求	发热量等级						
		5800	5500	5000	4500	4000	3500	3000
无烟煤	$Q_{net,ar}$/(MJ/kg)	≥24.24	≥22.99	≥20.90	≥18.81			
低挥发分烟煤		≥24.24	≥22.99	≥20.90	≥18.81			
中-高挥发分烟煤		≥24.24	≥22.99	≥20.90	≥18.81	≥16.72		
褐煤						≥16.72	≥14.63	≥12.54

三、粉煤炉全硫等级指标要求

发电煤粉锅炉用煤全硫等级见表 5-6。

表 5-6 发电煤粉锅炉用煤全硫等级与指标要求

全硫等级	S1	S2	S3	S4	S5
指标要求 $S_{t,d}$/%	$S_{t,d} \leqslant 0.50$	$0.500 < S_{t,d} \leqslant 1.00$	$1.00 < S_{t,d} \leqslant 1.50$	$1.50 < S_{t,d} \leqslant 2.00$	$2.00 < S_{t,d} \leqslant 2.50$

注：原产地为广西壮族自治区、重庆市、四川省、贵州省 4 个高硫煤产区的发电粉煤锅炉用煤指标要求为 $2.00 < S_{t,d} \leqslant 3.00$。

发电煤粉锅炉入炉煤通常要求 S3 级以下的中偏低硫煤，即 $S_{t,d} \leqslant 1.50\%$。对于中偏高硫 $S_{t,d} \geqslant 2.00\%$ 的煤只能适量配入，而某些地区对电煤要求 $S_{t,d} > 2.00\%$ 的煤，只能配入 10%～20% 的贫煤或贫瘦煤时，经济效益才能更佳。

四、粉煤炉其他组分含量等级指标要求

发电煤粉锅炉用煤其他组分含量等级与指标要求见表 5-7。

表 5-7 发电煤粉锅炉用煤其他组分含量的等级与指标要求

项目	单位	发电煤粉锅炉用无烟煤	发电煤粉锅炉用低挥发分烟煤	发电煤粉锅炉用中-高挥发分烟煤	发电煤粉锅炉用褐煤
煤粉含量① ($P_{-0.5\ mm}$)	%	$\leqslant 30.00$			
灰分 (A_d)	%	$\leqslant 35.00$②	$\leqslant 35.00$②	$\leqslant 35.00$②	$\leqslant 30.00$
磷含量 (P_d)	%	$\leqslant 0.100$			
氯含量 (Cl_d)	%	$\leqslant 0.150$			
砷含量 (As_d)	μg/g	$\leqslant 40$			
汞含量 (Hg_d)	μg/g	$\leqslant 0.600$			

① 煤粉含量指商品煤中粒度小于 0.5 mm 的煤粉质量分数。
② 对于灰分为 $35.00\% < A_d \leqslant 40.00\%$ 的无烟煤和烟煤，其发热量应不小于 16.50 MJ/kg。

五、粉煤炉宜选择的煤种和质量指标要求

对于 $V_{daf} \geqslant 15\%$ 的煤种宜选用煤粉锅炉，对于 $V_{daf} \leqslant 12\%$ 的煤种采用煤粉锅炉时，燃料着火困难，难以稳定燃烧及燃尽，因此不宜选用煤粉锅炉。至于其他煤种的发电煤粉锅炉几乎均需进行配煤燃烧，以满足大型电厂用煤量和质量的需要。若单种煤洗选后的硫分或挥发分和灰熔融性等指标达不到电厂的需求，可进一步采用动力配煤的方法使其尽量达到或接近锅炉设计煤种（或校核煤种）的要求，以提高燃烧效率和锅炉的出力，从而达到节能减排的要求。

对于水分影响，由于煤粉锅炉制粉系统具有热风干燥作用，因而更适用于高水分的煤种。对于褐煤开发利用项目及燃用印尼煤，其共同点是需要燃用高水分煤种。对于此类煤种，选用煤粉锅炉通常应配风扇磨制粉系统比较适合。实际运行经验表明，风扇磨制粉系统的干燥能力比中速磨制粉系统强很多。

对于灰熔点影响，煤灰变形温度 DT 在 1160 ℃ 以下者为易熔煤，为避免高温对流管束的沾污和结焦，通常需要控制炉膛出口烟温低于煤灰变形温度 DT 50～100 ℃。煤粉锅炉燃烧

温度高，通常炉膛出口温度为 1000～1200 ℃，对于易熔煤，锅炉结焦可能性大，故不宜选用煤粉锅炉。

对于某些不黏煤，虽低灰分、低硫分及较高热值，且挥发分也适合于动力用煤（如神东煤），但因其煤灰中的 CaO 和 Fe_2O_3 及 K_2O 碱性成分较高，灰熔融性软化温度较低，在固体排渣锅炉以及气化炉中易结渣，而难以正常排渣。需采用高灰熔融性保德矿的气煤（低硫及较高热值）在黄骅港进行配煤，配煤后可满足国内外用户对动力煤的要求。

第三节 链条炉用煤控制指标

链条炉的用煤量占现役锅炉的 60% 以上，适用的煤种非常广泛，除了热值低的褐煤以及年老无烟煤（V_{daf}≤6.50% 的 WY1 和 WY2）不适合外，其余所有烟煤和年轻无烟煤（WY3）均可使用。《商品煤质量　链条炉用煤》（GB/T 18342—2018）标准对链条炉用煤产品等级和技术要求、试验方法、检验规则、标识、运输及储存等进行了相应规定。将其用煤划分为块煤和混煤 2 个品种，并按发热量和全硫指标对链条炉锅炉用煤产品进行质量等级划分为 "品种+发热量等级+全硫等级" 的形式，产品编码方式按 "LT-品种中文缩写-Q-S" 进行。在链条炉锅炉用煤产品目录中共计 24 个品类，其中链条炉用块煤、混煤各占 12 个。

链条炉用煤要求 $S_{t,d}$≤1.50%，$Q_{net,ar}$≥16.72 MJ/kg，并按 $Q_{net,ar}$ 指标（≥22.99 MJ/kg、≥20.90 MJ/kg、≥18.81 MJ/kg、≥16.72 MJ/kg）分为 5500、5000、4500、4000 共 4 个发热量等级，按 $S_{t,d}$≤0.5%、0.5% 码方式为 "SN+Q+S"，共计 9 个品种。

一、链条炉发热量等级指标要求

链条炉用煤发热量指标（$Q_{net,ar}$）分为 4 个等级，分别为 5500、5000、4500 和 4000，链条炉用煤发热量等级与指标要求见表 5-8。

表 5-8　链条炉用煤发热量等级与指标要求

发热量等级	5500	5000	4500	4000
指标要求 $Q_{net,ar}$/(MJ/kg)	≥22.99	≥20.90	≥18.81	≥16.72

二、链条炉全硫等级指标要求

链条炉用煤全硫等级见表 5-9。

链条炉用煤按全硫指标（$S_{t,d}$）分为 3 个等级，分别为 S1、S2 和 S3，链条炉用煤全硫等级与指标要求见表 5-9。

表 5-9　链条炉用煤全硫等级与指标要求

全硫等级	S1	S2	S3
指标要求 $S_{t,d}$/%	$S_{t,d}$≤0.50	0.50<$S_{t,d}$≤1.00	1.00<$S_{t,d}$≤1.50

三、链条炉其他组分含量指标要求

链条炉用煤的其他组分含量指标见表 5-10 所示。

表 5-10　链条炉用煤的其他组分含量指标要求

项目	单位	指标要求
块煤限下率	%	≤20.0
混煤煤粉含量① （$P_{-0.5\,mm}$）	%	≤20.0
灰分（A_d）	%	≤30
焦渣特性	CRC	≤5
煤灰熔融性软化温度（ST）	℃	≥1150
磷含量（P_d）	%	≤0.100
氯含量（Cl_d）	%	≤0.150
砷含量（As_d）	μg/g	≤40
汞含量（Hg_d）	μg/g	≤0.600

① 煤粉含量指商品煤中粒度小于 0.5 mm 的煤粉质量分数。

第四节　流化床锅炉用煤控制指标

一、流化床锅炉特点

流化床燃烧技术是国际上 20 世纪 70 年代中期发展起来的新型燃烧技术，其燃烧过程是把固态燃料流体化来促进燃烧。燃料颗粒的粒径通常为 1~10 mm，在一次风的作用下处于流化状态，被烟气夹带在炉膛内向上运动，在炉膛的不同高度上，部分大颗粒将沿着炉膛边壁下落，形成物料的内循环；较小固体颗粒被烟气夹带进入分离器进行分离，绝大多数颗粒被分离，然后通过回料阀再次返回炉膛，继续燃烧，形成物料的外循环。通过炉膛的内循环和炉外的外循环，实现燃料不断往复循环燃烧。因此，循环流化床锅炉可以实现高燃烧效率，达到 97%~99%。制粉系统简单，只需简单地干燥和破碎即可满足燃烧要求。

流化床锅炉根据物料浓度的不同将炉膛分为密相区、过渡区和稀相区三部分。密相区中固体颗粒浓度较大，具有很大的热容量，因此在给煤进入密相区后，可以顺利实现着火；稀相区物料浓度很小，是燃料的燃烧、燃尽段，燃烧后 51%~63% 的灰分进入烟气，其余部分进入炉渣排放。

流化床锅炉燃烧温度为 850~900 ℃，由于燃烧温度低，NO_x 排放量较煤粉锅炉低，同时可在炉膛添加石灰石进行炉内脱硫，降低了 SO_2 的排放浓度。循环流化床锅炉对燃料的适应性强，煤种多变和各种燃料的混合物均可适应。特别适合于低热值劣质煤，如煤泥、煤矸石、洗混煤等，具有良好的经济效益。同时循环流化床锅炉负荷调节范围大，低负荷可降到满负荷的 30% 左右。NO_x、SO_2 排放低于煤粉炉。

二、环保控制指标总要求

随着我国经济社会的发展，国家发改委在 2014 年出台了《煤电节能减排升级与改造行动计划（2014—2020 年）》，要求新建煤电机组或锅炉污染物排放指标为：烟尘≤10 mg/m³，SO_2≤35 mg/m³，NO_x≤50 mg/m³。针对此排放标准，无论是煤粉锅炉还是循环流化床锅炉都需要采用脱硫、脱硝和除尘措施。而循环流化床锅炉属于低温燃烧，其 NO_x 原始排放浓度较煤粉锅炉低很多，大约在 300 mg/m³；同时物料循环在炉内反复燃烧，煤中含有的 CaO、MgO

等碱性氧化物易与 SO_2 酸性气体发生反应，因此其 SO_2 的原始排放浓度也要低于煤粉锅炉；此外，炉内还可添加石灰石实现烟气预脱硫，从而减轻后续脱硫系统的压力。当含硫量达到 1.5% 时，煤粉锅炉炉外脱硫效率需要达到 99% 以上才能满足 35 mg/m³ 的排放要求。而循环流化床锅炉在添加石灰石进行炉内预脱硫后，其炉外脱硫效率仅需 96.6% 即可达到排放标准；循环流化床锅炉燃烧后，煤中只有约 60% 的灰分进入烟气，而煤粉锅炉约 90% 的灰分进入烟气。对 10 mg/m³ 的烟尘排放要求，在采用相同的除尘技术条件下，循环流化床锅炉也具有可燃烧高灰分煤的优势。由此比较，在相同条件下循环流化床锅炉降低了后续脱硫脱硝除尘等运行费用。可见流化床锅炉是一种清洁环保的燃烧方式炉型。

三、流化床锅炉用煤指标要求

循环流化床用煤种指标主要包括全水分及工业分析指标：M_t、M_{ad}、A_{ar}、V_{daf}；元素分析指标：C_{ar}、H_{ar}、N_{ar}、O_{ar}、S_{ar}；收到基低位发热量：$Q_{net,ar}$；各类温度：DT、ST、FT 等，由此达到环保控制要求的目的。在提供锅炉设计煤质时，除挥发分需提供干燥无灰基值外，其他各项煤质指标均应提供收到基值。

1. 流化床锅炉挥发分

挥发分是评定锅炉燃烧性能的首要指标，主要用来衡量燃料煤点火及稳定燃烧的难易程度，通常认为干燥无灰基挥发分 $V_{daf} \leqslant 12\%$，由于燃料着火困难，难以稳定燃烧及燃尽，故不宜选用煤粉锅炉；对 12%～15% 的过渡区，应综合考虑采取必要的措施；对 $V_{daf} \geqslant 35\%$ 时，由于煤粉锅炉的燃料通常被磨制成 60～80 μm 细煤粉，同时煤粉采用热风干燥及送粉，极易发生自燃和爆炸，故不宜选用煤粉锅炉。而采用循环流化床锅炉则无限制。

2 流化床锅炉灰分

循环流化床锅炉在正常运行时必须保持一定浓度的炉内惰性物料，以确保物料流化。在不投石灰石工况下，床内惰性物料的来源完全依赖于燃料中的灰分，所以燃料中灰分的含量是循环流化床锅炉能否正常运行的关键因素。因此，燃料中灰分应达到一定数值，才能建立床内正常的灰平衡。一般情况下，当燃料折算灰含量＜8.25 g/MJ 时，循环流化床锅炉难以建立灰平衡，必须在运行中连续或间断地向床内补充惰性物料（如细砂等）。因此，对于灰含量小于 8.25 g/MJ 的煤种不宜采用循环流化床锅炉。

3. 循流化床锅炉水分

水分对锅炉选型的影响主要体现在其对锅炉制粉系统的影响。煤种的水分含量过高将影响循环流化床锅炉的原煤破碎系统，致使粗碎机、筛板孔、给煤机出现黏煤现象，堵煤频繁，从而影响循环流化床锅炉的正常运行。因此循环流化床锅炉对全水分 $M_t \leqslant 30\%$ 为宜。

4. 流化床锅炉发热量

煤收到基低位发热量 $Q_{net,ar}$ 是反映煤质好坏的一个重要指标，当煤的发热量低到一定数值时，不仅影响燃烧的稳定性，而且会导致锅炉熄火，影响安全运行。通常 $Q_{net,ar}$ 低于 12000 kJ/kg 的煤种不宜采用煤粉锅炉，而循环流化床锅炉对发热量几乎没有要求。

5. 灰熔融性温度

煤灰熔融性温度 DT（变形温度）、ST（软化温度）、FT（流动温度）是用来定性地描述煤灰的熔化温度范围。由于煤灰成分十分复杂，其含量变化范围也很大，主要是硅酸盐、硫酸盐和各种金属氧化物的混合物。没有固定的熔化温度，而只有一个熔化的温度范围。煤灰变形温度 DT 在 1160 ℃ 以下者为易熔煤。为避免高温对流管束的沾污和结焦，通常需要控制炉膛出口烟温低于煤灰变形温度 DT 50~100 ℃。循环流化床锅炉属于低温燃烧，炉膛温度为 800~950 ℃，燃烧温度低，灰渣不会达到熔融温度，不易结焦，对于具有结焦倾向的易熔煤宜选用循环流化床锅炉。

四、流化床锅炉用煤一般要求

循环流化床锅炉对煤炭燃料具有广泛的适应性，不仅能够燃烧高灰分、高硫、低挥发分、低热值的煤；而且还能燃烧煤矸石、煤泥、石油焦、尾矿、煤渣等燃料。循环流化床锅炉用煤的一般要求见表 5-11。

表 5-11 循环流化床锅炉用煤的一般要求

序号	煤种特性	符号	指标要求
1	干燥无灰基挥发分	V_{daf}	无限制
2	灰分	A_{ar}	≥8.25 g/MJ
3	低位发热量	$Q_{net,ar}$	无限制
4	全水分	M_t	≤30%
5	煤泥、煤矸石		可用

第五节 工业窑炉用煤

《商品煤质量 水泥回转窑用煤》（GB/T 7563—2018）标准对水泥回转窑用煤产品等级和技术要求、试验方法、检验规则、标识、运输及储存等进行了相应规定。对水泥回转窑用煤产品按发热量和全硫进行质量等级划分；以"发热量等级+全硫等级"的形式表示。若达不到水泥回转窑用煤需求，则可进一步采用动力配煤的方法尽量达到或接近锅炉设计煤种（或校核煤种）的要求以提高燃烧效率和锅炉的出力，从而达到节能减排的要求。

1. 窑炉发热量等级指标要求

水泥回转窑用煤按发热量（$Q_{net,ar}$）指标分为 3 个等级，分别为 5800、5500 和 5000，各等级指标见表 5-12。

表 5-12 水泥回转窑用煤发热量等级与指标要求

发热量等级	5800	5500	5000
指标要求 $Q_{net,ar}$/(MJ/kg)	≥24.24	≥22.99	≥20.90

2. 窑炉全硫等级指标要求

水泥回转窑用煤按全硫（$S_{t,d}$）指标分为 3 个等级，分别为 S1、S2 和 S3，各等级指标见表 5-13。

表 5-13 水泥回转窑用煤全硫等级与指标要求

全硫等级	S1	S2	S3
指标要求 $S_{t,d}$/%	$S_{t,d}$≤0.5	0.50<$S_{t,d}$≤1.00	1.00<$S_{t,d}$≤2.00

3. 窑炉其他指标要求

水泥回转窑用煤的其他指标要求见表 5-14。

表 5-14 水泥回转窑用煤的其他指标要求

项目	单位	指标要求
煤粉含量[①]（$P_{-0.5\,mm}$）	%	≤30.00
全水分（M_t）	%	≤20.00
灰分（A_d）	%	≤27.00
挥发分（V_{daf}）	%	≥25.00
磷含量（P_d）	%	≤0.100
氯含量（Cl_d）	%	≤0.150
砷含量（As_d）	μg/g	≤40
汞含量（Hg_d）	μg/g	≤0.600

① 煤粉含量指商品煤中粒度小于 0.5 mm 的煤粉质量分数。

第六节　高炉喷吹用煤

《商品煤质量　高炉喷吹用煤》（GB/T 18512—2022）标准对高炉喷吹用煤产品等级和技术要求、试验方法、检验规则、标识、运输及储存等进行了相应规定。煤炭用类别为无烟煤、贫煤、贫瘦煤、气煤、长焰煤、不黏煤和弱黏煤。即高炉喷吹用无烟煤最低要求 $S_{t,d}$≤1.00%、A_d≤14.00%。

1. 高炉喷吹用无烟煤技术要求

高炉喷吹用无烟煤技术要求和试验方法见表 5-15。

表 5-15 高炉喷吹用无烟煤技术要求和试验方法

项目	符号	单位	级别	技术要求	试验方法
粒度	—	mm		0～13 0～25	GB/T 17608
灰分	A_d	%	Ⅰ级 Ⅱ级 Ⅲ级 Ⅳ级	≤8.00 >8.00～10.00 >10.00～12.00 >12.00～14.00	GB/T 212
全硫	$S_{t,d}$	%	Ⅰ级 Ⅱ级 Ⅲ级	≤0.3 >0.30～0.50 >0.50～1.00	GB/T 214
哈氏可磨性指数	HGI	—	Ⅰ级 Ⅱ级 Ⅲ级	>70 >50～70 >40～50	GB/T 2565
磷分	P_d	%	Ⅰ级 Ⅱ级 Ⅲ级	≤0.010 >0.010～0.030 >0.030～0.050	GB/T 216
钾和钠总量[①]	$w(K)+w(Na)$	%	Ⅰ级 Ⅱ级	≤0.12 >0.12～0.20	GB/T 1574

续表

项目	符号	单位	级别	技术要求	试验方法
全水分	M_t	%	Ⅰ级 Ⅱ级 Ⅲ级	≤8.0 >8.00~10.00 >10.00~12.00	GB/T 211

① 煤中钾和钠总量的计算方法

$$w(K)+w(Na)=[0.830w(K_2O)+0.742w(NaO)]\times A_d \div 100$$

式中　$w(K)+w(Na)$——煤中钾和钠总量，%；
　　　0.830——钾占氧化钾的系数；
　　　$w(K_2O)$——煤灰中氧化钾的含量，%；
　　　0.742——钠占氧化钠的系数；
　　　$w(NaO)$——煤灰中氧化钠的含量，%；
　　　A_d——煤的干燥基灰分，%。

2. 高炉喷吹用贫煤、贫瘦煤技术要求

高炉喷吹用贫煤、贫瘦煤技术要求和试验方法见表 5-16。

表 5-16　高炉喷吹用贫煤、贫瘦煤技术要求和试验方法

项目	符号	单位	级别	技术要求	试验方法
灰分	A_d	%	Ⅰ级 Ⅱ级 Ⅲ级 Ⅳ级	≤8.00 >8.00~10.00 >10.00~12.00 >12.00~13.50	GB/T 212
全硫	$S_{t,d}$	%	Ⅰ级 Ⅱ级 Ⅲ级	≤0.50 >0.50~0.75 >0.75~1.00	GB/T 214
哈氏可磨性指数	HGI	—	Ⅰ级 Ⅱ级	>70 >50~70	GB/T 2565
磷分	P_d	%	Ⅰ级 Ⅱ级 Ⅲ级	≤0.010 >0.010~0.030 >0.030~0.050	GB/T 216
钾和钠总量①	$w(K)+w(Na)$	%	Ⅰ级 Ⅱ级	<0.12 >0.12~0.20	GB/T 1574
全水分	M_t	%	Ⅰ级 Ⅱ级 Ⅲ级	≤8.0 >8.00~10.00 >10.00~12.00	GB/T 211

① 煤中钾和钠总量的计算方法

$$w(K)+w(Na)=[0.830w(K_2O)+0.742w(NaO)]\times A_d \div 100$$

式中　$w(K)+w(Na)$——煤中钾和钠总量，%；
　　　0.830——钾占氧化钾的系数；
　　　$w(K_2O)$——煤灰中氧化钾的含量，%；
　　　0.742——钠占氧化钠的系数；
　　　$w(NaO)$——煤灰中氧化钠的含量，%；
　　　A_d——煤的干燥基灰分，%。

3. 高炉喷吹用其他烟煤技术要求

高炉喷吹用其他烟煤技术要求和试验方法见表 5-17 所示。

表 5-17 高炉喷吹用其他烟煤技术要求和试验方法

项目	符号	单位	级别	技术要求	试验方法
粒度	—	mm		＜50	GB/T 17608
灰分	A_d	%	Ⅰ级 Ⅱ级 Ⅲ级 Ⅳ级	≤6.00 ＞6.00～8.00 ＞8.00～10.00 ＞10.00～12.00	GB/T 212
全硫	$S_{t,d}$	%	Ⅰ级 Ⅱ级 Ⅲ级	≤0.50 ＞0.50～0.75 ＞0.75～1.00	GB/T 214
哈氏可磨性指数	HGI	—	Ⅰ级 Ⅱ级	＞70 ＞50～70	GB/T 2565
烟煤胶质层指数	Y	mm		＜10	GB/T 479
磷分	P_d	%	Ⅰ级 Ⅱ级 Ⅲ级	≤0.010 ＞0.010～0.030 ＞0.030～0.050	GB/T 216
钾和钠总量[①]	$w(K)+w(Na)$	%	Ⅰ级 Ⅱ级	＜0.12 ＞0.12～0.20	GB/T 1574
发热量	$Q_{net,ad}$	MJ/kg		≥23.50	GB/T 213
全水分	M_t	%	Ⅰ级 Ⅱ级 Ⅲ级	≤12.0 ＞12.00～14.00 ＞14.00～16.00	GB/T 211

① 煤中钾和钠总量的计算方法

$$w(K)+w(Na)=[0.830w(K_2O)+0.742w(NaO)]\times A_d \div 100$$

式中　$w(K)+w(Na)$——煤中钾和钠总量，%；
　　　0.830——钾占氧化钾的系数；
　　　$w(K_2O)$——煤灰中氧化钾的含量，%；
　　　0.742——钠占氧化钠的系数；
　　　$w(NaO)$——煤灰中氧化钠的含量，%；
　　　A_d——煤的干燥基灰分，%。

第七节　烧结矿用煤

1. 烧结矿用煤技术要求

MT/T 1030—2006《烧结矿用煤技术条件》规定了烧结矿用煤的类别为无烟煤，粒度≤50 mm，FC_d＞80.00%，A_d＜15.00%，$S_{t,d}$≤1.00%，M_t＜10.0%。烧结矿要求煤的发热量越高越好，如太西煤和永城、神火、阳泉等年轻无烟煤（WY3）经洗选后的高热值煤是良好的烧结矿用煤。

烧结矿用煤指标见表 5-18。

表 5-18 烧结矿用煤的技术要求和试验方法

项目类别	符号	单位	技术要求	试验方法
类别			无烟煤	GB/T 5751—2009
粒度		mm	0～6 0～13 0～25 0～50	GB/T 17608

续表

项目类别	符号	单位	技术要求	试验方法
固定碳	FC_d	%	≥80	GB/T 212
灰分	A_d	%	<15	GB/T 212
全硫	$S_{t,d}$	%	≤0.50 >0.50~0.75 >0.75~1.00	GB/T 214
全水分	M_t	%	<10.0	GB/T 211

YB/T 421—2014《铁烧结矿》规定烧结矿的质量评价与检验指标主要包括化学成分、转鼓指数、筛分指数、低温还原粉化指数、还原指数等。其中优质烧结矿的转鼓指数（+6.3 mm）≥78.00%，筛分指数（-5 mm）≤6.00%，抗磨指数（-0.5 mm）≤6.50%，低温还原粉化指数（+3.15 mm）≥68.00%，还原指数（RD）≥70.00%。

2. 优质铁烧结矿指标技术要求

优质铁烧结矿的技术指标见表 5-19。

表 5-19 优质铁烧结矿的技术指标

项目名称	化学成分(质量分数)/%				物理性能/%			冶金性能/%	
	TFe	CaO/SiO$_2$	FeO	S	转鼓指数 (+6.3 mm)	筛分指数 (-5 mm)	抗磨指数 (-0.5 mm)	低温还原粉化指数(RDI) (+3.15 mm)	还原度指数(RI)
允许波动范围	±0.4	±0.05	±0.5	—					
指标	≥56.00		≤9.00	≤0.03	≥78.00	≤6.00	≤6.50	≥68.00	≥70.00

注：TFe 和 CaO/SiO$_2$（碱度）基数由各生产企业自定。

3. 普通铁烧结矿指标技术要求

普通铁烧结矿的技术指标见表 5-20。

表 5-20 普通铁烧结矿的技术指标

项目名称	化学成分(质量分数)/%				物理性能/%			冶金性能/%	
	TFe	CaO/SiO$_2$	FeO	S	转鼓指数 (+6.3 mm)	筛分指数 (-5 mm)	抗磨指数 (0.5 mm)	低温还原粉化指数(RDI) (+3.15 mm)	还原度指数(RI)
品级	允许波动范围		不大于						
一级	±0.5	±0.08	10.00	0.06	≥74.00	≤6.50	≤6.50	≥65.00	≥68.00
二级	±0.1	±0.12	11.00	0.08	≥71.00	≤8.50	≤7.50	≥60.00	≥65.00

注：1. TFe 和 CaO/SiO$_2$（碱度）基数由各生产企业自定。
    2. 冶金性能指标暂不考核，但各家企业应进行检测，报出数据。

第八节 炼焦煤选择及质量评定

一、概述

炼焦是世界上最先开发的煤化工项目，由于焦炭用途不同分为高炉炼铁用冶金焦、化铁炉用作燃料的铸造焦、冶炼铁合金的铁合金焦等多种。焦煤则是用于冶金炼焦的主要原料，因不同的焦炭产品对焦煤的选择也不同，但对焦煤的黏结指数要求均是比较严格的。焦煤选择的煤炭类型较多，主要包括气煤、肥煤、气肥煤、1/3 焦煤、焦煤和瘦煤等，其中焦煤、肥煤为炼焦骨架煤种，主要用于炼焦；气煤、气肥煤、1/3 焦煤、瘦煤为炼焦配煤；贫瘦煤、1/2 中黏煤、弱黏煤黏结性不强，通常用作过渡煤配合炼焦。

我国涉及炼焦用煤范围的煤炭资源与质量评价标准体系较为完善，现有 50 多项国标及行标涉及煤质管理、煤质评价及煤炭基础标准。其中，煤质管理标准涵盖了管理标准与产品标准。前者包括《商品煤质量评价与控制技术指南》(GB/T 31356—2014)和《商品煤杂物控制技术要求》(GB/T 31087—2014)等。

二、炼焦用煤质量要求

《煤化工用煤技术导则》GB/T 23251—2021 对炼焦用原料煤，包括主要炼焦煤煤种和辅助炼焦煤煤种都有明确的要求，前者包括气煤、1/3 焦煤、气肥煤、肥煤、焦煤、瘦煤等较强黏结性的煤；后者主要包括弱黏煤、贫瘦煤等弱黏结性煤及 41 号长焰煤、不黏煤、贫煤或无烟煤等，但辅助煤种的配比一般在 10% 以下。炼焦用原料煤质量要求见表 5-21。

表 5-21 炼焦用原料煤质量要求

项目	单位	质量要求
灰分 $[w(A_d)]$	%	≤12.50①
全硫 $[w(S_{t,d})]$	%	≤1.00②
黏结指数 $G_{R,I}$	%	>20
全水分 M_t	%	≤12.00
磷 $[w(P_d)]$	%	≤0.050
氯 $[w(Cl_d)]$	%	≤0.100
砷 $[w(As_d)]$	μg/g	≤20
汞 $[w(Hg_d)]$	μg/g	≤0.250
氟 $[w(F_d)]$	μg/g	≤200
煤中钾和钠总量③ $w(K)+w(Na)$	μg/g	≤0.25

① 炼焦用肥煤、焦煤、瘦煤，其灰分控制要求为 A_d≤14.00%，肥煤、焦煤、瘦煤的煤类判别按 GB/T 5751 执行。
② 炼焦用肥煤、焦煤、瘦煤的干基全硫控制要求为 $w(S_{t,d})$≤2.50%。
③ 煤中钾和钠总量的计算方法

$$w(K)+w(Na)=[0.830w(K_2O)+0.742w(NaOH)]\times A_d \div 100$$

式中 $w(K)+w(Na)$——煤中钾和钠总量，%；
  0.830——钾占氧化钾的系数；
  $w(K_2O)$——煤灰中氧化钾的含量，%；
  0.742——钠占氧化钠的系数；
  $w(NaO)$——煤灰中氧化钠的含量，%；
  A_d——煤的干燥基灰分，%。

炼焦用煤的灰分、全硫、磷分及黏结指数等指标应符合 GB/T 397《商品碳质量 炼焦用煤》。不同用途的焦炭在配煤炼焦时对煤质的要求有所不同，如冶金焦要求冷、热强度高，灰分、硫分磷含量低，其入炉煤的干基灰分以低于 10% 为宜，焦炭块度至少大于 25 mm，而 4000 m³ 以上大型高炉的焦炭块度应在 40 mm 以上。

三、焦煤煤质指标选择

我国焦煤储量仅占煤炭储量的10%，主焦煤仅占整个煤种的2.4%。中国焦煤的消耗速度远高于其他煤种的消耗速度。炼焦煤具有一定的黏结性，主要用于炼钢，煤质方面重点关注黏结指数、灰分及硫分等指标。晋中、两淮、冀中和河南基地炼焦煤煤质较好，山西焦煤是世界最优质的焦煤。

1. 煤炭可选性

焦煤的可选性表示从烟煤中分选出符合质量炼焦精煤的难易程度，通过原煤的浮沉试验分析判断原煤可选性。GB/T 16417—2011《煤炭可选性评定方法》中，煤炭可选性分为5个等级，我国炼焦煤可选性差，难选和极难选煤约占62%，主要矿区生产的精煤灰分以气煤最低，焦煤最高，见表5-22。

表 5-22 煤炭可选性等级划分

序号	分级范围	
1	≤10.0%	易选
2	10.1%～20.0%	中等可选
3	20.1%～30.0%	较难选
4	30.1%～40.0%	难选
5	>40.0%	极难选

2. 焦煤灰分（A_d）等级分类

从烟煤的工业分析入手，利用灰分、挥发分、硫分等主要煤质指标分析的化学特征，根据GB/T 15224.1—2018《煤炭质量分级 第1部分：灰分》，灰分分为5个等级，见表5-3所示。

3. 焦煤硫分（$S_{t,d}$）等级分类

根据GB/T 15224.2—2021《煤炭质量分级 第2部分：硫分》中，冶金用炼焦精煤的硫分分为5个等级，见表5-4所示。

4. 黏结指数（$G_{R.I}$）等级分类

炼焦煤的重要指标之一就是黏结指数 $G_{R.I}$，反映烟煤黏结其本身或外加惰性物的能力。烟煤黏结性指标是衡量煤形成焦炭的必要条件，而肥煤是炼焦煤中黏结性能相对好的。黏结指数和挥发分构成了煤炭编号的两个要素。国际上采用坩埚膨胀序数和罗加指数表示煤的黏结性，我国主要采用黏结指数表示煤的黏结性。煤中黏结性组分的性质、大小与煤的煤岩组成、变质程度、惰性物含量、煤的氧化还原程度以及煤的成因等有关。黏结指数越大，表示炼焦煤的黏结能力越强，黏结指数一般为0～105。按照 MT/T 596—2008《烟煤黏结指数分级》可分为5级，见表5-23。

表 5-23 烟煤黏结指数分级

序号	级别名称	分级范围（$G_{R.I}$）	推荐值
1	不黏结煤 NCI	≤5	
2	微黏结煤 FCI	>5～20	

续表

序号	级别名称	分级范围($G_{R.I}$)	推荐值
3	弱黏结煤 WCI	>20~50	
4	中黏结煤 MCI	>50~80	
5	强黏结煤 SCI	>80	

5. 胶质层厚度（Y）等级分类

胶质层指数测定中，利用探针测出的胶质体上下层面差是胶质层最大厚度 Y，另还能得到最终收缩度 X 及体积曲线。烟煤的胶质层指数和奥阿膨胀度从不同侧面反映了烟煤的黏结性。胶质层指数是炼焦煤单向加热过程中，测定瞬时产生的胶质体数量，根据胶质体产生规律，找出最胶质层厚度 Y 以及炼焦煤的最终收缩度 X。奥阿膨胀度是根据煤受热产生胶质体时煤的膨胀程度来表征煤的黏结性，对中等以上黏结性煤有较好的区分能力，反映了胶质体的质和量，用膨胀度 b 和收缩度 a 表示。b 表示煤塑性阶段胶质体的不透气性和气体的析出速度，a 表示煤在半焦后的收缩度。黏结性与胶质层厚度及坩埚膨胀序数关系见表 5-24。

表 5-24 胶质层厚度与坩埚膨胀序数关系

名称	胶质层厚度 Y 值	坩埚膨胀序数(CSN)
不黏	0	0~1
弱黏	0~10 mm	1~2.5
中黏	10~20 mm	2.5~4
强黏	>20 mm	>4

6. 煤的结焦性

煤的结焦性是指煤在工业焦炉或模拟工业焦炉的炼焦条件下，结成具有一定块度和强度焦炭的能力。在常规炼焦条件下炼制冶金焦炭的性质，通常用焦炭的强度、粒度分布、反应性等表示。焦炉炼焦试验可直观反映炼焦煤的结焦性，一般用 20 kg、40 kg 或 200 kg 焦炉炼焦，以试验焦炉所得焦炭的冷热强度和粉焦率作为结焦性指标。炼焦煤中焦煤的结焦性最好，但焦块不是最大。

7. 煤炭岩相分析

煤炭的岩相分析是比较新的技术，可以将配好的煤通过光谱分析直接判断出是由哪些煤种，各自多少比例而配煤得到的。煤的镜质组反射率分布直方图是鉴定煤类别、配煤炼焦的有效手段，该图由光谱分析可以得出。煤的镜质组平均最大反射率 R_{max} 是国际公认的最全面、最能准确反映炼焦煤变质程度的指标，煤的变质程度与烟煤黏结性、结焦性关系密切，煤的变质程度越高，其反射率越大。用煤岩镜质组反射率分布直方图和反射率测定中的标准方差 S 判别是否混煤及混煤的程度。通过测定煤岩组分定量和活惰比指导配煤。通过煤岩分析结果，可判断煤的成煤环境和变质程度，了解煤岩组分和煤的利用途径。通过煤岩反射率分布，可判断炼焦煤是单种煤还是混配煤，确定混煤种类和比例。而仅通过黏结指数还无法真正表征煤炭的本来性质，混煤就经常会在普通的工业分析中蒙混过关，在炼焦时其结焦性较差。

8. 焦炭热强度

焦炭热强度是反映焦炭热态性能的一项机械强度指标。它表征焦炭在使用环境的温度和气氛下，同时经受热应力和机械力时，抵抗破碎和磨损的能力。热强度不够的话，会导致高炉塌炉。

四、对焦煤选择的一般要求

对炼焦用煤均须采用洗选后精煤以满足低灰、低硫和低磷等基本要求。

精煤（浮煤）的黏结指数、胶质层指数、基氏流动度、奥阿膨胀度以及煤岩显微组分中的镜质体反射率和镜质组、壳质组、惰质组等成分是焦煤质量测试的重要内容。

浮煤的元素分析和挥发分产率可预测高温煤焦油和煤气及氨等副产品产率。顶装焦炉入炉煤的平均 V_{daf} 以 26%~32% 为宜，Y_{mm} 值以 17~20 mm 为宜。若 V_{daf} 较低且 Y 值过大，炼焦时会产生较大的膨胀压力影响焦炉使用寿命，同时造成推焦困难。Y 值过低，则焦炭的冷热强度会降低，使其质量不能满足焦炭的质量要求。此外，对炼焦煤中的碱性成分（K_2O、Na_2O）以不大于 0.12% 为佳。

铸造焦是专门用于化铁炉熔铁的焦炭，对焦炭块度以＞60 mm 为佳，气孔率和反应性要低，铸造焦入炉煤以 $A_d \leqslant 9.50\%$、$S_{t,d} \leqslant 1.00\%$、$P_d \leqslant 0.150\%$ 为宜。

气化焦要求焦炭的反应活性好，但可用耐磨强度（M10）较差、气孔率大的小块焦。对不同用途的焦炭，可通过合适的配煤方案生产以满足其要求。

焦炉炉型的选择，则可根据当地煤源的挥发分和黏结性的不同而选择顶装焦炉或捣固焦炉。由于低阶炼焦煤的产量和储量均较多，其中捣固炼焦有利于提高焦炉的产能及焦炭的强度，在配煤时可使用 55% 左右的气煤与 1/3 焦煤，比顶装焦炉的配入量约增高 20%。

参考文献

[1] 国家标准化管理委员会. 烟煤胶质层指数测定方法：GB/T 479—2016[S]. 2016-12-13.
[2] 国家标准化管理委员会. 烟煤奥阿膨胀计试验：GB/T 5450—2014[S]. 2014-06-09.
[3] 国家标准化管理委员会. 烟煤黏结指数测定方法：GB/T 5447—2014[S]. 2014-06-09.
[4] 国家标准化管理委员会. 燃料水煤浆：GB/T 18855—2014[S]. 2014-12-22.
[5] 国家标准化管理委员会. 测定烟煤黏结指数专用无烟煤技术条件：GB/T 14181—2010[S]. 2010-09-26.
[6] 国家标准化管理委员会. 煤的塑性测定 恒力矩吉氏塑性仪法：GB/T 25213—2010[S]. 2010-09-26.
[7] 刘佳兴, 陈杨. 煤制乙二醇与焦炉煤气制乙二醇的对比研究[J]. 化工管理, 2015(23): 229.
[8] 刘月, 谢伟, 虎骁, 等. 焦炉煤气在焦化循环经济中的多联产利用[J]. 煤化工, 2015, 43(3): 42-44.
[9] 张亮. 焦炉煤气制天然气甲烷化工艺路线比较[J]. 化学工业, 2015, 33(4): 39-40.
[10] 杜雄伟. 焦炉煤气制天然气工艺技术探讨[J]. C1 化学与化工, 2014, 39(4): 74-76, 91.
[11] 孟晋斌. 煤制乙二醇与焦炉煤气制乙二醇的比较[J]. 山西化工, 2014, 36(1): 72-74.
[12] 武振林. 30 万 t/a 焦炉煤气制甲醇工艺技术研究[J]. C1 化学与化工, 2012, 37(4): 34-39.
[13] 于振东, 郑文华. 现代焦化生产技术手册[M]. 北京：冶金工业出版社, 2010.
[14] 吴创明. 焦炉煤气制甲醇工艺在工业中的应用[J]. 煤气与热力, 2008, 28(1): 36-42.

第六章

气化煤选择及质量评定

第一节 气化煤选择

一、概述

选择适宜的气化煤原料是确定煤气化工艺的关键,而适宜的气化煤与煤气化工艺进行科学合理的匹配,才是最佳的气化煤原料,才能确保后续的气体净化、合成及产品深加工技术流程工艺先进、成熟可靠、节能降耗、绿色环保,实现装置的"安稳长满优"。因此,选择适宜的气化煤对气化工艺至关重要。

目前,我国新型煤化工产业示范项目发展已达到相当高的程度和相当大的规模,煤气化制大型合成氨、大型甲醇、二甲醚;煤气化制烯烃、芳烃、乙二醇;煤气化制液体燃料(直接液化和间接液化)、天然气、氢气等取得了显著的成效。这些新型煤化工项目采用的新型煤气化技术对气化煤的要求也有明显的差异。不同的煤炭质量品质对不同的新型煤气化工艺均有不同程度的影响,不同的气化炉与不同的煤种合理搭配具有一定的可选性,通过比选符合设计煤种或校核煤种要求的气化煤,才能使得气化煤与气化炉工艺实现最佳的匹配,从而确保新型煤气化装置长周期稳定运行。

根据《中国煤炭分类》(GB/T 5751—2009),划分参数有两类。一是用于表征煤化程度的参数,如干燥无灰基挥发分(V_{daf}),指煤中有机物热分解产生的可燃气体。挥发分越低,表明煤化程度越高,含碳量越高,煤的化学反应活性越弱,煤炭越不易燃烧;反之挥发分越高,表明煤化程度越低,含碳量越低,煤的化学反应活性越强,煤炭越易燃烧。由此通过挥发分指标将煤种划分为无烟煤、烟煤和褐煤。其中无烟煤挥发分最低,不足10%;烟煤挥发分通常在10%~37%之间,若挥发分大于37%,则需通过透光率大小来区分烟煤和褐煤。二是用于表征煤的工艺性能参数,主要指标为烟煤黏结指数($G_{R,I}$)等参数,指煤中有机物热分解后的黏结性能。烟煤黏结指数越大,表明烟煤的黏结性越强。根据烟煤黏结指数可进一步将烟煤分为贫煤、贫瘦煤、瘦煤、焦煤、肥煤、气煤、长焰煤等12个煤种。

二、气化煤定义

气化煤是指煤在气化炉内,在高温及一定压力下使煤中的有机质与气化剂(如蒸汽/空气或氧气等）发生化学反应，将固体燃料转化为含有 CO、H_2、CH_4 等可燃气体和 CO_2、N_2 等非可燃气体的过程。不同的气化工艺对气化煤的煤质要求不同，在选择气化煤时，要考虑气化煤的工艺性质和特征。主要包括煤的发热量、煤灰组成、煤灰熔融性温度（灰熔点）、煤对二氧化碳化学反应性、焦渣特征、水煤浆成浆试验、哈氏可磨性指数、热稳定性、机械强度、粒度组成、黏结指数以及煤的工业分析指标等。

众所周知，煤气化按物料在气化反应器中流动状态可以分为固定床气化、流化床气化、气流床水煤浆气化和气流床干煤粉气化等。因此，气化煤的使用范围，因不同的气化工艺而有较大的区别。

三、固定床气化选煤

固定床（移动床）气化工艺可分为常压气化和加压气化两种。常压气化工艺较简单，气化效率低，气化炉单炉产气率低，有效气 H_2+CO 含量低，固态排渣，对煤质有一定的要求。常以空气-水蒸气为气化剂，制得低热值煤气，煤气中含有大量的 N_2 以及 H_2、CO_2、O_2 和少量的 CO 及 CH_4。加压气化工艺是常压气化的改进型，气化效率和气化炉单炉产气率得以提高，煤种适用范围进一步扩大。常以氧气-水蒸气为气化剂，制得较高热值煤气，煤气中含较少 N_2，有效气 H_2+CO 含量得到提高。为了进一步提高固定床加压气化过程热效率，在固定床加压气化固态排渣的基础上，又开发了改进型的液态排渣固定床加压气化工艺。

固定床气化选择气化煤，一般采用无黏结性或弱黏结性的块煤或碎煤，对煤粒度、热稳定性和机械强度有一定的要求；对于煤的灰熔点通常采用高灰熔点煤，由于气化温度高，煤中的可燃有机物能够全部转化，因此煤的碳转化率高，气化效率高；但气化温度也不宜过高，超过煤的灰熔点会影响气化炉固态排渣，此外气化温度高，水蒸气耗量大，产生的含酚废水多，污水处理负荷量大；变质程度高的煤，挥发分低，含碳量高，煤的热值高、产气率高。固定床气化比较典型的炉型有鲁奇碎煤加压气化炉和 BGL 碎煤熔渣加压气化炉，均可采用无黏结性或弱黏结性的无烟煤、烟煤和褐煤，对煤的粒度均有一定要求，前者要求煤的灰熔点尽量高，气化温度高；后者灰熔点不宜过高，$ST(t_2)$≤1450 ℃为宜。

四、流化床气化选煤

流化床气化是指利用气体（气化剂）通过颗粒状固体层（颗粒煤层）而使固体颗粒处于悬浮运动状态，床层内气固相充分混合，温度场分布均匀，并进行气固相反应的过程，称为流化床气化。流化床可直接使用小颗粒碎煤为原料，把水蒸气和富氧空气或氧气送入气化炉内，使煤颗粒呈沸腾状态进行气化反应。在反应器内，当气流速率低于流态化临界速率时为固定床，当气流速率高于颗粒极限沉降速率时为气流床，当气流速率介于两个速率之间时为流化床。

流化床气化炉与流化床锅炉不同，后者炉内可始终保持氧化性气氛，排出的飞灰分离后按照一定的循环倍率返回锅炉内继续燃烧，最后排出的飞灰及灰渣含碳量很低。而前者必须保证流化床炉内料层中有一定的碳含量，才能进行气化还原反应和水煤气反应，生产 CO+H_2。

在流化状态下，为了防止气化炉结渣，操作温度需控制在灰熔点以下约 150 ℃的温差。由此降低气化温度，影响气化强度和气化炉产能下降，但可以防止炉内结渣。流化床气化工艺可以分为循环流化床气化炉、灰熔聚流化床气化炉及复合型流化床气化炉等；压力可以分为常压气化和加压气化；气化剂可以分为富氧气化和纯氧气化。

流化床气化选择气化煤时，一般选择反应性好、活性高、无黏结性的年轻煤或形成年代较短的长焰煤和褐煤等，对原料的粒度要求＜10 mm，对含灰量较高的劣质煤也能气化，煤种适应性较好。通常流化床内温度在 900～1000 ℃范围内，工艺过程易于控制。由于气化温度较低，煤气出口温度为 900 ℃左右。

五、气流床气化选煤

以干煤粉或水煤浆为原料，氧气（或空气）为气化剂，当气流速率高于颗粒（原料颗粒）极限沉降速率时呈气流状。在气流床层中进行气固非均相和均相反应，生成合成气的过程，称为气流床气化。其过程是粉煤被气化剂（水蒸气和氧）夹带通过气化喷嘴进入气化炉内，气化剂和粉煤均匀混合，瞬时着火，形成火焰，温度高达 2000 ℃。粉煤和气化剂在火焰中做并流流动，粉煤急速燃烧和气化，反应时间只有几秒钟，氧化放热与气化吸热反应几乎同时进行。在火焰端部，即煤气离开气化炉前，碳全部氧化还原耗尽。在高温下，所有的干馏产物都被分解，只含有微量的烃类物质，气化产物含有 CO、H_2、CO_2、H_2O 等。煤颗粒各自被气流隔开，单独裂解、膨胀、软化、烧尽直到形成熔渣。煤的黏结性对气流床煤气化过程几乎没有影响，煤中灰分以熔渣形式排出炉外。气流床气化工艺可以分为气流床干煤粉气化炉和气流床水煤浆气化炉；压力可以分为常压气化和加压气化；气化剂可以分为纯氧气化和空气气化。

气流床气化选择气化煤时，对干煤粉气化工艺，一般除强黏结性煤外，无烟煤、烟煤和褐煤等几乎所有煤种灰熔点不宜过高，$ST(t_2) \leqslant 1500$ ℃为宜；对水煤浆气化工艺，一般除不可成浆煤外，无烟煤、烟煤等煤种灰熔点适中，$ST(t_2) \leqslant 1250$ ℃为宜。

第二节 气化煤煤质分级

现代煤化工气化用煤技术条件要求应以《煤化工用煤技术导则》（GB/T 23251—2021）、《商品煤质量　固定床气化用煤》（GB/T 9143—2021）、《商品煤质量　流化床气化用煤》（GB/T 29721—2023）、《商品煤　气流床气化用煤》（GB/T 29722—2021）、《商品煤质量　直接液化用煤》（GB/T 23810—2021）等为依据。对于气化煤较为重要的煤质指标主要包括灰分、硫分、水分、挥发分、发热量、煤灰熔融性温度、化学反应性、黏结指数、灰成分、结渣性、热稳定性、机械强度等。此外还应采用安全、经济、效率、环境指标等进行综合评价。

1. 煤灰分分级

根据《煤炭质量分级　第 1 部分：灰分》（GB/T 15224.1—2018）规定，煤灰分以干燥基 $A_d(\%)$ 为基准分为 5 级，见表 5-3。

2. 煤硫分分级

根据《煤炭质量分级　第 2 部分：硫分》（GB/T 15224.2—2021）规定，煤硫分以干燥基 $S_{t,d}(\%)$ 为基准分为 5 级，见表 5-4。

3. 煤全水分分级

根据《煤的全水分分级》（MT/T 850—2000）规定，煤全水分 M_t 分为 6 级，见表 6-1。

表 6-1　煤全水分分级

序号	全水分(M_t)分级范围/%	
1	特低全水分煤（SLM）	≤6.0
2	低全水分煤（LM）	>6.0～8.0
3	中等全水分煤（MLM）	>8.0～12.0
4	中高全水分煤（MHM）	>12.0～20.0
5	高全水分煤（HM）	>20.0～40.0
6	特高全水分煤（SHM）	>40.0

4. 煤挥发分分级

根据《煤的干燥无灰基挥发分分级》（MT/T 849—2000）规定，煤的干燥无灰基挥发分分为 6 级，见表 6-2。

表 6-2　煤干燥无灰基挥发分分级

序号	干燥无灰基挥发分(V_{daf})分级范围/%	
1	特低挥发分煤（SLV）	≤10.00
2	低挥发分煤（LV）	>10.00～20.00
3	中等挥发分煤（MV）	>20.00～28.00
4	中高挥发分煤（MHV）	>28.00～37.00
5	高挥发分煤（HV）	>37～50
6	特高挥发分煤（SHV）	>50

5. 煤固定碳分级

根据（GB/T 212—2008）规定，煤的固定碳按干燥基（FC_d）分为 6 级，见表 6-3。

表 6-3　煤固定碳分级

序号	按干燥基(FC_d)固定碳分级范围/%	
1	特低固定碳煤 SLFC	<45.00
2	低固定碳煤 LFC	>45.01～55.00
3	中等固定碳煤 MFC	>55.01～65.01
4	中高固定碳煤 MHFC	>65.01～75.00
5	高固定碳煤 HFC	>75.01～85.00
6	特高固定碳煤 SHFC	>85.01

6. 煤发热量分级

根据《煤炭质量分级　第 3 部分：发热量》（GB/T 15224.3—2022）规定，煤的发热量按干燥基恒容高位发热量（$Q_{gr,d}$）分为 6 级，见表 5-1。

7. 烟煤黏结指数分级

根据《烟煤黏结指数分级》（MT/T 596—2008）规定，烟煤黏结指数分为 5 级，见表 5-23。

8. 煤灰熔融性温度分级

根据《煤灰熔融性温度分级》（MT/T 853.1—2000）规定，煤灰熔融性软化温度 ST 分为 5 级，见表 6-4。

表 6-4　煤灰熔融性软化温度分级

序号	煤灰熔融性软化温度(ST)分级范围/℃	
1	低软化温度灰（LST）	≤1100
2	较低软化温度灰（RLST）	>1100～1250
3	中等软化温度灰（MST）	>1250～1350
4	较高软化温度灰（RHST）	>1350～1500
5	高软化温度灰（HST）	>1500

9. 煤化学反应性分级

煤化学反应性（a）分为 3 级，见表 6-5。

表 6-5　煤化学反应性分级（950 ℃）

序号	化学反应活性(a)分级范围/%	
1	化学反应活性弱煤	≤20
2	化学反应活性中等煤	20～30
3	化学反应活性强煤	>30

10. 煤热稳定性分级

根据《煤的热稳定性分级》（MT/T 560—2008）规定，煤的热稳定性（TS_{+6}）分为 4 级，见表 6-6。

表 6-6　煤热稳定性分级

序号	煤的热稳定性(TS_{+6})分级范围/%	
1	低热稳定性煤（LTS）	≤60
2	中热稳定性煤（MTS）	>60～70
3	中高热稳定性煤（MHTS）	>70～80
4	高热稳定性煤（HTS）	>80

11. 煤落下强度分级

根据《商品煤质量固定床气化用煤》（GB/T 9143—2021）规定中表 3 所列的"固定床气化用煤其它指标要求"，明确规定固定床气化煤的落下强度 $S_{25}>60\%$。而气化煤落下强度的测定应按照 GB/T 15459—2006 国标执行。参照国内煤化工行业煤落下强度分级惯例可分为四级，煤落下强度分级指标见表 6-7。

表 6-7　煤落下强度分级指标

序号		煤的落下试验法 25 mm (S_{25}) 分级范围/%
1	高强度煤	>65
2	中强度煤	>50~65
3	低强度煤	>30~50
4	特低强度煤	≤30

按照表 6-7 所示,固定床气化用煤落下强度应是中强度及以上的煤种。

12. 煤的焦油产率分级

煤的焦油产率 $T_{ar,d}$ 分为 3 级,见表 6-8。

表 6-8　煤的焦油产率 $T_{ar,d}$ 分级

序号		煤的焦油产率 ($T_{ar,d}$) 分级范围/%
1	高油煤	>12
2	富油煤	>7~12
3	含油煤	≤7

13. 煤炭粒度分级

根据《煤炭产品品种和等级划分》(GB/T 17608—2022)规定,煤炭产品(含 12 个类别)按粒度不同分为 12 级,见表 6-9。

表 6-9　煤炭产品粒度分级

序号		煤炭产品粒度分级范围/mm
1	特大块	>100
2	大块	>50~100
3	混大块	>50
4	中块	>25~50,>25~80
5	小块	13~25
6	混中块	>13~50,>13~80
7	混块	>13,>25
8	混粒煤	>6~25
9	粒煤	>6~13
10	混煤	<50
11	末煤	<13,<25
12	粉煤	<6

14. 煤哈氏可磨性指数分级

根据《煤的哈氏可磨性指数分级》(MT/T 852—2000)规定,煤的哈氏可磨性指数(HGI)分为 5 级,见表 6-10。

表 6-10 煤的哈氏可磨性指数分级

序号	哈氏可磨性指数(HGI)分级范围	
1	难磨煤（DG）	≤40
2	较难磨煤（RDG）	>40~60
3	中等可磨煤（MG）	>60~80
4	易磨煤（EG）	>80~100
5	极易磨煤（UEG）	>100

第三节 固定床气化炉用煤质量要求

一、固定床气化用煤标准

1. 气化煤标准选择

固定床气化炉主要采用不黏结性或弱黏结性无烟煤、烟煤和褐煤，适用煤种范围较广，但对气化用煤的灰熔点、化学活性、热稳定性、抗碎强度、灰分及入炉煤粒度等均有严格的用煤质量标准要求。根据《煤化工用煤技术导则》（GB/T 23251—2021）国标，对固定床煤气化用原料煤质量进行了相应的规定，对其用煤技术要求、试验方法、质量检验等做出了一系列规定。

2. 气化煤质量要求

GB/T 23251 对固定床煤气化选择原料煤质量的具体要求见表 6-11。

表 6-11 固定床煤气化用原料煤质量要求

项目	单位	质量要求		
粒度	mm	>6~100		
块煤限下率 $P_{-6\,mm}$	%	无烟煤	烟煤	褐煤
		<20.0		
全水分 M_t	%	无烟煤	烟煤	褐煤
		≤10.0	≤20.0	≤35.0
灰分 A_d	%	无烟煤	烟煤	褐煤
		≤25.00		
煤灰熔融性软化温度 ST	℃	≥1250（固态排渣）		
煤灰熔融性流动温度 FT	℃	≤1450（液态排渣）		
黏结指数 $G_{R,I}$	%	≤30		—
热稳定性 TS_{+6}	%	无烟煤	烟煤	褐煤
		>80.0	>60.0	>50.0
落下强度 S_{25}	%	>60.0		
磷 $[w(P_d)]$	%	≤0.100		
氯 $[w(Cl_d)]$	%	≤0.100		
砷 $[w(As_d)]$	μg/g	≤20		
汞 $[w(Hg_d)]$	μg/g	≤0.600		

对于固定床原料采用块煤或碎煤,无论哪种原料,块煤限下率 $P_{-6\,mm}<20.0\%$,灰分(A_d)均 $A_d\leqslant25\%$,根据煤种不同,全水分 M_t 最高≤35.0,最低≤10.0,热稳定性 TS_{+6} 最高>80.0,最低>50.0,落下强度均应大于60%,黏结指数 $G_{R,I}\leqslant30$。煤灰熔融性软化温度 ST 根据固定床气化炉排灰的不同,对固态排渣气化炉,$ST\geqslant1250\,℃$,对液态排渣气化炉,≤1450 ℃;对于灰分含量 $A_d\leqslant18\%$ 时,ST 可放宽至≥1150 ℃;无烟煤作为气化用煤,块煤粒度不宜过大,以13~25 mm 为宜,烟煤以25~50 mm 为宜。对应的比较典型的固定床气化炉有鲁奇加压气化炉、赛鼎碎煤加压气化炉和液态排渣的 BGL 加压气化炉等国内外固定床气化工艺。

3. 气化煤等级划分

由于 GB/T 23251 对固定床煤气化用原料煤的硫分、灰分和全水分等指标没有进行分级,为了将这些指标进行细分,更加有利于固定床气化的要求,《商品煤质量 固定床气化用煤》GB/T 9143—2021 标准,对有些指标进行了相应的细分要求,见表 6-12A、表 6-12B、表 6-12C。

表 6-12A 固定床气化用煤的灰分等级划分

灰分等级	A1	A2	A3
指标要求 A_d/%	$A_d\leqslant10.00$	$10.00<A_d\leqslant20.00$	$20.00<A_d\leqslant25.00$

注:对于固定床全部气化煤种,分为三个等级,按其不同等级,对灰分要求也不同。

表 6-12B 固定床气化用煤的全硫分等级划分

全硫等级	S1	S2	S3
指标要求 $w(S_{t,d})$/%	$w(S_{t,d})\leqslant1.00$	$1.00<w(S_{t,d})\leqslant2.00$	$w(S_{t,d})>2.00$

注:现代煤化工项目可以利用高硫煤生产硫相关产品,固定床气化允许使用全硫 $w(S_{t,d})>3.00$ 的煤。

表 6-12C 固定床气化用煤的全水分等级划分

全水分等级	无烟煤	低挥发分煤	高挥发分煤	褐煤
指标要求 M_t/%	≤10.0	≤10.0	≤20.0	≤35.0

注:对于烟煤的全水分按照挥发分要求,分为低挥发分和高挥发分两个等级,其全水分要求也不同。

将表 6-12A 灰分等级和表 6-12B 全硫分等级按类别+灰分等级+全硫等级进行组合产品编码方式(GDQH-类别-A-S),如:GDQH-WY-A1-S3 或 GDQH-LVYM-A1-S3 表示,共计有 36 个品种。此外对煤灰黏度范围规定为:5~25 Pa·s,温度变化范围>50 ℃。

二、固定床气化炉一般用煤要求

1. 用煤控制要素

固定床气化煤从理论上分析,大部分煤种都可以用于固定床气化用煤,但从技术经济角度分析,某些煤种不宜作为固定床气化煤种。首先看固定床气化煤种主要控制要素有:黏结性、胶质层厚度、排渣特性及结渣性、原料煤粒度、块煤限下率、热稳定性、抗碎强度、收到基低位发热量、煤灰熔融性软化温度、煤对二氧化碳反应性、灰分、硫分、水分及微量有害元素等。选择最适宜的固定床气化煤主要控制要素指标,以保证气化炉能够长期稳定运行。

当固定床用煤的灰熔点温度较低，则固定床气化温度低，碳转化率低<80%；固定床气化操作压力对气化反应影响较小，但对后续煤气的压缩增压影响很大，常压气体压缩动力消耗较高。固定床气化温度选择，对固态排渣气化炉，如鲁奇炉气化温度为1200℃左右；对液态排渣气化炉，如BGL熔渣气化炉的气化温度为1400℃左右。一般气化压力为常压和低压（1 MPa），鲁奇炉气化压力为2.5~4.0 MPa；BGL熔渣气化炉的气化压力为2.5~4.0 MPa。

固定床的气化炉规模更倾向于用在中小化肥厂、甲醇厂和生产甲烷气行业。气化剂一般采用空气、富氧空气或纯氧作为氧化剂，不同的煤化工产品对煤质和气化剂的要求有明显的不同。煤质对固定床气化有重要的影响，不同类型的气化炉对不同煤质具有适应性，采取符合设计煤种或校核煤种的煤质应尽量与气化炉工艺匹配。

2．一般用煤控制指标

根据目前固定床气化运行经验、数据和国标对固定床气化煤的质量要求，表6-13给出了固定床煤气化用原料煤的一般质量控制指标。

表6-13　固定床煤气化用原料煤的一般质量控制指标

序号	项目	单位	指标范围
1	气化煤种	—	非黏结性或弱黏结性煤
2	黏结指数$G_{R.I}$/罗加指数RL	—	$G_{R.I} \leq 20$ 或 $RL \leq 25$
3	胶质层厚度	mm	$Y<12$
4	坩埚膨胀序数	—	$CSN \leq 2$
5	排渣特征	—	固态排灰（渣）
6	粒度	mm	20~40，25~50，30~50
7	最大粒度/最小粒度	—	2~5
8	块煤限下率	%	$P_{-6mm}<10$
9	含矸率	%	≤ 2
10	全水分	%	$M_t<15\%~25\%$（水分越低越好）
11	干基灰分	%	A_d 6~18（灰分越低越好）
12	干基全硫分	%	$S_{t,d} \leq 2$
13	干基挥发分	%	$V_d \geq 20$
14	热稳定性	%	$TS_{+6}>55$
15	抗碎强度	%	$S_{25}>60$
16	灰熔融性温度	℃	$HT>1200$ ℃
17	灰软化温度	℃	$ST>1250$ ℃
18	收到基低位发热量	MJ/kg	$Q_{net,v,ar}>27$
19	气化炉操作温度	℃	950~1300 ℃
20	磷$[w(P_d)]$	%	≤ 0.100
21	氯$[w(Cl_d)]$	%	≤ 0.100
22	砷$[w(As_d)]$	μg/g	≤ 20
23	汞$[w(Hg_d)]$	μg/g	≤ 0.600

三、常压固定床气化煤质量指标

常压固定床入炉气化煤，对用煤质量要素的主要控制指标有一定的要求，选择合理的要素控制指标就能保证气化炉的正常运转。常压固定床气化炉用煤主要要素指标如下。

1. 粒度指标

当粒度太小时,虽然提高了煤粒的接触反应面积,但会使炉内料层气流阻力增大,炉况不稳定,还会使出炉煤气中夹带较多的煤尘,造成设备和管道堵塞。当粒度过大时,正好相反,也不利于炉内煤料完全气化。单段式煤气炉,入炉煤粒度以 25~50 mm 为宜,最大粒度/最小粒度比控制在 5 左右,入炉煤中小于 2 mm 的粉煤控制在<1.5%,小于 6 mm 的细粒煤应控制在<5%。

2. 黏结性指标

当采用黏结性较强的烟煤,加热到 300~400 ℃时,会出现黏结与膨胀,使较小的煤颗粒粘接成较大的团块,导致气流分布不均匀,阻碍料层下移,导致炉内气化过程恶化,因此,对烟煤的黏结性控制指标为:胶质层厚度 Y 值<10 mm,坩埚膨胀序数 $CSN<2$,黏结指数<20,焦渣特性$_{(1\sim8)}$<3 等。

3. 灰熔点指标

灰熔点是判断煤在炉内气化过程中是否容易结渣的重要指标,当 $A_d<18\%$ 时,要求 $ST\geqslant 1150$ ℃;当 $A_d>18$ 时,要求 $ST\geqslant 1250$ ℃。

4. 热稳定性指标

热稳定性指标 $TS_{+6}>55$。

5. 抗破碎强度

抗碎强度 $S_{25}>60$。

6. 灰分指标

煤的灰分愈多,排渣中的碳损失愈多。气化效率与产气率降低时,煤中灰分<15%为宜,应越低越好。

7. 水分指标

煤的水分多不利于气化反应,水分过多会因蒸发而吸收大量的热,不仅降低了气化反应过程的热效率,生成较多的二氧化碳和水蒸气,也降低了煤气热值,煤中的水分最好<10%。

四、固定床二段炉气化煤质量指标

固定床二段炉气化用煤主要要素指标为:粒度、煤质黏结性、灰熔点、灰发分、热稳定性、水分、机械强度。煤气炉作为将煤炭由固态能量转化为气态洁净能源的主要设备,计划煤种的选择至关重要。直接关系到整体气化效率,两段式煤气发生炉适宜不黏煤、弱黏煤、长焰煤等烟煤,也可以气化质量较好的褐煤。相对一段炉而言,两段炉选用煤种范围较宽。但是对气化用煤的具体指标要求较严格。固定床二段炉用煤主要指标要求如下。

1. 粒度指标

由于二段炉的干馏段和气化段料层总高度为 6~8 m,比一段炉料层要高得多,因此对入炉煤粒度要求更严格，以满足料层高度变化和炉内流体力学、传热传质的要求。若煤的粒度悬殊，会减少床层内的间隙度和增加炉内阻力，降低气化强度和煤气产量。有数据显示，入炉煤中粒度小于 10 mm 的大于 24% 时，两段炉的气化效率将会下降 25%。两段炉粒度主要以 20～40 mm 为宜，粒度分布 20～40 mm 占 70%；40～60 mm 占 10%；粒度＞60 mm，占比＜5%；粒度 15～20 m，占比＜10%；粒度＜15 m，占比＜5%。

2. 黏结性指标

对煤的黏结性要求基本同一段炉相同。

3. 灰熔点指标

单段炉通常要求 $ST>1250$ ℃。两段炉气化用煤的灰熔点应比一段炉高一点，当 $A_d>18$ 时，要求 $ST \geqslant 1300$ ℃，使得气化过程中既能满足炉内各层次反应热量需求，又不会出现熔渣和挂渣现象。

4. 热稳定性指标

两段炉 $TS_{+6}>60\%$。

5. 抗破碎强度指标

通常二段炉内煤层厚在 6 m 以上，为防止煤在炉内下移过程中产生挤压与摩擦破碎，要求二段炉用煤比单段炉用煤具有更高的抗碎强度 S_{25}，为 60～65。

6. 挥发分指标

二段炉结构可降低煤气携带量，要求煤中挥发分含量相应提高，煤中干燥无灰基挥发分含量以不低于 25% 为宜，固定碳/挥发分应大于 1。

7. 水分指标

煤水分含量高，对气化操作是不利的，二段炉水分应控制在 15%～25% 的范围。

第四节　流化床气化用煤质量要求

一、流化床气化用煤标准

1. 气化煤标准选择

流化床气化炉因其气化温度低，气流速度较高，向上移动的气流使其原料煤细颗粒物料在流化床内呈沸腾状态的气化过程，停留时间较固定床短得多，一般要求使用气化反应性较好的原料煤。因此流化床主要选择低阶褐煤、长焰煤和不黏煤或弱黏结性煤，适用煤种范围较广。但对气化用煤的灰熔点、化学活性、灰分、硫分、水分及入炉煤粒度等均有严格的用煤质量标准要求。根据《煤化工用煤技术导则》（GB/T 23251—2021）国标，对流化床煤气化用原料煤质量进行了相应的规定，对其用煤技术要求、试验方法、质量检验等做出了一系列规定。

2. 气化煤质量要求

GB/T 23251 对流化床煤气化选择原料煤质量的要求见表 6-14。

表 6-14 流化床煤气化用原料煤质量要求

项目	单位	质量要求
全水分 M_t	%	≤40.00
灰分 A_d	%	≤40.00
煤灰熔融性软化温度 ST	℃	≥1150
950 ℃下，煤对 CO_2 反应性 α	%	≥60.0
黏结指数 $G_{R.I}$	%	≤50
磷 $[w(P_d)]$	%	≤0.100
氯 $[w(Cl_d)]$	%	≤0.100
砷 $[w(As_d)]$	μg/g	≤20
汞 $[w(Hg_d)]$	μg/g	≤0.600

我国流化床气化炉较早是从苏联引进（Winkler炉），如吉化就以舒兰、营城等褐煤和长焰煤为气化原料煤；兰州化肥厂以甘肃窑街和阿干镇的长焰煤、不黏煤作为气化原料煤。流化床气化的用煤粒度以 5～8 mm 的小粒度煤为宜。根据煤种不同，全水分 M_t≤40.0，黏结指数 $G_{R.I}$≤50，煤灰熔融性软化温度 ST≥1150 ℃。对应的比较典型的流化床气化炉有美国 U-gas 灰熔聚流化床气化炉、国产 CAGG 灰黏聚流化床气化炉、国产 ICC 灰熔聚流化床气化炉、中合循环流化床气化炉等国内外流化床气化工艺。

3. 气化煤等级划分

由于 GB/T 23251 对流化床煤气化用原料煤的全水分、灰分、硫分、反应活性和黏结指数等指标没有进行分级，为了将这些指标进行细分，有利于流化床气化的要求，引用《商品煤质量 流化床气化用煤》GB/T 29721—2023 标准，对这些指标进行了相应的分级要求，根据流化床气化用原料煤技术条件，规定了流化床气化用煤的全水分 M_t 分为 3 个等级，灰分 A_d 分为 4 个等级，全硫分 $S_{t,d}$ 分为 3 个等级，反应性 α 和黏结指数 $G_{R.I}$ 各分为 2 个等级，见表 6-15。

表 6-15 流化床气化用原料煤的技术要求和测定方法

项目	级别	技术要求	测定方法
全水分 M_t	Ⅰ级	≤10.0	GB/T 211
	Ⅱ级	>10.0～20.0	
	Ⅲ级	>20.0～40.0	
灰分 A_d	Ⅰ级	≤10.00	GB/T 212
	Ⅱ级	>10.00～20.00	
	Ⅲ级	>20.00～30.00	
	Ⅳ级	>30.00～40.00	
全硫分 $S_{t,d}$	Ⅰ级	≤1.00	GB/T 214 GB/T 25214
	Ⅱ级	>1.00～2.00	
	Ⅲ级	>2.00～3.00①	
煤灰熔融性软化温度 ST	—	≥1050	GB/T 219
950 ℃下，煤对 CO_2 反应性 α	Ⅰ级	>80.0	GB/T 220
	Ⅱ级	>60.0②～80.0	
黏结指数 $G_{R.I}$	Ⅰ级	≤20	GB/T 5447
	Ⅱ级	>20～50	

① 全硫大于 3.00%的煤也可用于流化床气化。
② 950 ℃下，煤对 CO_2 反应性小于 60.0%可适用于灰熔聚流化床气化。

二、流化床气化用煤不同标准分析

1. 现有国标用煤要素指标

流化床气化用煤现有国标 GB/T 29721—2023 的主要指标参数有：灰分、全水分、煤灰熔融性软化温度、反应活性、黏结指数等相关的技术要求，对相关指标级别控制得比较紧。但随着流化床气化技术的发展和应用，对煤种的应用范围进一步得到扩展，煤质指标也进一步得到放宽，并可以适应新型流化床气化炉的气化要求。因此对原料煤的检测质量指标要求也有了新的变化和需求。流化床气化煤中的灰分、硫分和磷、氯、砷、汞等有害元素指标已成为流化床气化煤关注的重点要素。因而最新的流化床气化商品煤的控制指标意见稿也以灰分、硫分两个主指标为基准等级进行划分。

2. 现有国标不同用煤要素指标比较

国标 GB/T 29721—2023《商品煤质量 流化床气化用煤》、GB/T 23251—2021《煤化工用煤技术导则》在流化床用煤的质量指标方面有一些区别，灰分等级、全硫分等级和全水分等级指标的差异比较见表 6-16A、表 6-16B 和表 6-16C。

表 6-16A 流化床气化用煤的灰分等级划分

灰分等级	A1	A2	A3
GB/T 23251—2021 A_d/%	≤40.00		
GB/T 29721—2023 A_d[①]/%	A_d≤15.00	15.00<A_d≤30.00	30.00<A_d≤40.00

① 对于流化床气化煤种，灰分分为三个等级，按其不同等级，对灰分要求也不同。

表 6-16B 流化床气化用煤的全硫分等级划分

全硫分等级	S1	S2	S3
GB/T 23251—2021 $\omega(S_{t,d})$/%	流化床可使用 $S_{t,d}$>2.00 的煤，对全硫分未提分级指标[①]		
GB/T 29721—2013 $\omega(S_{t,d})$/%	$\omega(S_{t,d})$≤1.00	1.00ω<$w(S_{t,d})$≤2.00	$\omega(S_{t,d})$>2.00

① 现代煤化工项目可以利用高硫煤生产硫相关产品，流化床气化允许使用全硫 $\omega(S_{t,d})$>2.00 的煤。

表 6-16C 流化床气化用煤的全水分等级划分

全水分等级	无烟煤	低挥发分煤	高挥发分煤	褐煤
GB/T 23251—2021 M_t/%	M_t≤40.0			
GB/T 29721—2013 M_t/%	M_t≤40.0[①]			

① 入炉煤控制总水分，采用预干燥，水分指标已经不是重点关注质量指标。

三、流化床气化煤质量指标

流化床气化煤从技术经济角度分析，有些煤种不宜作为流化床气化煤种。一般用煤要素指标主要有灰分、全硫分、全水分、微量有害元素、黏结性、结渣性及煤灰熔融性温度、煤对二氧化碳反应性等。选择适宜的流化床气化煤，一般用煤质量指标如下。

1. 灰分指标

表 6-16A 流化床气化用煤的灰分等级划分表明国标 GB/T 23251 导则已把流化床煤灰分

由 $A_d \leqslant 25.00$，放宽到 $A_d \leqslant 40.00$。所以《商品煤质量　流化床气化用煤》（GB/T 29721—2023）将灰分的三个等级也分别提高为：A1 级，$A_d \leqslant 15.00$；A2 级，$15.00 < A_d \leqslant 30.00$；A3 级，$30.00 < A_d \leqslant 40.00$。原来流化床气化用煤主要以陕北、鄂尔多斯、新疆等地的长焰煤和不黏煤为主，灰分含量总体上较低，国标 GB/T 29721 标准能够适应这种灰分煤的应用要求。后来山西、贵州、蒙东等地区试用煤的流化床气化用煤灰分要比陕北、鄂尔多斯、新疆的灰分高，而这些较高灰分的煤也能满足新型流化床气化的要求。因此灰分等级范围划分指标就得到提高和放宽，使标准要求指标与高灰分流化床气化煤相匹配。

2. 全硫分指标

表 6-16B 流化床气化用煤的全硫分等级划分表明国标 GB/T 23251 导则已把流化床煤全硫分 $S_{t,d} > 2.00$ 作为总控制指标，这是因为利用高硫煤可以生产硫的相关产品，流化床气化允许使用高硫煤。所以 GB/T 29721—2023 标准仍然采用了国标 GB/T 29721 关于硫分的三个等级划分及指标范围。这也符合我国侏罗纪煤硫分普遍较低的情况，主要分布于陕北、内蒙古鄂尔多斯、宁夏、新疆等地的长焰煤和不黏煤，煤层煤硫分大多数为 0.5%～1.0%。而商品煤硫分（$S_{t,d}$）大多在 0.5% 以下。

3. 全水分指标

表 6-16C 流化床气化用煤的全水分等级划分表明国标 GB/T 23251 导则已把流化床煤全水分 $M_t \leqslant 40.0$ 作为总控制指标。流化床气化用煤的水分是消耗能耗的，水分越低越好，为了减少氧耗及避免输煤系统堵塞，商品煤流化床用煤意见版标准仍然采用了国标 GB/T 23251 导则的标准，只对原料煤中的全水分进行总量控制。虽然气化煤中的总水分会在流化床气化炉下部得到干燥，但炉内水分含量越高，干燥时间越长，氧耗越高。一般情况下循环流化床干燥后水分含量控制在 8%～12% 之间；灰熔聚流化床对烟煤、无烟煤干燥后水分含量控制在 5% 以内。因此流化床原料煤入炉前要求水分在炉外进行预干燥处理。

4. 微量有害元素指标

GB/T 23251 导则对流化床气化选择原料煤质量提出了对磷、氯、砷、汞等有害物质进行控制的指标，而且已经出台了 GB/T 20475 煤中有害元素含量分级系列标准。因此 GB/T 29721—2023 采用了对有害元素的控制指标及各种有害元素的含量检测要求。

5. 黏结性指标

强黏结性的煤容易使流化床气化炉结渣，因此 GB/T 29721—2023 采用了流化床气化用原料煤的黏结指数 $G_{R.I} < 50$ 为宜。

6. 结渣性及煤灰熔融性温度指标

我国煤的煤灰软化温度大部分为 1050～1150 ℃，煤中矿物质由于灰分的软化熔融而黏结成渣的能力称为结渣性。对流化床气化，即使黏结少量炉渣也会破坏正常的流化状态。因此煤灰熔融性温度越低，结渣性越严重。故 GB/T 23251 导则已经将软化温度 $ST > 1150$ ℃，提高了 100 ℃，以避免流化床内气化高温区结渣，破坏流化床正常操作。

7. 煤对二氧化碳反应性指标

流化床气化工艺要求原料煤的反应性高，因此褐煤、长焰煤、不黏煤、弱黏煤等是流化床气化工艺的最适宜煤种，GB/T 23251 导则已经要求流化床的反应性在 950 ℃时，煤对 CO_2

的 $\alpha \geqslant 60\%$，最好 $\alpha \geqslant 80\%$。

流化床对床温的稳定性控制比固定床更为严格，气化操作温度一般控制在 950～1050 ℃ 之间。由于流化床气化温度较低，碳转化率低，需要原料煤的反应活性高。气化操作压力对气化反应影响不大，但对后续煤气压缩影响很大，气体压缩动力消耗较高。一般流化床气化炉的压力为常压和低压（1 MPa）。流化床通常用空气或富氧空气作为氧化剂，不同的煤化工产品对煤质和气化剂的要求也不同。

8. 流化床气化煤的一般控制指标

根据目前流化床气化运行经验、数据和国标对流化床气化煤的质量要求，表 6-17 给出了流化床气化煤的一般控制指标。

表 6-17 流化床气化煤的一般控制指标

序号	项目	单位	指标范围
1	气化煤种	—	非黏结性或弱黏结性煤
2	黏结指数		$G_{R,I} \leqslant 50$
3	排渣特征	—	固态排灰（渣）
4	粒度	mm	5～8
5	全水分	%	$M_t \leqslant 40$（水分越低越好）
6	循环流化床	%	M_d 为 8～12
7	灰熔聚流化床（无烟煤、烟煤）	%	M_d 约 5
8	干基灰分	%	A_d 15～40（灰分越低越好）
9	干基全硫分	%	$S_{t,d}$ 1～2，$S_{t,d} \geqslant 2$ 也能气化
10	灰熔融性温度	℃	$HT > 1050$ ℃
11	灰软化温度	℃	$ST > 1150$ ℃
12	气化炉操作温度	℃	950～1050
13	磷 [$w(P_d)$]	%	$\leqslant 0.100$
14	氯 [$w(Cl_d)$]	%	$\leqslant 0.100$
15	砷 [$w(As_d)$]	μg/g	$\leqslant 20$
16	汞 [$w(Hg_d)$]	μg/g	$\leqslant 0.600$

第五节 水煤浆气流床气化用煤质量要求

一、水煤浆气化用煤选择标准

1. 气化煤标准选择

气流床气化反应温度高，原料煤适应性广，无烟煤、烟煤、褐煤、石油焦等均可适用，但主要气化微黏结性和弱黏结性煤。水煤浆气化还可采用有机废液、废油、危废、垃圾飞灰等含碳原料。多为高压条件气化，大分子物质可被完全裂解和转化，合成气中不含酚类、芳烃类物质，气化过程清洁高效，碳转化率高达 99%，是新型煤气化发展的主流工艺。一般水煤浆气化煤适用性范围广，但对气化煤的灰熔点、成浆浓度、化学反应性、灰分、水分及哈氏可磨性指数等均有用煤质量标准要求。根据国标《煤化工用煤技术导则》（GB/T 23251—

2021）标准，对水煤浆气流床气化用原料煤质量进行了相应的指标要求，并对其用煤技术要求、试验方法、质量检验等做出了规定。

2. 气化煤质量要求

GB/T 23251—2021 对水煤浆气流床煤气化用原料煤质量的具体指标要求见表 6-18。

表 6-18 水煤浆气流床煤气化用原料煤质量要求

项目	单位	质量要求		
全水分（M_t）	%	无烟煤	烟煤	褐煤
		≤10.00	≤20.00	≤35.00
灰分（A_d）	%	≤25.00		
成浆浓度 C	%	无烟煤	烟煤	褐煤
		>60	>55	>45
煤灰熔融性流动温度 FT	℃	≥1100～1350（热壁炉）		
		≥1100～1450（冷壁炉）		
哈氏可磨性指数 HGI	—	≥40		
磷 [$w(P_d)$]	%	≤0.100		
氯 [$w(Cl_d)$]	%	≤0.100		
砷 [$w(As_d)$]	μg/g	≤20		
汞 [$w(Hg_d)$]	μg/g	≤0.600		

3. 气化煤等级划分

由于 GB/T 23251 对水煤浆气流床煤气化用原料煤质量灰分、全硫等指标没有进行分级，为了将这些指标进行细分商品化，有利于气流床用煤气化的技术要求，国标《商品煤质量 气流床气化用煤》（GB/T 29722—2021）对这些指标进行了相应的分级要求，根据水煤浆气流床气化用煤标准，规定了水煤浆气化用煤的灰分 A_d 分为 3 个等级，全硫 $S_{t,d}$ 分为 3 个等级。成浆浓度 C 按煤种分为 3 个指标，哈氏可磨性指数按可磨程度分为 2 个指标，具体见表 6-19。

表 6-19 气流床气化用煤技术要求

项目	级别和煤特征	技术要求	测定方法
灰分质量分数 A_d/%	A1	≤10.00	GB/T 212
	A2	>10.00～20.00	
	A3	>20.00～25.00	
硫分质量分数 $\omega(S_{t,d})$/%	A1	≤1.00	GB/T 214 GB/T 25214
	A2	>1.00～2.00	
	A3	>2.00①	
全水分质量分数 M_t/%	无烟煤	≤10.00	GB/T 211
	低挥发分烟煤	≤10.00	
	高挥发分烟煤	≤20.00	
	褐煤	≤35.00	
成浆浓度质量分数 C/%	低挥发分烟煤	>60	GB/T 18856.2 GB/T 25215
	高挥发分烟煤	>55	
	褐煤	>45	

续表

项目	级别和煤特征	技术要求	测定方法
煤灰熔融性流动温度 FT [2]	热壁炉	≥1100~1350	GB/T 219
	冷壁炉	≥1100~1450	
哈氏可磨性指数 HGI [2]	中等可磨煤	>65	GB/T 2565
	较难磨煤	>40~65	
黏结指数 $G_{R,I}$	微黏结煤	≤20	GB/T 5447
	弱黏结煤	>20~50	
煤灰黏度		5~25 Pa·s	

① 原料煤全硫含量大于3.00%的煤，也可用于水煤浆气流床气化。
② 参照《气流床气化用原料煤技术条件》（GB/T 29722—2013）。

对水煤浆液态排渣，热壁炉的熔融性流动温度 FT≤1350 ℃，对冷壁炉可放宽至 FT≤1450 ℃。超过这 2 个温度的气化煤需添加石灰石等助熔剂使 FT 值降至 1350 ℃和 1450 ℃以下，故其气化温度一般控制在 1350~1500 ℃。即要求气化温度大于煤灰的 FT 值 50~150 ℃的温差，以采用西北及华北地区灰熔点流动温度 FT 低的不黏煤、弱黏煤和长焰煤为宜。

二、水煤浆气化炉一般用煤要素

1. 用煤控制要素

水煤浆气流床气化煤从理论上讲，大部分煤种都可以气化，但从技术经济分析，某些特征的煤种不宜作为水煤浆气化煤种。水煤浆气化用煤主要质量控制要素有煤种、灰分、硫分、水分、微量有害元素、黏结性、结渣性及煤灰熔融性、煤对二氧化碳反应性等。选择最适宜的水煤浆气流床气化煤，以保证气化炉能够长期稳定运行。

2. 一般用煤控制指标

根据水煤浆气流床运行经验数据和国标对水煤浆气化煤的质量要求，表 6-20 给出了水煤浆气化用煤的一般控制指标。

表 6-20 水煤浆气化用煤的一般控制指标

序号	项目	单位	指标范围
1	气化煤种	—	不黏结性或弱黏结性煤
2	黏结指数		$G_{R,I}$≤50
3	排渣特征	—	液态排渣
4	无烟煤、低挥发分烟煤	%	M_t≤10
5	高挥发分烟煤	%	M_t≤20
6	褐煤	%	M_t≤35
7	干基灰分	%	<20（灰分越低越好）
8	干基全硫分	%	$S_{t,d}$ 1~2，$S_{t,d}$≥2 也能气化
9	煤灰熔融性流动温度（热壁炉）	℃	HT<1350
10	煤灰熔融性流动温度（冷壁炉）	℃	HT<1450
11	煤灰黏度	Pa·s	5~25
12	低挥发分烟煤水煤浆浓度	%	V_{daf} 为 10.00~20.00，C>60%，浓度越高越好

续表

序号	项目	单位	指标范围
13	高挥发分烟煤水煤浆浓度	%	$V_{daf} \geqslant 20.00\%$，$C>55\%$，浓度越高越好
14	褐煤水煤浆浓度	%	$V_{daf} \geqslant 37.00\%$，$C>45\%$，浓度越高越好
15	哈氏可磨性指数	—	HGI>40，越高越好
16	磷[$w(P_d)$]	%	≤0.100
17	氯[$w(Cl_d)$]	%	≤0.100
18	砷[$w(As_d)$]	μg/g	≤20
19	汞[$w(Hg_d)$]	μg/g	≤0.600

三、水煤浆气化煤质量指标

水煤浆气流床气化用煤适应性较广，煤种碳化程度有微弱黏结性和不黏结性，反应活性、成浆性和煤灰熔融性温度是衡量水煤浆煤种适应性的主要质量指标。最合适的水煤浆气化原料有长焰煤、弱黏煤、不黏煤等。热壁炉受耐火砖材料耐温因素的影响，对高灰熔点及高灰煤种使用范围受到相关的制约。对应比较典型的水煤浆气流床气化炉有美国 GE 炉、Destec 炉、国产多喷嘴炉、多元料浆炉、晋华炉等国内外水煤浆气流床气化工艺。一般对煤种质量指标要求如下。

① 灰分指标　GB/T 29722—2021 标准已把气流床煤灰分 $A_{d\%} \leqslant 25.00$ 作为总控制指标，气流床三个等级也分别为：A1 级，$A_d \leqslant 10.00$；A2 级，$10.00 < A_d \leqslant 20.00$；A3 级，$20.00 < A_d \leqslant 25.00$。水煤浆气化最好选择 $A_d < 20.00$ 为宜，灰分尽可能越低越好。

② 全硫分指标　GB/T 29722—2021 标准已把气流床煤全硫分 $S_{t,d} > 2.00$ 作为总控制指标，这是因为利用高硫煤可以生产硫的相关产品，水煤浆气化允许使用高硫煤。而陕北、内蒙古鄂尔多斯、宁夏、新疆的长焰煤和不黏煤硫分通常在 0.5%~1.0% 之间，因此气流床商品煤的硫分（$S_{t,d}$）大多在 0.5%~1.0% 之间。

③ 全水分指标　GB/T 29722—2021 标准已把水煤浆用煤全水分高挥发分烟煤 $M_t \leqslant 20$ 作为控制指标，褐煤 $M_t \leqslant 35$ 作为控制指标。气化用煤的水分是消耗能耗的，本来煤水分应越低越好，可以减少氧耗。但作为水煤浆气化，只对水煤浆浓度进行总量控制，且越高越好。因此水煤浆气化比干煤粉气化要多消耗 20% 左右的氧耗。

④ 微量有害元素指标　GB/T 23251 导则对水煤浆气化选择原料煤质量提出了对磷、氯、砷、汞等有害物质进行控制的指标，而且已经出台了 GB/T 20475 煤中有害元素含量分级系列标准。

⑤ 黏结性指标　强黏结性的煤容易使水煤浆气流床气化炉结渣，因此商品煤水煤浆气流床用煤控制原料煤的黏结指数 $G_{R.I} < 50$ 为宜，最好为 $G_{R.I} < 20$，宜采用长焰煤、弱黏煤和不黏煤。液态排渣水煤浆气流床，须采用灰低、煤灰熔融性温度低的煤。

⑥ 结渣性及煤灰熔融性温度指标　我国的煤灰软化温度大部分为 1050~1150℃，GB/T 23251 导则已经将水煤浆气化煤的流动温度（热壁炉）$FT < 1350$℃，冷壁炉高 100℃，以避免水煤浆气流床内气化高温区结渣。

灰渣的黏温特性与气化操作温度应该相匹配。一般情况下，控制煤灰熔融性温度以上 50~100℃ 为宜，确保水煤浆气化炉排渣顺利。对低煤灰熔融性温度、高黏度煤的工况，则以液态炉渣黏度作为控制目标，控制气化炉温度在最佳操作温度所对应的灰渣黏度，即 25～40 Pa·s 范围内。通过对煤灰黏温特性分析，结合灰渣黏度控制范围寻找出最佳气化炉操作控制温度。

⑦ 煤对二氧化碳反应性指标　水煤浆气流床工艺对原料煤的反应性有一定的要求，长焰煤、弱黏结煤和不黏煤是气流床气化工艺较适宜的煤种，煤的 CO_2 反应性应与气化炉操作温度相匹配。

⑧ 水煤浆浓度指标　水煤浆浓度是水煤浆气化煤质量的关键指标，远低于水煤浆浓度控制指标的气化煤，其能耗和消耗会大量增加，由此降低气化效率和有效气产出率，因此不宜作为水煤浆的气化煤。因煤种差异，水煤浆浓度控制指标一般约 55%～65%，其中褐煤水煤浆浓度最低，水煤浆浓度应尽可能提高，越高越好，同时灰渣的黏度适宜。

水煤浆添加剂控制，对灰熔融性温度过高的煤种，加入适量的助熔剂石灰石可以降低灰熔融性温度，一方面为了熔融态排渣的需要，同时也是为了在较低炉温下操作，提高耐火砖的使用寿命。

⑨ 水煤浆助熔剂指标　水煤浆流变性是影响水煤浆雾化和燃烧特性的重要因素，既有较好的剪切稀化效应，又要保证浆体泵送和雾化特性。由于煤是疏水性的，添加剂是改善煤表面亲水性，降低煤水表面张力，使煤粒充分润湿和均匀分散在少量水中，改善水煤浆的流动，降低水煤浆黏度，同时使煤粒在水中保持长期均匀分散。不同的煤种使用的添加剂不相同，添加量和添加方式也不相同。

⑩ 水煤浆气化炉操作条件　气化温度：水煤浆气化炉的气化温度控制在 1350 ℃左右，气化温度高，碳转化率高，一般碳转化率≥98%，煤气中有效成分（$CO+H_2$）≥80%，气化效率高。气化压力：水煤浆气化炉的气化压力为 2.5～8.7 MPa，虽然气化压力对气化反应影响不大，但对后续合成气压缩影响大，低压气化所需压缩动力消耗高，产能与甲醇合成气所需压力匹配。

第六节　干煤粉气流床气化用煤质量要求

一、干煤粉气化用煤标准

1. 气化煤标准选择

气流床干煤粉气化反应温度可高达 1700 ℃，原料煤适应性更广，无烟煤、烟煤、褐煤、石油焦及三高劣质煤等均可适用。对气化煤黏结性和入炉煤水分有一定要求。多为 2.5～4.0 MPa 高压下气化，煤中有机物被完全裂解和转化，合成气中不含酚类、芳烃类物质，气化过程清洁高效，碳转化率为 99%以上，是新型煤气化发展的主流工艺。一般干煤粉气化煤适用性范围广，对气化煤的灰熔点、化学反应性、灰分、水分、煤粒度及哈氏可磨性指数等均有用煤质量标准要求。根据国标《煤化工用煤技术导则》（GB/T 23251—2021），对干煤粉气流床气化用原料煤质量进行了相应的指标要求，并对其用煤技术要求、试验方法、质量检验等做出了规定。

2. 气化煤质量要求

GB/T 23251—2021 对干煤粉气流床煤气化用原料煤质量的具体指标要求见表 6-21。

表 6-21　干煤粉气流床用原料煤质量要求

项目	单位	质量要求		
		无烟煤	烟煤	褐煤
全水分（M_t）	%	≤10.00	≤20.00	≤35.00
灰分（A_d）	%	≤25.00		
煤灰熔融性流动温度 FT	℃	≤1450		
哈氏可磨性指数 HGI	—	≥40		
磷 [$w(P_d)$]	%	≤0.100		
氯 [$w(Cl_d)$]	%	≤0.100		
砷 [$w(As_d)$]	μg/g	≤20		
汞 [$w(Hg_d)$]	μg/g	≤0.600		

3. 气化煤等级划分

由于 GB/T 23251—2021 导则对干煤粉气流床煤气化用原料煤质量灰分、全硫、水分等指标没有进行分级，为了将这些指标进行细分商品化，有利于气流床用煤气化的技术要求。国标《商品煤质量　气流床气化用煤》GB/T 29722—2021 标准，对这些指标进行了相应的分级要求，根据干煤粉气流床气化用煤标准，规定了干煤粉气化用煤的灰分 A_d 分为 3 个等级；全硫 $S_{t,d}$ 分为 3 个等级。水分按煤种分为三个指标、哈氏可磨性指数按可磨程度分为 2 个指标。商品煤质量气流床气化用煤（干煤粉）见表 6-19 所示。

对干煤粉液态排渣，煤灰熔融性流动温度 FT≤1450 ℃，超过这个温度的气化煤可能需添加石灰石等助熔剂使 FT 值降至 1450 ℃以下，故其气化温度一般控制在<1500 ℃。即要求气化温度大于煤灰的 FT 值 50~150 ℃的温差，以采用西北及华北地区灰熔点流动温度 FT 低的不黏煤、弱黏煤和长焰煤为宜。

二、干煤粉气化炉一般用煤要素

1. 用煤控制要素

干煤粉气流床气化煤绝大部分煤种都可以气化，气化煤范围更宽，但从技术经济角度分析，某些特征的煤种不宜作为干煤粉气流床气化煤种。干煤粉气化炉一般用煤要求主要有煤种、黏结性、结渣性、煤灰熔融性、煤对二氧化碳反应性、灰分、硫分、水分、粒度及微量有害元素等。选择最适宜的干煤粉气流床气化煤，可以保证气化炉能够长期稳定运行。

2. 一般用煤控制指标

根据目前干煤粉气化运行经验数据和国标对干煤粉气化煤的质量要求，表 6-22 给出了干煤粉气化用煤的一般控制指标。

表 6-22　干煤粉气化用煤的一般控制指标

序号	项目	单位	指标范围
1	气化煤种	—	不黏结性或弱黏结性煤
2	黏结指数	$G_{R.I}$	$G_{R.I}$≤50
3	排渣特征	—	液态排渣（玻璃结晶体）
4	无烟煤、烟煤质量水分	%	M_d 为 2~6（入炉煤）（水分越低越好）

续表

序号	项目	单位	指标范围
6	褐煤质量水分	%	$M_d<8$（入炉煤）（水分越低越好）
7	干基灰分	%	<20（灰分越低越好）
8	干基全硫分	%	$S_{t,d}$ 1~2，$S_{t,d} \geq 2$ 也能气化
9	灰熔融性流动温度（水冷壁）	℃	$FT<1450$
10	煤灰黏度	Pa·s	5~25
11	煤粒度 5~90 μm	%	90%
12	煤粒度>90 μm	%	5%
13	煤粒度<5 μm	%	5%
14	哈氏可磨性指数	—	HGI>60 越高越好
15	磷[$w(P_d)$]	%	≤0.100
16	氯[$w(Cl_d)$]	%	≤0.100
17	砷[$w(As_d)$]	μg/g	≤20
18	汞[$w(Hg_d)$]	μg/g	≤0.600

三、干煤粉气化煤质量指标

干煤粉气流床气化用煤适应性更广，煤种碳化程度，煤黏结指数，反应活性和灰熔融性温度是衡量干煤粉煤种适应性的主要质量指标。最合适的干煤粉气化原料有长焰煤、弱黏煤、不黏煤、褐煤等。由于气化炉采用水冷壁保温，不受耐火材料耐温因素的影响，气化温度可以更高，煤的转化率更高，不受高灰熔点、高灰和高水分煤的制约，所以煤种使用范围更大。对应比较典型的干煤粉气流床气化炉有壳牌炉、GSP炉、科林炉，以及国产航天炉、神宁炉、东方炉、五环炉等国内外干煤粉气流床气化工艺。一般对煤种要求如下。

1. 灰分指标

GB/T 29722—2021 标准已把气流床煤灰分 $A_d \leq 25.00$ 作为总控制指标，对干粉煤气化，煤灰分含量在 $A_d<20\%$ 为宜；对 $A_d<35\%$ 的煤虽然也能气化，但能耗较高，因此总体要求煤灰分越低越好。

2. 全硫分指标

GB/T 29722—2021 标准已把气流床用煤全硫分 $S_{t,d}>2.00$ 作为总控制指标，高硫煤对气化影响不大，利用高硫煤可以生产硫的相关产品。其中陕北、内蒙古鄂尔多斯、宁夏、新疆等地的长焰煤和不黏煤中的硫分一般在 0.5%~1.0%之间，因此气流床商品煤的硫分（$S_{t,d}$）含量也确定在 0.5%~1.0%范围内。

3. 全水分指标

GB/T 29722—2021 标准已把气流床用煤全水分 $M_t \leq 20\%$ 作为控制指标，褐煤 $M_t \leq 35\%$ 作为控制指标。气化用煤的水分是消耗能耗的，应以越低越好，可减少氧耗。对入炉煤褐煤控制在 $M_{t,d}<8\%$，其他煤种控制在 $M_{t,d}$ 为 2%~5%的范围内。对过高的气化煤水分在制备煤粉过程中通过干燥的方法除水分。

4. 微量有害元素指标

GB/T 23251 导则对气流床干法选择原料煤质量提出了对磷、氯、砷、汞等有害物质进行控制的指标，而且已经出台了 GB/T 20475 煤中有害元素含量分级系列标准。

5. 黏结性指标

中黏结性以上的、强黏结性的煤容易使干煤粉气流床气化炉在气化高温区内结渣，因此商品煤气流床用煤控制煤黏结指数 $G_{R.I}$<50 为宜，最好为 $G_{R.I}$<20，长焰煤、弱黏煤和不黏煤适应干煤粉气化。

6. 结渣性及煤灰熔融性温度指标

GB/T 23251 导则已将气流床气化煤的流动温度控制在 FT<1450 ℃，以避免干煤粉气流床内气化高温区结渣，灰渣的黏温特性与气化操作温度应该相匹配。一般情况下，控制煤灰熔融性流动温度 FT<1450 ℃ 为宜，确保气化炉排渣顺利。对低灰熔融性温度、高黏度的煤，应以液态炉渣黏度作为控制目标，灰渣黏度应在 2.5~25 Pa·s 范围内。通过对煤灰黏温特性分析，结合灰渣黏度控制范围寻找出最佳气化炉操作控制温度。

7. 煤对 CO_2 反应性指标

煤对 CO_2 反应性要求与气化操作温度匹配，一般情况下，气化煤的 CO_2 反应性为：无烟煤 10%~15%；特定烟煤制煤粉 21%；普通烟煤 40%~70%；焦粉 46%；其中无烟煤 CO_2 反应活性最差。要使煤粉有较好的 CO_2 反应性，须在 1400 ℃ 以上气化，才能实现较好的气化性能。

8. 粉煤粒度指标

干煤粉气化对煤粒度范围控制在：干煤粉 5~90 μm 粒度分布，应控制在 90%，对>90 μm 粒度分布和<5 μm 粒度分布，各控制在 5% 左右，一般情况下，煤粒度小于 0.10 mm 的煤粉应占 85% 以上。煤的可磨性 HGI>60。

9. 助熔剂控制指标

对煤灰熔融性流动温度 FT>1500 ℃ 过高的煤种，为确保气化炉排渣顺利，加入适量的助熔剂石灰石可以降低煤灰熔融性流动温度，一方面为了熔融态排渣的需要，同时也是为了在较低气化炉温下操作，确保气化炉不要在灰熔点太高温度条件下稳定运行。提高气化炉的使用寿命。不同的煤种使用的助熔剂不同，添加量和添加方式也不相同。

10. "三高煤"控制指标

从气化煤技术经济角度综合考虑，显然用"三高煤"（A_d>35%、$S_{t,d}$>3.00、$M_{t,d}$>40%）不经济，而采用低灰、低硫、低水分煤气化时会更经济。对入炉烟煤的灰分应控制 A_d<25%，当 HGI>40 时，若采用灰分 A_d≥30% 时，则会严重影响气化炉的气化效率和有效气产出率；以高含水分褐煤为原料时，气化炉反应温度可适当下调；以无烟煤为原料时，气化炉反应温度可适当提高；煤灰熔融性流动温度（FT）值尽量控制在 1450 ℃。

11. 干煤粉气化炉操作条件

气化温度：干煤粉气化炉的气化温度控制在 1600 ℃ 左右，若气化温度低，需要气化煤的反应活性高，但在较低温度下气化，碳的转化率就较低。反之气化温度高，碳转化率高，通常碳转化率≥99%，煤气中（CO+H_2）≥90%，气化效率会明显提高。气化压力：干煤粉气化炉的气化压力为 2.5～4.0 MPa 以及 6.5 MPa 左右，气化压力对气化反应影响不是太大，对煤质也无特别要求。但气化压力低的工况下运行，会对气化后续的煤气压缩影响大，压缩动力消耗较高，如为甲醇合成气需要达到 8.1 MPa，天然气合成气需要 4.0 MPa。气化剂：干煤粉气流床气化通常选择纯氧作为氧化剂，尽管空分装置投资高，但对提高气化效率，合成气质量，能耗及装置大型化方面具有明显优势。

参考文献

[1] 顾宗勤. 中国现代煤化工产业进展[J]. 煤炭加工与综合利用，2016(4): 1-4.
[2] 汪寿建. 大型甲醇合成工艺及甲醇下游产业链综述[J]. 煤化工，2016, 44(5): 23-28.
[3] 刘延伟. 甲醇及甲醇产业链最新发展前景分析[J]. 煤炭加工与综合利用，2016(6): 1-5.
[4] 苏炼，苇朋. 对我国煤制天然气项目发展的思考和建议[J]. 煤炭加工与综合利用，2016(8): 1-7.
[5] 邵长丽. 甲醇制芳烃技术研究与工业化示范进展[J]. 广州化工，2016(1): 41-43.
[6] 石胜启，吴凤明. 甲醇制烯烃技术工业化进展[J]. 现代化工，2016(4): 38-41.
[7] 汪寿建. 现代煤化工技术应用及发展综述[J]. 煤炭加工与综合利用，2015(12): 1-10.
[8] 吴庆军. 新型制甲醇技术现状与前景探究[J]. 石化技术，2015(7): 22.
[9] 韩红梅. 当前我国煤炭深加工产业发展现状及形势分析[J]. 煤炭加工与综合利用，2015(6): 1-7.
[10] 郭现峰. 我国甲醇市场发展趋势的研判[J]. 煤炭加工与综合利用，2015(6): 11-15,56.
[11] 王中银. 发展现代煤化工存在的问题[J]. 煤炭加工与综合利用，2015(6): 8-10.
[12] 张春玲. 我国能源发展的水资源条件与供水保障思路[J]. 煤炭加工与综合利用，2014(19): 16-21.
[13] 吴秀章. 煤制低碳烯烃工艺与工程[M]. 北京：化学工业出版社，2014.
[14] 石晓晓. 壳牌煤气化装置关键设备安装技术[J]. 化肥设计，2013, 51(1): 2-3.
[15] 黄开东，李强，汪炎. 煤化工废水零排放技术及工程应用现状分析[J]. 工业用水与废水，2012, 43(5): 1-6.
[16] 陈仲波. 煤气化技术的工艺技术对比与选择[J]. 化学工程与装备，2011(4).
[17] 李志坚. "十二五"我国相关化工行业发展形势与氮肥企业多元化发展探讨[J]. 氮肥与甲醇，2010, 5(6): 1-8.
[18] 李晨，李继霞，李俊，等. 甲醇制烯烃技术工业化发展进程及现状[J]. 化工进展，2010, 29(S1): 315-317.
[19] 谷丽琴，王忠慧. 煤化工环节保护[M]. 北京：化学工业出版社，2009.
[20] 张继臻，马运志，杨军. Texaco 气化装置对煤质选择适应性的实例分析[J]. 煤化工，2002(3): 34.
[21] 张继臻，种学峰. 煤质对 Texaco 气化装置运行的影响及其选择[J]. 中氮肥，2002(2): 16.
[22] 于尊宏，王辅臣. 煤炭气化技术[M]. 北京：化学工业出版社，2010.
[23] 李安学. 现代煤制天然气工厂概念设计研究[M]. 北京：化学工业出版社，2015.
[24] 骆仲泱，王勤光. 煤的热电气多联产技术及工程实例[M]. 北京：化学工业出版社，2004.
[25] 许祥静，刘军. 煤炭气化工艺[M]. 北京：化学工业出版社，2008.
[26] 徐振刚，曲思建. 新型煤化工及实践[M]. 北京：中国石化出版社，2011.

第七章

煤气化性能比选评价方法

第一节 概述

1. 气化炉型

煤气化工艺性能的选择和煤质匹配评价是煤气化比选的基础工作,比选最佳的气化工艺性能指标和适宜的气化煤质量指标是比选煤气化工艺技术的关键要素。煤的气化工艺性能指标与气化煤质量指标匹配得当,才能实现煤的高碳资源低碳化利用,发挥煤气化炉的转化优势,提高碳转化率,在新型煤化工中发挥重要作用。

我国作为全球最大的煤气化技术许可和应用市场,对煤气化技术具有极大的市场需求。目前国内新型煤气化及改进型煤气化炉型有:壳牌炉、GSP 炉、科林炉、航天炉、华能两段炉、SE 单喷嘴东方炉、五环炉、新奥煤加氢炉、GF 昌昱气流床炉、科达干煤粉炉、齐耀柳化炉、金重干煤粉炉、邵式复合粉煤炉、R-GASTM 炉;GE 水煤浆炉、E-gas 两段炉、多喷嘴对置式炉、多元料浆炉、清华水煤浆炉、晋华水冷壁炉、SE 东方水煤浆炉、东昱水煤浆炉、新奥粉浆炉;U-gas 灰熔聚炉、SES 灰熔聚炉、CAGG 灰黏聚炉、ICC 灰熔聚炉、T-SEC 灰熔聚炉;KEDA 炉、黄台炉、CGAS 中合炉、中兰炉、中科能炉、RH 炉、HYGAS 高压多级炉、CCSI 粉煤炉、KSY 双流化炉、TRIG 炉、HTW 大连炉、恩德粉煤炉;鲁奇炉、赛鼎炉、晋城炉、昊华骏化炉、昌昱低压纯氧炉、昌昱加压纯氧炉;BGL 泽玛克熔渣炉、云煤熔渣炉、晋航熔渣炉、晋煤熔渣炉、固废高温熔渣炉、昌昱熔渣炉等。作为现代新型煤化工龙头的新型洁净煤气化技术,在整个现代煤化工中均处于十分重要的地位,呈现出百花齐放、百舸争流的发展趋势。

2. 煤种资源

我国煤气化配置的化工煤炭资源也十分丰富,种类齐全,从褐煤、烟煤到无烟煤各个煤化阶段的煤炭资源都有赋存。但不同煤种的组成和性质相差非常大,即使同一煤种,由于成煤条件不同,性质差异也较大。其中烟煤根据煤化程度,按挥发分可以划分为长焰煤、不黏煤、弱黏煤、1/2 中黏煤、气煤、气肥煤、1/3 焦煤、肥煤、焦煤、瘦煤、贫瘦煤和贫煤 12 个种类;再按辅助指标(黏结指数、胶质层厚度、发热量等指标)还可以细分到 24 个小类;由于煤种类型、灰分等级、硫分等级进行组合,所以商品的牌号可达数百种。由于煤结构和组成及变质程度的差异，会直接影响煤气化过程中工艺条件的选择，也会影响煤气化的结果及气化工艺的配置。

3．炉煤匹配

煤气化与原料煤炭紧密相关，由于中国煤质种类繁多、煤化工产品产业链庞大、项目建厂条件复杂等因素影响，煤气化研发创新也呈现出一种多元化发展的趋势，以适应各种原料煤质资源匹配特征。在众多煤气化工艺中，由于煤质适应性条件、气化性能和反应器结构设计与选择煤质匹配是重要因素，因此把握好煤质分析和试烧测试数据对新型煤气化工艺匹配和比选是非常重要的。

第二节　煤气化比选及评价

1．比选原则

煤气化技术比选应按照碳转化率高、有效气产率高、节能降耗突出、投资成本低廉和绿色环保安全的原则开展各项比选工作。只有遵循了这些原则，才能将先进的煤气化工艺与适宜的煤炭资源有机地结合在一起，才能对新型煤化工发挥积极作用。在新型煤化工产品中，煤气化工艺通过比选，气化炉工艺就先行确定。而后整个新型煤化工总工艺原料及产品路线就跟着确定，并按此进行全过程的工艺热量平衡、物料平衡和动量平衡进行设计和优化，工程建成后就很难再对此进行重大气化方案的改变。所以煤气化炉工艺比选工作是重要环节，匹配好气化炉和气化煤是关键基础，由此决定新型煤化工装置能否长周期、稳运行、满负荷、优操作、低成本。所以煤气化比选应遵循如下的基本原则。

① 碳转化率高；
② 有效气产率高；
③ 综合能耗低；
④ 运行稳定；
⑤ 投资成本低；
⑥ 绿色环保安全。

通过把握好煤气化比选基本原则的运用，才能在众多煤气化工艺中，依据煤质适应性条件、气化反应性能和关键设备反应器结构设计，从而将气化炉与气化煤进行最佳匹配。但由于煤气化过程是一个极其复杂的系统过程，气化过程中高效转化的有效合成气含量与气化所用的原料煤有关，此外，有效合成气还与气化剂、气化工艺参数、气化炉结构、工艺流程等因素有关。有的气化炉能够高效洁净环保绿色低能耗转化煤炭，生成高含量有效气 $CO+H_2$；而有的气化炉工艺则转化效率低、环保性能差、能耗高、设备产能小，仅生产低含量的有效气 $CO+H_2$。因此，煤炭气化因其气化性能指标的差异而形成了数百种气化工艺。尽管它们气化反应原理相同、工艺控制条件相似，但气化效果千差万别。

2．比选评价范围

通过煤气化比选原则的应用，正确选择煤气化工艺和设备，才能确保现代煤化工装置技术先进、成熟可靠、运行安全、节能降耗和绿色环保。理论上讲，各种煤在气化炉内都能进行煤气化，但是否具有技术经济环保性，就不一定了。有些煤完全不能进行煤气化，如炼焦煤，或者气化效率非常低，环保性能非常差，气化成本非常高，生产极不稳定。有些煤可能适应固定床气化，有些煤可能适应流化床气化，有些煤可能适应气流床气化等。在这么多气化炉和这么多气化煤资源的条件下，如何准确匹配好煤气化炉和气化煤是新型煤气化比选的一项难度非常大的工作。但通过比选，一定存在着某种气化炉与气化煤相匹配的炉型和煤质，这种炉型和煤质就是最佳的匹配。

通过煤气化工艺比选评价，可以较好地选择那些适应煤种可行性高，能源转化利用好，环境友好安全，长周期稳定运行，工程投资经济适宜的新型煤气化炉工艺。但由于煤气化工艺比选难度大、煤质条件多元化、反应器结构复杂等影响因素，选择一种万能的煤气化炉也是完全没有必要的，只要相对适宜的炉与煤最佳匹配就可以了。气化性能比选评价范围见表7-1。

表7-1 气化性能比选评价范围

序号	比选名称	比选评价内容	比选目的
1	煤质分析	煤种类型及碳化程度对气化影响评价 煤工艺性能分析组分对气化影响评价 煤工艺性质指标对气化影响评价	确定煤种可选程度及气化类型适应性
2	气化性能分析	气化炉设备性能指标评价 气化炉物料消耗指标评价 气化炉工艺性能指标评价 合成气单位能耗指标评价	确定气化炉先进性和可实现程度
3	气化炉成熟度分析	气化炉市场份额评价 性能考核及成熟度评价 气化炉长周期稳定运行评价	确认气化炉技术成熟度和应用范围
4	环保合规性分析	气化三废排放环境影响评价 三废排放处理方案评价	确认环保排放达标
5	全过程能效分析	气化全过程能效合理性评价	确定全过程合理性程度
6	综合评价意见	气化过程技术经济环保评价 气化全过程技术经济环保评价	确定气化炉与气化煤匹配程度

3. 比选步骤

根据表7-1给出的气化性能比选评价范围，性能比选的一般步骤由煤质分析、气化性能分析、气化炉成熟度分析、环保合规性分析、全过程能效分析、比选结论组成。气化工艺性能比选的一般步骤见表7-2。

表7-2 气化工艺性能比选的一般步骤

序号	比选过程	比选步骤内容
1	煤质分析	煤种取样 煤质工业分析数据及元素分析数据 煤工艺性质分析数据 煤样试烧及分析数据报告 测试单位提交测试数据及分析评价报告
2	气化性能分析	气化炉设备性能指标数据 气化炉工序物料平衡数据 气化炉工序热量平衡数据 气化炉工艺性能指标数据 合成气单位能耗指标数据

续表

序号	比选过程	比选步骤内容
3	气化炉成熟度分析	气化炉市场份额报告及业绩数据 气化炉性能考核报告及运行数据 气化炉长周期稳定运行报告
4	环保合规性分析	气化工序三废排放环境影响数据 三废排放处理方案报告
5	全过程能效分析	气化全过程总工艺方案及能效合理性分析数据
6	比选结论	气化过程技术经济环保投资分析数据 气化全过程技术经济环保投资分析数据 气化炉匹配气化煤比选方案结论

第三节 煤种类型和变质程度对气化的影响

一、气化煤质指标要素对气化的影响

由于煤炭种类繁多，煤质品质特性对煤炭的使用范围也不尽相同，有些煤种特性适宜用作动力煤燃料，有些煤种特性适宜用作炼焦煤原料，有些煤种特性适宜用作化工原料，有些煤种特性适宜用作气化煤。即使同一种气化煤，也可能既适宜固定床气化，也适宜流化床气化或气流床气化；有些气化煤可能只适宜一种类型的气化，即使能够适宜同一种气化工艺类型的煤，由于同一气化类型的气化炉专利商不同，炉型也有较大的区别，而煤种气化效果也相差很大。因此，了解影响气化煤特性指标的要素十分必要，对气化煤选择有非常强的针对性。气化煤煤质特性指标主要包括煤种类型、变质程度、灰分、硫分、水分、固定碳，以及煤的主要工艺性质如煤的热值、黏结性、灰熔点、反应活性、热稳定性、煤抗碎强度、粒度等指标，这些都会对煤气化产生重要的影响，务必引起重视。表 7-3 给出了主要的气化煤煤质指标要素，见表 7-3。

表 7-3 主要的气化煤煤质指标要素

序号	煤质要素	影响要素分析
一		煤种类型对气化影响
1	煤种类型	对气化工艺适应性及选择、气化效率和产品有重要影响
2	煤变质程度	对气化工艺适应性及选择、气化效率和产品有重要影响
二		煤工业分析组分对气化影响
1	煤灰分	灰分有害成分，气化过程、产品能耗和物耗有重要影响，越低越好
2	煤硫分	硫分有害成分，对管道、设备、投资有重要影响，越低越好
3	煤全水分	水分有害成分，增加能耗和物耗，越低越好
4	煤挥发分	挥发分划分煤种，对气化温度、反应过程和产品选择有重要影响
5	煤固定碳	含碳量是碳源，对气化过程、产品煤耗和能耗有重要影响，越高越好
6	有害元素	有害元素对气化效率、腐蚀材料、产品有重要影响，越低越好
三		煤的工艺性质对气化影响
1	煤的热值	对气化反应平衡、产品煤耗和能耗有重要影响，越高越好
2	烟煤黏结指数	煤气化选择的依据，对气化过程、排渣、能耗和稳定运行有重要影响

续表

序号	煤质要素	影响要素分析
3	煤灰熔融性温度	对气化反应温度、碳转化率、合成气产出率和排渣有重要影响
4	煤化学反应性	对气化反应过程、气化效率和产品质量有重要影响
5	煤热稳定性	对固定床气化稳定性和气化效率有重要影响
6	煤抗碎强度	对固定床气化效率、能耗、物耗有重要影响
7	煤炭粒度	粒度对气化类型、反应速度、转化率及气化过程有重要影响
8	煤哈氏可磨性指数	对气化原料制备能耗、设备及管道磨损有重要影响,越高越好
9	水煤浆浓度	对气流床气化效率、产品能耗、物耗有重要影响,越高越好

二、煤种类型对气化的影响

各种煤种均含有一定量的可燃物质,理论上讲都能气化生产可燃气,如无烟煤、烟煤和褐煤都能作为气化煤。但实际上有一部分煤就不能作为气化煤,如烟煤中高黏结性的炼焦煤就不能作为气化煤(如黏结指数最高的肥煤等),而只能作为炼焦煤或炼焦配煤使用;有些煤用作气化煤时的气化效率非常低,能耗非常高,技术经济方面没有使用价值;有些煤虽然可以作为气化煤,但受气化类型的限制,只能用作特定的气化工艺等。通常将煤种影响气化的场景分为三类,一是气化时不黏结,也不产生焦油(或微量),代表性煤种有无烟煤、贫煤等;二是气化时弱黏结和不黏结,产生少量的焦油,代表性煤种有烟煤中的弱黏煤、不黏煤和长焰煤等;三是气化时不黏结,但产生较大量的焦油和甲烷,代表性煤种有褐煤和泥炭。

1. 无烟煤气化

根据煤种类别的气化特点和性质,以及气化对煤种的要求,以无烟煤、贫煤为代表,气化时不黏结不产生焦油,甲烷含量低,含碳量高,发热量低或中偏低,气化温度高。由于无烟煤和贫煤属于不黏结性煤,在气化加热时,不产生胶质,也不可能产生焦油。所产可燃气体中含有微量的甲烷,以及微量的不饱和碳氢化合物,所以可燃性气体的热值是最低的。

2. 烟煤气化

烟煤按国标共分为12个类别,即贫煤、贫瘦煤、瘦煤、焦煤、肥煤、1/3焦煤、气肥煤、气煤、1/2中黏煤、弱黏煤、不黏煤、长焰煤。烟煤的气化最为复杂,其中贫煤与无烟煤类似,新国标前被称为半无烟煤,气化时不黏结,也不产生焦油(或微量);烟煤中以弱黏结和不黏结的煤为代表,属于中等偏弱黏结或弱黏结性煤,并产生焦油,甲烷含量较低,含碳量中等或中偏高,发热量中等或中偏高,气化温度中等或中偏高;长焰煤与褐煤也有点类似,气化时不黏结,但产生少量的焦油。其他烟煤气化时中偏弱黏结性煤或弱黏结性煤,并产生焦油,煤气中的不饱和烃、碳氢化合物较多,可燃气体的净化系统复杂,燃气含热值较高。

3. 褐煤气化

以褐煤和泥煤炭为代表的煤种,属于不黏结性和变质程度最低的煤种。气化时不黏结,水分含量高,挥发分高,发热量高、含碳量低,气化温度低,气化过程中能产生大量的甲烷。由于褐煤含大量的水分,以及数量不等的腐殖酸,挥发分含量非常高,因此气化反应活性好,产生的煤气发热量最高。加热时不产生胶质体,不软化,不熔融;气化时不黏结,但产生焦油。泥煤炭含有大量的腐殖酸,挥发分产率接近70%,气化时不黏结,但产生大量焦油和脂肪酸，燃气中含有大量的甲烷和不饱和碳氢化合物。褐煤和泥煤炭产生的可燃气体的净化系统和气化污水处理系统非常复杂，但燃气含热值高。

故气化用煤种的类型比较多，气化过程也非常复杂，煤种的可选择性比较广泛，煤种对气化过程的影响也非常复杂，要针对具体的煤种煤质和气化工艺进行比选后，才能确定最合适的煤种。一般情况下，使用无烟煤、烟煤中弱黏结或不黏结煤和褐煤煤种，此外还可以使用热解后的半焦作为气化原料。

三、煤变质程度对气化的影响

1. 煤变质程度对煤种的影响

煤的变质程度与煤种有十分密切的关联，煤种对气化的影响从某种意义上讲，就是煤变质程度对气化的影响。因为随着煤变质程度提高，煤种的大类别也逐步由褐煤变质为烟煤，最后为无烟煤。煤种的小类别，褐煤随煤变质程度提高，由年轻的褐煤变为年老的褐煤。无烟煤随煤变质程度提高，由年轻的无烟煤变为典型的无烟煤，再变成年老的无烟煤。烟煤随煤变质程度提高，逐步由长焰煤、不黏煤、弱黏煤、1/2中黏煤、气煤、气肥煤、1/3焦煤、肥煤、焦煤、瘦煤、贫瘦煤，最后变质为贫煤。无烟煤和贫煤属于变质程度非常高的高阶煤，年老的无烟煤是最高的高阶煤。褐煤是变质程度较低的低阶煤，年轻的褐煤是最低的低阶煤。烟煤属于中等变质程度的煤，但长焰煤、弱黏煤是烟煤中变质程度最低的低变质程度煤，贫煤是烟煤中变质程度最高的高变质程度煤。

对煤的变质程度通常用挥发分判断，如变质程度低的褐煤挥发分为37%～65%，变质到烟煤时，挥发分为3%～10%。煤的变质程度对气化的影响，如高变质程度的无烟煤，含碳量高，挥发分低，发热量低，气化反应活性弱，气化速度慢，需通过提高气化反应温度，获取高的碳转化率，提高气化效率；低变质程度的褐煤，含碳量低，挥发分高，发热量高，气化反应活性强，气化速度快，在较低气化反应温度时，可获取较高的碳转化率，但产生的甲烷含量高，有效气成分低，含焦油；煤的变质程度低，反应性好，气化速度快，气化温度可适当减低，氧气消耗可减低。

2. 煤变质程度对煤质组分的影响

煤变质程度对煤质中的组分影响较大，随着煤变质程度提高，煤的挥发分会降低，含碳量会增加，灰分含量也会降低，但与其中的水分含量有关。而这些组分反过来又会影响煤气化的效率。表7-4给出了煤变质程度对煤质组分的影响。

表7-4 煤变质程度对煤质组分的影响

序号	煤质组分	煤变质程度影响	备注
1	挥发分含量	煤变质高，挥发分含量低，反应活性低	气化温度高
2	含碳量	煤变质高，含碳量高，煤热值高，有利于煤气化	产气率高
3	灰分含量	煤变质高，煤热值高，灰分含量低，热损失低	转化率高
4	水分含量	煤变质高，水分含量低，气化能耗低	合成气成分高
5	硫含量	煤变质程度对硫含量影响不大	
6	粒度	煤变质程度对煤粒度影响不大	

由表 7-4 可知，当煤变质程度最高时，如无烟煤，挥发分含量最低，产生的煤气发热值低。煤气发热值是指标准状态下，1 m³ 煤气在完全燃烧时放出的热量。如燃烧产物中的水分以液态形式存在称高发热值，以气态形式存在，称低发热值。在各种相同的操作条件下，不同煤种所产煤气的发热值是不同的，组成也不同。如年轻褐煤气化时，所产生的煤气甲烷含量高，煤气发热值比其他煤种热值要高。褐煤的变质程度低，挥发分高，因此褐煤低温气化后甲烷含量会升高。若将年轻烟煤气化温度降低，也会多产甲烷，提高煤气的热值。同一种煤，提高压力制取的煤气发热值高。同一操作压力下，煤气发热值由高到低的顺序是褐煤、气煤、无烟煤。这是因为随着变质程度提高，煤的挥发分逐渐降低。如褐煤挥发分产率为37%～65%；变质到烟煤时，挥发分产率为10%～55%；变质到无烟煤时，挥发分产率为3%～10%。

3. 煤变质程度对煤气产率的影响

煤变质程度低，挥发分高，转变为焦油的有机物质消耗就多，故煤气产率自然会降低。若气化泥煤时，煤中有20%左右的碳被消耗在生成焦油上。气化无烟煤时，这种消耗就较低。同一操作条件下，煤气产率由低到高的顺序是泥煤、褐煤、气煤、无烟煤。这是因为随着煤的变质程度提高，挥发分含量逐渐降低，转变为焦油的有机质减少，煤气产率自然提高。随着煤变质程度降低，煤的挥发分逐步增加，煤气中的二氧化碳增加。当用干燥无灰基挥发分 V_{daf} 表示时，泥煤70%，褐煤41%～67%，烟煤10%～50%（其中长焰煤大于42%、气煤44%～35%、肥煤35%～26%、焦煤26%～18%、瘦煤18%～12%、贫煤小于17%），无烟煤2%～10%。因此在选择挥发分气化煤时，应考虑煤气化的下游产品用途。如作为燃料，可考虑用挥发分高的煤种，如作为化工原料应考虑用挥发分低的煤种。

4. 煤变质程度对水分含量的影响

水分与煤的变质程度有关，煤变质程度低，水分含量高。煤内水由多到少再增加的规律为：泥煤12%～15%、褐煤5%～24.5%、长焰煤0.9%～8.7%、贫煤约0.6%、无烟煤1%～4%。水分越高，消耗能量越多，不利于气化反应。常压气化对炉温要求高，如水分过高未干燥好直接入炉会影响干馏段正常运行，进而降低气化温度，增加甲烷生成反应，二氧化碳和水蒸气还原反应速度减少，影响气化效率，降低气化产率。加压气化对炉温要求稍低，能提供较高的干燥层，适量高水分对加压有利，能使气化速度加快，生成煤气质量较好。

5. 煤变质程度对灰分的影响

灰分与煤的变质程度也有一定关联，煤变质程度低，挥发分低、含碳量高、热值高、灰分+水分较低。气化时，如灰分高，会覆盖在碳表面，气化剂和碳表面接触面积减少，降低气化效率，灰含量增加，增加了炉渣的排出量，随炉渣排出的碳损耗也会增加，氧气消耗、水蒸气消耗和煤的消耗均会增加，而净煤气产率会下降。

6. 煤变质程度对固定床的影响

对固定床干渣排放气化，可适应无黏结性或弱黏结性的变质程度高和变质程度低以及介于二者之间的无烟煤、烟煤和褐煤，但对煤的粒度、热稳定性、煤抗碎强度及高灰熔点煤均有一定的要求。灰熔点高，气化温度高，但不能超过灰熔点温度，当气化温度过高，会影响气化炉排渣，水蒸气消耗多，含酚废水多，污水处理难度大。对固定床熔渣排放气化炉熔渣气化，可适应无黏结性或弱黏结性的所有煤（块煤），灰熔点≤1450 ℃，高于灰熔点温度气化，才能熔渣排放，因此气化温度比固定床干渣排放气化炉高，气化转化率得到提高。

7. 煤变质程度对流化床和气流床的影响

对流化床气化，可适应无黏结性变质程度低和变质程度中等的褐煤和烟煤，对变质程度低的褐煤和长焰煤，由于含碳量低，挥发分高，发热量高，反应活性好，灰熔点≤1150 ℃为宜，但不是要求高。

对气流床水煤浆气化，可适应无黏结性或弱黏结性的变质程度高和变质程度中等的无烟煤和烟煤，对变质程度低的褐煤气化受到一定的限制，但煤的成浆性是判断水煤浆气化的关键指标，即气化可成浆的煤种。煤的灰熔点≤1350 ℃为宜，这是受气化热壁炉耐火保温材料的限制，对气化冷壁炉，则煤的灰熔点可提高。对气流床干煤粉气化，可适应除强黏结性煤外的变质程度高和变质程度低，以及介于二者之间的无烟煤、烟煤和褐煤，灰熔点≤1500 ℃为宜。

第四节　煤工业分析组分对气化的影响

一、灰分的影响

固体煤燃料在 800 ℃条件下完全燃烧后所剩余的残留混合物，它由各种金属氧化物和非金属氧化物组成。煤灰中主要成分为 SiO_2、Al_2O_3、Fe_2O_3 和 CaO；还有少量 TiO_2、MgO、SO_2、K_2O、Na_2O、P_2O_5 等物质，表明煤中矿物质含量的大小。常见的有硅铝铁镁钾钙硫磷等和以碳酸盐、硅酸盐、磷酸盐和硫化物形式存在。灰分各成分的单独熔点是不同的，但共同存在时，可形成具有特有熔点的共熔体。因此，这种混合物没有一个固定的熔点，只有一个熔化温度范围。灰分中各成分含量不同，产生共熔体的煤灰熔点范围也不同，通常灰分中 SiO_2 含量与煤灰熔点的关系不明显，但当 SiO_2 含量在 45%～60%时，则随 SiO_2 含量增加，灰熔点降低；当 Al_2O_3 含量大时，则灰熔点高；当 Fe_2O_3、CaO 和 MgO 含量多时，则灰熔点低。

高灰分且煤灰熔点低的煤，用作气化原料时，煤灰熔点过低、易结渣造成运行困难；煤灰熔点过高时，不易生成熔渣，不能用熔渣气化炉。高灰分煤气化时，煤灰被覆盖在碳表面，会妨碍气化剂与碳的接触，影响气化剂的扩散，同时降低燃料的化学活性，降低气化效率。灰分含量过高时，不仅使气化条件复杂，加重排灰机械负荷，使设备磨损加剧。同时灰含量增加，不可避免增加了炉渣中的碳排出量，随炉渣排出的碳损耗也会增加，氧气消耗、水蒸气消耗和煤的消耗均会增加，而净煤气产率会下降。加压气化用煤中灰分最高可达 55%。固定层煤气炉一般要求燃料的灰分含量不超过 30%，灰分含量过高，相对地减少了有效碳含量，使煤的发热量降低。低灰分煤有利于气化，液态排渣气化炉时，渣中的碳含量在 2%以下；加压气化炉排渣时，碳含量在 5%以下；常压气化炉排渣时，碳含量在 10%～15%之间。

总之，煤中的灰分是有害物质，会增加运输负荷和费用；气化时能耗和煤耗高，各项消耗指标均会增加；煤液化时，碱金属和碱土金属的化合物会使加氢液化过程中使用的钴钼催化剂活性降低；煤中的含铁化合物对煤的氧化和自燃具有催化作用；煤中含硫化合物和微量的汞在燃烧时生成 SO_x、COS、H_2S 等有毒气体和汞蒸气造成环境污染；气化过程中产生的灰渣与粉煤灰如不能及时利用，会占用土地并造成大气和水体污染。

二、硫分的影响

不同煤种，不同变质程度的煤，因其硫含量和硫的存在形态差异，使其在气化过程中硫的析出也有较大的差别。由于硫分在气化过程中是有毒有害物质，硫对生产装置中的设备、管道有腐蚀作用，危害生产和设备安全，甚至发生安全事故。作为气化用煤，通常要求煤中硫含量越低越好，其中85%的硫以H_2S和CS_2的形式进入煤气中，若煤气作为燃料使用，其硫含量排放要达到国家排放标准才行，否则SO_2排入大气，污染环境；若煤气用作化工原料，一般要进行脱硫净化处理和回收，若硫化物不脱出，会使催化剂中毒，失去活性。

低变质程度煤，如褐煤中的硫主要以硫铁矿硫和硫醚、二硫化物和脂肪类有机硫形式存在，并以侧链形式连接在主链上。在400～500 ℃发生裂解而形成含硫自由基，褐煤由于其水分、挥发分含量高，受热后水分迅速蒸发，丰富的过渡孔和大孔，使得断裂的含硫自由基和形成的含硫气体能及时地排出，从而导致含硫自由基能够有足够的H_2与之结合，形成H_2S。同时褐煤中的矿物质，对硫的反应也具有强烈的催化作用。因此，煤气中的含硫气体较高。

中变质程度烟煤，如肥煤挥发分较高，在气化过程初期，大量挥发分逸出，使得含硫自由基和含硫气体能及时排出。但肥煤属于强黏结性煤，对于气化过程是不利的，在气化热解层，随着温度的升高，煤层会形成很厚的胶质层，不利于气体析出，也使得气化剂很难进入固体表面。这一阶段主要以缩聚反应为主，脂肪类及芳香类之间进一步缩聚，形成更难分解的化合物。胶质层的形成使得气化渗透率减小，同时气化率较低，肥煤气化含硫量是最低的。

高变质程度烟煤，如瘦煤水分、挥发分的含量较低，在气化过程初期，水分和挥发分蒸发量比较小，结构致密，生成的煤焦孔隙较少，含硫自由基以及含硫气体，不能及时排出。因此瘦煤的H_2S析出量很低，增长缓慢。但随着温度升高，瘦煤的传热性差，煤层内外形成温度梯度，使得煤层内部膨胀不均产生应力而爆裂，有利于煤层破碎，增加反应的表面积，使含硫自由基和含硫气体能够逸出，再加上本身瘦煤的含硫量很大，此时含硫气体的逸出量迅速增加。其中有机硫大部分以噻吩类和其他杂环芳烃的形式存在，其分解温度很高，有可能转变成更为稳定的有机硫。因此瘦煤的煤气含硫量介于褐煤与肥煤之间。

三、水分的影响

煤中水分以三种形式存在，即吸附水、游离水和化合水。煤中的水分与其变质程度有关，煤化程度越低，则煤里的水分越高。内水是吸附或凝聚在煤内部较小毛细孔中的水分，失去内水为绝对干燥煤；外水是煤在开采、加工、运输等过程中润湿煤外表面以及大毛细孔而形成的，失去外水为风干煤；煤的化合水（结晶水）是以结晶水的形式存在，与煤化程度无关。在煤中由$CaSO_4·2H_2O$、$Al_2O_3·2SiO_2·2H_2O$构成，即使加热到100 ℃时，化合水也不会析出，通常要在大于200 ℃以上时才能析出。

煤的内水通常随煤的变质程度加深呈规律性变化，即从泥炭、褐煤、烟煤到年轻无烟煤，水分逐渐减少，而从年轻无烟煤到年老无烟煤，水分又增加。泥炭内水含量最高，为12.0%～45.0%，褐煤为5.0%～24.5%，长焰煤为0.9%～8.7%，贫煤约为0.6%，无烟煤为1.0%～4.0%。煤的外水和分析取样水分之和称为煤的全水分（M_t），水分高，有效气成分少，气体产率低，气化过程水蒸气带出增加，煤的消耗增加，总之水分越高，消耗能量越多，越不利于气化反应。

常压气化煤中水分含量过高，煤料未经充分干燥好就直接进入干馏段，会影响干馏的正常进行。而没有彻底干馏好的煤进入气化段后，会降低气化段温度。低温下有利于甲烷生成反应，不利于二氧化碳、水蒸气的还原反应。煤的气固反应速度显著减小，降低了煤气的产率和气化效率，即制得的煤气热值与所使用的燃料的热值之比低，反映了气化反应总能量的有效利用程度降低。加压气化对气化炉的温度比常压气化炉温度要低些，而气化炉高度比常压气化炉要高，这是因为要提供较高的干燥段，允许进炉煤的水分含量高。适量的高水分对加压气化有利，往往水分高的煤，煤化程度低，而挥发分较高。在干馏阶段，煤半焦形成时的气孔率大，当其进入气化层时，气化剂容易通过内扩散进入固体内部，气化速度加快，生成煤气质量好。

炉型不同对气化用煤的水分含量要求也不同。固定床气化炉顶部温度必高于煤气的露点温度，避免液态水出现。当煤气中水分含量太高时，需要对入炉煤进行预干燥脱水，以降低煤气的露点温度；当煤中水分含量太高时，而加热的速度又太快，煤中水分逸出速度会太快，容易使煤块碎裂而引起出炉煤气的含尘量增高。同时由于煤气中水含量增高时，在煤气冷却过程中会产生大量的废液，增加废水处理量。一般气化过程中，煤中水分含量为 8%～10%。流化床和气流床气化时，原料煤的颗粒很小，过高的含水量会降低颗粒的流动性，因而规定煤的含水量小于 5%；对烟煤气流床气化法，采用干法加料时，要求原料煤的水分含量应小于 2%。

四、挥发分的影响

挥发分是煤在加热时，在一定温度下，有机质部分裂解、聚合、缩聚、低分子部分呈气态逸出，水分也随之蒸发，矿物质中碳酸盐分解，逸出二氧化碳等。析出的气体（碳氢化合物）挥发分中有干馏煤气、焦油、油类。干馏煤气中有氢、一氧化碳、二氧化碳和轻质烃类。挥发分在气化过程中能分解变成氢气、甲烷及焦油蒸气等。煤气化在选择挥发分煤种时，应考虑煤气用途，如作为燃料，可考虑用挥发分较高的煤种，如作为化工原料应考虑用挥发分较低的煤种。在选择高挥发分煤时，还要充分考虑煤焦油处理循环利用和装置正常运行。

通常气化泥煤时，煤中有 20%的碳被消耗在生成的焦油上；气化无烟煤时，这种消耗就少。同一操作条件下，煤气产率由高到低的顺序是无烟煤、气煤、褐煤、泥煤。这是因为随着变质程度提高，煤气产率因转化为焦油的有机质减少而自然得到提高。

煤的挥发分产率与煤的变质程度有密切的关系。随着变质程度的提高，煤的挥发分逐渐降低。当用干燥无灰基挥发分 V_{daf} 表示产率时，泥煤约 70%；褐煤 41%～67%；烟煤 10%～50%(其中长焰煤≥42%、气煤 44%～35%、肥煤 35%～26%、焦煤 26%～18%、瘦煤 18%～12%、贫煤≤17%)；无烟煤 2%～10%。一般煤化程度越低，挥发分越高，煤的黏结性也较强，但挥发分最高的褐煤和挥发分最低的无烟煤，为无黏结性煤，而肥煤为强黏结性煤；挥发分低的煤，黏结性较弱；挥发分较高的煤，其抗碎强度、热稳定性一般都较差。煤的挥发分作为煤利用价值和煤分类的重要指标，也是煤转化与气化可利用的部分，它与煤气化存在紧密的关联度。

五、固定碳的影响

煤中可燃性固体物是煤燃烧产生热量的主要成分，称为固定碳，用来表征煤的煤化度。除 V_{daf} 能反映煤的煤化度外，国外一些煤分类中，也常用 FC_{daf} 作为煤的分类指标。同时也是判断煤或焦炭的一个质量指标，常用质量分数表示。通常固定碳含量越高，煤的发热量越高，煤的品质就越好。

固定碳不是通过测试获得，而是通过计算得到，固体燃料中除去灰分、挥发分、水分和硫分外，其余可燃性物质称为固定碳，它是固体燃料中的有效物质。由式（4-18）可知，FC_{ad} =100-

($V_{ad}+A_{ad}+M_{ad}$),如果考虑总硫对固定碳物料平衡的影响,则式(4-18)变为式(7-1):

$$FC_{ad}=100-(V_{ad}+A_{ad}+M_{ad}+S_{t,ad}) \qquad (7-1)$$

式中 $S_{t,ad}$——空气干燥基全硫含量质量分数,%。

其他单位同式(4-18)。当 $M_{ad}=0$ 时,固定碳干基质量分数 FC_d 由式(7-1)变为式(7-2):

$$FC_d=100-(A_d+V_d+S_{t,d}) \qquad (7-2)$$

式中单位同上。当 $M_{ad}=0$,$A_{ad}=0$ 时,固定碳干燥无灰基质量分数 FC_{daf} 由式(7-1)变为式(7-3):

$$FC_{daf}=100-(V_{daf}+S_{t,d}) \qquad (7-3)$$

式中 V_{daf}——干燥无灰基挥发分含量质量分数,%。

通常将煤样在 900℃加热 7 min,逐出煤中水分和挥发物后,剩余的质量减去灰分即可得到固定碳。它是煤的工业分析组成中的一项成分,具有规范性,是一定试验条件下的产物。忽略少量硫和微量碳氢物质,固定碳除含碳元素外,还应含有少量硫及微量未分解彻底的碳氢物质,因此不能把煤的固定碳简单地认为就是煤的碳元素。而煤中所含元素碳就是煤中的主要元素。FC_{daf} 可作煤气化选择用煤的一个参考指标,如固定床气化选择无烟煤时(或其他烟煤、褐煤等),原料的 FC_{daf} 高,气化过程中产生的有效气 $CO+H_2$ 含量就多;且煤的发热量高,生产单位产品时的综合能耗就低。

一般而言,煤变质程度高,煤的挥发分就低,煤中的碳含量增加,这是因为随着变质程度加深,从泥煤、褐煤、烟煤到无烟煤,煤中的碳质量分数可从 55%~62%增加至 90.0%左右。因此,在煤气化时因固定碳含量不同,单位产品所消耗的水蒸气和氧化剂等也就不同。同一操作条件下,煤种消耗水蒸气和氧化剂由低到高的顺序是泥煤、褐煤、气煤、无烟煤。这是因为随着变质程度提高,煤的挥发分逐渐降低,碳含量增加。煤的还原反应、碳和水蒸气反应、碳和二氧化碳反应生成合成气 $CO+H_2$,这一过程要吸收大量的热量,该热量是由碳的氧化反应产生的,需放出热量来维持,自然固定碳高的煤,消耗蒸汽和氧气就高,但生产单位产品的综合能耗则低。

由于煤的固定碳与挥发分一样,是表征煤的变质程度的一个指标,随变质程度的增高而增高,因此,固定碳可作为煤分类的一个指标。固定碳是煤的发热量的重要来源,是以固定碳作为煤发热量计算的主要依据,也是煤化工产品用煤的一个重要指标。燃料比(固定碳与挥发分之比称为燃料比),可用来表征高变质阶段的无烟煤是否灵敏,可用作无烟煤小类指标的划分依据。测定煤的挥发分时,剩下的不挥发物称为焦渣,焦渣减去灰分称为固定碳。它是煤中不挥发的固体可燃物,可以用计算方法算出。焦渣的外观与煤中有机质的性质有密切关系,因此,根据焦渣的外观特征,可以定性地判断煤的黏结性和工业用途。我国部分煤矿原煤工业分析、元素分析数据见表 7-5。

表 7-5 我国部分煤矿原煤工业分析、元素分析

序号	煤矿	M_{ad}/%	A_d/%	V_{daf}/%	FC_{daf}/%	C_{daf}/%	H_{daf}/%	N_{daf}/%	O_{daf}/%
1	飞马梁	6.01	7.64	36.44	59.72	80.12	5.28	1.08	13.21
2	郭家湾	3.74	6.98	36.90	63.10	80.78	4.80	0.53	13.51
3	哈拉沟	4.95	7.72	36.81	63.19	81.65	4.70	0.91	12.32
4	海鸿	4.98	8.12	35.42	61.36	84.01	4.90	0.98	9.85
5	海湾	5.23	7.71	38.70	61.30	81.75	4.87	1.04	11.88

续表

序号	煤矿	M_{ad}/%	A_d/%	V_{daf}/%	FC_{daf}/%	C_{daf}/%	H_{daf}/%	N_{daf}/%	O_{daf}/%
6	韩家湾	7.15	11.47	36.39	63.62	81.40	4.83	0.85	12.23
7	杭来湾	6.30	5.25	38.94	61.06	82.10	4.94	0.76	11.56
8	黑龙沟	6.68	6.53	39.87	56.11	80.24	5.30	0.96	12.79
9	弘建	3.92	6.85	37.68	59.88	80.52	4.93	0.97	13.41
10	红柳林	4.67	9.77	36.79	63.21	81.67	4.71	1.02	12.24
11	红岩	6.56	7.95	35.88	64.12	83.54	4.62	0.63	10.73
12	鸿锋	6.02	8.91	37.50	58.74	82.34	5.07	0.99	11.41
13	华秦	4.76	6.93	37.09	59.91	80.58	5.17	0.97	13.05
14	槐树茆	4.71	14.86	40.65	59.35	79.89	5.13	1.22	10.75
15	汇能	7.34	5.01	38.86	56.66	78.96	5.31	0.95	14.50
16	江泰	4.56	13.34	39.78	60.22	80.53	4.65	0.87	13.52
17	金鸡滩	5.29	6.24	37.53	62.47	82.60	4.84	0.97	11.23
18	锦界	6.49	10.00	39.10	60.90	81.67	4.81	0.84	11.89
19	凯利	10.55	7.67	39.07	60.92	79.74	4.64	1.19	14.03
20	十八墩	3.88	7.18	39.85	57.82	80.80	5.00	0.97	12.63
21	石岩沟	4.09	4.89	38.48	58.70	78.86	5.28	0.95	14.68
22	石窑店	4.29	20.45	38.60	61.40	82.45	5.25	1.22	10.52
23	双山	4.41	5.02	39.40	57.93	78.96	5.13	0.95	14.30
24	泰发祥	4.28	11.40	40.84	56.64	84.65	5.00	1.02	8.77
25	泰江	8.68	4.04	38.82	61.18	81.72	4.84	1.03	12.04
26	万泰明	7.45	8.67	38.09	57.30	82.12	4.99	0.99	11.68
27	王家沟	4.18	14.79	40.05	59.95	79.50	5.02	1.15	13.46
28	王洛沟	6.53	9.37	36.81	63.19	81.61	4.59	0.97	12.34
29	王湾	10.91	7.71	38.51	61.49	79.10	4.65	0.73	14.20
30	乌兰色太	4.98	7.63	35.19	64.80	82.65	4.60	1.04	11.46
31	西湾露天矿	3.48	5.47	39.99	57.93	79.34	5.09	0.95	14.03
32	鑫源	3.05	8.68	39.51	58.64	82.13	5.24	0.99	10.92

第五节 煤的工艺性质对气化的影响

一、发热量的影响

煤的发热量是单位质量的煤完全燃烧时所放出的热量，以符号 Q 表示，在煤的燃烧或气化转化过程中，常用煤的发热量来计算热平衡、耗煤量和热效率；用煤的发热量可估算气化炉、锅炉燃烧气化时的理论空气量、氧气量、烟气量和理论燃烧温度等。煤的发热量与煤质关系密切，煤的发热量随煤化度的增加呈现规律性的变化。煤的成因类型、煤化程度、煤岩组成、煤中水分与灰分及煤的风化程度等因素对煤的发热量的大小均有影响，各种类型煤的发热量见表 7-6。

表 7-6　各种类型煤的发热量（$Q_{gr,v,maf}$）

序号	煤种	发热量 $Q_{gr,v,maf}$/(MJ/kg)
1	褐煤	25.12～30.56
2	长焰煤	30.14～33.49
3	气煤	32.24～35.59
4	肥煤	34.33～36.84
5	焦煤	35.17～37.05
6	瘦煤	34.96～36.63
7	贫煤	34.75～36.43
8	无烟煤	32.24～36.12

在煤的工业分析中收到基恒容低位发热量（$Q_{net,v,ar}$）是一个非常重要的煤工艺性质指标,它是煤气化工艺计算及动力煤燃煤设备热工计算的基础。煤的发热量与煤中的可燃物质固定碳含量和煤化程度有关,在气化过程中的热平衡、耗煤量及热效率等工艺设计均是以煤的发热量为依据的。在设计和选择气化炉、电厂锅炉和各种高压锅炉时,要根据煤的平均低位发热量（$Q_{net,v,ar}$）来考虑气化炉和锅炉种类、型号、燃烧或气化方式。在煤炭分类标准中,V_{daf}挥发分大于38%的指标也是烟煤与褐煤的分界区,常采用发热量（恒湿无灰基）辅助指标来判断烟煤与褐煤类别的区分。

由于收到基恒容低位发热量受影响的因素较多,不能较真实地反映煤的品质。因此采用空气干燥基恒容高位发热量（$Q_{gr,v,ad}$）能较准确地反映煤的真实品质,不受水分等外界因素影响。在同等水分、灰分等情况下,空气干燥基恒容高位发热量比收到基恒容低位发热量要高 1.25 MJ/kg（300 kcal/kg）左右。

在工业应用中,为统一能源计算基准,在衡量煤炭消耗时,一般是把实际使用不同发热量的煤炭换算成标准煤,标准煤发热量为 29.27 MJ/kg（7000 kcal/kg）。一般对煤炭进行脱水、脱灰和洗选后,可以增加煤炭的发热量。

煤气发热值是指标准状态下,1 m³ 煤气在完全燃烧时放出的热量,如燃烧产物中的水分以液态形式存在称高发热值,以气态形式存在称低位发热值。气化时,不同操作条件下,不同煤种气化所产煤气的发热值是不同的。由于褐煤的挥发分高,变质程度低,煤气中的干馏气比例大,干馏气中的甲烷含量高,同时年轻褐煤的气化温度低,也有利于甲烷的生成。同一种煤,提高压力,煤气发热值也会变高。我国部分煤矿原煤发热量及可磨性分析数据见表 7-7 所示。

表 7-7　我国部分煤矿原煤发热量及可磨性

序号	煤矿	发热量/(MJ/kg)			可磨性
		$Q_{gr,d}$	$Q_{gr,daf}$	$Q_{net,ar}$	HGI
1	郭家湾	29.92	32.17	27.90	55
2	哈拉沟	30.08	32.60	27.63	55
3	海鸿	30.19	32.86	25.27	
4	海湾	30.61	33.17	28.01	
5	韩家湾	28.40	32.08	22.60	
6	杭来湾	31.62	33.37	25.85	53
7	黑龙沟	31.07	33.24	25.16	52

续表

序号	煤矿	发热量/(MJ/kg)			可磨性
		$Q_{gr,d}$	$Q_{gr,daf}$	$Q_{net,ar}$	HGI
8	弘建	29.75	31.94	25.23	
9	红柳林	29.76	32.98	24.74	52
10	红岩	30.54	33.18	25.45	
11	鸿锋	29.66	32.56	25.10	
12	华秦	30.24	32.49	25.19	
13	槐树茆	27.76	32.61	22.16	54
14	汇能	31.29	32.94	27.20	
15	江泰	27.93	32.23	25.76	
16	金鸡滩	31.07	33.14	26.89	52
17	锦界	29.53	32.81	24.46	52
18	凯利	29.32	31.76	24.35	
19	十八墩	30.56	32.92	26.00	
20	石岩沟	31.71	33.34	26.76	
21	石窑店	26.16	32.88	22.18	
22	双山	31.75	33.43	27.58	
23	泰发祥	28.77	32.47	24.72	
24	泰江	31.68	33.01	27.86	
25	万泰明	29.46	32.26	24.82	
26	王家沟	27.81	32.64	23.92	54
27	王洛沟	29.66	32.73	26.77	
28	王湾	28.73	31.13	22.15	
29	乌兰色太	30.51	33.03	28.04	
30	西湾露天矿	31.38	33.20	26.53	50
31	鑫源	30.24	33.11	25.56	

二、黏结指数的影响

黏结指数主要是用于判别烟煤的黏结性和结焦性的一个重要指标，烟煤的结焦过程是由很多环节构成的一个极其复杂的工艺过程。通过烟煤的黏结指数可以初步了解和评价烟煤在加热过程中的黏结能力。根据烟煤黏结能力就可以确定烟煤的用途，是适用炼焦还是煤气化或其他加工工艺。此外，在 GB/T 5751《中国煤炭分类》中，黏结指数是烟煤分类的主要工艺指标。在 GB/T 5447—2014 标准中规定了烟煤黏结指数的测定方法，将一定质量的试验煤样和专用无烟煤，在规定的条件下混合，快速加热成焦，所得焦块在一定规格的转鼓内进行强度检验，以焦块的耐磨强度，即对抗破坏力的大小表示试验煤样的黏结能力。

煤的黏结性和结焦性指标除黏结指数（G）外，还包括胶质层指数（最大厚度 Y、最终收缩度 X）、奥阿膨胀度（膨胀度 b、收缩度 a）、罗加指数（R.I）和坩埚膨胀序数（CSN）和挥发分（V）等，这些指标间具有相关性，但受灰分影响较大。其中常用煤炭 Y 值胶质层指数，即胶质层最大厚度 Y 值的特性来表征煤的塑性的一种指标。胶质层指数包括胶质层最大厚度值、最终收缩度，同时还可以得到体积曲线形状、焦块特征、焦块抗碎能力。Y 值主要表征塑性阶段胶质体的数量。它与胶质体的流动性、热稳定性、不透气性和塑性温度区间有关，对中等黏结性和较强黏结性烟煤有较好的区分能力。

挥发分（V_{daf}）小于10%和大于45%的煤，Y值一般为0 mm；肥煤和气肥煤Y值大于25 mm，最高达60 mm；焦煤、1/3焦煤和气煤Y值在10～25 mm之间；焦渣特征为1～3的煤，Y值为0 mm；焦渣特征为8的煤，Y值一般大于25 mm，Y值大于30 mm的煤，黏结指数均大于90；Y值大于20 mm的煤，黏结指数均大于80；Y值小于15 mm的煤，黏结指数均小于80；Y值小于7 mm的煤，黏结指数均小于35。黏结指数大于100的煤，Y值一般大于25 mm；黏结指数大于65的煤，Y值一般大于10 mm。

黏结指数与罗加指数有正比相关性，黏结指数（G）最大理论值为110（实际最大值为105），罗加指数最大值一般为92左右；黏结指数值大于75的煤，罗加指数值低于75；黏结指数值在55～75之间的煤，罗加指数与之十分接近；黏结指数值在18～55之间的煤，罗加指数值略高于黏结指数值；黏结指数值小于18的煤，罗加指数显著低于黏结指数。坩埚膨胀序数随Y值增大而增大，Y值小于7 mm的煤，坩埚膨胀序数小于3，Y值大于40 mm的煤，坩埚膨胀序数达8～9；反之，坩埚膨胀序数为8～9的煤，Y值范围为12～50 mm。

有些烟煤加热到一定温度后，炭质受热分解成塑性状态，继而出现软化、熔融现象，产生热分解后液态产物。在炭粒之间的接触和膨胀压力作用下，炭粉相互黏结在一起而变成多孔性硬块，即所谓焦炭，这种煤称为黏结性煤，不宜用作气化煤。无烟煤基本不发生或稍微发生熔融黏结现象，而在放出挥发分后，其本身成为粉末状的残渣，这种煤称为不黏结性煤，适宜用于气化煤。黏结性强的煤在气化过程中会破坏气化层中气体的分布，使气化操作无法正常进行；而黏结性强的煤，一般煤灰熔融性温度普遍较高，只要不大于1350℃，原则上能用于水煤浆气化，但还要判别水煤浆成浆实验能否满足要求。强黏结性煤，灰熔融性温度高，一般都不宜作为气化煤。我国部分煤矿原煤的灰黏温曲线主要黏度值及对应的温度分析数据见表7-8。

表7-8 我国部分煤矿原煤的灰黏温曲线主要黏度值及对应的温度

煤矿	$T_{2.5}$/℃	T_5/℃	T_{10}/℃	T_{15}/℃	T_{20}/℃	T_{25}/℃
红柳林	1430	1420	1410	1400		1390
石窑店	1470	1450	1430	1420	1410	1406
红岩	1489	1402	1342	1315	1283	1251
柠条塔	1362	1304	1210		1184	1155
金鸡滩	1432					1422
孙家岔陈家湾	1280	1260			1250	1247
赵家梁三一矿	1410	1390	1380	1370	1360	1355
大砭窑	1400	1370	1340	1330	1320	1310
龙华	1270	1250	1220	1210	1200	1190

三、煤灰熔融性温度的影响

煤灰熔点是固体燃料中的灰分，达到一定温度以后，发生变形、软化、熔融和流动时，对应的温度可用变形温度（DT）、软化温度（ST）、熔融温度（HT）、流动温度（FT）表示。其中软化温度（ST）常用来表示灰熔点温度。灰分中各种不同成分的物质含量及比例变化时，煤的灰熔点（ST）是不同的。一般情况下，灰中含酸性氧化物 SiO_2、Al_2O_3 越多，灰熔点越高；灰中含 Fe_2O_3 和碱金属的氧化物越多，灰熔点越低，具有助熔作用的氧化钙以及煤中的黄铁矿等越多，灰熔点也会越低。在气化过程中，由于气化温度较高，灰分可能熔融成黏稠性物质并结块，其危害性主要是破坏气化剂在炉内的均匀分布，增加排灰困难，炉内壁结渣会缩短使用寿命，为防止结渣降低气化温度，牺牲了煤气的质量和产量。因此适宜的煤灰熔点是选择气化煤的重要指标之一。我国部分煤矿原煤的灰熔融性温度分析数据见表 7-9 所示。

表 7-9 我国部分煤矿原煤的灰熔融性温度

序号	煤矿	DT/℃	ST/℃	HT/℃	FT/℃
1	郭家湾	1180	1220	1240	1290
2	哈拉沟	1290	1370	1370	1420
3	海鸿	1240	1360	1370	1400
4	海湾	1150	1190	1220	1270
5	韩家湾	1100	1110	1120	1130
6	杭来湾	1290	1310	1310	1320
7	黑龙沟	1160	1220	1230	1280
8	弘建	1100	1120	1130	1150
9	红柳林	1190	1220	1230	1240
10	红岩	1180	1200	1200	1200
11	鸿锋	1110	1130	1130	1140
12	华秦	1110	1120	1130	1140
13	槐树茆	1200	1220	1250	1260
14	汇能	1150	1170	1170	1180
15	江泰	1130	1140	1140	1150
16	金鸡滩	1230	1240	1240	1250
17	锦界	1120	1140	1140	1150
18	凯利	1120	1130	1130	1150
19	十八墩	1100	1120	1120	1130
20	石岩沟	1270	1280	1290	1290
21	石窑店	1230	1290	1330	1360
22	双山	1140	1150	1150	1150
23	泰发祥	1140	1180	1180	1180
24	泰江	1130	1140	1150	1150
25	万泰明	1150	1190	1200	1230
26	王家沟	1190	1210	1230	1240
27	王洛沟	1170	1210	1230	1260
28	王湾	1290	1300	1300	1310
29	乌兰色太	1180	1220	1240	1290
30	西湾露天矿	1180	1210	1210	1220
31	鑫源	1150	1170	1180	1190

煤的灰熔点非常复杂，而煤的灰熔点与煤灰的化学组成关联紧密，通常以各种氧化物的百分含量来表示。其组成为 SiO_2、Al_2O_3、Fe_2O_3+FeO、CaO、MgO、Na_2O+K_2O 等。这些氧化物在纯净状态时，熔点都较高（Na_2O 和 K_2O 除外）。在高温下，由于各种氧化物相互作用，生成了有较低熔点的共熔体。熔化的共熔体还有溶解灰中其他高熔点矿物质的性能，从而改变共熔体的成分，使其熔化温度更低。煤的灰熔点温度与灰分组成及气化炉内的气氛有关，波动范围在 1000～1500℃ 之间。灰分的主要成分是 SiO_2 和 Al_2O_3，它们的灰熔点分别是 1713℃ 和 2050℃；而灰分是多种氧化物的混合物，灰分熔点就是多种氧化物在受热时形成共溶物的熔融温度。当含 SiO_2 和 Al_2O_3 等酸性成分较多的灰分，其熔点较高；当含 Fe_2O_3、CaO、MgO 及 Na_2O+K_2O 等碱性成分较多的灰分，其熔点较低。如以酸性成分与碱性成分之比 $[(SiO_2+Al_2O_3)/(Fe_2O_3+CaO+MgO)]$ 作为灰分的酸度，则酸度接近 1 时，灰分熔点低，酸度大于 5 时，灰分熔点将超过 1350℃。煤灰中的各氧化物组成对煤灰熔融性影响较大。

酸性氧化物（$Al_2O_3+SiO_2$），其中 Al_2O_3 能提高灰熔点，煤灰中 Al_2O_3 含量自 15%开始，煤灰熔融性温度随其含量增加而有规律地增加，当 Al_2O_3 含量＞40%时，软化温度 $ST \geqslant$ 1500℃；Al_2O_3 含量＞35%时，$ST \geqslant$ 1400℃；Al_2O_3 含量＞30%时，$ST \geqslant$ 1300℃；Al_2O_3 含量＞20%时，$ST \geqslant$ 1250℃。SiO_2 对灰熔点的影响较复杂，当 SiO_2 含量在 10%～40%之间时，随着 SiO_2 增加，灰熔点降低；当 SiO_2 含量在 40%～80%之间时，随着 SiO_2 增加，存在部分单体 SiO_2，灰熔点反而会增高。主要看 SiO_2 是否与 Al_2O_3 结合成 $2SiO_2 \cdot Al_2O_3$，如煤灰中 SiO_2 和 Al_2O_3 的含量比为 1.18（即 $2SiO_2 \cdot Al_2O_3$）时，灰熔点一般较高。随着该比值增加，灰熔点逐渐降低，这是由于灰中存在游离 SiO_2。游离 SiO_2 在高温下可能与碱性氧化物结合成低熔点的共晶体，因而使灰熔点下降。游离 SiO_2 过剩较多时，却可以使灰熔点升高。大多数煤灰的 SiO_2 和 Al_2O_3 的含量比值在 1.4 左右，故灰熔点会随煤灰中碱性氧化物的存在而降低。

碱性氧化物（$Fe_2O_3+CaO+MgO+K_2O+Na_2O$）能降低灰熔点，其中 Fe_2O_3 是降低灰熔点的组分，Fe_2O_3 越高，灰熔点越低。当 Fe_2O_3 含量大于 50%时，会出现单质铁或铁的氧化物，其熔点反而增高；CaO 和 MgO 有降低灰熔点的助熔作用，且有利于形成短渣，但其含量超过一定值时（25%～35%），灰中存在单体 CaO，灰熔点反而会增高。K_2O 和 Na_2O 能促进灰熔点低的共熔体形成，使变形温度降低，含量一般在 1%～2%之间。

对于大多数煤灰 SiO_2 含量较高，多呈酸性，在酸性灰渣中，碱性氧化物的存在起到了降低灰熔融温度的作用。当煤用作气化原料时，煤的结渣性与灰熔点有一定的关系，煤灰熔点过低的煤在气化时容易结渣，造成运行困难，为防止结渣，可加大水蒸气用量，使氧化层温度维持在灰熔点以下。而灰熔点过高的煤种，又不易生成熔渣，可采用较高的操作温度，在较低的 $V_{H_2O(g)}/V_{O_2}$（汽气比）下获得较高的气化强度。

对固定床和流化床，采用干法排渣的气化炉，取决于灰不熔解，高灰分含量和高灰熔点气化煤宜选择非液态排渣气化炉。一般用于固态排渣气化炉的煤，在气化时不能出现结渣，其灰熔点应＞1250℃。与液态排渣气化炉刚好相反，灰熔点越低越好，但要保证有一定的流动性，其黏度应小于 25 Pa·s。黏度太大，液渣流动性变差，还可能出现结渣。此时可采用混配煤的方法，对高黏度灰渣的煤，混配一些低黏度灰渣的煤，达到液态排渣的要求。也可以通过添加一定的助熔剂提高液渣的流动性。

对气流床和固定床液态排渣气化炉，取决于灰熔解并转化成液态熔渣，宜选低灰含量、低灰熔点气化煤。若灰熔点太高或渣的黏结性强，可使用适宜的助熔剂和配煤来降低它们，通常添加石灰石。由于我国的煤灰渣多属于酸性渣,助熔剂可选用碱性的 CaO 或热解能产生 CaO 的 $CaCO_3$。一般添加原则:当煤灰中 $m_{(SiO_2)}/m_{(Al_2O_3)} < 3$,CaO 在灰中的含量达 30%~35% 时,灰熔点最低,若再增加 CaO,灰熔点不降低,反而有可能升高;当煤灰中 $m_{(SiO_2)}/m_{(Al_2O_3)} > 3$ 时,$m_{(SiO_2)} > 50\%$,灰中 CaO 含量为 20%~25% 时,熔点最低,如果再增加 CaO 含量,其熔点将超过 1350 ℃。我国部分煤矿原煤的煤灰成分分析数据见表 7-10。

表 7-10 我国部分煤矿原煤的煤灰成分分析

序号	煤矿	SiO_2	Al_2O_3	Fe_2O_3	TiO_2	CaO	MgO	K_2O	Na_2O	MnO_2	SO_3	P_2O_5
1	郭家湾	50.15	15.58	7.37	0.68	9.36	0.94	1.68	0.66	0.20	5.04	0.36
2	哈拉沟	49.90	24.10	8.05	1.36	5.67	2.13	0.70	0.21	0.09	4.67	0.06
3	海鸿	48.80	25.48	11.45	1.27	4.11	2.03	0.77	0.18	0.09	3.75	0.09
4	海湾	47.14	15.75	6.55	0.76	17.98	0.99	1.67	1.38	0.20	4.05	0.09
5	韩家湾	45.04	14.10	14.60	0.93	11.64	1.06	1.68	0.59	0.22	9.06	0.02
6	杭来湾	18.33	10.57	17.34	0.68	28.83	3.15	0.16	0.67	0.39	15.80	0.03
7	黑龙沟	47.78	18.61	7.77	0.89	13.78	0.72	1.54	1.46	0.23	0.47	0.07
8	弘建	33.08	14.28	31.92	0.63	9.48	0.70	0.56	1.21		6.34	0.04
9	红柳林	53.92	18.28	4.56	0.79	12.94	1.09	1.76	1.02	0.16	5.20	0.21
10	红岩	36.56	15.94	6.10	0.59	25.96	0.62	0.71	0.78	0.39	10.34	0.65
11	鸿锋	42.31	14.20	11.56	0.58	13.55	1.74	1.34	2.44	0.15	10.77	0.07
12	华秦	42.82	38.60	4.35	1.45	5.97	0.19	0.09	0.06	0.05	3.22	1.04
13	槐树茆	43.21	18.54	18.08	0.82	7.44	0.87	1.76	0.80	0.11	6.68	0.24
14	汇能	51.46	30.73	6.44	1.46	3.85	1.03	0.88	0.75	0.12	1.32	0.62
15	江泰	24.02	11.66	16.50	0.48	17.84	3.60	0.61	0.40	0.05	21.48	0.02
16	金鸡滩	20.11	9.76	20.94	0.48	29.35	2.68	0.16	0.44	0.66	15.25	0.03
17	锦界	40.19	14.76	6.58	0.81	21.20	1.29	1.74	0.92	0.30	11.20	0.10
18	凯利	41.98	11.88	16.76	0.48	15.46	1.91	0.56	0.44	0.47	6.00	0.36
19	十八墩	35.42	11.22	13.70	0.78	15.43	1.03	1.22	0.82	0.26	13.60	0.12
20	石岩沟	20.06	6.63	15.69	0.29	26.00	5.56	0.08	0.68	0.18	23.16	0.02
21	石窑店	59.98	19.31	6.47	1.00	5.31	1.00	1.92	0.67	0.17	1.55	0.68
22	双山	35.48	9.31	7.69	0.44	24.85	6.16	0.49	0.72	0.20	12.26	0.03
23	泰发祥	30.76	8.04	15.85	0.54	23.07	0.87	1.01	0.78	0.29	15.86	0.09
24	泰江	30.29	11.54	16.88	0.75	18.74	1.02	0.63	0.71	0.28	15.01	0.16
25	万泰明	52.32	15.65	8.48	0.90	9.02	1.36	2.02	1.14	0.15	6.22	0.17
26	王家沟	39.04	16.21	21.80	0.74	5.51	0.45	1.47	0.91	0.10	8.22	0.52
27	王洛沟	32.32	9.58	13.93	0.56	20.72	0.80	1.20	0.78	0.26	15.90	0.10
28	王湾	44.90	13.40	5.99	0.64	19.86	0.77	1.62	1.35	0.31	8.25	0.05
29	乌兰色太	51.15	18.97	10.74	0.84	8.06	1.35	1.62	0.57	0.22	3.90	0.88
30	西湾露天矿	53.59	16.50	4.45	0.83	11.72	1.14	2.54	1.15	0.14	4.92	0.12
31	鑫源	41.28	14.74	14.28	0.75	13.10	2.04	1.27	0.74	0.31	8.48	0.06

我国部分煤矿原煤的煤焦渣特性分析数据见表 7-11 所示。

表 7-11 我国部分煤矿原煤的煤焦渣特性

序号	煤矿	CRC
1	郭家湾	2
2	哈拉沟	2
3	海鸿	2
4	海湾	2
5	韩家湾	2
6	杭来湾	3
7	黑龙沟	3
8	弘建	2
9	红柳林	2
10	红岩	2
11	鸿锋	2
12	华秦	2
13	槐树茆	3
14	汇能	2
15	江泰	2
16	金鸡滩	3
17	锦界	3
18	凯利	2
19	十八墩	3
20	石岩沟	3
21	石窑店	2
22	双山	3
23	泰发祥	3
24	泰江	3
25	万泰明	2
26	王家沟	3
27	王洛沟	2
28	王湾	2
29	乌兰色太	2
30	西湾露天矿	3
31	鑫源	3

四、煤的化学反应性的影响

煤的反应性是指在一定温度条件下，煤对二氧化碳的化学反应性，也就是在一定的高温条件下煤炭对二氧化碳的还原能力。反应性强的煤，在气化过程中，反应速度快，效率高。尤其对新型气化技术，反应性的强弱直接影响到煤的气化性能指标，如耗氧量、耗煤量及煤气有效成分等。

煤的反应性大小与煤的变质程度有关，低变质程度褐煤挥发分产率高，水分高，结构疏松，生成的煤焦具有丰富的孔隙，反应比表面积大，气固相反应的扩散阻力小，因此气化剂容易扩散到褐煤的内孔中去，因而褐煤的反应活性高。而高变质程度的年老无烟煤水分、挥发分产率低，且结构致密，形成的煤焦孔隙少，比表面积低，气固相反应的扩散阻力大，因此气化剂难以扩散到无烟煤的内部，因而无烟煤的反应活性低。

将 CO_2 还原率（a）与相应的测定温度绘成曲线，煤的反应性随反应温度的升高而加强，各种煤的反应性随变质程度加深而减弱。这是由于碳和 CO_2 的反应不仅在煤炭外表面进行，而且也在煤的内部微细孔隙的毛细管壁上进行，孔隙率越高，反应表面积越大，反应活性越强。不同煤化程度的煤及其干馏所得的残炭或焦炭的气孔率，化学结构是不同的，因此其反应性显著不同。另外煤中的碱金属、碱土金属和过渡金属对煤的气化过程都有一定的催化作用。K 的催化效果最好，其次是 Na，对煤炭气化反应具有强烈的催化作用，尤其是一些变质程度浅的年轻褐煤，因催化作用可以不同程度地提高煤的反应性。

反应性主要影响气化过程的起始反应温度，反应性越高，则发生反应的起始温度越低。主要煤起始温度分别为：褐煤，大约 650 ℃；焦炭，843 ℃。煤的起始反应温度低，气化温度就低，这有利于甲烷的生成反应，从而降低了氧气的耗量。通常来讲，高反应性的褐煤比反应性差的烟煤耗氧量低约 50%。当使用具有相同的灰熔点而活性较高的原煤时，由于气化反应可在较低的温度下进行，故容易避免结渣现象。流化床气化炉的气化温度较低，更适合高活性褐煤，不太适于反应活性小的煤。我国部分煤矿原煤的煤对二氧化碳的反应性分析数据见表 7-12 所示。

表 7-12 我国部分煤矿原煤的煤对二氧化碳的反应性

序号	煤矿	800 ℃	850 ℃	900 ℃	950 ℃	1000 ℃	1050 ℃	1100 ℃
1	郭家湾	10.8	24.7	50.0	73.6	84.8	93.4	98.8
2	哈拉沟	14.1	30.9	53.0	76.3	87.6	97.6	99.6
3	海鸿	12.3	28.7	50.0	68.0	83.5	96.5	98.8
4	海湾	11.3	27.9	53.5	72.0	87.6	95.7	99.2
5	韩家湾	27.9	44.8	68.0	81.8	91.9	95.7	100.0
6	杭来湾	16.1	22.3	32.2	42.5	64.3	79.2	95.9
7	黑龙沟	12.3	28.7	50.0	68.0	83.5	96.5	98.8
8	弘建	11.3	27.9	53.5	72.0	87.6	95.7	99.2
9	红柳林	6.0	11.3	25.9	45.2	62.8	77.6	88.3
10	红岩	4.9	9.5	14.5	32.5	51.2	71.5	84.8
11	鸿锋	13.2	27.7	53.5	76.9	88.7	95.7	98.8
12	华秦	17.3	34.4	63.0	75.1	84.8	95.7	98.0
13	槐树苪	1.6	6.4	23.0	42.5	70.0	85.5	95.3
14	汇能	10.5	25.1	45.6	69.1	84.8	95.7	98.8
15	江泰	21.3	39.3	62.0	78.2	88.3	94.2	98.8
16	金鸡滩	3.6	6.9	15.9	26.9	47.6	73.2	84.1
17	锦界	6.0	10.5	60.7	59.9	75.1	86.5	97.2
18	凯利	27.2	46.7	65.8	82.8	94.2	97.6	99.6
19	十八墩	25.4	35.5	55.4	71.5	87.2	95.3	98.8

续表

序号	煤矿	800 ℃	850 ℃	900 ℃	950 ℃	1000 ℃	1050 ℃	1100 ℃
20	石岩沟	5.8	12.9	20.0	38.4	60.4	72.0	84.5
21	石窑店	5.0	13.3	24.7	46.7	72.0	91.2	97.2
22	双山	6.6	15.4	37.8	65.8	85.5	93.4	98.0
23	泰发祥	8.8	13.0	20.1	36.3	53.0	68.6	85.5
24	泰江	32.1	52.2	75.1	84.8	92.7	98.8	100.0
25	万泰明	5.6	9.8	20.1	34.1	48.0	64.1	86.9
26	王家沟	1.1	5.0	15.9	36.5	59.9	82.5	93.4
27	王洛沟	5.3	10.1	18.4	31.9	47.3	71.8	91.9
28	王湾	10.0	28.3	51.2	74.2	91.2	100.0	100.0
29	乌兰色太	10.4	17.3	29.5	48.7	64.7	77.9	88.7
30	西湾露天矿	7.9	13.4	25.6	42.7	73.8	92.3	98.4
31	鑫源	10.0	17.6	30.9	50.3	67.4	80.8	90.5

五、热稳定性的影响

煤的热稳定性是指煤在高温气化过程中对热的稳定程度（煤是否容易碎裂），即煤块在高温作用下保持其原来粒度的能力，用 TS 表示。伴随气化温度的升高，煤易碎裂成煤末和细粒，对固定床内的气流均匀分布和正常流动会造成影响。热稳定性好的煤，在燃烧或气化过程中能以其原来的粒度进行气化，或破碎较少。热稳定性差的煤在气化过程中则迅速裂成小块或煤粉，轻则炉内结渣，增加炉内阻力和带出物，降低气化效率，严重时会影响整个气化过程，甚至造成事故停产。

煤的热稳定性与煤形成年代有关，主要与煤化程度有关。但煤化程度最低的煤和煤化程度最高的煤，热稳定性均较差，煤化程度中等的煤，热稳定性较好。一般情况下，褐煤热稳定性最差，无烟煤次之，烟煤最好。煤的热稳定性强度在某种条件下，反映了煤热态性能的一项机械性强度指标。它表征煤在使用环境的温度和气氛下，同时能够经受热应力及抵抗破碎和磨损的能力。

我国大部分无烟煤热稳定性较好，但在高变质无烟煤中也有少数煤热稳定性不好。热稳定性差的无烟煤，由于其结构致密，加热时内外温度差很大，引起膨胀不同而破裂。对机械强度较大、热稳定性较差的无烟煤预热处理后，其热稳定性可显著改善。一般固定床气化炉用 25～50 mm 的中块煤。随着机械化采煤的发展，小粒度煤产量日益增加，中块煤的用量也增加，不同的气化炉对煤的粒度也有不同的要求。

六、抗碎强度的影响

煤的抗碎强度是指一定粒度的煤样自由落下后抗破碎的能力。将粒度为 60～100 mm 的煤样从 2 m 高处自由落到规定厚度的钢板上，然后将落下的煤中大于 25 mm 的块煤再次落下，共落下三次，以破碎后大于 25 mm 的块煤占原煤样的质量分数（%）表示煤的抗碎强度。煤的抗碎强度是气化用煤质量的指标之一。

煤破碎难易程度，与煤的形成年代和煤化程度有关，年代愈久，高煤化程度的煤抗碎强度愈大，反之亦然。一般情况下，抗碎强度差的煤，其热稳定性也较差。抗碎强度差的煤在运输过程中，会产生许多粉状颗粒，造成原料煤的损失。在进入气化炉后，粉状原料的颗粒容易堵塞气道，造成气化炉内气流分布不均，并严重影响气化效率。

在固定床气化炉中，煤的抗碎强度与灰带出量和气化强度有关。固定床采用无烟煤等作为气化原料时，要求煤的抗碎强度较大，同时对煤的热稳定性也有一定要求。用无烟煤为原料生产水煤气时，在鼓风阶段气流速度大，温度急剧上升，所以，需要无烟煤的抗碎强度和热稳定性高，才能以保证气化过程顺利进行；在流化床气化炉中，煤的抗碎强度与流化床层中是否能保持煤粒大小均匀一致的状态有关。若抗碎强度所导致的煤粒度与流化床对气化原料煤的粒度基本一致，则煤的抗碎强度大小对流化床气化的影响较小；在气流床气化炉中，由于对煤的粒度要求非常小，在 100 μm 以内，因此煤的抗碎强度大小对气流床的生产操作不会产生太大的影响。

七、煤粒度的影响

煤粒度是指煤颗粒的大小，粒度分为单体颗粒和群体颗粒。单体颗粒度大小以其占据空间尺寸表示，通常球体颗粒的粒度用直径表示，粒径就是该颗粒重心连接颗粒表面两点之间的长度；立方体颗粒的粒度用边长表示。对不规则的颗粒，可将与该颗粒有相同行为的某一球体直径作为该颗粒的等效直径，有基于颗粒体积估算的粒径，基于颗粒质量、面积和运动速度来估算的粒径等。实际应用过程中，煤粒度通常用群体颗粒也叫粒度分布来描述一堆煤颗粒时的粒度，表示这堆颗粒的粒径大小整体分布情况。可以用筛分、气动等方法来测量，反映出样品煤中不同粒径颗粒占颗粒总量的百分数，如用区间分布表示粒径区间中煤颗粒的百分含量。

常用来表示煤粒度特性的几个指标为：D_{50} 表示一个样品的累计粒度分布百分数达到 50% 时所对应的粒径，其物理意义是粒径大于它的颗粒占 50%，小于它的颗粒也占 50%。D_{50} 也称中位径，常用来表示粉体的平均粒度；D_{97} 表示一个样品的累计粒度分布数达到 97% 时所对应的粒径，其物理意义是粒径小于它的颗粒占 97%，用来表示粉体粗端的粒度指标。其他如 D_{10}、D_{25}、D_{90} 等参数的定义与物理意义与 D_{97} 类似；$D(4,3)$ 表示体积平均径，$D(3,2)$ 表示平面平均径，由于颗粒形状很复杂，通常有筛分粒度、沉降粒度、等效体积粒度、等效表面积粒度等几种表示方法。

煤的比表面积与煤的粒径有关，比表面积表示单位重量的颗粒表面积之和，比表面积的单位为 m^2/kg 或 cm^2/g。煤的粒径越小，比表面积越大。这是由于煤有许多内孔，所以比表面积与煤的气孔率有关。表 7-13 给出了几种煤的比表面积。

表 7-13 几种煤的比表面积

序号	名称	粒度/mm	总表面积/cm²	体积/cm³	比表面积/(cm²/cm³)
1	泥煤	20	2340	10.8	216.7
2	褐煤	15	28.8	1.78	16.2
3	气煤	12	13.5	0.904	14.9
4	黏结性烟煤	10	7.5	0.524	14.3
5	无烟煤	4	0.51	0.042	12.1

煤粒度对气化过程的影响非常大，由于粒度不同，将直接影响到气化炉的运行负荷、煤气、焦油的产率及各项消化指标。通常不同的炉型、不同的煤种、不同的操作条件，对煤的

粒度要求不同。粒度小，煤比表面积大，气固接触充分，有利于反应进行，但阻力也增加了，动力消耗就大。对不同的煤种，采用不同的气化炉工艺，对煤的粒度分布要求也是不同的。对固定床气化炉，粒度选择范围通常在 6～50 mm 之间，一般大于 6 mm。对加压固定床选择褐煤 6～40 mm，烟煤 5～25 mm，焦炭和无烟煤 5～20 mm。小粒煤虽然有利于煤气化反应，但会增加气化剂通过气化炉床层的阻力，还会增加带出物的损失。反之，大颗粒煤块，比表面积小，气固接触不充分，气化反应不彻底，需增加灰渣中可燃组分碳的含量；对流化床气化炉，粒度选择范围通常在 3～6.5 mm 之间。流化床对煤颗粒有一定的要求，粒径应保持基本一致，能气固混合均匀，在炉内呈流化状态。煤粒太小，粉尘容易被大量气体带出炉外，增加分离负荷及循环比；煤粒太大，由于物料在炉内停留时间短，气化反应不彻底，带出的粉尘和渣含碳量高；对气流床气化炉（干法进料）使用≤0.1 mm 的煤粉颗粒，颗粒分布要求 70%～90%的煤粉小于 200 目；水煤浆进料时，也有一定的粒度要求，尽可能提高水煤浆的浓度。

综上所述，煤粒度大小与煤比表面积、煤种、煤炭化程度、传热以及气化炉型都有密切的关联。煤粒度越小，比表面积越大，比表面积又与煤的气孔、碳化程度有关，比表面积大，气固接触充分，有利于气化反应进行；煤粒度小会增加炉内阻力，动力消耗增加；煤和灰都是不良热导体，本身热导率小，传热速度慢，粒度对传热过程也非常敏感，粒度越大，传热越慢，煤粒内外温差大，从而降低气化效率。因此不同的煤粒度分布，将会直接影响到气化炉的运行负荷、煤气产率、产品综合能耗等指标。

八、哈氏可磨性指数的影响

煤的可磨性是指煤研磨成粉的难易程度，煤的可磨性指数是评价煤炭研磨制粉难易程度的一个重要指标。目前国内普遍采用哈氏法可磨性指数来表征煤的可磨性能，该方法适用大多数煤种，可用式（4-60）表示。

具体用 HGI 值表示粉碎程度，HGI 值一般在 30～100 之间，其值越小，表明煤越难粉碎，磨煤的能耗越高。煤的可磨性除与煤的硬度、强度、韧度和脆度有关外，还与煤的年代、煤岩结构、煤矿的类型和分布等有关。哈氏可磨性指数用 HGI 表示，衡量煤的可磨性，HGI 是一个无量纲的物理量，其值大小反映不同煤样破碎成粉的相对难易程度。

作为气化煤，在流化床气化炉和气流床气化炉的制粉系统过程中，设计选择磨煤机产量和能耗时，可磨性指数是一个重要的指标。一般情况下，不同牌号的煤种，具有不同的可磨性，通常焦煤和肥煤的可磨性指数高，容易磨细，能耗低；无烟煤和褐煤的可磨性指数低，较难磨细，能耗高。因为煤化程度低的年轻褐煤和煤化程度高的年老无烟煤的哈氏可磨性指数在 40 左右；长焰煤、不黏煤在 50～80 之间；焦煤可达 100 以上，由此说明煤化程度中等的烟煤哈氏可磨性指数最高，煤化程度过高和过低的褐煤和无烟煤都不易磨碎。

第六节　气化性能评价

一、评价范围

气化性能是一个重要的评价要素，通过对气化性能进行定性和定量的分析评价，就能在一定程度上反映出煤气化工艺水平的先进性。一般气化性能评价包括：气化炉设备性能指标、气化炉物料消耗性能指标、气化炉工艺性能指标和单位产品（有效合成气）综合能耗指标等四部分，从而涵盖了煤气化工艺先进程度的主要内容，即煤转化率、冷煤气效率、热煤气效率、合成气组分、有效气产率等一系列数据。通过一定的计算，可以定量知道有效气组分、单位产品煤消耗、单位产品氧消耗，以及单位产品综合能耗等关键参数。在此基础上判断煤气化工艺性能优劣与差异程度。气化性能评价范围见表7-14。

表7-14　气化性能评价范围

序号	名称	性能评价指标	评价目的
一、气化炉设备性能			
1	气化强度	气化炉生产能力	气化炉产能效率
2	单炉日投煤量	单位时间气化炉气化能力	气化炉单位时间处理煤量
3	单炉生产能力	单位时间气化炉产合成气量	气化炉单位时间产气率
二、气化炉物料消耗			
4	比煤耗	生产1000 m³合成气消耗原料煤	气化炉单位产品煤耗
5	比氧耗	生产1000 m³合成气消耗氧气	气化炉单位产品氧耗
6	蒸汽耗	生产1000 m³合成气消耗蒸汽	气化炉单位产品蒸汽耗
7	氧/煤比	气化消耗氧气与原料煤质量比	气化炉氧煤比
8	汽/氧比	气化消耗水蒸气量与氧气质量比	气化炉汽氧比
9	蒸汽分解率	分解水蒸气与入炉水蒸气质量比	气化炉蒸气分解率
三、气化炉工艺性能			
10	碳转化率	气化过程煤中碳转化为合成气中碳含量的比值程度	气化炉碳转化效率
11	冷煤气化效率	煤气化学能与煤化学能比值	煤化学能转化效率
12	热煤气化效率	煤气化学能与回收蒸汽焓值的增量之和与煤化学能比值	煤气热能利用效率
13	有效气产出率	出口气中CO和H_2的总摩尔质量与进料煤中C和H_2的总摩尔质量比值	气化炉有效气产出效率
14	气化热效率	气化炉内部系统能量利用程度	气化热利用效率
四、单位产品综合能耗			
15	合成气综合能耗	生产单位合成气消耗的总能耗	气化炉单位产品能效

表7-14中列出的气化性能评价的15种指标，均可以通过定量和定性分析，判断煤气化的效率和性能差异。通常情况下，要统筹考虑，有时单一指标并不能说明问题。其中有些性能指标可通过其他指标换算得到，如氧/煤比、汽/氧比；而蒸汽分解率主要针对固定床而言；气化热效率主要是气化系统内部热量计算。

二、气化炉性能指标评价

1. 气化强度

气化强度表示：单位时间、单炉炉膛截面积上气化原料煤质量[kg/(m²·h)]或产生的煤气量[干基，kg/(m²·h)]、有效合成气量[CO+H_2，m³/(m²·h)]。气化强度按式（7-4）计算：

$$P_W = w/F \tag{7-4}$$

式中　P_W——单炉截面积单位时间气化强度，kg/(m²·h)；

　　　w——单炉单位时间气化原料煤质量，kg/h；

F——单炉炉膛截面积，m^2。

或用气化干基煤气量表示的气化强度，按式（7-5）计算：

$$P_{vm} = V_{煤气}/F \quad (7\text{-}5)$$

式中 P_{vm}——单炉截面积单位时间气化强度，$m^3/(m^2·h)$；

$V_{煤气}$——单炉单位时间气化产生的煤气量，m^3/h；

F——单炉炉膛截面积，m^2。

或用气化有效合成气量表示的气化强度，按式（7-6）计算：

$$P_{vn} = V_{合成气}/F \quad (7\text{-}6)$$

式中 P_{vn}——单炉截面积单位时间气化强度，$m^3/(m^2·h)$；

$V_{合成气}$——单炉单位时间气化产生的合成气量（$CO+H_2$），m^3/h；

F——单炉炉膛截面积，m^2。

由式（7-4）～式（7-6）可知，当气化炉炉膛截面积 F 不变时，气化强度 P_W、P_{vm}、P_{vn} 越大，气化炉生产煤气或合成气的能力就越大，气化炉气化原料煤的能力就越大。气化强度是衡量气化炉关键设备性能指标的一个重要参数。

2. 单炉气化煤量（投煤量）

单炉气化煤量表示：单位时间内气化炉气化原料煤质量，单位有 t/d、t/h；或气化原料煤热值，单位 MW。单炉气化煤量越大，表明气化炉生产能力越强。截止到 2021 年，我国多喷嘴气化炉最大气化煤量能力约 4000 t/d。将式（7-4）除式（7-5）得：

$$P_W/P_{vm} = w/V_{煤气} \quad (7\text{-}7)$$

$$w = V_{煤气} \times (P_W/P_{vm}) \quad (7\text{-}8)$$

设 $R'_C = P_W/P_{vm}$，代入式（7-8）得：

$$w = V_{煤气} \times R'_C \quad (7\text{-}9)$$

式中 R'_C——比煤耗，即气化 1000 m^3 煤气消耗的原料煤质量，$kg/1000\ m^3$。

式（7-9）中，如果已经知道 $V_{煤气}$ 产量和比煤耗 R'_C，就能够计算出气化炉投煤量。同理将 $V_{煤气}$ 用 $V_{合成气}$ 代入，也能够得到用合成气计算的气化炉投煤量。

$$w = V_{合成气} \times R_C \quad (7\text{-}10)$$

式中 R_C——比煤耗，即气化 1000 m^3 有效合成气需要消耗的原料煤质量，$kg/1000\ m^3$。

由上式可知，$V_{煤气} > V_{合成气}$，$R'_C < R_C$。

几种典型炉型的单炉投煤量指标如下：

Shell 炉单炉投煤量 1300～3200 t/d；

神宁炉、航天炉单炉投煤量 750～3000 t/d；

多喷嘴炉单炉投煤量 750～4000 t/d；

多元料浆、晋煤炉、GE 炉单炉投煤量 550～3000 t/d。

3. 单炉有效合成气产量

单炉煤气/有效合成气产量表示，在单位时间内气化炉所产生的煤气或有效合成气量（$CO+H_2$），用单位 m^3/h 表示。单炉煤气/有效合成气产量能够直观反映气化炉生产能力。由式（7-11）可计算有效合成气产量：

$$V_{合成气}= FP_{W}P_{e} \tag{7-11}$$

式中 $V_{合成气}$——单炉单位时间气化产生的有效合成气量（$CO+H_2$），m^3/h；

F——单炉炉膛截面积，m^2；

P_W——单炉截面积单位时间气化强度，$kg/(m^2 \cdot h)$；

P_e——有效合成气产率，m^3/kg。

将煤气产率代替有效合成气产率，则式（7-11）变为式（7-12）所示。

$$V_{煤气}= FP_{W}P_{e}' \tag{7-12}$$

式中 $V_{煤气}$——单炉单位时间气化产生的煤气量，m^3/h；

P_e'——煤气产率，m^3/kg。

其他单位同上。几种典型炉型的单炉有效合成气产量指标如下：

Shell 炉单炉产量 55000~180000 m^3/h；

神宁炉、航天炉单炉产量 73000~168000 m^3/h；

多喷嘴炉单炉产量 73000~220000 m^3/h；

多元料浆、晋煤炉、GE 炉单炉产量 65000~168000 m^3/h。

三、气化炉物耗指标评价

1. 比煤耗

生产 1000 m^3 有效合成气所消耗的煤质量（干基），单位 $kg/1000\ m^3$，反映气化系统原料煤消耗。由式（7-10）可得：

$$R_C = w/V_{合成气} \tag{7-13}$$

式中 w——单炉单位时间消耗原料煤质量（干基），kg/h；

$V_{合成气}$——单炉单位时间生产有效合成气量，1000 m^3/h；

R_C——比煤耗，$kg/1000\ m^3$。

几种典型炉型的比煤耗指标如下：

UGI 炉气化 580~610 $kg/1000\ m^3$；

Lurgi 炉气化 700~820 $kg/1000\ m^3$；

灰熔聚炉加压气化 870~1000 $kg/1000\ m^3$；

神宁炉、航天炉、壳牌炉粉煤加压气化 540~650 $kg/1000\ m^3$；

多喷嘴炉、多元料浆炉、晋煤炉、GE 炉水煤浆加压气化 560~680 $kg/1000\ m^3$。

2. 比氧耗

生产 1000 m^3 有效合成气消耗的氧气体积量（标准状态下），单位 $m^3/1000\ m^3$，反映气化系统氧气消耗。比氧耗按式（7-14）计算：

$$R_{O_2} = V_{O_2}/V_{合成气} \tag{7-14}$$

式中：V_{O_2}——单炉单位时间生产合成气消耗氧量，m^3/h；

$V_{合成气}$——单炉单位时间生产有效合成气量，1000 m^3/h；

R_{O_2}——比氧耗，$m^3/1000\ m^3$。

几种典型炉型的比氧耗指标如下：

UGI 炉气化采用空气进料；

Lurgi 炉气化 180～290 m³/1000 m³(CO+H₂)；

灰熔聚炉加压气化 410～440 m³/1000 m³(CO+H₂)；

神宁炉、航天炉、壳牌炉粉煤加压气化 315～365 m³/1000 m³(CO+H₂)；

多喷嘴炉、多元料浆炉、晋煤炉、GE 炉水煤浆加压气化 385～435 m³/1000 m³(CO+H₂)。

3．蒸汽耗

第一种方式用比蒸汽耗 R_{H_2O} 表示（参照比氧耗定义），即生产 1000 m³ 有效合成气消耗的外加蒸汽体积量（标准状态下），单位 m³/1000 m³，R_{H_2O} 反映了气化炉蒸汽消耗。R_{H_2O} 按式（7-14a）计算：

$$R_{H_2O} = V_{H_2O} / V_{合成气} \tag{7-14a}$$

式中：V_{H_2O}——单炉单位时间生产合成气消耗蒸汽量，m³/h；

　　　$V_{合成气}$——单炉单位时间生产有效合成气量，1000 m³/h；

　　　R_{H_2O}——比蒸汽耗，m³/1000 m³ 或 kg/1000 m³。

第二种方式用汽/煤比 $R_{H_2O/C}$ 表示，气化 1 kg 原料煤所消耗的蒸气量，kg/kg。采用 $R_{H_2O/C}$ 反映气化系统蒸气消耗。$R_{H_2O/C}$ 按式（7-14b）计算：

$$R_{H_2O/C} = R_{H_2O} / R_C \tag{7-14b}$$

式中　R_{H_2O}——气化 1000 m³ 有效合成气消耗的消耗蒸汽量，kg/1000 m³；

　　　R_C——气化 1000 m³ 有效合成气需要消耗的原料煤量，kg/1000 m³；

　　　$R_{H_2O/C}$——汽/煤比，kg/kg。

几种典型炉型的蒸汽耗指标如下：

UGI 炉气化 0.26～0.45 kg 蒸汽/kg 原料煤；

Lurgi 炉气化 1.1～1.3 kg 蒸汽/kg 原料煤；

神宁炉、航天炉、壳牌炉粉煤加压气化 0.1～0.25 kg 蒸汽/kg 原料煤；

多喷嘴炉、多元料浆炉、晋煤炉、GE 炉水煤浆加压气化 0 kg/kg 原料煤。虽然不消耗外部输入蒸汽，但通过水煤比（水煤浆浓度）在气化炉内将水蒸发为蒸汽而进行这部分蒸汽分解，本质上还是消耗了蒸汽（水）。

4．氧/煤比

气化所消耗的氧气质量与原料煤质量之比。该指标无量纲，可根据比氧耗、比煤耗计算所得，反映了气化过程中氧气与煤的比值。在一定程度上反映了合成气组分的质量。相同的装置中，氧/煤比高，气化温度提高，甲烷含量降低，二氧化碳含量提高，合成气质量提升；氧/煤比低，气化温度降低，甲烷含量提高，二氧化碳含量降低，粗合成气质量下降。氧/煤比按式（7-15）计算：

$$R_{O/C} = 1.4286 \times R_{O_2} / R_C \tag{7-15}$$

式中　$R_{O/C}$——氧/煤比，无量纲；

　　　1.4286——氧气质量换算系数；

　　　R_{O_2}——比氧耗，m³/1000 m³；

　　　R_C——比煤耗，kg/1000 m³。

几种典型炉型的氧煤比指标如下：
Lurgi 炉气化 0.25~0.58；
灰熔聚炉加压气化 0.58~0.68；
神宁炉、航天炉、壳牌炉粉煤加压气化 0.75~0.95；
多喷嘴炉、多元料浆炉、晋煤炉、GE 炉水煤浆加压气化 0.95~1.2。

5. 汽/氧比

气化所消耗的水蒸气量与氧气量之比，无量纲，水蒸气与氧气作为气化过程的两种氧化剂，其组成的变化直接影响着合成气的气体组成。汽/氧比高，CO 量减少，H_2 量增加，CO/H_2 下降；汽/氧比低，CO 量增加，H_2 量降低，CO/H_2 提高。

$$R_{H_2O/O_2} = R_{H_2O} / R_{O_2} \tag{7-15a}$$

式中　R_{H_2O/O_2}——蒸汽氧比，无量纲；

　　　R_{O_2}——比氧耗，$m^3/1000\ m^3$；

　　　R_{H_2O}——比汽耗，$m^3/1000\ m^3$；$R_{H_2O} = W_{H_2O} / V_{CO+H_2}$，$W_{H_2O} = W_{煤,入炉} \times R_{H_2O/C}$。

式中，W_{H_2O} 为气化反应外部加入的蒸汽量；$R_{H_2O/C}$ 为蒸汽与入炉煤的比值。几种典型炉型的汽/氧比指标如下：

Lurgi 炉气化 1.8~4.25；
神宁炉、航天炉、壳牌炉粉煤加压气化 0.15~0.35；
多喷嘴炉、多元料浆炉、晋煤炉、GE 炉水煤浆加压气化外部加入蒸汽为 0，但可取水煤浆中水/氧比。

6. 水蒸气分解率

被分解掉的水蒸气与入炉水蒸气总量之比。水蒸气分解率高，所得到的合成气质量好，水蒸气含量低；反之，所得到的合成气质量低，水蒸气含量高。气化中的水蒸气分解率通常指固定床气化技术，几种典型炉型的水蒸气分解率指标如下：

UGI 炉气化 40%~63%；
Lurgi 炉气化 38%~43%。

四、气化炉工艺性能指标评价

（一）碳转化率

气化过程中转化和消耗的总碳质量与原料煤中碳质量的百分比。也可指煤气化过程中煤中碳的转化率，但不能表示碳的利用率。在煤气化过程中要求得到的有效气含量，即氢和一氧化碳，若转化为二氧化碳则有害。不同煤气化方法得到的气体氢和一氧化碳含量有较大的差异。碳转化率可用式（7-16）表示：

$$\eta_c = (1 - N_{ic\ 出炉} / N_{ic\ 入炉}) \times 100\% \tag{7-16}$$

式中　$N_{ic\ 入炉}$——入气化炉总碳质量流量，kg/h；

　　　$N_{ic\ 出炉}$——出气化炉总碳质量流量，kg/h；

　　　η_c——碳转化率，%。

碳转化率与热煤气效率紧密相关，因为燃烧产生热量的碳也计入了转化碳的范畴。通常情况下，几种典型的气化炉碳转化率指标如下：

UGI 炉气化 75%～85%；

Lurgi 炉气化 83%～90%；

Shell/GSP 炉气化 >98.5%；

神宁炉、航天炉气化 96%～98.5%；

多喷嘴炉、多元料浆炉、晋煤炉、GE 炉水煤浆气化 94%～98%。

（二）冷煤气效率

冷煤气效率定义为生成煤气的化学能与气化用煤化学能的比值，该指标无量纲。冷煤气效率重点关注气化炉的能量转移，仅对气化而言。假定理想状态下，入系统煤的化学能 100%转移进入煤气的化学能，这意味着能量损失为零。实际上进入气化炉的碳含量，虽绝大部分能够转化成为合成气中的碳，但仍然有一部分没有燃烧气化彻底（与气化炉性能有关），而成为灰渣排出气化系统外。因此冷煤气效率是不可能全部转化为煤气化学能的。冷煤气效率按式（7-17）计算：

$$\eta_e = (E_{煤气化学能}/E_{煤化学能}) \times 100\% \tag{7-17}$$

式中　$E_{煤气化学能}$——出口的煤气化学能，kJ 或 kJ/h；

$E_{煤化学能}$——入炉的煤化学能，kJ 或 kJ/h；

η_e——冷煤气效率，%。

几种典型炉型的冷煤气效率指标如下：

Lurgi 炉加压气化 70%～80%；

神宁炉、航天炉、Shell 炉干煤粉气化 79%～85%；

多喷嘴炉、多元料浆炉、晋煤炉、GE 炉水煤浆气化 74%～79%。

（三）热煤气效率

气化生成的煤气化学能与气化炉出口高温煤气显热回收蒸汽焓值增量之和与入炉煤的化学能的比值，该指标无量纲。热煤气效率增加了煤气化系统能量回收，与冷煤气效率相比，能够进一步反映煤的能量转化过程效率。热煤气效率按式（7-18）计算：

$$\eta_{re} = (E_{煤气化学能} + E_{蒸汽焓值增量})/E_{煤化学能} \times 100\% \tag{7-18}$$

式中　$E_{煤气化学能}$——出口煤气化学能，kJ 或 kJ/h；

$E_{煤化学能}$——入炉煤的化学能，kJ 或 kJ/h；

$E_{蒸汽焓值增量}$——系统副产蒸汽焓值与进系统水焓值的增量，kJ 或 kJ/h；

η_{re}——热煤气效率，%。

将式（7-17）代入式（7-18）得：

$$\eta_{re} = \eta_e + \eta_r \tag{7-19}$$

$$\eta_r = (E_{蒸汽焓值增量}/E_{煤化学能}) \times 100\%$$

显然用热煤气效率表示气化炉转化过程中能量效率比用冷煤气效率要高 η_r，这是因为煤气化系统对高温热煤气的显热通过副产蒸汽得到了部分回收。几种典型炉型的热煤气效率指标如下：

UGI 炉气化约 80%；

Lurgi 炉气化 85%～90%；

神宁炉、航天炉、Shell 炉加压气化 92%～98%；

多喷嘴炉、多元料浆炉、晋煤炉、GE 炉水煤浆气化 87%～94%。

（四）有效气产出率

有效气产出率定义为出口气中 CO 和 H_2 的总物质的量与进料煤中 C 和 H_2 及蒸汽分解 H_2 之和的总物质的量比值，以弥补单纯用冷煤气效率衡量气化效率的不足。在此要区分有效气产率与有效气产出率的差异。前者表示每千克煤产出有效 CO+H_2 的产量，单位 m^3/kg 干煤；后者表示产出 CO+H_2 的总物质的量与进料煤中 C 和 H_2 及蒸汽分解 H_2 之和的总物质的量比值，无量纲。

1. 有效气产率计算

有效气产率按式（7-20）计算：

$$P_{CO+H_2} = (N_{CO} + N_{H_2}) \times 22.4 / W \quad (7\text{-}20)$$

式中　N_{CO}——出口气中 CO 组分的物质的量，mol；

　　　N_{H_2}——出口气中 CO 组分的物质的量，mol；

　　　W——入气化炉煤的质量，kg；

　　　P_{CO+H_2}——有效气产出率，m^3/kg。

2. 蒸气分解率计算

蒸汽分解率由式（7-21）计算：

$$\beta_{H_2O} = N_{W,H_2} \times 18 / (W \times R_{H_2O/C}) \quad (7\text{-}21)$$

式中　β_{H_2O}——蒸汽分解率，%；

　　　N_{W,H_2}——由水蒸气分解得到的 H_2 物质的量，mol；

　　　$R_{H_2O/C}$——蒸汽/煤比，对水煤浆气化可取煤浆中水与煤（干基）的质量比，kg/kg；

　　　W——入气化炉煤的质量，kg。

3. 氧/煤比计算

可由式（7-15）计算得到。

4. 比氧耗计算

比氧耗由式（7-22）计算：

$$R_{O_2} = 1000 \times R_{O/C} / P_{CO+H_2} \quad (7\text{-}22)$$

式中　R_{O_2}——生产 1000 m^3 有效合成气消耗的氧气体积量，$m^3/1000\ m^3$。

其他单位同上。

5. 有效气产出率

用 P_e 表示有效气产出率，按式（7-23）计算：

$$P_e = (N_{CO} + N_{H_2}) / (N_{iC} + + N_{W,H_2} + N_{iH_2}) \times 100\% \quad (7\text{-}23)$$

式中 N_{CO}——出口气中 CO 组分的物质的量，mol；
N_{H_2}——出口气中 H_2 组分的物质的量，mol；
N_{iC}——进料煤炭中 C 组分的物质的量，mol；
N_{iH_2}——进料煤炭中 H 原子换算为 H_2 组分的物质的量，mol；
N_{W,H_2}——由水蒸气分解得到的 H_2 物质的量，mol；
P_e——有效气产出率，%。

根据煤气化物料平衡，由煤的元素平衡和出口气体的组成可得到下式：

$$N_{CO_2}/N_{CO} = Y_{CO_2}/Y_{CO} \tag{7-24}$$

$$N_{CH_4}/N_{CO} = Y_{CH_4}/Y_{CO} \tag{7-24a}$$

$$N_{H_2}/N_{CO} = Y_{H_2}/Y_{CO} \tag{7-24b}$$

$$N_{COS}/N_{CO} = Y_{COS}/Y_{CO} \tag{7-24c}$$

$$N_{H_2S}/N_{CO} = Y_{H_2S}/Y_{CO} \tag{7-24d}$$

$$N_{N_2+Ar}/N_{CO} = Y_{N_2+Ar}/Y_{CO} \tag{7-24e}$$

$$N_{NH_3}/N_{CO} = Y_{NH_3}/Y_{CO} \tag{7-24f}$$

式中 Y_i——气体中 i 组分的体积分数，%；
N_i——入炉煤生产的 i 组分的物质的量，mol。

（1）N_{iC}（元素碳）组分的质量数计算

N_{iC} 按式（7-25）计算：

$$N_{iC} = (X_C \times R_C)/12 \tag{7-25}$$

将 $X_C = W \times Y_C$ 代入式（7-25）得：

$$N_{iC} = (W \times Y_C \times R_C)/12 \tag{7-26}$$

式中 X_C——煤中元素 C 的物质的量，kg；
W——入炉煤的质量，kg；
Y_C——入炉煤中元素碳的质量分数，%；
R_C——碳转化率，%；
N_{iC}——入炉煤中元素碳的物质的量，mol。

（2）N_{CO}（CO）组分质量数计算

N_{CO} 按式（7-27）计算：

$$N_{CO} = N_{iC}/(1 + Y_{CO_2}/Y_{CO} + Y_{CH_4}/Y_{CO}) \tag{7-27}$$

式中 Y_{CO_2}——出口煤气中 CO_2 组分的质量分数，%；
Y_{CO}——出口煤气中 CO 组分的质量分数，%；
Y_{CH_4}——出口煤气中 CH_4 组分的质量分数，%。

（3）N_{iH_2} 煤中 H_2 计算

将煤中 H 元素换算为 H_2，N_{iH_2} 按式（7-28）计算：

$$N_{iH_2} = X_H/2 = W \times Y_{H_2}/2 \tag{7-28}$$

式中 X_H——煤中元素 H 的物质的量，mol。

（4）N_{W,H_2} 水蒸气分解 H_2 计算

由水蒸气分解得到的 H_2 和煤中 H 元素得到的 H_2 与出口煤气中 H_2 平衡，见式（7-29）所示：

$$N_{W,H_2} + N_{iH_2} = N_{H_2} + 2N_{CH_4} \tag{7-29}$$

$$N_{W,H_2} = N_{H_2} + 2N_{CH_4} - N_{iH_2}$$

式中单位同上。

下面根据物料平衡数据，计算有效合成气产出率及相关指标。

【计算案例】水煤浆气化工艺

已知 N_{CO_2}=5875.54 kmol，N_{CO}=16855.63 kmol，N_{CH_4}=22.46 kmol，N_{H_2}=12529.42 kmol，Y_{CO_2}=7.85%，Y_{CO}=22.52%，Y_{H_2}=16.74%，Y_{CH_4}=0.03%，Y_C=63.57%，Y_H=3.91%，Y_{H_2O}=13%，R_{H_2O}=61.29%（水煤比），R_C=98.38%（碳转化率），$R_{O/C}$=0.592（氧/煤比），W=433900 kg（原料煤）。

（1）计算 N_{iC}

由式（7-25）得

$$N_{iC}=(X_C \times R_C)/12$$

其中 $X_C = WY_C = 433900 \times 63.57\% = 275830.23$ kg

$$N_{iC} = (X_C \times R_C)/12 = 275830.23 \times 98.38\%/12 = 22613.48 \text{ kmol}$$

（2）计算 N_{CO}

由式（7-27）得：

$$N_{CO}=N_{iC}/(1+Y_{CO_2}/Y_{CO}+Y_{CH_4}/Y_{CO})$$
$$=22613.48/(1+7.85\%/22.52\%+0.03\%/22.52\%)=22613.48/(1+0.3486+0.0013)$$
$$=16751.97 \text{ kmol}$$

（3）计算 N_{iH_2}

由式（7-28）得：

$$N_{iH_2} = X_H/2 = W \times Y_{H_2}/2$$
$$= 433900 \times 0.0391/2/2 = 4241.37 \text{ kmol}$$

（4）计算 N_{W,H_2}

由式（7-29）得：

$$N_{W,H_2} = N_{H_2} + 2N_{CH_4} - N_{iH_2}$$
$$=12529.42+2\times22.46-4241.37 = 8332.97 \text{ kmol}$$

（5）计算 P_e

由式（7-23）得：

$$P_e=(N_{CO}+N_{H_2})/(N_{iC}+N_{W,H_2}+N_{iH_2}) \times 100\%$$
$$=(16855.63+12529.42)/(22613.48+8332.97+4241.37)\times100\%$$
$$=(29385.05/35187.82)\times100\%=83.51\%$$

（6）蒸汽（水）β_{H_2O}

由式（7-21）得：

$$\beta_{H_2O} = N_{W,H_2} \times 18/(W \times R_{H_2O/C})$$
$$= 8332.97 \times 18/[433900 \times (1-13\%) \times 61.29\%]$$
$$= 149993.46/231365.46 \times 100\% = 64.82\%$$

（7）有效气产率

由式（7-20）得：

$$P_{CO+H_2} = (N_{CO} + N_{H_2}) \times 22.4/W$$
$$= (16855.63 + 12529.42) \times 22.4/433900$$
$$= 658225.12/433900 = 1.5170 \text{ m}^3/\text{kg}$$

（8）比氧耗

由式（7-22）得：

$$R_{O_2} = 1000 \times R_{O/C}/P_{CO+H_2}$$
$$= 1000 \times 0.592/1.5170 = 390.24 \text{ m}^3/1000 \text{ m}^3(CO+H_2)$$

几种典型炉型的有效气产出率指标如下：

神宁炉、航天炉、Shell炉加压气化 88%～94%；

多喷嘴炉、多元料浆炉、晋煤炉、GE炉水煤浆气化 80%～85%。

（五）煤气化系统热效率

煤气化系统热效率分为气化热效率与系统热效率两个指标，气化热效率指气化炉内部系统能量利用程度；系统热效率指整个气化系统能量利用程度。

气化热效率=（所有产品所含能量+回收利用能量）/供给气化炉总能量

系统热效率=（所有产品所含能量+回收利用能量）/（供给气化炉总能量+其他动力消耗）

系统热效率统计较为复杂，通常可简化为所统计的气化热效率。

（六）产品综合能耗

产品综合能耗按式（7-30）计算。

$$E = \sum_{i=1}^{m}(e_{is} \times K_i) + \sum_{j=1}^{n}(e_{jf} \times K_j) - \sum_{r=1}^{nl}(e_{rh} \times K_r) \tag{7-30}$$

式中　E——综合能耗的数值，kgce；

　　　m——生产系统输入的能源种类数量；

　　　e_{is}——产品生产系统输入的第i种能源实物量；

　　　K_i——生产系统第i种输入能量折算标准煤系数；

　　　n——辅助生产系统、附属生产系统输入的能源种类数量；

　　　e_{jf}——辅助生产系统、附属生产系统输入的第j种能源实物量；

　　　K_j——辅助生产系统、附属生产系统第j种输入能量折算标准煤系数；

　　　l——生产过程中回收并供统计范围外装置利用的能源种类数量；

　　　e_{rh}——产品生产过程中回收并供统计范围外装置利用的第r种能源实物量；

　　　K_r——生产过程中回收并共统计范围外装置利用的第r种能源折算标准煤系数。

单位产品综合能耗（e），等于报告期内产品综合能耗除以报告期内产品产量，按式（7-31）计算。

$$e = E/P \tag{7-31}$$

式中　e——单位产品综合能耗的数值，kgce/t；
　　　E——报告期内产品综合能耗的数值，kgce；
　　　P——产品产量，t。

五、气化炉的其他性能指标

几种典型的煤气化炉的气化性能指标见表 7-15。

表 7-15　几种典型煤气化炉的气化性能指标

项目	鲁奇炉	神宁炉	航天炉	壳牌炉	GSP 炉	GE 炉	多喷嘴炉
有效气/%	50～70	85～92	85～91	约 90	88～92	78～82	>83
单炉投煤量/(t/d)	550～1000	1000～3000	750～3000	1000～3000	720～2000	1000～2000	750～4000
单炉产能/(10^4 m³/h)	3.5～6.5	5～16	5～16	7～17	5～13	7～15	5～22
比煤耗/(kg/1000 m³)	700～800	550～660	550～650	550～650	550～650	550～620	550～650
比氧耗/(m³/1000 m³)	160～270	330～370	330～375	330～360	330～360	400～430	360～420
蒸汽耗/(kg/kg)	1～1.1	0.15～0.25	0.2～0.25	0.2～0.25	0.2～0.25	0	0
蒸汽分解率/%	40	—	—	—	—	—	—
碳转化率/%	约 90	94～99	96～99	>98	>98	95～97	>98
冷煤气效率/%	70～80	79～84	78～84	78～83	78～83	70～78	73～79
热煤气效率/%	85～90	95	95	98 废锅	95 激冷	90～95	95
气化热效率/%	约 82	87～89	86～89	88～90	88～90	86～88	87～89

几种典型的煤气化炉的投资估算指标见表 7-16。

表 7-16　几种典型的煤气化炉的投资估算指标（投煤量 4500 t/d）

序号	炉子名称	投煤量/(t/d)	气化炉台数	气化投资/亿元	单套投资/亿元
1	GE 炉	1500	3+1	10	2.50
2	多喷嘴炉	2250	2+1	8.2	2.73
3	清华炉	2250	2	5.6	2.80
4	多元料浆炉	1500	3+1	8.9	2.23
5	航天炉	1500	3	8.6	2.85
6	壳牌炉	2250	2	9.9	4.95
7	GSP 炉	2250	2	8.9	4.45
8	E-gas 炉	—	—	—	比 GE 炉高
9	Prenflo 炉	—	—	—	比壳牌炉低
10	碎煤加压炉	750	6+1	7.44	1.06
11	鲁奇 Mark+ 炉	1500	3+1	9.20	2.30

注：1. 假定煤质条件基本一致，估算总投资和单炉投资。
　　2. 不考虑后续空分、净化以及公用工程配置和投资，仅以气化估算。
　　3. 生产有效合成气 30 万 m³/h。
　　4. E-gas 和 Prenflo 仅与 GE 和壳牌对比。

参考文献

[1] 汪寿建. 现代煤气化工艺比选优化的探讨[J]. 化肥设计, 2016, 54(1): 1-7.
[2] 张艮行. 煤制天然气工厂原料煤扩展的影响因素分析及对策[J]. 煤化工, 2016, 44(5): 1-6.
[3] 叶庆国, 李肖晓, 陶旭梅, 等. Ni-Cu-Mo/Al_2O_3催化剂用于CH_4/CO_2重整的研究[J]. 化学工程, 2016, 44(1): 53-57.
[4] 刘红梅, 徐向亚, 冯静, 等. Ni/Al_2O_3基催化剂上甲烷自热重整制合成气反应[J]. 石油化工, 2016, 45(2): 145-155.
[5] 宋文健, 崔书明, 韩雪冬, 等. BGL煤气化技术分析与中煤图克煤制化肥气化炉运行总结[J]. 煤炭加工与综合利用, 2015(6): 45-49.
[6] 张俊荣, 夏国富, 李明丰, 等. 载体类型对Ni基催化剂甲烷干重整反应性能的影响[J]. 燃料化学学报, 2015, 43(11): 1359-1365.
[7] 汪寿建. 一种低温干馏提油工艺在油页岩中试先导装置上的应用[J]. 化肥设计, 2015, 53(5): 1-4.
[8] 汪寿建. 增强工程公司核心竞争力的分析与对策[J]. 化工设计, 2015, 25(5): 3-7.
[9] 石广强, 李君华, 刘宇航, 等. 甲烷间接转化制合成气的研究进展[J]. 天津化工, 2015, 29(4): 1-4.
[10] 魏江波. 煤制油废水零排放实践与探索[J]. 工业用水与废水, 2011, 42(5): 70-75.
[11] 于遵宏, 王辅臣. 煤炭气化技术[M]. 北京: 化学工业出版社, 2010.

第八章

煤气化炉市场份额及应用

第一节 概述

目前国内新型煤气化炉及改进型煤气化常用炉型多达 50 多种。通过洁净煤气化直接合成各种化学品的原料路线已打通,通过直接洁净煤气化制备洁净能源和工业燃气的原料路线也已打通,为现代新型煤化工的产业链发展奠定了坚实的基础。

通过新型煤气化得到的合成气,可作为化工原料,广泛应用于生产合成氨、甲醇、二甲醚、醋酸、醋酐、乙二醇、烯烃及下游产品。

通过新型煤气化可制备 CH_4、H_2 等洁净能源,甲烷的热值一般在 8000~8500 kcal/m^3 之间,广泛应用于工业燃气及下游产品。民用燃气的热值为 1500~3000 kcal/m^3,其中民用燃气一般要求 CO 含量小于 8%,且越低越好,除焦炉燃气外,民用燃气可以明显提高用煤效率和减轻环境污染,具有良好的社会效益与环保效果。氢气热值一般为 3000~3100 kcal/m^3,可广泛用于电子、冶金、玻璃、航空、航天、煤炭液化等。燃料电池是由氢气或天然气等洁净能源通过电化学反应直接转换为电的技术,它们与高效煤炭气化结合的发电技术就是 IG-MCFC 或 IG-SOFC,其发电效率可达 53%。

工业燃气的热值一般为 1100~1500 kcal/m^3,采用流化床和改进型的固定床气化均可制得,主要用于钢铁、建材、陶瓷、轻纺、食品等,也用于加热各种炉窑或加热产品。

合成气可作为冶金用还原气,其中的 CO 或 H_2 具有很强的还原作用,在冶金工业中利用还原气可将铁矿石还原成海绵铁,在有色金属工业中,镍、铜、钨、镁等金属氧化物也可用还原气来冶炼,不同的金属氧化物对冶金用还原气中的 CO 含量有一定的要求。

第二节 新型煤气化应用

煤气化技术生产的合成气用途广泛,通过煤气化生产的大宗化工产品主要有合成氨、甲醇、乙二醇、聚烯烃、氢气、F-T 合成油品、二甲醚等,此外合成气还可作为民用燃料气、工业燃气,用于 IGCC 发电等。

1. 煤气化制合成氨

合成氨是生产化学肥料（氮肥、磷肥和复合肥）的基本原料，包括尿素、碳酸氢铵、硫酸铵、氯化铵、磷酸一铵、磷酸二铵及氮磷钾复合肥等。氨可用于生产甲胺、丙烯腈等。甲胺用于生产农药、饲料、染料、洗涤剂、表面活性剂和照相材料以及制药工业中的磺胺类药物和食品工业的味精等；丙烯腈用于生产高分子工业中的聚酰胺纤维、氨基塑料、丁腈橡胶、ABS/SAN 树脂、己二腈等。现代国防等与合成氨也有着密切的关系，如 TNT、硝化甘油苦味酸、硝化纤维、雷管、硝铵炸药、硝酸钾等都要消耗大量的氨，导弹、火箭的推进剂和氧化剂都离不开氨。因此，合成氨工业是现代农业、国防、科学技术发展的基础。

2. 煤气化制甲醇

甲醇作为中间化学品原料可用于制造甲醛、甲基叔丁基醚、二甲醚、醋酸、氯甲烷、碳酸二甲酯、烃类化合物、芳烃等多种有机产品，是农药、医药的重要原料之一。甲醛用于生产聚甲醛、多聚甲醛、酚醛树脂、脲醛树脂、氨基树脂、季戊四醇、新戊二醇、三羟甲基丙烷、乌洛托品、MDI 等；醋酸用于生产醋酸酯、醋酸乙烯、聚乙烯醇、氯乙酸、醋酸酐、醋酸纤维素、PTA 等；MTBE 用于生产油品添加剂，提高辛烷值；MTO 生产的低碳烯烃可用于生产聚乙烯、环氧乙烷/乙二醇、苯乙烯/聚苯乙烯、聚氯乙烯、醋酸乙烯、乙丙橡胶、EVA 树脂等；MTP 生产的丙烯可用于生产聚丙烯、环氧丙烷/丙二醇、聚醚多元醇、苯酚丙酮、丁辛醇、丙烯酸及酯、乙丙橡胶、异丙醇、丙烯腈、丙烯酰胺等；二甲醚用于生产气雾剂、民用燃料和车用燃料（代替柴油）；甲烷氯化物用于生产电子清洗剂、制冷剂等；MMA/DMT 用于生产有机玻璃、MBS、涂料、PET 树脂等；甲醇燃料可代替汽油作燃料使用，也可作为锅炉燃料供热和发电。

3. 煤气化制烯烃

煤基烯烃是以煤为原料生产甲醇，再由甲醇生产烯烃及聚烯烃，集成了从甲醇到聚烯烃等组合技术。

聚乙烯（polyethylene，PE），是乙烯经聚合制得的一种热塑性树脂。聚乙烯无臭，无毒，手感似蜡，具有优良的耐低温性能，最低使用温度为 $-70\sim-100\ ℃$。化学稳定性好，能耐大多数酸碱的侵蚀（不耐具有氧化性质的酸），常温下不溶于一般溶剂，吸水性小，电绝缘性能优良。随着聚乙烯聚合工艺的不断改进完善，使用领域不断拓宽，已成为世界上最大的合成树脂品种，被广泛地应用于包装、农业、建筑、纤维、电线电缆、汽车、日用品和医疗器械等行业，尤其在包装领域地位不断加强，在建筑、电子电器和汽车领域中的应用也在不断扩展。

聚丙烯（polypropylene，PP），是丙烯经聚合而制得的一种热塑性树脂。按甲基排列位置分为等规聚丙烯、无规聚丙烯和间规聚丙烯三种。聚丙烯的生产工艺主要有液相本体法、气相法和液相本体-气相法组合工艺 3 种。由于具有无毒、无味、密度低、刚性好、抗冲击和抗挠曲、耐化学腐蚀等特点，可加工成编织制品、注塑制品、薄膜、管材等，广泛应用于包装、汽车、家电、建材、日用品等领域。

4. 煤气化制乙二醇

乙二醇是一种重要的有机化工原料，主要用于生产聚酯纤维和防冻剂，也用于制备涤纶、聚酯树脂、吸湿机、增塑剂、表面活性剂、化妆品和炸药等，还可以用作染料/油漆等的溶剂，配制发动机的防冻液，还用于玻璃纸、纤维、皮革、黏合剂的湿润剂。由于下游行业尤其是涤纶纤维和包装用 PET 材料的快速发展，对乙二醇的需求量不断增加，乙二醇已经成为世界上消费量最大的多元醇。

煤制乙二醇以煤为原料生产 $CO+H_2$ 合成气，再用草酸酯法生产乙二醇。由于草酸酯合成法的研究及相关催化剂研制比较成功，也是目前唯一建有工业化装置的煤基合成气制乙二醇工艺路线。

5. 煤气化制氢气

氢气被广泛用于电子、冶金、玻璃生产、化工合成、煤炭直接液化及氢能电池等领域。

化石能源制氢，包括了煤炭、天然气、石油等原料制氢，其中煤气化制氢是化石能源制氢的一种。目前煤气化制氢技术非常成熟，已具备一定的氢能工业基础，全国氢气产能超过 2000 万 t/a。

甲醇制氢，会伴生二氧化碳，而且煤基甲醇也是先通过煤气化制得的，这种伴生大量二氧化碳排放而获得的氢气被称为"灰氢"，通过捕集、埋存、利用和封存二氧化碳而得到的氢气，被称为"蓝氢"，蓝氢是可以利用的。但二氧化碳捕捉、利用、封存技术产业化还有一定的瓶颈和难度。

天然气制氢具有投资低、CO_2 排放量、耗水量小、氢气产率高等优点，是化石原料制氢路线中较理想的制氢方式。但我国化石资源禀赋特点是"富煤缺油少气"，天然气对外依存度已经超过 40%，显然在气源供应上无法保障，天然气价格高，技术经济方面也不现实。但随着我国非常规天然气资源（页岩气、煤层气、可燃冰等）开采技术进步、开采成本降低，届时天然气制氢会比煤制氢具有优势。

工业副产氢气的回收提纯利用。石油化工、炼焦、冶金、钢铁等行业在生产过程中会产生大量的工业尾气，其中含有一定量的氢气，有的作为燃料烧掉了或排放了。其实这部分废气中的氢气是石油化工宝贵的资源，通过氢回收和加氢处理后可提高石油化工产品的质量和收益。现在石油化工行业，对于副产氢基本做到了能收尽收、能用尽用，即使有少量不能回收的也混入燃料气，作为燃料使用。从工业尾气中回收的氢气，如焦炉气和煤焦炉气等，就是把其中的氢回收，这个技术目前也是非常成熟的，但这种氢量少，比较分散。

太阳能、生物质等新能源制的氢被称为"绿氢"，发展前景较好，但受制于转换效率低、制氢成本高等问题，预计短期内难以实现规模化。电解水制氢可以有效消纳风电、光伏发电等不稳定电力以及其他富余波谷电力，电解水制氢也被称为"绿氢"。这种制氢工艺关键是耗电，单位产品氢气能耗高，若用火电去电解水制氢，企业基本没有任何效益。因此需要用清洁能源去电解水，这是可行的，当然关键要有国家层面上的政策配套支持。

6. 煤气化制天然气

天然气作为工业燃料可代替煤，用于工厂采暖、工业燃气锅炉以及热电厂燃气轮机锅炉，发电可降低燃煤发电比例，减少环境污染，单位装机容量所需投资少，建设工期短，上网电价较低。天然气作为化工原料，用于制造乙醛、乙炔、氨、炭黑、乙醇、甲醛、烃类燃料、甲醇、硝酸、合成气和氯乙烯等化学物质。生产的丙烷、丁烷也是重要的工业原料，生产氮肥具有投资少、成本低等特点。作为城市燃气，因为居民生活用燃料及环保意识的增强，故大部分城市对天然气的需求明显增加；压缩天然气汽车以及液化 LNG 等，用天然气代替汽车用油，具有价格低、污染少、安全等优点。据中国天然气发展报告（2022 版），2021 年我国天然气消费快速增长，在一次能源结构中占比稳步提升，占一次能源消费总量的比例升至 8.9%，较上年提升 0.5 个百分点；全国天然气消费量 3690 亿 m^3，增量 410 亿 m^3，同比增长 12.5%。从消费结构看，工业用气同比增长 14.4%，占天然气消费总量的 40%。发电用气同比增长 13.4%，占比 18%。城市燃气同比增长 10.5%，占比 32%。化工化肥用气同比增长 5.8%，占比 10%。2021 年天然气产量 2076 亿 m^3，同比增长 7.8%。天然气进口稳步增长；进口天然气 1680 亿 m^3，同比增长 19.9%。

在"十三五"期间，我国煤制天然气项目建设、规划和前期项目接近 70 个，包括苏新能源和丰、北控鄂尔多斯、山西大同、新疆伊犁、安徽能源淮南等，分别承担相应示范任务。储备项目包括新疆准东、内蒙古西部（含天津渤化、国储能源）、内蒙古东部（兴安盟、伊敏）、陕西榆林、武安新峰、湖北能源、安徽京皖安庆等，涉及天然气产能超过 2000 亿 m^3/a。尽管这些示范项目推进较为缓慢，但国家立足"双碳"发展目标，加强能源绿色转型，推进天然气与新能源融合发展力度之大，前所未有。同时大力开展二氧化碳捕集、利用与封存（CCUS）及煤制气关键技术装备攻关和试点示范等。在这些政策的助推下，我国煤制气项目的发展前景仍然看好。

7. 煤气化制油品

我国新型煤制油技术已经非常成熟，主要包括煤的间接液化、直接液化和甲醇制汽油等技术，主要产品包括汽油、柴油、石脑油，液化气及化学品等。

汽油是一种主要为 $C_4 \sim C_{12}$ 脂肪烃和少量环烃类产品的混合物。按照研究法辛烷值可分为 90 号、93 号和 97 号牌号（国际上通常分为 89 号、92 号和 95 号）。汽油主要是由石油馏分或重质裂化制得。原油蒸馏、催化裂化、热裂解、加氢裂化、催化重整等都可以产生汽油组分。汽油主要用作汽油机的燃料，广泛应用于汽车、摩托车、快艇、直升机、农林业用飞机等。溶剂汽油则用于橡胶、油漆、油脂、香料等工业生产。

柴油是一种主要为 $C_{10} \sim C_{22}$ 的烷烃、环烷烃和芳烃组成的混合物。其化学性质介于汽油和重油之间，柴油的分类主要是按其凝固点进行的，分为 0 号、-10 号、-20 号、-35 号等。柴油除利用石油生产外，目前还可利用动物油、植物油等生产生物柴油以及利用废塑料、废油等提取。柴油广泛应用于大型车辆、船舰、发电机等。由于高速柴油机（汽车用）比汽油机省油，柴油需求增速快于汽油。同时柴油具有低能耗、低污染的环保特性，一些小汽车甚至高性能汽车也开始改用柴油。

据国家统计局相关数据，2021 年中国汽油产量为 15457 万 t，相比 2020 年的 13171 万 t，增长了 2286 万 t；表观消费量为 12282 万 t，相比 2020 年增长了 662 万 t；2021 年中国柴油累计产量为 16337 万 t，相比 2020 年的 15904.9 万 t，增长了 432.1 万 t，同比增长了 2.72%。2021 年中国成品油累计产量为 37467 万 t，相比 2020 年 36437 万 t，增长了 1030 万 t，同比增加了 2.83%。据中国海关总署数据，2021 年全年中国成品油累计出口量为 6031 万 t，成品油累计进口量达到了 2712 万 t。

虽然我国新型煤制油技术成熟可靠，现有投产项目有九家，但据中国石油和化学工业联合会的统计数据，2021 年我国煤制油年产量仅为 679.5 万 t，占我国成品油产量的 1.81%，占比非常低。但煤制油项目与煤制天然气项目一样，虽然煤制油示范项目推进缓慢，但在国家相关政策的助推下,我国煤制油的发展空间仍然较大。

8. 煤气化制燃气

燃气通过燃烧放出热量,是供城市居民和工业企业使用的一种能源。燃气在工业上的用途十分广泛,可用于发电、冶炼、金属热加工、热处理等。随着液化石油气和天然气的普及,燃气的应用范围进一步得到开拓。根据自然资源部在《中国天然气发展报告2021》中的预测,2021年中国工业燃料用天然气消费量约增加到170亿 m^3,经初步统计,2021年我国工业燃气消费量约为1416亿 m^3。而采用14种不同工艺的煤气化炉生产的燃气产能约为880亿 m^3。

第三节 不同煤气化工艺在应用领域的产能及占比

通过中国煤气化市场商业应用的数据分析,可以直观地判断50多种新型煤气化工艺在煤气化各类应用领域所占的比例和份额。

一、煤气化制合成氨领域产能及占比

表8-1给出了16种煤气化制合成氨产能、煤炭转化量及占比。排序前三位的主要气化工艺分别为航天炉,合成氨产能为1258万t/a,气化投煤量6.65万t/d,气化煤量占比20.02%;晋华炉,合成氨产能为890万t/a,气化投煤量5.35万t/d,气化煤量占比16.11%;多喷嘴炉,合成氨产能为866万t/a,气化投煤量4.85万t/d,气化煤量占比14.60%。16种主要气化工艺的合成氨总产能为5751万t/a,气化总投煤量33.21万t/d,年气化煤量约为1.09亿t。

表8-1 16种不同类型煤气化制合成氨产能、煤炭转化量及占比

序号	气化炉名称	气化炉台数 开+备炉	气化投煤量(开+备炉)/(t/d)	不同炉型气化煤炭所占比例/%	平均单炉投煤量/(t/d)	合成氨产能/(万t/a)	气化工艺占合成氨/%
1	航天炉(32)	51	66500	20.02	1305	1258	21.88
2	晋华炉(20)	37+7	53500+8500	16.11	1446	890	15.48
3	多喷嘴炉(22)	29+18	48500+30400	14.60	1672	866	15.06
4	GE炉(17)	29+15	24500+6000	7.38	845	468	8.14
5	壳牌炉(13)	13	23300	7.02	1792	500	8.69
6	多元料浆炉(11)	20+11	19200+10200	5.78	960	333	5.79
7	清华炉(9)	12+5	13500+4500	4.07	1125	230	4.00
8	赛鼎炉(6)	22+7	13000+4200	3.92	590	103	1.79
9	鲁奇炉(5)	21+8	12700+4800	3.82	605	103	1.79
10	科林炉(5)	7	11500	3.46	1643	220	3.83
11	昌昱炉(9)	90+29	9700+3100	2.92	108	209	3.63
12	恩德炉(7)	15	8600	2.59	573	111	1.93
13	神宁炉(2)	4	8400	2.53	2100	170	2.95
14	BGL炉(3)	8+3	8200+3200	2.46	1025	170	2.95

续表

序号	气化炉名称	气化炉台数 开+备炉	气化投煤量（开+备炉）/(t/d)	不同炉型气化煤炭所占比例/%	平均单炉投煤量/(t/d)	合成氨产能/(万 t/a)	气化工艺占合成氨/%
15	晋煤炉（2）	10+3	5500+1700	1.66	550	75	1.30
16	晋城炉（3）	10+5	5500+2800	1.66	550	45	0.79
	合计（166）	378+111	332100+79400	100.00	879（非合计）	5751	100.00

注：1. 气化炉备炉未计入合成氨产能。
2. 气化炉在生产合成氨时联产其他产品的产能未按当量合成氨计入，投煤量也未扣除。
3. 气化炉生产合成氨产能由运行产能和建设产能组成。
4. 合计166家为用户数，其分指标为各气化炉型用户数。
5. 16种气化炉型制合成氨产能占总气化制合成氨产能的91.13%。

二、煤气化制甲醇领域产能及占比

表8-2给出了11种煤气化制甲醇产能、煤炭转化量及占比。排序前三位的主要气化工艺分别为多喷嘴炉，甲醇产能为1540万 t/a，气化投煤量10.75万 t/d，气化煤量占比32.62%；多元料浆炉，甲醇产能为1031万 t/a，气化投煤量5.58万 t/d，气化煤量占比16.93%；GE炉，甲醇产能为955万 t/a，气化投煤量5.53万 t/d，气化煤量占比16.77%。11种主要气化工艺的甲醇总产能为5306万 t/a，气化总投煤量32.93万 t/d，年气化煤量约为1.09亿 t。

表8-2 11种不同类型煤气化制甲醇产能、煤炭转化量及占比

序号	气化炉名称及用户数	气化炉台数 开+备炉	气化煤量(开+备炉)/(t/d)	不同炉型气化煤炭所占比例/%	平均单炉投煤量/(t/d)	甲醇产能/(万 t/a)	不同类型气化甲醇产能所占比例/%
1	多喷嘴炉（25）	49+28	107450+62300	32.62	2193	1540	29.02
2	多元料浆（24）	41+23	55750+30250	16.93	1360	1031	19.43
3	GE炉（26）	49+24	55250+26750	16.77	1128	955	18.00
4	航天炉（15）	25	37750	11.47	1510	640	12.06
5	壳牌炉（8）	9	15499	4.70	1722	410	7.73
6	赛鼎炉（2）	19+5	14070+3690	4.27	740	180	3.39
7	BGL炉（4）	14+8	14000+8000	4.25	1000	180	3.39
8	YM炉（3）	10+6	9000+5400	2.73	900	85	1.60
9	晋华炉（4）	7+1	8500+1500	2.61	1214	160	3.02
10	清华炉（3）	5+2	7000+2500	2.13	1400	75	1.41
11	神宁炉（2）	2	5000	1.52	2500	50	0.94
	合计（116）	230+97	329269+140390	100.00	1432（非合计）	5306	100.00

注：1. 气化炉备炉不计入甲醇产能。
2. 气化炉在生产甲醇时联产其他产品的产能未按当量甲醇计入，投煤量也未扣除。
3. 气化炉生产甲醇产能由运行产能和建设产能组成。
4. 合计116为用户数量，其分指标为各气化炉型用户数。
5. 11种气化炉型制甲醇产能占总气化制甲醇产能的92.48%。

三、煤气化制烯烃领域产能及占比

表 8-3 给出了 9 种煤气化制烯烃产能、煤炭转化量及占比。排序前三位的主要气化工艺分别为 GE 炉，烯烃产能为 480 万 t/a，气化投煤量 6.53 万 t/d，气化煤量占比 37.29%；航天炉，烯烃产能为 230 万 t/a，气化投煤量 3.00 万 t/d，气化煤量占比 17.13%；神宁炉，烯烃产能为 130 万 t/a，气化投煤量 1.80 万 t/d，气化煤量占比 10.28%。11 种主要气化工艺的烯烃总产能为 1432 万 t/a，气化总投煤量 17.51 万 t/d，年气化煤量约为 0.58 亿 t。

表 8-3 9 种不同类型煤气化制烯烃产能、煤炭转化量占比

序号	气化炉名称及用户数	气化炉台数（开+备炉）	气化投煤量（开+备炉）/(t/d)	不同炉型气化煤炭所占比例/%	平均单炉投煤量/(t/d)	甲醇产能/(万 t/a)	不同气化甲醇产能所占比例/%	烯烃产能/(万 t/a)	不同气化烯烃产能所占比例/%
1	GE 炉（7）	39+16	65300+27400	37.29	1674	1440	37.12	480	33.52
2	航天炉（4）	20	30000	17.13	1500	600	15.46	230	16.06
3	神宁炉（2）	9	18000	10.28	2000	390	10.05	130	9.08
4	SE 炉（1）	10+3	15000+3000	8.58	1500	340	8.76	120	8.38
5	多元料浆炉（3）	7+3	14000+5900	8.00	2000	320	8.25	145	10.13
6	壳牌炉（1）	3	8400	4.79	2800	170	4.38	47	3.28
7	多喷嘴炉（4）	4+2	8400+4000	4.79	2100	280	7.22	180	12.57
8	GSP 炉（1）	4+1	8000+2000	4.57	2000	170	4.38	50	3.49
9	科林炉（1）	5+1	8000+2000	4.57	1600	170	4.38	50	3.49
	合计（24）	101+26	175100+44300	100.00	1734	3880	100.00	1432	100.00

注：1. 气化炉备炉不计入甲醇/烯烃产能。
2. 气化炉在生产甲醇/烯烃时联产其他产品的产能未按当量甲醇/烯烃计入，投煤量也未扣除。
3. 气化炉生产烯烃产能由运行产能和建设产能组成。
4. 合计 24 为生产烯烃用户数，其分指标为各气化炉型用户数。
5. 9 种气化炉型制烯烃产能占总气化制烯烃的 97.86%。

四、煤气化制乙二醇领域产能及占比

表 8-4 给出了 10 种煤气化制乙二醇产能、煤炭转化量及占比。排序前三位的主要气化工艺分别为晋华炉，乙二醇产能为 250 万 t/a，气化投煤量 2.20 万 t/d，气化煤量占比 25.89%；航天炉，乙二醇产能为 335 万 t/a，气化投煤量 2.18 万 t/d，气化煤量占比 25.59%；科林炉，烯烃产能为 250 万 t/a，气化投煤量 1.30 万 t/d，气化煤量占比 15.29%。10 种主要气化工艺的乙二醇总产能为 1260 万 t/a，气化总投煤量 8.50 万 t/d，年气化煤量约为 0.28 亿 t。

表 8-4 10 种不同类型煤气化制乙二醇产能、煤炭转化量占比

序号	气化炉名称及用户数	气化炉台数（开+备炉）	气化投煤量(开+备炉)/(t/d)	不同炉型气化煤炭所占比例/%	平均单炉投煤量/(t/d)	乙二醇产能/(万 t/a)	不同气化乙二醇产能所占比例/%
1	晋华炉（6）	14	22000	25.89	1571	250	19.84
2	航天炉（10）	21	21750	25.59	1035	335	26.59
3	科林炉（3）	8+1	13000+2000	15.29	1625	250	19.84
4	多喷嘴炉（3）	3+2	8000+5000	9.41	2667	120	9.52

续表

序号	气化炉名称及用户数	气化炉台数（开+备炉）	气化投煤量(开+备炉)/(t/d)	不同炉型气化煤炭所占比例/%	平均单炉投煤量/(t/d)	乙二醇产能/(万 t/a)	不同气化乙二醇产能所占比例/%
5	神宁炉（1）	2	6000	7.06	3000	20	1.59
6	GE 炉（4）	6+3	4500+2250	5.29	750	120	9.52
7	壳牌炉（2）	2	2600	3.06	1300	70	5.56
8	清华炉（2）	2+2	2500+2500	2.94	1250	35	2.78
9	五环炉（2）	2	2400	2.82	1200	40	3.18
10	赛鼎炉（1）	3+1	2250+750	2.65	750	20	1.58
	合计（34）	63+9	85000+12500	100.00	1349	1260	100.00

注：1. 气化炉备炉不计入乙二醇产能。
2. 气化炉在生产乙二醇时联产其他产品的产能按当量乙二醇产能未计入，投煤量也未扣除。
3. 气化炉生产乙二醇产能由运行产能和建设产能组成。
4. 合计 34 为煤基制乙二醇用户数，其分指标为各气化炉型用户数。
5. 10 种不同气化炉型制乙二醇产能占总气化制乙二醇产能的 95.46%。

五、煤气化制氢气领域产能及占比

表 8-5 给出了 9 种不同类型煤气化制氢气产能、煤炭转化量及占比。排序前三位的主要气化工艺分别为多喷嘴炉，氢气产能为 105 万 t/a，气化投煤量 2.45 万 t/d，气化煤量占比 21.53%；神宁炉，氢气产能为 102 万 t/a，气化投煤量 2.12 万 t/d，气化煤量占比 18.63%；GE 炉，氢气产能为 90 万 t/a，气化投煤量 1.80 万 t/d，气化煤量占比 15.82%。10 种不同类型的气化工艺的氢气总产能为 504.5 万 t/a，气化总投煤量 11.38 万 t/d，年气化煤量约为 0.38 亿 t。

表 8-5 9 种不同类型煤气化制氢气产能、煤炭转化量及占比

序号	气化炉名称及用户数	气化炉台数（开+备炉）	气化投煤量(开+备炉)/(t/d)	不同类型气化煤炭所占比例/%	平均单炉投煤量/(t/d)	氢气产能/(万 t/a)	不同气化氢气产能所占比例/%
1	多喷嘴炉（3）	9+4	24500+11000	21.53	2722	105	20.81
2	神宁炉（4）	8	21200	18.63	2650	102	20.22
3	GE 炉（5）	12+6	18000+9000	15.82	1500	90	17.84
4	E-gas 炉（3）	5+3	12500+7500	10.98	2500	45	8.92
5	SE 水煤浆炉（5）	8+4	10700+6200	9.40	1338	54.5	10.80
6	晋华炉（4）	8	9500	8.35	1188	30	5.95
7	SE 炉（4）	6	8000	7.03	1333	38	7.53
8	清华炉（2）	4+2	5000+2500	4.39	1250	16	3.17
9	壳牌炉（1）	2	4400	3.87	2200	24	4.76
	合计（31）	62+19	113800+36200	100.00	1835	504.5	100.00

注：1. 气化炉备炉不计入氢气产能。
2. 气化炉在生产氢气时联产其他产品的产能未按当量氢气产能计入，投煤量也未扣除。
3. 气化炉生产氢气产能由运行产能和建设产能组成。
4. 合计 31 为煤基制氢用户数，其分指标为各气化炉型用户数。
5. 9 种不同类型的气化炉型制氢气产能占总煤基气化制氢气产能的 97.21%。

六、煤气化制天然气领域产能及占比

表 8-6 给出了 6 种不同类型煤气化制天然气产能、煤炭转化量及占比。排序前三位的主要气化工艺分别为赛鼎炉,天然气产能为 128.3 亿 m^3/a,气化投煤量 11.58 万 t/d,气化煤量占比 75.43%;GSP 炉,天然气产能为 20.0 亿 m^3/a,气化投煤量 1.60 万 t/d,气化煤量占比 10.43%;多喷嘴炉,天然气产能为 12.0 亿 m^3/a,气化投煤量 0.80 万 t/d,气化煤量占比 5.21%。6 种不同类型的气化炉制天然气总产能为 174.7 亿 m^3/a,气化总投煤量 15.35 万 t/d,年气化煤量约为 0.51 亿 t。

表 8-6　6 种不同类型煤气化制天然气产能、煤炭转化量及占比

序号	气化炉名称及用户数	气化炉台数（开+备炉）	气化投煤量(开+备炉)/(t/d)	不同类型气化煤炭所占比例/%	平均单炉投煤量/(t/d)	天然气产能/(亿 m^3/a)	不同气化天然气产能所占比例/%
1	赛鼎炉（7）	131+19	115750+22500	75.43	884	128.3	73.44
2	GSP 炉（1）	8	16000	10.43	2000	20.0	11.44
3	多喷嘴炉（1）	2+1	8000+4000	5.21	4000	12.0	6.87
4	新奥炉（2）	4	4900	3.19	1225	8.5	4.87
5	HYGAS 炉（1）	2	4800	3.13	2400	1.9	1.09
6	多元料浆（1）	2+1	4000+2000	2.61	2000	4.0	2.29
	合计（13）	149+21	153450+28500	100.00	1030	174.7	100.00

注：1. 气化炉备炉不计入天然气产能。
2. 气化炉在生产天然气时联产其他产品的当量天然气产能未计入,投煤量也未扣除。
3. 气化炉生产天然气产能由运行产能和建设产能组成。
4. 合计 13 为煤基制天然气用户数,其分指标为各气化炉型用户数。
5. 6 种不同类型气化炉型制天然气产能占总煤基气化制天然气产能的 99.65%。

七、煤气化制油品领域产能及占比

表 8-7 给出了 6 种不同类型煤气化制油品产能、煤炭转化量及占比。排序前三位的主要气化工艺分别为神宁炉,油品产能为 536.2 万 t/a,气化投煤量 6.50 万 t/d,气化煤量占比 43.83%;多喷嘴炉,油品产能为 290.0 万 t/a,气化投煤量 3.44 万 t/d,气化煤量占比 23.20%;航天炉,油品产能为 316.0 万 t/a,气化投煤量 2.85 万 t/d,气化煤量占比 19.22%。6 种不同类型的气化炉制油品总产能为 1412.2 万 t/a,气化总投煤量 14.83 万 t/d,年气化煤量约为 0.49 亿 t。

表 8-7　6 种不同类型煤气化制油品产能、煤炭转化量及占比

序号	气化炉名称及用户数	气化炉台数（开+备炉）	气化投煤量(开+备炉)/(t/d)	不同类型气化煤炭所占比例/%	平均单炉投煤量/(t/d)	油品产能/(万 t/a)	不同气化油品产能所占比例/%
1	神宁炉（3）	29+4	65000	43.83	2241	536.2	37.97
2	多喷嘴炉（5）	14+4	34400+10000	23.20	2457	290.0	20.54
3	航天炉（3）	20	28500	19.22	1425	316.0	22.38
4	壳牌炉（2）	6	13400	9.04	2233	200	14.16
5	多元料浆（2）	4+2	4000+2000	2.69	1000	40	2.83

续表

序号	气化炉名称及用户数	气化炉台数（开+备炉）	气化投煤量（开+备炉）/(t/d)	不同类型气化煤炭所占比例/%	平均单炉投煤量/(t/d)	油品产能/(万 t/a)	不同气化油品产能所占比例/%
6	GE 炉（1）	2+1	3000+1500	2.02	1500	30	2.12
	合计（16）	75+11	148300+13500	100.00	1977	1412.2	100.00

注：1. 气化炉备炉不计入油品产能。
　　2. 气化炉在生产油品时联产其他产品的当量油品产能未计入，投煤量也未扣除。
　　3. 气化炉生产油品产能由运行产能和建设产能组成。
　　4. 合计 16 为煤基制油品用户数，其分指标为各气化炉型用户数。
　　5. 6 种气化炉型制油品产能占总煤基气化制油品产能的 93.70%。

八、煤气化制燃气领域产能及占比

表 8-8 给出了 6 种不同类型煤气化制燃气产能、煤炭转化量及占比。排序前三位的主要气化工艺分别为科达炉，燃气产能为 242.4 亿 m^3/a，气化投煤量 2.87 万 t/d，气化煤量占比 28.80%；黄台炉，燃气产能为 214.8 亿 m^3/a，气化投煤量 2.41 万 t/d，气化煤量占比 24.23%；昌昱炉，燃气产能为 147.4 亿 m^3/a，气化投煤量 1.89 万 t/d，气化煤量占比 19.01%。6 种不同类型的气化炉制燃气总产能为 779.1 亿 m^3/a，气化总投煤量 9.96 万 t/d，年气化煤量约为 0.33 亿 t。

表 8-8　6 种不同类型煤气化制燃气产能、煤炭转化量及占比

序号	气化炉名称及用户数	气化炉台数（开+备炉）	气化投煤量（开+备炉）/(t/d)	不同类型气化煤炭所占比例/%	平均单炉投煤量/(t/d)	燃气产能/(亿 m^3/a)	不同气化燃气产能所占比例/%
1	科达炉（24）	95	28680	28.80	302	242.4	31.12
2	黄台炉（20）	63	24130	24.23	383	214.8	27.57
3	昌昱炉（24）	136+46	18930+6430	19.01	139	147.4	18.92
4	CGAS 炉（2）	12	13200	13.26	1100	105.6	13.55
5	鲁奇炉（4）	13+4	8050+2500	8.08	619	39.3	5.04
6	恩德炉（7）	13	6590	6.62	507	29.6	3.80
	合计（81）	332+50	99580+8930	100.00	300	779.1	100.00

注：1. 气化炉备炉不计入燃气产能。
　　2. 气化炉在生产燃气时联产其他产品的当量燃气产能未计入，投煤量也未扣除。
　　3. 气化炉生产燃气产能由运行产能和建设产能组成。
　　4. 合计 81 为煤气化制燃气用户数，其分指标为各气化炉型用户数。
　　5. 6 种不同类型气化炉型制燃气产能占总煤基气化制燃气产能的 87.72%。

九、不同煤气化炉型在煤化工综合领域产能及占比

通过对表 8-1～表 8-8 所列的煤气化工艺在煤化工领域的应用分析，洁净煤气化制备合成氨、甲醇、烯烃、乙二醇、氢气、天然气、油品及燃气等所选择的气化炉型多、煤炭转换量大、生产化工产品和清洁能源产品多。通过归纳各类不同煤气化工艺制备化学品和能源产品时所需要的煤炭气化量以及各种气化所占的比例，可以知道各种煤气化炉型的市场综合占有份额。表 8-9 给出了 19 不同煤气化炉型在煤化工综合领域产能及占比。

表 8-9 19 种不同煤气化炉型在煤化工综合领域产能及占比

序号	气化炉名称	合成氨/(万 t/d)	甲醇/(万 t/d)	烯烃/(万 t/d)	乙二醇/(万 t/d)	氢气/(万 t/d)	天然气/(万 t/d)	油品/(万 t/d)	燃气/(万 t/d)	小计/(万 t/d)	气化煤炭所占比例
1	航天炉	6.65	3.78	3.00	2.18	—	—	2.85	—	18.46	13.03%
2	神宁炉	0.84	0.50	1.80	0.60	2.12	—	6.50	—	12.36	8.73%
3	壳牌炉	2.33	1.55	0.84	0.26	0.44	—	1.34	—	6.76	4.77%
4	GSP 炉	0.48	0.20	0.80	—	—	1.60	0.80	—	3.88	2.74%
5	科林炉	1.15	—	0.80	1.30	—	—	—	—	3.25	2.30%
6	东方炉	—	—	1.50	—	0.80	—	—	—	2.30	1.62%
	小计	11.45	6.03	8.74	4.34	3.36	1.60	11.49	—	47.01	33.19%
7	多喷嘴炉	4.85	10.75	0.84	0.80	2.45	0.80	3.44	—	23.93	16.89%
8	GE 炉	2.45	5.53	6.53	0.45	1.80	—	0.30	—	17.06	12.04%
9	多元料浆	1.92	5.58	1.40	—	—	0.40	0.40	—	9.70	6.85%
10	晋华炉	5.35	0.85	—	2.20	0.95	—	—	—	9.35	6.60%
11	清华炉	1.35	0.70	—	0.25	0.50	—	—	—	2.80	1.98%
	小计	15.92	23.41	8.77	3.70	5.70	1.20	4.14	—	62.84	44.36%
12	科达炉	0.08	—	—	—	—	—	—	2.87	2.95	2.08%
13	黄台炉	—	—	—	—	—	—	—	2.41	2.41	1.70%
14	恩德炉	0.86	0.21	—	0.14	—	—	—	0.66	1.87	1.32%
15	CGAS 炉	0.29	0.13	—	—	—	—	—	1.32	1.74	1.23%
	小计	1.23	0.34	—	0.14	—	—	—	7.26	8.97	6.33%
16	赛鼎炉	1.30	1.40	—	—	0.23	11.58	—	0.21	14.72	10.39%
17	昌昱炉	0.97	0.50	—	—	0.09	—	—	1.89	3.45	2.44%
18	鲁奇炉	1.27	—	—	—	—	—	0.26	0.81	2.34	1.65%
19	BGL 炉	0.82	1.40	—	—	—	—	—	0.10	2.32	1.64%
	小计	4.36	3.30	—	—	0.23	11.58	0.26	3.01	22.83	16.12%
	合计	32.96	33.08	17.51	8.41	9.15	14.38	15.89	10.27	141.65	100.00%

注：1. 本表列出了 19 种煤气化工艺在 8 类化学品中的日煤炭气化量及煤炭气化占比。
2. 气化炉气化煤量由运行气化量和建设气化量合计组成。
3. 19 种不同类型气化炉型气化煤量占总煤基气化煤炭量 151.88 万 t/d 的 93.26%。

通过对表 8-9 中各类煤气化气化煤量数据分析可知，19 种煤气化炉型日气化煤炭量为 141.65 万 t，占总煤基气化煤炭量的 93.26%，基本反映了我国煤化工市场上新型煤气化技术的应用现状和煤炭转化量，我国煤气化年生产化学品和洁净能源消耗的原料煤炭产能量在 4.67 亿～5.01 亿 t 之间。

1. 单一应用领域处于领先地位的气化炉

由表 8-9 可知，在新型煤气化制单一化学品应用领域，处于领先地位的气化炉分别为：航天炉、多喷嘴炉、GE 炉、晋华炉、赛鼎炉、神宁炉和科达炉。其中航天炉在煤气化制合成氨领域处于领先地位，排序第一，气化煤炭量为 6.65 万 t/d；多喷嘴炉在煤气化制甲醇和氢气领域处于领先地位，排序第一，气化煤炭量分别为 10.75 万 t/d 和 2.45 万 t/d；GE 炉在煤气化制甲醇烯烃领域处于领先地位，排序第一，气化煤炭量为 6.53 万 t/d；晋华炉在煤气化制乙二醇领域处于领先地位，排序第一，气化煤炭量为 2.20 万 t/d；赛鼎炉在煤气化制天然气领域处于领先地位，排序第一，气化煤炭量为 11.58 万 t/d；神宁炉在煤气化制油品领域处于领先地位，排序第一，气化煤炭量为 6.50 万 t/d；科达炉在煤气化制燃气领域处于领先地位，排序第一，气化煤炭量为 2.87 万 t/d。

2. 综合应用领域处于领先地位的气化炉

由表 8-9 可知，在煤气化制综合化学品应用领域处于领先地位的气化炉排序为：多喷嘴炉、航天炉、GE 炉、赛鼎炉、神宁炉、多元料浆炉、晋华炉、壳牌炉和科达炉。考虑以综合气化煤炭量进行排序，其中多喷嘴炉排序第一，综合气化煤炭量为 23.93 万 t/d，占煤炭气化量的 16.89%；其他依次排序为航天炉，综合气化煤炭量为 18.46 万 t/d，占煤炭气化量的 13.03%；GE 炉，综合气化煤炭量为 17.06 万 t/d，占煤炭气化量的 12.04%；赛鼎炉，综合气化煤炭量为 14.72 万 t/d，占煤炭气化量的 10.39%；神宁炉，综合气化煤炭量为 12.36 万 t/d，占煤炭气化量的 8.73%；多元料浆炉，综合气化煤炭量为 9.70 万 t/d，占煤炭气化量的 6.85%；晋华炉，综合气化煤炭量为 9.35 万 t/d，占煤炭气化量的 6.60%；壳牌炉，综合气化煤炭量为 6.76 万 t/d，占煤炭气化量的 4.77%；科达炉，综合气化煤炭量为 2.95 万 t/d，占煤炭气化量的 2.08%。

3. 综合应用领域气流床湿法气化处于领先地位

由表 8-9 可知，在化学品综合应用领域气流床湿法气化处于领先地位，5 种湿法气化炉气化煤炭量为 62.84 万 t/d，占比为 44.36%；其次为气流床干法气化，6 种气化炉气化煤炭量为 47.01 万 t/d，占比为 33.19%；固定床气化排序第三，4 种气化炉气化煤炭量为 22.83 万 t/d，占比为 16.12%；最后是流化床气化，4 种气化炉气化煤炭量为 8.97 万 t/d，占比为 6.33%。

显然气流床湿法气化整体应用比干法气化占有更多的市场份额，主要是因为多喷嘴炉、GE 炉、多元料浆炉和晋华炉所占有的市场份额都比较高。虽然气流床干法气化中航天炉、神宁炉占有较多的市场份额，但由于其他干法气化炉的市场份额占比有限，只能整体排在湿法气化之后。固定床气化炉由于在合成气制天然气方面具有甲烷含量高的特征，占有绝对优势，所以排在流化床气化之前。但因为气化废水的酚氨处理以及环保排放有更为严格的政策出台，对固定床加压气化提出了严峻的挑战。

根据估算，气流床湿法气化炉年气化消耗煤炭量约为 2.14 亿 t，气流床干法气化炉年气化消耗煤炭量约为 1.55 亿 t。由于湿法气化需要备炉，有将近三分之一的气化设备能力处于备用状态，约占 0.7 亿 t/a。通过对目前国内新型煤化工市场上各类煤气化炉的应用和市场份额分析，先进的气流床洁净煤气化炉是发展新型煤化工的关键抓手，在推动新型煤化工产业持续健康发展方面发挥着巨大的影响作用。

第四节 煤气化制合成氨领域

一、合成氨现状

1. 合成氨产量和产能

中国合成氨生产原料以煤为主，其中无烟煤、焦炭和土焦占 65%～70%，轻油和重油占

6%～12%，天然气占 18%～23%。合成氨行业是耗能大户，其中煤制合成氨产能占合成氨产能的 80%以上。随着国家产业结构的调整，采用新型煤气化工艺，以量大面广价廉的烟煤、褐煤、高硫煤等为原料，替代无烟煤，实现原料煤属地化，使得合成氨行业得到快速发展，也是新型煤气化技术应用的最佳场所。

2014～2021 年全国合成氨产能平均过剩率超过 22.67%。随着国家资源约束及节能环保压力加大，淘汰落后及过剩产能，合成氨产能整体呈下降趋势。加上退城进园等部分政策的影响，合成氨行业去产能效果显著。

据中国氮肥工业协会统计，截至 2021 年底，全国合成氨产能合计 6488.0 万 t，同比减少 49 万 t，增速为-0.750%；全国合成氨产量全年累计 5909.2 万 t，同比增加了 792.1 万 t，增速为 15.5%，全年开工率为 91.08%。2015～2021 年全国合成氨产能、产量、增速及开工率和产能过剩率见表 8-10。

表 8-10　2015～2021 年全国合成氨产能、产量、增速及开工率和产能过剩率

项目	2015	2016	2017	2018	2019	2020	2021
产能/万 t	7310.0	7156.0	6768.0	6689.0	6619.0	6537.0	6488.0
增速/%	-1.456	-2.107	-5.422	-1.167	-1.046	-1.239	-0.750
产量/万 t	5791.4	5708.3	4946.3	4587.1	4735.0	5117.1	5909.2
增速/%	-4.322	-1.435	-13.35	7.262	-3.224	8.070	15.5
开工率/%	79.23	79.77	73.08	68.58	71.54	78.30	91.08
产能过剩率/%	20.77	20.23	26.92	31.42	28.46	21.70	8.92

2. 合成氨供需平衡

合成氨主要运用于农业，从下游需求来看，其中尿素占比最大约 61%，其他化肥占比 19%，化工行业占比 20%，其中我国合成氨消费量最大的区域主要是华东、中南、西南和华北等地区。依据国家统计局、中国海关公布的有关资料，从需求端分析，2021 年中国合成氨表观消费量为 5989.94 万 t，表观消费量同比增速为 14.48%。2015～2021 年全国合成氨表观需求量及增速见表 8-11。

表 8-11　2015～2021 年全国合成氨表观需求量及增速

项目	2015	2016	2017	2018	2019	2020	2021
表观需求量/万 t	5827.75	5754.17	5017.58	4680.23	4840.31	5232.28	5989.94
增速/%		-1.263	-12.801	-6.723	3.420	8.098	14.48
产量/万 t	5791.4	5708.3	4946.3	4587.1	4735.0	5117.1	5909.2
净进口量/万 t	36.35	45.87	71.28	93.13	105.31	115.18	80.74

二、煤气化制合成氨产业政策

中国合成氨工业目前已成为世界最大的合成氨生产国，产量约占世界总产量的 1/3。从 2015 年到 2020 年，合成氨产能过剩率平均为 25%，随着国家资源约束加强，节能环保压力加大，为加快产业结构调整，加强环境保护，制止盲目投资和低水平重复建设，促进合成氨行业健康发展，国家发布了以下政策。

工信部 2012 年 12 月发布了《合成氨行业准入条件》，按照"总量平衡、优化存量、节

约能（资）源、保护环境、合理布局"的可持续发展原则，从引导新增产能布局、设置装置规模和技术装备水平的准入门槛、限制产品能源消耗以及严格要求执行环保评价机制等措施，对合成氨行业的准入制定了具体条件，合成氨行业进入转型升级发展的关键时期。

工信部发布的《石化和化学工业发展规划（2016—2020）》提出坚持绿色发展循环经济，推行清洁生产，加大节能减排力度，推广新型、高效、低碳的能节水工艺，加强重点污染物治理，提高资源能源利用效率，不再新建以无烟块煤和天然气为原料的合成氨装置。

"十三五"期间合成氨行业主要以去产能为主基调。经过产业结构调整，合成氨行业落后产能不断淘汰。以煤为原料的合成氨产能约 4901 万 t/a，占合成氨总产能的 75.0%左右。煤基合成氨产能中，采用新型煤气化技术，以非无烟煤为原料的煤基合成氨产能约 2731 万 t/a，占煤基合成氨产能的 55.72%，大多为近些年来新建产能，技术装备较为先进，为现代煤化工节能减碳做出了贡献。而以无烟煤为原料的产能约 2170 万 t/a，占煤基合成氨产能的 44.28%，存在煤气化技术落后，单系列产能规模小、能耗高、污染严重等问题。

需求量和价格持续提升，整体调整结构成效显著，行业量价齐升。截至 2021 年，产能过剩局面得到较大的改观，产业结构调整完成，产量回升，合成氨下游市场需求有增强的趋势，需求旺盛，供不应求。合成氨是重要的氮肥，深加工为尿素或各种铵盐肥料，约占合成氨产量的 70%；同时也是重要的无机化学和有机化学工业基础原料，用于生产铵、胺、染料、炸药、合成纤维、合成树脂，约占合成氨产量的 30%。从下游需求分析，其中，尿素占比约 68%，其他化肥占比约 18%，化工行业占比 14%。

2021 年在"双碳"目标驱动下，针对高耗能、高排放行业国家出台了一系列政策，大力促进节能降碳。《中共中央　国务院关于完整准确全面贯彻新发展理念做好碳达峰碳中和工作的意见》（2021 年 9 月 22 日）明确指出："坚持系统观念，处理好发展和减排、整体和局部、短期和中长期的关系，把碳达峰、碳中和纳入经济社会发展全局，以经济社会发展全面绿色转型为引领，以能源绿色低碳发展为关键，加快形成节约资源和保护环境的产业结构、生产方式、生活方式、空间格局，坚定不移走生态优先、绿色低碳的高质量发展道路"。

2022 年 1 月 25 日，国家发展改革委产业发展司发出了《关于做好 2022 年支持先进制造业和现代服务业发展专项（节能降碳和绿色转型方向）项目申报工作的预通知》，其中的煤化工/合成氨方向，要求合成氨单系列产能规模为 30 万 t/a 以上，采用高效清洁先进的气流床加压气化技术、气体净化技术、低温高活性催化剂及先进氨合成技术等要求。

三、煤气化制合成氨技术

1. 煤气化制氨总工艺路线

现代新型煤气化工艺对原料煤有较强的适应性，可气化褐煤、烟煤、无烟煤和石油焦等各种劣质煤。原煤经磨煤及干燥（或制备水煤浆）的粉煤（或水煤浆）经加压及输送，将原料煤送入气化炉内，在压力 4.0～8.7 MPa、温度 1250～1750 ℃（根据煤的灰熔点确定）与空分来的氧气在炉内进行气化反应，生成 $CO+H_2$ 粗合成气。出气化炉的粗合成气经除尘及余热回收，再经洗涤除尘后送往气体净化。

一氧化碳变换采用 Co-Mo 耐硫宽温变换，将粗合成气中的 CO 与水蒸气在变换炉内进行 CO 反应，变换催化剂可选择 QDB-03 或 QDB-04 型号催化剂，将 CO 深度变换到 0.4%左右出变换炉，变换气经梯级余热回收和冷却洗氨后去低温甲醇洗。变换气的脱硫脱碳采用低温甲醇洗，经脱碳塔脱除后的气体含 $CO_2<5\times10^{-6}$、总硫$<0.1\times10^{-6}$ 的脱碳气去液氮洗。低温甲醇洗的酸性气送湿法硫回收。吸收了 CO_2 的富甲醇液经解析再生后的贫液循环去吸收系统，再生后的 CO_2 气体作为生产尿素的原料气和煤气化粉煤输送的载气。

由低温甲醇洗送来的脱碳气经液氮洗精制，脱除气体中的微量杂质 CO、CO_2、Ar、CH_4 等，其中 $CO+CO_2<1\times10^{-6}$。由于液氮洗与低温甲醇洗组合，$-60\ ℃$ 干燥的脱碳气直接进入液氮洗可节省冷量，降低消耗。经液氮洗精制后的氢气经配氮后得到合成氨的新鲜原料气，经离心压缩机压缩至 15 MPa，进入氨合成工序。氨合成采用低压、轴径向氨合成节能工艺，废热锅炉回收氨合成反应热副产中压蒸汽，氨合成反应生成的氨混合物经分离后得到液氨。低压节能型氨合成具有合成塔阻力低、氨净值高、原料气转化率高、催化剂装填量少、内件装卸简便的特点，反应热逐级回收，高品位热利用合理。

空分采用空气深冷、液氧、液氮内压缩流程，为煤气化提供氧气、氮气，并为氨合成回路提供高纯氮气，同时提供全厂所需的仪表空气和工厂工艺空气。氨冰机分别为脱硫脱碳及氨合成提供冷量。

以煤为原料，采用先进的氨合成组合工艺，属于大型煤化工经典流程，立足于技术先进、成熟可靠，长周期运行稳定、安全环保的设计原则，立足于国产化技术和装备制造国产化，在国内有非常成功的使用业绩和经验。煤气化制合成氨工艺路线见图 8-1。

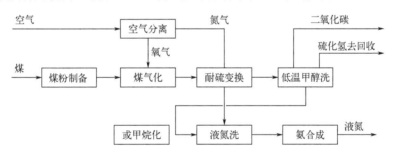

图 8-1　煤气化制合成氨经典工艺流程示意图

2. 合成氨反应基本原理及工艺流程

由前所述，基本反应如下：

$$C+H_2O \longrightarrow H_2+CO（还原反应） \qquad (2\text{-}2)$$

$$C+CO_2 \longrightarrow 2CO（还原反应） \qquad (2\text{-}3)$$

$$CO+H_2O \longrightarrow H_2+CO_2（变换反应） \qquad (2\text{-}11)$$

合成氨反应见式（8-1）所示：

$$3/2H_2+1/2N_2 \longrightarrow NH_3（氨合成反应） \qquad (8\text{-}1)$$

四、不同气化炉型制合成氨产能及投煤量

1. 不同气化炉型制合成氨

从"十五"至"十三五"期间，中国煤气化技术取得重大成绩，国产化具有自主知识产权的气化炉如多喷嘴对置式气化炉、航天炉、水冷壁清华炉、西安热工院两段炉、五环炉、东方炉等在煤气化核心技术方面取得了重要进展。这些新型煤气化技术在制取大型煤基合成

氨行业取得了较好的示范效应和企业效益。

目前国内新型煤气化用于制合成氨行业的炉型主要有：气流床干法气化炉，包括航天炉、壳牌炉、科林炉、神宁炉、GSP炉、华能二段炉、齐耀柳化炉、邰式炉、科达干煤粉炉；气流床湿法气化炉，包括晋华炉、多喷嘴炉、GE炉、多元料浆炉、清华炉；流化床气化炉，包括恩德炉、CGAS炉、CAGG炉、中兰炉、RH炉、KEDA炉、ICC炉；固定床气化炉，包括赛鼎炉、鲁奇炉、昌昱炉、BGL炉、晋城炉、晋煤炉、云煤炉、TG炉、晋航炉、昌昱GAG炉等31种炉型，见表8-12。

表8-12 不同气化炉型煤气化制合成氨

序号	气化炉名称	气化炉台数（开+备炉）	气化投煤量（开+备炉）/(t/d)	合成气量CO+H_2（开+备炉）/(万m^3/h)	合成氨产能/(万t/a)
一	气流床干法				
1	航天炉（32）	51	66500	348.4	1258
2	壳牌炉（13）	13	23300	145.5	500
3	科林炉（5）	7	11500	63.6	220
4	神宁炉（2）	4	8400	57.4	170
5	GSP炉（3）	6	4750	34.3	110
6	华能炉（3）	3	3240	23.3	74
7	齐耀柳化炉（1）	1	2000	10.6	40
8	邰式炉（1）	1	500	6.3	12
9	科达炉（1）	1	190	1.0	4
	小计（61）	87	120380	690.4	2388
二	气流床湿法				
1	晋华炉（20）	37+7	53500+8500	245.7+40.4	890
2	多喷嘴炉（22）	29+18	48455+30355	277.6+173.4	866
3	GE炉（17）	29+15	24500+6000	162.7+86.7	468
4	多元料浆炉（11）	20+11	19150+10150	125.3+66.6	333
5	清华炉（9）	12+5	13500+4500	65.5+21.9	230
	小计（79）	127+56	159105+59505	876.8+389.0	2787
三	流化床				
1	恩德炉（7）	15	8580	48.0	111
2	CGAS炉（2）	4	2880	24.0	60
3	CAGG炉（5）	8+1	1800+200	16.9+1.9	49
4	中兰炉（2）	2	1700	13.0	30
5	RH炉（1）	3	1200	7.2	30
6	KEDA炉（1）	2	840	9.0	20
7	ICC炉（1）	1	330	1.8	6
	小计（19）	35+1	17330+200	119.9+1.9	306
四	固定床				
1	赛鼎炉（6）	22+7	12980+4150	92.1+29.5	103
2	鲁奇炉（5）	21+8	12650+4800	55.9+20.2	103

续表

序号	气化炉名称	气化炉台数（开+备炉）	气化投煤量（开+备炉）/(t/d)	合成气量 CO+H$_2$(开+备炉)/(万 m^3/h)	合成氨产能/(万 t/a)
3	昌昱炉（9）	90+29	9670+3090	96.9+32.2	209
4	BGL 炉（3）	8+3	8150+3200	55.5+21.7	170
5	晋城炉（3）	10+5	5500+2750	42.5+21.0	45
6	晋煤炉（2）	10+3	5500+1650	45.0+13.5	95
7	云煤炉（1）	3+2	3000+2000	13.5+13.0	50
8	TG 炉（2）	12+4	1800+600	18.0+6.0	45
9	晋航炉（1）	1	350	2.0	6
10	GAG 炉（1）	1	180	1.4	4
	小计（33）	178+61	59780+22240	422.8+157.1	830
	合计（192）	427+118	356595+81945	2109.9+548	6311

注：1. 气化炉备炉不计入合成氨产能。
2. 气化炉在生产合成氨时联产其他产品，投煤量未扣除。
3. 气化炉合成氨产能由运行产能和建设产能组成。
4. 气化炉联产其他产品累计，甲醇 250 万 t/a，氢气 21.1 万 t/a，LNG 10 万 t/a。

2. 不同气化类型合成氨产能、投煤量及占比

表 8-13 给出了不同气化类型生产合成氨产能、煤炭转化量及占比（包括正在建设，还未形成实际产能的气化类型）。

表 8-13　不同气化类型生产合成氨产能、煤炭转化量及占比

序号	气化炉名称	气化炉台数 开+备炉	气化投煤量(开+备炉)/(万 t/d)	气化转化煤量占比/%	平均单炉投煤量/(t/d)	合成氨产能/(万 t/a)	气化制氨占比/%
1	气流床干法合计（61）	87	12.04	33.77	1384	2388	37.94
2	气流床湿法合计（79）	127++56	15.91+5.95	44.63	1253	2787	44.28
3	流化床合计（19）	35+1	1.73+0.02	4.84	495	309	4.91
4	固定床合计（33）	178+61	5.98+2.22	16.76	336	810	12.87
	总计（192）	427+118	35.66+8.19	100.00	835（非合计）	6294	100.00

注：1. 气化炉备炉不计入合成氨产能。
2. 气化炉在生产合成氨时联产其他产品，投煤量未扣除。
3. 气化炉合成氨产能由运行产能和建设产能组成。
4. 气化炉联产其他产品累计，甲醇 250 万 t/a，氢气 21.1 万 t/a，LNG 10 万 t/a。

3. 不同气化炉型合成氨产能及投煤量排序

由表 8-13 可知，共有 192 家用户，31 种气化炉生产合成氨形成产能 6294 万 t/a，并联产甲醇 250 万 t/a，氢气 21.1 万 t/a，LNG 10 万 t/a，共计投入气化炉 427 台，备炉 118 台，合计 545 台气化炉。其中气流床湿法气化工艺投入气化炉 127 台，备炉 56 台，合计 183 台气化炉，形成合成氨产能为 2787 万 t/a，占合成氨总产能的 44.28%，排序第一；气流床干法气化工艺投入气化炉 87 台，无备炉，形成合成氨产能为 2388 万 t/a，占合成氨总产能的 37.94%，排序第二；固定床气化工艺投入气化炉 178 台，备炉 61 台，合计 239 台，形成合成氨产能为

810 万 t/a，占合成氨总产能的 12.87%，排序第三；流化床气化工艺投入气化炉 35 台，备炉 1 台，合计 36 台，形成合成氨产能为 309 万 t/a，占合成氨总产能的 4.91%。

由此可知，气流床干/湿法气化炉合计 214 台，备炉 56 台，总计 270 台，形成合成氨产能为 5175 万 t/a，占合成氨总产能的 82.22%，气流床煤气化是生产合成氨的主流气化工艺。31 种气化炉煤炭量转化 35.66 万 t/d，形成合成氨产能 6294 万 t/a，并联产部分其他产品。估算合成氨消耗煤炭量，按 330 天计算，年消耗煤炭量约 11768 万 t/a。

在气化炉大型化应用方面，气流床干法气化单炉平均投煤量为 1384 t/d，依次为气流床湿法气化单炉平均投煤量为 1253 t/d，流化床气化单炉平均投煤量为 495 t/d，固定床干法气化单炉平均投煤量为 336 t/d。在气化炉备炉方面，气流床干法气化和流化床气化基本不考虑备炉，可以相对减少备炉的投资；气流床湿法气化开/备比约为 2.27，固定床气化开/备比约为 2.92。

五、主流气化炉制合成氨产能、投煤量及占比

以日累计投煤量超过 5000 t 的气化炉为基准，给出以煤转化量排序前 16 名气化炉型所形成的合成氨产能规模（包括正在建设的产能）、煤炭转化量及占比情况，见表 8-14。

表 8-14　16 类气化炉合成氨产能、煤炭转化量及占比

序号	气化炉名称	气化炉台数（开+备炉）	气化投煤量(开+备炉)/(万 t/d)	单类气化工艺占转化煤炭/%	平均单炉投煤量/(t/d)	合成氨/(万 t/a)	单类气化工艺占合成氨/%
1	航天炉	51	6.65	20.02	1304	1258	21.88
2	晋华炉	37+7	5.35+0.85	16.11	1446	890	15.48
3	多喷嘴炉	29+18	4.85+3.04	14.60	1672	866	15.06
4	GE 炉	29+15	2.45+0.60	7.38	845	468	8.14
5	壳牌炉	13	2.33	7.02	1792	500	8.69
6	多元料浆炉	20+11	1.92+1.02	5.78	960	333	5.79
7	清华炉	12+5	1.35+0.45	4.07	1125	230	4.00
8	赛鼎炉	22+7	1.30+0.42	3.92	590	103	1.79
9	鲁奇炉	21+8	1.27+0.48	3.82	605	103	1.79
10	科林炉	7	1.15	3.46	1643	220	3.83
11	昌昱炉	90+29	0.97+0.31	2.92	108	209	3.63
12	恩德炉	15	0.86	2.59	573	111	1.93
13	神宁炉	4	0.84	2.53	2100	170	2.95
14	BGL 炉	8+3	0.82+0.32	2.46	1025	170	2.95
15	晋煤炉	10+3	0.55+0.17	1.66	550	75	1.30
16	晋城炉	10+5	0.55+0.28	1.66	550	45	0.79
	合计	378+111	33.21+7.94	100.00	879（非合计）	5751	100.00

注：1. 气化炉备炉不计入合成氨产能。
　　2. 气化炉在生产合成氨时联产其他产品，投煤量未扣除。
　　3. 气化炉生产合成氨产能由运行产能和建设产能组成。
　　4. 16 类气化炉联产其他产品累计，甲醇 237 万 t/a，氢气 18.1 万 t/a，LNG 10 万 t/a。

1. 生产合成氨主流气化炉排序

由表 8-14 可知，以日累计投煤量超过 5000 t 为基准，按投煤量进行气化炉排序，所列出

的 16 种气化炉所形成的累计合成氨产能规模（包括正在建设的产能）达 5751 万 t/a，占煤气化制合成氨全部气化炉产能的 91%，并联产甲醇 237 万 t/a，氢气 18.1 万 t/a，LNG 10 万 t/a，共计投入气化炉 378 台，备炉 111 台，合计 489 台。而剩余的 15 种气化炉制合成氨产能仅为 9% 左右。

按投煤量排序，第一为航天炉，气化投煤量 6.65 万 t/d，占比 20.02%，合成氨产能 1258 万 t/a，占比 21.88%，气化炉 51 台，平均单炉投煤量 1304 t/d；第二为晋华炉，气化投煤量 5.35 万 t/d，占比 16.11%，合成氨产能 890 万 t/a，占比 15.48%，气化炉 37 台，备炉 7 台，平均单炉投煤量 1446 t/d；第三为多喷嘴炉，气化投煤量 4.85 万 t/d，占比 14.60%，合成氨产能 866 万 t/a，占比 15.06%，气化炉 29 台，备炉 18 台，平均单炉投煤量 1672 t/d。其他依次为 GE 炉、壳牌炉、多元料浆炉、清华炉、赛鼎炉、鲁奇炉、科林炉、昌昱炉、恩德炉、神宁炉、BGL 炉、晋城炉和晋煤炉。晋城炉，气化投煤量 0.55 万 t/d，占比 1.66%，合成氨产能 45 万 t/a，占比 0.79%，气化炉 10 台，备炉 5 台，平均单炉投煤量 550 t/d。

2. 生产合成氨气化炉大型化排序

航天炉制合成氨产能最大，领先湿法气化炉约 4%，市场占有率遥遥领先。而按干法气化单炉平均投煤量排序，神宁炉排第一，平均投煤量 2100 t/d；壳牌炉排第二，平均投煤量 1792 t/d；科林炉排第三，平均投煤量 1643 t/d，由此可知，壳牌炉、神宁炉和科林炉在干法气化大型化方面具有一定的优势。

在气流床湿法气化炉大型化方面按投煤量排序前三的分别为多喷嘴炉、晋华炉和清华炉，单炉平均投煤量分别为 1672 t/d、1446 t/d、1125 t/d，多喷嘴炉最大单炉投煤量 4000 t/d 是目前煤气化炉最大的炉型。由于水煤浆气化通常需要备炉，其中多喷嘴炉、晋华炉和 GE 炉的备炉分别为 18 台、7 台和 15 台；开/备比分别为 1.61、5.29 和 1.93。由于湿法气化的特点，需要设置备炉，以保证系统稳定性和长周期运行，但也相对增加了气化炉的投资。由于晋华炉设计了水冷壁结构，保证了系统的稳定性和长周期运行，以致可以取消备炉设计。

由于固定床气化在制合成氨方面优势不突出，排序第八的赛鼎炉，气化投煤量 1.30 万 t/d，占比 3.92%，合成氨产能 103 万 t/a，占比 1.79%，并联产甲醇、氢气和 LNG 等，气化炉 22 台，备炉 7 台，平均单炉投煤量 590 t/d；排序第九的鲁奇炉，气化投煤量 1.27 万 t/d，占比 3.82%，合成氨产能 103 万 t/a，占比 1.79%，并联产 LNG 等，气化炉 21 台，备炉 8 台，平均单炉投煤量 605 t/d。由于采用加压纯氧气化工艺，对气化褐煤等劣质煤具有较好的适应性，同时由于甲烷含量较高，在生产合成氨的同时可以适当联产液化天然气等产品，也得到部分用户青睐。

3. 生产合成氨主流气化炉

通过以上分析，生产合成氨主流气化炉的主要特征为：有效气含量高（$CO+H_2>90\%$）、碳转化率高（>98%）、气化炉单炉投煤量大（1000～4000 t/d），节能降耗、绿色环保及应用业绩突出。而气流床气化炉基本符合上述特征，因此成为煤气化制合成氨的主流气化工艺。由于流化床和固定床的气化工艺特征低于上述要求，气化炉单炉投煤量一般为 500～1000 t/d，与气流床相比，其竞争优势不突出，而难以在煤气化制合成氨领域得到广泛应用。

第五节 煤气化制甲醇领域

近些年，我国甲醇产能、产量和消费量持续快速增长，已经成为全球最大的甲醇生产和消费国。随着甲醇制烯烃、甲醇燃料等下游产业的拓展，甲醇行业开工率保持在较高水平。目前甲醇生产工艺主要有煤制甲醇、天然气制甲醇和焦炉气制甲醇。

煤制甲醇是通过煤气化制得合成气，然后经过气体净化、压缩、合成制得粗甲醇，精馏后得到甲醇产品；天然气制甲醇是通过甲烷与蒸气重整或甲烷部分纯氧催化（或非催化）转化制得合成气，然后经过气体净化、压缩、合成制得粗甲醇，精馏后得到甲醇产品；焦炉煤气制甲醇是将焦炉气经净化后再将其中的甲烷纯氧转化制得合成气，然后经过气体净化、压缩、合成制得粗甲醇，精馏后得到甲醇产品。由于我国煤炭资源禀赋特点和新型煤化工产业发展迅速，煤制甲醇是主要生产方法，2021年煤制甲醇产量约占国内甲醇总产量的85.64%，天然气制甲醇和焦炉煤气制甲醇约占14.36%。

一、甲醇现状

1. 甲醇产量和产能

据中国氮肥工业协会统计，截至2021年底，全国甲醇产能为9743万t，产量为7765万t，产能利用率为79.70%，处于近年来较高水平。2021年，新增投产甲醇项目有：新疆众泰、中煤鄂能化、延长中煤二期、山东盛发、江西心连心、钦州华谊等甲醇装置。2021年，煤制甲醇年产能为7741万t，占国内甲醇年总产能的79.45%；煤制甲醇年产量为6650.1万t，占国内甲醇年总产量的85.64%。2016~2021年全国甲醇产能、产量、增速及开工率和产能过剩率见表8-15。

表8-15 2016~2021年全国甲醇产能、产量、增速及开工率和产能过剩率

项目	2016	2017	2018	2019	2020	2021
（总）产能/万t	7639	8039	8588	8889	9431	9743
增速/%	—	5.24	6.83	3.51	6.09	3.30
（总）产量/万t	4314	4529	5576	6216	6357	7765
增速/%	—	4.98	23.11	11.48	2.27	22.15
开工率/%	56.47	56.34	64.93	69.93	67.41	79.70
产能过剩率/%	43.53	43.66	35.07	30.07	32.59	20.30

2. 甲醇供需平衡

2021年我国甲醇消费总量在8800万t左右，其中国内产量7800万t，进口量在1000万t左右。甲醇的传统消费端为甲醛、二甲醚（DME）、甲基叔丁基醚（MTBE，高辛烷值汽油添加剂）、醋酸、甲烷氯化物等，其中甲醛消费量最大，在近年来的新兴消费领域中占据主导地位。

近年来，甲醇主要用于新兴下游消费领域，主要包括甲醇制烯烃、甲醇燃料、甲醇燃料电池、甲醇制氢等领域。其中甲醇制烯烃占甲醇消费总量的56%左右，其次是甲醇燃料，占比18%左右。甲醇制烯烃包括甲醇制乙烯（MTO）和甲醇制丙烯（MTP）两种工艺路线。截至2021年底，全国甲醇表观需求量为7808.52万t、同比增速为2.21%。2016~2021年全国甲醇表观需求量及增速见表8-16所示。

表 8-16　2016~2021 年全国甲醇表观需求量及增速

项目	2016	2017	2018	2019	2020	2021
表观需求量/万 t	5197.32	5329.71	6287.23	7288.5	7639.36	7808.52
增速/%	15.61	2.55	17.97	15.93	4.81	2.21
产量/万 t	4314	4529	5576	6216	6357	7765
净进口量/万 t	883.32	800.71	711.23	1072.5	1282.36	43.5

二、煤气化制甲醇产业政策

随着甲醇产能不断扩张，国内甲醇行业过剩局面有所加剧，为指导甲醇及相关行业的健康、有序发展，国家出台了一系列政策措施。不过随着行业过度投资及产能过剩局面加剧，国家政策也由最开始的疏导辗转为调控发展。通过提高甲醇行业准入条件，一批产能落后、耗能高、环境污染严重的甲醇企业将被市场淘汰。

2011 年 3 月 23 日，国家发改委发出《关于规范煤化工产业有序发展的通知》，明确禁止建设年产 100 万 t 及以下煤制甲醇项目、年产 100 万 t 及以下煤制二甲醚项目等煤化工项目。上述标准以上的大型煤炭加工转化项目，须报经国家发展改革委核准。2014 年国家发改委发布的《西部地区鼓励类产业目录》，删除了煤制烯烃、煤制甲醇等煤化工项目。严禁审批 100 万 t/a 及以下的煤制甲醇项目。2017 年 3 月 22 日国家发展改革委、工业和信息化部印发了《现代煤化工产业创新发展布局方案》，简称"布局方案"。通知明确了重点开展煤制烯烃、煤制油等项目的升级示范及完善工艺技术装备和系统配置的工作。要求新建煤制烯烃、煤制芳烃等项目必须列入"布局方案"，并符合《现代煤化工建设项目环境准入条件（试行）》要求。列入"布局方案"的新建煤制烯烃、煤制芳烃项目下放省级政府核准。

2023 年 6 月 14 日国家发展改革委再发《关于推动现代煤化工产业健康发展的通知》，结合 2017 年发布的"布局方案"，强化煤炭主体能源地位，加强煤炭清洁高效利用，进一步推动现代煤化工产业向高端化、多元化、低碳化发展。通知再次明确新建煤制烯烃、煤制对二甲苯（PX）、煤制甲醇、煤制乙二醇、煤制可降解材料等项目重点向煤水资源相对丰富、环境容量较好的地区集中，促进产业集聚化、园区化发展。对现代煤化工产能规模较大的地区，鼓励通过上大压小、煤炭用量置换等方式实施新建项目。鼓励新建现代煤化工项目单位要承担相应的技术创新示范升级任务，实施重大技术装备攻关工程，其中包括一步法制低碳醇醚等技术、大型高效煤气化、新一代高效甲醇制烯烃等技术装备。对申请纳入"布局方案"的煤制烯烃等项目，要积极推动项目合理布局、规范建设。

在国家"双碳"目标下，国家和各地方政府出台了一系列产业政策，促进能源转型，提高能源利用率，减少碳排放。甲醇行业将维持平稳向好的发展态势，从供给情况看，受能耗双控、"碳达峰"等影响需求方面，甲醇产量大概率出现收缩。在需求端，甲醇制烯烃仍是下游主要消费驱动力，甲醛、醋酸和可降解塑料的快速推广，将拉动甲醇消费量进一步提升。甲醇行业将不断向大型优势企业聚集，大力发展甲醇衍生品，探索甲醇在交通、燃料、储能等领域的潜在市场，进一步扩大能源产品供应品种和规模，推动甲醇行业多元化发展。

三、煤气化制甲醇技术

1. 煤气化制甲醇总工艺路线

采用新型煤气化炉可气化褐煤、烟煤、无烟煤和石油焦等煤种,将煤气化得到的粗合成气经过一系列净化处理后作为甲醇原料气。入炉煤经加压输送,在气化炉内,压力 3.0～8.7 MPa、温度 1250～1650 ℃条件下,与氧气进行气化反应,生成 CO+H_2 合成气。

一氧化碳变换采用 Co-Mo 系变换催化剂,在一定温度、压力及催化剂作用下,CO 与 H_2O 蒸汽进行变换反应,生成 CO_2 和 H_2。调整 $H_2/C=2$ 左右后出变换炉,变换气经梯级余热回收和冷却洗氨后去低温甲醇洗。经脱碳塔脱除 CO_2,总硫<0.1×10^{-6} 的脱碳气去甲醇合成。低温甲醇洗的酸性气送湿法硫回收。再生后的 CO_2 气体一部分作为煤气化粉煤输送的载气,另一部分排放或回收利用。

合成甲醇的新鲜原料气,经离心压缩机压缩至 6～8 MPa,进入甲醇合成。经低压甲醇合成的甲醇混合气经废热锅炉回收反应热副产中压蒸汽并进行冷却分离得到粗甲醇去精馏。空分采用空气深冷技术,为煤气化供氧。冰机分别为脱硫脱碳及甲醇合成提供冷量。煤气化制甲醇总工艺路线见图 8-2。

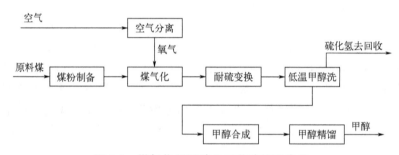

图 8-2 煤气化制甲醇总工艺路线示意图

2. 甲醇反应基本原理

甲醇合成是在高温、高压、催化剂条件下进行典型的复合气-固相催化反应过程,随着甲醇催化剂的应用,甲醇合成已由高压向低压发展。而随着甲醇超大型化的要求,逐步向低中压发展。无论哪种甲醇合成工艺,粗甲醇中均含有水分、高级醇、醚、酮等杂质需要进行精制脱出,低压合成得到的粗甲醇比高压合成得到的粗甲醇容易精馏。精制过程包括精馏与化学处理,精馏主要是除去易挥发组分二甲醚等以及难以挥发的组分乙醇以及高级醇、水等;化学处理主要用碱破坏在精馏过程中难以分离的杂质,并调节 pH。

(1)甲醇合成主反应

甲醇合成是在一定的温度、压力条件和甲醇催化剂的作用下,原料气中的一氧化碳、二氧化碳与氢反应生成甲醇。主反应如下:

$$CO+2H_2 \longrightarrow CH_3OH \tag{8-2}$$

$$CO_2+3H_2 \longrightarrow CH_3OH+H_2O \tag{8-3}$$

(2)甲醇合成副反应

在甲醇合成过程中,存在如下副反应,生成甲酸甲酯、乙酸甲酯及其他高级醇、高级烷烃类等,主要副反应如下:

$$CO+3H_2 \longrightarrow CH_4+H_2O \quad (2\text{-}10)$$

$$2CO+5H_2 \longrightarrow C_2H_6+2H_2O（烃类） \quad (8\text{-}4)$$

$$4CO+8H_2 \longrightarrow C_4H_9OH+3H_2O（醇类） \quad (8\text{-}5)$$

四、不同气化炉型制甲醇产能及投煤量

1. 不同气化炉型煤气化制甲醇

不同类型的新型煤气化炉制甲醇行业取得了较好的应用示范效应和企业效益。目前新型煤气化炉用于制甲醇的炉型见表 8-17。其中，气流床干法气化炉包括航天炉、壳牌炉、神宁炉、GSP 炉、华能二段炉；气流床湿法气化炉包括多喷嘴炉、多元料浆炉、GE 炉、晋华炉、清华炉；流化床气化炉包括 SES 炉、恩德炉、CAGG 炉；固定床气化炉包括：赛鼎炉、BGL 炉、YM 炉、昌昱炉、TG 炉等 18 种炉型，见表 8-17。

表 8-17　不同气化炉型煤气化制甲醇（截至 2021 年）

序号	气化炉名称	气化炉台数（开+备炉）	气化投煤量(开+备炉)/(t/d)	气化合成气量 CO+H_2（开+备炉)/(万 m^3/h)	甲醇/(万 t/a)
一	气流床干法				
1	航天炉（15）	25	37750	213.1	640
2	壳牌炉（8）	9	15499	104.7	410
3	神宁炉（2）	2	5000	34.2	50
4	GSP 炉（1）	2	2000	18.0	60
5	华能二段炉（1）	1	1000	7.2	25
	小计（27）	39	61249	377.2	1185
二	气流床湿法				
1	多喷嘴炉（25）	49+28	107450+62300	597.8+352.4	1540
2	多元料浆炉（24）	41+23	55750+30250	377.3+193.8	1031
3	GE 炉（26）	49+24	55250+26750	366.5+182.6	955
4	晋华炉（4）	7+1	8500+1500	51.2+11.7	160
5	清华炉（3）	5+2	7000+2500	33.2+12.2	75
	小计（82）	151+78	233950+123300	1426.0+752.7	3761
三	流化床				
1	SES 炉（3）	5+2	3600+1600	21.8+9.8	55
2	恩德炉（2）	4	2140	12.0	40
3	CAGG 炉（3）	4	1300	12.2	60
	小计（8）	13+2	7040+1600	46.0+9.8	155
四	固定床				
1	赛鼎炉（2）	19+5	14070+3690	98.3+25.7	180
2	BGL 炉（4）	14+8	14000+8000	98.4+56.0	180
3	YM 炉（3）	10+6	9000+5400	49.0+29.2	85
4	昌昱炉（11）	62+21	4960+2490	66.5+22.7	115
5	TG 炉（3）	29+11	4280+1470	38.2+13.8	90
	小计（23）	134+51	46310+21050	350.4+147.4	650
	合计（140）	337+131	348549+145950	2199.6+909.9	5751

2. 不同气化类型甲醇产能、投煤量及占比

表 8-18 给出了不同气化类型生产甲醇的规模产能（包括正在建设，还未形成实际产能的气化类型）、煤炭转化量及占比的基本情况。

表 8-18 不同气化类型生产甲醇产能、煤炭转化量及占比

序号	气化炉名称	气化炉台数（开+备炉）	气化投煤量（开+备）/(t/d)	不同类型气化煤炭占比/%	平均单炉投煤量/(t/d)	甲醇产能/(万 t/a)	不同类型气化甲醇占比/%
一	气流床干法						
	小计（27）	39	61249	17.57	1570	1185	20.61
二	气流床湿法						
	小计（82）	151+78	233950+123300	67.12	1549	3761	65.40
三	流化床						
	小计（8）	13+2	7040+1600	2.02	542	155	2.70
四	固定床						
	小计（23）	134+51	46310+21050	13.29	346	650	11.30
	合计（140）	337+131	348549+145950	100.00	1034（非合计）	5751	100.00

注：1. 气化炉备炉不计入甲醇产能。
2. 气化炉在生产甲醇时联产其他产品，投煤量未扣除。
3. 气化炉甲醇产能由运行产能和建设产能组成。
4. 气化炉生产甲醇联产其他产品累计，乙二醇 265 万 t/a、丁辛醇 75 万 t/a、二甲醚 205 万 t/a、合成氨 154 万 t/a、氢气 17 万 t/a、LNG 26.5 万 t/a、醋酸 588 万 t/a。

3. 不同气化炉型甲醇产能及投煤量排序

由表 8-18 可知，共有 140 家甲醇用户，18 种气化炉生产甲醇形成产能 5751 万 t/a，并联产合成氨 154 万 t/a，氢气 17 万 t/a，LNG 26.5 万 t/a 等。共计投入气化炉 337 台，备炉 131 台，合计 468 台气化炉。其中气流床湿法气化工艺投入气化炉 151 台，备炉 78 台，合计 229 台气化炉，形成甲醇产能为 3761 万 t/a，占甲醇总产能的 65.40%，排序第一；气流床干法气化工艺投入气化炉 39 台，无备炉，形成甲醇产能为 1185 万 t/a，占甲醇总产能的 20.61%，排序第二；固定床气化工艺投入气化炉 134 台，备炉 51 台，合计 185 台，形成甲醇产能为 650 万 t/a，占甲醇总产能的 11.30%，排序第三；流化床气化工艺投入气化炉 13 台，备炉 2 台，合计 15 台，形成甲醇产能为 155 万 t/a，占甲醇总产能的 2.70%。

由此可知，气流床干/湿法气化炉合计 190 台，备炉 78 台，总计 268 台，形成甲醇产能为 4946 万 t/a，占甲醇总产能的 86.00%，气流床煤气化是生产甲醇的主流气化工艺。18 种气化炉煤炭转化量约 34.86 万 t/d，形成甲醇产能 5751 万 t/a，并联产部分其他产品。按 330 天计算，甲醇年消耗煤炭量约 11504 万 t/a。

在气化炉大型化应用方面，气流床干法气化甲醇单炉平均投煤量为 1570 t/d，其次为气流床湿法气化单炉平均投煤量，为 1549 t/d，流化床气化单炉平均投煤量为 542 t/d，固定床干法气化单炉平均投煤量为 346 t/d；在气化炉备炉方面，气流床干法气化和流化床气化基本不考虑备炉，可以相对减少备炉的投资；气流床湿法气化开/备比约为 1.94，固定床气化开/备比约为 2.63。

五、主流气化炉制甲醇产能、投煤量及占比

以日累计投煤量超过 5000 t 的气化炉型为基准,给出以煤转化量排序前 11 的气化炉型所形成的甲醇产能规模(包括正在建设的产能)、煤炭转化量及占比情况(表 8-19)。

表 8-19 部分气化炉型甲醇产能、煤炭转化量及占比

序号	气化炉名称	气化炉台数 开+备炉	气化投煤量(开+备炉)/(万 t/d)	不同炉型气化煤炭占比/%	平均单炉投煤量/(t/d)	甲醇产能/(万 t/a)	不同类型气化甲醇产能占比/%
1	多喷嘴炉(25)	49+28	107450+62300	32.63	2193	1540	29.02
2	多元料浆(24)	41+23	55750+30250	16.93	1360	1031	19.43
3	GE 炉(26)	49+24	55250+26750	16.78	1128	955	17.99
4	航天炉(15)	25	37750	11.47	1510	640	12.06
5	壳牌炉(8)	9	15499	4.71	1722	410	7.73
6	赛鼎炉(2)	19+5	14070+3690	4.27	741	180	3.39
7	BGL 炉(4)	14+8	14000+8000	4.25	1000	180	3.39
8	YM 炉(3)	10+6	9000+5400	2.73	900	85	1.60
9	晋华炉(4)	7+1	8500+1500	2.58	1214	160	3.02
10	清华炉(3)	5+2	7000+2500	2.13	1400	75	1.41
11	神宁炉(2)	2	5000	1.52	2500	50	0.94
	合计(116)	230+97	329269+140390	100.00	1432(非合计)	5306	100.00

注:1. 气化炉备炉不计入甲醇产能。
2. 气化炉在生产甲醇时联产其他产品的产能未按当量甲醇计入,投煤量也未扣除。
3. 气化炉生产甲醇产能由运行产能和建设产能组成。
4. 合计 116 为用户数量,其分指标为各气化炉型用户数。
5. 部分气化炉型制甲醇产能占总气化制甲醇的 92.26%。

1. 生产甲醇主流气化炉排序

由表 8-19 可知,以日累计投煤量超过 5000 t 为基准,按投煤量进行气化炉排序,所列出的 11 种气化炉所形成的甲醇产能规模(包括正在建设的产能)达 5306 万 t/a,占煤气化制甲醇全部气化炉产能的 92.26%,并联产其他部分产品,共计投入气化炉 230 台,备炉 97 台,合计 327 台。而剩余的 7 种气化炉制甲醇产能仅为 7.74%左右。

按投煤量排序,第一为多喷嘴炉,气化投煤量 10.75 万 t/d,占比 32.63%,甲醇产能 1540 万 t/a,占比 29.02%,气化炉 49 台,备炉 28 台,平均单炉投煤量 2193 t/d;第二为多元料浆炉,气化投煤量 5.58 万 t/d,占比 16.93%,甲醇产能 1031 万 t/a,占比 16.93%,气化炉 41 台,备炉 23 台,平均单炉投煤量 1360 t/d;第三为 GE 炉,气化投煤量 5.53 万 t/d,占比 16.78%,甲醇产能 955 万 t/a,占比 17.99%,气化炉 49 台,备炉 24 台,平均单炉投煤量 1128 t/d。其他依次排序为,航天炉、壳牌炉、赛鼎炉、BGL 炉、YM 炉、晋华炉、清华炉、神宁炉。神宁炉气化投煤量 0.5 万 t/d,占比 1.52%,甲醇产能 50 万 t/a,占比 0.94%,气化炉 2 台,平均单炉投煤量 2500 t/d。

2. 生产甲醇气化炉大型化排序

多喷嘴炉制甲醇产能最大,领先干法气化炉约 17%,市场占有率遥遥领先。而按气化单炉平均投煤量排序,神宁炉排第一,平均投煤量 2500 t/d;多喷嘴炉排第二,平均投煤量

2193 t/d；壳牌炉排第三，平均投煤量 1722 t/d。由此可知，神宁炉、多喷嘴炉及壳牌炉在气化大型化方面具有竞争优势。

在气流床湿法气化炉大型化及投煤量排序前三的分别为多喷嘴炉、多元料浆和 GE 炉。单炉平均投煤量分别为 2193 t/d、1360 t/d、1128 t/d，多喷嘴炉最大单炉投煤量 4000 t/d 是目前煤气化最大的炉型，仍然处于领先地位。由于水煤浆气化通常需要备炉，其中多喷嘴炉、多元料浆炉和 GE 炉备炉分别为 28 台、23 台和 24 台；甲醇气化炉的开/备比分别为 1.75、1.78 和 2.04。由于湿法气化的特点，需要设置备炉，以保证系统稳定性和长周期运行，但也相对增加了气化炉的投资。

由于固定床气化在制大型甲醇方面不具备竞争优势，排序第六的赛鼎炉，气化投煤量 1.41 万 t/d，占比 4.27%，甲醇产能 180 万 t/a，占比 3.39%，并联产 LNG 等，气化炉 19 台，备炉 5 台，平均单炉投煤量 741 t/d；排序第七的 BGL 炉，气化投煤量 1.40 万 t/d，占比 4.25%，甲醇产能 180 万 t/a，占比 3.39%，气化炉 14 台，备炉 8 台，平均单炉投煤量 1000 t/d。由于采用加压纯氧气化工艺，对气化褐煤等劣质煤具有较好的适应性。

3. 生产甲醇主流气化炉

通过以上分析，生产甲醇主流气化炉的主要特征为：有效气含量高（$CO+H_2$＞90%）、碳转化率高（＞98%）、气化炉单炉投煤量大（1000～4000 t/d），节能降耗及绿色环保及应用业绩突出。而气流床气化炉基本符合上述特征，因而成为煤气化制甲醇的主流气化工艺。

第六节　煤气化制烯烃领域

近些年，随着煤制烯烃技术不断发展，目前国内已先后建成 20 多套大型装置，在稳定运行、安全可靠、技术指标先进方面积累了大量经验，不断创出低成本经济性的新水平。据中国工程院有关专家赴陕蒙两地对煤化工调研的结论，2016 年上半年国际平均油价在 40～50 美元/桶时，煤制烯烃仍可实现盈利，在 40 美元/桶能做到盈亏平衡，50 美元/桶及以上可实现较大盈利，经济竞争力优于石油基产品。

一、烯烃现状

1. 乙烯产能和产量

据国家统计局有关资料：截至 2021 年底，我国乙烯生产能力 3757 万 t，乙烯生产量 2826 万 t，产能开工率达 75.21%，产能过剩率 24.78%。2012～2021 年全国乙烯产能、产量、增速和开工率及产能过剩率见表 8-20。

表 8-20　2012～2021 年全国乙烯产能、产量、增速和开工率及产能过剩率

项目	2012	2013	2014	2015	2016	2017	2018	2019	2020	2021
产能/万 t	1672	1792	2043	2156	2304	2381	2505	2907	3515	3757
增速/%	—	7.18	14.01	5.53	6.86	3.34	5.21	16.05	20.92	6.88
产量/万 t	1486	1599	1697	1715	1781	1822	1862	2052	2160	2826
增速/%	—	7.60	6.13	1.06	3.85	2.30	2.20	10.20	5.26	3.08
开工率/%	88.88	89.23	83.06	79.55	77.30	76.52	74.33	70.59	61.45	75.21
产能过剩率/%	11.12	10.77	16.94	20.45	22.70	23.48	25.67	29.41	38.55	24.78

2. 乙烯供需平衡

截至 2021 年底,我国乙烯表观需求量 3031 万 t,乙烯需求增速达 28.3%,乙烯生产量 2826 万 t,净进口量 205 万 t。2012~2021 年全国乙烯表观需求量、增速及净进口量见表 8-21。

表 8-21　2012~2021 年全国乙烯表观需求量、增速及净进口量

项目	2012	2013	2014	2015	2016	2017	2018	2019	2020	2021
表观需求量/万 t	1665	1780	1837	2150	2335	2037	2119	2302	2362	3031
增速/%	—	6.91	3.20	17.04	8.60	−12.76	4.03	8.64	2.61	28.3
产量/万 t	1523	1630	1687	1999	2171	1822	1862	2052	2160	2826
净进口量/万 t	142	150	150	151	164	215	257	250	202	205

3. 丙烯产能和产量

截至 2021 年底,我国丙烯生产能力 5000 万 t,产能同比增速达 10.67%;丙烯生产量 4297 万 t,产量同比增速达 12.31%,产能开工率达 85.94%。2012~2021 年全国丙烯产能、产量、增速和开工率及产能过剩率见表 8-22。

表 8-22　2012~2021 年全国丙烯产能、产量、增速和开工率及产能过剩率

项目	2012	2013	2014	2015	2016	2017	2018	2019	2020	2021
产能/万 t	1820	2050	2501	2959	3339	3481	3620	4061	4518	5000
增速/%	—	12.64	22.00	18.31	12.84	4.25	3.99	12.18	11.25	10.67
产量/万 t	1540	1660	1864	2310	2542	2800	3005	3389	3826	4297
增速/%	—	7.79	12.29	23.93	10.04	10.15	7.32	12.78	12.89	12.31
开工率/%	84.62	80.98	74.53	78.07	76.13	80.44	83.01	83.45	84.68	85.94
产能过剩率/%	15.38	19.02	25.47	21.93	23.87	19.56	16.99	16.54	15.32	14.06

4. 丙烯供需情况

截至 2021 年底,我国丙烯表观需求量 4538 万 t,丙烯需求增长率达 11.36%;丙烯生产量 4297 万 t,净进口量 241 万 t。2012~2021 年全国乙烯表观需求量、增速及净进口量见表 8-23。

表 8-23　2012~2021 年全国丙烯表观需求量、增速及净进口量

项目	2012	2013	2014	2015	2016	2017	2018	2019	2020	2021
表观需求量/万 t	1755	1924	2155	2587	2832	3110	3289	3701	4075	4538
增速/%	—	9.63	12.01	20.05	9.47	9.82	5.76	12.53	10.10	11.36
产量/万 t	1540	1660	1864	2310	2542	2800	3005	3389	3826	4297
净进口量/万 t	215	264	291	277	290	310	284	312	249	241

5. 煤制烯烃产能和产量

截至 2021 年底,我国煤制烯烃(乙烯+丙烯)产能 1672 万 t,同比增速为 0;产量 1575 万 t,同比增速为 4.10%;开工率为 94.20%,煤制烯烃产量占全国(乙烯+丙烯)总

产量的 23.47%。2015～2021 年全国煤制烯烃产能、产量、增速和开工率及产能过剩率见表 8-24。

表 8-24 2015～2021 年全国煤制烯烃产能、产量、增速和开工率及产能过剩率

项目	2015	2016	2017	2018	2019	2020	2021
产能/万 t	517	1079	1242	1472	1582	1672	1672
增速/%	—	108.7	15.11	18.52	7.47	5.69	0.00
产量/万 t	386	525	634	1085	1276	1513	1575
增速/%		36.01	20.76	71.14	17.60	18.57	4.10
开工率/%	74.66	48.66	51.05	73.71	80.66	90.49	94.20
产能过剩率/%	25.34	51.34	48.95	26.29	19.34	9.51	5.80

二、煤气化制烯烃产业政策

根据国家《关于完整准确全面贯彻新发展理念做好碳达峰碳中和工作的意见》，未纳入国家产业规划的新建煤制烯烃项目一律不得建设。

在国家煤化工规划布局的基础上，可依据大型煤炭基地开发，按照矿区、园区和绿能/绿氢基地一体化开发利用的模式，稳妥开展煤基烯烃节水低碳发展示范。在煤炭富集、水资源丰富、清洁能源基础好，环境容量富余地区规划建设煤基低碳烯烃示范。煤制烯烃示范项目应以低碳发展为导向，零碳发展为目标规划建设，并拥有快速转换为特种油气的潜力。

煤制烯烃行业从全国烯烃供给情况看，受能耗双控、"碳达峰"等影响需求方面会出现收缩。因此煤制烯烃发展路径可适度引入天然气、焦炉气等富氢原料或绿氢资源，调整合成气碳氢比，减少或取消变换装置，减少碳排放的同时，降低装置能耗。产品高端化，尽量避免简单生产聚乙烯和聚丙烯产品，进一步扩大烯烃能源产品供应高端品种和规模，推动煤制烯烃行业低碳及零碳排放多元化发展。

三、煤气化制烯烃技术

1. 煤气化制烯烃工艺路线

煤气化制烯烃总工艺路线由两部分组成：第一部分是煤气化制甲醇工艺路线，第二部分是甲醇制烯烃工艺路线。第一部分在煤气化制甲醇技术章节中已经描述，本节不再重复。甲醇制烯烃有鲁奇制丙烯技术（MTP）、大连化物所甲醇制烯烃技术（DMTO）等。

（1）鲁奇 MTP 技术

鲁奇 MTP 采用固定床甲醇生产丙烯，原料甲醇首先经两个连续的固定床反应器，第一个反应器中甲醇先转化为二甲醚，第二个反应器二甲醚转化为丙烯，催化剂用改性 ZSM-5 催化剂。甲醇先经二甲醚（DME）预反应，然后在烯烃反应器催化剂作用下将二甲醚生成混合烃，经调节后进入分离系统，分离出丙烯产品、汽油等副产品。分离出的 C_1～C_2 和 C_4～C_5 返回到反应段进一步转化为丙烯，最终得到丙烯产品，鲁奇 MTP 技术工艺路线见图 8-3 所示。

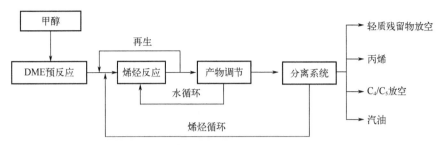

图 8-3 鲁奇 MTP 技术工艺路线示意图

（2）大连化物所 DMTO 技术

DMTO 工艺：原料甲醇在烯烃反应器催化剂作用下，生成以乙烯和丙烯为主的混合烃类，经净化系统脱除重烃组分、杂质和水，再经过精馏分别得到乙烯和丙烯产品，精馏出的 C_4 组分返回 C_4 反应器转化为 C_2 和 C_3（注：C_1 指含 1 个碳原子的烃类化合物，C_2、C_3、C_4 等以此类推）。甲醇转化率达 100%，烯烃收率达 80%，乙烯/丙烯=0.8～1.2。大连化物所 DMTO 技术工艺路线见图 8-4 所示。

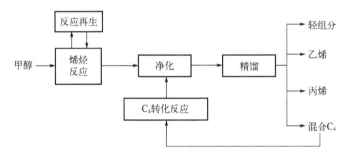

图 8-4 大连化物所 DMTO 技术工艺路线示意图

（3）清华大学 FMTP 技术

清华大学 FMTP 工艺：原料甲醇在流化床催化剂作用下生成混合烃，混合烃进入分离系统分离出丙烯产品和烷烃副产品，分离出的乙烯和丁烯返回进行乙烯丁烯反应，进一步转化为以丙烯为主的烃类产物，清华大学 FMTP 技术工艺路线见图 8-5 所示。

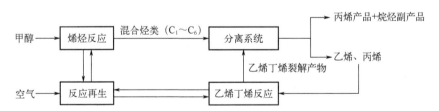

图 8-5 清华大学 FMTP 技术工艺路线示意图

2. 烯烃反应基本原理

甲醇制乙烯主要反应见式（8-6）所示：

$$2CH_3OH \longrightarrow C_2H_4 + 2H_2O \text{（甲醇制乙烯）} \quad (8-6)$$

甲醇制丙烯主要反应见式（8-7）所示：

$$3CH_3OH \longrightarrow C_3H_6 + 3H_2O \text{（甲醇制丙烯）} \quad (8-7)$$

四、不同气化炉型制烯烃产能及投煤量

1. 不同气化炉型煤气化制烯烃

不同类型的新型煤气化炉在制取大型煤基烯烃行业取得了较好的应用示范效应和企业效益。目前新型煤气化炉用于制烯烃行业的炉型见表 8-25。其中,气流床干法气化炉包括航天炉、神宁炉、SE 炉、壳牌炉、GSP 炉、科林炉、金重炉;气流床湿法气化炉包括 GE 炉、多元料浆炉和多喷嘴炉等 10 种炉型,见表 8-25 所示。

表 8-25 不同气化炉型煤气化制烯烃(截至 2021 年)

序号	气化炉名称	气化炉台数(开+备炉)	气化投煤量(开+备炉)/(t/d)	气化合成气量 $CO+H_2$(开+备炉)/(万 m^3/h)	烯烃产能/(万 t/a)	烯烃产能/(万 t/a)
一	气流床干法					
1	航天炉(4)	20	30000	180.0	600	230(MTP50)
2	神宁炉(2)	9	18000	144.0	390	130
3	SE 炉(1)	10+3	15000+3000	100.0+21.0	340	120
4	壳牌炉(1)	3	8400	50.4	170	47(MTP)
5	GSP 炉(1)	4+1	8000+2000	50.0+12.5	170	50(MTP)
6	科林炉(1)	5+1	8000+2000	50.0+12.5	170	50(MTP)
7	金重炉(1)	3	3600	24.9	85	30(MTA)
	小计(11)	54+5	91000+7000	599.3+46.0	1925	657
二	气流床湿法					
1	GE 炉(7)	39+16	65300+27400	469.2+196.8	1440	480
2	多元料浆炉(3)	7+3	14000+5900	95.0+40.1	320	145(MTP25)
3	多喷嘴炉(4)	4+2	8400+4000	49.8+24.9	280	180
	小计(14)	50+21	87700+37300	614.0+261.8	2040	805
	合计(25)	104+26	178700+44300	1213.3+307.8	3965	1462

2. 不同气化类型烯烃产能、投煤量及占比

表 8-26 给出了不同气化类型生产烯烃的规模产能(包括正在建设,还未形成实际产能的气化类型)、煤炭转化量及占比。

表 8-26 不同气化类型生产烯烃产能、煤炭转化量及占比

序号	气化炉名称	气化炉台数(开+备炉)	气化投煤量(开+备炉)/(t/d)	不同类型气化煤炭所占比例/%	平均单炉投煤量/(t/d)	烯烃产能/(万 t/a)	不同气化烯烃产能所占比例/%	烯烃产能/(万 t/a)	不同气化烯烃产能所占比例/%
一	气流床干法								
	小计(11)	54+5	91000+7000	50.92	1570	1925	48.55	657	44.94
二	气流床湿法								
	小计(14)	50+21	87700+37300	49.08	1754	2040	51.45	805	55.06
	合计(25)	104+26	178700+44300	100.00	1718(非合计)	3965	100.00	1462	100.00

注:1. 气化炉备炉不计入烯烃产能。
    2. 气化炉在生产烯烃、烯烃时联产其他产品,投煤量未扣除。
    3. 气化炉烯烃产能由运行产能和建设产能组成。

3. 不同气化炉型烯烃产能及投煤量排序

由表 8-26 可知，共有 25 家烯烃用户，10 种气化炉生产烯烃形成产能 1462 万 t/a，并联产其他产品等。共计投入气化炉 104 台，备炉 26 台，合计 130 台气化炉。其中气流床湿法气化工艺投入气化炉 50 台，备炉 21 台，合计 71 台气化炉，形成烯烃产能为 805 万 t/a，占烯烃总产能的 55.06%，排序第一；气流床干法气化工艺投入气化炉 54 台，备炉 5 台，合计 59 台，形成烯烃产能为 657 万 t/a，占烯烃总产能的 44.94%，排序第二。

由此可知，气流床煤气化是生产烯烃的主流气化工艺。10 种气化炉煤炭转化量 17.87 万 t/d，形成烯烃产能 1462 万 t/a，并联产部分其他产品。按 330 天计算，烯烃年消耗煤炭量约为 5897 万 t/a。

五、主流气化炉制烯烃产能、投煤量及占比

以日累计投煤量超过 5000 t 的气化炉型为基准，给出以煤转化量排序前 9 的气化炉型所形成的烯烃产能规模（包括正在建设的产能）及煤炭转化量及占比情况（表 8-27）。

表 8-27　9 类气化炉型烯烃产能、煤炭转化量及占比

序号	气化炉名称	气化炉台数（开+备炉）	气化投煤量(开+备炉)/(t/d)	不同类型气化煤炭占比/%	平均单炉投煤量/(t/d)	烯烃产能/(万 t/a)	不同气化烯烃产能占比/%
1	GE 炉（7）	39+16	65300+27400	37.29	1674	480	33.52
2	航天炉（4）	20	30000	17.13	1500	230	16.06
3	神宁炉（2）	9	18000	10.28	2000	130	9.08
4	SE 炉（1）	10+3	15000+3000	8.58	1500	120	8.38
5	多元料浆炉（3）	7+3	14000+5900	8.00	2000	145	10.13
6	壳牌炉（1）	3	8400	4.79	2800	47	3.28
7	多喷嘴炉（4）	4+2	8400+4000	4.79	2100	180	12.57
8	GSP 炉（1）	4+1	8000+2000	4.57	2000	50	3.49
9	科林炉（1）	5+1	8000+2000	4.57	1600	50	3.49
	合计（24）	101+26	175100+44300	100.00	1734（非合计）	1432	100.00

注：1. 气化炉备炉不计入烯烃产能。
　　2. 气化炉在生产烯烃时联产其他产品的产能未按当量烯烃计入，投煤量也未扣除。
　　3. 气化炉生产烯烃产能由运行产能和建设产能组成。
　　4. 合计 24 为生产烯烃用户数，其分指标为各气化炉型用户数。
　　5. 部分气化炉型制烯烃产能占总气化制烯烃的 98%。

1. 生产烯烃主流气化炉排序

由表 8-27 可知，以日累计投煤量超过 5000 t 为基准，按投煤量进行气化炉排序，所列出的 9 种气化炉所形成的烯烃产能规模（包括正在建设的产能）达 1432 万 t/a，占煤气化制烯烃全部气化炉产能的 98%，并联产其他部分产品，共计投入气化炉 101 台，备炉 26 台，合计 127 台。

按投煤量排序，GE 炉第一，气化投煤量 6.53 万 t/d，占比 37.29%，烯烃产能 480 万 t/a，占比 33.52%，气化炉 39 台，备炉 16 台，平均单炉投煤量 1674 t/d；航天炉第二，气化投煤量 3.00 万 t/d，占比 17.13%，烯烃产能 230 万 t/a，占比 16.06%，气化炉 20 台，平均单炉投煤量 1500 t/d；神宁炉第三，气化投煤量 1.80 万 t/d，占比 10.28%，烯烃产能 130 万 t/a，占

比 9.08%，气化炉 9 台，平均单炉投煤量 2000 t/d。其他依次排列为 SE 炉、多元料浆炉、壳牌炉、多喷嘴炉、GSP 炉和科林炉。科林炉气化投煤量 0.8 万 t/d，占比 4.57%，烯烃产能 50 万 t/a，占比 3.49%，气化炉 5 台，备炉 1 台，平均单炉投煤量 1600 t/d。

2. 生产烯烃气化炉大型化排序

GE 炉制烯烃产能最大，领先干法气化炉约 20.16%，市场占有率遥遥领先。而按气化单炉平均投煤量排序，壳牌炉排第一，平均投煤量 2800 t/d；多喷嘴炉排第二，平均投煤量 2100 t/d；神宁炉、多元料浆炉和 GSP 炉排第三，平均投煤量 2000 t/d。由此可知，壳牌炉、多喷嘴炉、神宁炉、多元料浆炉和 GSP 炉在气化大型化方面具有竞争优势。此外，流化床和固定床气化在制大型烯烃方面基本不具备竞争优势。

3. 生产烯烃主流气化炉

通过以上分析，生产烯烃主流气化炉的有效气含量高（$CO+H_2$＞90%）、碳转化率高（＞98%）、气化炉单炉投煤量大（1000～4000 t/d），因此气流床气化炉成为煤气化制烯烃的主流气化工艺。

第七节 煤气化制乙二醇领域

乙二醇作为重要的石油化工基础有机原料被广泛应用于聚酯类产业和不饱和树脂、防冻液、聚氨酯等非聚酯类产业。其生产过程严重依靠原油、煤炭等能源产业的支持，由于我国能源结构为煤多油少，因此煤制乙二醇的生产路线逐渐被广泛使用。煤制乙二醇是以煤气化制得合成气，经净化分离处理后分别得到 CO 和 H_2，经催化反应生产草酸二甲酯，再以催化剂进行 DMO 低压加氢制取乙二醇。

一、乙二醇现状

1. 乙二醇产量和产能

随着 2021 年新增产能集中释放，国内乙二醇已处于较饱和状态，由于供需不平衡，特别是国内外市场生产成本差异大，目前国内乙二醇价格十分低迷。据国家统计局有关资料统计，截至 2021 年底，全国乙二醇产能为 2145 万 t，同比增速 32.57%；产量为 1180 万 t，同比增速 21.65%；产能利用率为 55.01%，处于近年来较低水平。2015～2021 年全国乙二醇产能、产量、增速、开工率和产能过剩率见表 8-28。

表 8-28 2015～2021 年全国乙二醇产能、产量、增速、开工率和产能过剩率

项目	2015	2016	2017	2018	2019	2020	2021
产能/万 t	750	858	832	1063	1110	1618	2145
增速/%	—	14.40	-3.03	27.76	4.42	45.77	32.57
产量/万 t	444	503	571	718	815	970	1180
增速/%	—	13.29	13.52	25.74	13.51	19.02	21.65
开工率/%	59.20	58.62	68.63	67.54	73.42	59.95	55.01
产能过剩率/%	40.80	41.38	31.37	32.46	26.58	40.05	44.99

2. 乙二醇供需平衡

截至 2021 年底，全国乙二醇表观需求量为 2010 万 t，同比增速-0.005%；产量为 1180 万 t，净进口量为 830 万 t。2015～2021 年全国乙二醇表观需求量及净进口量见表 8-29。

表 8-29　2015～2021 年全国乙二醇表观需求量及净进口量

项目	2015	2016	2017	2018	2019	2020	2021
表观需求量/万 t	1275	1258	1444	1698	1809	2019	2010
增速/%	—	1.33	14.79	17.59	6.54	11.61	-0.4
产量/万 t	444	503	571	718	815	970	1180
净进口量/万 t	831	755	873	980	994	1049	830

3. 煤制乙二醇产能产量

根据中国石化联合会相关数据，截至 2021 年底，我国煤制乙二醇产能 803.0 万 t，同比增速为 34.51%；产量 322.8 万 t，同比增速为 7.53%；开工率为 40.20%，煤制乙二醇产量占全国乙二醇总产量的 27.36%。2015～2021 年全国煤制乙二醇产能、产量、增速和开工率及产能过剩率见表 8-30。

表 8-30　2015～2021 年全国煤制乙二醇产能、产量、增速和开工率及产能过剩率

项目	2015	2016	2017	2018	2019	2020	2021
产能/万 t	230.0	250.0	285.0	440.0	483.0	597.0	803.0
增速/%	—	8.70	14.00	54.39	9.77	23.60	34.51
产量/万 t	60.0	100.0	154.0	243.5	316.2	300.2	322.8
增速/%	—	66.67	54.00	58.12	29.86	5.06	7.53
开工率/%	26.09	40.00	54.04	55.34	65.47	50.28	40.20
产能过剩率/%	73.91	60.00	45.96	44.66	34.53	49.71	59.80

二、煤气化制乙二醇产业政策

"十四五"期间，国家将加大对乙二醇行业在政策层面给予较大指导与支持，鼓励国内乙二醇产业向化工新材料方向延伸。从供给情况看，受能耗双控、"碳达峰"等影响需求方面，乙二醇行业将不断向大型优势企业聚集，进一步扩大乙二醇能源产品供应高端品种和规模，推动乙二醇行业多元化发展。

《高耗能行业重点领域节能降碳改造升级实施指南（2022 年版）》在煤制乙二醇方面也提出了相关发展要求和中期目标。煤制乙二醇能效标杆水平为 1000kgce/t，基准水平为 1350kgce/t。根据《实施指南（2021 年版）》，截至 2020 年底，我国煤制乙二醇行业能效优于标杆水平的产能约占 20%，能效低于基准水平的产能约占 40%。因此行业要进一步加快乙二醇节能减排转型升级，并在中期目标指导下，进行节能降碳行业绿色转型。

三、煤气化制乙二醇技术

1. 煤气化制乙二醇工艺路线

煤气化制乙二醇工艺路线由两部分组成，第一部分是煤气化制得合成气，经气体净化、

分离得到 CO 和 H_2 工艺路线；第二部分是合成气合成乙二醇工艺路线。煤气化制合成气已经描述，本节不再重复。第二部分采用合成气经草酸二甲酯法生产乙二醇，主要工艺步骤如下：羰化反应、酯化再生反应、硝酸还原反应、加氢反应、NO 发生反应和酸碱中和反应。

乙二醇合成技术由草酸二甲酯合成工艺和乙二醇合成工艺两部分构成。其中草酸二甲酯（DMO）由 CO 与亚硝酸甲酯（MN）反应合成，DMO 精制及水分离、合成循环气压缩、亚硝酸甲酯回收和 DMO 辅助工艺系统组成；乙二醇由草酸二甲酯（DMO）加 H_2 合成、H_2 循环气压缩、乙二醇分离与精制和氢回收组成。第一步在合成催化剂作用下，CO 与亚硝酸甲酯反应合成 DMO，同时生成 NO，副产物为碳酸二甲酯（DMC）。第二步将氢气与草酸二甲酯在一定的温度、压力及催化剂作用下生成乙二醇与甲醇。反应后的气体经冷却分离得到粗乙二醇和粗甲醇，粗乙二醇和粗甲醇送往乙二醇分离与精制工序。合成气制乙二醇工艺路线见图 8-6。

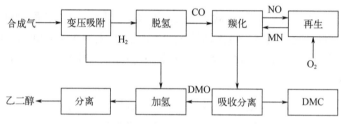

图 8-6 合成气制乙二醇工艺路线示意图

2. 乙二醇主反应基本原理

乙二醇主要反应见式（8-8）～式（8-12）所示：

（1）羰化主反应

$$2CO+2CH_3ONO \longrightarrow (CH_3COO)_2+2NO \qquad (8\text{-}8)$$

（2）酯化再生主反应

$$2NO+1/2O_2+2CH_3OH \longrightarrow 2CH_3ONO+H_2O \qquad (8\text{-}9)$$

（3）硝酸还原反应

$$HNO_3+2NO+3CH_3OH \longrightarrow 3CH_3ONO+2H_2O \qquad (8\text{-}10)$$

（4）加氢合成主反应

$$(COOCH_3)_2+4H_2 \longrightarrow HOCH_2CH_2OH+2CH_3OH \qquad (8\text{-}11)$$

（5）NO 发生反应

$$3NaNO_2+2HNO_3 \longrightarrow 3NaNO_3+H_2O+2NO \qquad (8\text{-}12)$$

乙二醇总反应式见式（8-13）所示：

$$2CO+4H_2+1/2O_2 \longrightarrow HOCH_2CH_2OH+H_2O \qquad (8\text{-}13)$$

四、不同气化炉型制乙二醇产能及投煤量

1. 不同气化炉型煤气化制乙二醇

不同类型的新型煤气化炉用于制取大型煤基甲醇乙二醇取得了较好的示范效应。目前新型煤气化炉用于制乙二醇的炉型见表 8-31。其中，气流床干法气化炉包括航天炉、科

林炉、神宁炉、壳牌炉、五环炉、邰式炉、华能二段炉；气流床湿法气化炉包括晋华炉、多喷嘴炉、GE炉、清华炉；流化床气化炉包括恩德炉、TRIG炉；固定床气化炉包括赛鼎炉。

表8-31 不同气化炉型煤气化制乙二醇（截至2021年）

序号	气化炉名称	气化炉台数（开+备炉）	气化投煤量(开+备炉)/(t/d)	气化合成气量CO+H$_2$（开+备炉）/(万 m^3/h)	乙二醇产能/(万 t/a)
一	气流床干法				
1	航天炉（10）	21	21750	114.51	335
2	科林炉（3）	8+1	13000+2000	82.0+14.0	250
3	神宁炉（1）	2	6000	32.0	20
4	壳牌炉（2）	2	2600	17.0	70
5	五环炉（2）	2	2400	13.8	40
6	邰式炉（1）	1	500	6.3	15
7	华能二段炉（1）	1	360	2.4	5
	小计（20）	37+1	46610+2000	268.9+14.0	735
二	气流床湿法				
1	晋华炉（6）	14	22000	105.3	250
2	多喷嘴炉（3）	3+2	8000+5000	46.8+29.8	120
3	GE炉（4）	6+3	4500+2250	24.9+12.45	120
4	清华炉（2）	2+2	2500+2500	12.2+12.2	35
	小计（15）	25+7	37000+9750	189.2+54.5	525
三	流化床				
1	恩德炉（1）	2	1440	8.0	20
2	TRIG炉（1）	1	1000	6.3	20
	小计（2）	3	2440	14.3	40
四	固定床				
1	赛鼎炉（1）	3+1	2250+750	14.4+4.8	20
	小计（1）	3+1	2250+750	14.4+4.8	20
	合计（运行+建设38）	68+9	88300+12500	485.9+73.3	1320
五	非煤基（运行12）				224
六	非煤基（建设6）				250
	总计（56）	68+9	88300+12500	485.9+73.3	1794

2. 不同气化类型乙二醇产能、投煤量及占比

表8-32给出了不同气化类型生产乙二醇的规模产能（包括正在建设，还未形成实际产能的气化类型）、煤炭转化量及占比。

表 8-32　不同气化类型生产乙二醇产能、煤炭转化量及占比

序号	气化炉名称	气化炉台数(开+备炉)	气化投煤量(开+备炉)/(t/d)	不同类型气化煤炭占比/%	平均单炉投煤量/(t/d)	乙二醇产能/(万 t/a)	不同气化乙二醇产能占比例/%
1	气流床干法						
	小计（20）	37+1	46610+2000	52.79	1260	735	55.68
2	气流床湿法						
	小计（15）	25+7	37000+9750	41.90	1480	525	39.77
3	流化床						
	小计（2）	3	2440	2.76	813	40	3.03
4	固定床						
	小计（1）	3+1	2250+750	2.55	750	20	1.52
	合计（38）	68+9	88300+12500	100.00	1299（非合计）	1320	100.00
5	非煤基（运行+建设）						
	小计（18）		—			474	
	总计（56）	68+9	88300+12500	100.00	1299（非合计）	1794	

注：1. 气化炉备炉不计入乙二醇产能。
　　2. 气化炉在生产乙二醇时联产其他产品，投煤量未扣除。
　　3. 气化炉乙二醇产能由运行产能和建设产能组成。
　　4. 非煤基合成气包括煤基合成气、天然气、焦炉气、荒煤气等原料制乙二醇。
　　5. 非煤基合成气的煤炭转化量计入联产主产品中。

3. 不同气化炉型乙二醇产能及投煤量排序

由表 8-32 可知，共有 38 家煤基乙二醇用户，14 种气化炉生产乙二醇形成产能 1320 万 t/a，并联产其他产品等。共计投入气化炉 68 台，备炉 9 台，合计 77 台。其中气流床干法气化工艺投入气化炉 37 台，备炉 1 台，合计 38 台，形成乙二醇产能为 735 万 t/a，占乙二醇总产能的 55.68%，排序第一；气流床湿法气化工艺投入气化炉 25 台，备炉 7 台，合计 32 台，形成乙二醇产能为 525 万 t/a，占乙二醇总产能的 39.77%，排序第二；流化床气化工艺投入气化炉 3 台，形成乙二醇产能为 40 万 t/a，占乙二醇总产能的 3.03%，排序第三；固定床气化工艺投入气化炉 3 台，备炉 1 台，合计 4 台，形成乙二醇产能为 20 万 t/a，占甲醇总产能的 1.52%，排序第四。

由此可知，气流床干/湿法气化炉合计 62 台，备炉 8 台，总计 70 台，形成乙二醇产能为 2740 万 t/a，占乙二醇总产能的 95.45%，气流床煤气化是生产乙二醇的主流气化工艺。14 种气化炉煤炭转化量 8.83 万 t/d，按 330 天计算，乙二醇年消耗煤炭量约 2914 万 t/a。

在气化炉大型化应用方面，气流床湿法气化单炉平均投煤量为 1480 t/d，气流床干法气化乙二醇单炉平均投煤量为 1260 t/d，流化床气化单炉平均投煤量为 813 t/d，固定床干法气化单炉平均投煤量为 750 t/d。

五、主流气化炉制乙二醇产能、投煤量及占比

以日累计投煤量超过 5000 t 的气化炉型为基准，给出以煤转化量排序前 10 的气化炉型所形成的乙二醇产能规模（包括正在建设的产能）及煤炭转化量及占比。表 8-33 给出了 10 类气化炉型乙二醇产能、煤炭转化量及占比。

表 8-33 10 类气化炉型乙二醇产能、煤炭转化量及占比

序号	气化炉名称	气化炉台数（开+备炉）	气化投煤量(开+备炉)/(t/d)	不同类型气化煤炭占比/%	平均单炉投煤量/(t/d)	乙二醇产能/(万 t/a)	不同气化乙二醇产能占比/%
1	晋华炉（6）	14	22000	25.89	1571	250	19.84
2	航天炉（10）	21	21750	25.59	1036	335	26.59
3	科林炉（3）	8+1	13000+2000	15.29	1625	250	19.84
4	多喷嘴炉（3）	3+2	8000+5000	9.41	2667	120	9.52
5	神宁炉（1）	2	6000	7.06	3000	20	1.59
6	GE 炉（4）	6+3	4500+2250	5.29	750	120	9.52
7	壳牌炉（2）	2	2600	3.06	1300	70	5.56
8	清华炉（2）	2+2	2500+2500	2.94	1250	35	2.78
9	五环炉（2）	2	2400	2.82	1200	40	3.17
10	赛鼎炉（1）	3+1	2250+750	2.65	750	20	1.59
	小计（34）	63+9	85000+12500	100.00	1349（非合计）	1260	100.00

注：1. 气化炉备炉不计入乙二醇产能。
2. 气化炉在生产乙二醇时联产其他产品的产能未计入，投煤量也未扣除。
3. 气化炉生产乙二醇产能由运行产能和建设产能组成。
4. 煤基制乙二醇用户数 34，各分指标为气化炉型用户数。
5. 10 种不同气化炉型制乙二醇产能占总煤基气化制乙二醇产能的 95.46%。

1．生产乙二醇主流气化炉排序

由表 8-33 可知，以日累计投煤量超过 5000 t 为基准，按投煤量进行气化炉排序，所列出的 10 种气化炉所形成的乙二醇产能规模（包括正在建设的产能）达 1260 万 t/a，占总煤基气化制乙二醇全部气化炉产能的 95.46%，并联产其他部分产品，共计投入气化炉 63 台，备炉 9 台，合计 72 台。

按投煤量排序，第一为晋华炉，气化投煤量 2.2 万 t/d，占比 25.89%，乙二醇产能 250 万 t/a，占比 19.84%，气化炉 14 台，平均单炉投煤量 1571 t/d；第二为航天炉，气化投煤量约 2.18 万 t/d，占比 25.59%，乙二醇产能 335 万 t/a，占比 26.59%，气化炉 21 台，平均单炉投煤量 1036 t/d；第三为科林炉，气化投煤量 1.30 万 t/d，占比 15.29%，乙二醇产能 250 万 t/a，占比 19.84%，气化炉 8 台，备炉 1 台，合计 9 台，平均单炉投煤量 1625 t/d。其他依次为多喷嘴炉、神宁炉、GE 炉、壳牌炉、清华炉、五环炉、赛鼎炉。

2．生产乙二醇气化炉大型化排序

神宁炉排第一，平均投煤量 3000 t/d；多喷嘴炉排第二，平均投煤量 2667 t/d；科林炉排第三，平均投煤量 1625 t/d。由此可知，干法气化在气化炉大型化方面还是具有一定的竞争优势。在气流床湿法气化炉大型化及投煤量排序前三的分别为多喷嘴炉、晋华炉和清华炉。单炉平均投煤量分别为 2667 t/d、1571 t/d、1250 t/d。由于水煤浆气化通常需要备炉，其中多喷嘴炉和清华炉备炉分别为 2 台、2 台；乙二醇气化炉开/备比分别为 1.5、1.0，而由于湿法气化的特点，需要设置备炉，以保证系统稳定性和长周期运行，但也相对增加了气化炉的投资。由于固定床和流化床气化在制乙二醇方面竞争优势不明显，采用加压纯氧气化工艺，对气化褐煤等活性较好的低阶煤具有较好的适应性。

3．生产乙二醇主流气化炉

通过以上分析，生产乙二醇主流气化炉的主要特征为：有效气含量高（$CO+H_2$>85%～

90%)、碳转化率高（＞95%～98%）、气化炉单炉投煤量大（1000～3000 t/d），节能降耗及绿色环保及应用业绩突出。而气流床气化炉基本符合上述特征，因此成为煤气化制乙二醇的主流气化工艺。由于流化床和固定床与气流床相比，无竞争优势，因此，在煤气化制乙二醇领域难以推广应用。

第八节 煤气化制油品领域

我国能源特征是"少油、缺气、富煤"，发展煤制油产业是国家能源战略安排，对保障我国能源安全、提高国际石油贸易话语权、实现煤炭清洁高效转化利用具有重要意义。

一、油品现状

1. 原油产量和需求量

截至 2021 年底，全国原油产量为 1.99 亿 t，同比增长 2.05%；表观需求量 7.07 亿 t，同比增速-3.42%，净进口量 5.08 亿 t，对外依存度 71.85%。2015～2021 年全国原油产量、表观需求量及净进口量见表 8-34。

表 8-34　2015～2021 年全国原油产量、表观需求量及净进口量

项目	2015	2016	2017	2018	2019	2020	2021
产量/亿 t	2.15	2.00	1.92	1.89	1.92	1.95	1.99
增速/%	—	-6.98	-4.00	-1.56	1.59	1.56	2.05
表观需求量/亿 t	5.41	5.57	5.84	6.23	6.91	7.32	7.07
增速/%	—	2.96	4.85	6.68	10.91	5.93	-3.42
净进口量/亿 t	3.26	3.57	3.92	4.34	4.99	5.37	5.08
对外依存度/%	60.26	64.09	67.12	69.66	72.21	73.36	71.85

2. 成品油产量和供需平衡

（1）汽油

截至 2021 年底，全国汽油产量为 13701 万 t，同比增长 4.02%；表观需求量 12282 万 t，同比增速 5.70%；出口量 1455.54 万 t，进口量 35.77 万 t。2015～2021 年全国汽油产量、表观需求量及进出口量见表 8-35。

表 8-35　2015～2021 年全国汽油产量、表观需求量及进出口量

项目	2015	2016	2017	2018	2019	2020	2021
产量/万 t	12104	12932	13276	13888	14121	13172	13701
增速/%	—	6.84	2.66	4.61	1.68	-6.72	4.02
表观需求量/万 t	11531	11983	12222	12644	12517	11620	12282
增速/%	—	3.92	1.99	3.45	-1.00	-7.17	5.70
出口量/万 t	590.01	969.77	1051.41	1288.54	1637.06	1599.92	1455.54
进口量/万 t	17.01	20.77	2.59	44.54	33.06	47.92	35.77

（2）柴油

截至2021年底，全国柴油产量为16337万t，同比增长2.72%；表观需求量14693万t，同比增速4.25%，净出口量1644万t。2015~2021年全国柴油产量、表观需求量及净出口量见表8-36。

表8-36 2015~2021年全国柴油产量、表观需求量及净出口量

项目	2015	2016	2017	2018	2019	2020	2021
产量/万t	18008	17918	18318	17376	16638	15905	16337
增速/%	—	-0.50	2.23	-5.14	-4.25	-4.41	2.72
表观需求量/万t	17360	16839	16997	15594	14619	14094	14693
增速/%	—	-3.00	0.94	-8.25	-6.25	3.59	4.25
净出口量/万t	648	1079	1321	1782	2019	1811	1644

（3）煤油

截至2021年底，全国煤油产量为3943万t，同比增速-2.62%；表观需求量3499万t，同比增速5.71%，净出口量444万t。2015~2021年全国煤油产量、表观需求量及净出口量见表8-37。

表8-37 2015~2021年全国煤油产量、表观需求量及净出口量

项目	2015	2016	2017	2018	2019	2020	2021
产量/万t	3659	3984	4231	4770	5273	4049	3943
增速/%	—	8.88	6.20	12.74	10.55	23.21	-2.62
表观需求量/万t	2768	3023	3289	3709	3870	3310	3499
增速/%	—	9.21	8.80	12.77	4.34	-14.47	5.71
净出口量/万t	891	961	942	1061	1403	739	444

3. 煤制油品产能产量

根据中国石油和化学工业联合会数据，截至2021年底，全国煤制油品产能931万t，同比增速0%；产量679.5万t，同比增速30.2%；开工率为72.99%。煤制油品产量占全国汽、柴、煤油总产量33981万t的2%左右。2015~2021年全国煤制油品产能、产量、增速和开工率、产能过剩率见表8-38。

表8-38 2015~2021年全国煤制油品产能、产量、增速和开工率、产能过剩率

项目	2015	2016	2017	2018	2019	2020	2021
产能/万t	254.0	738.0	823	823	823	931	931
增速/%	—	190.55	11.52	0	0	13.12	0
产量/万t	115.0	198.0	322.7	617.5	628.6	521.9	679.5
增速/%	—	72.17	62.98	91.35	17.98	16.97	30.20
开工率/%	45.28	26.83	39.21	75.03	76.38	56.06	72.99
产能过剩率/%	54.72	73.17	60.79	24.97	23.62	43.94	27.01

二、煤气化制油品产业政策

我国石油资源相对短缺，国内超70%的石油需求依赖于进口，资源禀赋决定了中国油气保障能力较低。而煤制油产业能够部分替代中国石油消费量，促进石化行业原料多元化，为石油安全提供应急保障，也能够在油品质量升级和特种航空燃料发展方面提供有效支持。从能源安全角度考虑，依靠我国资源储备相对丰富的煤炭制备油品，提升自主保障能力，具有深远的战略意义。

"十三五"期间，国家能源局《关于规范煤制燃料示范工作的指导意见》（第二次征求意见稿）指出，煤制燃料示范项目（包含煤制油、煤制气及联产综合利用项目）要在全面总结已建示范项目经验和问题的基础上，统筹规划、科学布局、严格准入，依托示范项目不断完善国内自主技术，加快转变煤炭利用方式，增强国内油气保障能力，为能源革命提供坚强支撑。

低油价对煤制油产业的影响较大，使企业经营困难，由于投资及成本构成的差异，对煤化工影响大于对石油化工的影响，可能会造成煤制油失去与石油化工竞争的优势。党的十八大以来，中央明确提出推动能源生产和消费革命，其中，煤炭清洁高效利用是能源供给革命的核心内容，适度发展现代煤制油化工是途径之一。煤制油产业的发展过程始终伴随着争议，国家专门下达的产业政策要求多达十余份，总体上要求示范先行，有序发展，不能停止发展，不宜过热发展，禁止违背规律无序建设。

《"十四五"现代能源体系规划》等政策文件明确提出"稳妥推进内蒙古鄂尔多斯、陕西榆林、山西晋北、新疆准东、新疆哈密等煤制油气战略基地建设，建立产能和技术储备"。煤制油产业是促进煤炭清洁高效利用和煤炭产业转型升级的战略性新兴产业，能够有效拉动区域经济发展，并带动煤炭、石化、机械等相关领域产业的优化升级。

《扩大内需战略规划纲要（2022—2035年）》进一步明确"稳妥推进煤制油气，规划建设煤制油气战略基地"。中国油品市场表现为原油紧缺且供需缺口日益增大，成品油市场供需平衡，汽油仍有较大的增长空间。目前中国面临的环保形势对油品质量升级提出了迫切要求，需要煤制油提供清洁优质油品，丰富成品油的多元化原料供应，缓解原油供需矛盾。在保障国家能源安全的战略指导下，煤制油产业将依托国家制定的产业政策稳步发展，产能扩张稳步推进。

三、煤气化制油品技术

煤制油是以煤为原料，在一定的温度、压力下，通过化学加工过程生产油品和石油化工产品的工艺过程，包含煤直接液化和煤间接液化两种技术路线，主要产品包括柴油、汽油、石脑油、航空煤油、LPG及煤基化学品等。由于煤炭间接液化的制备过程包括较为严格的脱硫及脱氮环节，制得的产品与传统石化产品相比，硫、氮等有害物质含量较低，更符合清洁油品的标准。同时，煤制油部分产品的技术指标显著优于现行国家标准，是调和成品油及进一步加工制备精细化学品的优质原料。

1. 煤制油工艺路线

煤制油技术按工艺路线可分为煤直接液化、煤间接液化和一步法甲醇制汽油三种类型。

（1）煤直接液化工艺路线

由中国神华集团开发的煤直接液化技术是将煤制成油煤浆，于450℃和10~30MPa压力下催化加氢反应，获得液化油，并进行分离、提质加工成汽油、柴油及其他化工产品。煤直接液化制备油品工艺路线见图8-7所示。

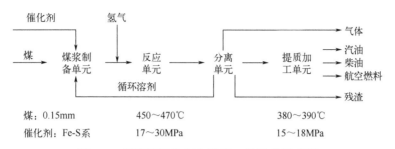

图 8-7 煤直接液化制备油品工艺路线示意图

(2) 煤间接液化工艺路线

由中科合成油公司开发的煤间接液化费托合成技术,是将原料煤经煤气化生成粗合成气($CO+H_2$),经气体净化处理后,合成气通过费托合成生产出馏程不同的液态烃,再经提质加氢处理后,得到柴油、LPG、石脑油等产品,主要工艺过程包括煤气化、净化、F-T 合成、油品加工等单元。费托合成中间产品具有富含烯烃,可作为良好的生产 PAO(α-烯烃)原料和催化裂解生产乙烯、丙烯原料;加氢精制后的组分以直链烷烃为主,可生产 C_{12}、C_{14} 产品和生产轻质液体蜡、重质液体蜡原料产品;加氢裂化后的组分异构化程度高,可作为良好的生产轻质白油、工业白油原料产品和Ⅲ类润滑油基础油原料。煤间接液化制备油品工艺路线见图 8-8 所示。

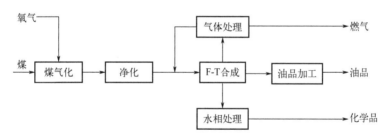

图 8-8 煤间接液化制备油品工艺路线示意图

(3) 一步法甲醇制汽油工艺路线

由山西煤化所开发的一步法甲醇制汽油工艺路线是将原料甲醇经加热、蒸发、过热,与循环气一同进入烃类反应器,生成的混合产物经冷却后,在分离器中分离出汽油、重油、LPG 等产品。一步法甲醇制汽油工艺路线见图 8-9 所示。

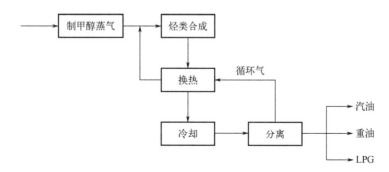

图 8-9 一步法甲醇制汽油工艺路线示意图

2. 煤制油主要反应原理

（1）煤直接液化制油品反应原理

在氢气和催化剂作用下，通过加氢裂化转变为液态燃料的过程，也是一种使烃类分子分裂为几个较小分子的反应过程。主要反应过程用式（8-14）、式（8-15）表示：

$$RCH_2CH_2R' \longrightarrow RCH_2 + R'CH_2 \tag{8-14}$$

$$RCH_2 + R'CH_2 + 2H \longrightarrow RCH_3 + R'CH_3 \tag{8-15}$$

（2）煤间接液化制油品反应原理

烷烃生成过程见式（8-16）～式（8-19）所示：

$$nCO + (2n+1)H_2 \longrightarrow C_nH_{2n+2} + nH_2O \tag{8-16}$$

$$2nCO + (n+1)H_2 \longrightarrow C_nH_{2n+2} + nCO_2 \tag{8-17}$$

$$(3n+1)CO + (n+1)H_2O \longrightarrow C_nH_{2n+2} + (2n+1)CO_2 \tag{8-18}$$

$$nCO_2 + (3n+1)H_2 \longrightarrow C_nH_{2n+2} + 2nH_2O \tag{8-19}$$

烯烃生成过程见式（8-20）～式（8-23）所示：

$$nCO + 2nH_2 \longrightarrow C_nH_{2n} + nH_2O \tag{8-20}$$

$$2nCO + nH_2 \longrightarrow C_nH_{2n} + nCO_2 \tag{8-21}$$

$$3nCO + nH_2O \longrightarrow C_nH_{2n} + 2nCO_2 \tag{8-22}$$

$$nCO_2 + 3nH_2 \longrightarrow C_nH_{2n} + 2nH_2O \tag{8-23}$$

（3）一步法甲醇制汽油反应原理

一步法甲醇制汽油反应见式（8-24）所示：

$$nCH_3OH \longrightarrow C_nH_{2n} + nH_2O \tag{8-24}$$

四、不同气化炉型制油品产能及投煤量

1. 不同气化炉型煤气化制油品

不同类型的新型煤气化炉用于制取煤基油品取得了较好的示范效应。目前新型煤气化炉用于制油品的炉型见表 8-39。其中，气流床干法气化炉包括神宁炉、航天炉、壳牌炉、GSP炉；气流床湿法气化炉包括多喷嘴炉、多元料浆炉、GE 炉；流化床气化炉包括 ICC 炉；固定床气化炉包括鲁奇炉等 9 种炉型。

表 8-39　不同气化炉型煤气化制油品（截至 2021 年）

序号	气化炉名称	气化炉台数（开+备炉）	气化投煤量（开+备炉）/(t/d)	气化合成气量 CO+H$_2$（开+备炉）/(万 m^3/h)	油品产能规模/(万 t/a)
一	气流床干法				
1	神宁炉（3）	29+4	65000	464+64	536.2
2	航天炉（3）	20	28500	153.3	316
3	壳牌炉（2）	6	13400	70.6	200
4	GSP 炉（1）	4+1	8000	62.5+12.5	68.9
	小计（9）	59+5	114900	750.4+76.5	1121.1
二	气流床湿法				
1	多喷嘴炉（5）	14+4	34400+10000	208.2+59.9	290

续表

序号	气化炉名称	气化炉台数（开+备炉）	气化投煤量(开+备炉)/(t/d)	气化合成气量 $CO+H_2$（开+备炉）/(万 m^3/h)	油品产能规模/(万 t/a)
2	多元料浆炉（2）	4+2	4000+2000	28.0	40
3	GE炉（1）	2+1	3000+1500	21.6	30
	小计（8）	20+7	41400+13500	257.8+59.9	360
三	流化床				
1	ICC炉（1）	5+1	1650+330	9.3+1.9	甲醇 15 MTG10
	小计（1）	5+1	1650+330	9.3+1.9	MTG10
四	固定床				
1	鲁奇炉（1）	4+2	2600+1300	12.6+6.3	16
	小计（1）	4+2	2600+1300	12.6+6.3	16
	合计（19）	88+15	160550+15130	1030.1+144.6	1507.1

2. 不同气化类型油品产能、投煤量及占比

表 8-40 给出了不同气化类型生产油品的规模产能（包括正在建设，还未形成实际产能的气化类型）、煤炭转化量及占比。

表 8-40 不同气化类型生产油品产能、煤炭转化量及占比

序号	气化炉名称	气化炉台数（开+备炉）	气化投煤量(开+备炉)/(t/d)	不同类型气化煤炭所占比例/%	平均单炉投煤量/(t/d)	油品产能/(万 t/a)	不同气化油品产能所占比例/%
1	气流床干法						
	小计（9）	59+5	114900	71.56	1948	1121.1	74.39
2	气流床湿法						
	小计（8）	20+7	41400+13500	25.79	2070	360	23.89
3	流化床						
	小计（1）	5+1	1650+330	1.03	330	MTG 10	0.66
4	固定床						
	小计（1）	4+2	2600+1300	1.62	650	16	1.06
	合计（19）	88+15	160550+15130	100.00	1824（非合计）	1507.1	100.00

3. 不同气化炉型油品产能及投煤量排序

由表 8-40 可知，共有 19 家煤基油品用户，9 种气化炉生产油品形成产能 1507.1 万 t/a，并联产其他产品等。共计投入气化炉 88 台，备炉 15 台，合计 103 台。其中气流床干法气化工艺投入气化炉 59 台，备炉 5 台，合计 64 台，形成油品产能为 1121 万 t/a，占油品总产能的 74.39%，排序第一；气流床湿法气化工艺投入气化炉 20 台，备炉 7 台，合计 27 台，形成油品产能为 360 万 t/a，占油品总产能的 23.89%，排序第二；固定床气化工艺投入气化炉 4 台，备炉 2 台，合计 6 台，形成油品产能为 16 万 t/a，占油品总产能的 1.06%，排序第三；流化床气化工艺投入气化炉 5 台，备炉 1 台，形成油品产能为 10 万 t/a，占油品总产能的 0.66%，排序第四。

由此可知，气流床干/湿法气化炉合计 79 台，备炉 12 台，总计 91 台，形成油品产能为

1481.1 万 t/a，占油品总产能的 98.28%，气流床煤气化是生产油品的主流气化工艺。9 种气化炉煤炭转化量 16.06 万 t/d，按 330 天计算，油品年消耗煤炭量约 5299.8 万 t/a。

在气化炉大型化应用方面，气流床湿法气化单炉平均投煤量为 2070 t/d，气流床干法气化油品单炉平均投煤量为 1948 t/d，流化床气化单炉平均投煤量为 330 t/d，固定床干法气化单炉平均投煤量为 650 t/d。

五、主流气化炉制油品产能、投煤量及占比

以日累计投煤量超过 5000 t 的气化炉型为基准，给出以煤转化量排序前 6 类气化炉型所形成的油品产能规模（包括正在建设的产能）、煤炭转化量及占比。表 8-41 给出了 6 类气化炉型油品产能、煤炭转化量及占比。

表 8-41　6 类气化炉型油品产能、煤炭转化量及占比

序号	气化炉名称	气化炉台数（开+备炉）	气化投煤量（开+备炉）/(t/d)	不同类型气化煤炭所占比例/%	平均单炉投煤量/(t/d)	油品产能/(万 t/a)	不同气化油品产能所占比例/%
1	神宁炉（3）	29+4	65000	43.83	2241	536.2	37.97
2	多喷嘴炉（5）	14+4	34400+10000	23.20	2457	290	20.54
3	航天炉（3）	20	28500	19.22	1425	316	22.38
4	壳牌炉（2）	6	13400	9.03	2233	200	14.16
5	多元料浆炉（2）	4+2	4000+2000	2.70	1000	40	2.83
6	GE 炉（1）	2+1	3000+1500	2.02	1500	30	2.12
	合计（16）	75+11	148300+13500	100.00	1977（非合计）	1412.2	100.00

注：1. 气化炉备炉不计入油品产能。
2. 气化炉在生产油品时联产其他产品的产能未计入，投煤量也未扣除。
3. 气化炉生产油品产能由运行产能和建设产能组成。
4. 煤基制油品用户数 16，其分指标为各气化炉型用户数。
5. 部分主要气化炉型制油品产能占总煤基气化制油品的 93.70%。

1. 生产油品主流气化炉排序

由表 8-41 可知，以日累计投煤量超过 5000 t 为基准，按投煤量进行气化炉排序，所列出的 6 种气化炉所形成的油品产能规模（包括正在建设的产能）达 1412.2 万 t/a，占煤气化制油品全部气化炉产能的 93.70%，并联产其他部分产品，共计投入气化炉 75 台，备炉 11 台，合计 86 台。

按投煤量排序，第一为神宁炉，气化投煤量 6.5 万 t/d，占比 43.83%，油品产能 536.2 万 t/a，占比 37.97%，气化炉 33 台，平均单炉投煤量 2241 t/d；第二为多喷嘴炉，气化投煤量 3.44 万 t/d，占比 23.2%，油品产能 290 万 t/a，占比 20.54%，气化炉 18 台，平均单炉投煤量 2457 t/d；第三为航天炉，气化投煤量 2.85 万 t/d，占比 19.22%，油品产能 316 万 t/a，占比 22.38%；气化炉 20 台，平均单炉投煤量 1425 t/d。其他依次排列为壳牌炉、多元料浆炉、GE 炉。

2. 生产油品气化炉大型化排序

多喷嘴炉排第一，平均投煤量 2457 t/d；神宁炉排第二，平均投煤量 2241 t/d；壳牌炉排第三，平均投煤量 2233 t/d。由此可知，干法气化在气化炉大型化方面与湿法气化还是略有差距。在气流床湿法气化炉大型化及投煤量排序为多喷嘴炉、GE 炉、多元料浆炉。单炉平均投煤量

分别为 2457 t/d、1500 t/d、1000 t/d。由于水煤浆气化通常需要备炉，其中备炉分别为 4、2、1 台；气化炉开/备比分别为 3.5、2.0、2.0，显然多喷嘴炉备炉投资要低于另外两种炉型。

3. 生产油品主流气化炉

通过以上分析，生产油品主流气化炉的主要特征为：有效气含量高（$CO+H_2$＞85%～90%）、碳转化率高（＞95%～98%）、气化炉单炉投煤量大（1000～3000 t/d），节能降耗及绿色环保及应用业绩突出，气流床气化炉基本符合上述特征，因此成为煤气化制油品的主流气化工艺，而固定床和流化床气化炉在制油品方面竞争力不明显。

第九节 煤气化制天然气领域

天然气作为清洁低碳能源，将在当前及未来较长时期进入增量替代和存量替代并存的发展阶段，包括天然气在内的化石能源，是保障能源安全的"压舱石"，我国能源特征是"少油、缺气、富煤"，发展煤制天然气产业是国家能源战略安排，对保障我国能源安全，实现煤炭清洁高效转化利用具有重要意义。

一、天然气现状

1. 天然气产量和需求量

据国家统计局、国家发展改革委数据，截至 2021 年底，全国天然气产量为 2076 亿 m^3，同比增速 7.84%，表观需求量 3690 亿 m^3，同比增速 17.52%，净进口量 1614 亿 m^3，对外依存度 43.74%。2015～2021 年全国天然气产量、表观需求量及净进口量和对外依存度见表 8-42。

表 8-42 2015～2021 年全国天然气产量、表观需求量及净进口量和对外依存度

项目	2015	2016	2017	2018	2019	2020	2021
产量/亿 m^3	1346.10	1368.65	1480.35	1601.59	1761.74	1925.00	2076
增速/%	3.42	1.68	8.16	8.19	10.00	9.27	7.84
表观需求量/亿 m^3	1931.80	2078.10	2393.10	2817.10	3068.00	3140.00	3690
增速/%	3.28	7.58	15.16	17.72	8.91	2.35	17.52
净进口量/亿 m^3	585	710	913	1215	1306	1215	1614
对外依存度/%	30.28	34.17	38.15	43.13	42.57	38.69	43.74

2. 煤制天然气产能产量

根据中国石油和化学工业联合会数据，截至 2021 年底，全国煤制天然气产能 61.25 亿 m^3/a，同比增速 19.86%，产量 52.00 亿 m^3/a，同比增速为 10.99%，开工率为 84.90%。煤制天然气产量占全国天然气生产总产量 2076 亿 m^3 的 2.50%。2015～2021 年全国煤制天然气产能、产量、增速和开工率及产能过剩率见表 8-43。

表 8-43 2015～2021 年全国煤制天然气产能、产量、增速和开工率及产能过剩率

项目	2015	2016	2017	2018	2019	2020	2021
产能/亿 m^3	31.1	31.1	51.1	51.1	51.1	51.1	61.25
增速/%	—	0	64.31	0	0	0	19.86

续表

项目	2015	2016	2017	2018	2019	2020	2021
产量/亿 m^3	18.8	21.6	26.3	30.1	43.2	46.85	52.00
增速/%	—	14.89	21.76	14.45	43.52	8.45	10.99
开工率/%	60.45	69.45	51.47	58.90	84.54	91.68	84.90
产能过剩率/%	39.55	30.55	48.53	41.10	15.46	8.32	15.10

二、煤气化制天然气产业政策

我国天然气资源相对短缺，国内超 43.7%的天然气需求依赖于进口，资源禀赋决定了中国天然气保障能力偏低。2016～2021 年我国煤制气产量逐年上涨，2021 年煤制气产量为 52 亿 m^3，同比增长 10.64%。虽然目前煤制天然气产量占全国天然气产量的 2.55%左右，但从能源安全角度考虑，依靠我国煤炭资源储备相对丰富来制备天然气，提升天然气自主保障能力，具有一定的战略意义。

国家能源局在已发布的《煤炭深加工产业示范"十三五"规划》中提出，"十三五"期间，要重点开展煤制油、煤制天然气、低阶煤分质利用、煤制化学品、煤炭和石油综合利用等 5 类模式，并做好通用技术装备的升级示范工作。在"十三五"期间，我国煤化工行业重点转向优化升级、绿色发展。近年来，尽管天然气示范项目推进比较缓慢，但《能源发展"十三五"规划》明确提出重点规划煤制油和煤制天然气建设项目，在政策的助推下，我国天然气项目前景还是十分广阔的。根据煤炭工业协会发布的《现代煤化工"十四五"发展指导意见》，我国在"十四五"期间的发展目标是建成煤制气产能 150 亿 m^3。

面对国际上石油价格动荡的现状，通过现代煤化工制取油气能源产品和大宗化学品，可以在一定程度上缓解我国石油和天然气对外依赖度过高的问题，弥补国家能源的结构性缺陷，为国家能源安全提供战略支撑和应急保障。同时要充分利用新型煤化工的特色，探索化石能源与新能源、清洁能源等多种能源互补融合与协调发展的新模式，向我国"双碳"政策看齐。

在能源革命和低碳发展背景下，我国煤化工行业整体处于转型升级期，煤化工企业要优化发展煤炭清洁低碳转化产业。立足煤电化一体化，推进煤电规模化、智慧化、清洁化发展，推进煤化工高端化、差异化、精细化发展。挖潜提效既有项目，稳健有序布局新项目，多举措提高产业链现代化水平。推动煤炭由单一燃料向燃料与原料并举转变，促进煤炭清洁高效转化利用。依托国家制定的产业政策稳步发展，产能扩张稳步推进。

三、煤气化制天然气技术

1. 煤制天然气总工艺路线

煤制天然气是煤炭经过煤气化生成合成气，再经过甲烷化处理，生产代用天然气（SNG）。煤制天然气的能源转化效率较高，是生产石油气替代产品的有效途径，也在一定程度上缓解我国"富煤、少油、缺气"的能源问题。其工艺领先是原料煤经气化制备合成气（CO+H$_2$），合成气经过变换、低温甲醇洗脱硫脱碳净化处理，送甲烷化合成天然气。再通过干燥加压管道输送到客户端或制液化天然气（LNG）。甲烷化催化剂和反应器是煤制天然气的关键技术，目前甲烷化技术主要有英国 DAVY 工艺、德国 Lurgi 工艺、丹麦 TREMPTM 工艺和国产甲烷化技术等，由于甲烷化是强放热反应，为防止甲烷化反应器温度过高，采用大循环气的多个固定床串联多级甲烷化合成。煤制天然气总工艺路线示意图见图8-10所示。

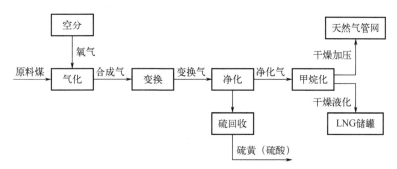

图8-10 煤制天然气总工艺路线示意图

2. 煤制天然气主要反应原理

（1）气化反应

$$C+O_2 \longrightarrow CO_2$$
$$C+CO_2 \longrightarrow 2CO$$
$$C+H_2O \longrightarrow CO+H_2$$

（2）变换反应

$$CO+H_2O \longrightarrow CO_2+H_2$$

（3）甲烷化反应

$$CO+3H_2 \longrightarrow CH_4+H_2O$$

四、不同气化炉型制天然气产能及投煤量

1. 不同气化炉型煤气化制天然气

目前新型煤气化炉用于制天然气的炉型，有气流床干法气化炉：GSP炉、新奥炉、华能二段炉；气流床湿法气化炉包括：多喷嘴炉、多元料浆炉；流化床气化炉：HYGAS炉；固定床气化炉：赛鼎炉等7种炉型。7种气化炉型煤气化制天然气见表8-44。

表8-44 7种气化炉型煤气化制天然气（截至2021年）

序号	气化炉名称	气化炉台数（开+备炉）	气化投煤量（开+备炉）/(t/d)	气化合成气量CO+H₂（开+备炉）/(万m³/h)	天然气规模/(亿m³/a)或(万t/a)
一	气流床干法				
1	GSP炉（1）	8	16000	100.0	20
2	新奥炉（2）	4	4900	42.0	8.5/LNG 60.5
3	华能炉（1）	1	450	3.0	0.59/LNG 4.2
	小计（4）	13	21350	145.0	29.1/LNG64.7
二	气流床湿法				
1	多喷嘴炉（1）	2+1	8000+4000	49.5+24.8	12/LNG 85.7
2	多元料浆炉（1）	2+1	4000+2000	23.6+11.8	4/LNG 28.5
	小计（2）	4+2	12000+6000	73.1+36.6	16/LNG 114.2
三	流化床				

续表

序号	气化炉名称	气化炉台数（开+备炉）	气化投煤量（开+备炉）/(t/d)	气化合成气量 CO+H$_2$（开+备炉）/(万 m^3/h)	天然气规模/(亿 m^3/a) 或(万 t/a)
1	HYGAS 炉（1）	2	4800	33.0	1.9
	小计（1）	2	4800	33.0	1.9
四	固定床				
1	赛鼎炉（7）	131+19	115750+22500	641+88.3	128.2
	小计（7）	131+19	115750+22500	641+88.3	128.2
	合计（14）	150+21	153900+28500	892.1+124.9	175.2

2. 不同气化类型天然气产能、投煤量及占比

表 8-45 给出了不同气化类型生产天然气的规模产能（包括正在建设，还未形成实际产能的气化类型）、煤炭转化量及占比。

表 8-45　不同气化类型生产天然气产能、煤炭转化量及占比

序号	气化炉名称	气化炉台数（开+备炉）	气化投煤量（开+备炉）/(t/d)	不同类型气化煤炭所占比例/%	平均单炉投煤量/(t/d)	天然气/(亿 m^3/a)	不同气化天然气产能所占比例/%
1	气流床干法						
	小计（4）	13	21350	13.87	1642	29.1	16.61
2	气流床湿法						
	小计（2）	4+2	12000+6000	7.80	3000	16.0	9.13
3	流化床						
	小计（1）	2	4800	3.12	2400	1.9	1.08
4	固定床						
	小计（7）	131+19	115750+22500	75.21	884	128.3	73.23
	合计（14）	150+21	153900+28500	100.00	1026（非合计）	175.3	100.00

注：1. 气化炉备炉产能不计入天然气产能。
2. 气化炉在生产天然气时联产其他产品，投煤量未扣除。
3. 气化炉天然气产能由运行产能和建设产能组成。

3. 同气化炉型天然气产能及投煤量排序

由表 8-45 可知，共有 14 家煤基天然气用户，7 种气化炉生产天然气形成产能 175.3 亿 m^3/a，并联产其他产品等。共计投入气化炉 150 台，备炉 21 台，合计 171 台。其中固定床气化工艺投入气化炉 131 台，备炉 19 台，合计 150 台，形成天然气产能为 128.3 亿 m^3/a，占天然气总产能的 73.23%，排序第一。气流床干法气化工艺投入气化炉 13 台，无备炉，形成天然气产能为 29.1 亿 m^3/a，占天然气总产能的 16.61%，排序第二；气流床湿法气化工艺投入气化炉 4 台，备炉 2 台，合计 6 台，形成天然气产能为 16.0 亿 m^3/a，占天然气总产能的 9.13%，排序第三；流化床气化工艺投入气化炉 2 台，无备炉，形成天然气产能为 1.9 亿 m^3/a，占天然气总产能的 1.08%，排序第四。7 种气化炉煤炭转化量 15.39 万 t/d，按 330 天计算，天然气年消耗煤炭量约 5079 万 t/a。

五、主流气化炉制天然气产能、投煤量及占比

以日累计投煤量超过 5000 t 的气化炉型为基准,表 8-46 给出以煤转化量排序前 6 的气化炉型所形成的天然气产能规模(包括正在建设的产能)、煤炭转化量及占比。

表 8-46　6 类气化炉型天然气产能、煤炭转化量及占比

序号	气化炉名称	气化炉台数(开+备炉)	气化投煤量(开+备炉)/(t/d)	不同类型气化煤炭所占比例/%	平均单炉投煤量/(t/d)	天然气产能/(亿 m^3/a)	不同气化天然气产能所占比例/%
1	赛鼎炉(7)	131+19	115750+22500	75.43	884	128.3	73.44
2	GSP 炉(1)	8	16000	10.43	2000	20.0	11.45
3	多喷嘴炉(1)	2+1	8000+4000	5.21	4000	12.0	6.87
4	新奥炉(2)	4	4900	3.19	1225	8.5	4.86
5	HYGAS 炉(1)	2	4800	3.13	2400	1.9	1.09
6	多元料浆(1)	2+1	4000+2000	2.61	2000	4.0	2.29
	合计(13)	149+21	153450+28500	100.00	1030	174.7	100.00

注:1. 气化炉备炉不计入天然气产能。
　　2. 气化炉在生产天然气时联产其他产品的产能未计入,投煤量也未扣除。
　　3. 气化炉生产天然气产能由运行产能和建设产能组成。
　　4. 煤基制天然气用户数 13,其各分指标为气化炉型用户数。
　　5. 部分主要气化炉型制天然气产能占总煤基气化制天然气的 99.65%。

1. 生产天然气主流气化炉排序

由表 8-46 可知,以日累计投煤量超过 5000 t 为基准,按投煤量进行气化炉排序,所列出的 6 种气化炉所形成的天然气产能规模(包括正在建设的产能)达 174.7 亿 m^3/a,占煤气化制天然气全部气化炉产能的 99.65%,并联产其他部分产品,共计投入气化炉 149 台,备炉 21 台,合计 170 台。

按投煤量排序,第一为赛鼎炉,气化投煤量约 11.58 万 t/d,占比 75.43%,天然气产能 128.3 亿 m^3/a,占比 73.44%,气化炉 131 台,备炉 19 台,合计 150 台,平均单炉投煤量 884 t/d;第二为 GSP 炉,气化投煤量 1.6 万 t/d,占比 10.43%,天然气产能 20 亿 m^3/a,占比 11.45%,气化炉 8 台,平均单炉投煤量 2000 t/d;第三为多喷嘴炉,气化投煤量 0.8 万 t/d,占比 5.21%,天然气产能 12 亿 m^3/a,占比 6.87%,气化炉 2 台,备炉 1 台,合计 3 台,平均单炉投煤量 4000 t/d。其他依次排列为新奥炉、HYGAS 炉、多元料浆炉。

2. 生产天然气气化炉大型化排序

多喷嘴炉排第一,平均投煤量 4000 t/d;HYGAS 炉排第二,平均投煤量 2400 t/d;GSP 炉和多元料浆炉排第三,平均投煤量 2000 t/d。虽然固定床赛鼎炉在大型化方面落后于气流床干法和湿法气化,但由于固定床气化甲烷含量高,耗氧量低等特点在市场份额方面处于领先地位。

3. 生产天然气主流气化炉

通过以上分析,生产天然气主流气化炉的主要特征为:有效气含量高($CO+H_2$>75%~90%)、碳转化率高(>90%~98%)、气化炉单炉投煤量大(800~4000 t/d),节能降耗及绿色环保及应用业绩突出,气流床气化炉和固定床加压气化炉基本符合上述特征,因此成为煤气化制天然气的主流气化工艺,但固定床在大型化方面远低于气流床。

第十节 煤气化制氢气领域

氢能是一种来源丰富、绿色低碳、应用广泛的二次能源。我国已经成为世界上最大的制氢国。据中国氢能联盟数据，2021年，我国氢产能约为4000万t，氢产量约3300万t，居全球第一，约占全球氢产量的30%。其中，氢气纯度达到≥99%的工业氢气质量标准的产量约为1270万t/a。

一、工业氢气现状

1. 工艺氢产量及需求量

据相关研究机构数据，截至2021年底，全国工业氢产量为3342万t，同比增速1.27%，需求量3332万t。制氢主要生产方式为：煤制氢、天然气制氢、工业副产氢和电解水制氢。其中，煤制氢产量最大，达到2124万t，占比63.55%；其次为工业副产氢和天然气制氢，产量分别为708万t和460万t，电解水制氢产量约50万t。2012~2021年全国工业氢产量、需求量见表8-47。

表8-47 2012~2021年全国工业氢产量、需求量

项目	2012	2013	2014	2015	2016	2017	2018	2019	2020	2021
产量/万t	1600	1685	1764	1800	1850	1915	2100	2700	3300	3342
增速/%	13.71	5.31	4.69	2.04	2.78	3.51	9.66	28.57	22.22	1.27
需求量/万t	1595	1768	1760	1795	1844	1910	2090	2685	3285	3332

2. 煤制氢产能产量

截至2021年底，全国煤制氢产量2100万t，同比增速7.27%；煤制氢占比为63.55%。2012~2021年全国工业氢、煤制氢产量及占比见表8-48。

表8-48 2012~2021年全国工业氢、煤制氢产量及占比

项目	2012	2013	2014	2015	2016	2017	2018	2019	2020	2021
工业氢产量/万t	1600	1685	1764	1800	1850	1915	2100③	2700	3300①	3342②
煤制氢产量/万t	850	920	975	1000	1110	1302	1302	1728	1980	2124
煤制氢增速/%	14.09	8.23	5.98	2.56	11.00	17.30	0.00	32.72	14.58	7.27
煤制氢占比/%	53.13	54.60	55.27	55.56	60.00	67.99	62.00	64.00	60.00	63.55

① 中国在《联合国气候变化框架公约会议》发布。
② 中国煤炭工业协会发布。
③ 2022年定州氢能产业发展论坛发布。

二、煤气化制氢气产业政策

为推进氢能技术发展及产业化，2018~2020年，国家重点研发计划启动实施"可再生能源与氢能技术"重点专项，部署了27个氢能研发项目，从产业链环节来看，氢能源下游应用、制氢和储氢技术需要牢牢把握全球能源变革发展大势和机遇，加快培育发展氢能产业，加速推进我国能源清洁低碳转型。全球主要发达国家高度重视氢能产业发展，氢能已成为加快能源转型升级、培育经济新增长点的重要战略选择。全球氢能全产业链关键核心技术趋于成熟，燃料电池出货量

快速增长、成本持续下降，氢能基础设施建设明显提速，区域性氢能供应网络正在形成。以燃料电池为代表的氢能开发利用技术取得重大突破，为实现零排放的能源利用提供重要解决方案。

为助力实现碳达峰、碳中和目标，深入推进能源生产和消费革命，构建清洁低碳、安全高效的能源体系，促进氢能产业高质量发展，国家相关部门编制了《氢能产业发展中长期规划（2021—2035 年）》规划要求：到 2025 年，形成较为完善的氢能产业发展制度政策环境，产业创新能力显著提高，基本掌握核心技术和制造工艺，初步建立较为完整的供应链和产业体系。到 2030 年，形成较为完备的氢能产业技术创新体系、清洁能源制氢及供应体系，产业布局合理有序，可再生能源制氢广泛应用，有力支撑碳达峰目标实现；2035 年形成氢能产业体系，构建涵盖交通、储能、工业等领域的多元氢能应用生态。可再生能源制氢在终端能源消费中的比重明显提升，对能源绿色转型发展起到重要支撑作用。

制氢环节是决定氢燃料电池汽车经济性的关键因素。工业副产氢是解决氢气需求的过渡性办法，从中长期来看，可再生能源电解制氢是氢源的终极解决方法。一方面取决于可再生能源电力生产成本的进一步下降；另一方面，风光水等可再生能源地区往往远离用氢负荷中心，储运环节成本下降也需要同步配合，如管道运氢、液罐运氢等的发展，扩大经济运输半径。当前制氢原料主要以石油、天然气、煤炭等化石资源为主，化石能源重整制氢工艺更为成熟，原料价格相对低廉。煤气化制氢在国内氢气生产中占据主导地位，占比为 61%～65%，天然气次之，占比为 19%，化石能源制氢会排放大量的温室气体，污染环境。富集的煤炭资源配合二氧化碳捕捉与封存技术（CCS）可提供大规模低成本的稳定氢源供给。

氢能是未来国家能源体系的重要组成部分，充分发挥氢能作为可再生能源规模化高效利用的重要载体作用及其大规模、长周期储能优势，促进异质能源跨地域和跨季节优化配置，推动氢能、电能和热能系统融合，促进形成多元互补融合的现代能源供应体系。发挥氢能对碳达峰、碳中和目标的支撑作用，深挖跨界应用潜力，因地制宜引导多元应用，推动交通、工业等用能终端的能源消费转型和高耗能、高排放行业绿色发展，减少温室气体排放，为经济高质量发展注入新动力。稳妥推进煤制氢气，规划建设煤制氢气战略基地，依托国家制定的氢能源产业政策稳步发展，产能扩张稳步推进。

三、煤气化制氢技术

1. 煤制氢总工艺路线

煤制氢工艺是将原料煤与氧气发生氧化燃烧反应，进而与水蒸气反应，得到以 H_2+CO 为主要成分的合成气中间产品，然后经净化处理后，CO 继续与水蒸气发生变换反应，生成更多的 H_2，最后低温甲醇洗脱硫脱碳，然后经 PSA 分离、提纯等过程而获得一定纯度的产品氢。煤气化制氢的工艺过程一般包括煤气化、合成气净化、CO 变换、低温甲醇洗脱硫脱碳以及 PSA 氢气提纯等主要生产环节。煤制氢总工艺路线见图 8-11 所示。

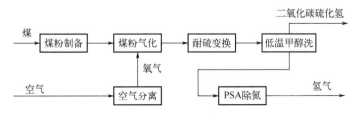

图 8-11 煤制氢气总工艺路线示意图

2. 煤制氢主要反应原理

(1) 气化反应

$$C+O_2 \longrightarrow CO_2$$
$$C+CO_2 \longrightarrow 2CO$$
$$C+H_2O \longrightarrow H_2+CO$$

(2) 变换反应

$$CO+H_2O \longrightarrow H_2+CO_2$$

四、不同气化炉型制氢产能及投煤量

1. 不同气化炉型煤气化制氢

目前新型煤气化炉用于制氢气的炉型有气流床干法气化炉,包括神宁炉、SE 炉、壳牌炉;气流床湿法气化炉,包括:多喷嘴炉、GE 炉、E-gas 炉、SE 水煤浆炉、晋华炉、清华炉;流化床气化炉,包括中兰炉;固定床气化炉,包括昌昱炉等 11 种炉型。11 种气化炉型煤气化制氢气见表 8-49。

表 8-49 11 种气化炉型煤气化制氢气(截至 2021 年)

序号	气化炉名称	气化炉台数(开+备炉)	气化投煤量(开+备炉)/(t/d)	气化合成气量 CO+H_2(开+备炉)/(万 m^3/h)	氢气规模/(万 t/a)
一	气流床干法				
1	神宁炉(4)	8	21200	146.8	102
2	SE 炉(4)	6	8000	54.4	38
3	壳牌炉(1)	2	4400	33.6	24
	小计(9)	16	33600	234.8	164
二	气流床湿法				
1	多喷嘴炉(3)	9+4	24500+11000	147.6+67.2	105
2	GE 炉(5)	12+6	18000+9000	129.6+64.8	90
3	E-gas 炉(3)	5+3	12500+7500	66.0+39.6	45
4	SE 水煤浆炉(5)	8+4	10700+6200	161.4+44.1	54.5
5	晋华炉(4)	8	9500	45.0	30
6	清华炉(2)	4+2	5000+2500	24.4+12.2	16
	小计(22)	46+19	80200+36200	574.0+227.9	340.5
三	流化床				
1	中兰炉(1)	1	2500	20.0	10
	小计(1)	1	2500	20.0	10
四	固定床				
1	昌昱炉(1)	7+2	910+260	9.1+2.6	4.5
	小计(1)	7+2	910+260	9.1+2.6	4.5
	合计(33)	70+21	117210+36460	837.9+230.8	519

2. 不同气化类型氢气产能、投煤量及占比

表 8-50 给出了不同气化类型生产氢气的规模产能（包括正在建设，还未形成实际产能的气化类型）、煤炭转化量及占比。

表 8-50 不同气化类型生产氢气产能、煤炭转化量及占比

序号	气化炉名称	气化炉台数（开+备炉）	气化投煤量（开+备炉）/(t/d)	不同类型气化煤炭所占比例/%	平均单炉投煤量/(t/d)	氢气产能/(万 t/a)	不同气化氢气产能所占比例/%
1	气流床干法						
	小计（9）	16	33600	28.67	2100	164	31.60
2	气流床湿法						
	小计（22）	46+19	80200+36200	68.42	1743	340.5	65.61
3	流化床						
	小计（1）	1	2500	2.13	2500	10	1.93
4	固定床						
	小计（1）	7+2	910+260	0.78	130	4.5	0.86
	合计（33）	70+21	117210+36460	100.00	1674（非合计）	519	100.00

注：1. 气化炉备炉产能不计入氢气产能。
2. 气化炉在生产氢气时联产其他产品，投煤量未扣除。
3. 气化炉氢气产能由运行产能和建设产能组成。
4. 非煤基合成气包括煤基合成气、氢气、焦炉气、荒煤气等原料制氢气。

3. 不同气化炉型氢气产能及投煤量排序

由表 8-50 可知，共有 33 家煤基氢气用户，11 种气化炉生产氢气形成产能 519 万 t/a（合成氨和甲醇的氢气未折算计入煤制氢产能中），并联产其他产品等。共计投入气化炉 62 台，备炉 19 台，合计 81 台。其中气流床湿法气化工艺投入气化炉 46 台，备炉 19 台，合计 65 台，形成氢气产能为 340.5 万 t/a，占氢气总产能的 65.61%，排序第一；气流床干法气化工艺投入气化炉 16 台，无备炉，合计 16 台，形成氢气产能为 164 万 t/a，占氢气总产能的 31.60%，排序第二；流化床气化工艺投入气化炉 1 台，无备炉，形成氢气产能为 10 万 t/a，占氢气总产能的 1.93%，排序第三；固定床气化工艺投入气化炉 7 台，备炉 2 台，合计 11 台，形成氢气产能为 4.5 万 t/a，占氢气总产能的 0.86%，排序第四。11 种气化炉煤炭转化量 11.72 万 t/d，按 330 天计算，氢气年消耗煤炭量约 3867.6 万 t/a。

五、主流气化炉制氢气产能、投煤量及占比

以日累计投煤量超过 4000 t 的气化炉型为基准，给出以煤转化量排序前 9 类气化炉型所形成的氢气产能规模（包括正在建设的产能）、转化煤炭量及占比。表 8-51 给出了 9 类气化炉型氢气产能、煤炭转化量占比。

表 8-51 9 种气化炉型氢气产能、煤炭转化量及占比

序号	气化炉名称	气化炉台数（开+备炉）	气化投煤量（开+备炉）/(t/d)	不同类型气化煤炭所占比例/%	平均单炉投煤量/(t/d)	氢气产能/(万 t/a)	不同气化氢气产能所占比例/%
1	多喷嘴炉（3）	9+4	24500+11000	21.53	2722	105	20.81
2	神宁炉（4）	8	21200	18.63	2650	102	20.22

续表

序号	气化炉名称	气化炉台数（开+备炉）	气化投煤量（开+备炉）/(t/d)	不同类型气化煤炭所占比例/%	平均单炉投煤量/(t/d)	氢气产能/(万 t/a)	不同气化氢气产能所占比例/%
3	GE 炉（5）	12+6	18000+9000	15.82	1500	90	17.84
4	E-gas 炉（3）	5+3	12500+7500	10.98	2500	45	8.92
5	SE 水煤浆炉（5）	8+4	10700+6200	9.40	1338	54.5	10.80
6	晋华炉（4）	8	9500	8.35	1188	30	5.95
7	SE 炉（4）	6	8000	7.03	1333	38	7.53
8	清华炉（2）	4+2	5000+2500	4.39	1250	16	3.17
9	壳牌炉（1）	2	4400	3.87	2200	24	4.76
	小计（31）	62+19	113800+36200	100.00	1835（非合计）	504.5	100.00

注：1. 气化炉备炉不计入氢气产能。
  2. 气化炉在生产氢气时联产其他产品的产能未计入，投煤量也未扣除。
  3. 气化炉生产氢气产能由运行产能和建设产能组成。
  4. 煤气化制氢气用户数 31，其分指标为各气化炉型用户数。
  5. 部分主要气化炉型制氢气产能占总煤基气化制氢气的 97.21%。

1. 生产氢气主流气化炉排序

由表 8-51 可知，以日累计投煤量超过 4000 t 为基准，按投煤量进行气化炉排序，所列出的 9 种气化炉所形成的氢气产能规模（包括正在建设的产能）达 504.5 万 t/a，占煤气化制氢气全部气化炉产能的 97.21%，并联产其他部分产品，共计投入气化炉 62 台，备炉 19 台，合计 81 台。

按投煤量排序，第一为多喷嘴炉，气化投煤量 2.45 万 t/d，占比 21.53%，氢气产能 105 万 t/a，占比 20.81%，气化炉 9 台，备炉 4 台，合计 13 台，平均单炉投煤量 2722 t/d；第二为神宁炉，气化投煤量 2.12 万 t/d，占比 18.63%，氢气产能 102 万 t/a，占比 20.22%，气化炉 8 台，平均单炉投煤量 2650 t/d；第三为 GE 炉，气化投煤量 1.8 万 t/d，占比 15.82%，氢气产能 90 万 t/a，占比 17.84%，气化炉 12 台，备炉 6 台，合计 18 台，平均单炉投煤量 1500 t/d。其他依次排列为 E-gas 炉、SE 水煤浆炉、晋华炉、SE 炉、清华炉及壳牌炉。

2. 生产氢气气化炉大型化排序

多喷嘴炉排第一，平均投煤量 2722 t/d；神宁炉排第二，平均投煤量 2650 t/d；E-gas 炉排第三，平均投煤量 2500 t/d。

3. 生产氢气主流气化炉

通过以上分析，生产氢气主流气化炉的主要特征为：有效气含量高（$CO+H_2>80\%\sim 90\%$）、碳转化率高（$>95\%\sim 98\%$）、气化炉单炉投煤量大（$1100\sim 3000$ t/d）、节能降耗及绿色环保及应用业绩突出，气流床气化炉符合上述特征，因此成为煤气化制氢气的主流气化工艺。

参考文献

[1] 王辅臣. 煤气化技术在中国：回顾与展望[J]. 洁净煤技术，2021, 27(1): 1-33.
[2] 王欢，范飞，李鹏飞，等. 现代煤气化技术进展及产业现状分析[J]. 煤化工，2021(4): 52-56.

[3] 陈寅. 现代煤气化技术分析[J]. 化工设计通讯, 2021, 47(7): 36-38.
[4] 徐振刚. 中国现代煤化工近25年发展回顾·反思·展望[J]. 煤炭科学技术, 2020, 48(4): 1-25.
[5] 周巍. 浅析乙二醇生产技术及其市场前景[J]. 石油化工设计, 2020, 37(1): 64-66.
[6] 赵晓博. 煤制乙二醇行业现状[J]. 化学工程与装备, 2020(6): 229-230.
[7] 王艳丽. 我国煤制乙二醇现状及面临的问题[J]. 江西化工, 2020(10): 147-148.
[8] 黄平. 我国煤制乙二醇竞争力分析[J]. 当代石油化工, 2020, 28(4): 18-23.
[9] 王钰. 我国煤制乙二醇发展的问题思考[J]. 化学工业, 2019, 27(6): 17-20.
[10] 蒙刚林. 神华包头煤制烯烃项目工程管理实例[J]. 煤炭加工与综合利用, 2015(6): 24-30.
[11] 尚庆雨. 褐煤干燥脱水提质技术现状及发展方向[J]. 洁净煤技术, 2014(6): 1-4, 45.
[12] 甘建平, 马宝岐, 尚建选, 等. 煤炭分质转化理念与路线的形成和发展[J]. 煤化工, 2013, 41(1): 3-6.
[13] 汪寿建. 国内外新型煤化工及煤气化技术发展动态分析[J]. 化肥设计, 2011, 49(1): 1-5.
[14] 刘芹, 邢涛. 浅析煤制天然气的工艺流程与经济性[J]. 化工设计, 2010(1): 25-27.
[15] 赵勇. 煤炭气化产业的发展现状及工业化前景[J]. 化肥设计, 2009, 47(2): 6-7.
[16] 汪寿建, 程靖, 李文军. 新一代洁净煤气化技术比选[J]. 中国石油和化工经济分析, 2008(12): 28-32.
[17] 章荣林. 基于煤气化工艺技术的选择与评述[J]. 化肥设计, 2008, 46(3): 3-4.

第九章

固定床加压连续气化技术

第一节　固定床加压气化

1. 概述

固定床气化是煤气化类型中常用的一种类型，通常按气化压力可分为常压固定床气化炉和加压固定床气化炉两种形式；按气化炉排渣可分为固态排渣和液态排渣两种形式。改进型的固定床加压固态排渣气化工艺以鲁奇炉为代表；液态排渣以 BGL 熔渣炉为代表，其主要优点包括：可使用劣质煤气化、加压气化生产能力高、耗氧量低，逆向气化，煤在炉内停留时间长，气化炉的操作温度和炉出口煤气温度低，碳转化效率较高。

2. 固定床气化主要特点

在固定床气化炉内，气体流速一般较低，气体从相对静止的煤粒间隙中穿过，煤层运动速度很低。加之床层要保持足够的碳含量，煤在气化炉内停留时间较长，一般为 0.5～1.5 h。为保证床层分布的均匀性和透气性，固定床气化炉对原料煤的粒度和煤的抗破碎强度有一定的要求，入炉煤的粒度一般在 6～50 mm 的范围及合理的粒级分布。一般采用较大或较硬的无烟煤块煤，以便使床层的透气性好和气化反应强烈。

气化炉内气固逆流接触，煤气出口和炉渣排放温度较低。在固定床气化炉中煤由炉顶部加热，自上而下经过干燥层、干馏层、还原层和氧化燃烧层，在不同的区域中，各个反应过程所对应的反应区域界面比较明显，气化介质则自下而上与煤形成逆流接触。在气化炉内自然形成两个热交换区，即上部入口冷煤气与出口热煤气的逆向热交换；下部的热灰渣与冷的气化剂逆向交换热量，使出口煤气排出温度降低，从而保证气固物料在气化炉内的热交换回收比较充分，气化效率提高。

原料煤一般使用无黏结或弱黏结性的无烟煤为主，若使用中偏弱黏结性煤，则炉内要增加破黏搅拌设备。不适于建设大规模的生产装置，煤气中焦油和酚含量较高。气化粉煤时，需将较细的煤粉做成型煤，当气化高黏结性煤时，容易使炉内床层结块，致使气流流动不畅，煤气的质量不能稳定，影响气化反应。通常情况下是采用无烟块煤为原料。气化剂选择，传统的常压固定床气化炉以空气或富氧空气和水蒸气为气化剂；改进型的加压气化炉主要以富氧空气或纯氧和水蒸气为气化剂。

固定床气化工艺的碳转化率最高约95%，冷煤气效率最高约89%，耗氧量最低，水蒸气的耗量较高，蒸汽转换率低，煤气的热值高。且由于气化炉煤气出口温度低，煤气冷却及净化系统的材料要求也相对可以低些。

3．固定床气化存在不足

固定床气化具有单炉气化强度小、单位容积处理量小，生产能力小，仅适用于中小型煤化工企业等缺点。对于大型煤制天然气企业，由于气化炉气化强度低，需要大量的气化炉组合，占地面积大，操作复杂，另外气化炉内有转动机械，运行操作和维修量大。

特别对固态排渣气化炉，要求气化温度低于煤的灰熔点，在较低温度下气化，气化副反应复杂，煤气中含有大量的沥青、煤焦油和酚，致使煤气的净化处理过程甚为复杂，排出的污染物也多，环保性能较差，废水处理难度大，污水处理投资费用高。

目前常压间歇式固定床气化炉已逐步被淘汰，加压固定床气化炉还在一定范围内的应用，它的气化容量和效率比常压固定床炉更易提高和改进。

4．固定床加压气化炉型

固定床气化炉比较有代表性的固态排渣炉型主要有：常压UGI间歇式水煤气炉、两段煤气发生炉、鲁奇（Lurgi）碎煤加压炉和赛鼎碎煤加压气化炉。固定床固态排渣气化炉型见表9-1。

表9-1 固定床固态排渣气化炉型主要参数

技术名称/公司	气化炉	气化压力	进料方式	气化剂	排渣方式
美国联合气体公司	UGI炉	常压	块煤	空气+水蒸气	固态
中国常压间歇气化炉	UGI炉	常压	块煤	空气+水蒸气	固态
德国鲁奇公司	Lurgi炉	2.5 MPa	碎煤	纯氧+水蒸气	固态
中国赛鼎公司	赛鼎炉	2.5~4.0 MPa	碎煤	纯氧+水蒸气	固态
中国晋城炉	JMS炉	2.5~4.0 MPa	块煤	纯氧+水蒸气	固态
中国昊华骏马低压炉	TG炉	0.1 MPa	块煤	纯氧+水蒸气	固态
中国昌昱低压炉	DY炉	0.1 MPa	块煤	纯氧+水蒸气	固态
中国昌昱加压炉	JY炉	加压	块煤	纯氧+水蒸气	固态

由表9-1所知，在现有固定床固态排渣气化炉型中，目前，工业应用气化炉一般生产强度只有300~1000 t/d，适用于中小型合成氨、甲醇及煤制天然气生产企业。

第二节 鲁奇碎煤加压气化技术

鲁奇碎煤加压气化技术/鲁奇炉作为国际先进的固定床气化技术，通过鲁奇炉工业示范装置的成功投料运行，是国际上最早实现固定床工业化和大型化商业装置生产运行的领先技术之一。在中国新型煤化工市场早期就得到引进，该技术在中国推广应用非常早，应用业绩较多，为中国早期固定床加压气化技术的研发提供了重要的参考样本，其生产运行表明了鲁奇碎煤加压气化技术的先进性，引领固定床碎煤/块煤气化的发展方向。

一、鲁奇炉发展历程

德国鲁奇煤和石油技术公司（简称"鲁奇公司"）在化工领域是一家著名的工程公司。早在20世纪30年代，鲁奇公司基于煤炭固定床气化方面积累了大量基础研究成果，研发了碎煤固定床煤气化技术，煤气化特性基础研究评价平台及多套不同处理量及特点的固定床小试装置、中试及工业试验装置，试烧了典型褐煤等劣质煤的气化特性和工艺试验，积累了褐煤及典型煤种的气化特性数据库。早在1926年鲁奇碎煤固定床加压气化专利技术就由鲁奇公司研发，拥有鲁奇固定床碎煤加压气化技术许可、转让、工艺包设计及关键设备供货。

鲁奇公司具有非常强的研发能力，完善的试验平台及工业测试装置，可满足研发各类新技术的需求，确保产品在国际市场上有长久的竞争力。随着时代变迁，鲁奇公司在战略上也做出了较大的调整，将其中的煤气化技术转给南非萨索尔，成立了萨索尔-鲁奇公司。同时将战略发展从煤炭转移到石油和天然气领域，油、气、化学品并重，开发较高附加价值产品。主要业务包括三部分，即油、气、化学品、生命科学和金属。如开发的以天然气为原料超大规模生产甲醇工艺，其规模可达日产5000 t；在甲醇应用上，开发了以ZSM5分子筛为催化剂，用甲醇制丙烯的MTP技术，取得了重大突破。鲁奇公司在石油、天然气领域，油、气、化学品及煤炭清洁利用领域具有非常强的技术实力和影响力。鲁奇气化技术的发展是以鲁奇气化炉的改进为核心，主要经历了4个发展阶段。

1. 第一代鲁奇炉

20世纪30年代，第一代鲁奇气化工艺主要用于褐煤气化，当时主要进行褐煤完全气化试验。1936年，鲁奇碎煤固定床气化首次在Hirechfelde建厂，主要用于气化褐煤、不黏结性或弱黏结性煤。对气化原料煤的一般要求是具有热稳定性高、化学活性好、灰熔点高、机械强度高、黏结性弱或无黏结性。第一代鲁奇气化炉直径2.6 m，气化炉有内衬和边置灰斗，不设膨胀冷凝器，气化剂通过炉算的主动轴送入，该炉型只能气化非黏结性煤，气化强度低，产煤气量5000～8000 m³/h。粗煤气中含有焦油、高碳氢化合物含量1%左右，甲烷含量约10%，适用于城市煤气和燃料气。但鲁奇炉气化有一个致命的缺陷，就是气化过程排出的废水量大，且含有大量的焦油、氨、酚等物质，组分复杂，难处理，废水很难达标排放，且废水处理投资和成本大。

2. 第二代鲁奇炉

20世纪50年代至60年代末，第二代鲁奇气化工艺改进了用煤范围，扩大到气化弱黏结性烟煤；在气化炉结构方面也进行了改进，取消了内衬、优化了布气方式、增加了破黏装置、边置灰斗调为中置灰斗；气化炉直径扩大到2.8 m、3.7 m两种，单炉生产能力得到提高，单炉产煤气量分别达到14000～17000 m³/h和32000～45000 m³/h。

3. 第三代鲁奇炉

20世纪70年代至80年代，第三代鲁奇气化工艺进一步改进了用煤范围，扩大到气化一般黏结性煤种的范围，推出了Mark Ⅳ型气化炉和Mark Ⅴ型气化炉两种类型。在气化炉结构方面进一步进行优化，改进了布煤器和破黏装置，可气化除焦煤外的所有煤种；气化强度进一步得到提高，单台气化炉直径3.8 m，产气35000～65000 m³/h。1980年，南非萨索尔-鲁奇技术有限公司（Sasol-Lurgi technology coMPany limitey）开发的Mark Ⅴ型气化炉，相当于第三代鲁奇炉，气化炉内径 4.7 m，单台产气量达 85000～100000 m³/h。

4. 第四代鲁奇炉

2010 年，在此基础上，第四代鲁奇气化工艺 Mark+（已于 2010 年 8 月完成该炉的基础工艺及机械设计），属于正在推广的 Mark+炉型。同时，为满足气体排放标准，解决废水达标排放难题，鲁奇公司相继开发出高效的煤气化尾气处理和酚氨废水处理工艺技术。鲁奇气化技术经过四个阶段的发展已逐渐趋于成熟，鲁奇炉 MK+，操作压力 6 MPa，5 m 直径，17 m 高；鲁奇-鲁尔-100 型煤气化炉，操作压力为 9 MPa，两段出气；英国煤气公司和鲁奇公司共同开发的 BGL 炉，采用熔融排渣技术，降低蒸汽用量，提高气化强度并可将生成气中的焦油、苯、酚和煤粉等喷入炉中回炉气化。目前在中国应用较多的鲁奇炉是第三代 Mark Ⅳ 型，Mark Ⅴ 型在中国没有引进，Mark+炉型没有应用案例。

20 世纪 80 年代初，我国从德国鲁奇公司引进鲁奇固定床碎煤加压气化技术用于原山西化肥厂（山西天脊煤化工集团有限公司）1000 t/d 合成氨装置，原云南解放军化肥厂（云南解化清洁能源开发有限公司）合成氨装置。其后用于河南义马煤气厂和黑龙江哈尔滨气化厂生产城市煤气。实际上早在 20 世纪 70 年代，原云解化曾从苏联引进早期的鲁奇炉，以褐煤气化生产合成氨。

20 世纪 80 年代中期，第三代鲁奇气化（Mark Ⅳ）是世界上使用最广泛的炉型。山西天脊煤化工集团公司成套引进第三代 Mark Ⅳ 型鲁奇炉，用于煤制气生产合成氨。之后兰州气化厂和哈尔滨气化厂也陆续引进了 Mark Ⅳ 型鲁奇炉。

二、鲁奇炉主要技术特征

鲁奇碎煤加压气化技术由原料煤破碎筛分及输送、气化冷却除尘、余热回收、煤气洗涤及排灰渣等过程组成。鲁奇炉在中国市场占有一定的份额，适用于褐煤、不黏结性或弱黏结性的煤。要求煤的热稳定性好、活性好、灰熔点和机械强度高等。原料煤破碎筛分后，约 64% 的小粒煤作为鲁奇炉的气化原料，36%粉煤作为锅炉燃料；原料煤在气化炉内停留时间约 1 h。蒸汽和氧气由炉底部进入，通过炉算均匀分布在燃料层；灰渣则通过炉算均匀恒定地排至密封料斗排渣系统，间歇固态排出。操作时需加入过量蒸汽，以防炉算结渣，气化炉顶出来的气体温度为 300～600 ℃，进入急冷器用循环煤气水急冷后入废热锅炉回收余热副产低压蒸汽，煤气则进一步冷却到 180 ℃。鲁奇炉主要技术特征见表 9-2。

表 9-2 鲁奇炉主要技术特征

序号	主要特征	描述
A	煤种适用范围	原料煤适用范围：褐煤、次烟煤、贫煤和无烟煤，对一些水分较高（20%～30%）和灰分较高（如 30%）的劣质煤也适用。对煤的一般要求：非黏结性煤，对黏结性煤加装搅拌器；灰变形温度>1200 ℃（还原性气氛下）；一定的热稳定性和机械稳定性，破碎指数<55%；最低灰分含量 6%（干基），最高灰分含量 40%（干基）；总水分含量<50%（收到基）；挥发分含量<55%（干燥无灰基）
B1	块煤或碎煤进料	原料煤粒径范围 5～50 mm 的碎煤进料，低于 5 mm 或高于 50 mm 煤的比例均<5%；备煤系统简单
B2	原料输送系统	原料煤经破碎筛分送入煤斗，碎煤经煤溜槽、煤锁从气化炉顶部进入炉内，原料煤输送介质为煤锁气冲压；气化剂（水、蒸汽和氧气混合后）从气化炉底部经炉算进入炉内，在 3.0 MPa、1000 ℃ 的条件下，与煤发生气化反应
B3	炉夹套结构	炉型为双层筒体结构反应器，外筒承高压，设计压力 3.6 MPa，温度 260 ℃，内筒承低压及气化炉与煤气通过炉内料层阻力，设计压力 0.25 MPa（外压），温度 310 ℃。内外筒间距为 40～100 mm，夹套充满锅炉水，以吸收气化反应传给内筒的热量副产蒸汽，经汽液分离后并入气化剂中

续表

序号	主要特征	描述
C1	气化炉结构	鲁奇炉由双层筒体夹套、搅拌（对黏结煤）与布煤器、转动炉箅及炉箅转动轴、煤锁（连接煤仓与煤锁的煤溜槽，煤锁及煤锁下阀槽）、灰锁、灰锁膨胀冷却器、喷淋洗涤冷却器等组成；煤自上而下移动先后经历干燥、干馏、气化、部分氧化和燃烧等区域，最后从炉底部变成灰渣由转动炉箅排入灰斗，再减至常压排出；气化剂则由下而上通过煤床，在部分氧化和燃烧区与该区煤层反应放热，达到最高温度点并将热量提供气化、干馏和干燥用；粗煤气最后从炉顶引出炉外。煤层最高温度点必须控制在煤的灰熔点以下
C2	粗煤气冷却洗涤及热量回收	由于鲁奇炉原料煤/炉渣与煤气/气化剂均为逆流运行，故出气化炉顶部的粗煤气和底部的灰渣均以较低温度（典型值为400~700 ℃）离开气化炉，煤气经喷冷器洗涤后温度降至250 ℃左右，进入废热锅炉回收余热，温度降至180 ℃左右，副产约 0.6 MPa 低压蒸汽
C3	环境处理成本高难度大	为防止结渣，采用高汽/氧比，水蒸气消耗大，蒸汽分解率低，约为40%；气化废水多，煤水分离负荷重，组分复杂；煤气中含焦油、酚等，净化工艺处理复杂；煤燃烧后的炉渣有细灰和渣块两种形态，无重复利用价值
C4	煤气产品适宜制天然气	煤气中有效气（与煤种有关）$CO+H_2$ 为 45%~58%，甲烷含量 10%~15%，煤气产品适宜做天然气
C5	单系列长周期运行	气化炉结构复杂，炉内动设备使用寿命受限，不能保证单炉长周期稳定运行，需设备炉
C6	技术成熟可靠	使用业绩多，技术基本成熟，但有进一步优化的空间
D	存在不足	水蒸气消耗大，蒸汽分解率低，气化废水多，废水组分复杂；煤气中含焦油、酚等，炉渣含细灰和渣块，难以重复利用价值；炉内有转动设备，易损坏

三、鲁奇炉商业应用业绩

鲁奇碎煤加压气化技术在中国煤化工市场气化专利技术许可 10 家，投入生产运行及建设的鲁奇炉 52 台。鲁奇碎煤加压气化技术商业化运行最早时间是 1970 年，鲁奇炉单炉最大投煤量为 650 t/d，于 1987 年投料生产运行。鲁奇炉已经投产项目及设计和建设项目商业应用业绩分别见表 9-3A、表 9-3B。

表 9-3A 鲁奇炉已经投产项目主要商业应用业绩（截至 2021 年）

序号	企业名称	建厂地点	气化压力/MPa	气化炉台数(开+备)及单炉投煤量/(t/d)	单炉产煤气量/(m³/h)	设计规模/(万 t/a)或(万 m³/d)	投产日期
1	云南解化集团有限公司 1 期	云南开远	3.0	(10+4)/550	8000	合成氨 15，尿素 24	1970
2	辽宁沈阳煤气厂	辽宁沈阳	3.0	(4+1)/550	14000	煤气 70	1971
3	山西太原化肥厂 1 期	山西潞城	3.0	(3+1)/650	47000	合成氨 30，尿素 52	1987
4	云南解化集团公司 2 期	云南开远	3.0	(3+1)/650	47000	合成氨 30，尿素 52	1988
5	兰州煤气厂	甘肃兰州	3.0	(4+1)/650	43000	煤气 160，甲醇 15	1991
6	哈尔滨煤气表厂	黑龙江哈尔滨	3.0	(4+1)/650	43000	煤气 160，甲醇 15	1991
7	河南义马气化厂 1 期	河南义马	3.0	(1+1)/650	47000	煤气 160，甲醇 15	2000
8	山西潞安煤基合成油项目	山西长治	3.0	(4+2)/650	45000	煤制油 16	2009
9	晋煤天庆煤化工有限责任公司	河南沁阳	4.0	(4+2)/650	38000	合成氨 18，LNG 5	2014
	小计			37+14=51			

注：1. 14 台 550 t/d 炉，备炉 5 台。
2. 23 台 650 t/d 炉，备炉 9 台。
3. 运行炉子小计 37 台，备炉 14 台，合计 51 台。

表 9-3B 鲁奇炉设计及建设项目主要商业应用业绩（截至 2021 年）

序号	企业名称	建厂地点	气化压力/MPa	气化炉台数(开+备)及单炉投煤量/(t/d)	单炉产煤气量/(m³/h)	设计规模	投产日期
1	晋煤天庆煤化工有限责任公司改造	河南沁阳	4.0	1/650	45000	改造	建设
	小计			1			

注：1. 1 台 650 t/d 炉。
　　2. 运行及备炉小计 51 台，建设炉子 1 台，运行及建设炉子合计 52 台。

第三节　赛鼎碎煤加压气化技术

赛鼎碎煤加压气化技术/赛鼎炉是具有完全自主知识产权的国产化固定床气化专利技术，在中国煤化工市场的研发推广应用非常早。在鲁奇炉基础上通过研发改进的工业示范装置运行，表明赛鼎炉结构更简化，该炉于 1991 年由山西省科学技术委员会进行了科学技术成果鉴定，专家一致认为："以赛鼎公司为主研发的 $\Phi 2.8$ m 气化炉主体设备是成功的，可以用于工业生产，替代引进设备和技术软件"。赛鼎炉在中国市场占有一定量份额，适用于褐煤、不黏结性或弱黏结性的煤，对煤的热稳定性好、反应活性好、灰熔点和抗破碎强度等有一定要求，尤其在用于煤制天然气领域有一定的优势。

一、赛鼎炉发展历程

赛鼎碎煤加压气化技术是由赛鼎工程有限公司（简称赛鼎工程）在鲁奇固定床加压气化技术的基础上进行改进完善和研发的，赛鼎工程拥有赛鼎碎煤加压气化技术许可、转让、工艺包设计及关键设备供货。

20 世纪 30 年代，鲁奇移动床（固定床）加压气化就已由德国鲁奇公司研发出专利技术，于 1936 年首次用于 Hirechfelde 工厂，主要用来气化褐煤、不黏结性或弱黏结性煤，生产城市煤气和工业燃气。20 世纪 50 年代末中国就从苏联进口了 22 台捷克产内径 2.8 m 碎煤加压气化炉（相当于第二代鲁奇炉），于 1970 年在云南解化用于生产合成氨原料气，共计 15 台炉子。20 世纪 80 年代，中国又相继引进了鲁奇移动床（固定床）加压气化技术（相当于第三代鲁奇炉）及关键设备，用于生产合成氨原料气和城市煤气。

1. 赛鼎炉早期研发

20 世纪 80 年代至 90 年代，鉴于该技术对于中国煤化工发展的重要性，国家科委在"六五""七五"期间把碎煤加压气化技术列为重大科技攻关课题，由赛鼎工程有限公司、上海化工研究院、南化公司研究院、太原重型机器厂和太原化肥厂等有关单位共同承担该课题的攻关研发。其中赛鼎公司作为鲁奇引进技术的国内配套设计单位，具有较丰富的工程设计经验。在设计单位、科研院所、制造单位及项目业主的共同努力下，于 1991 年完成"碎煤加压气化技术开发"和"$\Phi 2.8$ m 碎煤加压气化炉设计及制造"等攻关课题及第一台国产化内径 2.8 m、气化压力 3.0 MPa 的碎煤加压气化炉的制造。

1991 年课题通过了原化工部验收，验收结论认为："以赛鼎公司为主研发的 $\Phi 2.8$ m 气化炉主体设备是成功的，可以用于工业生产。"第一台国产化 $\Phi 2.8$ m 固定床煤气化炉在太原化肥厂完成工业试验后作为云南解化化肥增产改造用炉。赛鼎公司与郑州机械研究所等相关单位持续对赛鼎气化炉结构、加料溜槽、破黏装置、炉箅转动部件、材料及铸造等方面进行了深入的研究，开发出了新型高效结构用于气化炉。赛鼎炉 Φ3.8 m、压力 3.0 MPa 单炉产煤气量可达到 50000 m^3/h 以上，取得了明显的效果，对赛鼎气化炉在煤化工发展过程中发挥了比较重要的作用。

2. 赛鼎炉中期研发

2009 年，赛鼎公司、太原理工大学、河南义马煤气厂以及新疆庆华在新疆建设了 Φ200 mm、气化压力 6.0 MPa 的碎煤加压气化实验室，通过试验进一步提高赛鼎气化炉的运行压力，为气化炉 Φ5000 mm，气化压力～6.0 MPa，单炉投煤量 1500～1600 t/d，单炉产煤气量 100000～120000 m^3/h 碎煤固定床大型化应用奠定基础。碎煤加压气化技术是一种比较适合于高水分褐煤、长焰煤、不黏结煤等黏结性不强的劣质煤种气化的工艺，这类煤主要分布在我国新疆、内蒙古、山西北部、陕西、东北各省及云南，占国内煤炭储量的绝大多数，其气化后的产品煤气中含有大量 CH_4、焦油等组分，经进一步处理后可以生产化工产品及合成天然气。

赛鼎公司在 Φ2.8 m、气化压力 3.0 MPa 气化炉的基础上，结合山西化肥厂的实践，又自行开发设计了 Φ3.8 m、气化压力 3.0 MPa、投煤量 750 t/d 的气化炉，并于 1996 年 4 月成功应用于山西化肥厂的扩产改造装置中，炉体全部采用国产材料，该炉于 1998 年 12 月建成，一次投料试车成功，运行平稳，达到设计指标。

在 Φ3.8 m、气化压力 3.0 MPa 碎煤加压气化炉的基础上，继续开发了 Φ3.8 m、气化压力 4.0 MPa、投煤量 750 t/d 和投煤量 1000 t/d（褐煤）的碎煤加压气化炉，分别应用于新疆广汇 120 万 t/a 甲醇、80 万 t/a 二甲醚项目和内蒙古克什克腾旗 40 亿 m^3/a 煤制天然气项目。赛鼎碎煤加压气化炉已签约数百台，在建或投入运行，均具有较好的运行业绩。

二、赛鼎炉主要技术特征

赛鼎碎煤加压气化技术由原料煤破碎筛分及输送、气化冷却除尘、余热回收、煤气洗涤及排灰渣等过程组成。赛鼎炉主要技术特征见表 9-4。

表 9-4 赛鼎炉主要技术特征

序号	主要特征	描述
A	煤种适用范围	原料煤适用范围：褐煤、长焰煤、弱黏结烟煤、贫煤等以及这些煤种的混合料；尤其与半焦、气化焦、无烟煤等能够进行匹配；对三高煤也能进行气化。对煤质气化的一般要求：灰分含量（干基）+水分含量<50%
B1	块煤或碎煤进料	原料煤粒径范围 3～80 mm 的碎煤进料，低于 3 mm 或高于 80 mm 煤的比例均<5%
B2	原料输送系统	原料煤经破碎筛分送入煤斗，碎煤经煤溜槽、煤锁从气化炉顶部进入炉内，原料煤输送介质为煤锁气冲压；气化剂（水、蒸汽和氧气混合后）从气化炉底部经炉箅进入炉内，在 3.0～4.0 MPa、≥950 ℃的条件下，与煤发生气化反应
B3	炉夹套结构	炉型为双层筒体结构反应器，外筒承高压，设计压力 3.0～4.0 MPa，温度 260 ℃，内筒承低压及气化炉与煤气通过内料层阻力，设计压力 0.25 MPa（外压），温度 310 ℃。内外筒间距为 40～100 mm，夹套充满锅炉水，以吸收气化反应传给内筒的热量副产蒸汽
C1	气化炉结构	气化装置由具有内件的气化炉夹套及加煤用煤锁和灰锁组成，炉内设有新型破黏装置（对黏结煤）与布煤器、新型转动炉箅及炉箅转动轴，煤锁和灰锁直接与气化炉相连接；煤从煤仓通过溜槽由液压系统控制充入煤锁中，煤锁装满煤后由煤气冷却来的冷煤气和气化炉来的热煤气分两步充压，与气化炉内压力一致后向气化炉加煤，之后煤锁泄至常压，开始下个循环；煤由上而下移动先后经历干燥、干馏、气化、部分氧化和燃烧等区域，最后灰渣经气化炉下部旋转炉箅排入灰锁，再经灰斗排至水力排渣系统；气化剂由蒸汽、氧气或蒸汽、氧气和二氧化碳经混合管混合，经安装在气化炉下部的旋转炉箅喷入，在燃烧区部分与煤层反应放热，达到最高温度点并将热量提供气化、干馏和干燥用；粗煤气最后从炉上部引出炉外

续表

序号	主要特征	描述
C2	粗煤气冷却洗涤及热量回收	由于气化炉原料煤与煤气是逆流运行,故出气化炉上部的粗煤气以较低温度(400~600 ℃)离开气化炉,煤气经洗涤器洗涤后温度降至250 ℃左右,进入废热锅炉回收余热,温度降至180 ℃左右,副产次高压蒸汽供气化炉使用。气化炉夹套加入中压锅炉水产生的中压蒸汽经夹套蒸汽分离器送气化剂系统,按比例混合后喷射入气化炉
C3	环境处理成本高难度大	为防止结渣,采用高汽/氧比,水蒸气消耗大,蒸汽分解率低;气化废水多,煤气水分离负荷重,组分复杂;煤气中含焦油、酚等,净化工艺处理复杂;煤燃烧后的炉渣有细灰和渣块两种形态,无重复利用价值
C4	煤气产品适宜制天然气	煤气中有效气(与煤种有关)CO+H_2 52%~56%,甲烷含量10%~12%,煤气产品适宜做天然气
C5	单系列长周期运行	气化炉结构复杂,炉内动设备使用寿命受限,不能保证单炉长周期稳定运行,需设备炉;单炉最高运行天数239天,装置在线率可达95%
C6	技术成熟可靠	使用业绩较多,技术成熟,仍有优化空间
D	存在不足	水蒸气消耗大,蒸汽分解率低,气化废水多,废水组分复杂;煤气中含焦油、酚等,炉渣含碳量较高,炉内有转动设备,易损坏;粉煤利用率低

三、赛鼎炉商业应用业绩

赛鼎碎煤加压气化技术在中国煤化工市场气化专利技术许可18家,投入生产运行及建设的赛鼎炉195台。赛鼎碎煤加压气化技术商业化运行最早时间是1995年,赛鼎炉单炉最大投煤量为1000 t/d,于2011年投料生产运行。赛鼎炉已经投产项目和设计及建设项目主要商业应用业绩分别见表9-5A、表9-5B所示。

表9-5A 赛鼎炉已经投产项目主要商业应用业绩(截至2021年)

序号	企业名称	建厂地点	气化压力/MPa	气化炉台数(开+备)及单炉投煤量/(t/d)	单炉产煤气/(m^3/h)	设计规模/(万 t/a)	投产日期
1	山西天脊化肥厂新增改造	山西长治	3.0	1/750	48000	合成氨新增改造	1995
2	河南义马气化厂新增改造	河南义马	3.0	1/700	46000	城市煤气新增改造	2004
3	河南义马气化厂2期	河南义马	3.0	2/700	46000	煤气144万 m^3/d	2006
4	国电赤峰化工3052项目	内蒙古赤峰	3.0	(3+1)/720	45000	合成氨30,尿素52	2010
5	大唐国际煤制气项目1期	内蒙古赤峰	4.0	(14+2)/1000	43000	天然气13.3亿 m^3/a	2012
6	新疆广汇新能源有限公司	鄂尔多斯	4.0	(13+3)/750	53000	甲醇120,二甲醚80	2012
7	新疆庆华天然气1期	新疆伊犁	4.0	(14+2)/750	53000	天然气13.3亿 m^3/a	2014
8	晋煤金石集团制氢1期	河北石家庄	4.0	(6+2)/420	35000	氨20,甲醇20,硝铵40	2014
9	山西中煤平朔能源化工有限公司	山西平朔	4.0	(4+2)/650	46000	氨20,硝酸18	2015
10	河南晋控天庆煤化工有限责任公司	河南沁阳	4.0	(5+1)/540	40000	氨18,尿素30,LNG5	2015
11	新疆新业能源化工有限公司甲醇项目	新疆五家渠	4.0	(6+2)/720	49000	甲醇60,LNG5	2017
12	新疆新汶矿业集团能源有限公司	新疆伊犁	4.0	(19+3)/750	49000	天然气20亿 m^3/a	2017
13	襄矿泓通乙二醇项目	山西襄垣	4.0	(3+1)/750	48000	乙二醇20	2021
	小计			92+19=111			

注:1. 92台750 t/d炉,备炉19台,全部计入750 t/d炉型。
2. 运行炉子小计111台。

表 9-5B 赛鼎炉设计及建设项目主要商业应用业绩（截至 2021 年）

序号	企业名称	建厂地点	气化压力/MPa	气化炉台数(开+备)及单炉投煤量/(t/d)	单炉产煤气/(m³/h)	设计规模	投产日期
1	新疆庆华天然气 2.3 期	内蒙古赤峰	4.0	(28+4)/750	48000	天然气 26.6 亿 m³/a	建设
2	大唐国际煤制气 2.3 期	内蒙古赤峰	4.0	(28+4)/1000	43000	天然气 26.6 亿 m³/a	建设
3	晋煤金石集团藁城 2 期	河北石家庄	4.0	(3+1)/750	48000	氨 20 万 t/a	建设
4	大唐阜新煤制气 1 期	辽宁阜新	4.0	(14+2)/1000	47500	天然气 13.3 亿 m³/a	建设
5	赛鼎炉示范项目	河南义马	5.0	1/1600	110000	合成气 11 万 m³/h	建设
	小计			74+11=85			

注：1. 73 台 650 t/d 炉，备炉 11 台，全部计入 750 t/d 炉型。
　　2. 1 台 1600 t/d 炉。
　　3. 设计及建设的炉子小计 74 台，备炉 11，合计 85，运行及建设的炉子总计 196 台。

第四节　晋城无烟块煤加压气化技术

晋城无烟块煤加压气化技术（JMS 炉）是具有完全自主知识产权的国产化洁净煤固定床气化专利技术，在中国煤化工市场的研发推广应用较晚。通过在鲁奇炉基础上研发改进的工业示范装置运行，表明 JMS 炉结构简化，完全适应无烟煤气化要求，属于鲁奇炉改进型炉。JMS 炉在中国煤化工市场业绩较少，对煤的热稳定性气化有一定的要求。由于无烟煤具有抗破碎强度高、灰熔点高、热稳定性好及挥发分低等优点，非常适应 JMS 炉的气化原料。JMS 炉使用高温气化，可以提高气化效率和气化能力。

一、晋城炉发展历程

晋城无烟块煤加压气化技术由山西晋城无烟煤矿业集团有限责任公司（简称晋煤集团）与赛鼎工程有限公司（简称赛鼎公司）在传统固定床鲁奇炉加压气化技术的基础上进行合作，联合研发新型无烟块煤加压气化技术。晋煤集团与赛鼎工程拥有晋煤 JMS 无烟块煤加压气化技术许可、转让、工艺包设计及关键设备供货。

1. 晋城炉联合研发

山西晋城无烟煤矿业集团有限责任公司由山西省国有资产监督管理委员会控股的省属国企，是中国重要的优质无烟煤生产基地和大型煤层气抽采利用基地；晋煤集团所在的山西晋城是全国无烟煤资源最富集的产区，占中国无烟煤储量的 25% 左右。据相关资料介绍，山晋城无烟煤总储量超过 800 亿 t，这些无烟煤是中国传统中小型煤化工企业采用常压 UGI 气化工艺的主要原料，正是借助传统的 UGI 气化工艺和本地丰富的无烟煤资源，使得晋煤集团发展成为全国最大的煤化工企业之一。晋煤集团煤化工产业在全国 10 多个省市拥有 22 家煤化工企业和 1 家专业技术研究机构，合成氨产能约占全国总产能的 18.1%，尿素产能约占全国总产能的 20.3%，甲醇产能约占全国总产能的 7.6%。按照"以煤为基、多元发展"，构建起了"煤炭、煤化工、煤层气、电力、煤机制造、新兴产业"等产业格局，推动企业经济规模和效益实现跨越式增长。但随着煤气化新技术的发展，采用 UGI 气化工艺的无烟煤化工面临着严峻挑战。

赛鼎公司自 20 世纪 70 年代开始与德国鲁奇公司、PKM 公司等合作，设计了天脊集团合成氨工程、哈尔滨依兰煤气工程、义马煤气化工程，积累了丰富的鲁奇炉工程设计及建设经验。"七五"至"九五"期间在国家的组织领导下完成了国家科技攻关课题"鲁奇碎煤加压气化日产 100 万 m^3 城市煤气基础设计",在此基础上,国产化的"碎煤加压气化技术"开始进入应用的阶段。赛鼎公司在 Φ2.8 m、压力 2.0 MPa 气化炉的基础上,结合天脊集团扩产改造经验,又开发设计了 Φ3.8 m、压力 3.0 MPa 气化炉,于 1996 年 4 月应用于山西化肥厂作为引进装置补充内容。该碎煤加压气化炉全部采用国产材料,炉型相当于鲁奇第三代 Mark Ⅳ。2004 年两台 Φ3.8 m、压力 3.0 MPa 气化炉成功应用于河南义马煤气厂二期建设中。

2. 晋城炉工业示范

晋煤集团和赛鼎公司依据无烟煤在鲁奇炉上气化的特点及工程经验联合研发一种新型固定床高效热能回收固态排渣气化炉,即晋煤 JMS 无烟块煤固定床加压气化技术。JMS 炉以无烟煤为原料,生产合成气,用于传统的常压 UGI 气化工艺升级改造替代技术。目前晋煤 JMS 炉已有内径 3.8 m,气化压力 4.0 MPa。该装置正在河南晋煤天庆公司建设一台工业示范装置。具有运行稳定、周期长、热量回收利用率高、甲烷含量高等特点,可广泛应用于合成氨生产、城市煤气、玻璃陶瓷燃料气等领域。

二、晋城炉主要技术特征

晋城无烟块煤加压气化技术由原料煤破碎筛分及输送、气化冷却除尘、余热多级回收、煤气洗涤及排灰渣等组成。晋城炉主要技术特征见表 9-6。

表 9-6 晋城炉主要技术特征

序号	主要特征	描述
A	煤种适用范围	原料煤适用范围:无烟块煤、不黏结煤或弱黏结煤等以及这些煤种的混合料;尤其能与无烟块煤等进行匹配
B1	块煤或碎煤进料	原料煤粒径范围 6~50 mm 的碎煤进料
B2	原料输送系统	原料煤经破碎筛分送入煤斗,碎煤经煤溜槽、煤锁从气化炉顶部进入炉内,原料煤输送介质为煤锁气冲压;气化剂(水、蒸气和氧气混合后)从气化炉底部经炉箅进入炉内,在 2.5 MPa、≥1000 ℃ 的条件下,与煤发生气化反应
B3	炉夹套结构	炉体为双层筒体结构反应器,外筒承高压,设计压力 3.0~4.0 MPa,温度 260 ℃,内筒承低压及气化炉与煤气通过炉内料层阻力,设计压力 0.25 MPa(外压),温度 310 ℃。内外筒间距为 40~100 mm,夹套充满锅炉水,以吸收气化反应传给内筒的热量副产蒸汽
C1	气化炉结构	气化装置由具有内件的气化炉夹套及加煤用煤锁和灰锁组成,炉内设有布煤器、转动炉箅及炉箅转动轴,煤锁和灰锁直接与气化炉相连接;煤从煤仓通过溜槽由液压系统控制充入煤锁中,煤锁装满煤后由煤锁冷却来的冷煤气和气化来的热煤气分两部分进行充压,与气化炉内压力一致后向气化炉内泄煤,之后煤锁泄压至常压,开始下个循环;煤经干燥、干馏、气化和燃烧等区域,最后灰渣经气化炉下部旋转炉箅排入灰锁,再经灰斗排至水力排渣系统;气化剂由蒸汽、氧气或蒸汽、氧气和二氧化碳经混合管混合,经安装在气化炉下部的旋转炉箅均匀分布,在燃烧区部分与煤层反应放热,达到最高温度点并将热量提供气化、干馏和干燥用;粗煤气最后从炉上部引出炉外
C2	粗煤气冷却洗涤及热量回收	由于气化炉原料煤与煤气是逆流运行换热,故出气化炉上部的粗煤气 500~600 ℃ 离开气化炉进入旋风分离器除尘后,进入废热锅炉回收余热,副产 4.5 MPa 的过热蒸汽,最后经文丘里洗涤除尘,约 205 ℃ 进入低压废热锅炉副产 0.6 MPa 饱和蒸汽后进入下净化工序
C3	环境处理成本较高,规模较小	为防止结渣,采用较高汽/氧比,水蒸气消耗较大,气化废水较多,组分较复杂;净化工艺处理复杂;煤燃烧后的炉渣、细灰含碳量较高
C4	煤气产品适宜制合成气	煤气中有效气(与煤种有关)$CO+H_2$ 约 65%,甲烷含量约 8%,煤气产品适宜做合成气和天然气

续表

序号	主要特征	描述
C5	单系列长周期运行	气化炉结构较复杂,炉内动设备使用寿命受限,不能保证单炉长周期稳定运行,需设备炉
C6	技术成熟可靠	使用业绩少,技术基本成熟
D	存在不足	水蒸气消耗较大,气化废水较多,废水组分较复杂;煤气中含焦油、酚等,炉渣含碳量较高;炉内有转动设备,易损坏

三、晋城炉商业应用业绩

晋城无烟块煤加压气化技术在中国煤化工市场气化专利技术许可 4 家,投入生产运行及建设的 JMS 炉 25 台。晋城炉商业化运行最早时间 2020 年,JMS 炉单炉最大投煤量为 550 t/d,于 2020 年投料生产运行。晋城炉已经投产项目和设计及建设项目主要商业应用业绩分别见表 9-7A、表 9-7B。

表 9-7A 晋城炉已经投产项目主要商业应用业绩(截至 2021 年)

序号	企业名称	建厂地点	气化压力/MPa	气化炉台数及单炉投煤量/(t/d)	单炉产煤气/(m^3/h)	设计规模	投产日期
1	河南晋控天庆煤化工有限责任公司新增 1 炉(JMS)	河南沁阳	4.0	1/550	45000	工业示范装置	2020
	小计			1			

注:1. 1 台 550 t/d 炉。
    2. 运行炉子合计 1 台。

表 9-7B 晋城炉设计及建设项目主要商业应用业绩(截至 2021 年)

序号	企业名称	建厂地点	气化压力/MPa	气化炉台数(开+备)及单炉投煤量/(t/d)	单炉产煤气/(m^3/h)	设计规模/(万 t/a)或(万 m^3/d)	投产日期
1	河南晋控天庆煤化工有限责任公司 6 炉改造(JMS)	河南沁阳	4.0	(4+2)/550	45000	合成氨改造	建设
2	晋控煤金石化工集团有限公司制氨改造(JMS)	河北石家庄	4.0	(5+3)/550	40000	氨醇改造	建设
3	沙河市正康能源有限公司	河北沙河	4.0	(8+2)/550	40000	工业燃气 780	建设
	小计			17+7=24			

注:1. 17 台 550 t/d 炉,备炉 7 台。
    2. 建设炉子 17 台,备炉 7 台,运行及建设炉子合计 25 台。

第五节 昊华骏化移动床纯氧气化技术

昊华骏化移动床纯氧气化技术(TG 炉)是具有完全自主知识产权的国产化固定床气化专利技术。在中国煤化工市场的开发应用较早,TG 炉是为适应无烟煤气化而在传统 UGI 炉上的一种改进型气化工艺。

一、TG 炉发展历程

昊华骏化移动床纯氧气化技术由昊华骏化集团有限公司（简称昊华骏化）在传统固定床常压气化技术的基础上进行研发无烟块煤移动床纯氧低压连续气化技术（TG 炉），昊华骏化拥有昊华骏化移动床纯氧气化技术/TG 炉许可、转让、工艺包设计及关键设备供货。

昊华骏化始建于 1967 年，2005 年加入中国化工集团，是央企直属控股企业。历经 40 余年的持续发展，从单一合成氨生产企业发展成为以生产销售农用化学品、基础化学品和精细化学品为主，集化工贸易、物流配送、化工装备制造、科研开发为一体的现代化企业。公司总资产 130 亿元，主导产品年生产能力农用化学品 400 万 t，基础化学品和精细化学品 460 万 t，环保化学品 50 万 t，化工设备 400 台件，年发电量 $3\times10^8\,kW\cdot h$。

昊华骏化由基础化学品和精细化学品制造商，通过科技研发、技术创新实现了产业升级，转型为环保科技产品、制氢能源、高端工程材料、环境工程和环境科技的服务商，是集科研、开发、生产、销售、服务于一体的现代化科技企业，首批合成氨能效领跑者标杆企业等，拥有国家级企业技术中心、河南省煤化工工程技术研究中心，博士后流动工作站。依托国家级企业技术中心、博士、院士研发平台及创新体系，不断推出研发成果，用于企业加快新动能成长和传统动能改造提升。在洁净煤气化、清洁氢能源、工程材料、环保科技产品、环境工程等方面取得了一系列重要成果，已经形成 TG 移动床纯氧气化技术，燃气量/合成气量为 $12000\sim15000\,m^3/h$ 规模的产业化应用。不断升级的纯氧连续气化制合成气技术也已经进入到煤化工工业化应用领域，有效气含量大幅提高，不断提高了固定床煤气化系统碳转化率、冷煤气效率和降低煤制气成本的技术推出。

TG 炉以纯氧和水蒸气作为气化剂，采用无烟煤、烟煤、型焦炭等为原料。借鉴鲁奇炉和气流床气化技术的优点，融合到 UGI 常压间歇固定床中，进行工艺流程再造、气化炉结构重构和气化工艺参数优化，取消了间歇操作、空气气化改为纯氧气化、常压改为低压、降低汽/氧比、提高气化温度至软化温度与半球温度。延长气化剂及原料碳停留时间、采用双水冷壁结构、多层多边形炉箅子、促进气化剂均匀分布、强制均匀固态排渣等多项专利专有技术，形成了具有完全自主知识产权的低投资、高效率、流程简单、超低灰渣残炭且无三废排放的 TG 炉。

2008 年，首套 13 台 TG 炉在河南顺达新能源科技有限公司（以下称顺达新能源）投料成功。

二、TG 炉主要技术特征

昊华骏化移动床纯氧气化技术由原料煤破碎筛分及输送、气化冷却除尘、余热回收、煤气洗涤及排渣系统等组成。TG 炉主要技术特征见表 9-8。

表 9-8　TG 炉主要技术特征

序号	主要特征	描述
A	煤种适用范围	原料煤适用范围：无烟煤、烟煤、型煤、兰炭及焦炭等，尤其适应无烟碎煤；对煤质气化的一般要求：灰分含量（空干基）约 25.6%、挥发分（空干基）约 6.7%、固定碳（空干基）约 64.5%、水分含量（空干基）约 2.14%
B1	块煤或碎煤进料	原料煤粒径范围 $6\sim25\,mm$ 的碎煤进料
B2	原料输送系统	原料煤经破碎筛分送入煤斗，经煤溜槽、煤锁从气化炉顶部进入炉内，原料煤输送介质为煤锁气冲压；气化剂（蒸气和纯氧混合后）从气化炉底部经炉箅进入炉内，在 0.1 MPa、1400 ℃ 的条件下操作

续表

序号	主要特征	描述
B3	双段水冷壁结构	炉内壁采用双段水冷壁结构，分别副产低压蒸汽和中压蒸汽；燃烧和气化层采用中压水冷壁，向火侧有耐火涂层，热损失少，保护水冷壁耐磨蚀，从而实现保护炉体和副产蒸汽的作用，使用寿命长
C1	气化炉结构	气化装置由具有内件的水冷壁及加煤用煤锁和灰锁组成，炉内设有布煤器、转动炉箅及炉箅转动轴，煤锁和灰锁直接与气化炉相连接；煤从煤仓通过溜槽由液压系统控制充入煤锁中，煤锁装满煤后用煤锁气进行充压，与气化炉内压力一致后向气化炉加煤，之后煤锁泄至常压，开始下个循环；煤经干燥、干馏、气化和燃烧等区域，最后灰渣经气化炉下部旋转炉箅排入灰锁，再经灰斗排至水力排渣系统；气化剂由纯氧和蒸汽混合，经安装在气化炉下部的旋转炉箅均匀分布，在燃烧区部分与煤层反应放热，达到软化温度及半球温度，并将热量提供气化、干馏和干燥用；粗煤气最后从炉上部引出炉外
C2	粗煤气冷却洗涤及热量回收	由于气化炉原料煤与煤气是逆流运行换热，故出气化炉上部的粗煤气 500～600℃离开气化炉进入旋风分离器除尘后，进入废热锅炉回收余热，副产中压蒸汽，最后经文丘里洗涤除尘后进入下一工序
C3	环境友好，三废排放达标	气化温度提高后，碳转化率提高>98%，气化炉灰渣残炭<0.5%，采用低汽/氧比，蒸汽分解率>75%，水蒸气消耗降低，气化废水较少，易于处理
C4	煤气适宜制合成气及燃气	煤气中有效气（与煤种有关）$CO+H_2$ 约 84%，甲烷含量约 1.5%，煤气产品适宜做合成气、工业燃气
C5	单系列长周期运行	气化炉结构较复杂，炉内动设备使用寿命受限，需设备炉
C6	技术成熟可靠	使用业绩较多，技术基本成熟
D	存在不足	气化炉单炉规模小、气化压力低、炉内有转动设备，易损坏，在一个时期内仅适合小型煤化工企业技改或技术升级使用

三、TG 炉商业应用业绩

昊华骏化移动床纯氧气化技术在中国煤化工市场气化专利技术许可 5 家。TG 炉在中国煤化工市场投产运行及建设共计 59 台，最早投产时间 2008 年。单炉最大投煤量 150 t/d，单炉最大产煤气量为 15000 m³/h，TG 炉已经投产项目和设计及建设项目主要商业应用业绩分别见表 9-9A、表 9-9B。

表 9-9A　TG 炉已投产项目主要商业应用业绩（截至 2021 年）

序号	企业名称	建厂地点	气化压力/MPa	气化炉台数(开+备)及单炉投煤量/(t/d)	单炉产煤气/(m³/h)	设计规模/(万 t/a)	投产日期
1	河南顺达新能源科技有限公司	河南驻马店	0.1	(10+3)/130	12000	醋酸 20	2008
2	河南骏化发展股份有限公司	河南驻马店	0.1	(8+2)/150	15000	液氨 30	2016
3	河南顺达新能源科技有限公司	河南驻马店	0.1	(6+2)/150	15000	甲醇 30	2016
	小计			24+7=31			

注：1. 10 台 130 t/d 炉，备炉 3 台。
　　2. 14 台 150 t/d 炉，备炉 4 台。
　　3. 已经运行的炉子小计 24 台，备炉小计 7 台，合计 31 台。

表 9-9B　TG 炉设计及建设项目主要商业应用业绩（截至 2021 年）

序号	企业名称	建厂地点	气化压力/MPa	气化炉台数(开+备)及单炉投煤量/(t/d)	单炉产煤气/(m^3/h)	设计规模/(万 t/a)	投产日期
1	河南骏化发展股份有限公司	河南驻马店	0.1	(16+6)/130	12000	甲醇 50	建设
2	七台河勃盛清洁能源有限公司	黑龙江勃利	0.1	(4+2)/150	15000	液氨 15	建设
	小计			20+8=28			

注：1. 16 台 130 t/d 炉，备炉 6 台。
　　2. 4 台 150 t/d 炉，备炉 2 台。
　　3. 建设的炉子小计 20 台，备炉 8 台，合计 28 台，运行及建设炉子总计 59 台。

第六节　昌昱低压纯氧连续气化技术

昌昱低压纯氧连续气化技术（DY 炉）是具有完全自主知识产权的国产化固定床气化专利技术。在中国煤化工市场的开发应用比较早，DY 炉是为适应无烟煤气化而在传统 UGI 炉上的改进型气化工艺。由于 DY 炉单炉规模偏小，炉内有转动设备等不足之处；但气化装置改造投资低，基本能与原 UGI 工艺后续流程匹配。因此，在一个时期内较适合小型煤化工企业技改升级使用，也可提供使用工业燃气的窑炉、陶瓷、玻璃、冶金等企业使用。

一、DY 炉发展历程

昌昱固定床低压纯氧连续气化技术由江西昌昱实业有限公司（简称"昌昱公司"）在传统 UGI 固定床常压气化技术的基础上分两步走，首先开发出常压纯氧连续气化炉，然后开发出低压（微压）纯氧连续气化炉，研发出无烟煤低压纯氧连续气化工艺，作为 UGI 气化工艺的改进型新技术曾经在小型煤化工市场得到推广应用，江西昌昱拥有具有完全自主知识产权的昌昱固定床低压纯氧连续气化技术（DY 炉）许可、转让、工艺包设计及关键设备供货。

1. DY 炉早期研发

昌昱公司是一家从事煤气化技术研发、装备制造、工程承建、气体运营等的综合性企业集团，拥有多个自主知识产权的固定床纯氧连续气化及其他先进的煤气化技术的生产企业。公司成立于 1986 年，总部设在南昌经济技术开发区，下辖南昌和开封装备制造基地等单位。公司拥有煤气化研究所及不同类型的煤气化中试平台和高层次研发人才。依托煤气化研究所、高层次科研人员及煤气化研发平台和创新体系，不断推出煤气化研发新技术，取得了一系列重要成果，已经形成昌昱 DY 低压纯氧连续气化技术，单炉产煤气量达 8000～15000 m^3/h 的产业化规模。

2. DY 炉中期研发

2013 年，昌昱公司开发出拥有自主知识产权的常压纯氧连续气化技术，并用于小型煤化工企业常压固定床间歇气化的升级改造，首套气化炉在江苏善俊清洁能源科技有限公司得到应用；作为工业燃气，该技术分别在冶金行业河南明泰铝业股份有限公司和焦化行业七台河市隆鹏煤炭发展有限责任公司得到应用。

昌昱 DY 低压纯氧连续气化技术以纯氧和水蒸气作为气化剂，采用无烟煤、烟煤、型煤、焦炭和兰炭等为原料，进行工艺流程和气化炉结构优化，取消间歇操作，常压改为低压，空气气化改为纯氧连续气化；合理高径比，有效提高碳层高度，加大气化强度，控制上气道温度，延长停留时间，降低气体出口速度；夹套采用管套式耐压结构，内筒采用低合金材料，加大厚度，保证安全裕度，自产 1.3 MPa 蒸汽；炉底传动采用全封闭炉条机，变频调速，立轴设注油点，炉底传动润滑采用油站集中润滑；高效节能炉箅具有均匀布气、强力破渣和排渣等专有技术，形成了具有完全自主知识产权的低投资、高效率、气化强度大、流程简单、低灰渣残炭等专利技术。

2016 年，昌昱公司在常压纯氧连续气化技术的基础上成功开发低压（0.1 MPa）纯氧连续气化技术，并首次 13 台昌昱 DY 炉在河南驻马店骏化集团有限公司得到应用。

二、DY 炉主要技术特征

DY 炉是为适应无烟煤研发的改进型气化工艺，但仍然存在单炉气化炉规模低、气化压力低、炉内有转动设备、易损坏等不足之处。由于改造投资低，环保排放基本达标，与原 UGI 工艺后续流程基本匹配，在一个时期内适合小型煤化工企业技术升级，也可供工业燃气。DY 炉主要技术特征见表 9-10。

表 9-10 DY 炉主要技术特征

序号	主要特征	描述
A	煤种适用范围	原料煤适用范围：无烟块煤、烟块煤、焦炭、煤棒；对煤质气化没有特殊要求
B1	块煤或碎煤进料	原料煤粒径范围 6～40 mm、30～50 mm 分级使用
B2	原料输送系统	原料煤经破碎筛分送入煤仓，由煤仓进入自动加煤机，自动、定时从气化炉顶部进入炉内，原料煤输送介质为煤锁氮气置换冲压；气化剂（蒸汽和纯氧混合后）从气化炉底部经炉箅进入炉内，在 0.1 MPa、1150～1350 ℃的条件下操作
B3	采用夹套结构	炉内采用管套式耐压夹套结构，夹套副产 1.3 MPa 蒸汽，减少冷壁效应，从而保护炉体和副产蒸汽的作用，延长使用寿命；内筒采用低合金材料，加大厚度，保证安全裕度，大幅提高夹套高度，提高气化层高度，气化强度达 15000 m³/(m²·h)
C1	气化炉结构	气化炉采用管套式耐压夹套结构及加煤用煤锁和灰锁组成，炉底传动采用全封闭炉条机，变频调速，炉内设有高效节能炉箅均匀布气、强力破渣和排渣，煤锁和灰锁直接与气化炉相连接；煤从煤仓通过自动加煤机控制进入煤锁，煤锁装满煤后由煤锁氮气充压，略高于气化炉内压力后向气化炉加煤，之后煤锁泄自常压，开始下个循环；煤经干燥、干馏、气化和燃烧等区域，最后灰渣经气化炉下部炉箅排入灰锁，再经灰斗排至水力排渣系统；纯氧和蒸汽经计量和比例调节进入混合罐中混合，温度控制到 200 ℃从底部进入造气炉；在炉内高温条件下，与煤层进行部分氧化（燃烧区）还原（气化区）反应，连续生产粗煤气，粗煤气往上行不断与煤层换热，并将热量提供进行干馏和干燥用，粗煤气最后 450 ℃从炉上部引出炉外
C2	粗煤气冷却洗涤及热量回收	由于气化炉原料煤与煤气是逆流运行换热，出气化炉的粗煤气约 450 ℃，进入旋风分离器除尘后，热管式废热锅炉回收高温气体余热，副产压力为 0.3 MPa 的蒸汽进入上段过热；出废热锅炉温度约 150 ℃煤气进入洗气塔底部进行冷却洗涤，冷却到 40 ℃并洗涤其中夹带的尘埃和焦油后，进入煤气总管后续工序
C3	环境友好，三废排放达标	气化温度提高后，碳转化率＞98%，气化灰渣残炭＜0.6%，蒸汽分解率＞75%～85%，水蒸气消耗率降低，气化废水较少，易于处理
C4	煤气适宜制合成气及燃气	煤气中有效气（与煤种有关）$CO+H_2$ 82%～86%，煤气产品适宜做合成气、工业燃气
C5	单系列长周期运行	气化炉结构较复杂，炉内动设备使用寿命受限，需设备炉
C6	技术成熟可靠	使用业绩较多，技术基本成熟
D	存在不足	气化炉单炉规模小 40～160 t/d、气化压力低、炉内有转动设备、易损坏，在一个时期内仅适合小型煤化工企业技改或技术升级使用或作为工业燃气使用

三、昌昱炉商业应用业绩

昌昱低压纯氧连续气化技术获中国煤化工市场气化专利技术许可45家。DY炉在中国煤化工市场投产运行及建设共计393台,最早投产时间2013年。单炉最大投煤量160 t/d,单炉最大产煤气量为15000 m³/h,投料时间2017年。DY炉已经投产项目主要业绩见表9-11。

表9-11 DY炉已经投产的主要商业应用业绩(截至2021年)

序号	企业名称	建厂地点	气化压力/kPa	气化炉台数(开+备)及单炉投煤量/(t/d)	单炉粗合成气/(m³/h)	设计规模/(万t/a)	投产日期
1	山东太阳纸业股份有限公司	山东兖州	常压	(1+1)/90	9200	燃气9200 m³/h	投产
2	青海创新矿业开发有限公司	青海海西	常压	(7+3)/90	9200	合成氨15	投产
3	内蒙古宜化化工有限公司	内蒙古乌海	常压	(2+1)/90	9200	醋酸	投产
4	江苏盐城盈达气体有限公司	江苏盐城	常压	1/130	13000	燃气13000 m³/h	投产
5	山东天力能源股份有限公司	山东济南	常压	(9+3)/130	13000	燃气1170000 m³/h	投产
6	湖北潜江金华润化肥有限公司	湖北潜江	常压	(5+1)/130	13000	燃气65000 m³/h	投产
7	山东郓城县鲁发化工有限公司	山东郓城	常压	(6+2)/130	13000	燃气78000 m³/h	投产
8	淄博齐翔腾达化工股份有限公司1期	山东淄博	常压	(8+3)/130	13000	燃气100000 m³/h	投产
9	淄博齐翔腾达化工股份有限公司2期	山东淄博	常压	(2+1)/130	13000	燃气26000 m³/h	投产
10	河北建滔化工集团有限公司1.2期	河北邢台	常压	(10+3)/90	9200	甲醇10+10,醋酸40	2005
11	贵州开磷有限责任公司	贵州开阳	常压	(18+6)/90	9200	液氨30,甲醇5	2008
12	河南晋开化工投资控股集团有限责任公司	河南开封	常压	(3+1)/90	9200	合成氨20改造	2008
13	贵州美丰化工有限责任公司	贵州贵阳	常压	(5+1)/130	13000	氨20,甲醇5,尿素30	2010
14	江苏善俊清洁能源科技公司	江苏连云港	常压	(5+2)/90	9200	甲醇10	2013
15	山西天柱山化工有限公司	山西忻州	常压	(12+3)/130	13000	合成氨18,尿素30	2013
16	湖南智成化工有限公司	湖南株洲	常压	(8+2)/130	13000	醋酸	2013
17	河北英都气化有限公司	河北邢台	常压	(8+2)/90	9200	醋酸	2013
18	河北英都气化有限公司	河北邢台	常压	(2+1)/130	13000	醋酸扩建	2013
19	山东兖矿国泰化工有限公司	山东兖州	常压	(3+1)/90	9200	醋酸	2013
20	七台河市吉伟煤焦有限公司	黑龙江七台河	常压	(9+3)/90	9200	甲醇5	2013
21	河南明泰铝业股份公司1期	河南巩义	常压	(3+1)/130	13000	燃气39000 m³/h	2014
22	河南明泰铝业股份公司2期	河南巩义	常压	2/130	13000	燃气26000 m³/h	2014
23	七台河市隆鹏煤炭发展有限公司	黑龙江七台河	常压	(2+1)/130	13000	LNG0.7,甲醇8.8	2015
24	山东京博石油化工有限公司	山东滨州	常压	(7+2)/130	13000	氢气4	2016
25	河南顺达化工科技有限公司	河南驻马店	90	(10+3)/90	9200	合成氨30,尿素50	2016
26	黑龙江华本生物能源有限公司	黑龙江双鸭山	90	(1+1)/160	15000	燃气15000 m³/h	2017
27	内蒙古源通煤化集团有限责任公司	内蒙古阿拉善	90	(3+1)/130	13000	煤气39000 m³/h	2017
28	河南骏化发展股份有限公司	河南驻马店	90	(9+3)/130	13000	煤气117000 m³/h	2017
29	河南顺达化工科技有限公司2期	河南驻马店	90	(6+2)/160	15000	醋酸20改造	2017

续表

序号	企业名称	建厂地点	气化压力/kPa	气化炉台数（开+备）及单炉投煤量/(t/d)	单炉粗合成气/(m³/h)	设计规模/(万 t/a)	投产日期
30	七台河宝泰隆煤化工股份有限公司	黑龙江七台河	90	(16+6)/160	15000	煤气 240000 m³/h	投产
31	孝义市鹏飞实业有限公司	山西孝义	90	(3+1)/130	13000	煤气 40000 m³/h	投产
32	吉林通化化工股份有限公司	吉林通化	90	(6+2)/130	13000	合成氨 18，尿素 30	投产
33	内蒙古家景镁业有限公司	内蒙古乌海	90	(7+3)/130	13000	甲醇 20	投产
34	盐城德龙化工有限公司	江苏盐城	90	(12+4)/130	13000	燃气 156000 m³/h	投产
35	韩城市新丰清洁能源科技有限公司	陕西韩城	90	(4+1)/130	13000	煤气 42000 m³/h	投产
36	陕西龙门煤化工有限责任公司	陕西韩城	90	(5+1)/130	13000	煤气 65000 m³/h	投产
37	河南中鸿集团煤化有限公司	河南平顶山	90	(1+1)/160	15000	煤气 15000 m³/h	投产
38	河南金马能源股份有限公司	河南济源	90	(6+2)/130	13000	煤气 80000 m³/h	投产
39	山西晋煤天源化工有限公司	山西高平	90	(3+1)/90	9200	煤气 27600 m³/h	投产
40	山西金象煤化工有限责任公司	山西晋城	90	(3+1)/90	9200	煤气 27600 m³/h	投产
41	七台河泓泰兴清洁能源有限公司	黑龙江七台河	90	(18+6)/160	15000	煤气 270000 m³/h	投产
42	内蒙古聚实能源有限公司	内蒙古阿拉善	90	(14+4)/160	15000	煤气 210000 m³/h	投产
43	山东鲁洲集团沂水化工有限公司	山东沂水	90	(1+1)/160	15000	煤气 15000 m³/h	投产
44	新疆宜化化工有限公司	新疆昌吉	90	(14+6)/130	13000	合成氨 40，尿素 60	投产
45	山西晋丰煤化工有限责任公司闻喜分公司	山西闻喜	90	(15+4)/90	9200	氨 18，尿素 30，甲醇 6	2020
	小计			295+98=393			

注：1. 97 台 90 t/d 炉，备炉 32 台。
  2. 138 台 130 t/d 炉，备炉 44 台。
  3. 60 台 160 t/d 炉，备炉 22 台。
  4. 已经运行炉子小计 295 台，备炉小计 98 台，合计 393 台。

第七节　昌昱加压纯氧连续气化技术

昌昱加压纯氧连续气化技术（JY 炉）是具有完全自主知识产权的国产化固定床气化专利技术。在中国煤化工市场开发应用较晚，JY 炉是为适应无烟煤气化而在传统 UGI 炉上的改进型气化工艺。由于 JY 炉单炉规模偏小，炉内有转动设备等不足之处；但气化装置改造投资低，环保排放基本达标，在一个时期内适合小型煤化工企业技术升级，也可供工业燃气使用。

一、JY 炉发展历程

昌昱固定床加压纯氧连续气化技术由江西昌昱实业有限公司（简称"昌昱公司"）在低压纯氧连续气化技术的基础上优化改为加压纯氧连续气化炉，研发出的无烟煤加压纯氧连续气化工艺，作为传统固定床气化工艺的改进型新技术在小型煤化工市场得到应用验证。江西昌昱拥有具有完全自主知识产权的昌昱 JY 加压纯氧连续气化技术许可、转让、工艺包设计及关键设备供货。

1. JY炉早期研发

昌昱公司拥有多个自主知识产权的固定床纯氧连续气化技术，以及其他先进的煤气化技术，是一个以技术创新型为主导的工程技术开发、工程建设及装备生产制造的创新型企业。拥有煤气化研究所及不同类型的煤气化中试平台和高层次研发人才，不断推出煤气化系列重要技术成果。形成的昌昱固定床加压纯氧连续气化技术，单炉产煤气量从 9000～15000 m^3/h 提升到 18000～33000 m^3/h 的气化规模，其中有效气含量大幅增加，不断提高了固定床煤气化炉气化强度、碳转化率和冷煤气效率，并降低煤制气生产运行成本。

昌昱固定床加压纯氧连续气化技术以纯氧和水蒸气作为气化剂，采用无烟煤等为原料，在原气化炉的结构材料方面进行了一系列改进和创新。

2. JY炉中期研发

JY炉中期研发主要是在气化炉筒体内保温结构采用耐火浇注料+水夹套；外筒材质耐热低合金钢，耐热强度高，内筒只承受内外压差，采用 Q245R 材料；炉底传动采用全封闭炉条机，变频调速，立轴设注油点，炉底传动润滑采用加油站集中润滑；采用新型高效专用旋转炉箅及炉底刮灰机构，炉箅层数和高度增加，气化炉本体分段用法兰连接，使得各单层炉箅可整体铸造、炉箅可整体装配，炉箅推渣筋设计错落有致，专用炉箅更加具有均匀布气、强力破渣和排渣等功能，形成了具有完全自主知识产权的低投资、压力高、气化效率高、气化强度大、低灰渣残炭等专利技术。

2016年，昌昱公司在常压纯氧连续气化技术的基础上成功开发加压（1.0～2.5 MPa）纯氧连续气化技术，该气化技术在昌昱实业 DN800 加压试验炉上得到充分的验证，获得大量的煤质试烧运行数据和运行工况，为下一步的工业化推广应用奠定了基础。

二、JY炉主要技术特征

JY炉是为适应无烟煤而进行的研发创新型气化工艺，单炉气化炉具有规模较低、炉内有转动设备、易损坏等不足之处。由于比较适应小型化肥企业固定床常压气化的技术改造，且改造投资较低，环保排放基本达标，在一个时期内适合小型煤化工企业技术升级，也可供工业燃气。JY炉主要技术特征见表 9-12。

表 9-12　JY炉主要技术特征

序号	主要特征	描述
A	煤种适用范围	原料煤适用范围：无烟煤、焦炭、气化焦、兰炭、型煤；对煤质气化没有特殊要求
B1	块煤或碎煤进料	原料煤粒径范围 6～40 mm、30～50 mm 分级使用
B2	原料输送系统	原料煤经破碎筛分送入料仓，由料仓送入煤锁，煤锁每小时加料 3～4 次，原料煤输送介质为煤锁氮气充压，均匀布料进炉内，煤层自上而下为干燥层、干馏层、还原层、氧化层和灰层；气化剂（蒸气和纯氧混合后）从气化炉底部经炉箅底部均匀布气进入炉内
B3	采用耐火浇注料+水夹套	炉体上部筒体炉温低，采用双层保温结构，内层采用高铝耐热耐火浇注料，厚度 150 mm，受热面采用重质浇注料，厚度 100 mm，下部筒体因为炉温高采用水夹套结构，夹套副产中压蒸汽，延长使用寿命；该结构可提高有效气成分2%，气化强度 2900 $m^3/(m^2·h)$
C1	气化炉结构	气化炉采用耐火浇注料+水夹套结构，加煤用煤锁和灰锁，煤锁和灰锁直接与气化炉相连接；新型高效专用旋转炉箅及炉底刮灰机构、强力破渣和排渣；原料煤从料仓通过圆筒溜槽进入煤锁中，煤锁装满煤后由煤锁氮气充压，略高于气化炉内压力后向气化炉加煤，之后煤锁泄至常压，开始下个循环；煤经干燥、干馏、气化、氧化和灰层等区域，最后灰渣经气化炉下部旋转炉箅排入灰锁，再经灰斗排至水力排渣系统；气化剂自下而上逆流与灰层换热、在氧化层，气化剂与碳发生燃烧氧化反应，生成 CO_2 和

续表

序号	主要特征	描述
C1	气化炉结构	放热,温度升至 1150~1300 ℃,在还原层,碳与 CO_2、水蒸气发生还原反应,生成 $CO+H_2$,以及少量 CH_4 和吸热,温度降至 800 ℃,煤气在干馏层和干燥层换热,温度降至 550~600 ℃,并携带着干馏逸出的挥发分和干燥带出的水分进入炉顶的空层,流速剧减,细煤层被沉淀下来,煤气从顶部离开
C2	粗煤气冷却洗涤及热量回收	出气化炉的粗煤气经旋风分离器除尘后,约 450 ℃进入煤气废热锅炉回收高温余热,副产中压蒸汽;出废热锅炉温度约 220 ℃煤气进入煤气洗涤饱和塔,除尘和水蒸气饱和后,再经水分离器分离后,含尘量<5 mg/m³,温度 140~150 ℃离开气化工序
C3	环境友好,三废排放达标	气化温度提高后,碳转化率>98.5%,气化灰渣残炭<0.6%,蒸汽分解率>75%~85%,水蒸气消耗降低,气化废水较少,易于处理
C4	煤气适宜制合成气及燃气	煤气中有效气(与煤种有关)$CO+H_2$ 82%~92%,CH_4 2.5%,煤气产品适宜做合成气、工业燃气
C5	单系列长周期运行	气化炉结构较复杂,炉内有动设备,使用寿命受限,需设备炉
C6	技术成熟可靠	使用业绩较少,技术基本成熟
D	存在不足	气化炉单炉规模小 150~300 t/d(干煤)、气化压力较低、炉内有转动设备,易损坏,在一个时期内适合小型煤化工企业技改使用或作为工业燃气使用

三、JY 炉示范装置业绩

昌昱固定床加压纯氧连续气化技术在中国煤化工市场气化专利技术还没有推广应用。昌昱固定床加压纯氧连续气化技术仅建成 1 台 JY 工业示范装置,已经投料试车。JY 炉单炉最大投煤量 180~350 t/d,单炉最大产煤气量为 18000~33000 m³/h,JY 炉已经投料示范装置业绩见表 9-13。

表 9-13 JY 炉已经投料示范装置业绩(截至 2021 年)

序号	企业名称	建厂地点	气化压力/MPa	气化炉台数及单炉投煤量/(t/d)	单炉粗合成气/(m³/h)	设计规模/(万 t/a)或(亿 m³/a)	投产日期
1	江西昌昱实业运行公司		2.5	1/(180~350)	18000~33000	示范装置	投料
	小计			1			

注:1. 1 台 180 t/d 炉。
2. 示范装置已经投料及验证。

参考文献

[1] 国家标准化管理委员会. 商品煤质量 固定床气化用煤: GB/T 9143—2021[S]. 2021-12-31.
[2] 田守国. 新型常压固定床气化已发展成为多领域应用的实用技术[J]. 中氮肥, 2016, 191(5): 1-6.
[3] 杨伟, 左永飞, 韩涛, 等. 固定床气化炉全料层取样分析研究[J]. 煤化工, 2016, 44(5): 17-18.
[4] 魏有福. 大型煤化工项目气化技术的应用状况及选用分析[J]. 中氮肥, 2016, 191(5): 20-24.
[5] 赛鼎工程有限公司. 一种适用于直径 4.5 m 至 5 m 固定床气化炉的炉算: CN20120583000.5[P]. 2013-05-29.
[6] 张庆庚, 李凡, 李好管. 煤化工设计基础[M]. 北京: 化学工业出版社, 2012.
[7] 张双全. 煤化学[M]. 徐州: 中国矿业大学出版社, 2004.
[8] 姜圣阶. 合成氨工学[M]. 北京: 石油化学工业出版社, 1978.
[9] 于尊宏. 化工过程开发[M]. 上海: 华东理工大学出版社, 1996.
[10] 刘境远. 合成气工艺与技术[M]. 北京: 化学工业出版社, 2001.

第十章 固定床熔渣加压气化技术

第一节 固定床熔渣气化

一、概述

固定床熔渣加压气化工作原理与固定床块煤或碎煤加压气化工作原理基本相同,是在原鲁奇炉基础上进行的重大改进。一是采用了液态排渣,提高了气化炉的操作温度,可在煤的灰熔点以上进行操作,从而提高了气化效率;二是对炉底排渣部分进行了改造,包括取消转动炉算系统、渣口下方增设激冷室、增设水路冷却系统和炉内增设耐火衬里,使得气化炉长周期操作更稳定,减少因机械传动故障导致的开停车维修工作量;三是由于提高了炉温,气化效率得到提升,蒸汽分解率超过90%,且污水量大为减少。生产废水仅为鲁奇碎煤加压气化的25%左右,因此污水处理负荷大幅降低。

二、固定床熔渣气化特点

提高气化温度后,液态排渣,没有排渣炉算和转动设备,由此改变了固定床气化剂的输入模式,采用以环向对中分布的气化剂喷嘴和燃气控制的间歇液体排渣系统。碎煤或型煤仍然从气化炉顶部进入,向下移动,在气化炉内经过加热层、干燥层、干馏层、气化燃烧层和熔渣五个过程。在不同的区域中,各个反应过程所对应的反应层界面也比较明显,气化介质则自下而上与煤形成逆流接触。在气化炉内上部,入口冷煤气与出口热煤气的热交换仍然是气固逆流接触,使得煤气出口温度较低,气化炉顶出来的煤气温度为350~600 ℃,进入急冷器,用循环煤气水急冷后入废热锅炉。

高温熔渣气化与鲁奇气化进行了有机的结合,使得熔渣气化区温度为1300~1500 ℃,气化压力为2.0~4.0 MPa时,可以大幅度提高气化效率和气化强度,蒸汽用量大为减少,仅为鲁奇炉的10%~15%。在1300 ℃以上的高温气化条件下,煤中的有机物反应得比较彻底,99%的碳被转化。与鲁奇炉相比,在相同氧耗时,气化剂的汽/氧比为1.1~1.2,蒸汽用量大幅降低。由于将鲁奇炉的固态排渣改为熔融态排渣,故提高了操作温度,同时也提高了生产能力,更适合灰熔点低的煤种。

熔渣气化炉用原料煤有一定的要求，适用于褐煤、不黏结性或弱黏结性的煤，要求褐煤成型选择6～50 mm的碎煤作为原料，可掺杂适量粉煤（<10%），使用无黏结的烟煤、褐煤时，需将较细的煤粉做成型煤。气化剂选择，可采用纯氧或富氧空气和水蒸气作为气化剂。BGL熔渣加压气化炉主要以纯氧和水蒸气作为气化剂。

比较典型的熔渣炉是BGL气化炉，炉体比较简单，采用常规压力容器材料制成，配有常规耐高温炉衬里及循环冷却水夹套。其中，喷嘴、渣池及间歇排渣系统的设计为核心专有技术。BGL气化技术采用氧气和水蒸气为气化剂，气化温度为1400～1600 ℃，氧气消耗低于气流床气化炉。生产能力较同内径鲁奇炉提高2～3倍，除产出少量甲烷外，粗气组分（H_2+CO）与气流床产出的粗合成气类似。

三、固定床熔渣气化的不足

熔渣炉气化工艺流程比较复杂，占地较大，也存在环境污染。煤气中仍含有较多的焦油、酚、氨等杂质，气化及后续处理单元仍会产生较多的废水，成分复杂，废水处理困难，后工序不易处理，成本较高。对原料煤热稳定性和抗评审强度要求较高，粉煤一般需要进行型煤处理，而且对型煤的抗破碎强度要求较高，有些方面粉煤难以加工为型煤，此外这部分投资较高。

四、固定床熔渣气化炉型

固定床熔渣气化炉型比较有代表性的主要有：常压UGI间歇式水煤气炉、两段煤气发生炉、鲁奇（Lurgi）碎煤加压炉和赛鼎碎煤加压气化炉，固定床固态排渣气化炉型见表10-1。

表10-1　固定床熔渣气化炉型主要参数

技术名称/公司	气化炉	气化压力	进料方式	气化剂	排渣方式
德国鲁奇公司	Lurgi炉	2.5 MPa	块煤	纯氧+水蒸气	液态
英国BGL燃气公司	BGL炉	2.5 MPa	碎煤	纯氧+水蒸气	液态
德国泽玛克公司	BGL炉	2.5～4.0 MPa	碎煤或型煤	纯氧+水蒸气	液态
中国云煤炉	YM炉	2.5 MPa	碎煤	纯氧+水蒸气	液态
中国晋航熔渣加压炉	JMH炉	2.5～4.0 MPa	碎煤	纯氧+水蒸气	液态
中国晋煤熔渣加压炉	JML炉	4.0 MPa	碎煤	纯氧+水蒸气	液态
中国昌昱加压炉	JY炉	加压	碎煤	纯氧+水蒸气	液态

目前，工业应用熔渣加压气化炉一般生产强度550～1200 t/d，适用于大中型合成氨、甲醇及煤制天然气生产企业。BGL炉在国内有一定的应用业绩，如中煤鄂尔多斯120万t合成氨项目、海拉尔金星50万t合成氨项目等。

第二节　泽玛克熔渣加压气化技术

泽玛克熔渣气化技术（BGL炉）作为国际先进的固定床熔渣气化技术，通过BGL炉工业示范装置的成功投料运行，表明该熔渣气化技术是国际先进的熔渣气化技术之一，在中国现代煤化工早期市场得到引进。该熔渣气化技术在中国应用较早，项目应用业绩较多，为国内固定床熔渣气化技术国产化研发提供了重要的参考样本,其 BGL 炉生产运行表明了熔渣气化技术的先进性、可靠性和成熟性。

一、BGL 炉发展历程

上海泽玛克敏达机械设备有限公司(简称"上海泽玛克")2010 年收购了 BGL 固定床加压熔渣气化技术(现称为"泽玛克熔渣气化技术"),泽玛克熔渣气化技术所有方为德国泽玛克洁净煤公司,注册地在德国,所以上海泽玛克所推广的 BGL 炉属国外引进技术。上海泽玛克拥有全球唯一的泽玛克熔渣气化技术/BGL 炉技术许可、转让、工艺包设计及关键设备供货。

1. BGL 炉早期研发

20 世纪 30 年代,德国鲁奇公司经过多种煤种、多项试验,于 1939 年气化褐煤成功以后,设计研发了第一代鲁奇气化炉,产气量 5000~8000 m^3/(h·台);20 世纪 50 年代,为扩大使用煤种范围和更高气化强度进行了 35 种煤试验和研究,设计研发了第二代气化炉,由于改进了布气方式和增加了破黏装置,产气量由 8000 m^3/(h·台)提高到 17000 m^3/(h·台);20 世纪 70 年代,为继续扩大煤种范围和提高气化强度,鲁奇公司设计研发了第三代 Mark Ⅳ 型炉和 Mark Ⅴ(由南非萨索尔开发),进一步改进了布煤器和破黏装置,设置多层炉箅,布气好,气化强度提高,灰渣残炭减少,采用了先进的控制技术。在同一时期,英国燃气公司(简称 BG 公司)与鲁奇公司合作开发了 BGL 固定床加压熔渣气化技术,单炉产气量为 34000 m^3/h,日处理煤量可达 960~1200 t。而早在 20 世纪 50 年代,BG 公司就固定床熔渣气化技术开始进行了相关的试验工作并最终建立了试验规模的液态气化炉。其后与 Lurgi 公司合作使得这一技术得到了实质性的发展,熔渣气化技术就是在鲁奇炉的基础上改进而发展起来的。BG 公司与鲁奇公司耗资 2 亿欧元联合开发了 BGL 熔渣气化技术。BG 的分公司 Advantica 是 BGL 气化技术的主要研究者和专利商之一,也是全球范围内致力于促进能源和公用事业先进技术和系统解决方案的提供者。Advantica 煤气化技术的核心是 BGL 液态排渣气化炉,也是鲁奇固态排渣气化炉的改进形式,当时是为提高低活性煤气化效率而开发的。将鲁奇炉固态排渣改为液态排渣,通过减少蒸汽/氧气比,使干灰融化形成熔渣而实现,由此取消炉内转动设备,克服了蒸汽分解率低、气化废水量大、气化温度低、固定碳利用率低、装置能力低等缺陷。其效率提高必然要对鲁奇气化炉及底部结构进行重新设计,以适应煤的灰熔点以上高温气化,并且将产生的熔渣排走。

1974~1992 年间,Advantica 公司在苏格兰法夫郡的 Westfield(西田)研究中心进行 BGL 气化技术开发,Westfield 气化站建于 20 世纪 60 年代初期,当时主要用来供应城市煤气产品,建有 4 个直径为 2.7 m 的鲁奇固态排渣气化炉。由于北海天然气在英国的广泛应用,导致该气化站生产的城市煤气产品在 70 年代中期停产,但该气化站被保留下来,用于 Westfield 研究中心进行 BGL 气化技术的开发和验证。

2. BGL 炉中期研发

1974 年在西田研究中心建设了一台气化炉 Φ1.8 m 日投煤量 300 t 的试验装置,操作压力约 2.5 MPa,到 1983 年这套试验装置对超过 100000 t 的多种煤种进行了气化试验;1984 年在西田研究中心又建设了一台气化炉 Φ2.3 m 日投煤量 500 t 的试验装置,操作压力约 2.5 MPa,到 1990 年对多种煤完成约 75000 t 的气化试验;随后在西田研究中心最后建设了一台气化炉 Φ1.2 m 气化装置,在 2.5~7.0 MPa 的范围内对多种煤种进行了气化试验,在整个压力范围内装置运行良好。通过在西田研究中心的长期积累，Advantica 公司获取了大量的煤种试烧数据及丰富的运行经验，并建立了固定床液态排渣气化的数学模型，开发成功了仿真系统。此项研发工作一直持续到 1991 年底结束，并关闭了 Westfield 气化站。

在此期间，由美国和英国生产的约 18 万 t 的煤种在 Westfield 气化站试验装置被气化，共计试烧了 14300 多小时。Westfield 气化试验建造了 3 种不同规模及压力的固定床液态排渣气化炉，炉子内径为 1.2～2.3 m，操作压力为 2.5～7.0 MPa，煤处理量为 200～500 t/d。气化炉最长运转时间为 90 天以上，由此验证了炉内各部件基本能够满足气化炉运转寿命和可靠性的要求。在 Westfield 研究中心进行过多种类型的原料煤试烧，特别是对美国和英国的电站燃料进行了试烧，获得了大量的煤炭气化试验数据和参数。验证了熔渣气化炉在处理不同煤种快速变化时的操作灵活性控制参数；处理量在 30%～110%范围内发生变化时的操作稳定性控制参数。进一步表明熔渣气化炉对处理量的变化反应迅速，但对产品热值仅有短暂微小的影响；煤种性质和灰分含量的波动对熔渣气化炉的操作影响很小，气体的 CV 值和产量均能够保持稳定；熔渣备用炉冷态启动需要 8 h，热态备用状态可长达 16 h，其间恢复生产仅需 10 min。

3. BGL 炉商业化应用

2000～2007 年期间，BGL 熔渣气化技术在德国的另一个工业项目得到商业应用。设计的 BGL 熔渣气化炉内径为 3.6 m，在德国 Dresden 附近的 SVZ Schwarze Pumpe（黑水泵二次废物利用中心）建成。该项目一直运行到 2007 年中期。该气化炉主要用来气化处理 20%煤和 80%废料的混合物，生产合成气用于发电和甲醇。黑水泵项目所用的 BGL 炉与 Westfield 研究中心的熔渣气化炉相比，气化效率得到进一步提高，表明了 BGL 炉运行成熟可靠，原料应用范围广泛，气化指标先进。

BGL 熔渣气化炉是固定床设计，用于生产燃气或合成气。适用于褐煤、不黏结性或弱黏结性的煤，要求褐煤成型或选择 6～80 mm 的块煤或型煤作为原料。该工艺将高温熔渣气化与鲁奇气化进行了有机结合。在 1300 ℃（灰熔点）以上的高温下进行气化，99.5%的碳被气化。在氧耗相当时，气化剂的汽/氧比为 1.1～1.2，蒸汽用量大幅降低，90%～95%的蒸汽被分解。采用高温熔渣气化后，去掉了鲁奇炉大型排渣炉箅和转动设备；改变了气化剂的输入模式，以环向对中分布设计气化剂喷嘴和燃气控制间歇液体排渣系统；块煤或型煤从气化炉顶部进入，在气化炉内加热、干燥、干馏、气化，熔渣均匀恒定地间歇液态排出；气化炉顶部出去的煤气温度为 300～600 ℃，进入急冷器，用循环煤气水急冷后进入废热锅炉回收余热并副产蒸汽。由于原料煤是从立式圆筒压力容器床层的顶部进入，气化剂（蒸汽和氧气）是从压力容器底部进入，使得生成的合成气向上逆流穿过煤床。这种设计特点是充分利用气化反应产生的多余热量干燥并抑制煤的挥发，使得 BGL 气化工艺成为高效的煤气化技术之一，氧气消耗量将降低 30%～40%，煤转化为合成气的效率提高 10%～20%。

2004 年，中国首次引进 BGL 固定床加压熔渣气化（泽玛克熔渣气化）技术专利许可、工艺包设计及关键设备改造技术。在云南解化清洁能源开发有限公司合成氨原料路线改造项目中对解化闲置的一台 $\Phi 2800$ 的固态排灰加压气化炉进行改造。2004～2006 年间，结合解化合成氨原料路线改造，由解化、赛鼎和英国 Advantica 公司合作开发，建成 $\Phi 2300$ 的碎煤熔渣气化工业示范装置。该装置于 2006 年 5 月试车成功，2007 年 1 月 31 日通过验收。此次引进技术就是在工业示范装置成功运行的基础上进行的，炉径由 $\Phi 2300$ 放大到 $\Phi 3600$。这是首套泽玛克熔渣气化技术工业装置在中国市场的应用。

二、BGL 炉主要技术特征

BGL 炉熔渣气化炉技术由加煤系统、排渣系统、气化剂供给系统、气化反应及余热回收系统、激冷水循环系统、夹套水循环系统、粗煤气冷却与洗涤净化系统等组成。BGL 气化炉以块煤为原料，既吸收了熔渣气化效率高、强度大的特点，也融合了鲁奇炉氧耗低、炉体结构简单、炉内气-固相逆流接触、煤气显热利用合理及出口温度低的优点；同时也克服了气流床熔渣气化能耗高、投资高等缺陷；以及鲁奇炉气化强度低、蒸汽消耗大、污水处理成本高、气化温度低、固定碳利用率低等诸多弊病。BGL 炉主要技术特征见表 10-2。

表 10-2　BGL 炉主要技术特征

序号	主要特征	描述
A	煤种适用范围	原料煤范围：低阶煤中的烟煤（长焰煤、不黏煤、弱黏煤）、褐煤以及化工焦、石油焦、无烟煤、次烟煤、城市垃圾，以及这些煤种及型煤的混合料；对高灰熔点煤，需添加石灰石助熔剂；对黏结性煤种，需添加搅拌器
B1	块煤/碎煤/型煤进料	原料煤粒径范围 5~80 mm 的块煤或型煤进料；备煤系统简单，运行可靠性大幅提高
B2	原料输送系统、气化剂、多喷嘴	原料煤经破碎筛分经皮带进入高位煤仓，再经煤溜槽、双煤锁从气化炉顶部进入炉内，原料煤输送介质为煤锁气冲压；气化剂（水、蒸气和氧气混合后）从气化炉底部进入，多喷嘴均匀布气
B3	炉夹套结构	炉型为双层筒体结构反应器，外筒承受高压，设计压力 3.6~4.6 MPa，在内壁设计基础上加入耐火砖衬里，形成简单的水夹套保护层，在炉下沿周向装置了一组喷嘴。气化压力为 3.0~4.0 MPa，温度分布由上到下为 450~1500 ℃，炉体内径为 3.6 m，外径为 4.0 m，耐火砖厚度为 100 mm，夹套厚 200 mm，主框架高度 40 m。夹套充满锅炉水，产生的蒸汽经汽液分离器分离，分出的液体返回覆夹套，蒸汽送到气化剂管线用作气化剂
C1	气化炉结构	BGL 气化炉结构由煤锁、过渡仓、炉体、短节、激冷室、渣锁组成；经煤溜槽、双煤锁交替操作，间断地将原料煤加入炉内，通过炉内搅拌器将煤均匀地分布在气化炉的横截面上；气化炉内从上而下分为干燥区、干馏区、气化区、燃烧区和熔融态灰渣区。燃烧区温度高可达 2000 ℃ 左右；取消炉底部机械转动炉箅，仅向气化炉通入适量的水蒸气和氧气，控制炉温在灰熔点以上，使灰渣呈熔融液态渣储存在渣池内，通过下渣口间断排入激冷室和渣锁，渣锁间断地把激冷后的玻璃渣排入渣池，通过水力作用冲入渣池
C2	粗煤气冷却洗涤及热量回收	BGL 炉原料煤/煤气和炉渣/气化剂流向与鲁奇炉一样，双逆流运行。炉内产生的粗煤气与炉内原料煤进行逆流接触降温至 (550±50) ℃，经洗涤冷却器激冷后进入废热锅炉回收余热，温度降至 180 ℃ 左右，副产约 0.6 MPa 低压蒸汽，再经洗涤冷却后进入粗煤气总管，送至下游装置
C3	环境友好，处理成本下降	BGL 气化工艺改进后，消除了为防止气化炉内结渣对炉温的限制，使炉体内的气化层温度有较大提高；大量减少了蒸汽消耗，加快了气化反应速率，提高了设备生产能力；煤气中需要处理的冷凝液带量大量减少，灰渣中基本无残炭；煤气水送到煤气水分离装置，经预处理后送至酚氨回收
C4	有效合成气含量高	煤气中有效气（与煤种有关）$CO+H_2$ 为 80%~85%，CH_4 5%~8%，H_2/CO 0.5~58，氧耗 230~330 m^3/t 煤，蒸汽耗 0.22~0.32 t/t 煤，产油率 2.14%，单炉产粗煤气 58000~68000 m^3/h，废水 11 t/h，粗煤气产率 1600~2000 m^3/t 煤
C5	单系列长周期运行	单炉长周期稳定运行需设备炉
C6	技术成熟可靠	使用业绩较多，技术基本成熟，但有进一步优化的空间
D	存在不足	长周期满负荷稳定运行仍有待完善，排渣液位控制及气化炉内部结构应进一步优化

三、BGL 炉商业应用业绩

泽玛克熔渣气化技术在中国煤化工市场气化专利技术许可 8 家，投入生产运行及建设的 BGL 炉 35 台。BGL 炉商业化运行最早时间 2006 年，单炉最大投煤量为 1200 t/d，于 2011 年投料生产运行。BGL 炉已经投产项目主要业绩见表 10-3。

表 10-3　BGL 炉已经投产项目主要业绩（截至 2021 年）

序号	企业名称	建厂地点	气化压力 /MPa	气化炉台数(开+备)及单炉投煤量/(t/d)	单炉产煤气量/(m³/h)	设计规模/(万 t/a)或(万 m³/d)	投产日期
1	云南解化清洁能源开发有限公司	云南开远	3.0	1/750	48000	合成氨 20	2006
2	云南瑞气化工有限公司	云南开远	3.0	(3+2)/1000	65000	甲醇 20，二甲醚 15	2009
3	呼伦贝尔金新化工有限公司	呼伦贝尔	4.0	(2+1)/1200	71000	合成氨 50，尿素 80	2011
4	中煤鄂尔多斯能源化工有限公司 1 期	鄂尔多斯	4.0	(5+2)/1000	73000	合成氨 100，尿素 175	2013
5	中国一拖集团有限公司	河南洛阳	3.0	(1+1)/1000	65000	燃气 160	2013
6	云南先锋化工有限公司	云南昆明	4.5	(5+3)/1000	71000	甲醇 MTG20	2014
7	龙煤天泰 10 万 t 芳烃项目	双鸭山	4.0	(2+1)/1000	71000	甲醇 30	2016
8	中煤鄂尔多斯能源化工有限公司 2 期	鄂尔多斯	4.0	(4+2)/1000	73000	甲醇 100	2021
未计	德国黑水泵	德国	3.0	1/840	52000	甲醇 10	2000
未计	SHRIRAM	印度	3.0	2/1000	65000	合成氨 20	投产
	小计			26+12=38			

注：1. 1 台 750 t/d 炉。
　　2. 24 台 1000 t/d 炉，备炉 12，含 1200 t/d 炉。
　　3. 运行炉子小计 26 台，备炉 12 台，合计 38 台。
　　4. 中国市场以外的业绩未计。

第三节　云煤熔渣加压气化技术

云煤熔渣加压气化技术（YM 炉）是具有完全自主知识产权的国产化固定床熔渣气化专利技术，在中国煤化工市场的研发应用较早。通过研发改进鲁奇炉工业示范装置运行，表明 YM 炉结构及关键内件结构得到了完善，气化运行更加稳定。YM 炉属于内热式固定床液态排渣式炉型，融合了固定床和气流床的优点；与其他气化技术相比，耗氧量较低，总气化效率明显提高；气化过程中无飞灰产生，水蒸气/氧气喷射系统可使焦油和油类产品完全气化；气化过程中产生污水少，对煤种适应性强；所有设备均实现国产化。

一、YM 炉发展历程

云煤固定床熔渣加压气化技术由云南解化清洁能源开发有限公司所属云南解化集团有限公司（简称云解化）在鲁奇固定床加压气化技术的基础上进行改造和研发的，云解化拥有 YM 碎煤熔渣加压气化技术（YM 炉）技术许可、转让、工艺包设计及关键设备供货。

云南解化清洁能源开发有限公司是由云南煤化工集团有限公司和中国长江三峡集团公司共同出资，以云南煤化工集团所属云南解化集团有限公司为基础，重组原云南瑞气化工有限公司、云南先锋煤业开发有限公司而成立的，以褐煤为原料进行清洁能源开发与生产经营的新型煤化工企业。其中云南煤化集团持股 60%，中国三峡集团持股 40%。

1. YM 炉早期研发

云解化是国内最早以劣质褐煤为原料采用鲁奇加压气化制气生产合成氨的企业，共有早期鲁奇气化炉 14 台，生产合成氨 15 万 t。早年主要生产原料为云南开远小龙潭褐煤，煤气化技术为德国鲁奇纯氧加压气化技术。作为第一代鲁奇炉，炉身短、能力小、蒸汽消耗大、能耗高、不经济，加之原有的小龙潭褐煤储量有限。褐煤煤质主要参数：碳含量35%左右；灰分13%～16%；挥发分37%～40%；全水分37%左右；高位发热量3709 kcal/kg，低位发热量3373 kcal/kg，灰熔点软化温度T_1 1024 ℃；半球温度T_2 1070 ℃；流动温度T_3 1250 ℃，属典型的劣质褐煤。而采用鲁奇加压气化技术能够较好地使用褐煤原料生产燃气和化学品，但也导致气化灰渣含碳量高达20%左右，且容易结块，影响炉子正常运行。为防止炉内温度过高，造成烧结，就必须加大蒸汽保持炉子正常运行，这就必然造成蒸汽消耗过高，加之煤种含水多，煤在气化前未进行干馏而在气化过程中进行干馏，造成在制气过程中产生的固体废物和污水含量多，增加了治污难度和成本费用。为此，云解化和鲁奇公司及英国燃气公司所属Advantica进行合作。碎煤熔渣气化技术就是在鲁奇固定床气化技术的基础上发展起来的更为先进的煤炭气化技术。其特点是气化温度高，气化后灰渣呈熔融态排出，因而使得气化炉的热效率与单炉生产能力得到很大提高，煤气成本降低，污染物排放大为降低，因此在加压固定床气化炉的基础上技术革新，开发碎煤熔渣气化技术。

Advantica公司通过在西田研究中心的长期试验积累，获取了大量的煤种试烧数据及丰富的运行经验，建立了固定床液态排渣气化的BGL气化炉数学模型，并成功开发了仿真系统；2000～2007年期间，在德国Dresden附近的SVZ Schwarze Pumpe（黑水泵二次废物利用中心）建成了一台气化炉内径为3.6 m的BGL炉，该炉一直运行到2007年中期。

2．YM炉中期研发

2004～2006年间，结合云解化合成氨原料路线改造，云解化、赛鼎公司和英国Advantica合作，对公司原有直径2.3 m的鲁奇加压气化炉进行改造。在云解化建成一套以含水量达35%的褐煤为原料的试验装置。该装置于2006年5月试车成功，于2007年1月31日通过验收。云解化从2006年6月至2008年9月，在该实验装置上共进行了33次投料试车，主要以云南小龙潭褐煤为原料，试车期间还以焦炭、烟煤、无烟煤为原料进行了多次试车操作，操作压力为2.0～2.5 MPa。其中最长运行周期为191 h，最短的仅为3 h。试验验证了采用固定床碎煤熔渣加压气化技术的可行性。但要实现国产化工业生产，还要进行深度研发创新及改进完善。

2006年，云解化对固定床碎煤熔渣加压气化技术国产化立项，成立了科技研发攻关团队。在试验装置的基础上进行了大量的计算、模拟和研究总结，历时两年时间，于2008年5月研发出第一代YM碎煤熔渣加压气化技术及关键设备。2008年9月第一代YM气化炉在云南省开远市试车投产，并实现了一次投料成功，实现了YM气化技术的工业化应用。第一代YM气化炉内径为3.6 m，操作压力为3.0 MPa。单炉日投煤量800 t，单炉年产甲醇7万t，并副产3万t合成氨。采用3+2的运行模式，至今平稳运行。

3．YM炉商业化应用

2010年，在第一代YM气化炉运行基础上，对气化炉内件、布煤集气器、燃烧器、排渣器、煤箱气回收工艺、点火器及点火控制程序、冷却水系统工艺控制、分析取样系统、煤锁和渣锁系统、安全保护系统、系统集成控制程序等进行了进一步的优化和改进，完成YM气化第二代技术开发并进行了工业化运行。由于气化炉结构及关键内件结构得到了完善，气化运行更加稳定，单炉投煤量可达1200 t以上，目前YM气化技术申请了5项国家专利，且已获授权。YM气化炉单炉连续运行超过114天，炉子运行率70%以上，完全可满足安全生产运行的需要，并形成了具有自主知识产权的云煤固定床熔渣加压气化技术。

二、YM 炉主要技术特征

YM 炉由输煤系统、气化剂供给系统、气化反应及冷却系统、排渣系统、激冷水循环系统、夹套水循环系统及余热回收、粗煤气冷却与洗涤等组成。原料煤（粒度 5~80 mm）经煤仓、双煤锁间歇加入 YM 炉内，与炉底多喷嘴加入的气化剂逆流接触；原料煤在逐步下降的过程中与上升的气流逆流接触反应的同时发生热交换，原料煤温度逐渐升高，在炉体下部与气化剂发生强烈的气化反应，气化反应区温度高为 1400~1700 ℃，碳转化完全；熔融的炉渣由炉体下部渣口排出，经激冷后进入渣锁，再由渣锁间歇排除；反应生成的粗煤气经换热后由炉顶送出，煤气温度<450 ℃，经循环煤气水洗涤，冷却后送往后工序加工。YM 炉主要技术特征见表 10-4 所示。

表 10-4　YM 炉主要技术特征

序号	主要特征	描述
A	煤种适用范围广	对原料煤适应性强，可直接气化褐煤、烟煤、无烟煤等含碳物质，以及这些煤种的混合料；也能气化水分高，挥发分高，固定碳低的劣质煤
B1	碎煤进料	原料煤粒径范围 5~80 mm 的碎煤进料；备煤系统简单
B2	原料输送及多喷嘴喷入	原料煤经破碎筛分经皮带进入高位煤仓，再经煤溜槽、双煤锁从气化炉顶部进入炉内，原料煤输送介质为煤锁气冲压；气化剂（水、蒸气和氧气混合后）从气化炉下部多喷嘴进料
B3	炉夹套结构	炉型为双层筒体结构，采用非金属耐火衬里，其结构较金属材料的松散性较好解决床层材料的应力释放；金属炉壁因耐火衬里及外部水夹套能够保持使用条件的相对稳定
C1	气化炉结构	气化炉主要由双煤锁、过渡仓、气化炉体、渣池、激冷室、渣锁等组成；经煤溜槽、双煤锁间歇交替将原料碎煤从炉顶部加入，并均匀分布在气化炉的横截面上；炉内煤料层分为干燥区、干馏区、气化区、燃烧区和熔融灰渣区，气化区操作温度可为 1400~1700 ℃；在炉下部的鼓风口以相同角度通过多喷嘴喷入炉内，以及自动控制等措施保证喷入床层的气化剂均匀分布，在炉内中心处形成富氧燃烧区。通过控制气化剂氧浓度来调整炉内反应温度达到灰熔点温度以上；灰渣变成熔融态后进入熔渣池，渣池采用了以渣抗渣的方式解决高温熔渣的磨蚀和腐蚀，使灰渣呈熔融态渣储存在渣池内，然后通过下渣口连接短节间歇排入激冷室，采用强制冷却保证渣层稳定，然后通过渣锁间歇把激冷后的灰渣排入渣沟
C2	粗煤气冷却洗涤	原料煤与煤气和气化剂流向逆流运行，炉内粗煤气与炉顶部原料煤进行逆流接触换热，使得炉顶出口处煤气温度<450 ℃，因此后续不需要庞大的余热回收系统，经洗涤冷却除尘后进入粗煤气总管，送至下游装置
C3	环境友好，处理成本下降	YM 气化工艺采用液态排渣，消除了鲁奇气化炉内因结渣对炉温的限制，使炉内气化层温度可提至灰熔点以上，大量减少了蒸汽消耗和煤气水处理负荷，提高了气化效率，降低了能耗；由于高温气化，使得灰渣中基本无残炭，碳转化率提高，三废排放减少，环境友好
C4	有效合成气含量高	煤气中有效气（与煤种有关）$CO+H_2+CH_4>83\%$，煤气组分适宜做天然气、合成气及燃气
C5	长周期稳定运行需设备炉	为保证单炉长周期稳定运行需设备炉，但多炉运行可不设备炉
C6	技术成熟可靠	工业示范装置，使用业绩少，但技术基本成熟
D	存在不足	长周期满负荷稳定运行仍有待完善，排渣液位控制及气化炉内部结构应进一步优化

三、云煤炉商业应用业绩

云煤熔渣加压气化技术在中国煤化工市场气化专利技术许可 4 家，投入生产运行及建设的 YM 炉 21 台。YM 炉商业化运行最早时间 2008 年，单炉最大投煤量为 1000 t/d，于 2013

年投料生产运行。YM 炉已经投产项目和设计及建设项目主要商业应用业绩分别见表 10-5A、表 10-5B。

表 10-5A YM 炉已经投产项目主要商业应用业绩（截至 2021 年）

序号	企业名称	建厂地点	气化压力/MPa	气化炉台数(开+备)及单炉投煤量/(t/d)	单炉合成气 $CO+H_2+CH_4$/(m³/h)	设计规模/(万 t/a)	投产日期
1	云南开远解化化工公司	云南开远	3.0	(3+2)/800	35000	甲醇 15, 合成氨 3	2008
2	云南解化清洁能源开发公司	云南昆明	4.5	(5+3)/1000	59000	甲醇 50, LNG14.5	2013
	小计			8+5=13			

注：1. 3 台 800 t/d 炉，备炉 2 台。
2. 5 台 1000 t/d 炉，备炉 3 台。
3. 运行炉子小计 8 台，备炉 5，合计 13 台。

表 10-5B YM 炉设计及建设项目主要商业应用业绩（截至 2021 年）

序号	企业名称	建厂地点	气化压力/MPa	气化炉台数(开+备)及单炉投煤量/(t/d)	单炉合成气 $CO+H_2+CH_4$/(m³/h)	设计规模/(万 t/a)	投产日期
1	黑龙江华本生物能源公司	黑龙江双鸭山	3.0	(2+1)/800	45000	甲醇 20	建设
2	内蒙古华锦化工公司 1 期	内蒙古锡林郭勒	4.5	(3+2)/1000	45000	合成氨 50, 尿素 80	建设
	小计			5+3=8			

注：1. 2 台 800 t/d 炉，备炉 1 台。
2. 3 台 1000 t/d 炉，备炉 2 台。
3. 建设炉子小计 5 台，备炉 3 台，合计 8 台。运行及建设炉子总计 21 台。

第四节 晋航熔渣加压气化技术

晋航熔渣加压气化技术（JMH 炉）是具有完全自主知识产权的国产化固定床熔渣气化专利技术，在中国煤化工市场的研发应用较晚，应用业绩较少。通过研发的 JMH 炉工业示范装置投料运行表明，气化运行稳定，各项气化指标达到设计值。JMH 炉关键设备内件结构得到优化和完善，尤其将固定床固态排渣改为液态排渣炉型，融合了固定床和气流床的优点。JMH 炉是为适应高灰熔点晋城无烟块煤开发的固定床液态排渣气化技术，与 BGL 气化工艺类似，属于固定床熔渣气化先进技术之一。

一、JMH 炉发展历程

晋航固定床熔渣加压气化技术由山西晋城无烟煤矿业集团有限责任公司（简称晋煤集团）与中航集团西安六院及所属西安航天源动力工程有限公司（简称中航源动力公司）联合开发"JMH 炉"攻克高灰熔点无烟块煤熔渣气化世界性难题，在固定床加压气化技术的基础上研发无烟块煤固定床熔渣加压气化技术。晋煤集团与中航源动力公司共同拥有晋煤 JMH 无烟块煤固定床熔渣加压气化技术许可、转让、工艺包设计及关键设备供货。

晋煤集团所产煤炭主要为中等变质程度无烟煤，主要产品有洗中块、洗小块、洗末煤和优末煤等 7 个品种。产品除具有一般无烟煤低灰、低硫、高发热量的优点之外，还具有机械强度高、固定碳含量高、灰熔点高、热稳定性好、化学反应活性强等独特的优点，是优质的化工煤气化、冶金喷吹、烧结、发电和建材用煤，畅销全国各地。其中晋煤集团煤化工板块在"十三五"围绕加快高硫、高灰、高灰熔点劣质煤的洁净化开发和利用进行研发，取得了实质性进展。集团公司煤化工产业完成总氨醇产能1871万t，产量1701万t；尿素产能1471万t，产量964万t；甲醇产能720万t，产量529万t。而在"十四五"期间，将围绕晋煤集团丰富的无烟煤资源、煤层气资源，巩固和拓宽"煤—气—化"产业链，大力发展煤化工副产气制氢，建设甲醇重整制氢等示范项目，开发无烟煤制备石墨烯、储能电池负极材料，布局煤基化纤、塑料和有机硅化工新材料等。

中航源动力公司作为航天技术应用产业领军企业，依托液体火箭发动机技术国防科技重点实验室、陕西省等离子体物理与应用技术重点实验室等研发平台进行技术成果转化，凭借液体火箭发动机喷雾燃烧、流动传热、高效混合、流体控制、特种密封等技术优势及试验仿真能力，自主研发形成节能环保工程、热能燃烧系统、特种装备等多种优势技术，为煤化工、石油化工、新能源及新材料等领域提供完善的技术解决方案。近年来公司与清华大学、浙江大学、西安交通大学等多所专业大学合作，拥有国家授予专利140余项，其中发明专利50余项，获省部级成果10余项。

在此背景下，晋煤集团和中航源动力公司依托无烟煤的特点联合研发一种新型固定床熔渣加压气化炉，即晋煤JMH无烟块煤固定床熔渣加压气化技术。由于晋航炉采用无烟煤作为原料，具有抗破碎强度高、灰熔点高、热稳定性好及挥发分低等特点，可以使用高于灰熔点以上温度气化，液态排渣，提高气化效率和气化能力。为此，在山西晋丰煤化工有限责任公司闻喜分公司建设一套"JMH炉"试验平台，历经2年时间，累计投资2.86亿元，建成了目前国内唯一的块煤加压熔渣气化技术研发平台。该平台由15个子系统组成，为攻克高灰熔点煤种熔渣气化关键技术奠定了基础。JMH炉与传统固定床间歇制气炉比较，具有改造投资低、单位有效合成气耗煤量少、吨产品能耗低、气化炉产气量大、碳转化率大于99%、炉渣含碳量小于0.5%等优势。最终气化炉渣呈无害化玻璃体态，可作为建筑材料循环利用，为高灰熔点无烟块煤气化全过程提供了高效、清洁、经济的新路径。

二、JMH炉主要技术特征

晋航熔渣加压气化技术由原料煤破碎筛分及输送、气化冷却除尘、煤气洗涤及余热回收、排渣系统等组成。JMH炉主要技术特征见表10-6。

表10-6 JMH炉主要技术特征

序号	主要特征	描述
A	煤种适用范围	原料煤适用范围：不黏结煤或弱黏结煤等以及这些煤种的混合料；尤其能与晋城无烟块煤等进行匹配。在高灰熔点煤中添加适量的助熔剂可以优化渣池结构和操作条件，更有利于液态排渣
B1	块煤或碎煤进料	原料煤粒径范围6~50 mm的碎煤进料
B2	原料输送系统	原料煤经破碎筛分送入煤斗，块煤或碎煤经煤溜槽、煤锁从气化炉顶部进入炉内，原料煤输送介质为煤锁气冲压；气化剂（水、蒸气和氧气混合后）从气化炉底部喷入炉内；同时在气化炉中部二次给氧，以降低甲烷含量等，在气化炉燃烧层喷入助熔剂；在2.5~4.0 MPa、高于煤灰熔点条件下操作
B3	炉夹套结构	炉型为双层筒体结构反应器，外筒承高压，内筒承低压及气化炉与煤气通过炉内料层阻力，夹套充满锅炉水，以吸收气化反应传给内筒的热量副产低压蒸汽；耐火村里采用浇注料

续表

序号	主要特征	描述
C1	气化炉结构	气化装置由具有内件的气化炉夹套及加煤用煤锁和灰锁组成，炉内设有布煤器、煤锁和灰锁直接与气化炉相连接；煤从煤仓通过溜槽由液压系统控制充入煤锁中，煤锁装满煤后由煤锁气充压，与气化炉内压力一致后向气化炉加煤，之后煤锁泄至常压，开始下个循环；煤经干燥、干馏、气化和燃烧等区域，熔融炉渣经气化炉底部进入注满水的熔渣激冷室快速冷却生成玻璃状碎渣，然后通过灰锁排出系统；气化剂由蒸汽和纯氧经混合后从气化炉下部喷入，在燃烧区部分与煤层反应放热，达到最高温度点并将热量提供气化、干馏和干燥用；粗煤气最后从炉中部引出炉外
C2	粗煤气冷却洗涤及热量回收	由于气化炉原料煤与煤气是逆流运行换热，故出气化炉中部的粗煤气约 500 ℃离开气化炉进入文丘里洗涤冷却除尘后，约 190 ℃进入废热锅炉回收余热，副产 0.6 MPa 的蒸汽后 170 ℃送出界区
C3	环境友好，处理成本下降	采用液态使炉体内的气化层温度高于灰熔点；大量减少了蒸汽消耗，煤气中需要处理的冷凝液量大量减少，废水中有机物含量低，易于处理；灰渣中残炭量非常低，炉渣呈无害化玻璃体态，可作为建筑材料循环利用，环境友好
C4	煤气中有效气含量高	煤气中有效气（与煤种有关）$CO+H_2$ 85%～90%，甲烷含量<1.5%，煤气产品适宜做化工产品
C5	单炉长周期运行需设备炉	不能保证单炉长周期稳定运行，需设备炉。对多炉运行，可不设备炉
C6	技术成熟可靠	仅用于工业示范装置，使用业绩少，有待工业化应用进一步验证技术成熟度
D	存在不足	长周期满负荷稳定运行仍有待完善，排渣液位控制及气化炉内部结构优化，应尽快拓展到其他原料煤使用范围

三、晋航炉商业应用业绩

晋航熔渣加压气化技术在中国煤化工市场气化专利技术许可 1 家，投入生产运行的 JMH 炉 1 台。JMH 炉商业化运行最早时间 2020 年，单炉最大投煤量为 350 t/d，于 2020 年投料运行。JMH 炉已经投产项目主要商业业绩见表 10-7。

表 10-7 JMH 炉已经投产项目主要商业应用业绩（截至 2021 年）

序号	企业名称	建厂地点	气化压力/MPa	气化炉台数及单炉投煤量/(t/d)	单炉粗合成气/(m³/h)	设计规模	投产日期
1	山西晋丰煤化工有限责任公司闻喜分公司改造（JMH）	山西闻喜	2.5	1/350	20000	工业示范装置	2020
	小计			1			

注：1. 1 台 350 t/d 炉。
    2. 投产炉子小计 1 台，合计 1 台。

第五节 晋煤熔渣加压气化技术

晋煤熔渣加压气化技术/JML 炉是具有完全自主知识产权的国产化固定床熔渣气化专利技术，在中国煤化工市场的研发应用较晚，还没有投料运行的业绩。研发的 JML 炉中试装置表明，气化运行平稳。JML 炉关键设备内件结构得到优化和完善，采用水冷壁结构，将固态排渣改为液态排渣，结合了固定床与气流床的特点，尤其适应高灰熔点晋城无烟块煤的液态排渣气化。该气化工艺与 BGL 气化工艺类似，属于固定床熔渣气化先进技术之一。

一、JML 炉发展历程

晋煤固定床熔渣加压气化技术由山西晋城无烟煤矿业集团有限责任公司（简称晋煤集团）与上海倍能化工技术有限公司（简称上海倍能）联合开发，攻克高灰熔点无烟块煤熔渣气化瓶颈，在固定床加压气化技术的基础上研发无烟块煤固定床熔渣加压气化技术。晋煤集团与上海倍能共同拥有晋煤 JML 无烟块煤固定床熔渣加压气化技术许可、转让、工艺包设计及关键设备供货。

晋煤集团所产煤炭主要为晋城无烟煤，产品具有一般无烟煤低灰、低硫、高发热量的优点，是优质的化工煤气化等用煤，畅销全国各地。但从 21 世纪初期开始，国内外煤气化技术，特别是先进的气流床干煤粉气化和水煤浆气化技术日益成熟，现代煤化工行业以壳牌炉、GSP 炉、科林炉、航天炉、神宁炉、GE 炉、四喷嘴炉、多元料浆炉、鲁奇炉、BGL 炉等为代表的现代加压气化工艺迅速发展，以廉价的长焰烟、烟煤以及劣质煤为原料，对一大批国产传统中小型 UGI 固定床气化工艺形成严重挤压；并随着国家环保政策不断紧缩，落后的 UGI 气化工艺环保三废排放问题及高能耗问题日益突出，生存空间日益狭小，无烟煤化工原料市场急剧萎缩。作为全国最大的无烟煤化工企业，晋煤集团联合多家科研院所单位，通过技术创新，提升传统的 UGI 气化工艺先进水平，降低能耗，提升单炉气化能力和绿色环保循环利用综合能力。晋煤 JML 炉就是晋煤集团在提升无烟煤气化的竞争力方面开发的成果之一。

晋煤 JML 炉由晋煤集团与上海倍能合作研发，在传统碎煤固定床加压气化技术基础上，引入先进的气流床工艺优势，采用纯氧气化、水冷壁结构、液态排渣融合到固定床中进行气化炉结构优化和流程再造，为高灰熔点晋城无烟块煤高效、安全气化保驾护航，使得 JMH 炉真正实现生产运行安全、气化强度增强、操作压力提高、高于灰熔点气化、炉渣液态排渣、原料吃干榨净，以及环境友好、适应高灰熔点无烟块煤的优势。其中晋煤华强化工湖北有限公司（简称晋煤华强）55 万 t 氨醇项目承担晋煤 JML 炉工业示范任务，建设晋煤 L 炉工业示范装置。晋煤华强年产 55 万 t 合成氨（氨醇）技术升级改造项目选址位于当阳市坝陵工业园区，项目规划生产用地面积 684 亩（1 亩=667m^2）。项目总投资约 30 亿元，主要建设一条年产 55 万 t 合成氨生产线，配套建设年产 80 万 t 尿素装置。由晋煤集团与华强公司等共同出资，设立控股子公司具体负责建设运营。JML 炉与先进的气流床工艺比较，改造投资低；与 UGI 固定床气化比较，具有单位有效合成气耗煤量少、吨产品能耗低、气化炉产气量大、碳转化率大于 99%、炉渣含碳量小于 0.5%等优势。JML 气化炉灰渣呈无害化玻璃体态，可作为建筑材料综合利用，为高灰熔点无烟块煤气化全过程提供了高效、清洁、经济的新路径。

二、JML 炉主要技术特征

晋煤固定床熔渣加压气化技术由原料煤破碎筛分及输送、气化冷却除尘、煤气洗涤及余热回收、排渣系统等组成。JML 炉主要技术特征见表 10-8。

表 10-8　JML 炉主要技术特征

序号	主要特征	描述
A	煤种适用范围	原料煤适用范围：不黏结煤或弱黏结煤等以及这些煤种的混合料；尤其能与晋城无烟块煤匹配
B1	块煤或碎煤进料	原料煤粒径范围 6～50 mm 的碎煤进料
B2	原料输送系统	原料煤经破碎筛分送入煤斗，块煤或碎煤经煤溜槽、双系统煤锁从气化炉顶部进入炉内，原料煤输送介质为煤锁冲压；气化剂（水、蒸气和氧气混合料）从气化炉底部喷入炉内；在 6.5 MPa、高于煤灰熔点条件下操作

续表

序号	主要特征	描述
B3	水冷壁结构+浇注料	炉内壁采用膜式水冷壁结构+浇注料；燃烧和气化层采用水冷壁，向火侧有耐火涂层，当初始熔融态渣在内壁流动时，挂渣形成渣膜保护层，以渣抗渣，热损失少，保护水冷壁耐磨蚀，从而实现保护炉体的作用，使用寿命长
C1	气化炉结构	气化装置由加煤用煤锁和灰锁组成，炉内设有布煤器、煤锁和灰锁直接与气化炉相连接；煤从煤仓通过溜槽由液压系统控制充入煤锁中，煤锁装满煤后由煤锁气充压，与气化炉内压力一致后向气化炉加煤，之后煤锁泄至常压，开始下个循环；煤经干燥、干馏、气化和燃烧等区域，熔融炉渣经气化炉底部进入注满水的熔渣激冷室快速冷却生成玻璃状碎渣，然后通过灰锁排出系统；气化剂由蒸汽和纯氧经混合后从气化炉下部喷入，在燃烧区部分与煤层反应放热，达到最高温度点并将热量提供气化、干馏和干燥用；粗煤气最后从气化炉顶部部引出炉外
C2	粗煤气冷却洗涤及热量回收	由于气化炉原料煤与煤气是逆流运行换热，故出气化炉中部的粗煤气约500℃离开气化炉进入文丘里洗涤冷却除尘，约190℃进入废热锅炉回收余热，副产0.6MPa的蒸汽后送出界区
C3	环境友好，处理成本下降	采用液态使炉体内的气化层温度高于灰熔点；减少了蒸汽消耗，煤气中需要处理的冷凝液量大量减少，废水中有机物含量低，易于处理；灰渣中残炭量低，炉渣呈无害化玻璃体态，可作为建筑材料循环利用，环境友好
C4	煤气中有效气含量较高	煤气中有效气（与煤种有关）$CO+H_2$ 85%～87%，甲烷含量<6%，煤气产品适宜做化工产品和LNG
C5	单炉长周期运行需设备炉	不能保证单炉长周期稳定运行，需设备炉。对多炉运行，可不设备炉
C6	技术成熟可靠	仅用于工业示范装置，使用业绩少，有待工业化应用进一步验证技术成熟度
D	存在不足	长周期满负荷稳定运行仍有待完善，排渣液位控制及气化炉内部结构优化，应尽快拓展到其他原料煤使用范围

三、晋煤炉商业应用业绩

晋煤熔渣加压气化技术在中国煤化工市场气化专利技术许可2家，无投入生产运行的JML炉。JML炉商业化运行炉子正在建设中，设计及建设的JML炉13台，单炉最大投煤量为550 t/d，单炉最大产煤气量为45000 m^3/h，投料运行时间待定。JML炉设计及建设项目主要业绩见表10-9。

表10-9　JML炉设计及建设项目商业应用业绩（截至2021年）

序号	企业名称	建厂地点	气化压力/MPa	气化炉台数(开+备)及单炉投煤量/(t/d)	单炉粗合成气/(m^3/h)	设计规模/(万t/a)	投产日期
1	山东晋煤日月化工改造（JML）	山东章丘	4.0	(6+2)/550	45000	氨醇40升级	建设
2	晋煤湖北华强化工1期（JML）	湖北当阳	4.0	(4+1)/550	45000	合成氨40升级	建设
	小计			10+3=13			

注：1. 10台550 t/d炉，备炉3台。
　　2. 建设炉子小计10台，备炉3台，建设炉子合计13台。

第六节　固废高温熔渣常压气化技术

固废高温熔渣常压气化技术（五环熔渣炉）是具有完全自主知识产权的国产化固废高温熔渣气化专利技术。五环熔渣炉攻克了以城市和工业固废为原料，高灰熔点固定床熔渣气化瓶颈，并取得了重大突破。在中国城市固废高温熔渣气化处理领域发挥了引导作用，研发的五环固废炉中试装置表明该高温熔渣气化技术先进成熟，安全可靠，属于国际先进的固定床高温熔渣环保绿色气化技术之一。

一、五环熔渣炉发展历程

固废高温熔渣常压气化技术由中国五环工程有限公司（简称中国五环）开发，五环熔渣炉攻克了以城市和工业固废为原料，高灰熔点固定床熔渣气化瓶颈，在固定床常压气化的基础上研发了固废高温熔渣常压气化技术。中国五环拥有固废高温熔渣常压气化技术许可、转让、工艺包设计及关键设备供货。

城市固废和工业固废的高温气化技术是21世纪以来迅速发展起来的一种垃圾处理新工艺。采用固废（类似煤炭）高温气化（1600 ℃及以上的温度）技术处理固废垃圾，几乎能将垃圾中所有的有机物完全气化转化成合成气，作为化工下游产品的原料气。固废高温气化本质上是将碳氢化合物与氧气在高温下发生氧化反应，生成CO和H_2等；无机物则在高温下成为熔融态变成无害玻璃体渣，由此实现垃圾处理过程中的污染物"零排放"。该工艺目前在国外已有多套工业示范装置投入生产运行。而在国内尚未有大型工业装置投入生产的业绩报告。将固废高温气化技术用于处理城市垃圾、工业垃圾、危险废弃物、污泥、油泥等，环保指标显著优于垃圾焚烧技术。这是因为垃圾固废高温气化技术与传统成熟的垃圾焚烧技术在本质上有区别。后者只能用于高温燃烧，副产蒸汽或发电；固态排渣（属于危废），有毒有害物质难以达到环保要求。正是在这种背景下，五环公司为减少和消除垃圾处理过程中造成的环境污染问题研发了固废高温熔渣常压气化技术。

2019年，在湖北仙桃建设投固废料2 t/d中试装置，2019年7月开始中试装置的建设，2019年7～12月在中试装置上进行了部分试烧工作，A炉烧嘴炉外单体试验及炉体升温试验；2019年10～12月B炉制造与现场安装；2019年12月垃圾压缩机、脱气通道、热风炉等单机试验，B炉烘炉及升温试验；2020年8月～2021年4月全流程试验，并进行了72 h连续运行，获取了各种固废试烧数据，以及验证气化炉设备及工艺参数的合理性和存在的问题，不断进行优化。通过仙桃中试装置试烧验证了具有自主知识产权的固废高温气化技术的可行性。

2021年，在北京房山建设了2 t/d固废高温气化合成气制氢全流程示范装置，由此打造固废高温气化装置实验基地。项目以北京地区市政垃圾为原料，装置于2021年11月成功产出浓度为99.9%的高纯氢气，氢气产品送下游武汉氢阳公司的液体储氢装置及氢能展示装置。通过北京固废制氢全流程中试装置的试烧和连续投料试运行，进一步完善及优化五环固废气化炉的各类气化设计参数及关键设备参数；以及工艺操作条件和工艺控制系统方案，工艺放大设计等PID和关键设备、控制系统参数以及下游制氢产品的可行性，进一步验证了气化炉的可靠性和稳定性，为下一步工程放大到20 t/d或200 t/d固废工业示范工程奠定基础。

二、五环熔渣炉主要技术特征

固废高温熔渣常压气化技术由固废仓储及输送单元、固废压缩单元、固废低温热解及气化单元、合成气冷却及除尘单元、排渣除灰单元、废水处理及利用单元等组成。其投料量2 t/d中试装置已经投料试运行及试烧验证，表明该技术可行，属于先进的环保绿色气化工艺之一。五环熔渣炉主要技术特征见表10-10。

表 10-10　五环熔渣炉主要技术特征

序号	主要特征	描述
A	固废料气化范围	固废料气化范围较广，如城市垃圾、工业垃圾、危险废弃物、污泥、油泥等均能气化
B1	固废热解进料	常压热解进料。经固废压缩机挤压成型后进入热解段进行低温无氧热解，所需热量由热解段夹套高温烟气提供；半焦和热解气经热解通道进入气化炉燃烧室
B2	多烧嘴均布	多烧嘴从气化炉燃烧室下端侧面喷入氧气及天然气，单烧嘴负荷低，操作调节范围大，烧嘴磨损低。使用寿命较长
B3	热壁炉	气化炉燃烧室保温采用热壁炉结构，气化温度高，特殊的结构和材料配方使得耐高温性强，保温效果明显
C1	气化炉燃烧室	采用固定床常压气化。气化炉主体分为燃烧室、上行煤气通道、激冷罐、底部均质通道及渣池。气化炉流场及温度场结构设置合理，有利于兼顾液态排渣。氧气和天然气从炉底部喷入与热解通道进入的半焦料进行逆流混合，停留时间长，燃烧充分，温度为1400～1600℃，实现固废中的无机物全部熔融液化。高温合成气上行，与热解通道进入的半焦和裂解气和飞灰进行气化反应，而后去激冷降温
C2	合成气冷却与排渣	合成气冷却与排渣。合成气上行进入冷却激冷段，当离开高温气化炉时，对合成气进行喷水和水浴激冷，合成气迅速降温，激冷罐进一步冷却；气化熔渣和垃圾中所含的金属等沿气化炉均质通道落入气化炉底部渣池进行淬冷后用捞渣机捞出，形成玻璃体渣外排
C3	除尘与冷却	离开气化炉的合成气进入除尘系统，进入文丘里洗涤器及洗涤塔进行冷却洗涤，经洗涤后，合成气中卤素和灰尘大部分除掉，使合成气中尘含量小于 10 mg/m^3，最终冷却至 90℃左右离开气化工序
C2	环保性能好	该工艺环保性能好。气化炉液态排渣，熔渣玻璃化产物的玻璃相含量为92.8%～97.2%；玻璃化产物酸溶失率为 0.21%～0.22%，满足国家相关标准要求；整个高温气化及冷却过程不产生呋喃和二噁英等致癌物质；废水中不含焦油、酚等污染物，废水处理后循环回用
C3	合成气质量	有效气中 CO+H$_2$ 含量约为45%，煤气中甲烷微量，不含重烃组分，产品气体洁净
C4	能源利用率偏低	由于固定床采用工艺，能源利用效率不可能高，固定床单炉生产能力较小，能量转化效率 33.4%～35.6%
C5	技术成熟性	五环固废高温炉经中试装置连续运行，各项指标达到设计指标。验证该工艺可行性强
D	存在不足	固定床气化炉能力难以大幅提高；能量转换效率偏低，应优化完善。放大工业示范装置时进一步改进和完善

三、固废高温熔渣炉商业应用业绩

固废高温熔渣常压气化技术获中国固废环保市场气化专利技术许可1家，正在进行项目前期设计阶段。五环熔渣炉商业化运行炉子正在设计建设中，设计建设五环熔渣炉1台，单炉投固废量 20 t/d，投产运行时间待定。五环固废炉示范装置投料量为 2 t/d，单炉产煤气量为 123 m^3/h，示范装置于2020年投料运行。五环熔渣炉工业示范装置投产项目业绩见表10-11所示。

表 10-11　五环熔渣炉工业示范装置业绩（截至2021年）

序号	企业名称	建厂地点	气化压力/MPa	气化炉台数及单炉投煤量/(t/d)	单炉合成气 CO+H$_2$/(m^3/h)	设计规模	投产日期
1	五环公司中试装置	湖北仙桃	常压	1/2	45	中试装置	2019
2	五环公司制氢中试装置	北京房山	常压	1/2	45	氢气 25 m^3/h	2020
	小计			2台			

注：1. 2台中试炉。
　　2. 中试装置小计2台。

第七节　昌昱熔渣气化技术

昌昱熔渣气化技术（GAG 炉）是具有完全自主知识产权的国产化固定床熔渣气化专利技术。在中国煤化工市场的开发应用较晚，GAG 炉是为适应无烟煤气化而在传统 UGI 炉上的改进型气化工艺。改进后的 GAG 炉气化强度 $\geqslant 2300 \ m^3/(m^2 \cdot h)$，是同规格 UGI 炉的 3 倍多，可减少气化炉台数和操作人员，降低维护费用和气化装置的投资。在一个时期内可作为适合小型煤化工企业技术升级和工业燃气使用炉型之一。

一、GAG 炉发展历程

昌昱熔渣气化技术是由江西昌昱实业有限公司（简称"昌昱公司"）和中国东方电气集团中央研究院（简称"东研院"）在固定床纯氧连续气化技术的基础上与固定床液态排渣技术有机结合，研发出的无烟煤固定床熔渣气化技术，作为固定床纯氧连续气化技术的改进型新技术在小型煤化工市场得到应用验证。昌昱公司和东研院拥有具有完全自主知识产权的 GAG 炉气化技术许可、转让、工艺包设计及关键设备供货。

昌昱公司和东研院针对我国中小型氮肥生产企业所用的主力炉型——固定床间歇气化炉（UGI）存在的问题和缺陷，如单炉处理量小、气化运行成本高、能耗与环保难达标等瓶颈，如气化强度低、蒸汽消耗、碳利用率、固定床液态排渣及三废排放达标等问题进行联合攻关。昌昱公司和东研院建立密切的产学研合作模式，建设熔渣炉研发试验基地，将气流床和固定床各自的优势进行深度融合。经过不断努力，在研发基地中试炉上试烧了多种煤质原料、获取大量的试烧数据，在此基础上进行了熔渣炉结构设计，优化技术参数，最终开发出了 GAG 炉。这是昌昱公司和东研院团队进行产学研合作取得的重要成果，为中小型氮肥企业 UGI 气化技术升级、节能减排提供了一条有效途径和技术支撑。所形成的昌昱 GAG 熔渣气化技术，由昌昱公司和东研院提供工艺包，专业的工程公司进行基础设计和详细设计，昌昱公司在研发基地建设 GAG 炉工业装置。

2018 年，GAG 炉建成后，一次投料成功，并在该炉上进行了 100 多次工业试烧试验，最长连续稳定运行达 800 多小时，各项技术指标基本达到设计要求。单炉产煤气量可从 9000~15000 m^3/h 提升到 14000~26000 m^3/h 的气化规模，其中有效气含量、气化炉气化强度、碳转化率和冷煤气效率大幅提高，并有效降低了煤制气生产运行成本。

GAG 炉将固定床及液态排渣各自优势结合起来，兼具气流床熔渣高气化率、高气化强度的优点与固定床纯氧气化氧耗低、效率高、造价低的优点。相比现有固定床间歇气化技术，其有效气成分、气化效率和蒸汽分解率分别提高了 20%、4% 和 50%。氧气消耗相比气流床工艺下降 40% 以上，不仅可节省大量电耗，同时又可降低空分投资。该气化技术在昌昱 GAG 熔渣气化试验炉上得到充分的验证，获得大量的煤质试烧运行数据和运行工况，为下一步的工业化推广应用奠定了基础。

二、GAG 炉主要技术特征

昌昱固定床熔渣气化炉是为适应固定床无烟煤气化而进行的研发创新型气化工艺，具有产气率高、资源利用率高、低能耗、投资省、建设周期短、维护费用低、安全环保等综合优势。

由于GAG炉以小颗粒无烟煤等为原料，以氧气和水蒸气为气化剂，在炉内高温状态下，碳与气化剂发生氧化还原反应可生产出高品质煤气。炉内核心区燃烧温度可达2000℃左右，气化区温度约1600℃（高于灰熔点温度），蒸汽分解率大于95%，蒸汽利用率高。相比间歇式固定床，蒸汽消耗只有其50%左右，气化炉副产的蒸汽能实现自给。气化后的灰渣在高温下成液态熔渣，经水激冷后呈玻璃体碎渣，无污染，可做水泥、环保砖块等建筑材料利用。气化强度≥2300 m³/(m²·h)，是同样规格间歇式固定床气化炉的3倍多。若用GAG炉替代，可减少气化炉的台数和操作人员，降低维护费用，气化装置的投资低。GAG炉主要技术特征见表10-12所示。

表10-12　GAG炉主要技术特征

序号	主要特征	描述
A	煤种适用范围	煤种选择范围宽，可就地选择煤种，煤种适用无烟小块煤、小粒焦炭、石油焦、兰炭、烟煤、褐煤、长焰煤等劣质煤种
B1	块煤或碎煤进料	原料煤粒径范围8～30 mm，30～50 mm分级使用
B2	原料输送及气化剂喷嘴系统	原料煤经破碎筛分送入料仓，由料仓送入煤锁，原料输送介质为煤锁气充压，均匀布料进入炉内，煤层自上而下为干燥层、干馏层、气化还原层、氧气燃烧层和熔渣层；气化剂（蒸气和纯氧混合后）从气化炉底部喷入均匀进入炉内
B3	采用水夹套结构	炉型为双层筒体水夹套结构，采用非金属耐火衬里，金属炉壁因耐火衬里及外部水夹套能够保持使用条件的相对稳定。夹套副产中压蒸汽，延长使用寿命
C1	气化炉结构	气化炉采用双层筒体水夹套结构，加煤用煤锁和灰锁，煤锁和灰锁直接与气化炉相连接；原料煤从料仓通过圆筒溜槽进入煤锁中，煤锁装满煤后由煤锁气充压，略高于气化炉内压力后向气化炉加煤，之后煤锁泄至常压，开始下个循环；煤在干燥层与高温煤气逆流接触，水分被脱出，温度升至400～500℃煤层下移至干馏区，煤受热挥发分被热解释放，温度升至900℃，原料煤进入气化区（还原区）与燃烧区里的高温燃气换热并进行还原反应，生成CO+H₂，原料煤下移至燃烧区，与气化剂氧气迅速发生反应，并放出大量的热量，燃烧区中心温度为1800～2000℃，有机物基本被反应完全，灰渣呈熔融态保留在炉下部渣池中；产生的高温烟气维持气化炉渣口处于液态熔渣沸腾状态，燃烧产生的火焰张力托住熔渣，熔渣池液位越高，压差越大，通过控制压差实现间歇排渣，进入激冷室激冷后形成玻璃态灰渣经灰锁排入炉外灰渣系统；煤气从顶部离开
C2	粗煤气冷却洗涤及热量回收	出气化炉的煤气约450℃经旋风分离器除尘后进入煤气废热锅炉回收高温余热，副产中压蒸汽；出废热锅炉温度为150～170℃煤气送入煤气洗涤塔，洗涤灰尘及焦油由，含尘量<5 mg/m³，温度<45℃离开气化工序
C3	环境友好，三废排放达标	气化温度提高后，碳转化率≥99%，气化灰渣残炭量<1%，蒸汽分解率≥95%，水蒸气消耗降低，气化废水较少，易于处理
C4	煤气适宜制合成气及燃气	煤气中有效气（与煤种有关）CO+H₂约92%，CH₄2.5%，煤气产品适宜做合成气、工业燃气
C5	单系列长周期运行	气化炉结构较复杂，需备设备炉
C6	技术成熟可靠	使用业绩少，技术基本成熟
D	存在不足	气化炉单炉规模小，为150～300 t/d（干煤），在一个时期内适合小型煤化工企业技改使用或作为工业燃气使用

三、昌昱GAG炉商业应用业绩

昌昱固定床熔渣气化技术在中国煤化工市场气化专利技术还没有技术许可。采用GAG炉建成1台GAG炉工业示范装置，已经投料试车。GAG炉单炉最大投煤量180 t/d，单炉最大产煤气量为14000 m³/h，GAG炉已经投产示范项目业绩见表10-13。

表 10-13　GAG 炉已经投产示范装置业绩（截至 2021 年）

序号	企业名称	建厂地点	气化压力/MPa	气化炉台数及单炉投煤量/(t/d)	单炉合成气 $H_2+CO/(m^3/h)$	设计规模/(万 t/a)	投产日期
1	贵州开磷息烽合成氨项目	贵州	2.5	1/180	14000	合成氨 5	2019
	小计			1			

注：1. 1 台 180 t/d 炉。
　　2. 运行炉子小计 180 t/d 1 台。

参考文献

[1] 贺百延. 煤气化技术的进展与选择分析[J]. 煤化工，2013(2): 8-11.
[2] 卜令坤. 低温甲醇洗装置设计工况全流程模拟[J]. 科技视界，2012(30): 376-393.
[3] 高峰，尹俊杰. 探讨液氮洗原料气中氮气含量的高限值[J]. 大氮肥，2012, 34(3): 181-184.
[4] 赵麦玲. 煤气化技术及各种气化炉实际应用现状综述[J]. 化工设计通讯，2011, 37(1): 8-14.
[5] 陈仲波. 煤气化技术的工艺技术对比与选择[J]. 化学工程与安装，2011(4): 107-109.
[6] 伏盛世，樊崇，赵天运，等. CO_2 返炉在鲁奇加压气化工艺上的试验[J]. 河南化工，2008, 25(7): 31-33.
[7] 秦旭东，李正西，宋洪强，等. 浅谈低温甲醇洗和 NHD 工艺技术经济指标对比[J]. 化工技术与开发，2007, 36(4): 35-42.
[8] 金永铮，杜芳芬，等. 大型合成氨装置开车工艺流程改进[J]. 辽宁化工，1996, 24(1): 48-50.

第十一章

循环流化床气化技术

第一节 循环流化床气化

1. 概述

流化床气化炉以碎煤或粉煤为原料，空气或富氧空气、纯氧和蒸汽为气化剂，在适当的煤粒和气速下，气固两相充分混合，在高温下进行煤的气化还原反应。煤的粒度既不能过大，也不能过小，过大煤不易流化，过小易被气流带出。一般流化床气化用煤的粒度有一个合理的粒度分布范围。流化床气化炉的重要特点是不能在灰熔点以上的温度下操作，让燃料灰过热，以至熔化粘接在一起。若燃料颗粒粘在一起，则流化床的流态化作用将停滞。一般空气作为氧化剂的作用是保持在较低温度下气化，这表明流化床气化炉最适合用煤反应活性比较高的，挥发分高的煤炭作为原料，如褐煤、长焰煤等易反应的燃料。

2. 流化床气化主要特点

流化床气化非常适合于气化活性较高、形成年代较短的煤及褐煤的气化，对原料的粒度一般要求为 0.5～6 mm，对含灰较高的劣质煤也能气化，适用范围较宽。煤种适应性较好。原料粉煤在气化剂的作用下，呈现流态化状态在炉内运动。通常粉煤粒度较小，气化反应速率较快，入炉粉煤迅速完成干燥、干馏、氧化还原气化反应。同时在干馏过程中产生的烃类还会发生二次裂解，所以出口煤气中几乎不含焦油和酚水，环境较友好。

流化床内温度场分布比较均匀，气化过程在灰熔点以下运行，流化床气化炉与流化床锅炉类似，不能让燃料灰过热，以至熔化粘接在一起，若燃料颗粒粘在一起，则流化床的流态化功能将停滞。通常流化床内温度在 900～1100 ℃范围内，工艺过程易于控制。由于气化温度较低，煤气出口温度约为 900 ℃。

流化床气化炉必须保证炉内物料中有一定含碳量，一般应大于 40%，才能维持流化床炉内的还原性气氛，进行 C 与 CO_2 的气化还原反应，生产 CO；也会发生 C 与 H_2O 水蒸气的气化还原反应，生成 H_2，由此得到我们所需要的合成气（$CO+H_2$）。

3. 流化床气化存在的不足

为维持流化床炉内的还原性气氛，须有一定的含碳层，这就造成在流化状态下排渣与料层中碳的分离比较困难。另外 70%的灰及部分碳粒被煤气夹带离开气化炉,热损也较大。

在流化状态下,为防止流化床炉结渣,只能降低气化炉操作温度,由此降低气化强度,降低碳转化率。

当煤中水分高时,会降低床层温度和增加热损。当生产合成气时,若采用加压干法加料,此时,对加煤锁斗装置要求较高。为了保持一定的流化速度,必须控制氧化剂和气化剂的喷入速度,这也就限制了流化床气化炉的出力。

4. 流化床气化主要炉型

流化床气化比较有代表性的主要炉型有:中合炉、中兰炉、科达炉、黄台炉、中科清能炉、TRIG 炉、恩德炉等。循环流化床气化炉型主要参数见表 11-1 所示。

表 11-1 循环流化床气化炉型主要参数

技术名称/公司	气化炉	气化压力	进料方式	气化剂	排渣方式
德国温克勒公司	高温温克勒炉	常压	碎煤	氧气+水蒸气	固态
美国 KBR 公司	TRIG 炉	4.0 MPa	块煤	氧气+水蒸气	固态
美国 FW 公司	CFB 炉	常压	粉煤	空气+水蒸气	固态
中科合肥煤气技术	中合炉(CGAS 炉)	常压	粉煤	富氧+水蒸气	固态
兰石研究院	中兰炉	加压	粉煤	富氧+水蒸气	固态
辽宁恩德工程建设有限公司	恩德炉	中压	粉煤	氧气+水蒸气	固态
安徽科达洁能股份有限公司	科达炉	常压	粉煤	空气+水蒸气	固态
济南黄台炉煤气有限公司	黄台炉	常压	粉煤	空气+水蒸气	固态
中科清能燃气技术有限公司	中科清能炉	常压	粉煤	富氧+水蒸气	固态

目前,工业应用流化床气化炉型一般生产强度 550~1100 t/d,适用于中小型合成氨、甲醇及燃气生产企业。循环流化床气化炉技术成熟,在国内有一定的应用业绩,如中合循环流化床粉煤气化技术(CGAS 炉)应用于贵州安顺市宏盛化工有限公司 30 万 t 合成氨项目等;尤其是在燃气领域的应用业绩较丰富,如科达炉、黄台炉等。

第二节 中合循环流化床粉煤气化技术

中合循环流化床粉煤气化技术(CGAS 炉)是具有完全自主知识产权的国产化流化床气化专利技术,在中国煤化工市场推广应用较晚,项目业绩比较多。通过 CGAS 炉工业示范装置和商业化项目建设和生产运行,表明 CGAS 炉气化技术先进成熟可靠。2022 年通过了由中国石油和化学工业联合会组织的常压富氧循环流化床高碱煤气化制合成气技术科技成果鉴定。专家一致认为,该技术在高碱性煤气化方面达到国际领先水平。

一、CGAS 炉发展历程

中合循环流化床粉煤气化技术是由中科合肥煤气化技术有限公司研发,拥有中国科学院工程热物理研究所(简称"物研所")授权的 CGAS 中合炉循环流化床煤气化技术的使用权和对外技术许可、转让及工艺包设计。中科合肥煤气化技术有限公司(以下简称"CGAS 中合炉公司")于 2016 年 9 月 28 日成立,是由物研所控股的国家级高新技术企业,专业从事煤及生物质制清洁工业燃气/合成气领域的技术开发、推广、服务等业务。总部在安徽合肥巢湖经济开发区。

1. CGAS 炉早期研发

物研所在 20 世纪 80 年代,开始研发循环流化床锅炉技术,是引领我国循环流化床锅炉自主技术发展的技术专利商,与相关企业联合开发了 130 t/h 中温中压～1025 t/h 超高压再热锅炉产品 1000 多台。

2001 年,物研所基于在循环流化床燃烧方面积累的大量基础研究经验,开始研发循环流化床煤气化技术,建设了煤气化特性基础研究评价平台及多套不同处理量及特点的循环流化床煤气化小试装置、中试装置。其中有投煤量:0.15 t/d 循环流化床气化小试装置、2.5 t/d 循环流化床富氧气化中试装置、5 t/d 循环流化床煤气化中试平台等。先后试烧了中国褐煤、大同烟煤、神木煤等典型煤种的气化特性和工艺试验,积累了中国典型煤种循环流化床气化特性数据库,为工程放大设计提供了坚实基础。物研所开发的常压先后流化床煤气化制清洁工艺燃气建设已经实现产业化应用,自 2009 年宁夏华盈第一次完成工程验证以来,物研所通过与用户的紧密合作,先后完成了 15000、25000、30000、35000、40000、60000、80000 m^3/h 等多个容量等级的循环流化床煤气化技术工业开发和工程应用。

物研所流化床气化技术目前已经发展为三代技术。第一代为常压循环流化床煤气化清洁工业燃气技术,以空气为气化剂、煤气热值低,通常为 1300～1500 kcal/m^3。由于有效气含量低,煤气产量少,难以作为化工原料,且飞灰含碳量高;第二代为循环流化床富氧/纯氧气化制合成气技术,有效气含量大幅提高,飞灰含碳量高;第三代为循环流化床气化+高温气流床熔融耦合技术,进一步提高气化系统碳转化率、冷煤气效率、降低煤制气成本,提升企业经济效益。

2. CGAS 炉中期研发

CGAS 中合炉公司借助物研所开发的常压循环流化床煤气化专利技术及研发平台,在常压循环流化床煤气化技术基础上进一步优化 CGAS 中合炉工艺及关键设备,制清洁工艺燃气,以空气作为气化剂,煤气热值为 1300～1500 kcal/m^3;以及制化工合成气,以富氧空气或纯氧作为气化剂,合成气热值为 2200～2500 kcal/m^3。流化床气化炉选择布风专利部件、优化气化炉炉膛结构;设计高效低阻旋风分离器、高通量返料、高倍率固体物料循环,以及强化流化床层传热传质、延长固体物料在炉内停留时间、提高煤气化转化效率。

2020 年 5 月 18 日,首台 CGAS 中合循环流化床粉煤气化技术(CGAS 炉)在贵州安顺市宏盛化工有限公司(简称盛宏化工)一次点火成功,进入热态调试运行阶段。这是中合炉首台应用于合成氨领域,以无烟煤为原料的常压循环流化床气化炉。该项目是宏盛化工 30 万 t 合成氨系统造气工段升级改造一期工程,新建一台 60000 m^3 煤气/h 常压循环流化床富氧气化炉,日投煤量 540 t,有效气含量 64%～66%。一期项目生产合成氨 15 万 t/a,替代原有 24 台碳化煤球间歇式固定床气化炉。

二、CGAS 炉主要技术特征

CGAS 中合循环流化床粉煤气化技术由原煤破碎、筛分、螺旋给煤机输送、气化除尘循环、余热回收、煤气分离冷却及排灰等过程组成。采用富氧气化用于合成氨制气单元升级改造,不仅消除了传统煤化工煤制气粉尘排放和固定床气化含酚废水排放、焦油污染等瓶颈,而且还可选用本地粉状无烟煤作为原料,煤种适应性强,对高碱煤开发和发展当地经济具有积极意义。CGAS 炉主要技术特征见表 11-2 所示。

表 11-2　CGAS 炉主要技术特征

序号	主要特征	描述
A	煤种适应性强	适宜煤种包括褐煤、长焰煤、不黏性烟煤、弱黏性烟煤等低阶煤；也可适应无烟煤及三高煤
B1	干煤粉进料	干煤粉进料，原煤经破碎、筛分后粒度<12 mm，由上煤系统输送至气化炉储煤仓；空气或富氧和蒸汽组成的混合气化剂从气化炉底部进入
B2	单层进料管	储煤仓粉煤经螺旋给料器、进料管稳定地输送至气化炉膛中下部；空气（或富氧）来自压缩机，空气预热器将常温空气、饱和蒸汽预热至 650 ℃，将其预热后的空气和锅炉产生的蒸气进行混合，并从炉底分布板进入气化炉内
B3	热壁炉结构	采用耐火浇注料保温材料衬里，保障流化床气化炉的正常运行和使用寿命
C1	气化炉结构优化，温区、流场调控创新	采用合理的炉型结构，优化炉膛设计，变截面炉膛实现超低负荷运行，通过炉内温度分区控制、流场和反应调控，以及排渣管气封干式排渣等创新，实现了系统气化效率、总体能效和气化炉可靠性大幅提升；从气化炉炉膛顶部排出的煤气夹带的半焦气固混合物采用高温旋风分离器和返料器进行分离，将分离的物料重新返回炉内进行二次气化，强化流化床内、外循环，有效提升了粉煤气化的吨煤产气量和气化强度，提高煤利用率
C2	余热回收温区匹配	从气化炉炉膛顶部排出的煤气经高温旋风分离器分离后，通过余热回收温区匹配控制，高温煤气依次经过空气预热器和余热锅炉回收余热，实现"高温助燃"；采用中压烟道式余热锅炉，副产中压蒸汽，除部分蒸汽作为气化剂外，剩余富余蒸汽可外供；高温煤气经旋风除尘器、水冷器及布袋除尘器降温除尘。冷煤气效率≥76%，气化剂预热温度≥700 ℃，副产 3.8 MPa、400～450 ℃中压蒸汽≥60 t/h 或发电 650 kW·h/万 m^3 煤气
C3	环境友好	气化反应温度达到 950～1050 ℃，煤中的挥发分被热解，焦油、重质碳氢化合物等裂解完全，减少废水排放，消除焦油及含酚废水污染
C4	燃气/合成气质量好	有效合成气中 $CO+H_2$ 含量（与煤质和气化剂有关）48%～68%，CH_4 1.2%～3%
C5	单系列长周期运行	采用<12 mm 干煤粉进料，常压气化，没有复杂的煤粉输送系统，炉内没有动设备，在多炉运行时，可互为备用，连续运转率达到≥90%。单炉连续运行 210 天
C6	技术成熟可靠	常压气化技术成熟，使用业绩较多
D	存在不足	对入炉干煤粉的外在水分质量分数要求<5%，若外水过高需要干燥，干燥排放气需要洗涤除尘，排放有环保要求；常压气化，生产能力受限，增加能耗

三、CGAS 炉商业应用业绩

中合循环流化床粉煤气化技术在中国煤化工市场气化专利技术许可 5 家，投入生产运行的 CGAS 炉 17 台，CGAS 炉商业化运行最早时间 2020 年。单炉最大投煤量为 1100 t/d，单炉最大产煤气量 80000 m^3/h，于 2021 年投料运行。CGAS 炉已经投产项目主要业绩见表 11-3。

表 11-3　CGAS 炉已经投产的主要商业应用业绩（截至 2021 年）

序号	企业名称	建厂地点	气化压力/MPa	气化炉台数及单炉投煤量/(t/d)	单炉产煤气/(m^3/h)	设计规模	投产日期
1	江苏莲源机械制造有限公司	江苏建湖	常压	1/50	5000	煤气 0.5 万 m^3/h	2018
2	安顺市宏盛化工有限公司	贵州安顺	常压	1/720	60000	合成氨 20 万 t/a	2020
3	新疆宜化化工有限公司	吉木萨尔县	常压	3/720	60000	合成氨 40 万 t/a	2020
4	江苏德龙煤制清洁燃气项目	江苏盐城	常压	4/1100	80000	燃气 32 万 m^3/h	2021
5	厦门象盛镍业有限公司	印尼科纳韦	常压	8/1100	80000	燃气 64 万 m^3/h	2021
	小计			17			

注：1. 4 台 720 t/d 炉。
　　2. 12 台 1100 t/d 炉。
　　3. 1 台 50 t/d 炉实验平台。
　　4. 运行炉子小计 17 台。

第三节　中兰循环流化床粉煤气化技术

中兰循环流化床粉煤气化技术（中兰炉）是具有完全自主知识产权的国产化流化床气化专利技术，在中国煤化工市场的推广应用较晚，项目业绩较少。通过中兰炉工业示范装置和商业化示范项目建设和生产运行，表明该技术先进可靠。中兰炉以普通低阶粉煤为原料，采用富氧加压气化工艺，具有气化装置投资低、单位制气成本低及煤种适应性强的特点，为大型流化床加压煤气化技术升级提供了新路径，该技术在大型流化床加压煤气化行业达到国际先进水平。

一、中兰炉发展历程

中兰循环流化床粉煤气化技术是由中国科学院工程热物理研究所（简称"物研所"）和兰石能源装备工程研究院有限公司共同开发，拥有中兰加压炉技术的技术许可、转让及工艺包设计。

1. 中兰炉早期研发

2001 年，物研所在国家"863"计划支持下，基于在循环流化床燃烧方面积累的大量丰富基础研究经验，在国内率先开展循环流化床煤气化技术研发，建设了多套不同处理量及特点的循环流化床煤气化小试装置、中试装置和实验平台。其中有投煤量 0.15 t/d 循环流化床气化小试装置、2.5 t/d 循环流化床富氧气化中试装置；实验平台有廊坊 5 t/d 循环流化床煤气化实验平台、无锡 8 t/d 循环流化床煤气化实验平台、神木 240 t/d 循环流化床煤气化实验平台等。先后试烧了中国褐煤、大同烟煤、神木煤等典型煤种，其气化特性、工艺试验和关键部件及技术的工业化验证工作表明，安全可靠及流化床技术领域的先进性，积累了中国典型煤种循环流化床气化特性数据库，为流化床煤气化技术工程放大基础设计、工艺包和工程设计提供了坚实基础。物研所开发的常压循环流化床煤气化制清洁工艺燃气自 2009 年宁夏华盈第一次工程验证以来，已经实现了生产煤气量 15000~80000 m³/h 的各种规模的产业化应用。在第一代循环流化床煤气化技术的基础上，经过改进和升级的第二代循环流化床富氧/纯氧气化制合成气技术也已经进入工业化应用，有效气含量大幅提高，进一步提高了循环流化床煤气化系统碳转化率、冷煤气效率，也降低煤制气成本。

2. 中兰炉中期研发

兰石能源装备工程研究院有限公司（简称"兰研院"）是兰石集团下属全资子公司，专门从事能源装备工程领域集基础研究、应用研究、产品技术研发与设计的科研机构。以创新引领为中心任务，承担和开展国家重点研发计划项目、甘肃省科技重大专项计划项目、战略性新兴产业创新支撑工程和产业化项目等。兰研院与物研所共同研发的国内首套中兰循环流化床粉煤气化装置已成功应用于甘肃金昌化工项目 20 万 t/a 合成氨装置。中兰加压炉技术以富氧空气或纯氧作为气化剂，粉煤与气化剂加压气化，合成气热值为 2200~2500 kcal/m³。气化炉选择布风专利部件、优化炉膛结构、高温高效旋风分离、高通量返料及高倍率循环、强化物料传热传质、延长物料炉内停留时间、提高气化转化效率。

2018 年，首台中兰循环流化床粉煤气化炉在甘肃金昌化工集团公司 30 万 t 合成氨项目 1 期工程建成投产，这是首台中兰炉应用于合成氨领域，位于河西堡化工循环经济产业园金昌化工集团甘肃丰盛环保科技股份有限公司厂区内，1期匹配10万t/a合成氨原料气的循环流化床煤气化装置。该技术充分利用丰盛科技原有部分生产装置与设备，并与下游合成氨工艺有效衔接。

二、中兰炉主要技术特征

中兰循环流化床粉煤气化技术由原料破碎筛分给煤系统、供风系统、气化反应及排渣系统、除尘返料循环系统、余热回收系统等组成。煤通过给煤系统从炉膛中部加入，富氧空气、蒸汽在气/汽混合器中按一定比例混合后，从炉膛底部供入炉膛。2019年11月1日，由兰石集团投资的国内首套低阶粉煤千吨级循环流化床加压煤气化示范项目建成投产成功，这是目前国内循环流化床加压气化技术制备合成气最大的煤气化装置。该项目从2016年9月在金昌循环经济区开工建设，历时三年多，按照开车方案逐步调整工况，平稳过渡并调节煤气成分达到设计值67%，有效气成分（CO和H_2）最高达到78%，最终产出合格的粗煤气。兰石加压炉以新疆广汇和民勤红沙岗的普通低阶粉煤为原料，采用循环流化床富氧加压煤气化生产合成气，具有投资低、煤种适应性广的优势，为大型流化床加压煤气化技术提供了新路径。中兰炉主要技术特征见表11-4所示。

表11-4 中兰炉主要技术特征

序号	主要特征	描述
A	煤种适应性强	适宜煤种包括褐煤、长焰煤、不黏性或弱黏结性烟煤等低阶煤。对煤质要求：灰分≤25%，水分＜20%，焦渣特性≤5，软化温度≥1150℃
B1	干煤粉进料	干煤粉进料，原煤经破碎，筛分后粒度＜10 mm，由上煤系统气力输送至气化炉；自平衡返料和高倍率循环，同时实现高压差下返料自平衡
B2	单进料管，多级布风	储煤仓粉煤经气力输送至气化炉炉膛中下部；空气预热器将常温空气、饱和蒸汽预热至650℃，将其预热后的空气与锅炉产生的蒸气进行混合，并从炉底部分布板及气化炉中部进入气化炉内
B3	热壁炉结构	采用耐火浇注料保温材料衬里，保障流化床气化炉的正常运行和使用寿命
C1	合理气化炉结构，温区、流场调控，分级布风	合理的炉型结构，上宽下窄，优化炉膛设计；分级布风和局部高温，炉内温度分区及流场调控；采用分级布风，加压富氧蒸汽和过热蒸汽经预热后组成的混合气化剂从气化炉底部及气化炉中部进入；干式除灰无废水产生，固态排渣，降低氧耗和无渣水排放；炉膛顶部排出煤气夹带的半焦气固混合物经一级旋风分离器和返料器回料，强化流化床内、外循环，有效提升粉煤气化效率、产气量和气化强度，提高煤利用率
C2	余热回收温区匹配	经一次旋风分离器分离后高温煤气通过回收煤气显热匹配控制，高温煤气依次经过空气及蒸汽预热器和余热锅炉回收余热，副产中压蒸汽，除部分蒸汽作为气化剂外，富余蒸汽可外供；高温煤气经二次旋风分离器、布袋除尘器降温除尘。冷煤气效率76%～81%，气化剂预热温度约700℃，副产3.8 MPa中压蒸汽
C3	环境友好	气化反应温度为980～1300℃，煤中的挥发分被热解，焦油、重质碳氢化合物等裂解完全，消除焦油及含酚废水污染
C4	合成气质量好	有效合成气中$CO+H_2$含量（与煤质和气化剂有关）75%～85%，CH_4 1%～2.5%
C5	单系列长周期运行	采用＜10 mm干煤粉进料0～1.6 MPa气化，没有复杂的煤粉制备输送系统，炉内没有动设备，在多炉运行时，可互为备用
C6	技术成熟可靠	加压气化技术成熟，使用业绩较少
D	存在不足	对入炉干煤粉的外在水分质量分数要求＜5%，若外水过高需要干燥，干燥排放气需要洗涤除尘，排放有环保要求；加压气化偏低，能够进一步提升压力。高倍循环，循环功耗增加，尤其是无用的灰分占有了一定的能耗

三、中兰炉商业应用业绩

中兰循环流化床粉煤气化技术在中国煤化工市场气化专利技术许可3家,投入生产运行的中兰炉3台,中兰炉商业化运行最早时间2018年。中兰炉单炉最大投煤量为1100 t/d,单炉产最大煤气量8万 m^3/h,于2019年投料运行。中兰炉已经投产项目和设计及建设项目主要业绩分别见表11-5A、表11-5B。

表11-5A 中兰炉已经投产项目主要商业应用业绩(截至2021年)

序号	企业名称	建厂地点	气化压力/MPa	气化炉台数及单炉投煤量/(t/d)	单炉产煤气/(m^3/h)	设计规模/(万 t/a)	投产日期
1	甘肃丰盛环保科技股份有限公司	甘肃金昌	0.3	1/600	42000	合成氨10	2018
2	甘肃金昌化工(集团)有限责任公司	甘肃金昌	加压	1/1100	88000	合成氨20	2019
	小计			2			

注:1. 1台600 t/d炉。
2. 1台1100 t/d炉。
3. 已经运行炉子小计2台。

表11-5B 中兰炉设计及建设项目主要商业应用业绩(截至2021年)

序号	企业名称	建厂地点	气化压力/MPa	气化炉台数及单炉投煤量/(t/d)	单炉产煤气/(m^3/h)	设计规模/(万 m^3/h)	投产日期
1	辽宁盘锦浩业化工有限公司	辽宁盘锦	加压	1/2500	200000	氢气10	建设
	小计			1			

注:1. 1台建设炉子2500 t/d。
2. 已经运行炉子2台,建设炉子1台,合计3台。

第四节 恩德粉煤流化床气化技术

恩德粉煤流化床气化技术(恩德炉)是具有完全自主知识产权的国产化流化床气化专利技术,在中国煤化工市场的推广应用较早。通过改进型恩德炉工业示范装置运行,表明恩德炉结构更简化,煤气夹带的细煤粒和热灰得以循环回收进行二次气化,炭利用率提高,氧气单耗、蒸汽单耗明显降低。在一个时期内较适合作为我国中小型煤化工企业改造升级替代技术,也适用于工业燃气生产。

一、恩德炉发展历程

恩德粉煤流化床气化技术是由辽宁恩德工程建设有限公司(简称"恩德公司")在引进温克勒流化床气化工艺技术的基础上进行国产化研发和改进的流化床气化改进型技术,并在小型煤化工市场及工业燃气行业得到一定范围的应用。恩德公司拥有具有自主知识产权的恩德粉煤流化床气化技术("恩德炉")许可、转让、工艺包设计及关键设备供货。

辽宁恩德工程建设有限公司(原辽宁恩德设备制造安装有限公司)于1994年1月成立,是位于辽宁抚顺经济开发区科技园区内的一家中外合作企业,是集技术咨询、工程设备设计、产品制造、工程安装和运行调试于一体的高新技术企业,拥有"沸腾床粉煤气化装置及使用该装置生产煤气的方法"的发明专利和"沸热锅炉""沸腾床粉煤气发生炉"实用新型专利。辽宁恩德工程建设有限公司的恩德炉粉煤流化床气化技术最初是从朝鲜引进的。

1. 恩德炉早期研发

20世纪50年代，朝鲜为发展化学工业，通过苏联引进了两台产煤气量1万 m^3/h 德国温克勒气化炉，并由朝鲜咸镜北道恩德郡七七化工厂负责项目建设和生产。

60年代，为适应生产发展，七七化工厂开始对温克勒气化炉进行多次技术革新改造，并在朝鲜正常运行30多年，形成了"恩德炉"。朝鲜恩德炉具有煤质适应性强，煤源丰富价格低廉、气化强度大、运行稳定可靠、操作弹性高、不产生焦油及油渣等杂质、三废排放环境影响小及投资运行成本低等优点。

1996年，抚顺市黎明机械厂经考察论证，与朝鲜平壤技术贸易中心合作成立了中外合作抚顺恩德煤气炉制造安装有限公司（现更名为"辽宁恩德工程建设有限公司"）。引进了朝鲜恩德炉技术，同时对恩德炉生产运行过程中存在的问题和瓶颈进行改进和完善，并融合当时国内外先进流化床煤气化技术发展的特点进行了消化吸收和再创新。改进型恩德炉专有技术已于1999年获得了中国实用新型专利。改进型恩德煤气技术是在原温克勒炉气化技术的基础上，做了重要的改进。

一是取消了原温克勒炉箅和传动系统，炉底部改成一定形状的锥体，代之以布风喷嘴。原温克勒气化炉在炉底设有炉箅和传动装置，其主要目的是保证气化剂均匀分布及破渣和排渣，因此要求炉箅上不能有炉渣黏结。但在生产过程中炉箅上会有大的灰颗粒落在上面，这就要求炉床温度低，才能保证炉渣不会黏结，低炉温限制了炉子的产能。而在实际生产中，炉底局部经常会超温导致结渣、偏渣等工况需要进行维修。改进型恩德炉取消了炉箅，将炉体下部设计成一定形状的锥体，用喷嘴向炉内送风，气化剂和流化剂通过喷嘴，使煤粉得以充分流化，既解决了气化剂均匀分布，又解决了炉底结渣，从而保证恩德炉能够长周期稳定运行。

二是恩德炉出口增加了旋风除尘返料装置，将分离的煤粉尘返回气化炉，类似于循环流化床返料系统。由于恩德炉适宜反应活性好的褐煤、年轻烟煤等煤种，物料在炉内处于流化状态时，通常停留时间较短，煤气出口会夹带大量含碳量高的飞灰。一般情况下，40%炉渣从炉底部排出，60%从炉顶随煤气一起带出。若在旋风分离器设计返料系统，使得这部分含碳量较高未反应完全的物料循环返回炉内继续反应，相当于延长了物料停留时间，提高了碳转化率，就较好地解决了煤气带出物含碳量高的问题。另外在炉体中上部增设二次喷嘴，使小颗粒未完全反应的物料在气化炉上部进一步深度气化，也由此降低了出口煤气夹带飞灰的含碳量，提高了碳转化率，改进后碳转化率可达92%。

三是将废热锅炉位置放置在旋风除尘器后面，以减轻废热锅炉磨损。经过旋风分离器把煤气中夹带的未反应物料分离后，煤气再进入废热锅炉回收热量，副产蒸汽。这样调整位置后，煤气中的含灰固体颗粒大幅降低，对废锅炉管的磨损大为减轻，由此可延长废热锅炉的寿命及检修期。

四是恩德炉是圆筒形反应器，由上段和下段组成。上段加大了直径，使得炉内气体流速降低，及煤气带出残炭回炉循环系统，使反应更加充分，同时减少煤气中带出物。下段锥形部分为一次风嘴流化床（形成漩涡）及二次风嘴，其底部设有类似于间歇固定床气化炉的灰渣斗。

五是适当提高了气化压力,由于原恩德流化床气化工艺是常压系统,设备庞大,占地面积大,且限制了气化炉生产能力,安全、稳定运行等方面问题较为突出。提压后至 30~80 kPa 操作,取消原煤气柜和煤气增压风机,新增了自动放散水封,放散气体全部输送至火炬系统,保证系统安全、稳定运行。提压后有利于提高气化炉生产能力,在同等流量下可降低气化炉内的气体流速,使煤气夹带的飞灰量减少,减少后续气体压缩的动力消耗等优点。

六是增设气化剂过热器和提升一次风和二次风的流速。气化剂温度由 150 ℃ 提至 400 ℃,气化剂进炉后与原料煤进行气化反应,改善了炉内反应条件,可使煤气中的有效气含量提高、CO_2 含量降低,有效降低蒸汽消耗;提高一次风和二次风的流速对减轻喷嘴挂渣有很大的好处。

2. 恩德炉中期研发

恩德公司开发的恩德低压循环流化床煤气化专利技术进一步优化恩德炉气化工艺及关键设备,制备清洁工艺合成气及工业燃气,以富氧空气(或纯氧)作为气化剂,煤气热值为 1300~2300 kcal/m³;流化床恩德炉选择喷嘴布风专利部件、优化炉膛结构;增设旋风分离器、高通量返料、高倍率固体物料循环、延长固体物料在炉内停留时间、提高煤气化转化效率。

2003 年,首套恩德炉煤气化技术在黑龙江黑化集团有限公司投料开车成功,这是恩德炉首台应用于合成氨甲醇领域,生产合成氨 15 万 t/a,联产甲醇 3 万 t/a。

二、恩德炉主要技术特征

恩德粉煤流化床气化技术由原煤破碎、筛分、螺旋给煤机输送、煤气化、除尘及未反应物料热循环返料、余热回收、煤气除尘冷却及排灰等过程组成。改进型恩德流化床气化技术,气化炉结构更为简化,煤气夹带的细煤粒和热灰得以循环回收进行二次气化,降低了原料煤的消耗,炭利用率得到一定程度的提高,氧气单耗、蒸汽单耗等较明显地降低,由于这些技术上的改进、创新和突破,使得恩德炉在一个时期内较适合我国中小型煤化工企业改造和升级生产合成气的途径之一,同时也比较适用于中、小型工业燃气的生产,用于制取工业燃气具有较明显的优势。恩德炉主要技术特征见表 11-6。

表 11-6 恩德炉主要技术特征

序号	主要特征	描述
A	煤种适应性强	适宜煤种包括褐煤、长焰煤、不黏或弱黏结煤;对煤质一般要求低,仅对煤的活性(950 ℃>65%)和灰熔点(T_2:1250 ℃以上)有一定的要求,对灰分(低于 40%)等要求不高,煤的水分约 8%,最高 12%
B1	干煤粉进料粒度	干煤粉进料,原煤经破碎筛分后,粒度<4 mm 低于 32%;4~7 mm 50%;7~10 mm 8%;>10 mm 小于 3%。由上煤系统输送至气化炉储煤仓;富氧(纯氧)和蒸汽混合气化剂从气化炉底部和中部分别喷入
B2	单层进料管,气化剂多喷嘴喷入	储煤仓粉煤经螺旋给料器、进料管稳定地输送至气化炉炉膛底部;空气(纯氧)预热至 150~400 ℃,将其与废热锅炉副产的蒸气进行混合,并从炉底部多喷嘴均匀喷入气化炉内
B3	热壁炉结构	采用耐火浇注料保温材料衬里,保障流化床气化炉的正常运行和使用寿命
C1	气化炉结构优化,温区、流场调控	采用合理的炉型结构,圆筒形反应器由上段和下段组成。上段加大了炉内直径,下段炉底处取消了炉箅和传动装置,改为锥体形状,增设一次布风喷嘴,形成流化旋涡,其底部类似于间歇固定床气化炉的灰渣斗;炉上段还设有二次风,将煤气中未反应完全的煤粉进一步气化,通过炉内温度、流场和反应调控,使得气化效率、总体能效和气化炉可靠性大幅提升;从气化炉上部出来的煤气夹带的含碳气固混合物进入高温旋风分离器和返料器进行分离,分离的物料重新返炉内进行二次气化,增设了流化床外循环,有效提升了粉煤气化的吨煤产气量和气化强度及煤利用率

序号	主要特征	描述
C2	余热回收温区匹配	从气化炉膛顶部排出的煤气经高温旋风分离器分离后，通过余热回收副产 3.82 MPa、温度 400 ℃的蒸汽、可副产 45～55 t 蒸汽/万 m³煤气，其中约 80%蒸汽作为气化剂自用，剩余 20%蒸汽可外供
C3	环境友好	气化反应温度为 900～950 ℃，由于温度高而且各处温度分布均匀，原料中的挥发分受热分解，焦油、重质碳氢化合物等裂解较为完全，从而煤气中不含焦油及油渣，污染少
C4	燃气/合成气	有效合成气中 $CO+H_2$ 含量（与煤质和气化剂有关）45%～65%，CH_4 1.2%～3%
C5	单系列长周期运行	采用<10 mm 干煤粉进料，低压气化，没有复杂的煤粉输送系统，炉内没有传动设备，单炉运转率可达 90%。单炉连续运行达 300 天以上
C6	技术成熟可靠	低压气化技术成熟，使用业绩较多
D	存在不足	恩德炉排出灰渣含碳量偏高，对入炉干煤粉含水质量分数要求<12%，若外水过高需要干燥，干燥排放气需要洗涤除尘，排放有环保要求；低压气化，生产能力受限，增加能耗；单炉生产能力偏小，仅适应中小型煤化工企业和工业燃气企业使用

三、恩德炉商业应用业绩

恩德粉煤流化床气化技术主要专利许可 17 家，恩德炉投产项目 34 台；最早投产时间 2003 年，单炉最大投煤量 720 t/d，单炉最大煤气量 40000 m³/h。目前该技术已经系列化，单炉煤气生产规模有 5000 m³/h、10000 m³/h、20000 m³/h、40000 m³/h。恩德炉在已经投产项目主要业绩和设计及建设项目主要业绩分别见表 11-7A、表 11-7B。

表 11-7A 恩德炉已经投产项目主要商业应用业绩（截至 2021 年）

序号	企业名称	建厂地点	气化压力/kPa	气化炉台数及单炉投煤量/(t/d)	单炉产煤气/(m³/h)	设计规模/(万 t/a) 或(万 m³/h)	投产日期
1	黑龙江黑化集团有限公司	齐齐哈尔	25～80	2/720	40000	合成氨 15，甲醇 3	2003
2	黑龙江宁安化肥厂	黑龙江宁安	25～80	2/350	20000	合成氨 10	2005
3	景德镇焦化总厂 3 号炉	江西景德镇	25～80	1/540	30000	煤气 3	2006
4	通辽梅花生物科技有限公司 1 期	内蒙古通辽	25～80	2/350	20000	合成氨 10	2006
5	景德镇焦化总厂 4 号炉	江西景德镇	25～80	1/720	40000	煤气 4	2007
6	呼伦贝尔东能化工有限公司	呼伦贝尔	25～80	2/350	20000	甲醇 10	2008
7	葫芦岛有色铅锌冶炼厂	辽宁葫芦岛	25～80	2/350	20000	煤气 4	2008
8	吉林长山化肥厂	吉林松原	25～80	2/720	40000	合成氨 18	2009
9	康乃尔化学工业股份有限公司	吉林	25～80	2/720	40000	苯胺 30	2009
10	通辽金煤化工有限公司 1 期	内蒙古通辽	25～80	2/720	40000	乙二醇 20	2009
11	通辽市远大碳素有限公司	内蒙古通辽	25～80	2/350	20000	煤气 24	2010
12	通辽梅花生物科技有限公司 2 期	内蒙古通辽	25～80	2/350	20000	合成氨 10，味精	2011
13	呼伦贝尔东北阜丰生物科技公司 2 期		25～80	3/350	20000	煤气 8	2013
14	抚顺矿业集团有限责任公司	辽宁抚顺	25～80	2/720	40000	煤气 8	2013
15	新疆东辰龙峰智能科技有限公司	新疆巴州	25～80	2/720	40000	甲醇 30	2015
16	鞍山钢铁集团公司	辽宁鞍山	25～80	2/720	40000	煤气 8	2019
	小计				31		

注：1. 16 台 350 t/d 炉，包含 450 t/d 炉。
  2. 15 台 720 t/d 炉。
  3. 已经运行炉子小计 31 台。

表 11-7B　恩德炉设计及建设项目主要商业应用业绩（截至 2021 年）

序号	企业名称	建厂地点	气化压力/kPa	气化炉台数及单炉投煤量/(t/d)	单炉粗合成气/(m³/h)	设计规模/(万 t/a)	投产日期
1	通辽梅花生物科技有限公司 3 期	内蒙古通辽	25~80	3/720	40000	合成氨 30	建设
	小计			3			

注：1. 3 台 750 t/d 炉。
　　2. 建设炉子小计 3 台，运行及建设炉子合计 34 台。

第五节　科达循环流化床煤粉气化技术

科达循环流化床粉煤气化技术（KEDA 炉）是具有完全自主知识产权的国产化流化床气化专利技术，在中国煤化工市场的推广应用较早，项目业绩非常多。通过 KEDA 炉工业示范装置和商业化项目建设和生产运行，表明该技术成熟可靠。该工艺于 2015 年通过工信部组织的科达循环流化床煤粉气化技术科学成果鉴定："被认为采用梯级余热回收利用、强制循环和耦合气化等技术，有效提升了流化床技术系统的热效率和冷煤气效率，可避免产生黑水，具有良好的环境效益。"

一、KEDA 炉发展历程

科达循环流化床煤粉气化技术/KEDA 炉是由安徽科达洁能股份有限公司（简称"安徽科达洁能"）研发，拥有 KEDA 科达流化床气化炉专利许可、转让及工艺包设计。该技术具有模块化、梯级回热式、清洁燃煤气化功能。

1. KEDA 炉早期研发

安徽科达洁能成立于 2007 年 4 月 28 日，主要从事清洁煤气化装备及技术研发与制造以及煤气的生产和销售，公司总部在马鞍山市，拥有良好的研发创新环境。打造了"清洁燃煤气化技术"生产研发基地，设立"清洁煤气化重点实验室""工程技术研发中心"和"院士工作室"等产学研创新平台。自主研发的 Newpower 清洁燃煤气化技术，已形成十几项核心技术专利成果并成功转化。该系统于 2009 年通过省级新产品新技术成果鉴定，2010 年通过国家高新技术产品认定，获批国家能源装备自主化项目中央财政支持，被推荐国家级科技成果鉴定和"十二五"国家科技计划备选项目。

KEDA 流化床气化技术不受煤种限制，采用模块化多级逆流余热回收利用装置节约能耗。该技术是基于循环流化床气化原理开发的一种以碎煤及粉煤为原料制取煤气的工艺。利用流态化反应器混合充分、温度均匀等优点，采用"梯级余热回收"技术，实现"高温助燃"，提升冷煤气效率。

KEDA 流化床气化炉冷煤气效率在 80%以上，把超过 80%的煤中化学能转化为气中的化学能，效率与先进的气流床湿法工艺接近，优于传统煤气化技术。同时可调整产气热值范围，以适应不同客户需求。普通空气煤气热值为 1200~1400 kcal/m³，而富氧煤气热值可达 2200 kcal/m³，完全可以满足工业生产中不同的工艺和产品对燃料的需求。

2. KEDA 炉中期研发

2012 年 10 月，首套 KEDA 流化床模块化梯级回热式清洁燃煤气化技术在辽宁沈阳法库陶瓷工业园建成,一次投料试车成功,气化装置运行平稳,合格燃气产品并入生产系统,集中为法库陶瓷工业园提供工业燃气。这是安徽科达洁能在国内建设的首套最大规模的燃气项目,采用该技术共设计 20 台 KEDA 流化床气化炉,单炉产煤气量 1 万 m^3/h,燃气热值约 1600 $kcal/m^3$。另外还有 2 台科达气流床气化炉,以循环流化床分离回收的细灰为原料,生成工业燃气,单炉产煤气量 1 万 m^3/h,燃气热值约 2500 $kcal/m^3$,该装置于 2015 年 7 月投产。

二、KEDA 炉主要技术特征

科达循环流化床煤粉气化技术由原煤破碎、筛分、干燥及螺旋给煤机输送、气化除尘循环、余热梯级回收、煤气分离冷却及排灰等过程组成。KEDA 炉清洁煤气化过程在 950~1020 ℃ 范围内进行,煤粒受热均匀,挥发裂解燃烧完全,煤的能量得到充分的转化和利用,模块化多级逆流回收装置实现能量的梯级转化。除尘系统采用干式除尘法,粉尘含量低于 10 mg/m^3,没有废水排放和环境污染,湿法脱硫可使粗煤气中 H_2S 含量降至 20 mg/m^3 以下,能有效提高煤的利用率和气体转化效率,减少对环境的污染。KEDA 炉主要技术特征见表 11-8。

表 11-8　KEDA 炉主要技术特征

序号	主要特征	描述
A	煤种适应性强	适用褐煤、烟煤、无烟煤,针对我国煤炭资源特点,对高灰分煤、高硫煤等劣质煤也能气化
B1	干煤粉进料	经破碎、筛分、干燥后,碎煤粒度<10 mm
B2	单层进料管	单层进料管非喷嘴进料,加煤系统由常压缓冲斗、锁斗、输煤机及给料斗组成。将碎煤从螺旋给料器、进料管中稳定地输送至气化炉的下部。在这一过程中,用到的所有空气(或富氧)均来自压缩机,将其预热后与锅炉产生的水蒸气进行混合,并从炉底分布板进入气化炉内
B3	热壁炉结构	采用耐火浇注料保温材料衬里;保温蓄热性好,气化反应热损失小,保障流化床气化炉的正常运行和使用寿命
C1	流化床合理浓度梯度与温度梯度,强化传热传质,克服局部高温导致结渣	气化炉采用变径段圆筒形,上粗下细,耐火浇注料保温材料衬里;循环流化床设计不仅有外循环,而且有内循环,位于床中心区域颗粒的运动方向向上,位于边壁处颗粒的运动方向则向下,由此形成内循环。煤带出炉外颗粒外循环则依靠高效旋风分离器及返料装置实现,立管与返料阀为返料装置的重要组成部分。由于循环比值可达几十倍,因而碳转换率得以提高;气化炉内气体流速为 1~5 m/s,停留时间为 4~6 s,充分利用流态化混合充分、温度均匀的优势,在高温气化条件下,煤粒与气化剂进行燃烧、干馏、蒸汽分解、氧化还原反应生成煤气;落入气化炉底部的灰渣经过螺旋出料器、旋转阀干灰排出
C2	煤气冷却除尘及热回收	上行粗煤气夹带细煤灰粉从气化炉顶部离开,采用全逆流"梯级余热回收"技术,优化气化系统的换热环节,将粗煤气中的大量余热用于余热气化剂,实现"高温助燃",降低反应的不可逆损失,提升冷煤气效率为 76%~78%。工艺过程首先进入高效旋风分离器,分离约 90%细粉,并通过料封管返回气化炉内。除尘后的煤气依次进入气化剂预热器、余热锅炉、布袋除尘器、省煤器等回收热量、副产 4 MPa 蒸汽和加热脱盐水并除尘,使净化后的合成气粉尘含量≤10 mg/m^3
C3	环境友好	气化反应温度达到 1020 ℃,煤中的挥发分被热解,焦油、重质碳氢化合物等裂解较完全,煤气中几乎不含焦油及渣油;生产过程无三废排放,煤气中 H_2S 含量≤20 mg/m^3,粉尘含量≤10 mg/m^3,燃气清洁程度达二类天然气标准
C4	燃气质量好	有效合成气中 $CO+H_2$ 含量(与煤质和气化剂有关)46%~50%,H_2/CO=0.86~0.91,煤气中微量甲烷<1%,碳的转化率达>98%,燃气质量好
C5	单系列长周期运行	采用<10 mm 干煤粉进料,常压气化,没有复杂的煤粉输送系统,炉内没有动设备,多炉运行,可不设备炉,保证系统长周期稳定运行
C6	技术成熟可靠	常压气化技术成熟,使用业绩多
D	存在不足	对入炉干煤粉的外在水分质量分数要求<5%,若外水过高则需要干燥,干燥排放气需洗涤除尘,排放有环保要求;常压气化,生产能力受限,增加能耗

三、KEDA 炉商业应用业绩

科达循环流化床粉煤气化技术在中国煤化工市场气化专利技术许可 24 家，投入生产运行 KEDA 炉 77 台，设计及建设炉子 20 台，合计 97 台，KEDA 炉商业化运行最早时间 2012 年。KEDA 炉单炉最大投煤量为 550 t/d，单炉产最大煤气量 60000 m³/h，于 2018 年投料运行。KEDA 炉已经投产项目和设计及建设项目主要业绩分别见表 11-9A、表 11-9B。

表 11-9A　KEDA 炉已经投产项目主要商业应用业绩（截至 2021 年）

序号	企业名称	建厂地点	气化压力/MPa	气化炉台数及单炉投煤量/(t/d)	单炉粗煤气/(m³/h)	设计规模(领域)/(万 m³/h)	投产日期
1	沈阳科达洁能燃气公司	辽宁法库	常压	20/130	10000	陶瓷煤气 20	2012
2	广西信发铝电有限公司 1 期	广西靖西	常压	8/210	20000	氧化铝煤气 16	2014
3	山西信发化工有限公司	山西孝义	常压	8/210	20000	氧化铝煤气 16	2014
4	山西复晟铝业有限公司	山西平陆	常压	2/380	40000	氧化铝煤气 8	2014
5	山东东岳交口肥美铝业有限责任公司	山西吕梁	常压	10/210	20000	氧化铝煤气 20	2014
6	贵州华锦铝业有限公司	贵州清镇	常压	3/380	40000	氧化铝煤气 12	2014
7	安徽马鞍山清洁煤制气项目	安徽马鞍山	常压	1/470	50000	燃气煤气 5	2014
8	沈阳科达洁能燃气有限公司	辽宁法库	常压	2/120	10000	陶瓷煤气 2	2015
9	印尼瑞兴陶瓷公司	印尼棉兰	常压	1/380	40000	陶瓷煤气 4	2016
10	中铝集团山西交口兴华科技股份有限公司	山西交口	常压	1/380	40000	氧化铝煤气 4	2017
11	新疆天龙矿业股份有限公司	新疆昌吉	常压	2/120	10000	碳素煤气 2	2017
12	广西信发铝电有限公司 2 期	广西靖西	常压	3/480	60000	氧化铝煤气 18	2018
13	山西孝义清洁煤制气 2 期	山西孝义	常压	3/550	60000	氧化铝煤气 18	2018
14	东方希望晋中铝业有限公司	山西灵石	常压	1/470	50000	氧化铝煤气 5	2018
15	南阳汉冶特钢有限公司	河南南阳	常压	1/550	60000	钢铁煤气 6	2019
16	开曼铝业（三门峡）有限公司	河南三门峡	常压	4/380	40000	氧化铝煤气 16	2019
17	国电投贵州遵义产业发展有限公司	贵州遵义	常压	2/380	40000	氧化铝煤气 8	2020
18	河北田原化工集团有限公司	河北曲阳	常压	2/420	45000	合成氨 20	2021
19	印尼宾坦氧化铝有限公司 1 期	印尼宾坦岛	常压	3/380	40000	氧化铝煤气 12	2021
	小计			77			

注：1. 50 台 210 t/d 炉，包括 120 t/d 以上至 210 t/d 炉，计入 210 t/d 炉等级。
　　2. 18 台 380 t/d 炉，包括 380 t/d 以上至 420 t/d 炉，计入 380 t/d 炉等级。
　　3. 9 台 550 t/d 炉，包括 420 t/d 以上至 550 t/d 炉，计入 550 t/d 炉等级。
　　4. 运行炉子合计 77 台。

表 11-9B　KEDA 炉设计及建设项目主要商业应用业绩（截至 2021 年）

序号	企业名称	建厂地点	气化压力/MPa	气化炉台数及单炉投煤量/(t/d)	单炉产煤气/(m³/h)	设计规模(领域)/(万 m³/h)	投产日期
1	山西五台云海镁业有限公司	山西五台	常压	2/470	50000	金属镁煤气 10	建设
2	中铝国际工程股份有限公司	印尼坤甸	常压	2/380	40000	氧化铝煤气 8	建设
3	河北张宜高科科技有限公司	河北宣化	常压	2/550	60000	钢铁煤气 12	建设

续表

序号	企业名称	建厂地点	气化压力/MPa	气化炉台数及单炉投煤量/(t/d)	单炉产煤气/(m³/h)	设计规模(领域)/(万 m³/h)	投产日期
4	赤峰启辉铝业发展有限公司	内蒙古赤峰	常压	7/550	60000	氧化铝煤气 42	建设
5	鄂托克旗建元煤焦化有限责任公司	内蒙古鄂克托	常压	7/550	60000	置换焦炉气 42	建设
	小计			20			

注：1. 2 台 380 t/d 炉。
    2. 18 台 380 t/d 炉，包括 470 t/d 至 550 t/d 炉，计入 550 t/d 炉等级。
    3. 建设炉子合计 20 台，运行及建设炉子总计 97 台。

第六节 黄台循环流化床粉煤气化技术

黄台循环流化床粉煤气化技术/黄台炉是具有完全自主知识产权的国产化流化床气化专利技术，在中国煤化工市场的推广应用较早，项目业绩非常多。通过黄台炉工业示范装置和商业化项目建设和生产运行，表明该技术先进成熟可靠，于 2015 年通过中国石油和化工联合会组织的黄台炉 40000 m³/h 煤气常压循环流化床粉煤气化技术科学成果鉴定。专家认为：“该技术具有自主知识产权，性能优良、清洁环保，达到国际领先水平。"

一、黄台炉发展历程

黄台循环流化床粉煤气化技术/黄台炉是由济南黄台煤气炉有限公司研发，拥有"黄台炉"气化技术专利许可、转让及工艺包设计。山东济南黄台煤气炉有限公司（简称"黄台煤气炉"）成立于 1991 年，位于山东省济南市，是一家集研发、设计、制造、承建和服务一体化的煤化工高新企业，包括各类煤制气设备（固定床式单段、两段煤气发生炉、循环流化床气化炉）及其配套的净化设备、除尘设备、污水治理设备、脱硫设备等。

黄台炉凭借多年的研发实力与国内科研院所及大专院校等密切合作研发，取得近 71 项发明专利。25000 m³/h 煤制工业燃气技术经中国电机工程学会组织的鉴定，鉴定委员会认为，该技术性能优良、气化强度高、煤种适应性较广，达到循环流化床空气鼓风制工业燃气技术的国际先进水平；30000 m³/h 煤制工业燃气技术经中国机械联合会组织鉴定，被评为关键技术达到国际水平。

黄台炉气化技术针对流化床的内循环和外循环特点，考虑煤种选择上适宜反应活性好的褐煤，年轻烟煤等煤种在炉内处于流化状态时，停留时间较短，通常在 15 min 以内，煤气出口会灰夹带大量含碳量高的飞灰，旋风分离器和返料系统结构设计使得未反应完全的物料循环回炉继续反应，从而延长物料停留时间，降低飞灰的含碳量，提高碳转化率；借助流化床气固相接触面大，气化强度比常压移动床高的特点，在气化炉结构设计上契合这种特性，设计合理的炉体大容量空间满足物料流态的需求，使得黄台炉单炉产气量大；在气化过程中进行煤粒的干馏、大分子有机物的裂解和氧化还原反应，使其洗涤水中基本没有产生的焦油、酚等有机物质，环境友好；充分利用小颗粒煤在原煤加工过程中仅需破碎至小颗粒煤就能气化，省去了较多的磨煤能耗；气化炉运行稳定安全，负荷调节范围大，开停炉方便；气化剂选择灵活，可根据用气需求采用不同的气化剂；余热回收合理，通过空气预热器和余热锅炉回收高温煤气显热，加热高温空气和副产蒸汽回用，富余蒸汽还可外供。2009年，首套黄台循环流化床粉煤气化技术/黄台炉在陕西建成投料试车，气化装置运行平稳。

二、黄台炉主要技术特征

黄台循环流化床粉煤气化技术由原煤破碎、筛分、螺旋给煤机输送、气化除尘循环、余热回收、煤气分离冷却及排灰等过程组成。黄台炉主要技术特征见表11-10。

表 11-10 黄台炉主要技术特征

序号	主要特征	描述
A	煤种适应性强	适宜煤种包括褐煤、长焰煤、不黏性烟煤、弱黏性烟煤、焦粉、混合煤等
B1	干煤粉进料	原料煤不用经特殊处理，充分利用小颗粒煤，尤其是煤的加工准备过程中仅需破碎，经筛分粒度0～12 mm，输送进炉内。而不像气流床用煤那样，在磨细过程中要消耗较多的动力
B2	单层进料管	将碎煤从螺旋给料器、进料管中稳定地输送至气化炉下部。在这一过程中，用到的所有空气（或富氧）来自压缩机，将其预热后的空气与锅炉产生的水蒸气进行混合，并从炉底分布板进入气化炉内
B3	热壁炉结构	采用耐火浇注料保温材料衬里，气化反应热损失小，保障流化床气化炉的正常运行和使用寿命
C1	无酚水焦油产生，微正压运行，环保安全循环比值高倍率运转，碳转换率得到提高；	气化炉采用多级自平衡返料、无风室布风、中部给煤、高温空气预热550～650 ℃、含尘分离与冷却以及静态料层密封与逆流排渣技术。煤经高效旋风分离器及返料装置将分离的粉料返回气化炉，煤粒（0～12 mm）从中部注入及返料在炉膛内高倍率循环运转与气化剂（空气或富氧及蒸汽）进行反应，生成煤气，大大提高了气化效率，降低了灰渣含碳量；落入气化炉底部的灰渣经过螺旋出料器等干灰排出。性能测试表明，满负荷运行时，煤气低位热值（与气化剂有关）可达1430 kcal/m^3，煤气产率达到2.99 m^3/kg，碳转化率达98%
C2	煤气冷却除尘及热回收	上行粗煤气夹带细煤灰渣从气化炉顶部离开，将粗煤气中的显热用于预热气化剂（过热蒸汽、预热空气、预热余热锅炉给水），实现"高温助燃"，余热锅炉副产4.0 MPa蒸汽回用，冷煤气效率达72%～78.6%，净化后的合成气粉尘含量≤10 mg/m^3
C3	环境友好	气化反应温度为950～1000 ℃，煤中的挥发分被热解，焦油、重质碳氢化合物等裂解较完全，煤气中几乎不含焦油及油渣；生产过程无三废排放
C4	燃气质量好	有效合成气中CO+H$_2$含量（与煤质和气化剂有关）46%～50%，H$_2$/CO= 0.86～0.91，煤气中微量甲烷<1%，碳的转化率达73%～76%，燃气质量好
C5	单系列长周期运行	采用<12 mm干煤粉进料，常压气化，没有复杂的煤粉输送系统，炉内没有动设备，在没有备用炉的条件下，连续运转率达到92%，单炉连续稳定运行超过140天
C6	技术成熟可靠	常压气化技术成熟，使用业绩多
D	存在不足	对入炉干煤粉的外在水分质量分数要求<5%，若外水过高则需要干燥，干燥排放气需要洗涤除尘，排放有环保要求；常压气化，生产能力受限，增加能耗

三、黄台炉商业应用业绩

黄台循环流化床粉煤气化技术在中国煤化工市场气化专利技术许可20家，投入生产运行黄台炉54台，设计及建设炉子9台，合计63台，黄台炉商业化运行最早时间2009年。黄台炉单炉最大投煤量为550 t/d，单炉产最大煤气量60000 m^3/h，于2020年投料运行。黄台炉已经投产项目和设计及建设项目主要业绩分别见表11-11A、表11-11B。

表 11-11A 黄台炉已经投产项目的主要商业应用业绩（截至 2021 年）

序号	企业名称	建厂地点	气化压力/MPa	气化炉台数及单炉投煤量/(t/d)	单炉粗煤气/(m³/h)	燃气设计规模/(m³/h)	投产日期
1	循环流化床实验平台 5 家	多处	常压	5/100	10000	50000	2009
2	神木市兰炭厂	陕西神木	常压	1/120	15000	15000	2009
3	江苏翔实实业发展有限公司	江苏宿迁	常压	2/120	15000	30000	2009
4	宁夏华盈矿业开发有限公司	宁夏吴忠	常压	1/200	25000	25000	2011
5	齐鲁工程装备有限公司	山东兖州	常压	2/280	30000	60000	2012
6	江苏惠然实业有限公司	江苏宿迁	常压	2/200	25000	50000	2014
7	茌平信发集团有限公司 1 期	山东聊城	常压	1/350	40000	40000	2014
8	中国铝业广西分公司热电厂	广西平果	常压	5/350	40000	200000	2015
9	新疆其亚铝电有限公司	新疆昌吉	常压	2/280	30000	60000	2015
10	茌平信发集团有限公司 2 期	山东聊城	常压	2/350	40000	80000	2015
11	广西南丹南方金属有限公司	广西南丹	常压	2/200	25000	50000	2016
12	山东招金氯化焙烧项目	山东招远	常压	1/300	20000	20000	2016
13	茌平信发集团有限公司 3 期	山东聊城	常压	2/530	60000	120000	2017
14	迁安市九江煤炭储运有限公司 1 期	河北迁安	常压	1/530	60000	60000	2017
15	攀枝花三能清洁能源有限公司	四川攀枝花	常压	4/280	35000	140000	2019
16	靖西天桂铝业有限公司	广西靖西	常压	3/300	21500	65000	2019
17	东方希望（三门峡）铝业有限公司	河南三门峡	常压	2/220	27500	27500	2019
18	济民可信（高安）清洁能源有限公司	江西高安	常压	16/550	68000	1100000	2020
	小计			54			

注：1. 13 台 200 t/d 炉，包含 100 t/d 至 200 t/d 炉，计入 200 t/d 炉等级。
2. 22 台 350 t/d 炉，包含大于 200 t/d 至 350 t/d 炉，计入 350 t/d 炉等级。
3. 19 台 550 t/d 炉，包含大于 500 t/d 至 550 t/d 炉，计入 550 t/d 炉等级。
4. 已经运行的炉子小计 54 台。

表 11-11B 黄台炉设计及建设项目主要商业应用业绩（截至 2021 年）

序号	企业名称	建厂地点	气化压力/MPa	气化炉台数及单炉投煤量/(t/d)	单炉粗煤气/(m³/h)	燃气设计规模/(m³/h)	投产日期
1	迁安市九江煤炭储运有限公司 2 期	河北迁安	常压	7/530	60000	420000	待定
2	茌平信发集团有限公司 4 期	山东聊城	常压	2/530	60000	120000	建设
	小计			9			

注：1. 建设炉子小计 9 台 500 t/d 炉，包含 500 t/d 至 550 t/d 炉，计入 550 t/d 炉等级。
2. 运行及建设的炉子合计 63 台。

第七节 中科能循环流化床粉煤气化技术

中科能循环流化床粉煤气化技术/中科能炉是具有完全自主知识产权的国产化洁净煤流化床气化专利技术，在中国煤化工市场的推广应用较晚，项目业绩较少。中科能炉工业示范装置和商业化项目建设和生产运行，表明该技术先进可靠。中科能炉采用循环流化床（双床）粉煤气化技术生产工业燃气，有效提升了流化床的热效率和冷煤气效率，具有较好的经济效益。

一、中科能炉发展历程

中科能循环流化床粉煤气化技术（中科能炉）是由中科清能燃气技术（北京）有限公司研发，拥有中国科学院工程热物理研究所（简称"物研所"）授权的中科能循环流化床粉煤气化技术的使用权和对外技术许可、转让及工艺包设计。

中科清能燃气技术（北京）有限公司（简称"中科清能"）是由中国科学院工程热物理研究所、辽宁福鞍控股有限公司、华陆工程科技有限责任公司三家股东于2014年7月9日在北京成立的一家高科技合资企业。主要业务范围是推进煤炭清洁利用和工业燃气领域科技成果转移和产业化，循环流化床气化技术研发，填补国内外工业燃气/合成气技术的空白。其业务范围依托中国科学院工程热物理研究所而成立，融中国科学院物研所的研发、辽宁福鞍的工程总包、华陆科技的工程设计于一身，集三家之长，专业做循环流化床气化技术集成和工程总包。作为常压气化技术工程项目的开发商、总包商和运营商，将以科技转化提供清洁能源致力于提供中低热值工业燃气，并做到无酚水无污染、制气成本低廉，运行安全可靠。

物研所是国内率先开展循环流化床煤气化技术研发的单位，将流化床煤气化技术基础研究与应用发展研究有机结合于一体化的战略高技术研究所，主要从事能源、动力和环境等领域的研究，也是国内最早开始循环流化床燃烧技术研发的单位之一，拥有国内最大规模的循环流化床燃烧及气化技术研发团队。利用多年的研发和积累，在面向煤炭资源高值化利用和热解气化技术方面，成功研发了多项具有国内自主知识产权的循环流化床气化技术，同时在工程示范及产业化应用方面取得了一系列成绩和重要成果，已经形成各容量等级系列化产品，燃气量/合成气量从15000 m^3/h 至80000 m^3/h 的各种规模的产业化应用。

中科清能炉以空气/或富氧空气等作为气化剂，在原有循环流化床煤气化技术的基础上，开发了循环流化床双床气化技术。双床气化炉设备整合度高，操作条件温和，可实现燃料分级转化，与常规的循环流化床常压空气气化技术相比可提高产品煤气热值10%以上，提高冷煤气效率3个百分点。相同热量需求情况下，采用双床气化炉可降低电耗6%左右。气化炉采用独特布风专利、炉膛结构优化、高效旋风分离、高通量返料组成高倍率循环回路，提高气化转化效率。

2019年，首套3台中科能循环流化床粉煤气化技术在山东省药用玻璃股份有限公司（以下称山东药玻）投产成功。

二、中科能炉主要技术特征

中科能循环流化床粉煤气化技术由原料破碎筛分给煤系统、供风系统、气化及热解系统及排渣系统、除尘返料循环系统、余热回收系统等组成。煤通过给煤系统和热解半焦分二路从炉膛下部加入，富氧空气、蒸汽按一定比例混合后，从炉膛底部进入。

2019年，山东药玻选择的中科能循环流化床粉煤气化技术（双床）一次投产成功，这是我国亚洲规模最大、产品质量等级最高的药用玻璃生产企业首次选择中科清能双床炉技术，装置试运行期间，生产稳定，产出合格煤气为玻璃窑供气。该企业先前采用单段煤气炉为玻璃窑供气，一直被高能耗、重污染、低效率等问题困扰。中科清能公司根据玻璃行业所需气源特点，首次将常压循环流化床双床煤气化技术应用于玻璃领域。设计及制造了三台2万m^3/h 的循环流化床双床气化炉，生产400 ℃、热值1500 kcal/m^3 的热煤气，替代原有九台单段式煤气发生炉。中科能炉主要技术特征见表11-12。

表 11-12 中科能炉主要技术特征

序号	主要特征	描述
A	煤种适应性强	适宜煤种包括褐煤、烟煤及贫煤等。对煤质要求：灰分≤25%，外水分<15%
B1	干煤粉进料	干煤粉进料，原煤经破碎、筛分后粒度<12 mm，一部分原料由上煤系统输送至气化炉膛下部进入；一部分原料输送进入热解炉
B2	单进料管	储煤仓一部分粉煤经给煤机送至气化炉膛下部进入，一部分粉煤进入热解炉与高效旋风分离器出来的高温热物料加热并热解，半焦从气化炉膛下部进入，空气预热器将常温空气预热至 600 ℃，并从炉底部进入气化炉内
B3	热壁炉结构	采用耐火浇注料保温材料衬里，保障流化床气化炉的正常运行和使用寿命
C1	气化炉结构优化，布风均匀	原料和半焦经二路进入气化炉内，炉型结构合理，炉膛结构优化，布风均匀，炉内温度分区及流场调控；采用布风均匀专利技术，空气或富氧经预热后与蒸汽组成的混合气化剂从气化炉底部进入，热解煤从气化炉中上部进入与气化炉产生的煤气混合；干式除灰，固态排渣，降低氧耗和无渣水排放。炉膛顶部排出煤气夹带的气固混合物经高效旋风分离器和返料器高倍率循环，有效提升粉煤气化效率，提高煤利用率
C2	余热回收温区匹配	经高效旋风分离器分离后的高温煤气，依次经空气及蒸汽预热器和余热锅炉回收余热，副产 0.8 MPa 饱和蒸汽，作为气化剂外，富裕蒸汽可外供；高温煤气经二次旋风分离器、布袋除尘器降温除尘。冷煤气效率 71%～74%，气化剂预热温度约 600 ℃，副产 0.8 MPa 低压蒸汽
C3	环境友好	气化反应温度约 950 ℃，煤中的挥发分被热解，焦油、重质碳氢化合物等裂解完全，消除焦油及含酚废水污染
C4	合成气质量好	燃气中有效气 $CO+H_2$ 含量（与煤质和气化剂有关）约 42%，CH_4 约 4%
C5	单系列长周期运行	采用<12 mm 干煤粉进料常压气化，没有复杂的煤粉制备输送系统，炉内没有动设备，在多炉运行时，可互为备用
C6	技术成熟可靠	常压气化技术成熟，使用业绩较少
D	存在不足	对入炉干煤粉的外在水分质量分数要求<15%，若外水过高需要干燥，干燥排放气需要洗涤除尘，排放有环保要求；常压气化能力偏低，能够进一步提升压力。高倍循环，循环功耗增加，尤其是无用的灰分占有了一定的能耗

三、中科能炉商业应用业绩

中科能循环流化床粉煤气化技术在中国煤化工市场气化专利技术许可 4 家，投入生产运行及建设中科能炉 12 台，中科能炉商业化运行最早时间为 2019 年。中科能炉单炉最大投煤量为 400 t/d，单炉产最大煤气量 4 万 m^3/h，项目还在建设中。中科能炉已经投产项目和设计及建设项目主要业绩分别见表 11-13A、表 11-13B。

表 11-13A 中科能炉已经投产项目主要商业应用业绩（截至 2021 年）

序号	企业名称	建厂地点	气化压力/MPa	气化炉台数及单炉投煤量/(t/d)	单炉粗煤气/(m^3/h)	设计规模/(万 m^3/h)	投产日期
1	山东药用玻璃股份有限公司	山东沂源	0.02	3/173	20000	燃气 6	2019
2	辽宁能源环境工程技术有限公司	辽宁鞍山	0.02	1/216	20000	燃气 2	2020
	小计			4			

注：1. 3 台 173 t/d 炉。

2. 1 台 216 t/d 炉。

3. 已经运行的炉子小计 3 台。

表 11-13B 中科能炉设计及建设项目主要商业应用业绩（截至 2021 年）

序号	企业名称	建厂地点	气化压力/MPa	气化炉台数及单炉投煤量/(t/d)	单炉粗煤气/(m³/h)	设计规模/(万 m³/h)	投产日期
1	海城菱镁新材料基地北区项目	辽宁鞍山	0.02	5/400	40000	燃气 20	建设
2	海城菱镁新材料基地南区项目	辽宁鞍山	0.02	3/400	40000	燃气 12	建设
	小计			8			

注：1. 建设 8 台 400 t/d 炉。
　　2. 已经运行的炉子小计 4 台，建设 8 台，合计 12 台。

第八节　RH 循环流化床粉煤气化技术

RH 循环流化床粉煤气化技术/RH 炉是具有完全自主知识产权的国产化洁净煤流化床气化专利技术，在中国煤化工市场的推广应用较晚。RH 炉工业中试示范装置运行，表明该技术基本达到设计指标，该工业装置未建成投产。

一、RH 炉发展历程

RH 循环流化床粉煤气化技术（RH 炉）是由内蒙古宏裕科技股份有限公司（简称"宏裕科技"）与青岛软控重工有限公司（简称"青岛软控"）联合开发，拥有 RH 炉的技术许可、转让及工艺包设计。

宏裕科技前身是内蒙古宏裕农药股份有限公司，始建于 1997 年，是国家定点的农药生产厂家。已形成年合成和加工 2 万 t 农药的生产规模，并有年产各一万 t 原料的车间两个。宏裕农药下设一个省级农药研究中心，产品科技含量高，主导产品技术国内领先，生产成本低，市场优势明显。2006 年 5 月 11 日，为适应把企业做大做强的需要，在宏裕农药的基础上剥离出"宏裕科技"，注册资本 8000 万元。宏裕科技位于呼伦贝尔地区扎兰屯市，充分利用自己的优势，建设一个年产 30 万 t 合成氨、52 万 t 尿素的化肥项目（简称"3052 尿素项目"）。宏裕科技充分利用自己的优势，与国内青岛软控重工有限公司合作，联合开发出"RH 炉"循环流化床常压气化技术，并由青岛软控提供气化装置设备，首次应用于宏裕科技"3052 尿素项目"。该项目立足于用于国内流化床煤气化技术自主创新，本着投资省、见效快、技术成熟的原则，于 2012 年破土动工，计划 2015 年建成投产。青岛软控重工有限公司创立于 1968 年，2008 年成为青岛软控股份有限公司的全资子公司。拥有多年设计制造安装化肥、化工、核电、石油、热电等领域成套设备的丰富经验，拥有 A1、A2 级压力容器设计、制造许可证，美国 ASME 颁发的 U、U2 规范容器制造和现场组焊授权证书。

"RH 炉"技术以富氧空气或纯氧作为气化剂，粉煤与气化剂常压气化，对进入气化炉喷嘴进行了改进，使煤气中带出物减少；采用布袋除尘，解决煤气中粉尘含量高瓶颈；废热锅炉回收煤气显热、低温旋风分离器使用干法下灰，并用气力输送方法排灰，解决灰水不易处理的瓶颈；优化炉膛结构、一次旋风分离、返料回收及高倍率循环、强化物料传热传质、延长物料炉内停留时间、提高气化转化效率。首套 RH 炉循环流化床气化技术运用于内蒙古宏裕科技股份有限公司 30 万 t 合成氨项目中，采用当地褐煤为原料制造合成气用于合成氨领域。

二、RH 炉主要技术特征

RH 循环流化床粉煤气化技术由原料破碎筛分给煤系统、供风系统、气化反应及排渣系统、除尘返料循环系统、余热回收系统等组成。RH 炉主要技术特征见表 11-14。

表 11-14　RH 炉主要技术特征

序号	主要特征	描述
A	煤种适应性强	适宜煤种包括褐煤、长焰煤、不黏性或弱黏结性烟煤等低阶煤。对煤质要求：灰分≤25%，水分<20%，焦渣特性≤5，软化温度≥1150 ℃
B1	干煤粉进料	干煤粉进料，原煤经破碎，筛分后粒度<10 mm 由上煤系统气力输送至气化炉；自平衡返料和高倍率循环，同时实现高压差下返料自平衡
B2	单进料管，多级布风	储煤仓粉煤经气力输送至气化炉炉膛中下部；空气预热器将常温空气、饱和蒸汽预热至 650 ℃，将其预热后的空气与锅炉产生的蒸气进行混合，并从炉底部分布板及气化炉中部进入气化炉内
B3	热壁炉结构	采用耐火浇注料保温材料衬里，保障流化床气化炉的正常运行和使用寿命
C1	合理气化炉结构，温区、流场调控，分级布风	合理的炉型结构，上宽下窄，优化炉膛设计；分级布风和局部高温，炉内温度分区及流场调控；采用分段布风，加压富氧蒸汽和过热蒸汽经预热后组成的混合气化剂从气化炉底部及气化炉中部进入；干式除灰无废水产生，固态排渣，降低氧耗和无渣水排放；炉膛顶部排出煤气夹带的半焦气固混合物经一级旋风分离器和返料器回料，强化流化床内、外循环，有效提升粉煤气化效率、产气量和气化强度，提高煤利用率
C2	余热回收温区匹配	经一次旋风分离器分离后的高温煤气，通过回收煤气显热匹配控制，依次经过空气及蒸汽预热器和余热锅炉回收余热，副产中压蒸汽，除部分蒸汽作为气化剂外，富余蒸汽可外供；高温煤气经二次旋风分离器、布袋除尘器降温除尘。冷煤气效率 76%～81%，气化剂预热温度约 700 ℃，副产 3.8 MPa 中压蒸汽
C3	环境友好	气化反应温度为 980～1300 ℃，煤中的挥发分被热解，焦油、重质碳氢化合物等裂解完全，消除焦油及含酚废水污染
C4	合成气质量好	有效合成气中 $CO+H_2$ 含量（与煤质和气化剂有关）75%～85%，CH_4 1%～2.5%
C5	单系列长周期运行	采用<10 mm 干煤粉进料，气化压力 0～1.6 MPa，没有复杂的煤粉制备输送系统，炉内无动设备，在多炉运行时，可互为备用
C6	技术成熟可靠	加压气化技术基本成熟，但使用业绩少
D	存在不足	对入炉干煤粉的外在水分质量分数要求<5%，若外水过高则需要干燥，干燥排放气需要洗涤除尘，排放有环保要求；加压气化偏低，能够进一步提升压力。高倍循环，循环功耗增加，尤其是无用的灰分占有了一定的能耗

三、RH 炉商业应用业绩

RH 循环流化床粉煤气化技术在中国煤化工市场气化专利技术许可 1 家，暂未投入运行，建设 RH 炉 3 台。RH 炉单炉最大投煤量为 400 t/d，单炉产最大煤气量 4 万 m^3/h，项目还未建成。RH 炉设计及建设项目业绩见表 11-15。

表 11-15　RH 炉设计及建设项目业绩（截至 2021 年）

序号	企业名称	建厂地点	气化压力/MPa	气化炉台数及单炉投煤量/(t/d)	单炉粗煤气/(m^3/h)	设计规模/(万 t/a)	投产日期
1	内蒙古宏裕科技股份有限公司	内蒙古扎兰屯	常压	3/(400～840)	24000～40000	合成氨 30，尿素 50	未投产
	小计			3			

注：1. 3 台 400 t/d 炉。
　　2. 建设的炉子小计 3 台（未投产）。

第九节 TRIG 循环流化床气化技术

TRIG 循环流化床气化技术（TRIG 炉）是由美国凯洛格布朗路特公司（KBR 公司）研发的洁净煤气化技术，也是较早在国外实现商业化的先进流化床气化技术之一。在中国煤化工市场被引进，但推广应用较晚，TRIG 循环流化床气化技术进入中国市场后首个使用空气气化和氧气气化的项目分别为东莞 IGCC 改造项目和内蒙古乙二醇项目，并完成了工艺包及基础设计和长周期设备订货等。

一、TRIG 炉发展历程

美国 KBR 公司拥有 TRIG 循环流化床气化技术（transport integrated gasification，简称"TRIG"）的许可、转让及技术服务。KBR 负责全球所有 TRIG 的技术应用，并为用户提供基础工程设计包、专有设备以及开车服务等。

1. TRIG 炉早期研发

KBR 公司是全球领先的工程、建筑和服务公司之一，总部位于美国得克萨斯州休斯敦市，其中 KBR 技术事业部专注于开发高能效、低成本、高效益的技术，为全球石油、天然气和石化企业提供技术授权，并为之带来卓越的技术经济优势。

TRIG 输运床加压气化技术是一种先进的循环流化床气化技术，在高固体量循环和高气体速率的工况下运行，可提供更多的粗合成气量及更高的碳转化率；TRIG 炉使用煤粉原料，在低于煤灰熔点下燃烧气化反应，无煤渣；干法除尘后留下的煤灰可作为建筑行业的原料，特别适合于加工低成本燃料，例如次烟煤、褐煤、其他高灰分或高含水量的煤炭。

20 世纪 90 年代中期，由美国能源部出资，美国南方电力公司和 KBR 公司共同开发了"电力系统开发设施（PSDF）"的示范装置，使用低阶煤的输运床气化成套技术开发，气化炉日处理煤炭能力为 50 t。截至 2012 年，该装置已累计运行超过 20000 h，对多种不同煤种进行了测试，特别是对密西西比褐煤及粉河盆地次烟煤两个典型的低阶煤种进行了多次详细的测试，这两种低阶煤在多次测试中碳转化率为 98%以上。

2010 年，美国南方电力公司使用 TRIG 空气气化技术在密西西比州开发了 582MWIGCC 项目，该项目为坑口电站，利用低质低价的本地褐煤；配置两台 TRIG 气化炉，两台西门子高氢燃料燃气轮机和一台蒸汽轮机；原料褐煤收到基热值为 2300~2900 kcal/kg，水分高达 40%~50%；单台气化炉投煤量约 4650 t/d，入炉煤粉含水量约 20%。该项目配备 65%的二氧化碳捕集装置，捕集的二氧化碳由管线输送至油田提高石油采收率；使用附近市政公用设施的废水作为补充水，并实现全厂"零污水排放"。

2010 年 12 月，该项目破土动工，两台燃气轮机在 2013 年 8 月和 9 月分别首次点火成功；气化岛基本完成建设，处于调试中。2014 年底基本实现合成气发电商业化运行。

2. TRIG 炉中期研发

2012 年，KBR 与陕西延长石油集团签约，由延长集团建设一套 100 t/d 的基于输运床气化技术的示范装置。该装置采用纯氧气化，由 KBR 提供基础工艺设计包。

2013 年，陕西延长石油碳氢研究中心在此基础上在陕西兴平建设了一套投煤量为 100 t/d、气化压力 1.0 MPa 的双流化床气化炉工业试验装置，实现在两段循环流化反应条件下低阶煤的高效清洁转化利用。

2016年,该示范装置于10月8日开始投煤试运转,连续平稳运行14天,累计运行335 h,各项工艺指标和技术参数达到了首次试运转的目标要求,实现一次投料成功,顺利打通全流程。

二、TRIG炉主要技术特征

TRIG循环流化床气化技术由原料破碎筛分及磨煤制备输送系统、输运床加压气化反应及废热回收系统、分离除尘返料循环及排查系统、冷却除尘洗涤分离系统等组成。TRIG炉是一种适合处理褐煤及部分次烟煤大型化流化床煤气化技术,单套气化炉原料煤处理量可达5000 t/d,具有规模大型化、转化效率高、成本低、耗水少等优势,使得TRIG炉处于国际先进水平。TRIG炉主要技术特征见表11-16。

表11-16　TRIG炉主要技术特征

序号	主要特征	描述
A	煤种适应性劣质煤	煤种适应:褐煤及大部分次烟煤;对煤质一般要求(质量分数):水分<20%、灰分<40%、硫含量无限制、固定碳<60%(干燥无灰基)、高位热值<3000~6500 kcal/kg(HHV,空干无灰基)
B1	干煤粉进料	原料煤经破碎粒径<30 mm,经磨煤机磨至1000 μm以下,而后通过专有高压煤粉进料系统投料
B2	单层进料管	原煤破碎后经磨煤机磨至20~1000 μm的干燥粉煤,送入粉煤缓冲仓,输送载气(可选择氮气、二氧化碳或合成气)携带煤粉入炉,氧气(空气或富氧)和水蒸气从反应器不同部位进入TRIG炉
B3	热壁炉结构	采用耐火浇注料衬里,保障TRIG的正常运行和使用寿命
C1	气化炉提升管主反应区及混合段次反应区	气化炉主要由上部提升管主反应区和下部混合段及次反应区组成;气化剂自混合段下部进入气化炉次反应区后,与立管循环回来的炉料中的残炭进行反应,产生反应热和高温气体;将上行中的循环炉料,与混合段上部通过专有气力输送系统送入炉内的新鲜煤粉进行混合;而后进入提升管反应器上行,混合后的新鲜原料煤粉在上升过程中被高温气体和循环炉料迅速加热、脱水,并发生裂解和气化反应;离开提升管后,含煤灰和残炭的炉料及煤气进入初级旋分。提升管反应器是气化炉的主反应区,在提升管内气相和固相的表观速度差别非常小,固体速度与气体速度几乎同步,气速与固速比值在1~2之间
C2	合成气显热利用	由于气化系统的特殊结构,大部分固体颗粒与煤气在初级旋分中得到分离,然后通过环封回到立管作为循环炉料返回气化炉混合段;较小的颗粒及煤气进入二级旋分被捕集,分离的颗粒进入立管与初级旋分的颗粒混合作炉料循环;含微量细灰的煤气离开二级旋分后,在废锅中回收热量,煤气被冷却至300 ℃左右,同时副产4.0 MPa的中压饱和蒸汽。出废锅后煤气经飞灰过滤器除去细灰等工序处理后得到合成气去下游深加工产品。粗灰经卸压冷却后进入灰仓暂时储存,以用于下次开车的初始炉料
C3	环境友好	TRIG输运床工艺,干粉进料,干法排渣,无水冷、过程无黑水产生;经充分裂解,含碳灰渣深度循环气化,废锅回收高温合成气显热;出口气体中粉尘浓度达标、环保友好
C4	合成气质量好	通过高倍率、多通道循环返料,含碳灰渣循环深度气化、煤焦油经裂解转化为合成气,合成气有效气含量高
C5	单系列长周期运行	采用<30 mm干煤粉进料,1.0~4.0 MPa气化,煤粉制备输送系统成熟,炉内没有动设备,无备炉
C6	技术成熟可靠	TRIG输运床加压气化技术基本成熟,但使用业绩少
D	存在不足	对入炉干煤粉的外在水分质量分数要求<20%,若外水过高则需要干燥,干燥排放气需要洗涤除尘,排放有环保要求;TRIG结构复杂,控制操作系统复杂,高倍率运行能耗高,有待于大型化工业化示范装置验证

三、TRIG 炉商业应用业绩

TRIG 循环流化床气化技术在中国煤化工市场暂未有项目建成。TRIG 炉工艺包设计 2 台（氧气气化），单炉最大投煤量 1600 t/d，单炉产煤气量 86000 m³/h。TRIG 炉设计及建设项目主要业绩见表 11-17。

表 11-17　TRIG 炉设计及建设项目业绩（截至 2021 年）

序号	企业名称	建厂地点	气化压力/MPa	气化炉台数及单炉投煤量/(t/d)	单炉合成气/(m³/h)	设计规模/(万 t/a)	投产日期
1	锡林郭勒苏尼特碱业有限公司	锡林郭勒	4.0	1/1000	63000	乙二醇 20	调整
2	东莞天明电力有限公司	广东东莞	4.0	1/1600	86000	发电 120 MW	建设
	小计			2			

注：1. 1 台 1000 t/d 炉。
　　2. 1 台 1600 t/d 炉，小计 2 台。
　　3. 序号 1 项目调整。

第十节　大连高温温克勒气化技术

高温温克勒气化（HTW 炉）是一种流化床加压气化技术，是以德国人 F·温克勒命名的一种煤气化炉型，1926 年在德国工业化。HTW 炉主要特点是用气化剂（氧和蒸汽）与煤以沸腾床方式进行气化。原料煤要求粒径小于 1 mm 的在 15% 以下，大于 10 mm 的在 5% 以下，并具有较高的活性，不黏结，灰熔点高于 1100 ℃。常压操作，温度 900～1000 ℃，煤在炉中停留时间 0.5～1.0 h。合成气中不含焦油，但带出的飞灰量很大。

一、HTW 炉发展历程

大连高温温克勒气化技术是由德国蒂森克虏伯工业工程公司（简称"蒂森克虏伯"）在原有的 HTW™ 高温温克勒气化专利技术基础上，在中国进行国产化推广制造和大连万阳重工业有限公司（简称"大连万阳"）共同研发。2014 年 8 月，蒂森克虏伯与大连万阳在北京签署了战略合作协议，授权大连万阳成为大连高温温克勒 HTW™ 气化工艺在中国的独家专有设备供应商，双方拥有大连炉的技术许可、转让及工艺包设计。蒂森克虏伯工业工程公司一直致力于 HTW 气化工艺中关键设备的国产化，以降低气化项目投资，缩短交货时间以及项目周期，除去极少数专利设备需从德国进口外，高温温克勒 HTW 炉已基本实现国产化。

1. HTW 炉早期研发

1978 年，蒂森克虏伯公司在原有 HTW 高温温克勒炉常压气化沸腾床的基础上，开发了高温温克勒 HTW 加压气化中试装置。建立了投煤量 40 t/d，气化炉直径 Φ600 mm，气化压力 1.0 MPa 的中试装置。该中试装置由德国莱茵褐煤集团公司在瓦格特堡市建成投产，气化产品为甲醇。

1989 年，蒂森克虏伯公司在原有 HTW 加压气化中试装置基础上，为了发展高温温克勒 HTW 气化工艺在整体煤气化联合循环发电（IGCC）领域的应用，开发了更高压力下的高温温克勒 HTW 加压气化中试装置。设计建造了投煤量 185 t/d，气化炉直径 Φ600 mm，气化压力 2.5 MPa 的中试装置。该中试装置由德国莱茵褐煤集团公司在维塞林市建成投产，气化产品为合成气。

在建成的中试装置上，先后试烧了德国一些典型褐煤等煤种，获得了大量褐煤加压气化特性参数以及工艺放大试验及关键部件优化参数。HTW 加压气化炉的工业化中试验证表明，HTW 加压炉具有安全可靠性及流化床气化加压技术的先进性，并积累了大量典型褐煤等煤种的循环流化床气化特性数据库，为 HTW 加压气化炉流化床工程放大基础工艺包设计和工程设计提供了坚实的设计基础和大量运行的操作经验。

2. HTW 炉中期研发

1986 年，蒂森克虏伯公司在 HTW 加压气化中试装置基础上，在德国白仁拉特设计建造了用莱茵褐煤制甲醇装置。建立了投煤量 720 t/d，气化炉直径 Φ2750 mm，气化压力 1.0 MPa 的工业化装置。该工业装置由德国莱茵褐煤集团公司在白仁拉特市建成投产，气化产品为甲醇，工业化褐煤流化床 HTW 气化装置年运行时间高达 8000 h 以上。

1988 年，蒂森克虏伯公司的另一个工业化褐煤流化床 HTW 气化装置由芬兰凯米拉公司建造，在芬兰欧鲁市设计建成投产。该装置采用泥煤制合成氨产品，投煤量为 720 t/d，气化炉直径 Φ2750 mm，气化压力 1.0 MPa 的工业化装置。

20 世纪 90 年代中期，在德国维塞林市的高温温克勒 HTW^{TM} 气化装置中采用空气取代氧气作为气化剂，使得碳转化率提高到 95%。与此同时，在德国白仁拉特的工业褐煤流化床 HTW 气化装置中，以塑料垃圾以及褐煤的混合物作为气化原料的项目也在同时进行研发。由于高温温克勒 HTW 气化工艺体现出的先进性及可靠性，日本住友重工采用了高温温克勒 HTW 气化工艺用于气化民用垃圾。投料量为 48 t/d，气化炉直径 Φ1100 mm，气化压力常压的商业装置用于发电。该装置于 2000 年在日本顺利投产。

蒂森克虏伯工业工程公司于 2010 年 12 月从德国莱茵褐煤集团获得所有高温温克勒 HTW 气化技术的知识产权和专业经验，并在德国达姆施达特市建造一座中试测试装置，用于煤样测试以及气化技术的深度研发。此中试测试装置设计测试投煤量为 5 t/d，气化炉直径 Φ500 mm，气化压力常压，生产合成气。该装置于 2015 年在达姆施达特市建成投料运行。蒂森克虏伯经过多年工程实践的积累，在高温温克勒 HTW 气化领域上有着丰富而广泛的国际化经验，在全世界范围内设计、建造并成功投入运营近百台气化装置。

二、HTW 炉主要技术特征

HTW 大连高温温克勒气化技术由原料破碎筛分加压给煤系统、供风系统、气化反应及排渣系统、除尘返料循环系统、余热回收系统等组成。高温温克勒 HTW 气化工艺经过 50 多年的发展，尽管在中国使用业绩少，但在世界各地拥有多项成功的工业运行项目。如 1986 年在德国白仁拉特市建立的高温温克勒 HTW 褐煤制甲醇工业示范装置，单台气化炉进煤量为 720 t/d，操作压力为 1.0 MPa，合成气产量 54000 m^3/h，作为生产甲醇的原料气。此装置自 1997 年至 2008 年累计运行 67000 h，累计气化干褐煤 160 万 t，甲醇总产量 80 万 t。高温温克勒 HTW 气化技术的可靠性在此工业示范项目中得到了充分的验证。平均设备在线率超过 85%，最佳年份设备在线率达到 91%。HTW 炉主要技术特征见表 11-18。

表 11-18 HTW 炉主要技术特征

序号	主要特征	描述
A	煤种适应性	适宜煤种包括泥煤、褐煤、长焰煤、高灰高硫高熔点的三高煤、生物质、民用垃圾等。对煤质要求（质量分数）：灰分≤45%，挥发分＜38%～88%（干燥无灰基），含碳量40%～80%（干燥无灰基）、对硫含量无特殊要求
B1	干煤粉进料	干煤粉进料，原煤经破碎，筛分后粒度 0～10 mm，采用锁斗系统以及耐高压螺旋进料系统进料
B2	专有进料设备	储煤仓粉煤采用锁斗系统及耐高压螺旋进料系统，经专有进料设备输送至气化炉沸腾床中下部区域；气化剂从炉底部分进入气化炉内
B3	热壁炉结构	采用专有耐火浇注保温材料衬里，保障气化炉正常运行和使用寿命
C1	气化炉沸腾床结构,温区、流场调控	温克勒炉是立式圆筒形、炉底为无炉栅锥形结构；进料采用高压螺旋加料器从气化炉沸腾层中下部送入；气化剂从多个喷嘴射流喷入沸腾床内，在沸腾床上部有两次吹入气化剂，改善了流态化的排灰工作状况；干灰从炉锥底处排出；整个床层温度均匀，煤气及夹带的灰细渣气固混合物从炉顶侧部排出，经一级、二级旋风分离器分离及返料器循环回料入炉内，二次旋风分离的细灰经锁斗排出。强化外循环返料，有效提升粉煤气化效率，提高煤利用率
C2	余热回收温区匹配	经二次旋风分离器分离后的高温煤气依次经过余热锅炉回收余热，副产中压蒸汽，激冷器冷却并饱和煤气；文丘里洗涤器、湿式洗涤塔降温除尘。冷煤气效率77%～85%，碳转化率＞95%
C3	环境友好	气化反应温度低于灰熔点 200～300 ℃，每吨原料耗水量为 0.7 t，污水量仅为 0.15 t，且污水中焦油、苯酚、甲酸化合物、萘等难处理成分含量几乎为 0
C4	合成气质量好	有效合成气中 $CO+H_2$ 含量（与煤质和气化剂有关）约 71.3%，CH_4 约 4.85%
C5	单系列长周期运行	采用＜10 mm 干煤粉进料 1.0～3.0 MPa 气化，没有复杂的煤粉制备输送系统，炉内没有动设备，平均设备在线率超过 85%，最佳年份设备在线率达到 91%，可不设备炉
C6	技术成熟可靠	加压气化技术成熟，在中国使用业绩少
D	存在不足	对入炉干煤粉的外在水分质量分数一般要求＜25%，若外水过高则需要干燥，干燥排放气需要洗涤除尘，排放有环保要求；返料循环，增加循环功耗，尤其是无用的灰分占有一定的能耗

参考文献

[1] 国家标准化管理委员会. 商品煤质量 流化床气化用煤：GB/T 29721—2023[S]. 2023-09-07.
[2] 叶春雨, 毕大鹏, 黄成龙, 等. 科达低压气流床技术及其工业化应用分析[J]. 化肥设计, 2016, 54(6): 42-45.
[3] 李润生, 缪娟. U-GAS 气化炉加煤系统故障分析与处理[J]. 煤炭加工与综合利用, 2015(6): 50-53.

第十二章 灰熔聚流化床气化技术

第一节 灰熔聚气化

1. 概述

灰熔聚流化床气化技术是在传统流化床气化技术基础上改进发展而来的，属于流化床气化的改进版。灰熔聚流化床气化炉以粉煤为原料，粉煤在气化炉内被炉底部高速进入的气化剂氧气（富氧或空气）和水蒸气流化，使床层的煤粒和灰粒沸腾起来，在850～1050 ℃的温度下，煤粒与气化剂充分接触，发生煤的燃烧、干馏、热解、水蒸气分解和碳的还原反应，最终达到煤炭的完全气化反应。适用的煤种从高活性褐煤扩展到黏结性弱的部分烟煤。灰熔聚流化床与一般流化床的最大区别是在流化床底部设计了灰黏聚分离装置，由于炉床内形成局部高温区，使灰渣在高温区内相互黏结，团聚成球，借助重量的差异达到灰球与煤粒的分离，降低灰渣的含碳量，由此提高了碳的利用率。

2. 灰熔聚流化床主要特点

流化床气化反应动力学条件好，气固两相间扰动强烈，传热过程加强，气化强度提高。流化床气化工艺适合于气化活性高、形成年代短的烟煤及褐煤的气化。对原料的粒度要求为0.5～8 mm，对含灰量较高的劣质煤也能气化。炉内气化温度不高，煤气出口温度一般为 900 ℃左右，因此气化炉等设备材料容易选择。而灰熔聚流化床在一般流化床的基础上又进行了改进，对飞灰与焦炭的分离、气化炉局部高温的提高，有限度地进行灰的熔融团聚分离的优化，使得流化床的气化效率得到较大的提高。

灰熔聚流化床粉煤气化以碎煤为原料（<6～8 mm），以空气、富氧或氧气为氧化剂，水蒸气为气化剂，在适当的气速下，使床层中粉煤沸腾流化。并在部分燃烧产生的850～1050 ℃下进行一次破黏、脱挥发分、焦油及酚类的裂解、气化、灰团聚及分离等过程。由于灰熔聚流化床炉内设计了独特的气体分布器和灰团聚分离装置。灰渣在中心射流管形成局部高温1100～1300 ℃，即灰熔点软化温度临界区附近相互黏结。允许熔化的灰分进行有限度的团聚，结成含碳量较低的球状灰渣，促使灰渣团聚成球，当团聚后颗粒体积增大到一定值后，自动

与炉内半焦分离，实现连续排出低碳含量的灰渣。对于灰熔聚流化床与一般循环流化床气化，区别在于前者在气化炉底部设置灰黏聚分离装置，气化炉下段设置中心射流管，形成床层气化反应区内局部高温，提高了煤的气化反应温度，有利于煤中碳的气化反应彻底，提高了气化反应效率。

为解决排渣问题，气化炉下部采用锥形底喷嘴群，利用底部一喷口排渣，控制喷口的气流喷入速度为 10～16 m/s，在下部形成一喷泉式高温流场，使处于软化点的灰在滚动中形成渣球，当重量达到一定程度时，克服气流向上脱力而落入灰斗，灰渣含碳量可控制在 6%～10%。当然，也对操作提出了严格的控制条件。

因此，灰熔聚流化床气化工艺较好解决了一般流化床存在的难题，采用灰熔聚流化床适当提高气化温度<1300 ℃，解决流化床气化温度低，碳转化率低、煤气质量差和气化强度低的问题。设置的灰黏聚分离，下部锥形底喷嘴群，使处于软化点附近的灰在滚动中形成渣球，降低灰渣含碳量，解决煤灰分离难的问题。气化炉上部直径设置扩大段自由层，由此增加气化反应时间，使煤料在炉内停留时间 15 min 左右。减少煤气带出飞灰以及降低飞灰中的含碳量，有利于提高碳转化率。还可以通过提高气化炉返料循环倍数，将旋风分离器分离的返料返回到气化炉内进行循环气化反应，以进一步降低飞灰含碳量。

3. 灰熔聚流化床存在不足

灰熔聚气化压力低，采用常压气化时，由于气化压力低，使得碳转化率低、含尘高、消耗高、装置难以稳定长周期生产。如山西某化肥厂建 10 万 t/a 合成氨的煤气化工业化示范装置，2006 年投产，后来由于生产稳定性及消耗高而停产。

流化床灰熔聚的飞灰循环比，是循环流化床的共性问题。循环比过低会达不到降低飞灰带出的碳含量，过高会带来炉子生产负荷降低，尤其是大量的无碳飞灰在循环过程中反复进出气化炉，使飞灰在炉内做大量无效功循环，消耗了能耗并占有气化炉的有效空间，降低了生产负荷等。

灰熔聚流化床气化炉的精细化稳定操作对气化炉稳定性生产和有限度地控制气化温度会造成很大的难度。控制合适的气化温度，使处于软化点附近的灰渣在滚动过程中有限度地形成渣球的难度是可想而知的，操作温度非常严格，控制太低，难以实现灰熔聚团聚分离的目的。控制太高，灰渣容易液化，堵塞通道等。

对黏结性煤有一定的要求，对黏结性较强的烟煤，气化容易发生黏结结渣现象，对操作稳定性生产有一定的影响。如气化大同煤焦渣特性为 6 的黏结性煤时，初始煤气化温度为 1040 ℃时发现结渣现象，排渣困难；对原料的含水量有一定的要求，当初始进气化炉原料煤未经干燥，如含 $H_2O>8\%$，进煤管道会多次发生堵塞，进煤不畅，气化炉操作温度波动较大。只有当煤干燥后，含水分降到 5%以下时，才能较好解决气化炉操作稳定性问题；对入炉煤粒度分布有一定的要求，当入炉煤粒度太细时，如小于 1 mm 煤粉粒度占 35%～40%，大量细粉带到煤气洗涤水中，造成碳损失量较大，给煤气洗涤水处理增加了难度。一般要求气化炉进煤粒度分布，小于 1.0 mm 的粉煤应控制在 20%以下。

4. 灰熔聚流化床气化炉型

流化床灰熔聚气化比较有代表性的炉型主要有 KRW 炉、U-gas 炉、SES 炉、ICC 炉、CAGG 炉、T-SEC 炉等。灰熔聚流化床气化炉型及其他复合式炉型主要参数见表 12-1。

表 12-1　流化床灰熔聚及其他复合式气化炉型主要参数

技术名称/公司	气化炉	气化压力	进料方式	气化剂	排渣方式
美国 Kellogg 等公司	KRW 炉	1.6 MPa	粉煤	空气+水蒸气	灰熔聚
美国气体技术研究所	U-gas 炉	0.22 MPa	粉煤	空气+水蒸气	灰熔聚
美国综合能源系统公司	SES 炉	1.0 MPa	粉煤	空气+水蒸气	灰熔聚
陕西秦晋煤气化工程设备有限公司	CAGG 炉	0.06 MPa	粉煤	空气+水蒸气	灰熔聚
中国科学院山西煤炭化学研究所	ICC 炉	0.06 MPa	块煤	空气+水蒸气	灰熔聚
中国科学院山西煤炭化学研究所	ICC 炉	0.6 MPa	块煤	氧气+水蒸气	灰熔聚
江苏天沃综能清洁能源技术有限公司	T-SEC 炉	0.4 MPa	粉煤	空气+水蒸气	灰熔聚
上海联化投资发展有限公司	HYGAS 炉	中压	粉煤	空气+水蒸气	固态
陕西延长石油（集团）有限责任公司碳氢高效利用技术研发中心	CCSI 炉	0.6~4.0 MPa	粉煤	氧气+水蒸气	固态
陕西延长石油（集团）有限责任公司碳氢高效利用技术研发中心	KSY 炉	常压	粉煤	空气+水蒸气	固态

目前，工业应用的灰熔聚流化床气化炉型一般生产强度为 300~1200 t/d，适用于中小型合成氨、甲醇及燃气生产企业，在国内有一定的应用业绩，如河南义马甲醇煤气项目等。

第二节　U-gas 灰熔聚气化技术

U-gas 灰熔聚流化床气化技术（U-gas）炉作为国际先进的流化床气化技术，通过 U-gas 炉工业示范装置的成功投料运行，是国际上较早实现工业化商业装置的先进技术之一，在中国煤化工市场早期得到引进。U-gas 炉在中国推广应用非常早，但项目业绩较少，其生产运行验证了 U-gas 灰熔聚流化床气化技术的先进性，但在运行过程中存在的问题也不少。

一、U-gas 炉发展历程

美国气体技术研究院（Gas Technology Institute，GTI）为美国能源领域专业研究机构，总部位于美国芝加哥。GTI 在能源及煤炭清洁利用领域具有非常强的技术实力和影响力，其研发的 U-gas 灰熔聚流化床气化技术/U-gas 炉技术许可转让、工艺包及关键设备供货由 GTI 拥有。

1. U-gas 炉早期研发

20 世纪 40 年代，世界上进行过灰黏聚（或称灰团聚、灰熔聚）流化床粉煤气化技术开发最早的公司就包括 GTI 灰熔聚流化床粉煤常压（加压）气化技术，并在芝加哥建有中试装置，在芬兰建有工业试验装置。

20 世纪 50 年代，对灰熔聚流化床粉煤加压气化开发的外国公司还有：Kellogg 公司开发了 KRW 工艺；法国南希大学在进行过小型试验，验证了灰黏聚流化床气化技术是可行的。

2. U-gas 炉中期研发

20 世纪 60 年代，Battelle Memorial Institute 在煤黏聚燃烧方面做了许多工作，开发了 Battelle-union carbide 灰黏结法煤气化工艺。在接近灰熔点的温度下操作，使灰黏聚成球，可以选择性地脱除较大的灰块，使灰含碳量很低（典型数据<2%），该工艺还建成一套 25 t/d 煤气化生产合成气的中试装置，气化压力为 0.69 MPa，进料粒度为 0.15~2.4 mm，灰循环量

与进煤量之比为 4:1，形成的灰黏聚物是自由流动的球形颗粒。

20 世纪 80 年代末，中国首次引进美国 U-gas 灰熔聚流化床粉煤低压气化专利技术许可、工艺包及关键设备。在上海焦化厂设计及建设了 8 台 U-gas 炉。

1995 年，U-gas 炉建成投料运行，采用空气和水蒸气作气化剂，生产低热值燃料煤气供上海市，因投产运行过程中暴露出一些问题未能得到有效解决，加上天然气进入上海代替了燃料煤气，整个 U-gas 炉装置运行不到一年就停止了。首套 U-gas 气化炉下部反应区内径为 $\Phi 2.6$ m，上部扩大段为 $\Phi 3.6$ m，高 18.5 m，气化压力为 0.22 MPa(G)，气化温度为 980~1010 ℃。单台气化炉产煤气量为 2 万 m³。该炉以陕西神府煤为气化原料，自 1995 年 10 月投产以来，累计运行 15000 台时，消耗原料煤 5 万余吨，生产煤气 2.05 亿 m³，平均产气率为 4.04 m³/kg 煤，碳转化率为 88.33%~96.07%。

二、U-gas 炉主要技术特征

U-gas 灰熔聚流化床气化技术由原料煤粉制备及输送、气化除尘、余热回收、煤气洗涤冷却及排渣、排灰等过程组成。U-gas 炉在气化床下部设有灰黏聚分离装置等特殊结构，煤粉从气化炉下部进入，被从底部高速进入的气化剂氧气（或富氧空气）和水蒸气流化，使床层的煤粒灰粒沸腾起来；在 1000℃ 的局部高温区内从下到上逐步发生煤的干燥、干馏、热解和燃烧，水蒸气分解以及碳的还原反应，最终生成煤气；煤的气化反应温度是在煤的灰熔点温度以下操作，因此灰渣在高温区内没有液化，但相互黏结，团聚成球，再借助重量差异达到灰球和煤粒的分离，降低灰的含碳量，提高碳的利用率。U-gas 炉主要技术特征见表 12-2。

表 12-2 U-gas 炉主要技术特征

序号	主要特征	描述
A	煤种适用范围	原料煤适用范围：烟煤（山东）、次烟煤（神府、义马）、弱黏煤、无烟煤、高灰煤、褐煤（白音华）及煤渣等。对煤质要求：高灰分≤30%、低热值≤3500 kcal/kg、高硫 0.2%~4.6%、焦渣特性<6、灰熔点 1040~1460 ℃
B1	干煤粉进料	原料煤粒径范围 0~6 mm；大于 6 mm 的原料煤质量分数<1%；大于 8 mm 的原料煤质量分数为 0%；小于 1 mm 的原料煤质量分数<40%；外在水分质量分数<5%
B2	螺旋给料机连续给料；气化剂从炉底部进入	原料煤经破碎、筛分、干燥后送入煤斗，经煤锁及螺旋给煤机计量后连续加入气化炉底部；气化剂（氧气、过热蒸汽、二氧化碳）从气化炉底部的中心管、分布板、文丘里管三路吹入
B3	热壁炉	采用热壁炉结构，气化室内壁采用耐火材料衬里，热壁炉保温蓄热性能好，气化反应热损失小，但耐火材料衬里只能承受气化温度低的煤种，由于流化床气化温度一般在 900~1100 ℃
C1	气化炉流场温度场设置	U-gas 气化炉为圆形流化床，上粗下细；上部直径设置扩大段自由层，增加反应时间，使煤料停留时间达 15 min 以上，提高碳转化率，同时减少煤气带出的飞灰；下部为气化高温段，使床层中的粉煤沸腾流化，在高温条件下，气化剂与煤粉充分混合接触，发生热解和氧化还原反应，最终达到煤的气化；同时煤灰在炉内中心高温区黏聚形成灰球，借助煤和灰的质量差异，使灰球与煤粉分离，灰球从炉底排渣管落入渣锁，定时排出
C2	合成气冷却除尘及热量回收	出气化炉顶部的煤气经气体冷却器降温后，依次经一级旋风除尘器、二级旋风除尘器后，进入废热锅炉、蒸汽过热器、锅炉给水预热器回收余热，产生蒸汽送入蒸汽管网；一级旋风除尘器分离的细粉经回料管返回气化炉气化，二级旋风除尘器分离的细灰进入灰锁，经螺旋冷却后增湿排出系统
C3	环境友好，循环利用	装置实现连续气化，无废气排放；煤气中不含焦油、多酚等；氨氮含量低，煤气洗涤水易于处理
C4	煤气产品质量	有效气中 $CO+H_2$ 含量≥72%，煤气中甲烷含量 3.4%~4.5%，碳的转化率达 90%以上，煤气产品质量好

序号	主要特征	描述
C5	单系列长周期运行	U-gas 炉采用 0~6 mm 干煤粉进料，气化压力低，分为常压和低压、气化温度低≤1150 ℃、没有复杂的喷嘴系统和煤粉输送系统、气化炉结构简单，使用寿命长，多炉运行，可保证系统长周期稳定运行，不设备炉，节省备炉投资
C6	技术成熟可靠	使用业绩少，有待进一步验证、改进和完善
D	存在不足	对入炉干煤粉的外在水分质量分数要求＜5%，若外水过高则需要干燥，排放气需要洗涤除尘，干燥烟气排放有环保要求；焦渣特性＜6，煤的适应范围相对受限，常压或低压气化，生产能力受限，增加能耗

三、U-gas 炉商业应用业绩

U-gas 灰熔聚流化床气化技术在中国市场气化专利技术许可 1 家，投入生产运行及建设的 U-gas 炉 8 台。U-gas 炉商业化运行最早时间 1995 年，单炉最大投煤量为 200 t/d，于 1995 年投料生产运行。U-gas 炉已经投产项目主要业绩见表 12-3。

表 12-3　U-gas 炉已经投产项目主要商业应用业绩（截至 2021 年）

序号	企业名称	建厂地点	气化压力/MPa	气化炉台数(开+备)及单炉投煤量/(t/d)	单炉粗煤气/(m³/h)	设计规模/(万 m³/h)	投产日期
1	上海焦化厂	上海	0.22	(6+2)/200	20000	煤气 12	1995
	小计			6+2=8			

注：1. 6 台 200 t/d 炉，备炉 2 台。
　　2. 运行炉子小计 6 台，备炉 2 台，合计 8 台（运行不到 1 年已经停产）。

第三节　SES 灰熔聚加压气化技术

SES 灰熔聚流化床加压气化技术与 U-gas 炉是同一种类型的灰熔聚流化床，拥有美国气体技术研究院（GTI）授权的 SES 灰熔聚流化床加压气化技术（SES 炉）的全球独家使用权和独家对外技术许可权。SES 炉工业示范装置的成功投料运行，是较早实现工业化的国际先进气化技术之一。在中国煤化工市场得到引进，SES 炉在中国推广应用较早，其生产运行验证了 SES 炉技术的先进性，并于 2009 年通过山东省科技厅的科技成果鉴定。专家评价认为：SES 炉成功试烧了内蒙古褐煤及其他多个劣质煤种；创新点明显，具有较高的推广价值，达到了灰熔聚流化床褐煤气化技术的国际先进水平。

一、SES 炉发展历程

美国气体技术研究院（Gas Technology Institute，GTI）始于 20 世纪 40 年代，其研发的 SES 灰熔聚流化床粉煤加压气化技术/SES 炉是世界领先的流化床气化技术专利商。美国综合能源系统公司（Synthesis Energy Systems，Inc.，SES）成立于 2003 年，总部位于美国休斯敦，亚太总部位于中国上海。2006 年 7 月，SES 与山东海化煤业集团有限公司签订了合资协议，成立合资公司：埃新斯（枣庄）新气体有限公司（简称"枣庄工厂"）。在山东枣庄设计及建设了 2 台 SES 炉，这是继首套 SES 灰熔聚流化床粉煤低压气化技术基础上进行改进和完善后在中国枣庄建设的首套 SES 灰熔聚流化床粉煤加压气化技术（简称 SES 炉）。2008 年 1 月，枣庄工厂项目工程竣工。SES 单炉设计煤气量约为 30000 m³/h，有效合成气量约为 22000 m³/h，销售给合资方山东海化集团有限公司，生产 10 万 t 甲醇。

2008 年 12 月，SES U-gas 炉实现商业化运行，利用劣质高灰煤（包括洗中煤）进行气化，基本能够满足海化对合成气的需求。在枣庄工厂，SES 不断通过从潜在的被许可方引入原料进行商业试烧的方式来满足不同客户的项目需求。

2008 年 11 月，SES 炉对河南义马 5000 t 长焰煤进行了试烧。试烧期间，SES U-gas 炉可高效气化不同类型煤的灵活性，以及高碳转化率和较强的经济性。

2009 年 10 月，SES 炉对内蒙古白音华褐煤进行了长达数周试烧。这种很难处理的劣质煤，在 SES 炉试烧过程中取得了较高的碳转化率和冷煤气效率。

2010 年 12 月，SES 炉对澳大利亚 Ambre 能源公司提供的澳大利亚昆士兰 3000 多吨高灰、高灰熔点次烟煤进行了试烧。SES U-gas 炉不仅可以安全、稳定地处理，并且取得了冷煤气效率≥82%和碳转化率≥98%的效果。

2011 年 8 月，SES 炉对兖矿集团提供的 1500 多吨的高灰［灰含量 34%（质量分数）］烟煤进行了试烧，各项技术性能指标优秀，再次验证了 SES 技术的效率和处理高难度原料的有效性。

二、SES 炉主要技术特征

SES 灰熔聚流化床粉煤加压气化技术由原煤破碎、筛分、干燥及载气输送、气化除尘、余热回收、煤气分离冷却及排渣、排灰循环等过程组成。该工艺通过枣庄工厂的试烧和工业化运行，验证了 SES 炉技术的先进性和可靠性。尤其对劣质原料煤的适应性强，可以气化高灰分、高硫分、高灰熔点和低发热量的煤种。与其他气化技术的比较优势体现在更低的气化运行成本、更高的燃料灵活性、更好的气化性能效率、更简单的操作系统及环境友好，基本能满足原料煤本地化的需要。SES 炉主要技术特征见表 12-4。

表 12-4 SES 炉主要技术特征

序号	主要特征	描述
A	煤种适应性强	原料煤适用范围广：褐煤、次烟煤、烟煤（可使用高灰分、高内水、高灰熔点煤）；其中试烧过的有烟煤（山东兖矿高灰煤）、次烟煤（神府、义马长焰煤）、褐煤（内蒙古白音华褐煤）、澳大利亚次烟煤及煤渣等。对三高煤等劣质煤也能气化
B1	干煤粉进料	原料煤需先经破碎、筛分、干燥预处理后符合 SES U-gas 气化要求的煤经若干套气力输送加煤系统送入气化炉。加煤系统主要由常压缓冲斗、锁斗、加压输煤斗及旋转给料器构成。输送载气根据需要，可选择氮气、二氧化碳或合成气等；原料煤粒径＜10 mm
B2	单层进料管，非喷嘴	经单层进料管，非喷嘴，输送载气携带原料煤连续入炉；气化剂：氧气或空气或富氧和水蒸气从气化炉底部不同部位注入气化炉
B3	热壁炉	气化室内壁采用耐火浇注料，保温蓄热性能好，气化反应热损失小，流化床气化温度一般为 900~1100 ℃，使用寿命较长
C1	气化炉流场温度场设置	气化炉为圆形流化床，上粗下细；上部直径设置扩大段自由区，增加反应时间，提高碳转化率，同时减少煤气带出的飞灰；下部为气化燃烧室，其流场结构为中心射流，四周流化；蒸汽和氧气从气化炉底部附近注入，在约 1000 ℃（取决于原料煤的等级）及一定压力的条件下将气化炉内的固体颗粒流化并与之进行反应，同时炉内气体之间发生氧化还原反应，生成粗煤气。煤尘在高温区黏聚形成灰球，借助煤和灰的质量差异，使灰球与煤粉分离，灰渣从炉底排渣管落入渣锁，定时排出，灰渣经冷却降压后送至灰仓处理

续表

序号	主要特征	描述
C2	煤气冷却除尘及热量回收	上行粗煤气夹带一部分细小颗粒从气化炉顶部离开,进入设有两个串联的旋风分离器:一级旋风分离器和二级旋风分离器,捕集分离绝大部分离开气化炉的细粉。细粉再通过料封管返回到气化炉中进行反应。粗煤气则进入余热锅炉降温,同时回收煤气的显热。产生高压/中压蒸汽回供气化炉作为气化剂;来自余热锅炉出口含有微尘的合成气再分别经高效旋风分离器和飞灰过滤器除去其中的粉尘,使净化后的合成气粉尘含量≤10 mg/m³。分离下来的粉尘均经气力输送方式送至粉仓返回气化炉
C3	环境友好,循环利用	采用加压连续气化工艺,在正常生产过程中除和固体输送相关的载气排放外,基本无毒有害气体排出减少了对环境的污染;采用独特的反应器设计和操作条件,气化过程避免产生焦油和酚类物质;采用干法排灰和排粉,粉尘以干燥的状态送至煤粉储仓,不产生黑水,可实现废水零排放
C4	合成气产品质量	有效气中 CO+H_2 含量≥72%,煤气中甲烷含量 3.4%~4.5%,碳的转化率达 92%以上,合成气产品质量好
C5	单系列长周期运行	U-gas 炉采用 0~6 mm 干煤粉进料,气化压力低,分为常压和低压,气化温度低,≤1150 ℃,没有复杂的喷嘴系统和煤粉输送系统、气化炉结构简单,使用寿命长,多炉运行,可保证系统长周期稳定运行,不设备炉,节省备炉投资
C6	技术成熟可靠	使用业绩少,有待进一步验证、改进和完善
D	存在不足	对入炉干煤粉的外在水分质量分数要求<5%,若外水过高则需要干燥,排放气需要洗涤除尘,干燥烟气排放有环保要求;常压或低压气化,生产能力受限,增加能耗

三、SES 炉商业应用业绩

SES 灰熔聚流化床加压气化技术在中国市场气化专利技术许可 2 家,投入生产运行及建设的 SES 炉 5 台。SES 炉运行最早时间 2008 年,单炉最大投煤量为 1200 t/d,于 2012 年投料运行。SES 炉技术已经投产项目主要业绩见表 12-5。

表 12-5 SES 炉已经投产项目主要商业应用业绩(截至 2021 年)

序号	企业名称	建厂地点	气化压力/MPa	气化炉台数(开+备)及单炉投煤量/(t/d)	单炉合成气 H_2+CO+CH_4/(m³/h)	设计规模/(万 t/a)或(万 m³/h)	投产日期
1	埃新斯(枣庄)新气体有限公司	山东枣庄	0.22	(1+1)/400	22000	甲醇 10	2008
2	义马煤业综能新能源有限责任公司	河南义马	1.00	(2+1)/1200	76000/104000 煤气	甲醇 30,合成气 6.4	2012
未计	综能协鑫(内蒙古)煤化工公司	内蒙古	0.22	2/400	22000	甲醇 15,二甲醚 10	待定
	小计			3+2=5			

注:1. 1 台 400 t/d 炉,备炉 1 台。
2. 2 台 1200 t/d 炉,备炉 1 台。
3. 运行炉子 3 台,备炉 2 台,合计 5 台。

第四节 CAGG 灰黏聚流化床气化技术

CAGG 灰黏聚流化床气化技术(CAGG 炉)是具有完全自主知识产权的国产化煤气化专利技术,在中国煤化工市场的推广应用较早。通过 CAGG 炉工业示范装置和商业化项目建设和生产运行，表明该技术成熟可靠。CAGG 炉于 2002 年通过陕西省科技厅技术成果鉴定，专家认为：该煤气化工业示范装置属国内首创，达到国际同类煤气化技术先进水平。

一、CAGG 炉发展历程

1. CAGG 炉早期研发

CAGG 灰黏聚流化床气化技术/CAGG 炉是由陕西秦晋煤气化工程设备公司（简称"秦晋煤气化公司"）研发的、拥有国内自主知识产权的煤气化技术。获得国家重点新产品证书及技术专利，拥有 CAGG 灰黏聚循环流化床粉煤多元气化技术专利许可、转让及工艺包设计。秦晋煤气化公司联合陕西城化股份有限公司、陕西联合煤气化工程技术有限公司等单位共同开发建设了 CAGG 灰黏聚循环流化床粉煤多元气化技术工业示范装置（简称 CAGG 示范装置）。该装置建在陕西城化股份有限公司厂区内，采用 CAGG 炉技术，以陕西彬州市煤为原料生产合成氨原料气。

CAGG 炉采用变径段的上粗下细的圆筒形及耐高温、抗磨隔热衬里的热壁炉结构。炉底部设计了选择性排灰气体分布器。内部中心管形成炉内局部高温区，利用灰黏聚特性，相互黏结，黏聚成球，再借助重量差达到灰球和煤粒分离，选择性地将灰球排出系统。分布器采用多孔板或喷嘴结构，利用流态化原理，进行粉煤气化。

2001 年 3 月建成首套工业化示范装置，设计压力 0.03～0.05 MPa(G)，设计气化温度 1050～1100 ℃；气化炉 1 台，投煤量约 100 t/d，炉子下部反应区内径 $Φ$2.4 m，上部扩大区 $Φ$3.7 m，高 15.3 m；用富 O_2（92%）和水蒸气作气化剂，生产粗煤气约 13000 m^3/h，有效合成气 $CO+H_2$ 68%～70%，折有效合成气约 9000 m^3/h。

2. CAGG 炉中期研发

2001 年 3 月建成，6 月开始投煤试运行，2002 年 3 月进行性能考核，至 2003 年 6 月累计运行 8000 多小时，在试运行过程中针对存在的问题不断修正和完善。其中对气化炉分布器进行了重大改进，设计了新型专利结构及材质的分布器；气化剂由二元改为多元气化剂，即增加了 CO_2 气化剂，随着 CO_2 加入量的增加，气化耗 O_2 可降低 10%～30%，煤气中合成有效成分（$CO+H_2$）可提高 3%～8%，甲烷含量下降。在试运行过程中还先后对陕西彬州市煤、甘肃华亭煤、山西大同煤和高平唐安无烟煤等四个煤种进行了试烧试验，取得了重要的试烧数据和工业示范成果。

二、CAGG 炉主要技术特征

CAGG 灰黏聚循环流化床粉煤气化技术由原煤破碎、筛分、干燥及螺旋给煤机输送、气化除尘、余热回收、煤气分离冷却及排渣、排灰等过程组成。该工艺对劣质原料煤适应性强，可气化"三高煤"和低发热量煤种，具有低气化运行成本和较好的气化性能、操作简单、环境友好。CAGG 炉主要技术特征见表 12-6。

表 12-6　CAGG 炉主要技术特征

序号	主要特征	描述
A	煤种适应性强	原料煤适用范围广：褐煤、烟煤、无烟煤、焦粉等，对高灰分、高内水、高灰熔点煤也能气化
B1	干煤粉进料	经破碎、筛分、干燥后，煤粒度在 1～8 mm，其中煤粒度<1.0 mm 的控制在 20%以下，含水量<5%合格的原料煤

续表

序号	主要特征	描述
B2	单层进料管非喷嘴	单层进料管非喷嘴进料，送入煤仓经计量后，由螺旋给煤机输送，氮气吹入单层进料管连续加入气化炉底部。采用多元气化剂：氧气或空气或富氧和水蒸气以及CO_2气体，从气化炉底部分三路注入
B3	热壁炉结构	气化炉内壁采用耐火浇注料，保温蓄热性能好，气化反应热损失小，流化床气化温度一般为900~1150 ℃，使用寿命较长
C1	炉内中心射流四周流化	气化炉采用变径段的上粗下细圆筒形，增加反应时间，提高碳转化率；采用耐高温、抗磨隔热衬里热壁炉，气化炉流场为中心射流，四周流化；多元气化剂：蒸汽、氧气和CO_2从气化炉底部分注入；在1000 ℃气化条件下与粉煤流化并进行燃烧、干馏、蒸汽分解、氧化还原反应生成粗煤气。煤灰则在局部高温区黏聚形成灰球，借助煤和灰的质量差异进行分离，灰渣从炉底排渣管落入渣锁，定时排出
C2	煤气冷却除尘及热回收	上行粗煤气夹带部分细煤灰粉从气化炉顶部离开，进入串联的旋风分离器系统：一级旋风分离器和二级旋风分离器，分离气体夹带的绝大部分细粉，并通过料封管再返回气化炉；除尘后的煤气进入余热锅炉回收显热，副产高压/中压蒸汽回供气化炉作为气化剂；余热锅炉出口含有微尘的合成气再分别经高效旋风分离器和飞灰过滤器除去其中的粉尘，使净化后的合成气粉尘含量≤10 mg/m³。分离下来的粉尘均经气力输送方式送至粉仓返回气化炉
C3	环境友好，循环利用	采用常压或低压连续气化工艺，除与固体输送相关的载气排放外，基本无有毒有害气体排放；采用独特的反应器结构设计和操作条件，气化过程避免产生焦油和酚类物质；采用干法排灰和排粉，细粉以干燥的状态送至煤粉储仓，不产生黑水
C4	合成气产品质量	有效合成气中$CO+H_2$含量68%~72%，煤气中甲烷含量3%~4%，碳的转化率达92%以上，合成气产品质量好
C5	单系列长周期运行	采用0~8 mm干煤粉进料，气化压力低，分为常压和加压气化、气化温度≤1100 ℃、没有复杂的喷嘴系统和煤粉输送系统、采用热壁炉，气化炉结构简单，炉内没有动设备，多炉运行，可不设备炉，保证系统长周期稳定运行
C6	技术成熟可靠	技术基本成熟，使用业绩少，有待进一步完善
D	存在不足	对入炉干煤粉的外在水分质量分数要求<5%，若外水过高则需要干燥，干燥排放气需要洗涤除尘，排放有环保要求；常压或低压气化，生产能力受限，增加能耗

三、CAGG炉商业应用业绩

CAGG灰黏聚流化床气化技术在中国市场气化专利技术许可8家，投入生产运行及建设的CAGG炉13台。CAGG炉商业化运行最早时间2001年，单炉最大投煤量为500 t/d，于2007年投料生产运行。CAGG炉已经投产项目主要业绩见表12-7。

表12-7　CAGG炉已经投产项目主要商业应用业绩（截至2021年）

序号	企业名称	建厂地点	气化压力/MPa	气化炉台数(开+备)及单炉投煤量/(t/d)	单炉合成气(折)$CO+H_2+4CH_4$/(m³/h)	设计规模/(万 t/a)	投产日期
1	陕西城化股份有限公司	陕西城固	0.03	1/100	9000	氨 2	2001
2	天津渤海化工有限责任公司天津碱厂	天津	0.05	2/200	18500	合成氨 8	2005
3	山西天脊潞安化工有限公司	山西长治	0.06	2/300	28000	甲醇补碳，甲醇30	2006
4	山西太化股份有限公司	山西太原	0.06	1/200	20000	合成氨 6	2006
5	中国平煤神马集团飞行化工有限公司	河南平顶山	0.06	(3+1)/200	19000	合成氨 18	2006

续表

序号	企业名称	建厂地点	气化压力/MPa	气化炉台数(开+备)及单炉投煤量/(t/d)	单炉合成气(折)$CO+H_2+4CH_4$/(m^3/h)	设计规模/(万 t/a)	投产日期
6	山西焦化股份有限公司	山西洪洞	0.05	1/200	18000	甲醇补碳，甲醇15	2007
7	山西阳煤丰喜集团有限责任公司	山西临猗	0.06	1/500	46000	合成氨10	2007
8	榆林环能煤化科技股份有限公司	陕西榆林	0.06	1/500	48000	甲醇15	2007
	小计			12+1=13 台			

注：1. 1 台 100 t/d 炉。
2. 7 台 200 t/d 炉，备炉 1 台。
3. 2 台 300 t/d 炉。
4. 2 台 500 t/d 炉。
5. 运行炉子小计 12 台，备炉 1 台，合计 13 台。

第五节　ICC 灰熔聚粉煤气化技术

ICC 灰熔聚流化床粉煤气化技术（ICC 炉）是具有完全自主知识产权的国产化流化床气化专利技术，在中国煤化工市场推广应用较早。ICC 炉工业示范装置和商业化项目建设和生产运行，表明该技术成熟可靠。该工艺于 2011 年通过山西省科技厅技术成果鉴定，专家认为：ICC 灰熔聚流化床粉煤气化技术达到了国际领先水平。

一、ICC 炉发展历程

中国科学院山西煤炭化学研究所（简称中国科学院山化所）的前身是中国科学院煤炭研究室，于 1954 年在大连中国科学院石油研究所挂牌成立。1961 年，煤炭研究室扩建为中国科学院煤炭化学研究所并搬迁山西太原。1978 年 9 月更名为中国科学院山西煤炭化学研究所，拥有小店中试基地、煤转化国家重点实验室、煤炭间接液化国家工程实验室、山西省粉煤气化工程研究中心，以及煤转化国家重点实验室，与壳牌合作设立了 ICC-Shell 煤化学联合实验室等国家级工程实验室和研究中心。ICC 灰熔聚流化床粉煤气化技术由中国科学院山化所粉煤气化工程中心开发，拥有"灰熔聚流化床气化过程及装置"（简称 ICC 气化炉）的完全自主知识产权以及专利许可、转让及工艺包设计。

1. ICC 炉早期研发

20 世纪 70 年代，中国科学院山化所在煤气化理论研究、冷态模式、实验室小试和中试试验基础上，系统地研究了灰熔聚流化床粉煤气化过程中的理论和工程放大特性；通过对气化过程中煤化学、灰化学与气固流体力学的研究，研制了特殊结构的射流分布器，创新性解决了强烈混合状态下煤灰团聚物与半焦选择性分离等重大技术难题；设计了独特的"飞灰"可控循环新工艺，在大量实验验证基础上，取得了完整的工业放大数据和丰富的运行经验。

20 世纪 80 年代，ICC 灰熔聚流化床粉煤气化技术在中国科学院重点科技攻关项目专项和国家科委攻关计划支持下，在原有煤气化和流化床技术的基础上，成功开发了灰熔聚流化床粉煤气化技术。先后建立了投煤量 1 t/d（气化炉直径 Φ300 mm）气化试验装置、Φ1000 mm 冷态试验装置、Φ1000 mm（0.1～0.5 MPa，投煤量 24 t/d）中间试验装置以及 Φ145 mm 实验室煤种评价试验装置。

2. ICC 炉中期研发

20 世纪 90 年代，在灰熔聚流化床粉煤常压气化技术突破的基础上，建立了 Φ200 mm（1.0～1.5 MPa）加压试验装置和 Φ2400 mm 常压工业示范装置。氧/蒸汽鼓风制化工合成气的中试研究，为工业示范装置提供了准确的工程设计方法和依据。

2001 年设计建成首套工业示范装置，设计压力 0.03～0.05 MPa(G)，设计气化温度 1050～1100 ℃；气化炉 1 台，投煤量约 100 t/d，单炉配套 2 万 t 合成氨/年工业示范装置。实现了灰熔聚流化床粉煤常压气化技术的工业化应用，提供了具有自主知识产权的先进的流化床煤气化技术。

在工业示范装置的基础上，进行了大量的煤种试验研究，试验煤样从褐煤、烟煤、无烟煤到石油焦，灰含量 1%～37.88%，灰熔点 1160～1500 ℃，挥发分 6.15%～32.15%，热值 15.24～36.15 MJ/kg，焦渣特性 2～6，取得了不同煤种的气化特性和操作特性以及煤质对气化技术经济指标的影响规律，拓宽了该工艺煤种的适用范围。尤其是无烟煤、石油焦气等气化试验取得了突破性的进展，表明灰熔聚流化床粉煤气化技术以低活性煤种为原料时，也能够实现合理的气化指标。

ICC 灰熔聚流化床粉煤气化技术具有较高的碳转化率，气固两相混合均匀，煤粉在床层内一次实现破黏、脱挥发分、气化、灰团聚和分离、焦油和酚类的裂解。该工艺以碎煤为原料（<6～8 mm），以空气、富氧或氧气为氧化剂，水蒸气或二氧化碳为气化剂，在适当的气速下，使炉内床层中粉煤流化；中心射流管形成局部高温区（1100～1300 ℃），允许熔化的灰分进行有限度的团聚，结成含碳量较低的球状灰渣；当团聚颗粒体积增大到一定值后，会自动离开气化炉底部；气化炉内壁保温结构采用低硅、高铬刚玉耐火原料，纯铝酸钙水泥作为结合剂，运用超微粉复合技术生产的强度高，抗侵蚀，热震稳定性好，抗冲刷，采用耐磨损的新型不定形耐火材料。

2008 年 9 月 5 日，首套 ICC 灰熔聚流化床粉煤加压气化技术工业示范装置在石家庄金石化肥有限公司顺利完成 76 h 投料试车，气化装置运行平稳，合格煤气并入合成氨生产系统，将正式投入试生产运行。该核心技术气化炉内径 2.4 m，操作压力 0.6 MPa，单炉投煤量处理晋城无烟煤 324 t/d，干煤气产量 26000 m³/h，配套 6 万 t/a 合成氨。

二、ICC 炉主要技术特征

ICC 灰熔聚流化床粉煤气化技术由原煤破碎、筛分、干燥及螺旋给煤机（常压气化）或气力（加压气化）输送、气化除尘、余热回收、合成气分离及排渣排灰系统等组成。该工艺采用新型不定形耐火材料保温、独特的气体分布器、灰团聚分离装置及中心射流管结构对原料煤气化适应性强。其中新型不定形耐火材料，替代了铬刚玉砖用作气化炉内衬耐火材料，满足了气化炉高温使用的要求。厚度比传统耐火砖做热面耐火材料减少了 100～280 mm，既保障了气化炉的正常运行和使用寿命，又减轻了耐火材料用料，缩小了气化炉钢壳体的直径。

作为化工原料，单炉处理投煤量 100～2000 t/d，单炉合成气产量为 8500～100000 m³/h，可用于合成乙二醇、天然气（SNG）、二甲醚、合成油、烯烃、低碳混合醇及甲醇及合成氨。作为工业燃气，气化炉的操作压力可选择常压～0.6 MPa，并对煤气的压力进行能量回收以提高气化系统的整体能源效率，单炉处理投煤量 50～500 t/d，单炉工业燃料气产量在 10000～40000 m^3/h，可用于陶瓷、玻璃、钢铁、机械制造、有色金属冶炼等。ICC 炉主要技术特征见表 12-8。

表 12-8 ICC 炉主要技术特征

序号	主要特征	描述
A	煤种适应性强	原料煤适用范围广：褐煤、烟煤、无烟煤、焦粉等，对高灰分、高灰熔点煤也能气化
B1	干煤粉进料	经破碎、筛分、干燥后，煤粒度在 6～8 mm，其中煤粒度<1.0 mm 的控制在 20% 以下，含水量<5%合格的原料煤
B2	单层进料管非喷嘴	单层进料管非喷嘴进料，送入煤仓经计量后，由螺旋给煤机输送，氮气吹入单层进料管连续加入气化炉底部。采用多元气化剂：氧气或空气或富氧和水蒸气以及 CO_2 气体，从气化炉底部分三路注入
B3	热壁炉结构	采用铬刚玉质耐火浇注料保温材料，这是一种新型不定形耐火材料，替代了铬刚玉砖用作气化炉内衬耐火材料，保温蓄热性能好，气化反应热损失小，不仅满足气化炉高灰熔点劣质煤高温使用的要求，保障气化炉的正常运行和使用寿命，而且厚度比传统耐火砖做热面耐火材料减少了 100～280 mm，减轻了耐火材料用料，缩小了气化炉钢壳体的直径
C1	气化炉中心射流管形成局部高温区，促使灰渣团聚成球	气化炉采用变径段圆筒形，耐高温抗磨隔热衬里热壁炉结构；独特的气体分布器和灰渣分离装置及中心射流管形成床内局部高温区（约 1300 ℃），促使灰渣团聚成球，当团聚球体积增大与炉内半焦分离，借助煤和灰的质量差异，灰渣从炉底排渣管落入渣锁，定时排出。蒸汽、氧气和 CO_2 从气化炉底部注入；在高温气化条件下与粉煤进行燃烧、干馏、蒸汽分解、氧化还原反应生成粗煤气
C2	煤气冷却除尘及热回收	上行粗煤气夹带部分细煤灰粉从气化炉顶部离开，分别进入一级旋风分离器和二级旋风分离器，分离大部分细粉，并通过料封管返回气化炉。除尘后的煤气进入余热锅炉副产高压/中压蒸汽回供气化炉，余热锅炉出口含有微尘的合成气再分别经高效旋风分离器和飞灰过滤除去其中的微量粉尘，使净化后的合成气粉尘含量≤10 mg/m^3。分离下来的粉尘均经送至粉仓返回气化炉
C3	环境友好，循环利用	采用常压或加压连续气化工艺，基本无有毒有害气体排放；采用独特的反应器结构，气化过程避免产生焦油和酚类物质；采用干法排灰和排粉，细粉以干燥的状态送至煤粉灰储仓，不产生黑水，环境友好
C4	合成气产品质量	有效合成气中 $CO+H_2$ 含量 68%～72%，煤气中甲烷含量 3%～4%，碳的转化率达 90%以上，合成气产品质量好
C5	单系列长周期运行	采用 0～8 mm 干煤粉进料，分为常压和加压气化、气化温度<1300 ℃、没有复杂的喷嘴系统和煤粉输送系统、气化炉结构简单，炉内没有动设备，多炉运行，设备炉，保证系统长周期稳定运行
C6	技术成熟可靠	常压及加压气化技术基本成熟，使用业绩少，有待进一步完善
D	存在不足	对入炉干煤粉的外在水分质量分数要求<5%，若外在水过高则需要干燥，干燥排放气需要洗涤除尘，排放有环保要求；常压或低压气化，生产能力受限，增加能耗

三、ICC 炉商业应用业绩

ICC 灰熔聚流化床粉煤气化技术获中国煤化工市场气化专利技术许可 3 家，投入生产运行及建设的 ICC 炉 10 台。ICC 炉技术商业化运行最早时间 2008 年，单炉最大投煤量为 450 t/d，于 2012 年投料运行。ICC 炉已经投产项目主要业绩见表 12-9。

表 12-9　ICC 炉投产项目主要商业应用业绩（截至 2021 年）

序号	企业名称	建厂地点	气化压力/MPa	气化炉台数（开+备）及单炉投煤量/(t/d)	单炉合成气(折)$CO+H_2+4CH_4$/(m³/h)	设计规模/(万 t/a)	投产日期
1	石家庄金石化肥有限公司	河北石家庄	0.6	1/330	18000	合成氨 6	2008
2	晋煤集团天溪煤制油分公司	山西晋城	0.6	(5+1)/330	18600	甲醇 30，MTG10	2009
3	云南文山铝业有限公司	云南文山	0.4	3/450	25400	氧化铝 80，燃气 11	2012
	小计			9+1=10 台			

注：1. 6 台 330 t/d 炉，备炉 1 台。

2. 3 台 450 t/d 炉。

3. 运行炉子小计 9 台，备炉 1 台，合计 10 台。

第六节　T-SEC 灰熔聚粉煤气化技术

T-SEC 灰熔聚流化床粉煤气化技术（T-SEC 炉）是具有完全自主知识产权的国产化流化床气化专利技术，在中国煤化工市场的推广应用较晚。通过 T-SEC 炉工业示范装置和商业化项目建设和生产运行，表明该技术成熟可靠。首套 T-SEC 炉用于工业燃气在中国铝业山东分公司建成投产，达到了灰熔聚流化床粉煤气化技术的先进水平。

一、T-SEC 炉发展历程

江苏天沃综能清洁能源技术有限公司（简称"天沃综能"）是一家中外合资公司，于 2014 年 2 月成立，其中天沃科技股份占 50%，新煤化工股份占 25%，美国 SES 股份占 25%。该公司主要从事煤化工和清洁能源技术的开发、工程咨询、技术服务及许可；提供项目的工程总承包服务（EPC）以及从事煤化工项目的相关技术和设备的批发和进出口业务，公司位于中国上海。"天沃综能"拥有基于从美国气体技术研究院获得许可授权的 U-gas 气化技术，并且拥有在此基础上发展起来的具有知识产权的 T-SEC 灰熔聚流化床气化技术（简称 T-SEC 炉）在中国、印度尼西亚、马来西亚、蒙古国、菲律宾和越南这些授权地区的使用权和再许可权。

1. T-SEC 炉早期研发

20 世纪 40 年代，GTI 先后建立了试验级的平台和单炉小型实验装置，并完成了实验室规模的煤气化流化床理论研究和冷模实验研究及实验室平台搭建工作。最初实验是在日投煤量 16 t、操作温度 980 ℃、压力 7 MPa 的流化床气化炉上进行的，通过大量典型煤炭的试烧工作，积累了大量的煤气化反应动力学数据及在此基础上建立的动力学模型。

1964 年，在美国能源部专项研发资金的支持下，开发了一套日投煤量 24 t、操作温度 1000 ℃、压力 13.8 MPa 的流化床气化实验装置。在此中试实验装置上对褐煤、次烟煤、烟煤、半无烟煤等典型煤种进行了大量的试烧后，积累了丰富的气化数据、放大设备数据及控制系统，为灰熔聚流化床气化技术工程放大理论及应用工作奠定了基础。

2. T-SEC 炉中期研发

20 世纪 90 年代，该技术逐步进入中国市场，随着该技术推广力度越来越大，"天沃综能"消化吸收了先进 U-gas 气化炉技术，逐步形成了清洁能源新技术，即 T-SEC（天沃炉）技术。

该技术具有流程更简单、操作更稳定，不易出现温度、产气量等主要控制参数快速、剧烈变化的工况；操作弹性大、自动化程度高、煤耗（折标准煤）和氧耗均更低；冷煤气效率大于80%，碳转化率可达98%以上。

2015年6月，首套T-SEC灰熔聚流化床粉煤气化技术工业示范装置在中国铝业山东分公司建成投产，气化装置运行平稳，合格燃气并入生产系统，将正式投入试生产运行。该技术设计2台T-SEC炉，单炉产煤气量7万m^3/h，生产的煤气将为山东铝业的两个氧化铝厂共3个焙烧炉提供燃料，而此前，焙烧炉是以重油为燃料的。改用煤制气后，每天的燃料成本可降低40万元左右，一年可降低成本近1.5亿元。

二、T-SEC炉主要技术特征

T-SEC灰熔聚流化床粉煤气化技术由原煤破碎、筛分、干燥及载气输送、气化除尘循环、余热回收、煤气/灰分离循环、冷却及排渣等过程组成。该工艺通过对U-gas的改进，尤其对劣质原料煤的适应性强，可以气化高灰分、高硫分、高灰熔点和低发热量的煤种。在低气化运行成本、燃料灵活性及环境友好方面能满足煤炭清洁转化和原料煤本地化的需要。T-SEC炉特征见表12-10。

表12-10 T-SEC炉主要技术特征

序号	主要特征	描述
A	煤种适应性强	原料煤适用范围：褐煤、烟煤、次烟煤、兰炭等；对高灰分、高灰熔点高、高硫、低活性、低热值煤也能气化
B1	干煤粉进料	经破碎、筛分、干燥后，煤粉粒度＜10 mm
B2	单层进料管非喷嘴	单层进料管非喷嘴进料，通过加煤系统采用气流输送送入气化炉；加煤系统由常压缓冲斗、锁斗、输送机及给料斗组成；输送煤粉的载气可选择N_2、CO_2或合成气；气化剂采用氧气或空气或富氧和水蒸气或CO_2气体从炉底部注入
B3	热壁炉结构	采用耐火浇注料保温材料衬里；保温蓄热性好，气化反应热损失小，保障气化炉的正常运行和使用寿命
C1	气化炉流场为中心射流，四周流化，形成局部高温区，促使灰渣团聚成球	气化炉采用变径段圆筒形，上粗下细，耐高温抗磨隔热衬里热壁炉结构；中心射流管形成床内局部高温区（约1000 ℃），促使灰渣团聚成球，借助煤和灰的质量差异，灰渣从炉底排渣管落入渣锁，干灰排出。在高温气化条件下与粉煤与气化剂进行燃烧、干馏、蒸汽分解、氧化还原反应生成粗煤气
C2	煤气冷却除尘及热回收	上行粗煤气夹带部分细煤灰粉从气化炉顶部离开，分别进入一级旋风分离器和二级旋风分离器，分离大部分细粉，并通过料封管返回气化炉。除尘后的煤气进入余热锅炉副产中压4.0 MPa，450 ℃过热蒸汽，余热锅炉出口含有微尘的合成气再分别经高效旋风分离器和布袋除尘器/陶瓷过滤器除去其中的微量粉尘，使净化后的合成气粉尘含量≤10 mg/m^3。分离下来的飞灰经采用专用飞灰回炉技术送至粉仓后返回气化炉。冷煤气效率为78%～82%
C3	环境友好，循环利用	采用常压或加压连续气化工艺，基本无有毒有害气体排放；采用独特的反应器结构，气化过程避免产生焦油和酚类物质；采用干法排灰渣，经灰冷器、锁斗、输灰渣斗送至渣仓，其过程不产生黑水，环境友好
C4	合成气产品质量	有效合成气中$CO+H_2$含量61%～70%，$H_2/CO=1.1～1.3$，煤气中甲烷含量2%～5%，碳的转化率达98%以上，合成气产品质量好
C5	单系列长周期运行	采用＜10 mm干煤粉进料，分为常压和加压气化、气化温度约1000 ℃、没有复杂的喷嘴和煤粉输送系统、气化炉结构简单，炉内没有动设备，多炉运行，可设备炉，保证系统长周期稳定运行
C6	技术成熟可靠	常压及加压气化技术基本成熟，使用业绩少，有待进一步完善
D	存在不足	对入炉干煤粉的外在水分质量分数要求＜5%，若外水过高则需要干燥，干燥排放气需要洗涤除尘，排放有环保要求；常压或低压气化，生产能力受限，增加能耗

三、T-SEC 炉商业应用业绩

T-SEC 炉在中国煤化工市场气化专利技术许可 3 家，投入生产运行及建设的 T-SEC 炉 7 台。T-SEC 炉商业化运行最早时间 2015 年，单炉最大投煤量为 480 t/d，于 2015 年 T-SEC 炉投料运行。T-SEC 炉已经投产项目主要业绩见表 12-11。

表 12-11　T-SEC 炉已经投产的主要商业应用业绩（截至 2021 年）

序号	企业名称	建厂地点	气化压力/MPa	气化炉台数(开+备)及单炉投煤量/(t/d)	单炉产煤气/(m³/h)	设计规模/(万 m³/h)	投产日期
1	中国铝业股份有限公司山东分公司	山东淄博	0.40	2/480	70000	燃气 14	2015
2	山西华兴铝业有限公司	山西吕梁	0.23	1/360	40000	燃气 4	2016
3	中国铝业股份有限公司河南分公司	河南郑州	0.25	(3+1)/300	30000	燃气 9	2017
	小计			6+1=7			

注：1. 2 台 480 t/d 炉。
　　2. 1 台 360 t/d 炉。
　　3. 3 台 300 t/d 炉，备炉 1 台。
　　4. 运行炉子小计 6 台，备炉 1 台，合计 7 台。

第七节　HYGAS 高压多级流化床气化技术

HYGAS 高压多级流化床气化技术（HYGAS 炉）是美国燃气技术研究院授权上海联化投资发展有限公司在全球对其拥有的 HYGAS 多级流化床气化技术专利技术许可、技术转让、技术服务及工艺包设计的独家全权代理公司。HYGAS 气化工艺作为引进技术，在中国煤化工市场的推广应用较晚。

一、HYGAS 炉发展历程

HYGAS 高压多级流化床气化技术是由上海联化投资发展有限公司（简称"上海联化"）开发。

上海联化是由鄂尔多斯市乌兰发展集团有限公司和上海鑫兴化工科技有限公司共同设立的合资公司，上海联化公司具备设计、建设、运行世界一流大型煤化工项目的经验和能力，为投资人对煤化工产业的发展，提供 HYGAS 炉高压多级流化床气化从技术专利转让、工艺包设计、工程设计、项目建设、调试开车、生产管理全方位的优质服务。

GTI 在能源及煤炭清洁利用领域具有非常强的技术实力和影响力，拥有 1200 多项技术发明专利，500 多种产品的技术专利授权人和技术研发合作伙伴。

1. HYGAS 炉早期研发

从 20 世纪 40 年代起，GTI 就开始对流化床煤气化及其煤制天然气技术的研究开发，并获得了美国气体协会（AGA）研发资金的资助，先后在芝加哥建立试验级的试验平台和单炉小试装置，日投煤量 16 t，气化压力 6.89 MPa，高温 650～982 ℃，煤加氢气化炉；并完成实验室的理论和冷模研究试验；在试验平台上完成了煤气化及合成气甲烷化反应动力学、工艺产品收率、工艺物料平衡和蒸汽及热动力利用平衡的研究计算、工艺流程设计及关键设备流化床气化炉构件设计的创新研发工作以及合成气镍甲烷化试验装置的试验工作，并以此开展更加深入的理论及技术研究和工程可行性方面的研究。

GTI 在流化床煤气化及其煤制天然气技术的实验室研究的基础工作上,于 1964~1971 年期间,开始进行工艺装置研发和半工业化试验工厂的运行验证工作。并获得美国能源部(DOE)专项研发资金,研发建成了密相流化床气化炉,该炉内径为 101 mm、气化温度 1093 ℃、气化压力 13.79 MPa、日投煤量为 26 t、连续投料气化的 PDU 试验装置和内径 25 cm 流化床烟煤除黏的 PDU 实验装置。经过对褐煤、次烟煤、烟煤、半无烟煤等多达十几种煤种的试烧后,获得大量的试烧数据以及设备及系统的工程设计经验,为半工业化工厂建设设计和基础设计奠定了基础。在此期间与 UOP 公司合作在美国芝加哥建成了一座从煤储运、破碎、干燥、黏结性烟煤预处理、气化、净化、甲烷化、产品天然气直接送往商业管网完整生产系统的半工业化试验工厂;流化床气化炉内径为 1.71 m、日投煤量为 72 t、气化压力为 7.24 MPa。此后,在半工业化试验工厂进行了长达 10 年的运行验证过程,完成了以不同的褐煤、烟煤、次烟煤、半无烟煤多个煤种的原煤和洗煤为原料,在长达 10 年期间对褐煤给料加氢气化、高黏结性的烟煤、不黏结性的次烟煤和一般黏结性的洗烟煤等共进行了约 10963 h、投煤量 25963 t 的运行试验验证工作。

2. HYGAS 炉中期研发

GTI 依据半工业化示范工厂获得的大量运行数据和经验,对 HYGAS 气化炉等设备及系统进行长达 10 年的不断优化改进和技术创新,建立和验证的化学反应动力学、颗粒流体力学、物料平衡、热动力及热效应、工程设计计算模型等研究成果。在此基础上与 UOP-PROCON 公司完成了年产 23.6 亿 m^3 煤制天然气商业示范工厂的基础设计,采用了 3 台日投煤量分别为 7093 t 原料煤的 HYGAS 气化炉。

HYGAS 高压多级流化床气化技术商业示范工厂分别以含水量 26%、灰分 16.89% 的褐煤以及含水量 12%、灰分 9.31% 的烟煤为原料,气化压力为 3.5 MPa 和 8.27 MPa 共计 4 个优化后的建设方案生产民用天然气及副产轻质油化工品。

采用新型高压多级流化床气化工艺,再通过低温加氢裂解、高温加氢裂解和纯氧气化过程,可将半焦产品转化为高热值粗合成气,煤焦油转化为优质轻质焦油。粗合成气及轻质焦油可作为延伸加工项目的化工原料实现继续增值,高热值煤气也可送往燃机实现洁净煤发电及副产高品质蒸汽。

2015 年,HYGAS 高压多级流化床气化技术首次建设用于乌兰泰安能源有限公司煤制天然气一期项目。该项目将依托乌兰大化肥项目公用工程,投资 19.22 亿元人民币,建造褐煤破碎、预干燥、高压输送、干燥热解、加氢裂解、气化一体化、空分、煤气变换、净化、甲烷化、液化和一氧化碳气精制装置。年处理褐煤(干基)144 万 t,年生产规模:芳烃轻质油品 6.29 万 t、氢气 6 亿 m^3、合成气 5.1 亿 m^3、加压天然气 1 亿 m^3、液化天然气 0.87 亿 m^3。

二、HYGAS 炉主要技术特征

HYGAS 高压多级流化床气化技术由原料破碎筛分及制备油煤浆系统、高压输送系统、多级热解裂解及气化反应及排渣系统、多级除尘返料循环系统、冷却分离除尘洗涤系统等组成。HYGAS 炉是一种适合于处理褐煤和烟煤的新型高压、节水的劣质煤提质及煤制合成气技术。该技术以低阶褐煤为原料,经原煤处理、煤浆制备、干燥热解可形成高热量的半焦产品，同时副产高热值煤气和轻质焦油。HYGAS炉主要技术特征见表12-12。

表12-12 HYGAS炉主要技术特征

序号	主要特征	描述
A	煤种适应性强	采用低温（<1050 ℃）气化和固体排渣技术，煤种适应性很宽，褐煤、次烟煤、烟煤和无烟煤及多种煤粉都适宜作为气化煤种。对煤质一般要求：挥发分>35%，固定碳<45%，灰熔点 ST 为 1000～1300 ℃
B1	油煤浆进料	HYGAS原料煤经破碎后，粒径<3 mm的煤粉采用与其副产的轻质油品混合成油煤浆的形式进料
B2	单进料喷嘴	储煤仓粉煤通过与轻质油品混合成油煤浆经高压煤浆泵加压输送至流化床气化炉的上段干燥热解段进行热解
B3	热壁炉结构	采用耐火浇注料保温材料衬里，保障流化床气化炉的正常运行和使用寿命
C1	气化炉由多级结构（由上至下）热解段、加氢低温裂解段、高温加氢裂解段及气化段组成。	合理的炉型结构，由上至下，热解段、加氢低温裂解段、高温加氢裂解段及气化段组成；原料（经分离的飞灰或半焦）逐级往下进行低温热解、加氢低温裂解、加氢高温裂解和气化反应，优化炉膛设计；合成气、裂解气由下往上进入加氢高温裂解段、加氢低温裂解段、热解段；炉内温度分区及流场调控；采用分级布风，加压氧和过热蒸汽经预热后组成的混合气化剂从气化炉气化段底部进入；干式除灰无废水产生，固态排渣；炉顶部排出煤气混合气（热解气和裂解气）夹带的半焦气固混合物经旋风分离器和返料器回至加氢低温裂解段；低温加氢裂解气夹带的飞灰分离返回加氢高温裂解段；气化反应合成气夹带的飞灰分离返回气化段，强化流化床内、外多循环，有效提升粉煤气化效率、产气量和气化强度，提高煤利用率
C2	余热回收温区匹配	由于气化炉特殊的多级组合结构，使得高温合成气经高温裂解、低温裂解、低温热解及干燥多次换热，显热得到充分利用，经热解出口旋风分离器分离后的低温煤气，经洗涤单元降温除尘后送至合成气净化工序
C3	环境友好	气化反应温度达到 980～1070 ℃，煤中的挥发分被热解，焦油、重质碳氢化合物等裂解完全，消除焦油及含酚废水污染
C4	合成气质量好	有效合成气中 $CO+H_2$ 含量（与煤质和气化剂有关）75%～85%，CH_4 1%～2.5%，HYGAS气化直接副产高附加值的芳烃轻质油品，可以深加工为PX等高级化学品
C5	单系列长周期运行	采用<3 mm干煤粉与轻质油品混合成油煤浆进料约 7.0 MPa 气化，油煤浆制备输送系统成熟，炉内没有动设备，在多炉运行时，可互为备用
C6	技术成熟可靠	加压气化技术成熟，使用业绩少
D	存在不足	对入炉干煤粉的外在水分质量分数要求<5%，若外水过高则需要干燥，干燥排放气需要洗涤除尘，排放有环保要求；气化炉结构过于复杂，控制操作系统复杂，多循环系统复杂

三、HYGAS炉商业应用业绩

HYGAS高压多级流化床气化技术在中国煤化工市场气化专利技术许可1家，建设2台HYGAS炉，暂时没有投入生产运行。HYGAS炉最大投煤量为2400 t/d，单炉产最大煤气量22万 m^3/h。HYGAS炉设计及建设项目业绩见表12-13。

表12-13 HYGAS炉设计及建设项目业绩（截至2021年）

序号	企业名称	建厂地点	气化压力/MPa	气化炉台数及单炉投煤量/(t/d)	单炉粗合成气/(m^3/h)	设计规模/(万 t/a)	投产日期
1	兴安盟乌兰泰安能源化工有限责任公司	内蒙古兴安盟	7.0	2/2400	220000	氢6，$CH_4$1.9，油6	建设
	小计			2			

注：1. 2台2400 t/d炉。
2. 建设的炉子小计2台（未投产）。

第八节　CCSI 粉煤热解流化床气化技术

CCSI 粉煤热解流化床气化技术（CCSI 炉）是具有完全自主知识产权的国产化流化床气化专利技术，在中国煤化工市场的推广应用较晚。通过 CCSI 炉工业中试示范装置运行，表明该技术达到设计指标。CCSI 技术具有原创性，整体技术处于国际领先水平。

一、CCSI 炉发展历程

CCSI 粉煤热解流化床气化技术（coal to coal-tar and syngas integration，CCSI）是由陕西延长石油（集团）有限责任公司（简称延长集团）所属延长碳氢高效利用研发中心独立自主研发，拥有完全自主知识产权的煤炭分质利用新技术，并对其拥有 CCSI 粉煤热解流化床气化技术专利许可、技术转让、技术服务及工艺包设计。

1. CCSI 炉早期研发

2012 年 8 月，延长集团碳氢高效利用技术研究中心（简称碳氢研发中心）正式成立。研发中心是 CCSI 技术的直接研发单位；拥有国家石油化工行业化石碳氢资源综合高效利用工程技术研究中心和陕西省煤清洁高效转化新技术工程研究中心，承担着能源化工领域多项重大产业技术的研发任务；自成立之初就开始了 CCSI 技术的研发工作。

2012 年 10 月碳氢研究中心先建设了一套投煤量为 0.24 t/d，气化压力 1.0 MPa 的 CCSI 气化炉小试装置。并在小试装置上完成了 CCSI 热解-气化试验室的理论研究和冷模研究试验，共计开展了 24 次冷态试验、26 次冷模实验、134 次热态投料试验。通过对粉煤热解、气化温度及压力、反应气氛、停留时间、煤粉粒径等主要变量对粉煤快速热解产物分布的影响，以及流化床半焦煤气化及合成气甲烷化反应动力学、工艺产品收率等的研究，得到了一系列热解-气化基础数据和热解-气化相关曲线。在小试装置平台上完成了 CCSI 工艺流程设计模拟及关键设备气化炉构件创新等工作和 CCSI 最优工艺操作参数。获得的主要产物煤焦油收率达 6%～8% 的行业平均水平，最高达到了 15% 左右。

2014 年 2 月，在完成 CCSI 小试研究的基础上，开始进行工艺装置研发和工业试验中试装置的设计、建设及运行验证工作。CCSI 工业实验装置的投煤量为 36 t/d，气化压力为 1.0 MPa，装置于 2015 年 8 月完成建成并中交，这是世界上首套万 t 级的粉煤热解-气化一体化工业实验装置。

2015 年 11 月首次投料试车试验，一次性打通全流程，验证了核心反应器的可行性与可靠性。截至 2019 年 7 月在中试装置上先后完成了 6 次空气气化试验，7 次氧气气化试验，累计运行时间 1650 h。在科技攻关中破解了 160 余项技术难题，实现了煤炭热解和半焦气化的直接耦合。

2016 年 12 月 2～5 日通过了由中国石油和化学工业联合会组织的 CCSI 装置空气气化现场标定。标定结果显示：以空气为气化剂，能源转化效率达 82.75%、煤焦油产率为 17.12%、粗合成气有效气含量 35.10%、煤气热值 1253.39 kcal/m^3。

2017 年 4 月 23 日在北京召开的 CCSI 空气气化技术成果鉴定会上，鉴定委员会一致认为，CCSI 技术成果具有原创性和自主知识产权，整体技术处于国际领先水平，建议加快产业化释放和商业化推广。

2019年7月11~14日通过了由陕西省化工学会组织的CCSI装置氧气气化现场标定,标定结果显示:以氧气为气化剂,煤焦油收率达15.91%、有效气(CO+H_2+CH_4)含量为74.74%、碳转化率为94.27%,煤气热值为2262.56 kcal/m^3。

2019年8月22日在西安召开的CCSI氧气气化技术成果鉴定会,鉴定委员会一致认为,CCSI氧气气化试验基于整体国际领先的CCSI技术,完成了万吨级每年的氧化气化工业试验,开辟了CCSI技术化工利用新途径,取得了世界上氧气气化工艺包设计基础条件,为建设工业化示范装置奠定了技术基础。

2. CCSI炉中期研发

2019年7月碳氢研发中心在工业试验数据的基础上,完成了工业化示范装置所需要的低压、高压空气气化;氧气气化等工艺包设计的编制工作。形成了CCSI空气版(0.6 MPa)工艺包、CCSI空气版(4.0 MPa)工艺包、CCSI氧气版(4.0 MPa)工艺包等完整文件。同时完成了"延长石油粉煤热解-气化一体化技术100万t CCSI工业示范产业化方案"。工艺包和产业化方案已经通过了专家评审,一致认为CCSI气化岛方案技术先进可靠,乙醇装置技术成熟,CCSI与燃气蒸汽联合循环发电技术耦合,具有良好的环境效益,经济效益和市场前景,可以进行产业化示范。

二、CCSI炉主要技术特征

CCSI粉煤热解流化床气化技术由原料破碎筛分及制备输送系统、热解气化反应及排渣系统、分离除尘返料循环系统、冷却除尘洗涤分离系统等组成。

CCSI炉是一种适合处理高挥发分、弱黏性或不黏结性低变质烟煤或褐煤的分质分级利用新型技术,其核心是在同一个反应器内完成煤的热解反应及半焦的气化反应,以空气或氧气与水蒸气作为气化剂,煤粉在上端的热解区快速热解生成煤焦油和半焦末,半焦末返回到下端的气化区气化生成合成气。由于反应器内独特的流化状态和温度梯度分布,加快热解反应产物的扩散速率、饱和不稳定自由基、减少焦油二次反应,焦油收率大幅提升。独特的产物分离工艺和专用设备,解决热解油、气、尘的在线分离,将低阶煤分质分级利用技术提升到更高水平。CCSI炉主要技术特征见表12-14。

表12-14 CCSI炉主要技术特征

序号	主要特征	描述
A	煤种适应性强	煤种适应:褐煤、低变质烟煤、中高阶烟煤等;尤其适宜高挥发分、弱黏性或不黏结性低变质烟煤。对煤质一般要求(质量分数):水分<20%、挥发分20%~69%、灰分<20%、固定碳10%~73%、灰软化温度T_1在1150~1560℃之间、热值3500~6500 kcal/kg(HHV)
B1	干煤粉进料	原料煤经破碎后,粒径0~1 mm(平均0.3~0.4 mm)的煤粉进入气化炉热解段;原料煤输送介质可选择氮气、二氧化碳或合成气
B2	单层进料管	原煤经破碎机破碎<30 mm的碎煤,经过磨煤和干燥后,送入粉煤缓冲仓,输送载气携带煤粉入炉,氧气(空气或富氧)和水蒸气从反应器不同部位进入气化段
B3	热壁炉结构	采用耐火浇注料衬里,保障流化床气化炉的正常运行和使用寿命
C1	气化炉由热解气化构成,由上至下,热解区、过渡区和气化区	三段式煤热解与气化一体化CCSI炉由上部恒温热解区、中部过渡区和下部气化区有机构成;煤粉从热解区底部多路进入,与气化区里的粗రी合成气、高循环倍率固体颗粒均匀混合,实现粉煤秒级低温热解(热解温度550~600℃)、临氢快速热解反应,生成焦油气以及半焦颗粒,有效抑制热解产物的二次反应,油气停留时间短,增加煤焦油产物收率;夹带小颗粒煤尘和焦粒的粗糙合成气经热解段上部进入外置旋风分离器,分离出的含碳颗粒通过料腿返回气化区进一步气化。通过

续表

序号	主要特征	描述
C1	气化炉由热解气化构成，由上至下，热解区、过渡区和气化区	高倍率、多通道循环返料系统所构建的物料互供，能量互补的封闭循环系统，将煤炭一步法直接转化成合成气、煤焦油两种产物，显著提高能源转化效率、产品附加值高；固态连续减压排灰，可连续操作，降低了排灰过程对反应器的影响，大幅度降低排灰系统设备数量。通过非接触式间接冷却方式进行降温，粗灰携带的热量用于预热锅炉水，不产生黑水，无设备腐蚀
C2	合成气显热换热利用	由于气化炉热解气化束的特殊结构，使得高温合成气经低温热解干燥多次换热，显热得到充分利用
C3	环境友好	将热解和气化进行有机结合，利用连续减压排灰装置，不产生黑水。焦油回收过程以油洗代替水洗，热解产生的废水通过废水处理单元多级处理，实现循环利用
C4	合成气质量好	CCSI 技术通过高倍率、多通道循环返料所构建的物料互供，能量互补的封闭循环系统。将煤炭一步法直接转化成合成气、煤焦油两种产物，显著提高能源转化效率
C5	单系列长周期运行	采用<30 mm 干煤粉进料，4.0 MPa 气化，煤粉制备输送系统成熟，炉内没有动设备，在多炉运行时，可互为备用
C6	技术成熟可靠	加压气化技术基本成熟，使用业绩少
D	存在不足	对入炉干煤粉的外在水分质量分数要求<20%，若外水过高则需要干燥，干燥排放气需要洗涤除尘，排放有环保要求；气化炉一体化结构过于复杂，控制操作系统复杂，长周期稳定运行有待于工业化示范装置验证

三、CCSI 炉商业应用业绩

CCSI 粉煤热解流化床气化技术在中国煤化工市场暂没有项目建成。建设中试装置 CCSI 炉 1 台。CCSI 炉单炉投煤量 36 t/d，单炉产煤气量 5200 m³/h，已经完成工艺包设计项目，空气气化炉 2 台（低压和高压各 1 台）、氧气气化炉 1 台（高压）；设计单炉最大投煤量 3600 t/d。CCSI 粉煤热解流化床气化技术中试装置投料运行业绩及设计业绩分别见表 12-15A、表 12-15B。

表 12-15A　CCSI 炉中试装置运行业绩（截至 2021 年）

序号	企业名称	建厂地点	气化压力/kPa	气化炉台数及单炉投煤量/(t/d)	单炉粗煤气	设计规模/(万 m³/h)	投料日期
1	延长碳氢高效利用研究中心	陕西咸阳	1.0	1/36	成气 5200 m³/h，产煤焦油 225 kg/h	合成气 0.38	2015
	小计			1			

注：1. 1 台 36 t/d 中试装置气化炉。
　　2. 中试装置已经投料运行。

表 12-15B　CCSI 炉工业示范装置设计业绩（截至 2021 年）

序号	企业名称	建厂地点	气化压力/kPa	气化炉台数及单炉投煤量/(t/d)	单炉粗煤气/(m³/h)	设计规模/(万 m³/h)	投料日期
1	陕西延长石油有限公司	待定	0.6	1/3600	325000	合成气 18	设计
2	陕西延长石油有限公司	待定	4.0	1/3600	325000	合成气 20	设计
3	陕西延长石油有限公司	待定	4.0	1/3600	330000	合成气 22	设计
	小计			3			

注：1. 3 台 3600 t/d 工业示范炉。
　　2. 工业示范装置地点待定。

第九节　KSY双流化床煤粉气化技术

KSY双流化床煤粉气化技术（KSY炉）是具有完全自主知识产权的国产化流化床气化专利技术，在中国煤化工市场的推广应用较晚。KSY炉工业中试示范装置运行，表明该技术达到设计指标。2019年，KSY双流化床煤粉气化技术通过了陕西省化工学会组织的技术成果鉴定。专家一致认为，KSY技术成果具有原始创新性，居国际领先水平，建议加快产业化应用。

一、KSY炉发展历程

KSY双流化床煤粉气化技术是由延长碳氢高效利用研发中心独立自主研发，拥有完全自主知识产权的KSY双流化床煤粉气化新技术，并对其拥有KSY双流化床煤粉气化技术许可、技术转让、技术服务及工艺包设计。

2012年8月，延长集团碳氢高效利用技术研究中心（简称碳氢研发中心）正式成立，该碳氢研发中心隶属于陕西延长石油（集团）有限责任公司（简称延长集团）。研发中心是KSY双流化床技术的直接研发单位，承担着能源化工领域多项重大产业技术的研发任务，自成立之初就开始了KSY双流化床技术的研发工作。KSY技术是一种采用干法进料、干法排灰、两段反应器高效耦合的双流化床粉煤气化技术；具有单套处理量大、煤种适应性广、项目投资低、低能耗洁净环保等特点。

2013年，碳氢研究中心开始在陕西兴平建设了一套投煤量为100 t/d，气化压力为1.0 MPa的KSY双流化床气化炉工业试验装置。该KSY技术研发的目的是为超大型（日投煤量5000 t炉）煤气化产业技术奠定基础，实现在两段循环流化反应条件下煤的高效清洁转化利用。

2016年，KSY中试装置于10月8日开工预热炉点火，开始热态联运并投煤试运转，连续平稳运行14天，累计运行335 h，各项工艺指标和技术参数达到了首次试运转的目标要求，实现一次投料成功，顺利打通全流程。截至2019年，共进行了9次试烧试验，完成了400余项技术改进，申报专利33项，授权专利16项，试烧了陕北及彬长矿区多个煤种，获取了大量、翔实的试验数据。通过工业试验研究创立了双循环流化场流化理论以及专有的流化床粉煤进料系统、气化剂调控及温度控制系统、连续减压排灰装置等关键技术和设备。

2019年4月27日。陕西省化工学会专家委员会对KSY双流化床气化工业试验装置进行了72 h现场考核标定。标定结果显示，装置负荷、煤气产率、有效气（$CO+H_2$）、煤气热值、冷煤气效率和碳转化率均达到或优于设计指标。标定专家组认为：KSY双流化床中第一、二气化反应器的耦合，实现了在两个不同温度场、流化场以及固体颗粒在高倍率双循环条件下碳转化效率高和有效合成气产率高；装置中提升管反应器、TCD反应器、高效多级旋风分离器、连续减压排灰器、流化床废热锅炉、PCD除尘器等专利、专有设备运行良好，其设备先进性和可靠性在工业试验装置中得到了验证；工业试验装置在标定过程中获得的各项试烧运行数据为下一步工业化放大装置工艺包设计提供了重要的设计依据。标定结果表明，煤气产率2.12 m^3/kg，有效合成气（$CO+H_2$）含量78.17%，煤气热值2456.25 kcal/m^3，碳转化率96.49%。KSY技术成功开发了第一、第二反应器接力式串联反应系统，大幅提高了气化效率；首次在粉煤加压气化工艺中开发了流化床废热锅炉技术；开发了基于双循环流化床气化的智能控制系统，整体处于国际领先水平。

二、KSY炉主要技术特征

KSY双流化床煤粉气化技术由原料破碎筛分及制备输送系统、双循环流化床气化反应及排渣系统、分离除尘返料循环系统、冷却除尘洗涤分离系统等组成。

KSY炉是一种适合处理褐煤、长焰煤、烟煤、无烟煤及"三高"劣质煤大型化现代煤气化技术，单套气化炉原料煤处理转化量可达5000 t/d，是全球能够处理中高阶煤种最大的气化炉，具有规模超大型化、转化效率高、成本低、耗水少等优势。研发的第一、第二反应器接力式串联反应系统，大幅提高了气化效率以及开发的流化床废热锅炉技术和基于双循环流化床气化的智能控制系统，使得KSY炉整体技术处于国际领先水平。KSY炉主要技术特征见表12-16。

表12-16　KSY炉主要技术特征

序号	主要特征	描述
A	煤种适应性强	煤种适应：褐煤、长烟煤、部分烟煤、无烟煤、半焦以及三高煤，可处理多种粒径分布的煤原料，可处理灰分高达40%的劣质煤，尤其适用于气流床使用受限的灰熔点>1500 ℃的高灰熔点煤。对煤质一般要求（质量分数）：水分<30%、挥发分10%～69%、灰分<50%、硫含量0.2%～4.6%、固定碳10%～83%、灰软化温度T_1为1140～1460 ℃、黏结<30、热值3100～6500 kcal/kg(HHV)
B1	干煤粉进料	原料煤经破碎后，粒径<30 mm，也可接受粒径为平均300～400 μm的煤粉，对原料煤的破碎粒径限度较宽
B2	单层进料管	原煤经破碎机破碎<30 mm，经过磨煤和干燥后<1000 μm的粉煤送入粉煤缓冲仓，输送载气（可选择氮气、二氧化碳或合成气）携带煤粉入炉，氧气（空气或富氧）和水蒸气从反应器不同部位进入气化段
B3	热壁炉结构	采用耐火浇注料衬里，保障流化床气化炉的正常运行和使用寿命
C1	气化系统由第一流化床气化炉和第二流化床气化炉构成。	气化系统由第一反应器和第二反应器，两个循环流化床气化炉构成，具有干煤粉进料、干法排渣、焦油二次裂解、粗合成气显热流化床废锅回收；粉煤、氧气和蒸汽在第一反应器混合区充分混合，在提升管（第一反应器）中进行气化反应；通过调节氧气、蒸汽和粉煤量比例，有效控制第一气化炉操作温度在980 ℃左右；第二反应器（TCD）是将来自第一反应器出口的合成气中的焦油、甲烷等有机物以及含残炭的飞灰与气化剂在更高温度（1120～1150 ℃）下进行裂解和深度转化，最大程度提高碳转化率，提高合成气的有效成分
C2	合成气显热利用	由于气化系统的特殊结构，使得出第二反应器的高温粗合成气进入流化床废热锅炉进行冷却，经流化床废热锅炉回收热量，合成气被冷却至315 ℃，同时副产4.0 MPa的中压饱和蒸汽
C3	环境友好	独立的双循环流化床耦合集成，干粉进料，干法排渣，无须水冷、水耗低，能效高，过程无黑水产生；气相中高温焦油经二次气化反应，充分裂解，含碳灰渣深度气化，流化床废锅回收高温合成气显热；专利气固分离系统，出口气体中颗粒浓度<$0.1×10^{-6}$，符合降温除霾、绿色排放的环保要求
C4	合成气质量好	通过高倍率、多通道循环返料所构建的物料互供，能量互补的封闭循环系统；含碳灰渣循环深度转化成合成气、气相中煤焦油经二次气化裂解转化为合成气，合成气有效气含量高
C5	单系列长周期运行	采用<30 mm干煤粉进料，4.0 MPa气化，煤粉制备输送系统成熟，炉内没有动设备，在多炉运行时，可互为备用
C6	技术成熟可靠	双流化床煤粉气化加压气化技术基本成熟，但使用业绩少
D	存在不足	对入炉干煤粉的外在水分质量分数要求<30%，若外水过高则需要干燥，干燥排放气需要洗涤除尘，排放有环保要求；双循环流化床气化炉结构复杂，控制操作系统复杂，长周期稳定运行有待于大型化工业化示范装置验证

三、KSY炉商业应用业绩

KSY双流化床煤粉气化技术在中国煤化工市场暂没有项目建成。建设中试装置KSY炉1

台，于 2016 年投料试车，KSY 炉单炉投煤量 100 t/d，单炉产煤气量 8800 m³/h，已经设计工艺包项目，氧气气化炉 1 台；设计单炉最大投煤量 5000 t/d。KSY 双流化床煤粉气化技术中试装置投料运行业绩及设计项目业绩分别见表 12-17A、表 12-17B。

表 12-17A KSY 炉中试装置投料运行业绩（截至 2021 年）

序号	企业名称	建厂地点	气化压力/kPa	气化炉台数及单炉投煤量/(t/d)	单炉粗煤气/(m³/h)	设计规模/(万 m³/h)	投料日期
1	延长碳氢高效利用研究中心	陕西咸阳	常压	1/100	8800	合成气 0.68	2016
	小计			1			

注：1. 1 台 100 t/d 中试炉。
　　2. 工业试验装置已经投料运行。

表 12-17B KSY 炉设计项目业绩（截至 2021 年）

序号	企业名称	建厂地点	气化压力/kPa	气化炉台数及单炉投煤量/(t/d)	单炉粗煤气/(m³/h)	设计规模/(万 m³/h)	投料日期
1	陕西延长石油（集团）有限责任公司	待定		1/5000	400000	合成气 30	设计
	小计			1			

注：1. 1 台 100 t/d 炉中试炉。
　　2. 工业试验装置已经投料运行及验证。

参考文献

[1] 王宁波. 灰熔聚 CAGG 流化床粉煤气化技术评述[J]. 化肥设计，2011, 49(1): 17-20, 32.
[2] 房倚天，王洋，马小云，等. 灰熔聚流化床粉煤气化技术加压大型化研究新进展[J]. 煤化工，2007, 35(1): 11-15.
[3] 王洋，吴晋沪. 中国高灰、高硫、高灰熔融性温度煤的灰熔聚流化床气化[J]. 煤化工，2005(2): 4-15.

第十二章 干煤粉气流床气化技术

第一节 干煤粉气流床气化

一、概述

气流床气化是 20 世纪 50 年代初,在固定床和流化床基础上发展起来的一种新型洁净煤气化技术。而近几十年来,加压气流床的快速发展与传统和改进型的固定床气化、流化床气化、气流床常压气化技术相比,加压气流床的气化温度更高、煤炭适应范围更广、装置大型化能力更强、有效合成气体成分更高、洁净生产环保性能更好、气化效率及能效更高,是现代新型煤化工技术发展的重器。

气流床气化技术反应温度高(最高温度可达 1300～1700 ℃),原料应用范围为:无烟煤、褐煤、无黏结性或弱黏结性烟煤,尤其是高灰分、高水分、高硫分及高灰熔点的劣质烟煤、石油焦、兰炭、焦炭等均可作为气流床气化的原料。且多为高温,高压条件下运行,煤炭中的大分子物质可被完全裂解和转化,合成气中基本不含酚类、芳烃类物质,气化过程洁净高效,无二次污染,碳转化率可达 99%以上。

原煤转化成为含 $CO+H_2$ 的有效合成气,经净化处理后可作为石油化工的基本中间原料,深加工成为各种基础化学品、专用和精细化学品、液体燃料、超清洁油品、润滑油、液蜡、航天和军用特种油品等能源化工产品,气流床气化技术是这些产品最基础、最关键的核心技术。

二、气流床气化分类

加压气流床煤气化技术是由煤的原料制备、原料输送、煤气化、废热回收、煤气净化、气化炉排渣等组成。对于加压气流床煤气化工艺的分类方法有很多种,如进料方式、物料流向、气化炉段数、物料进炉次数、热回收形式、烧嘴量及分布、气化炉内保温结构和材料等,其中,按煤的进料方式进行划分是目前煤化工行业最常用的大类划分方法。按进料形式不同,可分为干煤粉进料气流床气化技术和水煤浆进料气流床气化技术两大类。在确定了大类划分方法后,再按其他的划分要素对气化炉型进行划分。

洁净煤气化技术采用先进的气流床气化反应器，以水煤浆和干煤粉为原料，加压气化，因气化过程环保达标、原料适应性广、气化效率高、碳转化率高、单炉气化规模大而成为现代新型煤气化技术发展的主流气化工艺，其中，干煤粉气流床气化技术在我国煤气化市场上占有约35%的份额，为繁荣我国现代新型煤气化市场做出了巨大的贡献。

三、干煤粉气流床加压气化技术特点

由于干煤粉气流床在气化反应过程中的机理与固定床气化层分区方面有一定的区别，干燥区、干馏区、还原和氧化区界区不是非常明确，而是在过程中交叉进行。粉煤由气化剂携带通过喷嘴高速喷入炉内，并流式进行燃烧和气化反应（火焰反应）。挥发分的逸出和燃烧几乎同时进行，反应在数秒和十几秒钟内就完成了。为弥补反应时间短，要求入炉煤粒度分布要求在<100 μm 的范围内，使得气固能够充分混合，保证有足够的反应表面积。在气化炉反应区，高温和 CO_2 还原性气体氛围条件下，进行碳和 CO_2 的气化反应，生成 CO，这是一个可逆反应过程，由于并流气化气固速率相对较低，气化反应时会朝着反应物 CO 浓度降低的方向进行。为增加反应推动力，提高反应速率，必须提高气化反应温度，气化炉温度会在煤的灰熔点以上进行操作，所以液态排渣是气流床气化的必然结果。

1. 干煤粉气化主要特点

① 对煤种适应范围广。几乎可以气化从无烟煤、烟煤到褐煤的各种煤。由于采用粉煤进料和高温气化对煤的水分、灰分、挥发分、煤热值以及煤反应活性、黏结性、煤灰熔点、煤灰组分、煤抗破碎强度等要求不是十分严格。也适应"三高煤"的气化。对高灰分、高水分、高含硫量的劣质煤虽然也能够气化，但技术经济性稍差。对高灰熔点、高灰黏度煤为了提高气化可操作性，通过添加助熔剂和配煤来改善渣的流动性。

② 煤灰分含量对气化反应影响不大。但对输煤、气化炉及灰处理系统影响较大，灰分越高，气化煤耗越高，氧耗越高。气化炉及灰渣处理负荷越重，严重时可能会影响气化炉的正常运行。由于干法气化，一般采用水冷壁结构，以渣抗渣，若灰分含量过低，也不利于炉壁的抗渣保护，影响气化炉的使用寿命，在这个前提下，煤的灰分应越低越好。

③ 干法气化能量利用率高。从能量利用的角度分析，若与湿法水煤浆浓度 65%气化工况相比，其冷煤气效率比湿法进料可提高 10 个百分点。干法进料对水分也有一定的要求，即入炉原料煤含水量<2%为宜。水分越高，粉煤易结团，随着入炉原料煤中水分含量的增加，冷煤气效率降低，出炉粗煤气有效气含量降低，氧耗增加，因此煤的水分应越低越好。

④ 对入炉原料煤粉要求较细。煤粉粒度<100 μm 为宜，同时对粉煤的粒度分布也有一定的要求。由于干法气流床是高温、高压气化，物料停留时间短，气固间的扩散反应是控制煤气化反应的重要条件。煤的挥发分是加热后从煤中挥发出的有机质及其分解产物，也是反映煤变质程度的标志，作为划分煤炭分类的重要指标。通常挥发分越高，煤化程度越低，煤质越年轻，反应活性越好，对气化反应越有利，如褐煤和长焰煤。对挥发分含量高、反应活性好的气化煤可适当放宽煤粉粒度。而对于挥发分低、反应活性差的煤，如无烟煤和贫煤等气化煤，粉煤粒度应越细越好。

⑤ 干煤粉气流床气化属熔渣气化。为保证气化炉能够顺利排渣，气化操作温度要高于灰熔点 FT 为 100~150 ℃。煤灰分主要由 SiO_2、Al_2O_3、Fe_2O_3、CaO、MgO、TiO_2 及 Na_2O、K_2O 等构成。通常酸性组分 SiO_2、Al_2O_3、TiO_2 与碱性组分 Fe_2O_3、CaO、MgO、Na_2O、K_2O

的比值越大，煤的灰熔点就越高。灰组分一般对气化反应影响不大，但某些组分含量过高会影响煤灰的熔融特性，造成气化炉渣口排渣不畅或渣口堵塞。一般可通过选用碱性组分添加助熔剂来调整煤灰的相对组分，改善灰的熔融特性。对低灰熔点煤，由于煤灰的熔融性流动温度 FT 低，故对气化排渣有利。

⑥ 干法气化温度高。一般气化炉操作温度为 1400～1700 ℃，在这个气化操作温度下，对应煤的灰熔点温度在 1250～1500 ℃ 范围内的煤种均能被较好地气化。对高灰熔点煤，可通过添加助熔剂和配煤来改变煤灰的熔融温度特性，适当降低煤灰熔点，以保证气化炉的正常运转。在高气化温度下，碳转化率可达 99%，合成气产品气体质量相对洁净，不含重烃，甲烷含量很低，合成气品质好，煤气中有效气体 $CO+H_2>90\%$。

⑦ 干法气化压力高，一般气化压力在 2.5～4.0 MPa 范围内，干法气化压力再进一步提高有一定的难度，但目前也有资料报道，干法气化压力达到 5.5 MPa。加压气化可提高气化炉生产强度，单炉处理煤炭量为 1000～3500 t/d，单炉有效合成气产量为 55000～180000 m^3/h。干法加压气化大型化能力强，可适应现代新型煤化工产业大型化生产的要求，单系列生产能力大，降低装置占地面积，提高土地利用率，能效利用更合理。

⑧ 干法气化属于高温压力容器，气化温度高和气化压力高，虽然有利于气化反应和高碳转化率及合成气质量，但高温气化对气化炉压力容器的材料和材质会有严格的要求。由于气化炉内件采用膜式水冷壁和水冷壁挂渣结构，以渣抗渣，炉内无耐火砖衬里，维护工作量少；气化炉内无转动设备，运转周期长，基本无须备炉。

⑨ 干法气化性能好，合成气有效成分 $CO+H_2$ 为 92%～95%；碳转化率为 98%～99%；冷煤气效率约为 82%；比氧耗为 310～330 m^3/1000 m^3 $CO+H_2$；比煤耗为 520～530 kgce/1000 m^3 $CO+H_2$；比蒸汽耗为 120～130 kg/1000 m^3 $CO+H_2$。热效率高，采用废锅流程，煤种约 83% 的热能可转化为煤气的化学能，另外有 15% 左右的热能被回收为高压或中压蒸汽，总的热效率可达 98% 左右。

⑩ 环保性能好，气化炉熔渣经激冷后成为玻璃状颗粒，性质稳定，对环境几乎没有影响。由于气化温度高，煤炭中的全部有机物全部被气化转化为合成气，粗煤气中基本不含焦油和酚类、氰类等有害物质，气化污水含酚、醛、醇、氰化合物少，比较容易处理，必要时可做到零排放。

⑪ 连续运转周期长，由于采用气固二相流，对喷嘴的磨蚀相对三相流要减轻些，喷嘴使用寿命长，水冷壁保温不必像耐火砖材料需要定期更换，为气化炉长周期运行提供了基础保证。

2. 存在的不足和问题

① 粉煤加工和输送存在安全隐患，原料气制备和输送安全操作性能不如湿法气化，会对安全稳定生产带来一定的影响。

② 氮气或 CO_2 气体输送，增加了合成气产品惰性气体含量，也增加了气体输送的能耗，对后续的合成气净化处理增加了负荷和难度。

③ 粉煤制备相对湿法水煤浆制备投资要高些，也增加了磨粉的能耗，对原料煤的入炉含量有一定的要求（<2%），当原料煤含水量过高时，需要在制粉过程中增加干燥处理，增加了能耗。粉煤制备一般采用气流分离，排放气需进行洗涤除尘，也会带来环境污染，增加投资。

④ 气化炉结构相对复杂，制造难度大，尤其是废锅流程，设备材料制造要求高，难度大，投资高，对操作稳定性影响也较大。

⑤ 干法气化装置总体投资高，由于无备炉，对气化装置长周期稳定运行会产生一定的影响。

随着干法气流床气化炉的生产运行和优化改进，上述的不足和存在的问题基本都能解决，与其气化性能优势和特点相比较已经越来越被人们接受，并被广泛地到应用。

四、干煤粉气流床气化炉型

干煤粉气流床气化炉主要有壳牌炉（现为 AP 干煤粉炉）、GSP 炉、科林炉；具有自主知识产权国产气化炉主要有航天炉、神宁炉、华能二段炉、SE-东方炉、五环炉、新奥加氢炉、GF 昌昱炉、科达煤炉、齐柳炉、金重炉、邮式炉和 R-GAS^{TM} 炉等炉型。干煤粉气流床气化炉型主要参数见表 13-1。

表 13-1　干煤粉气流床气化炉型主要参数

技术名称/公司	气化炉	气化压力	进料方式	气化剂	排渣方式
德国克鲁勃柯柏斯公司	KT 炉	常压	粉煤	氧气+水蒸气	液体排渣
德国克鲁勃·伍德公司	Prenflo 炉	加压	粉煤	氧气+水蒸气	液体排渣
荷兰壳牌公司	壳牌炉	2.5～4.0 MPa	粉煤	氧气+水蒸气	液体排渣
德国西门子公司	GSP 炉	约 4.0 MPa	粉煤	氧气+水蒸气	液体排渣
德国科林公司	科林炉	约 4.0 MPa	粉煤	氧气+水蒸气	液体排渣
航天长征化学工程股份有限公司	航天炉	约 4.0 MPa	粉煤	氧气+水蒸气	液体排渣
宁夏神耀科技有限责任公司	神宁炉	约 4.0 MPa	粉煤	氧气+水蒸气	液体排渣
中国华能西安热工研究院有限公司	华能二段炉	约 4.0 MPa	粉煤	氧气+水蒸气	液体排渣
中石化宁波工程有限公司	SE-东方炉	约 4.0 MPa	粉煤	氧气+水蒸气	液体排渣
中国五环工程有限公司	五环炉	约 4.0 MPa	粉煤	氧气+水蒸气	液体排渣
新奥科技发展有限公司	新奥加氢炉	中压	粉煤	氧气+水蒸气	液体排渣
上海齐耀柳化煤气化技术工程有限公司	齐柳炉	约 4.0 MPa	粉煤	氧气+水蒸气	液体排渣
大连金重机器集团有限公司	金重炉	约 4.0 MPa	粉煤	氧气+水蒸气	液体排渣

目前，工业化商业应用的干煤粉气流床气化炉型主要参数一般生产强度为 1000～3500 t/d，比较有代表性的典型洁净煤干煤粉气化主流气化炉有壳牌炉、GSP 炉、科林炉、航天炉、神宁炉、华能二段炉、SE-东方炉、五环炉、新奥加氢炉等，被广泛用于现代新型煤化工企业用于生产大型煤制甲醇、合成氨、聚烯烃、芳烃、液体燃料，天然气和 IGCC 联合循环发电等领域，在国内有众多的生产业绩和成熟可靠的工程技术。

第二节　壳牌干煤粉加压气化技术

壳牌干煤粉加压气化技术（壳牌炉）作为国际领先的洁净煤气化技术，在中国煤化工市场得到引进。该技术在中国推广应用较早，项目应用业绩较多，其生产运行验证了壳牌干煤粉气流床洁净煤气化技术的先进性和发展方向，为国产化干煤粉洁净气化技术的研发和借鉴提供了重要的参考样本。

一、壳牌炉发展历程

壳牌气流床干煤粉加压气化工艺于 1972 年研究,该技术是由壳牌公司在渣油气化技术取得工业化成功经验的基础上拓展到煤化工领域研发得到。

1978 年第一套中试装置在德国汉堡建成并投入运行;

1987 年在美国休斯敦建成日投煤量 250~400 t 的示范装置投产;

1993 年在荷兰 Buggenum 的 Demkolec 电厂开始建设,日投煤量 2000 t 的大型 IGCC 联合循环发电装置于 1996 年建成并投产。经过 3 年示范运行于 1998 年正式交付用户使用,生产操作表明该套煤气化装置工艺设计指标达到预期目标。

气化装置包括原料煤运输、煤粉制备、煤气化、除尘和余热回收等工序,其中干煤粉加压输送需要 N_2 或 CO_2。

2001 年中国首次引进壳牌先进的煤气化技术,由湖北双环科技股份公司与壳牌公司签订 SCGP 技术许可合同,2006 年在湖北应城建成日投煤量 1300 t 的煤气化装置用于生产 20 万 t/a 合成氨装置并一次开车成功。

二、壳牌炉主要技术特征

壳牌干煤粉加压气化技术通过干煤粉输送、旋流场理论、多烧嘴对喷、膜式水冷壁挂渣、引领干煤粉气流床加压洁净煤气化发展方向。通过气化炉小试装置实验、中试装置验证,最早实现工业化和大型化商业示范装置建设和试生产,表明该技术世界领先,成熟可靠。壳牌炉主要技术特征见表 13-2 所示。

表 13-2　壳牌炉主要技术特征

序号	主要特征	描述
A	煤种气化范围宽广	原料煤适用范围如气煤、烟煤、次烟煤、无烟煤、褐煤、石油焦等均能用作气化原料。对于高灰分(约 30%)、高挥发分(约 35%)、高灰熔点(1500~1650 ℃)、高水分、高含硫量(约 2.0%)的劣质煤、褐煤等同样适应
B1	干煤粉进料能耗低	干煤粉(粒度约 100 μm)加压输送,输送介质 N_2 或 CO_2,连续性好,操作稳定;煤的活性、煤的黏温特性与液态排渣有一定的关联性,入炉水分低,氧耗低 15%~25%(相对湿法),合成气 CO_2 含量低,综合能耗低
B2	多喷嘴负荷低寿命长	由对称布置的 4 或 6 个燃烧器喷入煤粉、氧气和蒸汽混合物,属气固二相流。烧嘴磨损低(相对三相流),多烧嘴可降低单烧嘴负荷,操作调节范围大,单炉产能大;多烧嘴对喷布置,使气固混合均匀,燃烧充分,烧嘴使用寿命超过 8000 h,甚至更长时间
B3	膜式立管水冷壁寿命长	炉内壁无耐火砖衬里,采用垂直管膜式水冷壁结构,向火侧耐火涂层,当初始熔融态渣在内壁流动时,挂渣均匀,形成渣膜保护层,以渣抗渣,热疲劳低,热损失少,保护水冷壁耐磨蚀,从而实现保护炉体的作用,膜式立管水冷壁结构简单,使用寿命长。水冷壁饱和水进,吸热后水汽混合物出,去中压汽包副产比气化炉高 1.0~1.4 MPa 的中压蒸汽
C1	燃烧室气化温度高	燃烧室采用旋切式流场结构,膜式直管水冷壁设计,煤氧混合均匀,停留时间长,燃烧充分,使得气化炉操作温度达 1450~1650 ℃,有利于煤的高温气化,提高气化效率,以及使用高灰熔点劣质煤,液态排渣,炉内无传动部件,维护量较少,无须备用炉
C2	上行煤气废锅流程 下行煤气激冷半废锅流程	气化温度在 1400~1600 ℃,热量回收设计了二种流程 ① 高温煤气上行经冷煤气激冷后经气化炉连接管进入废热锅炉回收煤气显热,副产 5.2~9.8 MPa 中高压蒸汽。冷却后经除尘降温一部分冷煤气去气化炉循环激冷高温煤气 ② 下行煤气激冷半废锅流程,更适合煤化工化学品的匹配应用

续表

序号	主要特征	描述
C3	三废排放环境影响小	高于灰熔点气化,炉温维持在 1400~1600℃,这个温度使煤中的碳所含灰分全部熔化并流到炉底,经淬冷后,变成玻璃态不可浸出的渣排出气化炉外,熔渣经激冷后成为玻璃状颗粒,性质稳定,可作为水泥等建筑材料,堆放时也无重金属渗出;对环境几乎无影响;气化废水中氰化物含量少,不含焦油、酚等污染物,容易处理,气化过程无废气排放,对环境影响小
C4	合成气质量好	有效气中 $CO+H_2$ 含量为 90%~94%,煤气中甲烷含量微量,不含重烃组分,产品气体洁净。废锅流程适合 IGCC 联合发电装置,同时也适合煤制化学品下游产品
C5	单系列长周期运行	气化炉关键部位由于采用气流床干煤粉进料,二相流多喷嘴对喷设计,使用寿命超 8000 h,膜式水冷壁挂渣结构简单,使用设计寿命长,能够保证长周期稳定运行,不设备炉,由此节省了备炉的投资
C6	能源利用率高	采用干煤粉高温加压气化,单炉生产能力大,煤气化炉热效率高。在典型操作条件下,碳转化率可达 99%,比煤耗及比氧耗低,冷煤气效率为 77%~83%,总热效率可达 98%,煤能源转化率为 83% 左右
C7	技术成熟可靠	壳牌干煤粉加压气化针对水煤浆技术中的水煤浆入炉带大量的水分、热壁炉耐火材料使用温度限制及三相流烧嘴使用寿命短需设置备炉的缺陷,进行了重大改进和长期研发,并充分利用自身重油气化的丰富成功经验,开发的壳牌干煤粉加压气化工艺,经商业化示范运行,表明该技术成熟可靠
D	存在不足	干煤粉制备及输送安全性必须在安全管理措施方面要求更严格,增加投资;对入炉干煤粉的水分含量要求<2%,因此粉煤制备一般需要干燥,排放气需要洗涤除尘,干燥烟气排放有环保要求,增加能耗;设备造价高,如膜式壁废热锅炉、高温高压陶氏过滤器、激冷煤气循环压缩机等;气化炉等关键设备比较复杂,制造周期长

三、壳牌炉商业应用业绩

壳牌干煤粉加压气化技术在中国煤气化市场专利许可 26 家,投入生产运行及建设的壳牌炉 33 台(含中国工程公司在国外建设的壳牌炉业绩)。壳牌炉在中国最早投产时间是 2006 年,单炉最大投煤量 3000 t/d,该炉于 2016 年投入生产运行。壳牌炉已经投产项目主要业绩和设计及建设项目的主要业绩分别见表 13-3A 和表 13-3B。

表 13-3A 壳牌炉已经投产项目主要商业应用业绩(截至 2021 年)

序号	企业名称	建厂地点	气化压力/MPa	气化炉台数及单炉投煤量/(t/d)	单炉合成气 $CO+H_2$/(m³/h)	设计规模/(万 t/a)	投产日期
1	湖北双环科技股份有限公司	湖北应城	4.0	1/900	55000	合成氨 20	2006
2	柳州化学工业集团有限公司	广西柳州	4.0	1/1100	83000	合成氨 30,尿素 52	2007
3	岳阳中石化壳牌煤气化有限公司	湖南岳阳	4.0	1/2000	139000	合成氨 30,氢气 4	2007
4	中石化湖北化肥分公司	湖北枝江	4.0	1/2000	131000	合成氨 30,乙二醇 20	2007
5	中石化安庆分公司	安徽安庆	4.0	1/2000	139000	合成氨 30,氢气 4	2007
6	云南天安化工有限公司	云南安宁	4.0	1/2700	137000	液氨 50	2008
7	云南沾益化工有限责任公司	云南曲靖	4.0	1/2700	137000	合成氨 50,尿素 80	2008
8	河南龙宇煤化工有限公司	河南永城	4.0	1/2100	142000	甲醇 50	2008
9	河南中原大化集团有限责任公司	河南濮阳	4.0	1/2100	142000	甲醇 50	2008
10	河南开祥精细化工有限公司	河南义马	4.0	1/1100	86000	甲醇 30	2008
11	天津渤海化工集团有限公司	天津滨海新区	4.0	1/2000	142000	甲醇 50	2008
12	天津渤海化工集团有限公司	天津滨海新区	4.0	1/2000	137000	合成氨 50,尿素 80	2008

续表

序号	企业名称	建厂地点	气化压力/MPa	气化炉台数及单炉投煤量/(t/d)	单炉合成气 CO+H$_2$/(m^3/h)	设计规模/(万 t/a)	投产日期
13	辽宁大化集团股份有限公司	辽宁大连	4.0	1/1100	86000	甲醇 30	2009
14	神华煤制油化工有限公司	鄂尔多斯	4.0	2/2200	168000	氢气 24	2010
15	大唐国际发电股份有限公司	北京市西城区	4.0	3/2800	168000	甲醇 167，丙烯 47	2010
16	贵州天福化工有限责任公司	贵州瓮福	4.0	1/2000	148000	合成氨 30，甲醇 24	2010
17	鹤壁煤电股份有限公司	河南鹤壁	4.0	1/2700	148000	甲醇 50	2011
18	云南云天化股份有限公司	云南水富	4.0	1/2600	128000	合成氨 50，尿素 87	2011
19	惠生工程有限公司	江苏南京	4.0	1/750	575000	合成气 5.75 万 m^3/h	2013
20	HABAC FERTILIZER	越南	4.0	1/1100	83000	合成氨 30，尿素 50	2014
21	VINACHEM	越南	4.0	1/1100	83000	合成氨 30，尿素 50	2015
22	KOWEPO		4.0	1/2700	175000	发电 300 MW	2015
23	呼伦贝尔金新化工有限公司	呼伦贝尔	4.0	1/1100	55000	液氨 20	2016
24	山西潞安矿业集团有限责任公司	山西长治	4.0	4/3000	185000	油品 100	2016
25	久泰能源科技有限公司	呼和浩特	4.0	2/1100	83000	乙二醇 50（AP 供）	2022
	小计			32			

注：1. 10 台 1000 t/d 炉，含 750 t/d，小于 1500 t/d，计入 1000 t/d 级。
2. 10 台 2000 t/d 炉，含 2000 t/d，小于 2500 t/d，计入 2000 t/d 级。
3. 8 台 2500 t/d 炉，含 2500 t/d，小于 3000 t/d，计入 2500 t/d 级。
4. 4 台 3000 t/d 炉；含 3000 t/d，小于 2500 t/d，计入 2000 t/d 级。
5. 运行炉子小计 32 台。

表 13-3B 壳牌炉设计及建设项目主要商业应用业绩（截至 2021 年）

序号	企业名称	建厂地点	气化压力/MPa	气化炉台数及单炉投煤量/(t/d)	单炉合成气 CO+H$_2$/(m^3/h)	设计规模/(万 t/a)	投产日期
1	中海油大同煤化公司	山西大同	4.0	1/2800	172000	甲醇 60	待定
2	陕西长青能源化工有限公司 2 期	陕西凤翔	4.0	2/1500	129000	甲醇 90	建设
	小计			3			

注：1. 1 台 2500 t/d 炉（大于 2500 t/d、小于 3000 t/d 的炉子，计入 2500 t/d 级）。
2. 2 台 1500 t/d 炉。
3. 建设炉子小计 3 台，运行及建设总计 35 台。

第三节　GSP 干煤粉加压气化技术

GSP 干煤粉加压气化技术（GSP 炉）作为国际先进的洁净煤气化技术，在中国煤化工市场煤气化行业得到引进。GSP 加压气化技术推广应用及生产运行表明 GSP 干煤粉气化技术的先进性、成熟性和可靠性。

一、GSP 炉发展历程

GSP 干煤粉加压气化技术于 1975 年由民主德国 Deutsches Brennstoff Institut Freiberg（简

称 DBI 燃料研究所）开发。该研究所创建于 1956 年，一直致力于煤炭综合利用的开发工作，后来被西门子收购，由德国西门子集团公司拥有。

1979 年和 1996 年，在西门子气化研发中心（Freiberg）建立了 3 MW$_{th}$ 和 5 MW$_{th}$ 两套气化中试装置，试验过的煤种来自德国、中国、波兰、苏联、南非、西班牙等国家。民主德国和联邦德国合并后，该技术扩展应用到生物质、城市垃圾、石油焦、含氯废物和其他燃料等气化领域。

1984 年在民主德国黑水泵市 Laubag 建成第一套 130 MW 的商业装置，西门子 SFG200 气化炉，日投煤量约 720 t，合成气用于生产甲醇和联合循环发电。民主德国黑水泵工厂 GSP 炉运行到 2007 年，因经济效益不好而停产。其间，先后气化过民主德国地区的褐煤（6 年）、天然气、废油等液态废料，同时处理该厂固定床产生的含焦油及酚废水。GSP 气化技术已经对褐煤、烟煤、无烟煤、市政污泥、废水、生物质等都做过测试，并大规模地试烧了中国的淮南烟煤、晋城无烟煤、宁夏长焰煤等，为在中国推广 GSP 技术的工程设计提供了技术支撑。

气化装置包括原料煤输送、干煤粉制备加压计量密相输送、气化与激冷、气体除尘冷却、黑水处理等工序。其中干煤粉加压输送需要 N_2 或 CO_2，目前国内已建成的气化炉能力最大为 2000 t/d。

2007 年中国首次引进西门子 GSP 先进的气流床洁净煤气化技术，由神华宁煤集团首次引进 5 套 SFG500 型（投煤量约 2000 t/d）GSP 气化炉，用于神华宁煤 180 万 t 甲醇制 60 万 t 烯烃项目。

2010 年 GSP 气化装置建成投料试车一次成功，通过试运行和技改，GSP 气化装置生产运行状况稳定，达到设计指标。

二、GSP 炉主要技术特征

GSP 干煤粉加压气化技术包括干煤粉加压计量密相输送系统、洁净煤气化与激冷、粗煤气除尘冷却、黑水处理等工序，通过气化炉小试装置实验，中试装置验证，中压、纯氧及大型化商业示范装置建设和试运行，表明该技术先进、成熟、可靠。GSP 炉主要技术特征见表 13-4。

表 13-4　GSP 炉主要技术特征

序号	主要特征	描述
A	煤种气化范围广	原料适用范围如烟煤、次烟煤、无烟煤、褐煤、市政污泥、生物质等均能用作气化原料；对"三高煤"等也能作为气化的原料
B1	干煤粉进料	干煤粉加压计量密相输送，煤粉和氧气及少量水蒸气（视煤质确定）通过组合烧嘴同步进入气化炉，输送介质 N_2 或 CO_2。对于灰分与灰熔点有较大的适应性，煤氧混合均匀，燃烧充分，气化温度高，气化效率高，能耗低
B2	组合式单烧嘴	采用组合式单烧嘴顶部喷入，开工点火烧嘴与正常生产主烧嘴多层同心圆组合，中心是点火烧嘴，外围是主烧嘴氧气夹层和粉煤夹层，蒸汽与氧气在入炉前混合均匀。烧嘴结构简单，寿命长
B3	盘管水冷壁	炉内壁无耐火砖衬里，采用多段盘管水冷壁结构，向火侧耐火涂层，挂渣均匀，以渣抗渣。水冷壁内冷却水采用偏离沸腾状态闭式循环，水进水汽出（178 ℃），后序副产低压蒸汽，从而达到保护炉体的作用，水冷壁结构简单，使用寿命长
C1	燃烧室气化温度高	气化炉燃烧室流场采用喷射、旋转气流结构，气化炉外壳设有水冷夹套，燃烧室由圆管盘成圆筒形的水冷壁，水冷壁向火面敷有碳化硅耐火衬里保护层。该结构使得气化炉操作温度可在 1350～1750 ℃操作，有利于煤的高温气化及使用"三高煤"，液态排渣，炉内无传动部件，维护量较少

续表

序号	主要特征	描述
C2	下行煤气激冷流程或辐射锅炉（半废锅）流程回收显热	对于高温煤气的热量回收采用了激冷流程或炉内辐射锅炉+激冷（半废锅）流程。对激冷流程，激冷室首先对高温下行煤气采用空腔式多喷头喷水激冷，降温和水浴气固分离。对半废锅流程下行煤气先经辐射锅炉回收热量，再去激冷和水浴冷却分离后离开气化炉
C3	三废排放环境影响小	高于灰熔点气化，炉温维持在 1400～1750 ℃，这个温度使煤中的碳所含灰分全部熔化经激冷后煤渣进入炉底排出炉外。熔渣可作为水泥等建筑材料或堆埋；对环境影响小；气化废水中氰化物含量少，不含焦油、酚等污染物，经黑水处理后回用，气化过程无废气排放
C4	合成气质量好	有效气中 $CO+H_2$ 含量约 91%，煤气中甲烷含量微量，不含重烃组分，产品气体洁净。激冷半废锅流程适合煤制化学品下游产品
C5	单系列长周期运行	气化炉关键部位由于采用气流床干煤粉进料，二相流单喷嘴组合设计，膜式水冷壁挂渣结构简单，使用寿命长，基本能够保证长周期稳定运行，对于大型多台煤气化装置可不设备炉
C6	能源利用率高	采用干煤粉高温加压气化，单炉生产能力大，煤气化炉热效率较高。比煤耗及比氧耗低，碳转化率为 98%～99%，冷煤气效率约 80%
C7	技术成熟可靠	GSP 干煤粉加压气化与壳牌炉相比，吸收了气流床干煤粉气化的基本特点，但对其复杂度进行了创新改进和研发，并充分利用西门子丰富煤气化成功经验，开发的 GSP 干煤粉加压气化工艺，经商业化示范运行，表明该技术基本成熟可靠
D	存在不足	干煤粉制备及输送安全性风险增大，增加投资；对入炉干煤粉的水分含量要求<2%，因此粉煤制备一般需要干燥，排放气需要洗涤除尘，干燥烟气排放有环保要求，增加能耗；采用组合烧嘴，单烧嘴热负荷大，渣口磨损大，检修和更换频率大；碳转化率和冷煤气效率偏低；激冷流程热回收品位低；耗水大，黑水处理规模大

三、GSP 炉商业应用业绩

GSP 干煤粉加压气化技术在中国煤气化市场专利许可 7 家，投入生产运行及建设的 GSP 炉 25 台（含调整的 2 台炉子）。GSP 炉在中国市场最早投产时间 2010 年，单炉最大投煤量 2000 t/d，该炉于 2010 年投产运行。GSP 炉已经投产项目主要业绩和设计及建设项目主要业绩分别见表 13-5A 和表 13-5B。

表 13-5A GSP 炉已经投产项目主要商业应用业绩（截至 2021 年）

序号	企业名称	建厂地点	气化压力/MPa	气化炉台数(开+备)及单炉投煤量/(t/d)	单炉合成气 $CO+H_2$/(m³/h)	设计规模/(万 t/a)	投产日期
未计	黑水泵厂	德国	4.2	1/750	43000	发电 200 MW	1984
未计	Sokolovska uhelna	捷克	4.2	1/750	43000	发电 200 MW	2008
未计	得克萨斯清洁燃料公司	美国	4.2	1//3000（850 MW）	170000	合成氨 30	2018
1	安徽淮化集团有限公司	安徽淮南	4.2	2/750	43000	合成氨 30	调整
2	神华宁煤集团甲醇分公司	宁夏宁东	4.2	(4+1)/2000	125000	甲醇 120，丙烯 47	2014
3	神华宁煤集团煤制油分公司	宁夏宁东	4.2	(4+1)/2000+神宁炉 23 台	125000	油品 400	2016
	小计			13+2=15			

注：1. 2 台 750 t/d 炉（调整）。
2. 8 台 2000 t/d 炉，备炉 2 台。
3. 运行炉子 8 台，备炉 2 台，小计 10 台，合计 15 台炉子。
4. 3 台国外炉子未统计。

表 13-5B GSP 炉设计及建设项目主要商业应用业绩（截至 2021 年）

序号	企业名称	建厂地点	气化压力/MPa	气化炉台数及单炉投煤量/(t/d)	单炉合成气 $CO+H_2$/(m^3/h)	设计规模/(万 t/a)	投产日期
1	江苏灵谷化工集团有限公司	江苏宜兴	4.2	2/1000	75000	合成氨 30，尿素 52	调整
2	贵州开阳化工有限公司	贵州开阳	4.2	2/2000	90000	甲醇 60	待定
3	新疆中电投伊南煤制气项目	新疆霍城	4.2	8/2000	125000	天然气 20	待建
4	山西兰花煤化工有限责任公司	山西晋城	4.2	2/1000	75000	合成氨 30，尿素 52	建设
	小计			14 台			

注：1. 4 台 1000 t/d 炉，其中 2 台已经调整为华理炉。
  2. 10 台 2000 t/d 炉。
  3. 设计及建设炉子 14 台，运行及建设炉子总计 25 台。

第四节 科林粉煤加压气化技术

科林粉煤加压气化技术（科林炉，CCG 炉）作为国际先进的洁净煤干法气化技术，在中国煤化工市场煤气化行业得到引进。科林粉煤加压气化技术推广应用及生产运行表明 CCG 炉气化技术的先进性、成熟性和可靠性。

一、科林炉发展历程

德国科林工业技术有限责任公司（CHOREN Industrietechnik GmbH）拥有科林独立完整的顶置式多喷嘴高压干煤粉气化技术（CHOREN coal gasification）知识产权，其前身是德国燃料研究所（DBI），位于德国萨克森州德累斯顿市。科林高压干煤粉气化炉（Choren coal gasifier），该技术起源于民主德国黑水泵工业联合体（Gaskombinat Schwarze Pumpe，简称 GSP）下属的燃料研究所，于 20 世纪 70 年代石油危机时期开始开发，目的是利用当地褐煤提供城市燃气。

1979 年在弗莱贝格市建立了一套 3 MW 中试装置，完成了一系列的基础研究和工艺验证工作。试验煤种来自德国、中国、苏联、南非、西班牙、保加利亚、澳大利亚、捷克等国家。

1984 年在黑水泵市建立了一套 130 MW（日投煤量为 720 t）的水冷壁煤气化炉工业化装置，气化当地褐煤用作城市燃气，有运行 8 年的工业化生产经验。

燃料研究所和黑水泵工厂的技术骨干后来发起成立了科林的前身公司，继续致力于煤气化技术的研发，推出了一套完整优化的 CCG 粉煤加压气化工艺。

CCG 炉由磨煤干燥、煤粉输送、气化与激冷、煤气洗涤除尘冷却、排渣系统、黑水处理等工序。其中干煤粉加压输送需要 N_2 或 CO_2，目前国内在建的气化炉能力最大为 2000 t/d。

2010 年中国首次引进 CCG 炉洁净煤气化技术，由贵州开阳化工有限公司与科林公司签署 2 套日投煤量 1500 t 的科林炉专利技术转让许可协议及设计合同。科林公司提供技术许可、专有设备供货和工艺包设计。工程于 2010 年底动工建设，2012 年 10 月首次点火开工，2013 年 1 月打通合成氨装置流程，通过试生产及技术完善阶段，气化装置实现满负荷连续运行，达到各项设计指标。

二、科林炉主要技术特征

CCG 炉包括干煤粉磨煤及输送系统、气化与激冷、粗煤气除尘冷却、黑水处理等工序，通过气化炉中试装置验证，气流床工业化装置生产运行，表明 CCG 炉技术成熟可靠。CCG 炉主要技术特征见表 13-6 所示。

表 13-6　CCG 炉主要技术特征

序号	主要特征	描述
A	煤种气化范围广	原料适用范围如烟煤、次烟煤、无烟煤等均能用作气化原料；尤其当"三高煤"等劣质煤作为气化的原料时，气化效果非常好
B1	干煤粉进料	原料煤被碾磨为 20%＜200 μm，80%＜100 μm 的粒度后，经过干燥，通过浓相气流输送系统送至烧嘴，输送介质 N_2 或 CO_2。根据灰分和灰熔融特性，气化温度操作控制在 1400～1700 ℃ 之间，尤其适应三高煤，气化效率高
B2	三喷嘴（多喷嘴）顶置下喷	顶置 120°角度设置三个粉煤烧嘴下喷结构，每个喷嘴都有独立的煤粉输送管道。采用多个独立的喷射烧嘴，煤粉流和气化剂流在烧嘴外进行混合，在大体积的反应室内使煤粉分布更均匀。在烧嘴布置的中央位置设置点火烧嘴（长明灯）
B3	齿形蛇管卷水冷壁	炉内壁无耐火砖衬里，采用齿形蛇管卷水冷壁结构，向火侧有耐火涂层，挂渣均匀，以渣抗渣。水冷壁内冷却水采用强制闭式循环，水进水汽出（178 ℃），副产低压蒸汽，从而达到保护炉体的作用，水冷壁使用寿命长
C1	燃烧室气化温度高	燃烧室采用齿形蛇管卷水冷壁围成的圆柱形空间，上部为烧嘴，下部为排渣口。水冷壁向火面敷有耐火衬里保护层。该结构使得气化炉操作温度可在 1400～1700 ℃ 之间，有利于煤的高温气化及使用"三高煤"，液态排渣，炉内无传动部件，维护量较少
C2	下行合成气激冷	激冷室是一个上部为圆形筒体的空腔。高温粗煤气和熔渣从气化室下部喇叭形的排渣口进入激冷室。激冷室采用激冷环+水喷雾+下降管+上升管结构，高温合成气和熔渣在激冷室内进行激冷和水浴冷却，冷却后的合成气进入洗涤系统，冷却后的灰渣经过锁斗排出系统
C3	三废排放环境影响小	高于灰熔点 100～200 ℃ 气化，炉温操作为 1400～1700 ℃，能使碳中所含灰分全部熔化，经激冷后熔渣排出炉外，可作为水泥等建筑材料或堆埋，对环境影响小；气化废水中不含氰化物、焦油、酚等污染物，经黑水处理后回用
C4	合成气质量好	有效气中 $CO+H_2$ 含量为 90%～93%，煤气中甲烷含量微量，不含重烃组分，产品气体洁净。激冷半废锅流程适合煤制化学品下游产品
C5	单系列长周期运行	气化炉关键部位由于采用气流床干煤粉进料，二相流单喷嘴组合设计，膜式水冷壁挂渣结构简单，使用寿命长，基本能够保证长周期稳定运行，对于大型多台煤气化装置可不设备炉
C6	能源利用率高	采用干煤粉高温加压气化，单炉生产能力大，煤气化炉热效率较高。比煤耗及比氧耗低，碳转化率为 98%～99%，冷煤气效率达 81%～83%
C7	技术成熟可靠	科林 CCG 干煤粉加压气化与壳牌炉相比，保留了气流床干煤粉气化的基本特点，但对其复杂程度进行了改进和创新，并充分利用黑水泵工业装置气化的经验教训，创新的科林 CCG 干煤粉加压气化炉煤种适应性强，有利于劣质煤的气化利用，经商业化示范运行，表明该技术成熟可靠
D	存在不足	干煤粉制备及输送安全性风险增大，增加投资；对入炉干煤粉的水分含量要求＜2%，现煤种煤粉制备一般需要干燥，排放气需要洗涤除尘，干燥烟气排放有环保要求，增加能耗；激冷流程热回收利用率低；耗水大，黑水处理规模大

三、科林炉商业应用业绩

CCG 炉在中国煤气化市场专利许可 9 家，投入生产运行及建设的 CCG 炉 22 台。CCG 炉在中国最早投产时间 2012 年，单炉最大投煤量 2000 t/d。CCG 炉已经投产项目主要业绩和设计及建设项目主要业绩分别见表 13-7A 和表 13-7B。

表 13-7A CCG 炉已经投产项目主要商业应用业绩（截至 2021 年）

序号	企业名称	建厂地点	气化压力/MPa	气化炉台数(开+备)及单炉投煤量/(t/d)	单炉合成气 CO+H$_2$/(m^3/h)	设计规模/(万 t/a)	投产日期
1	兖矿集团贵州开阳化工有限公司	贵州开阳	4.0	2/1500	75000	合成氨 50	2012
2	陕煤集团榆林化学有限责任公司 1 期	陕西榆林	4.0	(4+1)/2000	140000	乙二醇 180	2022
	小计			6+1 台			

注：1. 2 台 1500 t/d 炉；4 台 2000 t/d 炉，1 台 2000 t/d 备炉。
    2. 已经运行炉子小计 6 台，备炉 1 台。

表 13-7B CCG 炉设计及建设项目主要商业应用业绩（截至 2021 年）

序号	企业名称	建厂地点	气化压力/MPa	气化炉台数(开+备)及单炉投煤量/(t/d)	单炉合成气 CO+H$_2$/(m^3/h)	设计规模/(万 t/a)	投产日期
1	康乃尔化学工业股份有限公司 1 期	内蒙古通辽	4.0	2/1000	55000	乙二醇 30	破产
2	青海省矿业集团格尔木能源化工有限公司公司	青海格尔木	4.0	(5+1)/2000	105000	甲醇 180，烯烃 60	建设
3	陕煤集团榆林化学有限责任公司	陕西榆林	4.0	1/2000	140000	合成氨 50	建设
4	鄂尔多斯市亿鼎生态农业开发有限公司 2 期	鄂尔多斯	4.0	1/2000	110000	合成氨 40，尿素 65	建设
5	湖北宜化双环科技股份有限公司	湖北应城	4.0	1/1500	86000	合成氨 30	建设
6	贵州宜化化工有限责任公司	贵州兴义	4.0	2/1500	75000	合成氨 50	建设
7	陕西榆林能源集团有限公司	陕西榆林	4.0	2/1500	75000	乙二醇 40	建设
	小计			14+1=15			

注：1. 2 台 1000 t/d 炉。
    2. 5 台 1500 t/d 炉。
    3. 7 台 2000 t/d 炉，备炉 1 台。
    4. 设计及建设炉子小计 14 台，备炉 1 台，合计 15 台，运行及建设炉子总计 22 台。

第五节 航天粉煤加压气化技术

航天粉煤加压气化技术（航天炉，HT-L 炉）是具有完全自主知识产权的国产化洁净煤气化专利技术。在煤化工市场的推广应用及生产运行表明该国产化煤气化技术的先进性、成熟性和可靠性，是具有国际领先水平的洁净煤气化技术之一。

一、航天炉发展历程

航天长征化学工程股份有限公司（简称"航天工程公司"）成立于 2007 年 6 月，隶属于中国航天科技集团第一研究院，依托中国航天在运载火箭、液体火箭发动机研制等专业技术积累，从煤气化技术工程公司发展成为集煤气化、气体运营、环保一体化综合服务商。HT-LZ 航天炉专利技术由中航科技集团第一研究院开发，拥有全部的航天粉煤加压气化技术专利许可、转让及工程化建设。

2005 航天工程公司启动航天炉煤气化技术的研发工作，并在煤质的气化机理研究方面取得突破。经持续不断研究不同煤质的气化机理，通过对煤的灰分特性计算黏温曲线和通过高温滴管炉检测指标反映煤的气化反应动力学特性方面取得成果，用于指导航天炉在不同煤质方面的研发、示范和应用发挥了关键作用。并最早在安徽临泉化工股份有限公司建立了航天炉示范装置建设。

2008 国内首套投煤量 750 t/d 航天炉示范项目在安徽临泉化工股份有限公司 15 万 t 甲醇项目中一次投料试车成功，经试运行和技改完善航天炉各项生产运行指标达到设计要求，中国石油化工联合会组织专家于 2009 年对该套煤气化装置进行科技成果鉴定。

2009 年航天工程公司同步启动投煤量 1500 t/d 航天炉研发应用工作，选择山东瑞星化工有限公司 1 期 30 万 t 合成氨项目作为航天炉大型化示范项目，经过 3 年设计和建设，于 2012 年投煤量 1500 t/d 航天炉一次点火成功，标志着航天炉在大型化方面迈出了关键的一步，同年荣获国家行业粉煤气化技术工程中心。

2014 年启动投煤量 3000 t/d 航天炉研制和试验基地论证工作。仍然选择山东瑞星化工公司 3 期 80 万 t 甲醇项目作为示范工程。该项目经过研发、设计和建设，2020 年山东瑞星投煤量 3000 t/d 航天炉一次点火成功。

具有完全自主知识产权的航天粉煤加压气化技术由磨煤干燥、煤粉输送（其中干煤粉加压输送需要 N_2 或 CO_2）、气化与激冷（激冷流程）、煤气洗涤除尘冷却、排渣系统、黑水处理等工序组成。气化流程分为激冷流程和半废锅流程（半废锅+激冷流程），目前国内已经投产的气化炉最大投煤量为 3500 t/d。

2006 年航天工程公司与安徽临泉化工股份有限公司签署航天炉技术转让许可协议及工程设计合同。气化装置采用单炉日投煤量 750 t 的航天炉示范装置，合成气用于 15 万 t/a 甲醇项目，建设期 24 个月。2006 年 10 月开工建设，2007 年 10 月土建施工完成，2008 年 8 月机械竣工，2008 年 10 月 31 日一次投料开车成功。试运行期间经过两次整改，通过技术完善及试运行于 2009 年 4 月 15 日气化装置实现满负荷连续生产，各项运行指标达到设计能力。

二、航天炉主要技术特征

航天炉由于粉煤磨煤及输送系统、气化与激冷、粗煤气除尘冷却、黑水处理工序组成。气化炉结构采用水冷壁，无耐火砖衬里，维修简单，上段气化室（燃烧室）与 GSP 相近，设计一体化新型单烧嘴，螺旋盘管水冷壁挂渣，下段与 GE 激冷相似。采用合成气下行全水激冷，使合成气增湿饱和，有利于后续气体净化。水冷壁饱和水进，吸热后水汽混合物去中压汽包分离副产比气化炉高 1.0~1.4 MPa 的中压蒸汽。航天炉工业化示范装置生产运行，表明该技术先进成熟可靠。航天炉主要技术特征见表 13-8。

表 13-8　航天炉主要技术特征

序号	主要特征	描述
A	煤种气化范围广	原料适用范围如烟煤、次烟煤、无烟煤、褐煤。尤其适用灰分含量中等<25%，灰熔点适中<1350 ℃，挥发分 25%~35%，灰分中酸性氧化物与碱性氧化物之比 2∶5 的煤种；其次窄黏温特性曲线较陡的烟煤，挥发分高，灰分低<10%，灰熔点低<1250 ℃，如新疆、内蒙古部煤（榆神煤、神华煤）也能较好气化；对三高煤，高灰分煤（无烟煤）>25%，高灰熔点煤>1500 ℃，灰分中酸性氧化物含量高（晋城无烟煤、凤凰山高硫煤）则通过配煤及添加剂、助熔剂等措施后也能气化
B1	干煤粉进料	磨煤由常规原煤研磨干燥、惰性气体输送、粉煤过滤组成；输送由粉煤储存、粉煤加压、粉煤输送组成；煤氧混合均匀，燃烧充分，气化温度高，气化效率高，能耗低

续表

序号	主要特征	描述
B2	多元一体化新型烧嘴	采用多元一体化单烧嘴顶部喷入，开工点火烧嘴合二为一，采用烧嘴头部冷却、高效燃油雾化、油氧混合与火焰稳燃、电嘴头部防烧蚀及电嘴头部与氮气的高压密封等创新措施，提高煤粉和氧气出口均布性能。建立科学的炉膛温度场和流场设计，降低烧嘴头部高温应力，提高烧嘴使用寿命和气化效能。已经由第一代烧嘴发展到第三代新型烧嘴，由180天提高到800天以上的稳定生产时间，使用寿命长
B3	盘管水冷壁	炉内壁无耐火砖衬里，采用多段盘管水冷壁结构，向火侧有耐火涂层，挂渣均匀，以渣抗渣。水冷壁内冷却水采用强制循环，水进水汽出，副产中压蒸汽，水冷壁结构简单，使用寿命长
C1	气化段气化温度高	气化炉上部为气化段（燃烧室），粉煤经三路进入气化炉燃烧器（烧嘴）的三个煤粉管；氧气加热后在氧蒸汽混合器内按一定比例与蒸汽混合，然后进入燃烧器。炉膛温度场和流场设计合理，煤粉与气化剂混合均匀，燃烧平稳，气化炉操作温度可达1350~1600℃，有利于煤的高温气化和使用"三高煤"。炉内无传动部件，液态排渣。下部为熔渣激冷段，激冷段内有激冷环、下降管、上升管和渣池水分离挡板等主要部件
C2	熔渣激冷段或内置辐射锅炉（半废锅流程）	合成气经激冷环进入激冷室，在激冷室内合成气经过激冷、增湿、除尘、洗涤（被水饱和），熔渣迅速固化；粉煤燃烧后形成的灰渣沉积在激冷室水中，绝大部分灰渣迅速沉淀并通过渣锁斗系统定期排出。气化炉燃烧室通过水冷壁回收热量副产中压饱和蒸汽
C3	三废排放环境影响小	炉温维持在1400~1600℃，这个温度使煤中的碳所含灰分全部熔化经激冷后熔渣进入炉底排出炉外。熔渣可作为水泥等建筑材料或堆埋；气化废水中氰化物含量少，不含焦油、酚等污染物，从气化炉激冷室和合成气洗涤塔底部排出的黑水进入渣水系统，经两级闪蒸去除不凝性气体并回收热量，固体颗粒经絮凝、沉淀、过滤后收集，灰水循环利用
C4	合成气质量好	有效气中CO+H_2含量为91%~93%，煤气中甲烷含量微量，不含重烃组分，产品气体洁净。适合煤制化学品及下游产品
C5	单系列长周期运行	气化炉关键部位由于采用气流床干煤粉进料，二相流单喷嘴一体化设计，盘管水冷壁结构挂渣容易，结构简单，使用寿命长，能保证长周期稳定运行，可不设备炉
C6	能源利用率高	采用干煤粉高温加压气化，单炉生产能力大，煤气化炉比煤耗、比氧耗低，碳转化率>99%，冷煤气效率达82%
C7	技术成熟可靠	借鉴了壳牌、GE等粉煤加压气化的优点，并对其复杂程度进行了改进，并充分利用先进气流床煤气化的成功经验，开发的航天炉干煤粉加压气化工艺，经国内商业化示范项目运行，表明该技术成熟可靠
D	存在不足	对入炉干煤粉的水分含量要求<2%，因此粉煤制备一般需要干燥，排放烟气需要洗涤除尘，干燥烟气排放有环保要求，增加能耗；采用一体化单烧嘴，单烧嘴热负荷大，渣口磨损大，激冷流程系统蒸汽回收不彻底；合成气出口温度偏低约183℃、冷煤气效率略低。半废锅+激冷流程热回收品位比激冷流程略好；激冷流程耗水大，系统补水量大

三、航天炉商业应用业绩

航天粉煤加压气化技术在中国煤气化市场专利许可59家，投入生产运行及建设的航天炉129台。航天炉商业化运行最早时间2008年，单炉最大投煤量为3500 t/d，于2021年投产运行。航天炉已经投产项目和设计及建设项目主要业绩分别见表13-9A和

表13-9B。

表13-9A 航天炉已经投产项目主要商业应用业绩（截至2021年）

序号	企业名称	建厂地点	气化压力/MPa	气化炉台数及单炉投煤量/(t/d)	单炉合成气CO+H$_2$/(m^3/h)	设计规模/(万 t/a)	投产日期
1	安徽临泉化工股份有限公司	安徽临泉	4.0	1/750	41700	甲醇15	2008
2	濮阳龙宇化工有限公司	河南濮阳	4.0	1/750	41700	甲醇15	2008
3	河南煤业中新化工公司	河南新乡	4.0	2/750	41700	甲醇30	2011
4	山东鲁西化工公司	山东聊城	4.0	2/750	41700	合成氨30	2011
5	山东瑞星化工公司1期	山东东平	4.0	1/1500	75000	合成氨30	2011
6	河南晋开集团1期	河南开封	4.0	2/1500	75000	合成氨60	2011
7	河南晋开集团2期	河南开封	4.0	2/1500	75000	合成氨60	2012
8	安徽临泉化工公司2期	安徽临泉	4.0	1/750	43000	合成氨18	2012
9	宁夏宝丰能源公司1期	宁夏宁东	4.0	4/1500	90000	甲醇120，丙烯50	2014
10	新疆中能万源化工1期	新疆昌吉	4.0	1/1500	75000	合成氨40	2015
11	中化吉林长山有限公司	吉林长山	4.0	1/750	41700	合成氨18	2015
12	深州化肥公司	河北深州	4.0	1/1500	90000	乙二醇22	2015
13	四川泸天化集团	四川泸州	4.0	2/1500	75000	甲醇60	2016
14	阳煤太化清徐化工	山西清徐	4.0	3/750	41700	合成氨50	2016
15	安徽昊源化工公司1期	安徽阜阳	4.0	1/750	41700	合成氨20	2016
16	安徽昊源化工公司2期	安徽阜阳	4.0	1/750	41700	甲醇20	2016
17	宁夏宝丰能源公司1期	宁夏宁东	4.0	1/1500	90000	甲醇30	2016
18	亿鼎煤化工集团公司	内蒙古	4.0	2/1500	75000	氨30，乙二醇40	2016
19	晋煤集团天溪煤制油公司	山西晋城	4.0	2/750	41700	甲醇30，甲醇汽油20	2016
20	沧州正元化肥公司	河北沧州	4.0	2/1500	75000	合成氨60	2016
21	山东瑞星化工公司2期	山东东平	4.0	2/1500	90000	合成氨60	2017
22	法液空福建煤气化	福建连江	4.0	3/750	41700	合成气4.17万 m^3/h	2017
23	内蒙古黄陶乐盖世林公司	内蒙古	4.0	1/1500	75000	甲醇30	2017
24	内蒙古伊泰120精细化学品	内蒙古杭锦旗	4.0	6/1500	90000	油品120	2017
25	河南骏马化工有限公司	河南	4.0	2/750	41700	合成氨30	2017
26	安徽昊源集团	安徽阜阳	4.0	2/1500	75000	二甲醚50	2017
27	黔希煤化工投资公司	贵州黔西	4.0	3/750	41700	乙二醇30	2017
28	华昱高硫煤一体化项目	山西晋城	4.0	4/1500	90000	甲醇120	2018
29	兴安盟博源化学公司	内蒙古兴安盟	4.0	2/750	41700	合成氨30	2018
30	天津博化永利煤气化项目	天津	4.0	1/1500	90000	甲醇30	2018
31	山东联盟洁净煤利用1期	山东寿光	4.0	2/1500	75000	氨36，甲醇15	2018
32	晋煤中能化工3期	安徽临泉	4.0	1/1500	75000	合成氨30	2018
33	宁夏宝丰能源公司2期	宁夏银川	4.0	6/1500	90000	甲醇180，烯烃60	2020
34	安徽昊源化工公司3期	安徽阜阳	4.0	1/1500	75000	甲醇70	2018
35	安徽昊源化工公司4期	安徽阜阳	4.0	1/1500	75000	氨40，甲醇30	2018

续表

序号	企业名称	建厂地点	气化压力/MPa	气化炉台数及单炉投煤量/(t/d)	单炉合成气 CO+H$_2$/(m^3/h)	设计规模/(万 t/a)	投产日期
36	山东瑞星化工公司 3 期	山东东平	6.5	1/3000	220000	甲醇 80	2020
37	申远新材料二期	福建连江	4.0	2/1500	75000	合成氨 50	2020
38	广西华谊能源化工	广西钦州	4.5	5/2000	128000	甲醇 100,乙二醇 20	2021
39	山东润银生物化工公司	山东东平	6.5	1/3500	215000	氨 80,尿素 140	2021
	小计			79			

注：1. 25 台 750 t/d 炉。
2. 47 台 1500 t/d 炉。
3. 5 台 2000 t/d 炉。
4. 1 台 3000 t/d 炉。
5. 1 台 3500 t/d 炉。
6. 合计 79 台。

表 13-9B 航天炉设计及建设项目商业应用主要业绩（截至 2021 年）

序号	企业名称	建厂地点	气化压力/MPa	气化炉台数及单炉投煤量/(t/d)	单炉合成气 CO+H$_2$/(m^3/h)	设计规模/(万 t/a)	投产日期
1	山西权异化工	山西运城	4.0	2/1500	75000	乙二醇 40	建设
2	山西焦煤飞虹化工	山西洪洞	4.0	4/1500	75000	甲醇 100	待定
3	伊泰甘泉堡煤制油项目	新疆乌市	4.0	12/1500	75000	油品 200	建设
4	久泰能源科技有限公司	呼和浩特	4.0	2/1500	75000	甲醇 90,乙二醇 40	建设
5	云南玉溪银河化工	云南玉溪	4.0	1/750	45000	合成氨 18	建设
6	河南晋开延化合成氨	河南延津	4.0	2/1500	75000	合成氨 50	建设
7	河南晋开集团公司 3 期	河南开封	4.0	2/1500	75000	合成氨 50	建设
8	AP 大型气体岛供伊泰 100	呼和浩特	4.0	3/1500	75000	供伊泰乙二醇 100	2022
9	安徽泉盛项目	安徽定远	4.0	1/1500	90000	合成氨醇 32	建设
10	新疆中能二期项目	新疆昌吉	4.0	1/1500	95000	合成氨 40	建设
11	延长石油乙二醇项目	陕西榆林	4.0	2/1500	75000	乙二醇 50	建设
12	宁夏宝丰能源公司 3 期	宁夏银川	4.5	6/1500	90000	甲醇 187,烯烃 60	建设
13	华夏一统 100 万 t 复合肥	七台河	4.0	1/1500	75000	合成氨 30	建设
14	山东联盟洁净煤利用 2 期	山东寿光	4.0	2/1500	75000	合成氨 50	建设
15	福建永荣科技项目	福建莆田	4.0	2/1500	75000	氨 30 氢气 5	建设
16	靖远煤电搬迁项目	甘肃白银	4.0	2/1500	75000	合成氨 30	建设
17	新疆巨力化工	新疆和屯	4.0	1/750	41700	合成氨 18,MDI40	推进
18	正元煤炭清洁高效利用	河北沧州	4.0	2/1500	75000	合成氨 40,氢气 5	建设
19	安徽昊源化工公司 5 期	安徽阜阳	4.0	1/1500	75000	合成气 7.5 万 m^3/h	建设
20	安徽华尔泰升级改造项目	安徽池州	6.5	2/750	41700	合成氨 30	建设
未计	江苏晋煤恒盛化工	江苏新沂	4.0	2/1500	81000	合成氨 60	待建

续表

序号	企业名称	建厂地点	气化压力/MPa	气化炉台数及单炉投煤量/(t/d)	单炉合成气 CO+H$_2$/(m^3/h)	设计规模/(万 t/a)	投产日期
未计	内蒙古东华能源公司	鄂尔多斯	6.5	1/1500	81000	乙醇 35	待建
未计	龙煤航天煤化有限公司	双鸭山	6.5	1/1500	81000	甲醇 30	待建
未计	云南解化清洁能源开发公司	云南开远	4.0	2/1500	75000	合成氨 50	签约
	小计				56		

注：1. 2 台 750 t/d 炉。
2. 42 台 1500 t/d 炉。
3. 6 台 2000 t/d 炉。
4. 建设小计 56 台炉子。

第六节　神宁粉煤加压气化技术

神宁粉煤加压气化技术（神宁炉）是具有完全自主知识产权的国产化洁净煤气化专利技术。在煤化工市场神宁粉煤加压气化技术的推广应用及生产运行表明该国产化煤气化技术的先进性、成熟性和可靠性，是国际先进的洁净煤气化技术之一。

一、神宁炉发展历程

神华宁煤集团是神华集团与宁夏国有资本运营集团合资设立的大型煤化工企业，建设投产了全球单套规模最大的 400 万 t 煤制油项目。神华宁煤集团在 400 万 t 煤制油实施过程中联合一批国内企业进行了 10 年艰苦卓绝的技术攻关，完成 37 项重大技术、装备及材料国产化任务，其中日投煤量 2200 t 干粉加压气化技术就是其中之一，最终形成了具有自主知识产权的神宁粉煤加压气化技术。

神华宁煤集团下属控股企业宁夏神耀科技有限责任公司（国资委员工持股试点企业）成立于 2017 年 3 月，其前身是神华宁夏集团下属神华宁煤化工分公司"神气"创新工作室。神耀科技发起股东中，大股东有神华宁煤集团、上海齐耀科技集团有限公司（隶属中船重工 711 研究所，具有强大的气化炉烧嘴设计和开发实力）、中科合成油技术有限公司（隶属内蒙古伊泰集团，拥有合成油开发的领先技术）、中国五环工程有限公司（隶属中国化学工程集团有限公司，具有甲级资质的国际型工程公司，和多种气化炉工程设计及研发经验），这些股东实力雄厚，均参与了"神宁炉"的技术研发并占有一定的股份。宁夏神耀科技有限责任公司拥有神宁炉干煤粉加压气化技术专利许可、转让及工程化设计采购建设试运行等服务。

2012 年 7 月神宁炉开始概念设计，2017 年 3 月第一台神宁炉在神华宁煤 400 万 t/a 煤制油项目中一次投料试车成功。

2017 年 11 月 23 台神宁炉全部达到满负荷运行，其中 4 台为 3000 t/d，另外 19 台为 2200 t/d 级。

2018 年 5 月 13 日至 16 日，由中国石油和化学工业联合会专家组对神宁炉进行 72 h 连续运行考核，专家委员会鉴定认为，神宁炉在 3000 t 级单喷嘴干煤粉加压气化技术领域填补了国际空白，具有完全自主知识产权。该技术处于国际领先水平，建议加大推广力度。

二、神宁炉主要技术特征

神耀科技在航天炉研发过程中在各种煤质的气化机理及气化炉燃烧理论研究方面取得突破。建立了粉煤加压气化非稳态燃烧特性实验平台及黑水中试处理装置。开发和建立了各类煤质气化数据库、高效气化模拟计算软件及方法和热固耦合应力计算软件等理论模型和计算工具。为宁煤炉适应不同煤质的研发和应用发挥了重要作用,并于2017年首次在神华宁煤集团400万t/a煤制油项目中试车成功。各项生产运行指标达到设计能力,神宁炉主要技术特征见表13-10。

表13-10 神宁炉主要技术特征

序号	主要特征	描述
A	煤种气化范围广	煤种选择范围广,如烟煤、次烟煤、无烟煤、褐煤等均能用作气化原料。尤其对"三高煤"等也能气化,被国家能源局列入煤炭安全绿色开发、清洁高效利用先进技术与装备推荐目录
B1	干煤粉进料	干煤粉加压输送,煤粉和氧气及少量水蒸气通过组合烧嘴进入气化炉,输送介质N_2或CO_2。对于高灰分与高灰熔点的煤有较强的适应性,煤氧混合均匀,燃烧充分,气化温度高,气化效率高
B2	顶置式新型单烧嘴	采用新型组合式单烧嘴,可实现带压点火,点火成功率>98%,主烧嘴使用寿命3年以上,集成火焰、温度、图像三合一火焰在线监测系统进行全程监控,提高了烧嘴使用寿命
B3	膜式水冷壁	采用盘管绕制而成膜式水冷壁,向火面内衬销钉和注料,采用冷却水强制循环换热副产低压蒸汽,保证了气化反应时在膜式水冷壁表面形成固态和液态渣层,实现"以渣抗渣"。多路、独立、闭式循环膜式水冷壁盘管结构设计,使得冷却水分布均匀、传热过程无相变,炉内温度场变化可测可控。设计了螺旋水冷壁内介质无相变传热的方案,仅副产低压蒸汽,确保水冷壁以渣抗渣的可靠性,水冷壁使用寿命长
C1	燃烧室气化温度高	燃烧室采用水冷壁,管内冷却水强制流动换热,燃烧室内衬销钉和浇注料,向火面敷有耐火衬里保护层,保证气化反应时形成固态渣层,以渣抗渣。外壳及环形空间侧的水冷壁管抗腐蚀性强,下降管上部采用水冷盘管进行保护。气化炉操作温度可在1350~1600℃操作,有利于煤的高温气化及液态排渣,炉内无传动部件,维护少
C2	激冷室及下行煤气激冷	先进的水冷梯级扩径稳流排渣系统,削减了合成气及熔渣由燃烧室进入激冷室过程中出现的散射和涡流。采用下降管保护半管结构,合理控制合成气空速,避免了由于煤种的变化引起的气化炉操作不稳定导致的下降管磨损和破裂
C3	三废排放环境影响小	高于灰熔点气化,炉温维持在1400~1600℃,使煤中的碳所含灰分全部熔化经激冷后熔渣进入炉渣排出炉外。熔渣可作为水泥等建筑材料或堆埋;对环境影响小;气化废水中氰化物含量少,不含焦油、酚等污染物,经黑水处理后回用
C4	合成气质量好	有效气中$CO+H_2$含量约为91%,煤气中甲烷含量微量,不含重烃组分,产品气体洁净。激冷半废锅流程适合煤制化学品下游产品
C5	单系列长周期运行	气化炉关键部位由于采用气流床干煤粉进料,外壳与水冷壁之间填充合成气或二氧化碳、中部无连接件设计,有效消除反应室内件与反应室承压壳体的变形,并有效减小了气化炉壳体直径,降低投资。能够保证气化炉长周期稳定运行
C6	能源利用率高	采用干煤粉高温加压气化,单炉生产能力大,比煤耗及比氧耗低,碳转化率约为98%,冷煤气效率达83%
C7	技术成熟可靠	神宁炉干煤粉加压气化与壳牌炉和GSP炉相比,保留了气流床干煤粉气化的基本优点,但对其复杂程度进行了创新改进和完善。开发的神宁炉干煤粉加压气化工艺,经商业化示范运行,表明该技术成熟可靠
D	存在不足	对入炉干煤粉的水分含量<2%,因此粉煤制备一般需要干燥,排放气需要洗涤除尘,干燥烟气排放有环保要求,增加能耗;采用组合烧嘴,单烧嘴热负荷大,渣口磨损大,会增加检修和更换频率;激冷流程热回收品位低;耗水量较大,黑水处理规模大

神宁粉煤加压气化技术由磨煤与输送、气化与激冷、除尘与冷却、黑水处理工序组成。神宁炉采用盘膜式水冷壁挂渣，下段与 GSP 激冷相似，水冷壁饱和水进水出，副产低压蒸汽。

三、神宁炉商业应用业绩

神宁粉煤加压气化技术在中国煤气化市场专利许可 13 家，投入生产运行及建设的神宁炉 55 台。神宁炉商业化运行最早时间是 2016 年，单炉最大投煤量 3000 t/d，于 2022 年投产运行。最大单炉投煤量 4000 t/d 的气化炉正在建设过程中。神宁炉已经投产项目和设计及建设项目主要业绩分别见表 13-11A 和表 13-11B。

表 13-11A 神宁炉运行项目主要商业应用业绩（截至 2021 年）

序号	企业名称	建厂地点	气化压力/MPa	气化炉台数(开+备)及单炉投煤量/(t/d)	单炉合成气 CO+H$_2$/(m^3/h)	设计规模/(万 t/a)	投产日期
1	神华宁煤集团煤制油分公司	宁夏宁东	4.0	(15+4)/2200+5 台 GSP	160000	油品 400	2016
2	神华宁煤集团煤制油分公司	宁夏宁东	4.0	4/3000	160000	油品 400	2016
3	安徽碳鑫科技有限公司 3 期	安徽淮北	4.0	1/2000	142000	甲醇 50	2022
4	宁夏鲲鹏清洁能源有限公司	宁夏宁东	4.0	2/3000	160000	乙二醇 40	2022
	小计			22+4=26			

注：1. 1 台 2000 t/d 炉，不含 GSP 炉。
　　2. 15 台 2200 t/d 炉，备炉 4 台。
　　3. 6 台 3000 t/d 炉。
　　4. 运行炉子 22 台，备炉 4 台，小计 26 台。

表 13-11B 神宁炉设计及建设的项目主要商业应用业绩（截至 2021 年）

序号	企业名称	建厂地点	气化压力/MPa	气化炉台数及单炉投煤量/(t/d)	单炉合成气 CO+H$_2$/(m^3/h)	设计规模/(万 t/a)	投产日期
1	内蒙古伊泰煤制油公司	鄂尔多斯	4.0	10/2000	160000	油品 200	建设
2	美国顶峰集团清洁能源项目	得克萨斯州	4.0	2/2200	160000	合成氨 120，尿素 200	建设
3	神华宁煤沙特合资新材料公司	宁夏银川	4.0	5/2000	160000	甲醇 180，烯烃 70	建设
4	神华包头煤制烯烃 2 期	内蒙古包头	4.0	5/2200	160000	甲醇 180，烯烃 70	建设
5	神华包头煤制烯烃 2 期	内蒙古包头	4.0	1/4000	260000	合成气 26 万 m^3/h	建设
6	神华直接液化煤制油 2 期	鄂尔多斯	4.0	1/2200 废锅	148000	氢气 10.5	建设
7	神华直接液化煤制油 2 期	鄂尔多斯	4.0	1/4000 废锅	260000	氢气 18.5	建设
8	山西兰花气体公司改造项目	山西晋城		2/2000	127000	合成氨 50	建设
9	安徽碳鑫科技有限公司 4 期	安徽淮北	4.0	1/3000	160000	乙醇 60	建设
	小计			28			

注：1. 17 台 2000 t/d 炉。
　　2. 8 台 2200 t/d 炉。
　　3. 1 台 3000 t/d 炉。
　　4. 2 台 4000 t/d 炉。
　　5. 设计及建设炉子合计 28 台，运行及建设炉子总计 54 台。

第七节　华能二段干煤粉加压气化技术

华能两段干煤粉加压气化技术（华能二段炉）是具有完全自主知识产权的国产化洁净煤气化专利技术。在煤化工市场华能二段炉的推广应用及生产运行表明该国产化煤气化技术的先进性、成熟性和可靠性，属于先进的洁净煤气化技术之一。

一、华能二段炉发展历程

中国华能清洁能源技术研究院有限公司（华能西安热工研究院）拥有华能两段干煤粉加压气化技术专利许可、转让及工艺包设计，从 1990 年就开始对干煤粉加压气化技术进行长期研究，突破了干煤粉气化所涉及的关键技术，包括煤种性质、液态排渣和水动力学等核心技术，最终形成了具有自主知识产权的加压气化炉"华能二段炉"。

1996 年，华能清洁能源技术研究院建成了干煤粉浓相输送和气化实验平台，日投煤量 0.7~1.0 t。在国家"十五"期间，干煤粉气化加压气化技术被列入国家"863"计划能源领域重点项目并引入产、学、研相结合的方式，联合相关科研院所和生产单位建设更大的研发平台。

2004 年，华能清洁能源技术研究院与陕西渭南煤化工集团公司联合在其生产装置区内建设一套带有水冷壁和煤气冷却器的干煤粉加压气化中试装置。中试装置主要参数，日投煤量 36~40 t，操作压力 3.0~4.0 MPa，操作温度 1300~1800 ℃。经过一年多的实验研究至 2006 年，通过一次性 168 h 连续运行实验，装置累计运行 2300 h，实验气化了烟煤、贫煤、无烟煤和褐煤等典型煤种，获得大量实验数据。开发了加压气流床气化炉内流场及温度场预测模型、灰渣熔渣和流动传热模型、高压多组分合成气的辐射传热和对流传热模型、两室两段干煤粉分级气化工艺技术（废锅流程）；同时提出的适合于高温高压浓相条件下炉内间接测温方法，解决了加压气化炉高温（1400~1700 ℃）测量的难题；干煤粉加压气化装置的协调控制策略及控制系统，解决了干煤粉气化装置多变量复杂系统的协调控制及稳定运行问题；多支路上出料干煤粉加压浓相送料技术，解决了干煤粉加压输送系统对煤粉水分的适应性差、易堵塞、系统复杂难题。为新型气化炉的开发奠定了理论基础，研制出首台 2000 t/d 干煤粉加压气化炉废锅流程，为华能炉工程化奠定了基础。

2006 年 5 月 16 日，科技部组织专家对带水冷壁的干煤粉加压气化中试装置评审和验收，专家认为：华能两段干煤粉加压气化技术已经达到国际同类气化技术的性能指标，并在冷煤气效率和比氧耗等指标优于国外工艺，具备了工程化的条件。华能炉有上行煤气废热锅炉流程和激冷流程，前者可用于 IGCC 联合发电装置。

2012 年，华能炉首次在华能天津绿色煤电公司 250 MW 电站项目中建成投产，一次投料试车成功。经试运行和技术完善，各项生产运行指标达到设计能力。

2015 年 3 月进行了 72 h 全厂满负荷性能考核，气化装置负荷达到 106%，比氧耗 310 $m^3O_2/1000\ m^3$（$CO+H_2+CH_4$），比煤耗 539 kg/1000 m^3（$CO+H_2+CH_4$），碳转化率 99%，冷煤气效率 83%，热煤气效率 96%。

二、华能二段炉主要技术特征

2015 年 6 月 7~9 日，通过了石化联合会组织的现场考核。装置一直运行稳定，表现出了较好的煤种适应性，灰渣含碳量小于 1%，废水量少，环保和经济效益显著。目前国内在建的华能炉最大投煤量为 2000 t/d，华能二段炉由原料煤输送、煤粉制备、气化、除尘和余热回收等工序组成。气化炉采用膜式水冷壁挂渣，二室二段气化，废锅流程与壳牌废锅流程相似，但取消了冷煤气激冷改为冷却水激冷至 900 ℃，水冷壁饱和水进水汽出，副产中压蒸汽。华能二段炉主要技术特征见表 13-12。

表 13-12 华能二段炉主要技术特征

序号	主要特征	描述
A	煤种气化范围广	煤种选择范围宽，从烟煤、次烟煤、无烟煤、褐煤到石油焦等均能用作气化原料。对煤的灰熔点使用范围更宽，对高灰、高水分、高硫的煤种也同样适应
B1	干煤粉进料	干煤粉加压输送，煤粉和氧气及少量水蒸气通过烧嘴进入气化炉，输送介质 N_2 或 CO_2。为保证煤粉流动特性，要求煤粉粒度 90%≤90μm，10%＜5μm，煤氧混合均匀，燃烧充分，气化温度高，气化效率高
B2	二段多喷嘴（一段喷嘴+二段喷嘴）	采用新型二段多喷嘴，其中二段多喷嘴，上段喷煤粉和水蒸气，下段喷煤粉、蒸汽、氧气，喷嘴采用了华能动力学研究新成果。采用喷嘴冷却水循环系统，以保护烧嘴因气化炉高温造成的过热损坏，提高烧嘴使用寿命
B3	膜式水冷壁	采用膜式水冷壁，内衬销钉和注料，向火侧有耐火涂层，挂渣均匀，保证了气化反应时在膜式水冷壁表面形成固态和液态渣层，实现"以渣抗渣"。水冷壁为饱和水进，吸热后水汽二相出，副产中压蒸汽。炉内壁无耐火砖衬里。水冷壁分为上段水冷壁和下端水冷壁，使用寿命长
C1	二室二段气化温度高	气化室内件采用膜式水冷壁结构，炉膛分为上炉膛和下炉膛两段，分级气化，二段多喷嘴。上段喷煤粉和水蒸气，下段（主反应室）喷煤粉蒸汽氧气。合成气上行走废锅流程，饱和水进，吸热后水汽混合物进入中压汽包分离副产中压蒸汽。下炉膛是第一反应室，设下膜式水冷壁结构，侧壁上对称正对布置 4 个喷嘴用于输入粉煤、蒸汽和氧气。所喷入煤粉量占总煤量的 80%～85%，气化反应温度约为 1500 ℃，反应所产生的高温气向上流动到上炉膛反应室（第二反应室）。上炉膛侧壁上设有两个正对布置二次粉煤进口，设上膜式水冷壁结构，炉膛喷入粉煤和过热蒸汽，所喷入粉煤量占总煤量的 15%～20%。上段炉喷入干煤粉和蒸汽使 1500 ℃ 的高温煤气急冷至约 1050 ℃。在气化炉上部经喷淋冷却水激冷至 900 ℃ 左右，使其夹带的熔融态灰渣颗粒固化，粗煤气 900 ℃ 离开气化炉，进入废锅
C2	三废排放环境影响小	高于灰熔点气化，炉温维持在 1400～1600 ℃，使煤中的碳所含灰全部熔化经激冷后熔渣进入炉底排出炉外。熔渣可作为水泥等建筑材料或堆用；对环境影响小；气化废水中氰化物含量少，不含焦油、酚等污染物，经黑水处理后回用
C3	合成气质量好	有效气中 $CO+H_2$ 含量为 91%，煤气中甲烷含量微量，不含重烃组分，产品气体洁净。废锅流程适合 IGCC 发电
C4	能源利用率高	采用干煤粉高温加压气化，单炉生产能力大，比煤耗及比氧耗低，碳转化率为 98%，冷煤气效率达 84%，总热效率 94%
C5	技术成熟可靠	华能二段与壳牌相比，保留了气流床干煤粉废锅流程，但取消了冷煤气激冷，改用冷却水激冷，经商业化运行，表明该技术基本成熟可靠
D	存在不足	对入炉干煤粉的水分含量＜2%，因此粉煤制备一般需要干燥，排放气需要洗涤除尘，干燥烟气排放有环保要求，增加能耗；两段气化使得合成气中含有少量的焦油，为后续煤气处理带来一定的困难；废热锅炉易粘灰堵塞，长周期运行有一定难度

三、华能二段炉商业应用业绩

华能二段干煤粉加压气化技术获中国煤气化市场专利许可 10 家，投入生产运行及建设的华能二段炉 11 台。华能炉商业化运行最早时间 2012 年，单炉最大投煤量为 2000 t/d，于 2012 年投产运行。华能二段炉已经投产项目主要业绩和设计及建设项目主要业绩分别见表 13-13A 和表 13-13B。

表 13-13A　华能二段炉已经投产项目主要商业应用业绩（截至 2021 年）

序号	企业名称	建厂地点	气化压力/MPa	气化炉台数及单炉投煤量/(t/d)	单炉合成气 $CO+H_2$/(m^3/h)	设计规模/(万 t/a)	投产日期
1	华能天津绿色煤电公司	天津	4.0	1/2000	137000	发电 250 MW	2012
2	内蒙古世林化工公司 1 期	鄂尔多斯	4.0	1/1000（改成航天炉）	71500/90000	甲醇 30	2012
3	金象新疆沙雅金圣胡杨 1 期	新疆阿克苏	4.0	1/2000	137000	硝基复合肥 60	2012
4	江苏淮河化工有限公司	江苏淮安	4.0	1/240	17500	合成氨 6	投产
5	江苏徐州伟天化工有限公司	江苏徐州	4.0	1/450	30000	LNG4.2	投产
6	河北辛集化工有限公司	河北辛集	4.0	1/360	24000	乙二醇 5	投产
	小计			6 台			

注：1. 3 台小于 500 t/d 炉。
2. 1 台 1000 t/d 炉，已经改造成航天炉。
3. 2 台 2000 t/d 炉。
4. 运行炉子小计 6 台，其中 1 台炉子已经改造成航天炉。

表 13-13B　华能二段炉设计及建设项目主要商业应用业绩（截至 2021 年）

序号	企业名称	建厂地点	气化压力/MPa	气化炉台数及单炉投煤量/(t/d)	单炉合成气 $CO+H_2$/(m^3/h)	设计规模/(万 t/a)	投产日期
1	陕西府谷恒源煤焦公司	陕西府谷	4.0	2/1000	71500	甲醇 60，氢气 12	停建
2	华能满洲里煤化工公司	内蒙古满洲里	4.0	1/2800	165000	甲醇 60，烯烃 20	停建
3	张家口昊华化工	河北张家口	4.0	1/1000	82800	合成氨 30	建设
4	美国 Embedear	美国	4.0	1/2270	175172	发电 270 MW	建设
	小计			5 台			

注：1. 3 台 1000 t/d 炉。
2. 2 台 2500 t/d 炉，大于 2000 t/d，小于 3000 t/d，计入 2500 t/d 级。
3. 停建及建设炉子小计 5 台，其中停建炉子 3 台；运行及建设炉子共计 11 台。

第八节　SE 单喷嘴冷壁式粉煤加压气化技术

SE 单喷嘴冷壁式粉煤加压气化技术（SE-东方炉）是具有完全自主知识产权的国产化洁净煤气化专利技术。在煤化工市场 SE 炉的推广应用及商业化 1000 t/d 投煤量示范装置一次投料成功，表明该技术成熟可靠，属于先进的洁净煤气化工艺之一。

一、SE-东方炉发展历程

SE 单喷嘴冷壁式粉煤加压气化技术由中国石化集团有限公司（中石化所属宁波工程公司、宁波技术研究院）和华东理工大学联合开发，共同拥有 SE（简称 SE-Sinopec+ECUST）单喷嘴冷壁式粉煤加压气化技术专利许可、转让及工艺包和工程设计。

2004 年，建立了投煤量 3 t/d 级高灰熔点，煤粉气流床示范装置，以及水冷壁气流床中试基地，采用顶置单喷嘴进料，水冷壁气化炉，下行激冷工艺流程。

2011 年，中石化和华东理工成立中石化-华理气化中心和上海煤气化工程中心，全面开始对干煤粉加压气化技术的研究，突破了干煤粉气化所涉及的关键技术。其核心是基于湍流多相受限射流流场和温度场调控研究，气化炉顶置烧嘴与气化炉主体匹配研究。由此构成高效合理的气化炉流场，即射流区、大尺度回流区和平推流区的"直流同轴受限射流流场模型"。

在射流区主要发生燃烧反应，在同轴直流射流喷嘴的作用下，氧气与高温可燃气燃烧形成的高温火焰被约束于炉膛中心，确保水冷壁壁面无高温热点区域，近壁面温度总体均匀。同轴射流所形成的轴向火焰在炉内能确保中下部相对高温、上部相对低温的温度分布，使得渣口区域温度相对较高，且易于调控。

在大尺度回流区主要发生气化反应，选择合理的颗粒停留时间分布，促使颗粒向气化炉壁面输运，使得熔融颗粒均匀沉积在内壁，形成稳定的渣层。

在平推流区提供焦炭颗粒高效转化所需的最短停留时间，促使气化过程中生成的细灰少、熔渣多，确保达到99%以上的高碳转化率。该技术具有煤种适应性强、工艺成熟可靠、技术指标先进、投资节省等优势，应用前景广阔。

2011年12月，华理气化中心与江苏南京扬子石化公司签署SE-东方炉干煤粉加压气化技术转让许可协议及工程设计合同。南京扬子石化实施原料路线调整：煤制气替代天然气蒸汽转化，CO供醋酸装置，合成气供丁辛醇装置，其余氢气上网外供，1期工程建设1套SE-东方炉气化工业化示范装置，气化压力4.0 MPa，日处理煤量1000 t，有效合成气70000 m^3/h，产品氢气4.30万t/a。

2012年2月完成工艺包审查，同年土建正式开工建设，2013年1月首台气化炉出厂，2013年10月建设装置中交，2014年1月SE-东方炉一次投料试车成功，产出合成气。2014年12月4日，中石化科技部组织项目鉴定，专家委员会鉴定认为，SE炉气化技术煤种适应性好，装置高效节能、环境友好、可靠性和灵活性高，各项技术经济指标达到同类技术的国际领先水平，经济效益和社会效益显著，建议推广应用。

二、SE-东方炉主要技术特征

目前国内建成的气化炉最大能力为2000 t/d，SE单喷嘴冷壁式粉煤加压气化技术由原料煤输送、制粉单元、供料单元、气化单元、洗涤除尘与黑水处理单元组成。气化炉采用膜式水冷壁，激冷流程，水冷壁饱和水进水汽出，副产中压蒸汽。SE-东方炉主要技术特征见表13-14。

表13-14 SE-东方炉主要技术特征

序号	主要特征	描述
A	煤种气化范围广	煤种选择范围宽，有烟煤、无烟煤、褐煤等均能用作气化原料。煤种适应性强，通过添加助熔剂等调控煤质措施，提高气化温度以满足高灰熔点、高灰分煤的气化
B1	干煤粉进料	干煤粉加压输送，煤粉和氧气及少量水蒸气通过烧嘴进入气化炉，输送介质N_2或CO_2。为保证煤粉流动特性，煤粉粒度90%≤100μm。通过采用直流同轴受限射流流场的特殊工艺结构设计，对高灰熔点、高灰分煤种的适应性更强，煤氧混合均匀，燃烧充分，气化温度高
B2	单喷嘴直流式复合烧嘴	采用功能齐全的单喷嘴直流式复合烧嘴，独特的通道结构使得喷嘴端部耐烧蚀、耐磨蚀，可显著降低端部燃烧强度。烧嘴的充分发展段可消除端部颗粒局部回流，具有高强度火焰点火，开工成功率高，即使单路运行也能促使煤粉均匀弥散，避免发生偏烧。真正实现烧嘴在点火、开工、运行各阶段具有不同的功能作用，确保烧嘴安全。烧嘴使用寿命长，端部寿命可达600天以上
B3	膜式列管水冷壁	气化炉燃烧室无耐火砖衬里，采用膜式列管水冷壁结构。水冷壁挂渣致密均匀，渣口圆整。轴向厚度分布合理，无积渣、堵渣和偏流现象。炉内温度场合理，有利于兼顾挂渣和排渣。水冷壁副产少量中压蒸汽，比盘管式结构副产低压蒸汽，其耐高温性更强，热量利用率提高，且循环倍率显著降低约25（盘管水冷壁约100），能耗降低

续表

序号	主要特征	描述
C1	气化炉燃烧室	构建的单喷嘴直流式受限射流流场,将大尺度回流与平推流结合,促使颗粒停留时间长,形成的中下部高温区,可实现顺畅排渣,温度分布与渣层厚度分布耦合,耐高温性能更好。为有效判断炉温变化趋势和水冷壁渣层厚度,并为高灰熔点煤挂渣和炉温调控提供判断依据,在水冷壁设计了特殊的高温热电偶,可直观判断炉膛内温度,提高投煤条件的准确性,监测气化炉操作温度,并优化操作条件
C2	三废排放环境影响小	采用传热渣口状态在线监测技术。可更好对渣口熔渣流动状态进行实时监控,为高灰熔点煤灰液态排渣的安全可靠运行提供有效调控保证。炉温可维持在1400~1600 ℃,使煤中的碳所含灰分全部熔化经激冷后熔渣进入炉底排出炉外。熔渣可作为水泥等建筑材料堆埋;对环境影响小;气化废水中氰化物含量少,不含焦油、酚等污染物,经黑水处理后回用
C3	合成气质量好	有效气中 $CO+H_2$ 含量为 86%~89%,煤气中甲烷含量微量,不含重烃组分,产品气体洁净
C4	能源利用率高	采用干煤粉高温加压气化,单炉生产能力大,比煤耗及比氧耗低,碳转化率约为99.2%,冷煤气效率达86%
C5	技术成熟可靠	SE-东方炉与壳牌炉相比,保留了气流床干煤粉进料,列管式水冷壁,取消冷煤气激冷,改用冷却水激冷,经商业化运行,表明该技术成熟可靠
D	存在不足	对入炉干煤粉的水分含量<2%,因此粉煤制备一般需要干燥,排放气需要洗涤除尘,干燥烟气排放有环保要求,增加能耗

三、SE-东方炉商业应用业绩

SE单喷嘴冷壁式粉煤加压气化技术在中国市场气化专利技术许可6家,投入生产运行及建设的SE-东方炉19台。SE-东方炉商业化运行最早时间2014年,单炉最大投煤量为2000 t/d,于2020年投产运行。SE-东方炉已经投产项目和设计及建设项目主要业绩分别见表13-15A和表13-15B。

表13-15A　SE-东方炉已经投产项目主要商业应用业绩(截至2021年)

序号	企业名称	建厂地点	气化压力/MPa	气化炉台数(开+备)及单炉投煤量/(t/d)	单炉合成气$CO+H_2/(m^3/h)$	设计规模/(万t/a)	投产日期
1	江苏扬子石化制氢一期	江苏南京	4.0	1/1000	70000	氢气5	2014
2	中安联合炼化一体化	安徽淮南	4.0	(5+2)/1500	100000	烯烃60	2019
3	广东中科炼化POX制氢	广东湛江	4.0	2/2000	132000	氢气18	2020
	小计			8+2=10			

注:1. 1台1000 t/d炉。
2. 5台1500 t/d炉,备炉2台。
3. 2台2000 t/d炉。
4. 生产运行炉子小计8台,备炉2台,合计10台。

表13-15B　SE-东方炉设计及建设项目主要商业应用业绩(截至2021年)

序号	企业名称	建厂地点	气化压力/MPa	气化炉台数(开+备)及单炉投煤量/(t/d)	单炉合成气$CO+H_2/(m^3/h)$	设计规模/(万t/a)	投产日期
1	贵州能化50万tPGA	鄂尔多斯	4.0	2/1000	70000	氢气10	设计
2	江苏扬子石化制氢二期	江苏南京	4.0	1/1000	70000	氢气5	建设
3	贵州织金煤制烯烃暂定	贵州毕节	4.0	(5+1)/1500	100000	烯烃60	前期
	小计			8+1=9			

注:1. 3台1000 t/d炉。
2. 5台1500 t/d炉,备炉1台。
3. 建设炉子小计8台,备炉1台,小计9台,运行及建设炉子共计19台。

第九节　五环干煤粉加压气化技术

五环干煤粉加压气化技术（五环炉，WHG 炉）是具有完全自主知识产权的国产化洁净煤气化专利技术。在煤化工市场五环炉的推广应用及商业化 1200 t/d 投煤量示范装置一次投料成功，表明该技术成熟可靠，属于先进的洁净煤气化技术之一。

一、五环炉发展历程

中国五环工程有限公司（隶属中国化学工程集团有限公司）拥有五环 WHG 干煤粉加压气化技术专利许可、转让及工艺包和工程设计。五环公司早在 20 世纪 90 年代就致力于对干煤粉加压气化技术进行研究，并长期从事煤化工工程设计和项目建设，包括煤制烯烃、煤制醇醚、煤制合成氨、煤制油和煤制天然气等现代煤化工项目。具有强大的技术整合和工程转化能力，尤其是在国内引进壳牌先进的干煤粉加压气化技术过程中，为壳牌煤气化项目工程化解决方案和实施做了大量的基础研发工作和设计工作，在其成功转让许可的 28 项壳牌煤气化项目中，五环公司承担了其中 9 项工程项目设计及 5 项工程总承包项目，积累了丰富的干煤粉气化设计及建设经验和科研成果。

2005 年，中国五环工程有限公司（以下简称五环公司）与西安热工研究院合作开发"华能两段炉"，在陕西渭南煤化工集团公司建设国内首套带水冷壁干煤粉加压气化中试装置，中试装置日投煤量 36～40 t，操作压力 3.0～4.0 MPa，操作温度 1300～1800 ℃。

2008 年，在国家"十五"期间，干煤粉气化加压气化技术被列入国家能源领域重点项目，借助产、学、研相结合方式，对煤气化核心技术进行联合攻关。五环公司与华中科技大学开展煤气化基础理论、机理研究以及实验的合作，鉴于华科大是中华人民共和国教育部直属的全国重点大学，其热能工程学科是国家重点学科，拥有煤燃烧国家重点实验室，具备为开发五环炉项目提供煤燃烧气化和气/液两相流雾化模拟仿真及实验、高温渣和低温灰的黏结机理、废热锅炉积灰堵塞机理等基础性研究。突破了干煤粉气化所涉及的关键技术，包括煤种性质、液态排渣和水动力学等核心技术，最终形成了具有自主知识产权的干煤粉加压气化炉"五环炉 WHG"。

2010 年，中国五环工程有限公司与河南煤业化工集团有限公司进行合作，与河南煤业所属永煤龙宇公司签署了 50 万 t/a 甲醇装置示范工程设计合同及五环炉专利技术转让许可协议。由于河南煤业在煤化工领域拥有四套壳牌干煤粉加压气化废锅流程装置，一套航天炉干煤粉加压气化水激冷流程装置，多套鲁奇碎煤加压气化装置，在煤气化生产领域有着非常丰富的生产经验，因此选择河南煤业对五环炉的工业化推广应用具有非常重要的合作基础和成功要素。永煤龙宇公司工程项目分为二期建设，一期项目设计采用投煤量 1200 t/d 五环炉 1 套，激冷流程。项目投产后再建设二期项目，仍然采用投煤量 1200 t/d 五环炉 1 套，激冷流程。

2012 年，一期工程项目完成全部工程设计和关键设备制造；2014 年完成全部设备安装及调试，五环炉于 2014 年 12 月 1 日一次投料试车成功，经试运行及技术改造完善，至 2016 年达到全部设计指标。

二、五环炉主要技术特征

目前国内建成的气化炉最大能力为 1200 t/d，五环 WHG 干煤粉加压气化技术又包括磨煤干燥单元、浓相输送单元、气化冷却单元、排渣除灰洗涤单元、黑水循环利用处理单元等。优化煤粉浓相输送，使煤粉输送稳定，采用煤粉发送搅拌技术，四喷嘴旋流，煤粉燃烧气化更均匀，颗粒停留时间长，炭转化率高，高温合成气水/蒸汽激冷流程，水冷壁饱和水进水汽出，副产中高压蒸汽。五环炉主要技术特征见表 13-16。

表 13-16 五环炉主要技术特征

序号	主要特征	描述
A	煤种气化范围广	煤种适应范围宽，对高灰熔点、高灰分煤种的适应性更强，有烟煤、无烟煤、褐煤等均能用作气化原料
B1	干煤粉进料	干煤粉加压输送，优化煤粉浓相输送，使煤粉输送更稳定。输送介质 N_2 或 CO_2，同时采用煤粉发送搅拌技术，使得煤氧混合更均匀。煤粉和氧气及少量水蒸气通过多烧嘴进入气化炉，燃烧充分，气化温度高
B2	对称布置 4 组合烧嘴	由对称布置 4 组合烧嘴侧面喷入煤粉、氧气和蒸汽混合物，属气固二相流。烧嘴磨损低，多烧嘴可降低单烧嘴负荷，操作调节范围大，单炉产能大；使气固混合均匀，燃烧充分，烧嘴使用寿命超过 11000 h
B3	竖管膜式水冷壁	燃烧室无耐火砖衬里，采用竖管膜式水冷壁结构，气化温度高，其耐高温性更强，热量利用率提高，循环倍率显著降低，副产中蒸汽。水冷壁挂渣致密均匀，渣口圆整，炉内温度场合理，有利于兼顾挂渣和排渣
C1	气化炉燃烧室	燃烧室内件采用竖管膜式水冷壁结构，气化温度高，四喷嘴旋流，颗粒停留时间长，炭转化率高。合成气与灰渣逆行，渣依靠重力落入渣池，速度小，磨损较小，非常适用于气化"三高煤"；在气化燃烧室上方出口设置激冷结构，当煤气上行时，采用水/汽激冷高温合成气至 900～1000℃；正常操作时，在激冷室筒壁上的多排多个水/汽组合型喷嘴对高温合成气雾化冷却和固灰，改变冷循环煤气激冷方式，降低能耗；在输气管出口设置火管式合成气冷却器（或激冷罐）和多管式高效旋风除尘器，取代昂贵的水管式锅炉和高温高压飞灰过滤器，对气体进行降温和除尘；副产高压蒸汽/中压蒸汽，大幅降低能耗，减少水耗，缩短关键设备制造周期和降低工程投资
C2	三废排放环境影响小	采用传热渣口状态在线监测技术，为三高煤液态排渣安全运行提供安全调控；炉温可维持在 1400～1600℃，使煤中的碳所含灰分全部熔化经激冷后熔渣进入炉底排出炉外；熔渣可作为水泥等建筑材料堆埋，对环境影响小，气化废水中氰化物含量少，不含焦油、酚等污染物，经黑水处理后回用
C3	合成气质量好	有效气中 $CO+H_2$ 含量为 86%～88%，煤气中甲烷含量微量，不含重烃组分，产品气体洁净
C4	能源利用率高	采用干煤粉多烧嘴高温加压气化，单炉生产能力大，比煤耗及比氧耗低，碳转化率为 98%，冷煤气效率为 84%
C5	技术成熟可靠	五环炉与壳牌炉相比，保留了气流床干煤粉进料，膜式竖管水冷壁，取消冷煤气激冷，改用冷却水全激冷，经商业化运行，该技术成熟可靠
D	存在不足	对入炉干煤粉的水分含量<2%，因此粉煤制备一般需要干燥，排放气需要洗涤除尘，干燥烟气排放有环保要求，增加能耗

三、五环炉商业应用业绩

五环干煤粉加压气化技术获中国煤气化市场专利技术许可 2 家，投入生产运行的五环炉 3 台，五环炉在中国的商业化运行最早时间是 2014 年，单炉最大投煤量为 1200 t/d。五环炉已经投产项目主要业绩见表 13-17。

表 13-17　五环炉已经投产项目主要商业应用业绩（截至 2021 年）

序号	企业名称	建厂地点	气化压力/MPa	气化炉台数及单炉投煤量/(t/d)	单炉合成气 $CO+H_2$/(m³/h)	设计规模/(万 t/a)	投产日期
1	河南龙宇煤化工公司 1 期	河南永城	4.0	1/1200	69000	甲醇 50，醋酸 40	2014
2	河南龙宇煤化工公司 2 期	河南永城	4.0	1/1200	69000	乙二醇 20	2017
3	河南洛阳煤化工公司	河南洛阳	4.0	1/1200	69000	乙二醇 20	2018
	小计			3 台			

注：1. 3 台 1300 t/d 炉。
　　2. 运行炉子小计 3 台。

第十节　新奥煤加氢气化联产甲烷和芳烃技术

新奥煤加氢气化联产甲烷和芳烃技术（新奥炉）是具有完全自主知识产权的国产化洁净煤气化专利技术。在煤化工市场新奥炉在内蒙古达拉特旗煤基低碳循环经济生产示范基地建设了一套 400 t/d 的工业示范装置，新奥炉 400 t/d 投煤量工业示范应用投料成功，表明该技术成熟可靠，属于先进的煤气化技术之一。

一、新奥炉发展历程

新奥煤加氢气化联产甲烷和芳烃技术专利由新奥科技发展有限公司（简称新奥科技）拥有。新奥加氢炉的核心是在中温、高压和富氢的条件下，干煤粉与氢气反应直接生成甲烷，轻质芳烃油品和洁净半焦的过程。包括煤粉快速受热后，挥发分析出的加氢热解过程，以及煤焦与氢气反应生成甲烷的气化过程。产品气中甲烷含量、油品收率和组成、碳转化率等与反应条件有很大关系。新奥加氢炉中煤粉与氢气反应主要生成甲烷、芳烃油品和半焦，且芳烃含量较高，主要组分为苯和萘，为下一步的苯下游产品打下了基础。

目前苯和甲醇的烷基化基本具备了技术可行性，苯和甲醇烷基化后生产的混合芳烃可作为高辛烷值汽油的调和组分以及用于生产对二甲苯（PX）。新奥加氢炉的成功开发为实现煤炭资源清洁、高效、综合利用方向提供了一条新途径。煤加氢气化联产芳烃和甲烷技术，作为一种新型洁净煤气化技术，在实现煤洁净气化制天然气的同时又能副产高附加值芳烃油品，对现代煤化工深加工具有非常重要的现实意义。

2006 年，新奥集团正式成立新奥科技发展有限公司（简称新奥科技），是一家致力于开发煤基低碳能源技术的科技创新型企业，也是新奥集团在清洁能源创新领域的核心驱动力。新奥科技依托新奥集团强大的能源技术研发和丰富的集团能源科技资源支持，在煤基清洁能源技术创新领域取得了一些关键技术的突破。自成立以来，建有实验室基础研究、小试实验、中试研发、产业化示范的研发实验平台和研发基础设施及运营团队。

2011 年，启动了国家煤清洁转化"863"计划中的一个子课题"煤加氢气化联产甲烷和芳烃技术"。在前期煤基低碳能源研究的基础上，借助实验室小试实验、冷态模拟等基础工作，完成了煤加氢气化的反应机理及工艺参数的研究成果，为下一步中试装置设计验证提供了必要的基础数据和设计条件。

2013 年，新奥科技完成了投煤量 10 t/d 的中试装置建设和调试，攻克了高压氢气密相输送系统，高温氢氧喷嘴及粉煤气流床气化炉等关键技术瓶颈。打通了全流程，取得了多项重要的科技成果。中试装置的成功投料，先后实现 10 t/d 和 50 t/d 的连续稳定运行，先后完成 10 多种煤种试烧实验及 80 余次的评价实验以及温度、煤种等关键参数对产物分布的影响因素及分布曲线等。中试验证在 800~1000 ℃ 和 5~10 MPa 的条件下，煤粉与氢气反应生成甲烷的可行性。工艺指标表明：甲烷直接收率 0.5~0.8 m³/kg 煤；芳烃油品收率达为 10%~15%（无水无灰基）；总碳转化率大于 50%。与传统煤焦油产品相比，芳烃含量高，分离回收工艺简单，兼具煤制气和煤制油的技术优势，通过煤的高效利用降低了生产成本。2015 年 7 月通过了由河北省科技成果转化服务中心组织的技术成果鉴定，该技术达国际领先水平。

2018 年，在内蒙古达拉特旗煤基低碳循环经济生产示范基地设计和建设了 400 t/d 的示范装置并打通了全流程。自 2018 年 9 月以来，对示范装置进行多次投料开车和运行，产出了合格的 LNG 产品。完成了粉煤加压（7 MPa）气流床装置世界首创创新工程实践，装置连续稳定运行良好、性能可靠，达到了预期的效果，获取了大量有价值的参数和数据，为下一步完成工业化示范装置奠定了基础。

二、新奥炉主要技术特征

新奥煤加氢气化联产甲烷和芳烃技术由粉煤制备单元、气化及冷却单元、除尘与热量回收单元、灰水处理单元组成。在先进的干煤粉制甲烷和芳烃气化技术领域取得了重要突破，工业示范装置验证表明该技术具备推广应用的基础。新奥炉主要技术特征见表 13-18。

表 13-18　新奥炉主要技术特征

序号	主要特征	描述
A	煤种适用范围较广	烟煤、次烟煤、部分褐煤、挥发分较高，不黏或弱黏性低阶煤等，适宜的煤质要求：挥发分>15（干燥基）；灰分<15%（干燥基）；全水分<28%（收到基）；黏结指数<5%（或焦渣特性<2）；可磨性指数 50<HGI<60
B1	干煤粉进料	采用干煤粉高压氢气密相输送，输送压力达 7.6 MPa，固气质量比为 200:1，单条输送线为 50~125 t/d；煤粉输送稳定，输送介质 H_2，煤氢混合均匀
B2	顶置高温氢氧粉煤集合喷嘴	采用顶置高温氢氧粉煤集合喷嘴，独特对置式碰撞流道结构，烧嘴与气化炉型匹配设计；高温氢氧燃烧对撞高速混合，确保高温氢气与煤粉快速混合升温
B3	耐火材料衬里	采用热壁炉结构，气化室轻质刚玉浇注料，保温蓄热性能好，气化反应热损失小。为延长热壁炉耐火材料使用寿命，煤灰熔点尽可能降低
C1	气化炉流场温度场设计合理，集快速裂解、焦油加氢和半焦加氢反应一体化进行	气化炉结构分区设计，由气化室、激冷室及特有急冷结构防堵塞内件。气化室耐火材料衬里，采用特殊的炉膛结构。强化煤粉与高温氢氧在炉膛内对撞空间，充分快速混合。在中温和高压 7 MPa 下发生快速反应，其过程先挥发分加氢一次裂解和二次裂解，产生甲烷和轻质芳烃；部分半焦加氢反应生成甲烷，碳转化率可达 50%。气化炉产生的半焦一部分经下料管进入流化床冷却器后经锁斗排出；一部分由过滤器过滤后经锁斗排出
C2	热量回收激冷废锅流程	高温合成气采用气体激冷后，经旋风除尘进入废锅回收热量，然后至高温过滤器，过滤后合成气先后经换热器回收热量后进入分离罐进行分离。半焦流化床冷却回收，采用半焦管式冷却器换热结构，副产 1.27 MPa 饱和蒸汽
C3	环境友好，可达标排放或循环利用	废水排放量 4.8 t/h，不存在焦油和酚类物质，废水污染小，易于处理并回用
C4	合成气质量好	合成气甲烷含量高；芳烃油品收率高，有利于天然气和芳烃产品。由于气化温度低，固体半焦可作为水焦浆气化原料进行二次气化
C5	单系列长周期运行	采用热壁炉，气化温度低，延长使用寿命，能够长周期运行
C6	技术成熟可靠	仅通过示范装置投料运行，还有待进一步完善，还需经工业示范装置进一步验证其性能指标
D	存在不足	干煤粉制备其安全性有一定要求，干燥气排放及能耗会增加；单烧嘴负荷大，使用寿命短；对煤质有一定要求，使其使用范围受限

三、新奥炉商业应用业绩

新奥煤加氢气化联产甲烷和芳烃技术在中国煤气化市场还未进行专利技术商业化许可和转让，仅在新奥新能源有限公司进行了工业示范，并在干煤粉气化制甲烷和芳烃气化技术领域取得了重要突破。新奥炉工业示范装置投料时间是 2018 年，投入工业示范运行和设计建设的新奥炉 4 台，新奥炉运行投煤量 400 t/d，正在设计建设的新奥炉最大投煤量为 1500 t/d。新奥炉已经投产示范项目和设计及建设项目主要业绩分别见表 13-19A 和表 13-19B。

表 13-19A 新奥炉已经投产示范项目商业应用业绩（截至 2021 年）

序号	企业名称	建厂地点	气化压力/MPa	气化炉台数及单炉投煤量/(t/d)	单炉粗合成气（干基）/(m³/h)	设计规模	投产日期
1	新奥新能源有限公司	鄂尔多斯	7.0	1/10	1000	合成气 750 m³/h	2014
2	新奥新能源有限公司	鄂尔多斯	7.0	1/400	45400	甲烷 0.52 万 t/a，芳烃 1.3 万 t/a	2018
	小计			2			

注：1. 1 台 10 t/d 炉中试装置，进行技术验证和试验用。
    2. 1 台 400 t/d 炉，工业示范装置运行成功。

表 13-19B 新奥炉设计及建设项目主要业绩（截至 2021 年）

序号	企业名称	建厂地点	气化压力/MPa	气化炉台数及单炉投煤量/(t/d)	单炉粗合成气（干基）/(m³/h)	设计规模/(万 t/a)	投产日期
1	新奥新能源有限公司	鄂尔多斯	7.0	3/1500	125000	甲烷 7，芳烃 15	设计
	小计			3			

注：1. 3 台 1500 t/d 炉正在设计建设中。
    2. 运行和设计建设的新奥炉合金 5 台。

第十一节 GF 昌昱高效干粉气化技术

GF 昌昱高效干粉气化技术（GF 昌昱炉）是具有完全自主知识产权的煤气化专利技术，通过自主研发的 GF 昌昱炉将气流床干煤粉气化技术用于传统煤化工改造升级及工业燃气领域，能够一定程度上解决小型煤气化及工业燃气的瓶颈和环保问题。

一、GF 昌昱炉发展历程

GF 昌昱高效干粉气化技术专利由江西昌昱实业有限公司（江西昌昱）拥有。GF 昌昱高效干粉气化技术核心是以经济性为突破口，将先进的气流床干煤粉气化理念应用于改造和提升传统煤化工产业，降低气流床干煤粉气化技术同比投资，解决传统煤化工气化瓶颈，提高气化性能指标。

1986 年，江西昌昱实业有限公司成立，是一家从事气化技术研究、装备制造、工程承建和气体运营的综合性企业，具有多项煤气化专利技术。建有煤气化研发中心及煤气化中试平台，能够从事多煤种气化试烧实验。

目前，江西昌昱实业有限公司建有 GF 昌昱炉高效干粉气化技术工业示范装置。采用气流床干煤粉常压（低压）气化工艺，以粉煤、蒸汽和空气为原料，在昌昱炉内进行气化反应，生成粗煤气（主要用作燃料气），高温煤气通过除尘和显热回收后离开气化系统。该工艺具有煤气成本低、清洁高效，SO_2 和 NO_x 排放大幅降低达到国家相关环保标准等优点。

二、GF 昌昱炉主要技术特征

目前国内已投产的 GF 昌昱炉生产能力为 120 t/d，GF 昌昱高效干粉气化由煤粉制备干燥单元、煤粉输送单元、气化冷却单元、导热油循环单元、除尘及余热回收单元、渣水处理单元组成。GF 昌昱炉主要技术特征见表 13-20。

表 13-20 GF 昌昱炉主要技术特征

序号	主要特征	描述
A	煤种适用范围窄	适宜范围主要是高挥发分烟煤等
B1	干煤粉进料，空气常压输送	干煤粉进料，粒度＞200 目，水分≤2%，原料煤倒入吊煤桶，经吊煤车调至煤斗，再经斗式提升机运到充氮微正压的储煤仓。从底部落入螺旋输送机，经罗茨风机送来的压力风作用，粉煤被吹入输送总管去气化炉
B2	多喷嘴炉侧中下部进料	采用多喷嘴炉侧中下部进料，喷嘴采用耐磨耐高温材质。炉顶风机输出的空气送气化炉上部夹套预热，预热空气分为 8 股入炉，其中 4 股经煤粉喷嘴外环进入，1 股经点火喷嘴外环进入，另外 3 股经相邻喷嘴之间的空气管吹入炉内
B3	油冷壁螺旋管结构	气化炉燃烧室采用油冷壁螺旋管结构保温，冷壁炉保温性能好，气化反应热损失小。炉内气化温度低，气化温度控制在 1000~1200 ℃
C1	气化炉流场合理	气化炉内壁采用油冷壁结构，导热油从炉底螺旋管壁进入，把管壁外热量带走，然后从炉底排出进入外换热器，加热煤气燃烧所需冷空气，降温后导热油经过滤和导热油循环泵加压后循环进入油冷壁。气化炉采用特殊炉膛结构，炉底设有炉底风机，风机吹出空气维持气化炉渣口处物料于翻滚状态，利用燃烧的火焰张力托住未反应物料，煤粉反应完成后变成炉渣，占比增加，炉渣利用重力自动落入炉底水池，积累一定量后经放渣阀放入炉渣溜槽后排出
C2	热量回收激冷流程	高温煤气采用水激冷方式，煤气中的灰含量降低，气体从炉顶上部出并与气化炉上部夹套空气换热，降温后去除尘器
C3	环境友好，循环利用	粗渣残炭≤1%，渣水经过滤后循环使用
C4	煤气主要用作燃气	空气作气化剂时，煤气中（$CO+H_2$）35%~37%；氧气作气化剂时，煤气中（$CO+H_2$）80%~83%
C5	单系列长周期运行	采用冷壁炉，可延长使用寿命长，停车维修需设备炉
C6	技术成熟可靠	仅通过小型工业装置运行，还有待完善
D	存在不足	常压气化，规模小，能耗增加，煤种适宜范围窄，产品用途主要为燃气，使用业绩少

三、GF 昌昱炉商业应用业绩

GF 昌昱炉在中国煤气化市场还未进行专利技术商业化许可和转让，仅在江西昌昱实业有限公司南昌实验基地建成一套投煤量 120 t/d 的小型工业示范装置，并投料试车成功。验证了 GF 昌昱高效干粉气化技术在一定范围和一定阶段对传统小型煤气化进行改造，效果有待于进一步观察。GF 昌昱炉已经投产工业示范项目业绩见表 13-21。

表 13-21 GF 昌昱炉工业示范项目业绩（截至 2021 年）

序号	企业名称	建厂地点	气化压力 /kPa	气化炉台数及单炉投煤量/(t/d)	单炉产煤气/(m³/h)	设计规模 /(万 m³/h)	投产日期
1	江西昌昱实业有限公司	江西南昌	10~15	1/120	10000~20000	燃气 1~2	投料
	小计			1 台			

注：1. 1 台 120 t/d 炉。
2. 空气煤气热值 1200 kcal/m³。

第十二节　科达干煤粉气流床煤气化技术

科达干煤粉气流床煤气化技术（KEDA 煤粉炉）是具有完全自主知识产权的煤气化专利技术。自主研发的科达干煤粉气流床煤气化技术用于传统煤化工改造升级及工业燃气领域，在一定程度上解决了传统煤气化存在的原料来源、环保三废排放等问题。

一、KEDA 煤粉炉发展历程

科达干煤粉气流床煤气化技术专利由安徽科达洁能股份有限公司（简称科达洁能）拥有。科达粉煤炉核心是以先进的气流床干法进料技术制取高热值、低成本燃料和原料，解决传统小型固定床技术煤种要求高、污染难以处理、循环流化床气化易产生飞灰难处理以及高压气流床投资过大、建设周期过长等问题。以此为中小型煤化工传统固体床工艺升级改造及工业燃料应用行业使用低成本燃气而研发的一种小型气流床气化技术。

2007 年，安徽科达洁能股份有限公司成立，集清洁煤气化技术研发、装备制造、EPC 总承包、清洁煤气的生产与销售于一体的高新技术企业。科达洁能建有技术研发中心、生产供应中心、国家认定企业技术中心、院士工作站、安徽省工程中心等高水平研发平台；配备数值仿真中心、烧嘴试烧平台以及日投煤量 100 t 中试基地及工业化研发基地。

2010 年，科达洁能采用先进的气流床干法进料技术制取高热值、低成本燃料和原料进行前期调研，开展煤气化技术的基础工作研究、工艺流程设计、工艺模拟计算以及关键设备气化炉研发。

2012 年，在前期研发的基础上，开展科达炉的中试试烧，5000 m³/h 中试装置开工建设并取得成功，获取了重要的中试成果试烧数据等。2013 年，在中试基础上研发侧置多喷嘴气化炉；2014 年研发顶置单喷嘴气化炉。为工业示范装置的进一步放大奠定了基础。

2014 年 5 月，在前述基础研发取得成功的基础上，科达炉工业示范项目正式立项，同年 10 月在辽宁沈阳法库设计了 2 台气流床煤气化炉，投煤量 150 t/d。

燃气 10000 m³/h 项目开工建设。2015 年 7 月首次投料试车、联产供气，并完成了 168 h 满负荷运行考核，2017 年 4～11 月，单炉连续稳定运行超过 100 天。工业示范装置生产运行负荷 70%～120%，有效气成分≥85%，残炭＜2%，碳转化率≥98%。科达炉气流床气化与循环流化床气化系统联产，为法库陶瓷产业园集中供气，每天节约掺混天然气消耗 14 万 m³/d。

二、KEDA 煤粉炉主要技术特征

KEDA 煤粉炉由煤粉制备及输送单元、气化冷却单元、除尘与余热回收单元、渣水处理单元组成。工业示范装置生产运行，表明该气化技术能够在一定范围和一定阶段推广应用。KEDA 煤粉炉主要技术特征见表 13-22。

表 13-22　KEDA 煤粉炉主要技术特征

序号	主要特征	描述
A	煤种适用范围	煤气化适宜范围主要是烟煤、无烟煤、贫煤、飞灰、兰炭和焦粉等。对煤种有一定的要求：热值（$Q_{net.ar}$）≥4200 kcal/kg；全水（M_t）≤20%；灰熔点（FT）≤1500 ℃；灰分（A_{ad}）10%～40%
B1	干煤粉进料	干煤粉进料，90%粉煤粒径≤0.10 mm，水分＜2%，原煤经过破碎后进入磨煤系统制成合格煤粉，通过氮气/CO_2 气体输送至常压粉仓

续表

序号	主要特征	描述
B2	多功能组合式多喷嘴	采用多功能组合式多喷嘴设计,炉侧中上部对置进料,喷嘴采用耐磨耐高温材质,寿命长,可达720天,混合效果好,结构简单,单喷嘴负荷低,使用寿命长
B3	水冷壁列管结构	气化炉燃烧室采用水冷壁列管结构,无耐火砖衬里,气化温度高,灰熔点(FT)≤1500℃,耐高温性强,有利于兼顾挂渣和排渣
C1	气化炉流场合理	气化炉由燃烧室、辐射锅炉和水激冷组成,水冷壁结构有利于高灰熔点煤的气化。燃烧室采用旋转撞击式流场设计,使得气固物料混合均匀,炉内温度场合理。燃烧室采用列管式水冷壁,向火面敷有碳化耐火衬里保护层,气化炉操作温度为1350～1500℃,水冷壁挂渣致密均匀,以渣抗渣,渣口圆整,气渣同流下行,液态排渣,炉内无传动部件,维护量较少
C2	热量回收采用辐射锅炉+激冷流程	高温煤气采用半废锅+水激冷方式,高温煤气先经辐射锅炉换热回收热量,然后经水激冷和水浴降温,气固分离。渣经气化炉底部水淬冷后经锁斗排出。冷煤气效率78%～80%,热效率≥96%
C3	环境友好,循环利用	粗碳残炭≤2%,渣水经过滤后循环使用
C4	富氧/纯氧气化,煤气可作燃料/原料	富氧气化,煤气中(CO+H_2)60%～70%,热值在≥2300 kcal/m^3;纯氧气化,煤气中(CO+H_2)80%～90%,热值≥2500 kcal/m^3
C5	单系列长周期运行	采用冷壁炉,可延长使用寿命长,停车维修需设备炉
C6	技术成熟可靠	通过工业装置运行,使用业绩少,有待进一步完善
D	存在不足	常压或低压气化,规模小,能耗高。煤种适宜范围有一定要求

三、KEDA 煤粉炉商业应用业绩

KEDA 煤粉炉获中国煤气化市场专利许可 2 家,投入生产运行及建设的 KEDA 煤粉炉 3 台。KEDA 煤粉炉商业化运行最早时间是 2015 年,单炉最大投煤量是 190 t/d,于 2021 年投产运行。KEDA 煤粉炉已经投产项目业绩见表 13-23。

表 13-23 KEDA 煤粉炉已经投产项目业绩(截至 2021 年)

序号	企业名称	建厂地点	气化压力/MPa	气化炉台数及单炉投煤量/(t/d)	单炉产煤气/(m^3/h)	设计规模(领域)	投产日期
1	沈阳科达洁能燃气有限公司	辽宁法库	常压	2/150(气流床)	10000	燃气 20000 m^3/h	2015
2	河北田原化工有限公司	河北曲阳	低压	1/190(气流床)	20000	合成氨 5 万 t/a	2021
	小计			3			

注:1. 1 台 190 t/d 炉,2 台 150 t/d 炉。
2. 运行炉子合计 3 台。

第十三节 齐耀柳化干煤粉加压气化技术

齐耀柳化干煤粉加压气化技术(齐柳炉)是具有完全自主知识产权的煤气化专利技术,通过自主研发的齐耀柳化干煤粉加压气化技术符合向高压、大型化、煤种范围宽、碳转化率高、热效率高、投资低的方向发展。在煤化工市场齐柳炉的推广应用表明齐柳炉在煤气化行业的先进性。

一、齐柳炉发展历程

齐耀柳化干煤粉加压气化技术专利由上海齐耀柳化煤气化技术工程有限公司(上海齐耀

柳化公司）拥有。齐柳炉技术核心是塔型干煤粉进料废锅流程气化炉，具有煤种适应性广、冷煤气效率高、碳转化率高、副产蒸汽、环境友好等特点。

2013年，上海齐耀柳化公司由三家股东合资成立，合资公司注册资本1.5亿元。其中大股东是中国船舶重工集团公司第七一一研究所占股61%；柳州化工股份有限公司占股30%；自然人张世程占股9%。合资公司将发挥齐耀柳化炉在先进煤气化技术领域的技术创新优势，专注煤气化装置及相关设备的开发、设计、制造和销售；煤气化装置工程承包、运行服务、技术开发、服务和咨询等。

711研究所是中国唯一的船用柴油机研发机构，拥有50多年历史，隶属于中国船舶重工集团公司。研发的火炬排放系统、螺杆机械系列产品、余热锅炉、干煤粉燃烧器等产品，具有节能和环保双重效益，在石化行业具有较高的市场占有率。

2004年，711研究所开始研发国产化粉煤加压气化炉燃烧器。2007年，新型国产燃烧器在湖北双环科技有限公司壳牌气化炉上开始试烧。经过多年的实炉运行检验和优化，已经在国内壳牌气化炉上得到大规模应用，并建设了煤气化燃烧器研发、加工生产及维修基地。拥有大型多功能高压、纯氧燃烧试验平台、先进的燃烧器加工车间，配备多套大型先进的加工、焊接、检验检测设备。

2008年，开始进行IB（点火烧嘴）和SUB（开工烧嘴）技术研发，开发出国产化新型点火烧嘴和开工烧嘴，并在国内不同类型气化炉上运行。

2011年，为神华宁煤集团GSP气化炉改造点火烧嘴，保证气化炉在带压（0.3~2 MPa）条件下稳定点火燃烧；新型高压、高温、熔渣气化炉小视窗火焰监测装置是一种在反应器/气化炉/燃烧室处于高温（1200~3000 ℃）、高压（1~8 MPa）条件下，进行炉内火焰监测的装置，主要包括火焰检测系统、火焰图像成像系统、火焰直接测温系统。通过该一体化火焰监测装置，可以实时监控高温、高压条件下的反应炉燃烧状况，同时提供火焰连锁信号、火焰图像和显示火焰温度；新型一体化水煤浆气化燃烧器具有常压、加压点火及投料（水煤浆）功能，具有长周期运行能力。

正是由于711研究所在各类燃烧器研发方面的领先优势，顺势而为，从粉煤燃烧器机理研究出发，进入粉煤气化炉研发领域，研发了具有自主知识产权的塔型干煤粉进料气化炉、废锅流程专利技术。

2004年，在前期研究的基础上，完成了粉煤加压气化炉冷、热态工况数值模拟计算、气化炉挂渣特性分析以及烧嘴头部换热特性分析。从粉煤烧嘴机理研究出发，实施粉煤气化炉攻关。其后设计出粉煤气化炉"倒U形装置"方案，并通过知识产权评估。

2008年，设计出粉煤气化"塔型干煤粉进料、废锅流程"方案，申请了国家发明专利并得到了授权。齐耀柳化炉气化压力4.0 MPa、气化炉规模1000~3000 t/d，主要结构包括：气化反应器是四（或六）烧嘴中心对称布置、切小圆进料；排渣装置是水激冷，激冷器是优化激冷结构的低温合成气激冷，可提高激冷效果；垂直冷却管是双面吸热，金属导热面利用率近100%；塔型气化炉把废锅布置在反应室的上方，简化了气化炉的整体结构，增加了传热面的利用率，从而既减轻了内件和壳体的重量，又优化了合成气的流场，有效减少积灰的情况出现。

柳州化工股份有限公司（简称柳化）是广西最大的化肥化工生产企业之一，在煤化工生产方面已经拥有40多年的历史。2005年，柳化引进壳牌干煤粉气化废锅流程专利技术，并于2007年建成投产。2010年单炉连续运行时间达137天；2011年单炉连续运行时间达143

天，年运行 336 天；平均单炉连续运行 120 天；2012 年全年运行 345 天。同时准备在柳州鹿寨基地计划建设一套齐柳炉。

二、齐柳炉主要技术特征

2013 年，在柳化鹿寨基地计划建设 1 台齐柳炉，投煤量 2000 t/d，生产 $CO+H_2$ 10.6 万 m^3/h。煤气中有效气含量（$CO+H_2$）高达 90%，冷煤气效率 82%，副产高压蒸汽 14.8%（入炉煤热值），均是煤气化技术中设计的先进工艺指标。齐柳炉通过干煤粉输送、多功能组合式多烧嘴对置喷射、膜式水冷壁挂渣、内置辐射锅炉副产高压蒸汽，优化气化炉结构。同时兼有整体结构简单，重量轻，没有衡力吊架，塔型炉的制造和安装费用比同类型气化炉的投资低。齐柳炉主要技术特征见表 13-24。

表 13-24　齐柳炉主要技术特征

序号	主要特征	描述
A	煤种适用范围宽	原料煤适用范围：气煤、烟煤、次烟煤等均能用作气化原料，对于高灰分（约 30%）和高灰熔点（1500 ℃）也能气化
B1	干煤粉进料	干煤粉（粒度约 100 μm）加压输送，输送介质 N_2 或 CO_2，煤的活性、煤黏温特性与液态排渣有关联性，入炉煤水分低，氧耗低、合成气有效气含量高
B2	多功能组合式多喷嘴	采用多功能组合式多喷嘴，从炉侧中下部对置进料，由对称布置的 4 或 6 个燃烧器喷入煤粉、氧气和蒸汽混合物，气固混合均匀，燃烧充分。多烧嘴降低单烧嘴负荷，操作调节范围大，单炉产能大，使用寿命长
B3	膜式垂直冷却管水冷壁	气化炉采用膜式垂直冷却管水冷壁结构，炉内壁无耐火砖衬里，采用膜式螺旋管水冷壁结构，向火侧有耐火涂层，挂渣均匀，形成渣膜保护层，以渣抗渣，热损失少，保护水冷壁耐磨蚀，使用寿命长。水冷壁饱和水进，吸热后水汽混合物出，去中压汽包副产比气化炉高 1.0～1.4 MPa 中压蒸汽。气化温度高，灰熔点（FT）≤1500 ℃
C1	气化炉流场合理	气化炉由上部冷合成气激冷段、辐射锅炉段、燃烧段和水激冷排渣段组成水冷壁结构有利于高灰熔点煤的气化。燃烧室采用对置撞击式流场设计，使得气固物料混合均匀，炉内温度场合理。水冷壁挂渣致密均匀，以渣抗渣，渣口圆整，液态排渣，炉内无传动部件，维护量较少
C2	辐射锅炉+激冷流程	高温上行煤气采用炉内置辐射炉+冷合成气激冷方式，先经辐射锅炉回收热量，然后经冷合成气激冷后从上部离开气化炉。液态炉渣经水激冷后落入炉底水池淬冷后经锁斗排出。冷煤气效率 78%～82%
C3	环境友好，循环利用	高于灰熔点气化，炉温维持在 1350～1500 ℃，高温下煤中灰分全部熔化并流到炉底，经淬冷后，变成玻璃态不可浸出的灰渣排出炉外。液态渣经水激冷后成为玻璃状颗粒，性质稳定，可作为水泥等建筑材料，堆放时也无重金属渗出；对环境无影响；气化废水不含焦油、酚等污染物，易处理，气化过程无废气排放，对环境影响小
C4	合成气质量好	有效气中 $CO+H_2$ 含量为 90%～92%，煤气中甲烷含量微量，不含重烃组分，产品气体洁净
C5	单系列长周期运行	采气化炉采用气流床干煤粉进料，二相流多喷嘴对置设计，气固混合物均匀混合，膜式水冷壁挂渣结构简单，使用寿命长，能保证长周期稳定运行，不设备炉可节省备炉投资
C6	技术成熟可靠	使用业绩少，有待进一步验证、改进和完善
D	存在不足	干煤粉制备及输送安全性要求高，增加粉尘爆炸风险和投资；对入炉干煤粉的水分含量要求<2%，需要干燥，排放气需要洗涤除尘，干燥烟气排放有环保要求，增加能耗；激冷煤气循环压缩机等增加投资

三、齐柳炉商业应用业绩

齐耀柳化干煤粉加压气化技术在中国煤气化市场专利许可 1 家，设计及建设的齐柳炉 1 台，单炉最大投煤量 2000 t/d。齐柳炉设计及建设项目主要业绩见表 13-25。

表 13-25 齐柳炉设计及建设项目业绩（截至 2021 年）

序号	企业名称	建厂地点	气化压力/MPa	气化炉台数及单炉投煤量/(t/d)	单炉合成气/(m³/h)	设计规模（领域）	投产日期
1	上海齐耀柳化煤气化技术公司	广西柳州	4.0	1/2000	106000	合成氨 40 万 t/a	待定
	小计			1			

注：1. 1 台 2000 t/d 炉。
    2. 建设炉子合计 1 台。
    3. 齐柳炉未建设，最后由华谊收购改造创新成为华谊炉。

第十四节 金重干煤粉加压气化技术

金重干煤粉加压气化技术（金重炉）是具有完全自主知识产权的煤气化专利技术，通过自主研发的金重干煤粉加压气化技术符合现代煤气化向大型化、绿色环保、碳转化率高、热效率高、投资低的方向发展，属于先进的洁净煤气化技术之一。

一、金重炉发展历程

金重干煤粉加压气化技术由金重集团拥有。大连金州重型机器集团有限公司（简称"金重集团"）是化工、石油化工、石油炼制、煤化工、化肥、天然气化工等工艺流程装置设备制造的大型骨干企业，以及提供现代煤化工气化岛工艺包及气化岛总承包建设，是中国工艺装备关键设备国产化的研发和试制基地。金重集团在新技术、新材料、新工艺的研发、试制和应用上，始终走在国内同行业的前列。在高温、高压、耐腐蚀、低温、大型、异型、厚壁、复合、多层、有色金属、镍基材料、锆材、哈氏合金等高端设备的研发、设计和制造上有丰富的经验，技术先进、质量可靠、业绩显著，许多产品替代进口，填补国内空白，形成了金重集团的核心技术，增强了市场竞争力。金重集团率先应用美国 ASME、欧盟 EN、德国 AD、日本 JIS、荷兰 KC 等国外先进标准进行设备设计和制造的企业之一，合作设计和制造了 1500 余台设备，其中按美国 ASME 规范设计、制造、检验并打 ASME 的"U"钢印的产品 300 余台，国外用户遍布欧、美、亚、非等国家和地区。

"金重炉"首次在山东晋煤明水化工集团公司有限 MTA（一期）项目得到了应用。60 万 t/a 甲醇 MTA（一期）一体化 DCS 框架技术协议包括：3 台投煤 1200 t/h 干煤粉气化炉，等温变换、低温甲醇洗净化、克劳斯硫回收、卡萨利甲醇合成、3+1 塔甲醇精馏，4 台 220 t/h CFB 锅炉，2 台汽轮机及化学水、中水、污水等公用工程装置，控制规模 I/O 点数约 21000 点。煤气化技术是大连金重气流床干煤粉气化技术的首台套工业化装置，控制方案复杂，控制要求极高。中控 ECS-700 控制系统首次在大连金重气流床干煤粉气化炉上应用，为今后"金重炉"智能控制、控制方案的完善、优化、提升提供整体解决方案平台。该项目后由于方案变更，而未投产，暂无法验证设计效果和先进性及可靠性。

二、金重炉主要技术特征

金重干煤粉加压气化技术通过干煤粉输送、多功能组合单烧嘴旋转喷射、膜式水冷壁挂渣、合成气水激冷流程，优化气化炉结构，使得整体结构简单，重量轻，比同类型气化炉投资低。金重炉主要技术特征见表 13-26。

表 13-26 金重炉主要技术特征

序号	主要特征	描述
A	煤种适用范围	原料煤适用范围：气煤、烟煤、次烟煤等均能用作气化原料
B1	干煤粉进料	干煤粉（粒度约 100 μm）加压输送，输送介质 N_2 或 CO_2
B2	组合式单喷嘴	采用多功能组合式单喷嘴，从炉顶进料，喷入煤粉、氧气和蒸汽混合物，气固混合均匀，燃烧充分
B3	膜式水冷壁	采用膜式水冷壁结构，炉内壁无耐火砖衬里，向火侧有耐火涂层，挂渣均匀，形成渣膜保护层，以渣抗渣，热损失少，保护水冷壁耐磨蚀，使用寿命长
C1	气化炉流场合理	气化炉由燃烧段和水激冷排渣段组成。水冷壁结构有利于高灰熔点煤的气化。燃烧室采用旋转撞击式流场设计，使得气固物料混合均匀，炉内温度场设置合理。水冷壁挂渣致密均匀，以渣抗渣，渣口圆整，液态排渣
C2	激冷流程	高温下行煤气采用激冷流程，冷却水激冷后离开气化炉。液态炉渣经水激冷后落入炉底水池淬冷后经锁斗排出。冷煤气效率 78%～80%
C3	环境友好，循环利用	高于灰熔点气化，炉温维持在 1350～1500 ℃，高温下煤中灰分全部熔化并流到炉底，经淬冷后，变成玻璃态不可浸出的灰渣排出炉外。气化废水不含焦油、酚等污染物，对环境影响小
C4	合成气质量好	有效气中 $CO+H_2$ 含量约 90%，煤气中甲烷含量微量，不含重烃组分，产品气体洁净
C5	单系列长周期运行	气化炉采用气流床干煤粉进料，二相流单喷嘴设计，膜式水冷壁挂渣结构简单，使用寿命长，不设备炉，可节省备炉投资
C6	技术成熟可靠	使用业绩少，有待进一步验证、改进和完善
D	存在不足	干煤粉制备及输送增加粉尘爆炸风险和投资；对入炉干煤粉需要干燥，干燥排放气需要洗涤除尘，有环保要求，增加能耗

三、金重炉商业应用业绩

金重干煤粉加压气化技术在中国煤气化市场专利许可 1 家，投入建设的金重炉 3 台，单炉最大投煤量 1200 t/d。金重炉建设项目业绩见表 13-27。

表 13-27 金重炉建设项目业绩（截至 2021 年）

序号	企业名称	建厂地点	气化压力/MPa	气化炉台数及单炉投煤量/(t/d)	单炉合成气/(m³/h)	设计规模(领域)/(万 t/a)	投产日期
1	山东晋煤明水化工集团公司	山东济南市章丘区明水	4.0	3/1200	63000	甲醇 60，MTA30	待定
	小计			3			

注：1. 3 台 2000 t/d 炉。
2. 投料开车炉子合计 3 台。
3. 该炉未建设。

第十五节 邰式复合粉煤加压气化技术

邰式复合粉煤加压气化技术（邰式炉）是具有完全自主知识产权的煤气化专利技术，通过自主研发的邰式复合粉煤加压气化技术通过常压流化床气化炉和煤气干煤粉自热式气流床气化炉组合而成。邰式炉具有整体结构简单、重量轻、比同类型气化炉投资低等优势。在煤化工市场邰式炉的推广应用及生产运行表明该技术成熟可靠。

一、邰式炉发展历程

北京兴荣泰化工科技有限公司（简称"兴荣泰"）成立于 2013 年，主要经营范围是技术推广服务、经济贸易咨询、投资咨询等业务。郤式复合粉煤加压气化技术（郤式炉）由北京兴荣泰化工科技有限公司拥有。

郤式复合粉煤加压气化技术是由初级气化炉（新型流化床粉煤气化炉）和二级气化炉（自热式煤气煤粉逆流气流床气化炉）组成。"复合粉煤炉"使用循环流化床粉煤气化产生的含碳飞灰和高温煤气作为原料，进入自热式煤气煤粉逆流气流床气化炉，高温煤气首先和氧气发生燃烧反应生成二氧化碳和水蒸气，同时产生约 1600 ℃的高温区，在此高温下，煤粉和二氧化碳、水蒸气发生化学反应生产出一氧化碳和氢气，从而实现了在高温下的煤气化反应过程。

兴荣泰公司开发的劣质煤为原料，郤式复合粉煤加压气化技术已经成功应用于通辽金煤化工有限公司 15 万 t/a 煤制乙二醇联产 10 万 t/a 草酸装置的循环流化床气化炉技术改造项目。以褐煤粉煤为原料生产 62500 m³/h 煤气的复合粉煤气化炉装置，试运行 219 h，并通过了各种工况下的操作运行验证，表明该气化技术基本成熟，系统运行连续稳定，达到了设计指标的要求。

二、郤式炉主要技术特征

郤式复合粉煤加压气化技术通过常压流化床气化炉和煤气干煤粉自热式气流床气化炉组合，简化了复杂的原料预处理（水煤浆制浆和干煤粉制备）及输送系统，没有耐高温、耐磨损易更换和价格昂贵的煤烧嘴，采用热壁炉或复合式保温结构，冷煤气激冷流程，排渣采用熔融炉渣在重力作用下自然流入水中凝固，捞渣机排渣。郤式炉主要技术特征见表 13-28。

表 13-28 郤式炉主要技术特征

序号	主要特征	描述
A	煤种适应性强	煤种适应性强，如褐煤、次烟煤、无烟煤、石油渣等，包括：高硫煤、高灰分煤、热稳定性差煤、褐煤、研磨性差煤、高灰熔点煤（对于热壁炉，灰熔点低于 1400 ℃ 的各种煤）、活性差等劣质煤都能气化。对循环流化床气化的飞灰要求，热值≥2000 kcal/kg，残炭 20%～30%，以及煤气
B1	干煤粉进料	常压气化，干煤粉进料，无须特殊的原料煤预处理系统，无须特殊的原料煤输送系统。初级气化炉（流化床气化炉）是螺旋给料机进料，对原料煤的粒度，水含量（褐煤≤25%，其他≤12%）等要求很低。二级气化炉是高温煤气夹带的粉煤（飞灰）进料 熔渣气流床，可采用热壁炉或复合式气化炉，气化温度高，对煤的活性指标放宽、煤种热值在 12 MJ 以上
B2	无特殊煤粉气化烧嘴	无须特殊的煤粉气化烧嘴，从而降低了原料煤预处理及输送系统的复杂性。从炉中下部进料，煤气夹带的煤粉以及氧和蒸汽混合物混合均匀，可发生高温燃烧反应
B3	热壁炉或	采用膜式水冷壁结构，炉内壁无耐火砖衬里，向火侧有耐火涂层，挂渣均匀，形成渣膜保护层，以渣抗渣，热损失少，保护水冷壁耐腐蚀，使用寿命长
C1	复合式粉煤气化炉《初级气化炉（循环流化床）+二级气化炉（气流床）》	破碎干燥的原料粉煤通过螺旋给料机进料，进入初级气化炉和气化剂进行初级气化，气化以后产生的高温煤气和粉煤进入二级气化炉，与气化剂进行高温熔渣气化。液态渣从二级气化炉下部自然流入炉渣激冷系统排除，上行高温粗煤气被送出口激冷气激冷降温后离开气化炉进入后续单元。复合粉煤气化炉既具有流化床气化炉进料简单、操作灵活、方便、运行周期长等特点，又具有气流床气化强度大，煤耗低，可使用劣质煤，粗煤气成分好，净化容易，气渣、渣水分离容易，三废治理简单的优点
C2	二级气化炉煤气激冷流程	高温上行煤气采用激冷流程，冷煤气激冷后离开气化炉。熔融炉渣被水激冷凝固后进入沉渣池经捞渣机捞出外排
C3	环境友好，循环利用	高于灰熔点气化，炉温可维持在约 1600 ℃，高温下飞灰中的有机物及煤全部气化，无机物全部熔化并流到炉底，经激冷后变成凝固灰渣排出炉外。气化废水不含焦油、酚等污染物，对环境无影响，灰渣可作为建筑材料，渣水处理后循环利用。干灰残炭（初级炉）≤5%炉渣残炭（二级炉）≤0.2%

续表

序号	主要特征	描述
C4	合成气质量好	有效气中 $CO+H_2$ 含量为 80%~90%，煤气中不含重烃组分，产品气体洁净。冷煤气效率≥76%，总热效率 95%~98%，碳转化率 98%~99%
C5	单系列长周期运行	常压气化，无技术和材料要求很高的煤烧嘴；无特殊的氧气和煤粉计量控制系统，没有各种要求高的渣锁及由特殊材料制成的耐高温和耐磨损渣阀。因此运转周期长，可靠性高
C6	技术成熟可靠	使用业绩少，有待进一步验证、改进和完善
D	存在不足	常压气化，规模小，流化床和气流床双气化炉组合增加了复杂性

三、邰式炉商业应用业绩

邰式复合粉煤加压气化技术在中国煤气化市场专利技术许可 2 家，投入生产运行的邰式炉 2 台，邰式炉在中国的商业化运行最早时间 2013 年，单炉最大投煤量 500 t/d。邰式炉已经投产项目业绩见表 13-29。

表 13-29 邰式炉已经投产项目业绩（截至 2021 年）

序号	企业名称	建厂地点	气化压力/MPa	气化炉台数及单炉投煤量/(t/d)	单炉煤气/(m^3/h)	设计规模/(万 t/a)	投产日期
1	永济中农化工有限公司	山西运城	常压	1/500	63000	氨醇 15，尿素 20	2013
2	通辽金煤化工有限公司	内蒙古通辽	常压	1/500	63000	乙二醇 15	2016
	小计			2			

注：1. 2 台 500 t/d 炉。
2. 运行炉子合计 2 台。

第十六节 R-GAS™ 新型气化技术

R-GAS™ 新型气化技术（R-GAS™ 炉）是具有完全自主知识产权的煤气化专利技术，通过自主研发的 R-GAS™ 新型气化技术是一种紧凑型粉煤加压气化技术，R-GAS™ 炉可以产生 2500 ℃ 以上的火焰温度和充分的混合效果，为高灰劣质煤的清洁高效利用、提升资源利用效率提供了有效的路径。在煤化工市场 R-GAS™ 炉的推广应用及生产运行表明该技术成熟可靠，属于先进的煤气化技术之一。

一、R-GAS™ 炉发展历程

阳煤太原化工新材料有限公司（简称"阳煤太化"）隶属于山西阳煤集团有限责任公司，阳煤太化成立于 2011 年 6 月 27 日，主要生产 20 万 t/a 己内酰胺、14 万 t/a 己二酸、20 万 t/a 粗苯加氢精制、40 万 t/a 硝铵、40 万 t/a 合成氨、40000 m^3/h 制氢、24 万 t/a 硫酸、45 万 t/a 硝酸、24 万 t/a 双氧水、60000 m^3/h 空分。阳煤集团在 2001 年与清华大学联合研发劣质煤气化炉，先后推出 4 代"晋华炉"，炉内气化区域温度在 1600 ℃ 左右，形成了较为成熟的大规模水煤浆气化成套技术，初步破解了劣质煤气化难题。

美国 GTI 在能源及煤炭清洁利用领域具有非常强的技术实力和影响力，成功开发 HyGas、U-GAS、Ti-GAS、Blue-GAS 等多项煤气化产业化技术。

2014 年，针对中国高灰熔点及高灰粉煤气化难题，阳煤集团与美国 GTI 公司合作开发 R-GAS^{TM} 新型气化技术/R-GAS^{TM} 炉，借鉴航天领域对喷射器、气体流场、高温高压材料的设计经验，双方正式启动 R-GAS^{TM} 新型气化技术项目开发。该项目同时被列入山西省 2014 年煤基重点科技攻关项目。R-GAS^{TM} 新型气化技术专利（简称 R-GAS^{TM} 炉）由阳煤太化和 GTI 共同拥有。

1975 年，GTI 就开始对 R-GAS^{TM} 炉干煤粉气化进行概念研究、实验室验证与测试基础工作。经过 30 多年的基础工作研究，2009 年 GTI 在美国芝加哥建设了一套投煤量 18 t/d 的中试装置。

2009 年开始对伊利诺伊州 6#煤、油砂、石油焦、艾尔伯达次烟煤等进行了试烧测试工作，经过近 4 年的试烧测试，获取了大量的典型劣质煤试烧数据，这是 R-GAS^{TM} 炉研究的重要科研平台和试烧基地。

2014 年，阳煤集团分三次共运送约 300 t "三高煤"至 GTI 的中试装置进行阳煤煤种试烧测试。所选煤种为山西省典型高灰熔点、高硫、高灰分煤种。阳煤集团全程参与了 2014 年 8 月、2015 年 5 月的两次短周期试烧测试和 2016 年 6 月的长周期试烧测试（连续运行 100 h 以上）。在未添加助熔剂和配煤情况下，试验效果理想，冷煤气效率、有效气含量、炉壁挂渣情况等技术指标均达到设计值。

2015 年 8 月，R-GAS^{TM} 新型气化技术项目受到中国国家能源局、美国能源部的高度重视，是中外合作、联合开发的代表性项目之一。双方均参加了由国家能源局和美国能源部举办的"2015 中美煤炭清洁发展论坛（CCIF）"，会议期间阳煤集团与 GTI 签署双方企业合作备忘录（MOC）。2015 年 11 月，美国能源部访问山西省期间，该项目作为美国能源部重点推进的四个项目之一，受到省政府的高度重视。2016 年 9 月，阳煤集团、GTI 应邀参加在太原举办的"2016 中国（太原）国际能源产业博览会"，会议期间，双方签署合作框架协议。同月，双方应邀参加在鄂尔多斯举办的"2016 中美煤炭清洁发展论坛"，会上发表了关于 R-GAS^{TM} 新型气化技术工业示范项目启动的主旨演讲。为加快 R-GAS^{TM} 新型气化技术的示范与推广，阳煤集团与 GTI 就进一步合作进行磋商，2016 年底完成正式商务合同签订。

2017 年，根据项目计划，9 月底在中试装置进行阳泉 15#煤的长周期试烧，以获取工业示范装置设计所需的参数及相关资料。阳煤集团计划在太原化工新材料有限公司建设一套 800 t/d R-GAS^{TM} 新型气化技术工业示范装置，总投资约 3.2 亿元。R-GAS^{TM} 新型气化技术工业示范装置成功后，将从根本上解决中国高灰、高灰熔点煤炭的气化难题，对中国煤化工产业的长远发展具有重要的战略意义。

二、R-GAS^{TM} 炉主要技术特征

2020 年，在阳煤太原化工新材料有限公司建设投料试运行 1 台 R-GAS^{TM} 炉，投煤量 800 t/d，生产（CO+H$_2$）4.3 万 m^3/h。煤气中有效气含量（CO+H$_2$）在 85%～90%，冷煤气效率 76%～79%，碳转化率≥99%，均是煤气化技术中先进的工艺指标。R-GAS^{TM} 新型气化技术是一种紧凑型粉煤加压气化工艺，R-GAS^{TM} 炉可以产生 2500 ℃以上的火焰温度和充分的混合效果，使高灰、高灰熔点、高硫、低活性劣质煤在极短时间内反应完全，转化率在 99% 以上。对于高灰劣质煤的清洁高效利用、提升资源利用效率具有重要意义。R-GAS^{TM} 新型气化技术包括原煤贮运、煤粉制备及输送、高压进料锁斗及密相输送、气化系统、粗渣收集及处理系统、粗煤气洗涤预处理等。R-GAS^{TM} 炉主要技术特征见表 13-30。

表 13-30　R-GAS™ 炉新型气化主要技术特征

序号	主要特征	描述
A	煤种适用性强,尤其劣质煤气化成本低	原料煤适用范围:气煤、烟煤、次烟煤等均能用作气化原料,尤其以高灰、高灰熔点、高硫、低活性劣质煤为原料,其中高灰分(约 30%)、高灰熔点(≥1500 ℃)
B1	干煤粉进料	干煤粉(粒度~100 μm)加压输送,输送介质 N_2 或 CO_2。对于劣质煤不采取配煤或添加助熔剂的方式进行气化。气化煤的活性、煤黏温特性与液态排渣有关联性,入炉水分低,氧耗低,合成气有效含量 85%~90%
B2	壁式制冷喷嘴,快速混合	借鉴火箭发动机上快速燃烧喷嘴,具有壁式制冷喷嘴和活塞流的特点,从炉侧中上部进料,由特殊喷嘴喷入煤粉、氧气和蒸汽混合物,快速混合均匀及燃烧
B3	膜式水冷壁	气化炉采用膜式水冷壁结构,炉内壁无耐火砖衬里,向火侧有耐火涂层,挂渣均匀,形成渣膜保护层,以渣抗渣,热损失少,保护水冷壁耐磨蚀,使用寿命长。气化温度高,灰熔点(FT)≥1500 ℃
C1	气化炉流场合理	气化炉由上部激冷段、燃烧段和水激冷排渣段组成。水冷壁结构有利于高灰熔点煤的气化。燃烧室采用快速混合烧嘴搭配平推流流场设计,使得气固物料快速混合均匀,炉内温度场合理。水冷壁挂渣致密均匀,以渣抗渣,渣口圆整,液态排渣
C2	激冷流程	高温上行煤气采用快速喷雾激冷方式冷却降温除尘后,从气化炉上部离去热回收装置回收热量和进一步降温除尘。液态炉渣经水激冷后落入炉底水池淬冷后经锁斗排出。冷煤气效率为 76%~79%
C3	环境友好,循环利用	高于灰熔点气化,对三高煤炉温可维持在约 2000 ℃,高温下煤中灰分全部熔化并流到炉底,经淬冷后,变成玻璃态不可浸出的灰渣排出炉外。液态渣性质稳定,无毒无害,可作为水泥等建筑材料,对环境无影响;气化废水不含焦油、酚等污染物,易处理,气化过程无废气排放,对环境影响小
C4	合成气质量好	有效气中 $CO+H_2$ 含量为 85%~90%,煤气中甲烷含量微量,不含重烃组分,产品气体洁净
C5	单系列长周期运行	采气化炉采用气流床干煤粉进料,二相流单喷嘴设计,气固混合物均匀混合,膜式水冷壁挂渣,使用寿命长,可保证长周期稳定运行,可不设备炉,节省备炉投资
C6	技术成熟可靠	使用业绩少,有待进一步验证、改进和完善
D	存在不足	干煤粉制备及输送安全性要求高,增加粉尘爆炸风险和投资;对入炉干煤粉的水分含量要求<2%,需要干燥,排放气需要洗涤除尘,干燥烟气排放有环保要求,增加能耗;激冷流程,热回收品位低

三、R-GAS™ 炉商业应用业绩

R-GAS™ 新型气化技术获中国煤气化市场专利技术许可 1 家,投入生产运行的 R-GAS™ 1 台,R-GAS™ 炉在中国的商业化运行最早时间 2020 年,单炉最大投煤量 800 t/d。R-GAS™ 炉已经投产项目业绩见表 13-31 所示。

表 13-31　R-GAS™ 炉已经投产项目业绩(截至 2021 年)

序号	企业名称	建厂地点	气化压力/MPa	气化炉台数及单炉投煤量/(t/d)	单炉合成气/(m^3/h)	设计规模	投产日期
1	美国 GIT 和阳煤集团太化	美国芝加哥	4.0	1/18	1000	合成气 0.1 万 m^3/h	2016
2	阳煤集团太原化工新材料公司	山西清徐	4.0	1/800	43000	合成气 0.3 万 m^3/h	2020
	小计			1			

注:1. 1 台 800 t/d 炉,1 台 18 t/d 中试炉。
　　2. 试运行炉子合计 1 台(中试装置未计)。

参考文献

[1] 国家标准化管理委员会. 商品煤质量 气流床气化用煤: GB/T 29722—2021[S]. 2021-12-31.
[2] 张旭辉, 陈赞歌, 吴鹏, 等. 基于失重曲线的煤颗粒热解传热传质计算[J]. 洁净煤技术, 2017, 23(6): 42-46.
[3] 吴丰, 石雷雷, 李晓锋. 国内空分技术的现状与进展[J]. 中氮肥, 2016, 191(5): 55-56.
[4] 曲广祥, 吕湛山, 夏昊. 以劣质褐煤为原料的航天粉煤气化装置运行小结[J]. 中氮肥, 2016, 191(5): 25-28.
[5] 尹俊杰, 赵瑞萍. 粉煤加压气化工艺采用 CO_2 和 N_2 输煤的对比及选择[J]. 化肥设计, 2016, 54(4): 23-24.
[6] 陈二孩, 潘瑞丰, 孔凡贵, 等. Shell 大型废锅流程干粉煤气化炉使用褐煤的探讨[J]. 化肥设计, 2016, 54(6): 20-23, 27.
[7] 杨艳, 徐才福, 李文刚, 等. 五环气化炉水通道流量测试[J]. 化肥设计, 2016, 54(4): 41-43.
[8] 王玉龙. 煤中矿物质对煤焦与 H_2O/CO_2 共气化反应特性的影响[D]. 太原: 太原理工大学, 2015: 22-24.
[9] 徐才福, 夏昊, 张宗飞, 等. WHG 气流床粉煤加压气化技术的开发与应用[J]. 化肥设计, 2015, 53(2): 1-4.
[10] 国家标准化管理委员会. 煤的可磨性指数测定方法 哈德格罗夫法: GB/T 2565—2014[S]. 2014-06-09.
[11] 杨明, 陈明华, 谷红伟. 逐级提取法研究新疆高钠煤中碱金属赋存形态[J]. 煤质技术, 2014(6): 8-11.
[12] 石晓晓. 壳牌煤气化装置关键设备安装技术[J]. 化肥设计, 2013, 51(1): 43-45.
[13] 徐建平, 靳九如. 我国特大型空分设备国产化现状与展望[J]. 通用机械, 2013(5): 36-40.
[14] 谢东. 原料气调整后低温甲醇洗工艺改造方案研究[J]. 大氮肥, 2013, 36(3): 168-171.
[15] 郭树才, 胡浩权. 煤化工工艺学[M]. 3 版. 北京: 化学工业出版社, 2012.
[16] 毛绍融, 朱朔元, 周智勇. 加快自主研发进程实现 8 万～12 万 m³/h 等级大型空分设备国产化[J]. 深冷技术, 2012(7): 1-9.
[17] 孙一, 弥勇, 李文杰. 关于磨煤干燥与 CO_2 气力输送的分析和研究[J]. 化肥设计, 2012, 50(1): 24-25, 28.
[18] 戴乐亭. Shell 气化炉以 CO_2 代替 N_2 作为粉煤输送气的研究[J]. 煤化工, 2011, 39(1): 35-36.
[19] 李亚东. Shell 气化炉水汽系统的清洁[J]. 化肥工业, 2010, 36(5): 31-34.
[20] 国家标准化管理委员会. 低煤阶煤的透光率测定方法: GB/T 2566—2010[S]. 2010-09-26.
[21] 陈克平, 钟丽娜, 蔡国成. 中高压增压透平膨胀机在大型空分设备中的应用[J]. 深冷技术, 2010(SI): 27-31.
[22] 高晋生. 煤的热解炼焦和煤焦油加工[M]. 北京: 化学工业出版社, 2010.
[23] 郭志, 杜铭华, 杜万斗. 固体热载体褐煤热解过程的数学模型与模拟计算[J]. 神华科技, 2010, 08(2): 71-74.
[24] 游伟, 赵涛, 张卫星, 等. 美国低阶煤提质技术发展概述[J]. 化肥设计, 2009, 47(4): 5-9.
[25] 徐先荣. 低温甲醇洗工艺甲醇消耗高的问题探讨[J]. 氮肥技术, 2009 30(3): 22-25.
[26] 国家标准化管理委员会. 煤灰熔融性的测定方法: GB/T 219—2008[S]. 2008-07-29.
[27] 张建胜, 胡文斌, 吴玉新, 等. 分级气流床气化炉模型研究[J]. 化学工程, 2007, 35(3): 14-18.
[28] 顾福明. 国内外空分发展现状与展望[J]. 低温与特气, 2005, 23(5): 1-6.
[29] 毛绍融, 周智勇. 杭氧特大型空分设备的技术现状及进展[J]. 深冷技术, 2005(3): 1-6.
[30] 任永强, 许世森, 张东亮, 等. 干煤粉加压气化技术的试验研究[J]. 煤化工, 2004, 32(3): 10-13.
[31] 国家标准化管理委员会. 煤对二氧化碳化学反应性的测定方法: GB/T 220—2018[S]. 2001-11-12.
[32] 陈志奎, 武宝琛. 合成氨甲醇洗流程模拟-Asepenplus 应用范例[J]. 化学工程, 1999, 27(3): 52-55.

第十四章

水煤浆气流床气化技术

第一节 水煤浆气流床气化

一、概述

气流床加压气化的快速发展，代表着先进的洁净煤气化技术的发展方向。气流床按进料方式的差别划分，一种是以干煤粉进料为代表的干法气化，一种是以水煤浆进料为代表的湿法气化。20 世纪 70 年代推出的水煤浆加压气化技术，逐步完成示范工作，进而实现工业化生产。由此而成为具有洁净煤高效转化典型代表意义的新型煤气化技术而受到煤化工市场的青睐，得到广泛推广应用。水煤浆加压气化技术在业内以安全、稳定、可靠著称。水煤浆气化尤其对煤种灰熔点<1350 ℃，煤浆浓度>58%，不黏结性或弱黏结性煤的适应性气化能效非常好。灰熔点较高的煤种及水煤浆浓度太低或成浆性较低的煤种，虽然通过增加添加剂或配煤后仍然可以实行煤气化，但对水煤浆气化炉运行的技术经济性和能效有较大的影响。

水煤浆气化在气化热回收方面有两种设计类型，直接激冷流程气化炉和装有煤气冷却器废热锅炉流程气化炉。两种类型的气化炉在气化部分的结构设计是完全相同的，主要差别在于对高温粗煤气所含显热的回收利用。在激冷式流程中，高达 1350 ℃的粗煤气在激冷室中用水喷淋，激冷到 200～260 ℃，进而去煤气净化处理除灰和脱硫。激冷过程中会使粗煤气损失掉部分显热，约等于单位发热量的 10%；而废锅流程又称为全热能回收式气化炉，通过辐射冷却器和对流冷却器，可把粗煤气温度从 1350 ℃降低到 400 ℃左右，用以加热锅炉给水，使之副产相当中压蒸气，由此提高热煤气的效率，合理利用能量，但投资会增加。

水煤浆加压气化转化成为含 $CO+H_2$ 的有效合成气，经净化处理后可深加工成为各种基础化学品、专用和精细化学品、液体燃料、超清洁油品、润滑油、液蜡、特种油品等能源化工产品。水煤浆气化是现代大型煤化工装置中的关键技术，水煤浆气化的稳定性和安全性优势，对整个大型煤化工装置的长周期运行和可靠性发挥了重要作用。

二、水煤浆气流床加压气化技术特点

由于水煤浆气流床在气化反应过程中的机理与干煤粉气流床气化反应过程的机理类似，

也没有明确的干燥区、干馏区、还原和氧化区的界区,在过程中交叉进行。水煤浆和气化剂通过喷嘴高速喷入炉内,并流式燃烧和气化反应、挥发分逸出和燃烧几乎同时进行,反应在数秒和十几秒钟内就完成了。在炉内反应区,高温和 CO_2 还原性气体氛围条件下,进行碳和 CO_2 的气化反应,生成 CO,这是一个可逆反应过程,由于并流气化气固液速率相对较低,气化反应时会朝着反应物 CO 浓度降低的方向进行。为增加反应推动力,提高反应速率,必须适当提高气化反应温度,气化炉温度会在煤的灰熔点以上进行操作。由于气化炉采用耐火砖保温,尽管随着耐高温抗熔渣耐火材料的突破及高浓度水煤浆制备技术的成熟直接用水煤浆和氧气入炉气化,可提高温度,但受气化炉耐火砖衬里的限制,气化温度不能太高,适宜于气化低灰熔点的煤。

1. 水煤浆气化主要特点

① 对煤种适应范围较广。对气煤、烟煤、次烟煤、高硫煤及低灰熔点的劣质煤、石油焦等均能用作气化原料。虽然采用水煤浆进料和高温气化对煤的水分、挥发分、煤热值以及煤反应活性、黏结性、煤灰组分、煤抗破碎强度等煤的要求不是十分严格,但对原料煤的含灰量、还原性气氛下的灰熔点、灰渣黏温特性和煤的成浆浓度有严格的要求。以高灰分、高水分、高含硫量的劣质煤虽然也能够气化,但牺牲了煤的气化性能和经济性。对高灰熔点、高灰黏度煤,为了提高气化可操作性,可通过添加助熔剂和配煤来改善渣的流动性。

② 煤灰分含量对气化反应影响不大。但对输煤、气化炉及灰处理系统影响较大,灰分高,气化煤耗高,氧耗高。气化炉及灰渣处理负荷重,严重时可能会影响气化炉的正常运行。由于湿法气化,一般采用耐火材料结构保温,过高的灰渣对炉壁的耐火材料磨损大,影响气化炉耐火材料的使用寿命,灰分不超过 13% 为宜,灰分应越低越好。

③ 湿法气化能量利用率不如干煤粉气化。从能量利用的角度分析,若与干法粉煤气化相比,水煤浆浓度 65% 气化工况,其中 35% 的水分是通过炉内煤和氧气加热气化的,其冷煤气效率比干法进料降低 10 个百分点,氧气消耗量增加 15%~20%。湿法进料对水分也有一定的要求,即原料煤内水含量<8% 为宜。随着入炉水煤浆浓度降低,煤中水分含量增加,冷煤气效率降低,出炉粗煤气有效气含量降低,氧耗增加,因此水煤浆浓度应越高越好。

④ 水煤浆对煤的粒度也有要求,由于粒度、浓度和黏度三者之间有紧密关联,有些是正向关系,有些是反向关系。由于湿法气流床是高温、高压气化,物料停留时间短,气固液间的扩散反应是控制煤气化反应的重要条件,因此煤的粒度越细越好。但随之水煤浆的浓度和黏度也会发生变化。制浆工艺有干法制浆、湿法制浆、干湿混合法制浆,中浓度磨煤制浆,高中浓度制浆等工艺。气化水煤浆一般采用湿法制浆工艺,粒度分布为:8 目的通过率 100%(质量分数)、14 目通过率 95%~100%、40 目的通过率 75%~96%、80 目的通过率 55%~75%、200 目的通过率 20%~55%、325 目的通过率 10%~45%。粒度过细,不利于制备高浓度水煤浆,因为黏度会增加很多;粒度过粗,不利于气化扩散控制。

⑤ 水煤浆气流床气化属熔渣气化。为保证气化炉能够顺利排渣,气化操作温度要高于灰熔点 FT 100~150℃。水煤浆与气化剂掺混后,高速喷入气化炉,煤粒完成膨胀、软化、热解、气化及熔渣过程,微粒被气流分隔,相互之间没有影响。所以水煤浆气化要注意熔渣的黏结性及灰熔点,灰组分一般对气化反应影响不大,但某些组分含量过高会影响煤灰的熔融特性,造成气化炉渣口排渣不畅或渣口堵塞。对低灰熔点煤,由于煤灰的熔融性流动温度 FT 低,对气化排渣有利。

⑥ 湿法气化温度比干法气化温度低。一般气化炉操作温度为 1250～1350 ℃，在这个气化操作温度下，对应煤的灰熔点温度在 1150～1250 ℃ 范围内的煤种均能被湿法气化接受。对较高灰熔点煤，可通过添加助熔剂和配煤来改变煤灰的熔融温度特性，适当降低煤灰熔点，以保证气化炉的正常运转。与干法相比，碳转化率要低于干法，在 96%～98%之间，合成气产品气体质量洁净，不含重烃，甲烷含量很低，合成气品质好，煤气中有效气体 $CO+H_2>80\%$。

⑦ 湿法气化压力高，一般气化压力在 2.5～8.7 MPa 范围内，比干法气化压力要高，更适合后续氨合成和甲醇合成对压力的要求。气化压力高，可提高气化炉生产强度，单炉处理煤炭量在 1000～4000 t/d 之间，单炉有效合成气产量为 55000～220000 m^3/h。湿法加压气化大型化能力更强，可适应现代新型煤化工产业对大型化生产的要求，也降低了装置占地面积，提高土地利用率，能效利用更合理。

⑧ 湿法气化属于高温压力容器，气化温度低（与干法相比）和气化压力高，虽然有利于气化反应和碳转化率及合成气质量，但高温气化对气化炉压力容器的材料和材质会有严格的要求。由于水煤浆炉采用耐火材料保温结构，所以对气化温度要控制在耐火材料所能承受的温度范围以内，维护工作量较干法气化要多；气化炉内无转动设备，运转周期长，但需要设置备炉。

⑨ 湿法气化性能好，湿法气化性能好，合成气有效成分 $CO+H_2$ 为 80%～82%；碳转化率为 96%～98%；冷煤气效率为 72%～74%；比氧耗为 390～420 m^3/1000 m^3 ($CO+H_2$)；比煤耗为 610～630 kgce/1000 m^3 ($CO+H_2$)。热回收效率高，94%～96%，特别是对于采用废锅流程的水煤浆气化炉，有 15%左右的热能被回收为高压或中压蒸汽，总的热效率可达 95%左右。

⑩ 环保性能好，气化炉熔渣经激冷后成为无毒无害的煤渣，性质稳定，对环境几乎没有影响。由于气化温度较高（与固定床和流化床相比），煤炭中的全部有机物几乎全部被转化为合成气，粗煤气中基本不含焦油和酚类、氰类等有害物质，气化污水含酚、醛、醇、氰化合物少，比较容易处理，必要时可做到零排放。

⑪ 连续运转周期长，由于采用气固液三相流，对喷嘴和耐火砖的磨蚀相对严重，喷嘴使用寿命较短，耐火砖材料需要定期更换，所以必须设置备炉，由此为气化炉长周期运行提供了基本保证。

2. 存在的不足和问题

① 水煤浆气化受耐火砖材料温度限制，气化温度不能太高，对高煤灰熔点煤的适应性差，尽管温度随耐火材料技术发展有所提高，但毕竟受制于耐火材料温度的影响。

② 水煤浆气化受水煤浆浓度的影响，必定会带入 35%～45%的水分进入气化炉，使它的热值降低，能耗增加。靠消耗碳和氧气气化，因此比氧耗和比煤耗与干法相比要高 20%左右。

③ 气化炉耐火砖使用寿命较短，一般为 1～2 年，国产砖使用寿命不到两年，采用热炉壁，耐火砖造价高，增加运行费用。气化炉烧嘴受三相流磨损，使用寿命较短，使用一段时间后（2～4 个月），需停车检查、维修或更换喷嘴头部。

④ 对原料煤的使用比较严格，如成浆性较差的煤、灰分含量较高的煤、灰熔点较高的煤均不宜采用水煤浆气化工艺。若通过配煤和增加添加剂，虽然能够气化，但经济性会随之下降。

⑤ 冷煤气效率较低，碳转化率较干法要低，约为 96%。

随着干水煤浆气流床气化炉的生产运行和优化改进，上述的不足和存在的问题基本都能解决，与其水煤浆气化的优势和特点与不足和存在问题相比较，已经越来越被人们接受，并被广泛得到应用。

三、水煤浆气流床气化炉型

湿法气化工艺以 GE 水煤浆加压气化为代表，主要有 GE 炉（现为 AP 水煤浆炉）、E-gas 炉、多喷嘴炉、多元料浆炉、清华炉、晋华炉、SE 水煤浆炉、东昱炉和新奥粉浆炉等水煤浆炉型。水煤浆气流床气化炉型主要参数见表 14-1 所示。

表 14-1 水煤浆气流床气化炉型主要参数

技术名称/公司	气化炉	气化压力	进料方式	气化剂	排渣方式
美国 GE 能源集团公司	GE 炉	4.0~8.7 MPa	水煤浆	氧气	液体排渣
美国康菲石油公司	E-gas 炉	约 4.0 MPa	水煤浆	氧气	液体排渣
兖矿集团和华东理工	多喷嘴炉	约 6.5 MPa	水煤浆	氧气	液体排渣
西北化工研究院	多元料浆炉	约 6.5 MPa	水煤浆	氧气	液体排渣
北京盈德清大科技有限公司	清华炉	约 6.5 MPa	水煤浆	氧气	液体排渣
北京清创晋华科技有限公司	晋华炉	约 6.5 MPa	水煤浆	氧气	液体排渣
中石化集团有限公司	SE 水煤浆炉	约 6.5 MPa	水煤浆	氧气	液体排渣
江西昌昱实业有限公司	东昱炉	约 4.0 MPa	水煤浆	氧气	液体排渣
新奥科技发展有限公司	新奥粉浆炉	约 6.5 MPa	水煤浆	氧气	液体排渣

目前，工业化商业应用的水煤浆气流床气化炉型主要参数一般生产强度为 750~4000 t/d，比较有代表性的典型洁净煤水煤浆主流气化炉有 GE 炉、E-gas 炉、多喷嘴炉、多元料浆炉、清华炉、晋华炉、SE 水煤浆炉等，被广泛用于现代煤化工企业用于生产大型煤制甲醇、合成氨、聚烯烃、氢气、液体燃料和天然气等领域，在国内有众多的生产业绩和成熟可靠的工程技术。

第二节 GE 水煤浆加压气化技术

GE 水煤浆加压气化技术（GE 炉，AP 水煤浆炉）作为国际领先水平的洁净煤气化技术，是最早实现工业化和大型化商业运行的气流床气化技术。在中国煤化工市场得到引进，推广应用得非常早，项目业绩非常多，其生产运行表明 GE 洁净煤气化技术的先进性、可靠性，将引领国际水煤浆气化技术的发展方向。

一、GE 炉发展历程

GE 气化前身为 Texaco 气化，是水煤浆气化技术的奠基者。从 20 世纪 70 年代开始发展气化，拥有固体、液体和气体进料的工业化业绩以及水煤浆技术的全套知识产权，包括进料、气化、激冷或 RSC 及其系统、净化洗涤、烧嘴设计等。

2002 年 10 月 Texaco 与 Chevron 合并；2004 年 6 月 GE 能源集团公司收购 Texaco 气化技术；2019 年 AP 收购 GE 气化技术，包括其全部的知识产权和团队。AP 气化技术的知识产权包括气化全部专利和技术诀窍。技术诀窍来自对气化多年系统的研究和积累，以及大量理论结合实践的总结。AP 水煤浆气化技术完成了很多煤气化技术的"世界第一"。第一套水煤浆气化；全石油焦进料，高比例石油焦掺混的成功经验；辐射+对流全废锅流程开发和工业化；辐射+激冷半废锅流程的开发和工业化；企业煤种分析实验室；全球压力等级最高的气化技术；多相进料掺混的装置开发和运行；中国的气流床气化成功运行；中国 MTO 装置的气化设计；新疆煤气流床气化的成功运行。

1970 年初期，在美国洛杉矶 Montebello 研究实验室（plant at Montebello USA research lab）投煤量 25 t/d 中试装置投入运行。

1980 年初期，美国田纳西州金斯勃特化工厂/伊斯曼气化厂（USA Eastman Coal to Methanol/Acetic Anhydride）煤制甲醇/醋酐项目投料试车运行，后来将日投煤量 800 t 改造为日投煤量 1150 t，气化压力为 6.5 MPa 的项目。

1984 年，日本宇部煤石油焦制合成氨厂（Japan）Coal and Petroleum Coke to Ammonia，世界上第一个德士古煤气化制合成氨工厂投料试车成功，日处理投煤量为 1500 t，合成氨能力为 1000 tNH_3/d。

1987 年，在美国加利福尼亚州 Daggett 市的冷水厂日投煤量 900 t IGCC 发电（120 MW）示范工程一次投料试车运行。

1984 年，中国首次引进以渣油为原料的德士古气化技术，用于镇海炼化渣油气化项目生产合成氨，一次投料试车成功。

1985 年，中国鲁南化肥厂与德士古公司签订水煤浆气化技术转让许可及工艺包设计协议。随后由中国天辰工程有限公司完成初步设计和施工图设计；1988 年开始工程采购和建设。由于合成气净化工序是采用 NHD 法工艺未配套同步设计及建设，气化装置投料试车延后。

1994 年，鲁南气化、净化装置建设全部完工，才正式投料试车成功。气化净化流程贯通，合格净化气送入老系统。

二、GE 炉主要技术特征

GE 水煤浆加压气化技术包括原煤运输、水煤浆制备、煤气化与冷却、除尘与余热回收、黑水处理循环利用等工序。水煤浆加压高温洁净煤气化发展方向，GE 炉主要技术特征见表 14-2。

表 14-2　GE 炉主要技术特征

序号	主要特征	描述
A	煤种气化范围较广	原料煤适用范围如烟煤、次烟煤、长焰煤、气煤、石油焦、低阶煤、煤液化残渣等均能用作气化原料。但水煤浆加压气化对煤种品质有一定的选择要求，即使是长焰煤、气煤等，若灰熔融温度>1400 ℃，且灰渣黏度很大，也不宜选用；发热量在 25.12 MJ/kg 及以上的烟煤为宜，精煤更好，越高越好。灰熔融温度 FT 在 1100~1350 ℃为宜，过高或过低都不利于气化；煤含灰量在 10%~15%为宜，越低越好，灰含量每增加 1%，氧耗增加 0.7%~0.8%，煤耗增加 1.3%~1.5%
B1	水煤浆进料能耗较高	水煤浆加压输送，对水煤浆成浆性有一定要求 60%~65%，处理废水；气化、甲醇产生的废水可用作制浆。连续性好，操作稳定，较干法能耗偏高
B2	单喷嘴负荷高	由顶置单喷嘴喷入水煤浆、氧气混合物，属气固液三相流。烧嘴磨损高，单烧嘴负荷高，单炉产能小；烧嘴的使用寿命短
B3	采用热壁炉	采用热壁炉，燃烧室内壁用耐火砖衬里，耐火砖热炉壁寿命短，承受气化温度低，从而使气化效率较低，激冷室夹带现象大幅缓解。为延长热壁炉使用寿命，煤灰熔点尽可能降低，通常要求不大于 1350 ℃。对于较高灰熔点的煤，须添加助熔剂或配煤，由此降低灰熔点，但同时也降低了煤浆的有效浓度，增加煤耗和氧耗
C1	燃烧室气化温度较高	燃烧室内由多层特种耐火砖砌筑，有激冷或废锅两种流程。激冷流程炉内分为燃烧室和激冷室，上部燃烧室是气化反应区，内衬有三层作用不同的耐火砖及耐火材料，下部激冷室装有激冷环、下降管、导气管、水分离挡板等。在燃烧室中生成的粗合成气和灰渣经下降管进入激冷室，激冷后进入炉底，粗合成气中的熔渣迅速冷却后分离，并沉降至激冷室底部，随后进入渣罐，由排渣系统定时排放

续表

序号	主要特征	描述
C2	粗合成气热量回收激冷流程	气化热量回收：①激冷流程气化温度在 1300~1400 ℃，下行粗合成气在激冷室中冷却并初步除尘。激冷后在渣水中被水饱和后离开气化炉，由于气化温度超过1300 ℃，不产生含酚、氰、焦油废水 ②下行粗合成气离开燃烧室进入辐射锅炉回收煤气显热，副产高压蒸汽，冷却后离开气化炉除尘降温。辐射废锅蒸汽效率高，235.3 kg/h 蒸汽，蒸汽压力 11.3 MPa，蒸汽量大 ③下行煤气经辐射锅炉后，离开气化炉进入对流锅炉进一步回收热量后除尘降温
C3	三废排放环境影响小	高温气化使煤中所含灰分全部熔化并流到炉底，经淬冷后，变成玻璃态不可浸出的 95%左右灰渣排出气化炉外，性质稳定，可作为水泥等建筑材料；气化废水中氰化物含量少，不含焦油、酚等污染物，工艺废水去制备水煤浆，容易处理，气化过程无废气排放，对环境影响小
C4	合成气质量好	合成气有效气（CO+H_2）78%、CH_4<0.2%、N_2<1.6%，含量低；不含烯烃及高级烃，有利于甲醇合成气能耗降低，以及保证甲醇质量
C5	单系列备炉长周期运行	烧嘴使用寿命短，停车更换烧嘴频繁（一般 45~60 天更换一次），为稳定后工序生产必须设置备用炉。增加了设备投资，但能保证长周期生产
C6	能源利用率高	采用水煤浆高温加压气化，水煤浆入炉带大量的水分，增加了能耗。单炉生产能力大，煤气化热效率高。在典型操作条件下，碳转化率可达 98.3%，比煤耗及比氧耗较低，冷煤气效率 76.3%~77.5%
C7	技术成熟可靠	热壁炉耐火材料使用温度限制及三相流烧嘴使用寿命短，需设置备炉的缺陷，进行了重大改进和长期研发，并充分利用自身重油气化的丰富成功经验，开发的壳牌干煤粉加压气化工艺，经商业化示范运行，表明该技术成熟可靠
D	存在不足	水煤浆进料增加氧消能；燃烧室热壁炉耐火材料保温使用寿命短，气液固三相流对烧嘴端部磨损大，使用寿命短；为长周期运行，需设置备炉，增加投资等

三、GE 炉商业应用业绩

GE 水煤浆加压气化技术在中国煤化工市场气化专利技术许可 62 家，投入生产运行及建设的 GE 炉 206 台（含中国工程公司在国外建设的 GE 炉业绩）。GE 炉商业化运行最早时间 1994 年，单炉最大投煤量为 3200 t/d，于 2020 年投料运行。GE 炉已经投产项目主要业绩和设计及建设项目主要业绩分别见表 14-3A 和表 14-3B。

表 14-3A GE 炉已经投产项目主要商业应用业绩（截至 2021 年）

序号	企业名称	建厂地点	气化压力/MPa	气化炉台数（开+备）及单炉投煤量/(t/d)	单炉合成气 CO+H_2/(m^3/h)	设计规模/(万 t/a)	投产日期
1	镇海炼化渣油	浙江镇海	8.7	(1+1)/350	19500	合成氨 6，尿素 10	1984
2	乌石化渣油	新疆乌鲁木齐	8.7	(1+1)/350	19500	合成氨 6，尿素 10	1985
3	宁夏石化渣油	宁夏银川	8.7	(1+1)/500	26900	合成氨 10，尿素 15	1986
4	大庆石化渣油	黑龙江大庆	3.0	(1+1)/350	19500	丁辛醇 18	1988
5	兖矿鲁南化肥厂 1 期	山东鲁南	2.8	(1+1)/500	26900	合成氨 8，尿素 13	1994
6	上海焦化集团公司 1 期	上海吴泾	4.0	(3+1)/500	26900	甲醇 20	1995
7	大连大化渣油	辽宁大连	8.7	(2+1)/500	26900	合成氨 20，尿素 30	1996
8	上海焦化集团公司 2 期	上海吴泾	4.0	1/500	26900	甲醇 10	1996
9	陕西渭河化肥厂 1 期	陕西渭河	6.5	(2+1)/750	41500	合成氨 30，尿素 52	1996
10	安徽淮化集团有限公司	安徽淮南	4.0	(2+1)/500	26900	合成氨 20，尿素 30	2000

续表

序号	企业名称	建厂地点	气化压力/MPa	气化炉台数(开+备)及单炉投煤量/(t/d)	单炉合成气 CO+H$_2$/(m^3/h)	设计规模/(万 t/a)	投产日期
11	南化集团渣油	江苏南京	8.7	(2+1)/500	26900	合成氨 20,尿素 30	2002
12	吉化集团渣油	吉林	8.7	(2+1)/500	26900	合成氨 20,尿素 30	2003
13	兖矿鲁南化肥厂 2 期	山东鲁南	2.8	1/500	26900	合成氨 10,尿素 15	2003
14	华鲁恒升化工股份公司	山东德州	6.5	(2+1)/750	41500	合成氨 30,尿素 52	2004
15	浩良河化肥厂 1 期	黑龙江浩良河	4.0	(1+1)/500	26900	合成氨 10,尿素 15	2004
16	浩良河化肥厂 2 期	黑龙江浩良河	4.0	1/500	26900	合成氨 10,尿素 15	2005
17	中国石化金陵分公司	江苏南京	4.0	(2+1)/1500	108000	氨 30,尿素 15,氢气 6	2005
18	中国石化南化公司	江苏南京	8.7	(1+1)/1500	108000	合成氨 30,尿素 52	2005
19	神木化工有限公司	陕西榆林	4.0	(2+1)/500	26900	甲醇 20	2005
20	南京惠生集团公司	江苏南京	6.5	(2+1)/750	41500	甲醇 30	2006
21	陕西渭河化肥厂 2 期	陕西渭南	6.5	1/750	41500	甲醇 15	2006
22	兖矿榆林化工有限公司	陕西榆林	6.5	(2+1)/1500	108000	甲醇 60	2007
23	上海焦化集团公司 3 期	上海吴泾	4.0	(3+1)/500	26900	甲醇 30	2008
24	中石化齐鲁分公司	山东临淄	6.5	(2+1)/750	41500	合成气 4.15 万 m^3/h	2008
25	兖矿国宏化工有限公司	山东邹县	6.5	(2+1)/1500	108000	甲醇 60	2008
26	神木化工有限公司	陕西榆林	4.0	(2+1)/750	41500	甲醇 30	2009
27	南京惠生集团公司	江苏南京	6.5	(2+1)/750	41500	甲醇 30	2009
28	大连大化集团公司	辽宁大连	8.7	(2+1)/750	41500	合成氨 30,尿素 52	2009
29	新奥集团公司	鄂尔多斯	6.5	(2+1)/1500	108000	甲醇 60	2009
30	陕西渭河化肥厂 3 期	陕西渭河	6.5	(1+1)/750	41500	甲醇 30	2010
31	延长石油榆林炼化公司	陕西榆林	6.5	(1+1)/1500	108000	甲醇 30	2010
32	神华包头煤化工公司	内蒙古包头	6.5	(5+2)/1500	108000	甲醇 180	2010
33	贵州金赤化工有限公司	贵州桐梓	6.5	(2+1)/1500	108000	甲醇 30,氨 30	2010
34	山东利华益公司	山东东营	4.5	(1+1)/750	41500	丁辛醇 36	2010
35	内蒙古久泰化工公司	鄂尔多斯	8.7	(2+1)/1500	132000	甲醇 100	2010
36	新疆锦江衣七师	新疆奎屯	6.5	(2+1)/1500	108000	合成氨 50,尿素 80	2011
37	重庆万盛煤化公司	重庆万盛	6.5	(1+1)/1500	108000	甲醇 30	2011
38	中化益业化工公司	陕西榆林	6.5	(2+1)/1500	108000	甲醇 50	2012
39	华星化工有限公司	山东东营	6.5	(2+1)/750	41500	丁辛醇 36	2012
40	贵州赤天化桐梓化工	贵州桐梓	6.5	(4+1)/1500	108000	甲醇 30,氨 30	2012
41	陕西长青能源化工公司 1 期	陕西宝鸡	6.5	(2+1)/1500	108000	甲醇 60	2013
42	台玻集团实联化工公司	江苏淮安	6.5	(2+1)/1500	108000	合成氨 60,尿素 100	2013
43	国电英力特公司	宁夏银川	6.5	(2+1)/1500	108000	甲醇 60	2013
44	中国石油大庆渣油	黑龙江大庆	3.5	(1+1)/500	26900	丁辛醇 25	2013
45	中国石化茂名分公司	广东茂名	6.5	(2+1)/1500	108000	氢气 16	2014
46	中煤榆林能源化工 1 期	陕西榆林	6.5	(5+2)/1500	108000	甲醇 180,烯烃 60	2014
47	兖矿煤业榆林甲醇厂	陕西榆林	6.5	(2+1)/1500	108000	甲醇 60	2014

续表

序号	企业名称	建厂地点	气化压力/MPa	气化炉台数(开+备)及单炉投煤量/(t/d)	单炉合成气 CO+H₂/(m³/h)	设计规模/(万 t/a)	投产日期
48	南京惠生集团公司	江苏南京	6.5	(2+1)/750	41500	甲醇 30,烯烃 10	2014
49	渭河浦城化工有限公司	陕西渭南	8.7	(4+2)/1500	132000	甲醇 180,烯烃 60	2014
50	中国石化九江分公司	江西九江	4.0	(2+1)/1500	108000	氢气 16	2015
51	中海油华鹤化工公司	黑龙江鹤岗	6.5	(2+1)/750	41500	合成氨 30,尿素 52	2015
52	神华新疆煤化公司	新疆甘泉堡	6.5	(5+2)/1500	108000	甲醇 180,烯烃 60	2016
53	中天合创股份公司	鄂尔多斯	6.5	(10+4)/1500	108000	甲醇 360,烯烃 137	2017
54	中科广东炼化一体化	广东湛江	6.5	(2+1)/1500	108000	氢气 15	2019
55	天津渤化化工发展公司	天津滨海	6.5	(2+1)/1500	108000	甲醇 80	2019
56	中国石化茂名分公司	广东茂名	6.5	(2+1)/1500	105000	氢气 15	2019
57	中煤榆林能源化工 2 期	陕西榆林	6.5	(5+2)/1500	108000	甲醇 180,烯烃 60	2020
58	神华榆林 CTC 大激冷项目	陕西榆林	6.5	(4+2)/3200	228000	甲醇 180,烯烃 60	2021
59	福建省福化天辰气体公司	福建福州	6.5	(2+1)/1500	108000	折液氨 60	2021
60	陕西渭河彬州化工公司	陕西咸阳	6.5	(2+1)/750	75000	乙二醇 30	2021
	小计			132+65=197			

表 14-3B GE 炉正在设计及建设项目主要商业应用业绩(截至 2021 年)

序号	企业名称	建厂地点	气化压力/MPa	气化炉台数(开+备)及单炉投煤量/(t/d)	单炉合成气 CO+H₂/(m³/h)	设计规模/(万 t/a)	投产日期
1	中国石油广东分公司	广东揭阳	6.5	(4+2)/1500	108000	氢气 32	建设
2	重庆榆富公司	重庆	6.5	(2+1)/1500	108000	煤制油 100	待建
3	鄂尔多斯市金诚泰化工有限责任公司	鄂尔多斯	6.5	(2+1)/750	41500	乙二醇 30	建设
	小计			8+4=12			

注:1. 2 台 750 t/d 炉,备炉 1 台。
2. 6 台 1500 t/d 炉,备炉 3 台。
3. 设计及建设炉子小计 8 台,备炉 4 台,合计 12 台,运行及设计建设炉子共计 209 台。

第三节 E-gas 两段式水煤浆加压气化技术

E-gas 两段式水煤浆加压气化技术(E-gas 炉)作为国际先进的洁净煤气化技术,E-gas 炉由于其独特的技术特性在中国煤化工市场得以引进,但推广应用得比较晚,业绩较少。E-gas 两段式水煤浆加压气化的应用表明了该技术的先进性和可靠性。

一、E-gas 炉发展历程

1973 年,经历了石油危机严重冲击的美国启动了清洁能源计划,扶持各种用煤替代石油的研发项目,美国 Dow 化学公司也投入这一潮流中。1973 年 Dow 公司制定了以煤替代天然气能源的计划,计划基于水煤浆气化技术,目标是让煤完全转化生产出合成气,代替天然气推动燃气轮机进行发电。整个煤气化项目是在 Dow 公司下属的路易斯安那气化技术公司（LGTI）内进行的。

1979 年 Dow 化学公司根据二段气化概念开发，1983 年建 550 t/d 空气气化、1200 t/d 氧气气化示范装置。

1985 年 Dow 化学在路易斯安那建设了 1475 t/d 干煤。水煤浆二段气化炉用于 160 MW、IGCC 发电装置。1989 年，Dow 成立 Destec 能源公司，Dow 占 80%股份，Dow 煤气化工艺专利转为 Destec 能源公司持有，改称 Destec 气化技术。

1997 年，美国 NGC 公司收购了 Destec 能源公司，并改名为 Dynegy Power 公司。Destec 气化技术专利转为 NGC 公司持有，从此，E-gas 煤气化与 Dow 公司脱离了关系。后在美国能源部资助下，1995 年 11 月，Destec 能源公司成功地建成美国 Wabash River 电厂，并开始运营 IGCC 示范项目，该项目是 E-GAS 煤气化技术首套商业化示范项目。

2000 年，美国 Global Energy 公司买下 Dynegy Power 公司及其专利，连同 Wabash River 电厂。2003 年 8 月，该技术转让给了康菲石油公司（Conoco Phillips 公司）。此后，Conoco Phillips 公司将其包装成了 E-gas 气化技术。

2012 年，康菲石油公司上下游业务分离，分别成立了 Conoco 公司和 Phillips66 公司，E-gas 气化技术所有权归 Phillips66 公司。

2016 年，中国首次引进以煤为原料的 E-gas 两段式水煤浆加压气化技术，用于中海油惠州石化煤制氢联合装置项目。惠州石化与西比埃鲁姆斯工程技术有限公司签订 E-gas 水煤浆气化技术转让许可及工艺包设计协议（2 台 E-gas 气化炉，一开一备），该项目为全球第三套应用 E-gas 技术的装置。由于国内、国际可借鉴经验有限，且国外厂商不提供顺控逻辑图，惠州石化耗时两年，自主研发顺控逻辑图、软件包。

2018 年 7 月，顺控系统一键启动，煤制氢装置一次投料试车成功。但此后，在试运行过程中装置不断出现各种问题，惠州石化不断整改、调整、优化操作方案，以国产化的方式解决产品品质、生产及货源问题，装置平稳运行周期越来越长。2020 年，惠州石化煤制氢联合装置保持平均 73 天的运行周期，单炉运行时间创历史新高。该装置的长周期运行，有效缓解了氢气用气紧张局面。

二、E-gas 炉主要技术特征

E-gas 两段式水煤浆加压气化技术包括原煤运输、水煤浆制备、二段煤气化与冷却、废锅热量回收、除尘与冷却及黑水处理等工序。E-gas 炉在充分吸收 GE 炉的优点后进行了改进。初期采用预热水煤浆和氧气的气化进料系统，后出于投资考虑并未采用；气化炉主体由烧嘴对称布置卧式一段炉和垂直布置二段炉组成；高温粗煤气进废热锅炉副产蒸汽回收热量；粗煤气携带的固体颗粒采用干法滤芯过滤脱除，并返回气化炉一段循环气化。通过工业示范装置验证，该技术是成熟可靠的。E-gas 两段炉主要技术特征见表 14-4。

表 14-4　E-gas 炉主要技术特征

序号	主要特征	描述
A	煤种气化范围较广	原料煤适用范围如烟煤、次烟煤、长焰煤、气煤、石油焦等用作气化原料。由于水煤浆加压气化对煤种品质有一定的选择要求，故褐煤、高灰熔点的煤不适合 E-gas 气化
B1	水煤浆进料能耗较高	水煤浆加压输送，对水煤浆成浆性有一定要求 60%~65%，处理废水：气化、甲醇产生的废水可用作制浆。连续性好，操作稳定

续表

序号	主要特征	描述
B2	多喷嘴负荷低	气化炉下部是一段气化炉,在水平方向上,两侧各有一个混合喷嘴(专利产品),形成180°对置,喷出的物料互相撞击,强化混合。由此克服了德士古气化炉从一侧喷入,物流反应的速度呈正态分布,降低了碳转化率的缺陷。二段喷嘴喷入水煤浆为总量的15%左右
B3	采用二段热壁炉	采用热壁炉,气化炉为钢制外壳,内衬为耐火材料。由于耐火材料热炉壁寿命短,承受气化温度低,但二段耐火砖寿命会更长些。为延长热壁炉使用寿命,煤灰熔点尽可能降低,通常要求不大于1300℃
C1	气化炉二段气化提高转化率	气化炉内部剖面类似一个十字结构。采用二段反应分级气化,第一段水平安装。气化炉为钢制外壳,内衬耐火材料。气化炉下部是一段气化炉,在水平方向上,两侧各有一个混合喷嘴。预热后的水煤浆,占水煤浆总量的85%左右,经料浆泵加压后与氧气在混合喷嘴内进行混合,然后喷入一段气化炉内。基于2个喷嘴180°对置,喷出的物料形成撞击,借以强化混合。第一段二头同时进煤浆和氧气,熔渣从底部经激冷减压后排出;煤气经中央上部进入二段气化炉,这是一个气流夹带反应器,垂直安装在第一段中央。由二段喷嘴喷入的水煤浆(占总量的10%~15%),与来自一段气化炉的高温合成气发生反应,水分瞬间蒸发,煤发生液化反应和热裂解反应,生成碳和煤气;碳与水和CO_2继续进行还原反应生成CO和H_2,同时还有部分CH_4生成。合成气中氢的组分提高,可以达到$H_2/CO=1.0$
C2	粗合成气废锅热量回收	约20%的水煤浆从第二段喷入,与第一段粗合成气混合并发生热解和气化反应,提高了合成气热值,降低了氧耗,并使出口煤气温度降低,冷煤气效率略高于GE气化炉,同时省去了激冷煤气压缩机。采用火管锅炉代替辐射锅炉,降低了造价。回收热量品位提高
C3	三废排放环境影响小	高温气化使煤中所含灰分全部熔化并流到炉底,经淬冷后,变成不可浸出的95%左右灰渣排出气化炉外,性质稳定,可作为水泥等建筑材料;气化废水中氰化物含量少,不含焦油、酚等污染物,工艺废水可去,制备水煤浆,容易处理,气化过程无废气排放,对环境影响小
C4	合成气质量好	合成气有效气($CO+H_2$)70%、$CH_4<1$%;不含烯烃及高级烃,有利于降低能耗
C5	单系列设备炉	水煤浆三相流工艺的烧嘴使用寿命短,停车更换烧嘴频繁(一般60天更换一次),为稳定后工序生产必须设置备用炉。增加了设备投资,但能保证长周期生产
C6	能源利用率高	采用水煤浆加压气化,由于水煤浆入炉带大量的水分,增加了能耗。煤气化炉热效率较高。在典型操作条件下,碳转化率可达98.3%,比煤耗及比氧耗较低,冷煤气效率约79%
C7	技术成熟可靠	国内应用及进行了重大改进完善,技术成熟性得以提高,工业化示范运行表明该技术基本成熟可靠
D	存在不足	整体能效仍偏低,低于粉煤气流床气化;原料适应性较窄,由于要同时考虑到水成浆性和低灰熔点,因此,高水分的褐煤和高灰分煤无法使用;煤中的灰含量小于15%(干基);连续运行时间短,由于气化炉烧嘴,耐火砖都是薄弱环节,寿命短,需要经常停炉更换

三、E-gas 炉商业应用业绩

E-gas 两段式水煤浆加压气化技术在中国市场气化专利技术许可3家,投入生产运行及建设的 E-gas 炉 8 台。E-gas 炉水煤浆气化商业化运行最早时间 2018 年,单炉最大投煤量为 2500 t/d,于 2018 年投料生产运行。E-gas 两段炉已经投产项目和设计及建设项目主要业绩分别见表 14-5A 和表 14-5B 所示。

表 14-5A　E-gas 两段炉已经投产项目主要业绩(截至 2021 年)

序号	企业名称	建厂地点	气化压力/MPa	气化炉台数(开+备)及单炉投煤量/(t/d)	单炉合成气$CO+H_2$/(m³/h)	设计规模/(万 t/a)	投产日期
1	中海油惠州石化1期	广东惠州	4.0	(2+1)/2500	123000+8400	氢气18,丁辛醇8	2018
2	山东神驰石化有限公司	山东东营	4.0	(2+1)/2500	132000	氢气18	2018
	小计			4+2=6			

注:1. 4 台 2500 t/d 炉,备炉 2 台。
　　2. 运行炉子小计 6 台。

表 14-5B E-gas 两段炉设计及建设项目主要业绩（截至 2021 年）

序号	企业名称	建厂地点	气化压力/MPa	气化炉台数(开+备)及单炉投煤量/(t/d)	单炉合成气 CO+H₂/(m³/h)	设计规模/(万 t/a)	投产日期
1	中海油惠州石化 2 期	广东惠州	4.0	(1+1)/2500	132000	氢气 18	建设
	小计			1+1=2			

注：1. 1 台 2500 t/d 炉，备炉 1 台。
　　2. 建设炉子小计 2 台，运行和建设炉子总计 8 台。

第四节 多喷嘴对置式水煤浆加压气化技术

多喷嘴对置式水煤浆加压气化技术（多喷嘴炉）是具有完全自主知识产权的国产化洁净煤气化专利技术。在煤化工市场的推广应用及生产运行表明该国产化煤气化技术的先进性、成熟性和可靠性，是具有国际领先水平的洁净煤气化技术之一。

一、多喷嘴炉发展历程

20 世纪 80 年代末，我国在煤化工领域引进先进的美国德士古水煤浆气化技术，支付了巨额的专利使用费。没有自主知识产权的煤气化技术，是制约中国现代煤化工发展的大问题。随着国家大力倡导技术创新，并加强科技研发投入，1995 年，华东理工大学成立了洁净煤技术研究所，1996 年，由华东理工大学、兖矿鲁南化肥厂及中国天辰工程有限公司等单位承担了国家有关部委的重点技术攻关课题"多喷嘴对置式水煤浆气化技术研究与开发"；"九五"期间开发了多喷嘴对置式水煤浆气化工艺，新型水煤浆气化炉和关键部件；2000 年推出工艺包并完成基础工作研究；同年兖矿鲁南化肥厂设计和建设了日投煤量 22 t 水煤浆气化中试装置，投料试烧取得较好的效果，获取了大量煤气化试烧数据，验证了该气化工艺可行性和先进性。"十五"期间，在中试装置验证成功的基础上，开始进行工业放大示范装置设计和建设。在山东华鲁恒升化工公司设计、建设了首台多喷嘴对置式水煤浆日投煤量 750 t（气化压力 6.5 MPa）工业示范装置；在兖矿集团国泰化工有限公司设计、建设了多喷嘴对置式水煤浆加压气化技术日投煤量 750 t 工业示范装置，这是当时国产最大投煤量的水煤浆气化炉。

2004 年 12 月，首套水煤浆投煤量 750 t/d 工业示范装置与投料试车成功。但在试运转过程中也暴露了一些问题，经过一系列整改、完善和优化，该气化炉于 2005 年 6 月重新投入运转，并进行了连续 80 h 的运行考核。整个考核过程中，气化炉运转平稳，无任何异常情况，各项工艺指标达到设计指标。随后按计划停车，进炉检查，发现炉内状态良好，各部分耐火砖无异常情况，工艺烧嘴完好，无烧损现象。运行考核期间的生产指标与同气化工序的德士古单烧嘴气化炉进行比较，发现国产水煤浆加压气化技术各项指标均优于引进的水煤浆加压气化技术。

"十一五"期间，华东理工大学等单位承担了日处理煤量 2000 t 多喷嘴气化炉"863"科研任务，江苏灵谷化工集团有限公司等大型多喷嘴气化炉相继建设，装置于 2009 年建成投产。"十二五"期间，华东理工大学等单位承担了日处理煤量 3000 t 气化技术研究 863 课题，内蒙古荣信化工有限公司 1 期等大型多喷嘴气化炉相继建设，装置于 2014 年建成投产。"十三五"期间，华东理工大学等单位承担了日处理煤量 4000 t 气化技术研究课题，内蒙古荣信化工有限公司 2 期大型多喷嘴气化炉相继建设，装置于 2021 年建成投产。多喷嘴对置式水煤浆加压气化技术经过近 20 年的工业化应用和发展，气化工艺的各项指标已经得到提升和优化，并成功向美国 Valero 公司进行成套技术转让出口，该技术目前商业化运行最大单炉投煤量已达 4000 t/d。

二、多喷嘴炉主要技术特征

多喷嘴对置式水煤浆加压气化技术包括原煤运输、水煤浆制备、煤气化与冷却、除尘与余热回收、黑水处理循环利用等工序。多年来华东理工大学对多喷嘴炉在高温、高压、多相湍流反应流动的基础理论研究方面取得了不少突破，同时在多相流动、高温反应、火焰结构等方面进行了不断优化，将应用基础研究与工程实际紧密结合，促使多喷嘴炉流场及气固颗粒间的传递和化学反应进一步强化，使气化反应更充分；促使喷嘴雾化性能更高效，使反应物料混合更均匀；促使煤气洗涤净化过程更合理，开发的高效节能塔盘式闪蒸-换热一体化黑水处理技术；辐射废锅回收高温显热副产饱和蒸汽技术；原料管控及水煤浆粒度控制技术等。使得多喷嘴对置式水煤浆加压气化技术广泛应用，并在超越国外先进的水煤浆气化技术方面发挥了卓越的贡献。多喷嘴炉的工业化和大型化示范装置建设和生产运行，表明该技术先进成熟可靠，也表明了该技术的洁净煤气化的先进性和超越能力。多喷嘴炉主要技术特征见表 14-6。

表 14-6　多喷嘴炉主要技术特征

序号	主要特征	描述
A	煤种气化范围较广	原料煤适用范围如烟煤、次烟煤、长焰煤、气煤、石油焦等均能用作气化原料。由于水煤浆气化采用热壁炉结构，对煤的灰熔点和成浆浓度有要求，一般灰熔融温度 FT 1100～1350 ℃和含灰量 10%～15%为宜，使得煤的气化范围有一定的局限性
B1	水煤浆进料能耗较高	采用水煤浆加压输送，对煤输送的安全性较干煤粉气化好，但对水煤浆成浆性要求在 60%～65%为宜，此外能将煤化工产生的部分废水如气化、甲醇废水等用来制浆。连续性好，操作稳定，但较干法能耗偏高
B2	多喷嘴负荷低	采用多（4）个喷嘴进料，对置式布置喷入水煤浆、氧气混合雾化效果得到保证，每个进料管线直径小，管材和阀门的制造难度低，可降低投资。但烧嘴内的物流仍属气液固三相流，烧嘴磨损高，更换频率增加。但多烧嘴可降低单烧嘴负荷，操作调节范围大，单炉产能大
B3	采用热壁炉	采用热壁炉，气化室内壁采用耐火砖衬里，热壁炉保温蓄热性能好，气化反应热损失小，但耐火砖热壁炉寿命短，承受气化温度低，从而降低气化效率。为延长热壁炉使用寿命，煤灰熔点尽可能降低，通常要求不大于 1350 ℃。对于较高灰熔点的煤，须添加助熔剂或配煤来降低灰熔点，但同时也降低了煤浆的有效浓度，增加煤耗和氧耗
C1	气化室气化温流场多元化，设计合理	气化室内由多层特种耐火砖砌筑，有激冷或废锅两种流程。激冷流程炉内分为气化室和激冷室。气化室流场结构多元化。雾化对撞击混合效果好，平推流长，使得气化反应能够进行完全。采用侧壁烧嘴对置布置。对激冷室进行了创新，避免渣堵塞气流通道。气化室中生成的煤气和灰渣经下降管进入激冷室
C2	煤气热量回收激冷流程或辐射锅炉+激冷流程	① 激冷流程气化温度为 1300～1400 ℃，下行煤气在激冷室中冷却并初步除尘。激冷后进入炉底水冷却饱和，煤气中的熔渣迅速冷却后分离，并沉降到激冷室底部，随后进入渣罐，由排渣系统定时排放。煤气被水饱和后离开气化炉 ② 辐射锅炉流程气化下行煤气离开气化室下行进入辐射锅炉回收煤气显热，副产高中压蒸汽，换热后进入炉底水冷却饱和，煤气中的熔渣迅速冷却后分离，煤气被水饱和后离开气化炉
C3	三废排放环境影响小	高温气化使煤中所含灰分全部熔化并流到炉底，由于碳转化率高，渣中含碳量低，气化渣和滤饼黏度低，更容易进行渣、水分离，可有效减轻环保的压力。气化废水中不含氰化物、不含焦油、酚等污染物，工艺废水经处理后可作为原料水制备水煤浆。气化过程无废气排放，对环境影响小
C4	合成气质量好	合成气有效气（$CO+H_2$）约 83%，不含烯烃及高级烃，有利于甲醇合成气能耗降低，以及保证甲醇质量

序号	主要特征	描述
C5	单系列设备炉长周期运行	由于烧嘴和耐火材料使用寿命短,需停车更换维修。喷嘴寿命平均60～90天,最长寿命190天,为保证长周期稳定生产需备炉
C6	能源利用率高	采用多喷嘴水煤浆气化,带入40%左右的水分,增加了能耗。在典型操作条件下,碳转化率可达99%,冷煤气效率76.3%～77.5%
C7	技术成熟可靠	热壁炉耐火材料使用温度限制及三相流烧嘴使用寿命短,需设置备炉。通过多喷嘴长期生产运行的丰富经验和研究成果,进行了改进和完善,经实践表明该技术非常成熟可靠
D	存在不足	水煤浆进料增加氧气消能;气化室热壁炉耐火材料保温局限,不能使用高灰熔点煤种,气液固三相流对烧嘴端部磨损大,使用寿命短;为长周期运行,需设置备炉等

三、多喷嘴炉商业应用业绩

多喷嘴对置式水煤浆加压气化技术在中国市场气化专利技术许可63家,投入生产运行及建设的多喷嘴炉194台(含中国工程公司在国外建设的多喷嘴炉业绩)。多喷嘴炉商业化运行最早时间2004年,单炉最大投煤量为4000 t/d,于2021年投料运行。多喷嘴炉已经投产项目和设计及建设项目主要业绩分别见表14-7A和表14-7B。

表14-7A 多喷嘴炉已经投产项目主要商业应用业绩(截至2021年)

序号	企业名称	建厂地点	气化压力/MPa	气化炉台数(开+备)及单炉投煤量/(t/d)	单炉合成气CO+H$_2$/(m^3/h)	设计规模/(万 t/a)	投产日期
1	山东华鲁恒升化工公司1期	山东德州	6.5	1/750	50000	合成氨18	2004
2	兖矿国泰化工股份公司	山东鲁南	4.0	(2+1)/1150	70000	甲醇20,发电72 MW	2005
3	兖矿鲁南化肥厂	山东鲁南	4.0	1/1150	70000	合成氨24 尿素40	2008
4	新能凤凰能源公司1期	山东滕州	6.5	(2+1)/1500	85000	甲醇60	2009
5	江苏灵谷化工集团有限公司1期	江苏灵谷	4.0	(1+1)/1800(2000)	91000	合成氨35,尿素60	2009
6	江苏索普化工集团公司1期	江苏镇江	6.5	(2+1)/1500	75000	甲醇40,CO35	2009
7	神华宁煤集团有限公司	宁夏灵武	4.0	(2+1)/2000	94000	甲醇70	2010
8	宁波万华聚氨酯公司	浙江宁波	6.5	(2+1)/1200	58000	甲醇30,CO50	2010
9	安徽华谊化工股份公司	安徽芜湖	6.5	(2+1)/1500	96500	甲醇70	2012
10	兖矿新疆煤化有限公司	新疆乌市	6.5	(2+1)/1500	98000	醇氨70	2012
11	上海焦化有限公司	上海吴泾	4.2	(1+1)/2000	68000	甲醇30,CO50	2013
12	安阳盈德气体有限公司	河南安阳	4.2	(1+1)/2155	118000	合成氨40,尿素60	2013
13	河南心连心化肥公司	河南新乡	6.5	(2+1)/1200	69000	合成氨50	2013

续表

序号	企业名称	建厂地点	气化压力/MPa	气化炉台数(开+备)及单炉投煤量/(t/d)	单炉合成气 $CO+H_2$/(m^3/h)	设计规模/(万 t/a)	投产日期
14	内蒙古荣信化工有限公司1期	内蒙古达旗	6.5	(2+1)/2500（3000）	140000	甲醇100	2014
15	烟台万华聚氨酯气化1期	山东烟台	6.5	(2+1)/1500	85000	氨醇34,氢7,CO17	2014
16	新疆心连心能源化工公司	新疆玛纳斯	6.5	(1+1)/1500	90000	合成氨30,尿素52	2015
17	陕西未来能源公司	陕西榆林	4.0	(6+2)/2000	132000	油品100	2015
18	江苏华昌化工有限公司1期	江苏张家港	6.5	(1+1)/1800	110000	合成氨40	2015
19	江苏灵谷化工公司2期	江苏灵谷	4.0	1/2000	110000	合成氨40	2015
20	鄂尔多斯国泰化工公司	鄂尔多斯	6.5	(1+1)/2000	116000	甲醇40	2015
21	宁波中金石化有限公司	浙江宁波	1.5	(1+1)/1000	65000	燃料气6.5万 m^3/h	2015
22	山东久泰化工有限公司	山东临沂	6.5	(4+2)/2000	100000	甲醇140,二甲醚120	2016
23	青海盐湖化工有限公司	青海格尔木	6.5	(2+1)/2200	128500	甲醇90,烯烃70	2016
24	中盐昆山有限公司	江苏昆山	6.5	(1+1)/1200	76000	合成氨30,尿素52	2016
25	新能凤凰能源公司改造2期	山东滕州	6.5	(2+1)/2000	134000	甲醇90	2017
26	山东华鲁恒升化工公司2期	山东德州	6.5	(2+1)/2500	150000	合成氨110	2017
27	中盐红四方股份有限公司	安徽合肥	6.5	(1+1)/2000	12800	乙二醇40	2018
28	新能达旗能源有限公司	内蒙古达旗	6.5	(1+1)/1500	95000	甲醇70	2018
29	恒力石化（大连）炼化公司	辽宁大连	6.5	(4+2)/3000	200000	氢气60	2019
30	江苏华昌化工有限公司2期	江苏张家港	6.5	1/1800	110000	合成氨40	2019
31	浙石化炼化一体化1期	浙江舟山	6.5	(4+2)/3000	170000	甲醇100，氢气30	2019
32	濮阳宝龙清洁能源公司	河南濮阳	6.5	(1+1)/1500	85000	合成氨30，尿素52	2019
33	兖矿煤业榆林甲醇厂2期	陕西榆林	6.5	(1+1)/2000	128000	甲醇40	2019
34	兖矿煤业榆林甲醇厂	陕西榆林	6.5	1/2000	120400	甲醇40,烯烃60	2020
35	烟台万华聚氨酯乙烯1期	山东烟台	6.5	(1+1)/3000	170000	甲醇60,CO17	2020
36	湖北三宁股份有限公司	湖北枝江	6.5	(2+1)/3000	170000	乙二醇40,氨52	2021

续表

序号	企业名称	建厂地点	气化压力/MPa	气化炉台数(开+备)及单炉投煤量/(t/d)	单炉合成气 CO+H$_2$/(m^3/h)	设计规模/(万 t/a)	投产日期
37	九江心连心化肥有限公司	江西九江	6.5	(2+1)/3000	150000	氨 50,二甲醚 40	2021
38	河南心连心化肥有限公司	河南新乡	6.5	(1+1)/3000	187000	甲醇 70	2021
39	湖北楚星化工股份有限公司	湖北宜都	6.5	(1+1)/1500	94000	合成氨 30	2021
40	湖北祥云集团化工有限公司	湖北武穴	6.5	(1+1)/1200	53000	合成氨 30	2021
41	内蒙古荣信化有限工公司 2 期	鄂尔多斯	6.5	(2+1)/4000	210000	甲醇 90,乙二醇 40,烯烃 80	2021
42	浙石化炼化一体化 2 期	浙江舟山	6.5	(4+2)/3000	170000	甲醇 100,氢气 30	2021
43	内蒙古汇能煤化工 2 期	鄂尔多斯	6.5	(2+1)/4000	247500	天然气 70	2021
	小计			77+43=120			

注:1. 已经运行炉子小计 77 台,备炉 43 台,合计 120 台。
2. 新能凤凰能源改造 1500 t/d 气化炉为 2000 t/d,有效气由 85000 m^3/h 提高到 134000 m^3/h。

表 14-7B 多喷嘴炉设计及建设项目主要商业应用业绩(截至 2021 年)

序号	企业名称	建厂地点	气化压力/MPa	气化炉台数(开+备)及单炉投煤量/(t/d)	单炉合成气 CO+H$_2$/(m^3/h)	设计规模/(万 t/a)	投产日期
1	江苏三木化工有限公司	江苏宜兴	4.0	(1+1)/750	45000	丁辛醇 40	待建
2	韩国 TENT	韩国丽水园	4.2	(1+1)/750	50000	合成气 5 万 m^3/h	建设
3	宜化股份有限公司	湖北宜昌	6.5	(2+1)/1200	73000	氨醇 50	建设
4	内蒙古五原金牛煤化公司	巴彦淖尔	6.5	(1+1)/1300	70000	合成氨 24	待建
5	江苏索普化工集团公司 2 期	江苏镇江	6.5	1/1500	108000	甲醇 40	建设
6	泛海能源投资包头公司 1 期	内蒙古包头	6.5	(2+1)/1500	85000	甲醇 40	建设
7	湖北新洋丰肥业有限公司	湖北荆门	6.5	(1+1)/1500	106000	合成氨 40	建设
8	华鲁恒升荆州合成气综合利用	湖北荆州	6.5	(3+1)/1500	85000	氨 60CO10	建设
9	湖北双环科技公司	湖北应城	6.5	(1+1)/1500	106000	合成氨 40	建设
10	杭州华电半山发电公司	浙江杭州	3.5	1/2000	110000	发电 240 MW	待建
11	山东盛大科技股份有限公司	山东泰安新泰	6.5	(1+1)/2000	110000	甲醇 36,二甲醚 30	建设
12	内蒙古京能锡林浩特煤化公司	内蒙古锡林	4.2	2/2200	150000	油品 40	待建
13	山东海力化工有限公司	山东淄博	6.5	(1+1)/2500	118000	合成氨 40	待建
14	美国 Valero	美国	6.2	(4+1)/2500	120000	氢气 35	建设
15	新疆伊泰伊犁能源公司	新疆伊犁	4.0	(4+1)/3000	160000	油品 100	待建
16	山东方宇润滑油有限公司 1 期	山东淄博	4.0	(1+1)/3000	175000	油品 100	建设
17	山东方宇润滑油有限公司 2 期	山东淄博	6.5	1/3000	175000	油品 100	建设
18	浙石化炼化一体化 2.5 期	浙江舟山	6.5	(4+2)/3000	170000	甲醇 100,氢气 30	前期

续表

序号	企业名称	建厂地点	气化压力/MPa	气化炉台数(开+备)及单炉投煤量/(t/d)	单炉合成气 CO+H$_2$/(m³/h)	设计规模/(万 t/a)	投产日期
19	内蒙古卓正煤化工公司 1 期	鄂尔多斯	6.5	(1+1)/4000	220000	甲醇 60, 醋酸 100	建设
20	内蒙古宝丰煤基新材料有限公司	鄂尔多斯	6.5	(15+5)/4000	220000	甲醇 1100,烯烃 400	前期
未计	中海油惠州石化有限公司	广东惠州	6.5	(1+1)/2500	132000	氢气、合成气	建设
未计	河南神马尼龙化工有限责任	河南平顶山	6.5	(2+1)/1500	90000	液氨 40, 氢气 3.6	建设
	小计			51+23=74 台			

注：设计及建设炉子小计 51 台，备炉 23 台，合计 74 台，运行及建设的炉子共计 194 台。

第五节 多元料浆新型加压气化技术

多元料浆新型加压气化技术（多元料浆炉，MCSG 炉）是具有完全自主知识产权的国产化洁净煤气化专利技术，在中国煤化工市场的推广应用较早。MCSG 炉的工业示范装置和商业化项目建设和生产运行，表明该技术先进成熟可靠，是国际先进的洁净煤气化技术之一。

一、多元料浆炉发展历程

多元料浆新型加压气化技术由西北化工研究院开发，该院创建于 1967 年，是化工部所属以煤气化技术为主导研究方向的科研单位，研究院主要由西安研发中心、富平产业园、临潼生产试验基地和昆山科研生产基地组成。该院一直致力于煤炭气化在固定床、流化床和气流床三个领域的开发和研究工作。固定床研究包括长焰煤直接入炉气化制合成氨原料气中间试验、长焰煤直接入炉制民用燃料煤气工业化试验、CO_2 还原制 CO 技术、煤焦富氧连续气化等新技术开发研究；流化床研究包括常压循环流化床（CFB）气化技术开发和循环流化床气化制合成氨原料气工业试验研究；气流床研究包括常压粉煤（K-T）气流床气化技术、合成氨常压粉煤气化工业化试验、干煤粉气化过程模型开发研究、水煤浆/多原料浆气化技术研发以及多元料浆加压气化技术研究等。其中国家重点研发计划项目包括高浓度有机废液污染物削减和资源化清洁利用技术研究开发、多元料浆新型气化技术研究开发、煤液化残渣制合成气（氢气）技术开发研究等方面取得突破和工业化应用。

1967~1972 年，进行水煤浆气化基础研究。

1976~1983 年，建立 0.48 t/d 和 0.96 t/d 小试装置，通过小试装置气化模拟进行水煤浆气化的试验研究，验证工艺气化过程的基本原理和机理以及气化关键设备的主要参数合理性和可靠性。在小试实验基础上，将放大实验数据，进行正式装置设计和建设。

1983~1999 年，建立 36 t/d 中试装置，通过中试装置气化试烧研究，进一步验证水煤浆气化工艺气化过程的机理以及气化关键设备的主要参数可靠性和控制系统等设计参数，为下一步放大工业示范装置奠定基础。同时大量试烧国内典型煤种，获取了大量的煤种试烧基础数据。

1996~2001 年，进行煤、油、煤焦水、沥青等多种原料制浆及气化研究，开发多元料浆气化技术；以及 150 t/d 级多元料浆工业示范装置建设及运行。从 1967 年开始研究并建立中试装置到 1999 年实现工业化示范装置建设和应用，跨越了 30 年。

2001 年，首套环保型多元料浆气化炉，将城市污水添加到水煤浆中，投煤量 150 t/d，用于浙江兰溪丰登 3 万 t/a 合成氨项目中，一次投料试车成功，标志着具有自主知识产权的国产化气流床在中国投产及生产运行，而且能够处理城市污水。2002 年，多元料浆气化炉，投煤量 500 t/d，用于浙江巨化 6 万 t/a 合成氨项目投产成功。目前国内已投产的气化炉能力最大为 2000 t/d。

二、多元料浆炉主要技术特征

多元料浆新型加压气化技术包括原煤（高浓度有机废水）运输、多元料浆制备、煤气化与冷却、除尘与余热回收、黑水处理循环利用等工序。该技术通过不同固体原料和液体原料（特别是难成浆原料）的制浆技术研究，煤液化残渣、生物质、纸浆废液和有机废水等原料混入，较大幅度提高了料浆的有效组成，由此降低了气化过程的消耗。排渣系统有固态排渣和液态排渣两种方式，较好解决了高灰熔点原料的气化瓶颈。气化剂可选用空气、富氧和纯氧；气化炉分为热壁炉和冷壁炉两种，可供多项选择。多元料浆炉主要技术特征见表 14-8。

表 14-8　多元料浆炉主要技术特征

序号	主要特征	描述
A	原料气化多元化	原料多元化，固体原料包括煤、焦粉、石油焦、石油沥青、煤液化残渣、生物质等含碳物质；液体原料医药、精细化工、煤化工、石油炼化废水等含碳氢的各种有机废水；气体原料含碳氢气体原料，油田伴生气、CO_2 等；作为湿式气化，一般灰熔融温度 1100～1350 ℃和含灰量 10%～15%为宜，固体煤的气化范围有一定的局限性
B1	多元料浆适应性要求	在有机废液制备高浓度料浆方面，利用低浓、低挥发、低黏有机废水与有机固、煤等制备高含固量、符合湿法气化要求的料浆。通过有机废液预处理得到稀、浓两种规格的有机废液，稀的去做水煤浆，浓的直接气化。多元料浆成浆性要求 50%～65%为宜，废液含 C、H、O 有机废液；可溶性金属离子含量需＜$10000×10^{-6}$；Cl＜$1200×10^{-6}$；COD 含量没有限制要求
B2	多通道单喷嘴	采用多通道工艺专利喷嘴。其中四通道喷嘴，废水料浆通过一个通道，高浓度有机废液通过另一个通道进入气化炉进行气化，而且这种气化效果比较好，可以达到设定目标，提高原料转化利用率，对碳氢进行资源化利用
B3	热壁炉	气化室内壁采用耐火砖衬里，热壁炉保温蓄热性能好，气化反应热损失小，但承受气化温度低，为延长热壁炉使用寿命，煤灰熔点尽可能降低，要求不大于 1350 ℃
C1	气化室温流场设计合理	气化温度为 1300～1400 ℃，气化室内由多层特种耐火砖砌筑。气化炉分为气化室和激冷室。气化室流场结构合理，采用多通道单喷嘴设计，气液固混合均匀。其中高浓度有机废水，如焦化厂有机废水作为气化原料，在氧气、高温高压的情况下发生裂解，生成以一氧化碳和氢气为主的合成气。有机废液经过预处理，适合制浆的直接入炉，进行共气化反应。气化室生成的煤气和灰渣经下降管进入激冷室
C2	煤气热量回收激冷流程	激冷室由下降管、上升管和溢流式激冷结构组成。下行煤气在激冷室中被冷却水激冷并初步除尘。激冷后进入炉底水冷饱和，煤气中的熔渣迅速冷却后分凝，并沉降到激冷室底部，由排渣系统定时排入渣罐。煤气被水饱和后离开气化炉
C3	三废排放环境影响小	入炉废液料浆浓度可达 50%～65%进行气化，气化温度为 1350 ℃左右。高浓度废液中有机质转化率可达 99.99%；有效气含量与水煤浆比可提高 2%～4%；节省原料煤 10%～30%；节省制浆用水 50%～100%。气化过程三废排放处理后完全达标
C4	合成气质量好	合成气有效气（$CO+H_2$）约 83%，不含烯烃及高级烃，有利于甲醇合成气能耗降低，以及保证甲醇质量
C5	单系列设备炉长周期运行	由于烧嘴和耐火材料使用寿命局限，需停车更换维修。喷嘴寿命平均 60～90 天，为保证长周期稳定生产需设备炉
C6	能源利用率高	采用多元料浆气化，带入 35%～40%的水分，增加了能耗。在典型操作条件下，碳转化率可达 98%，冷煤气效率约 73%
C7	技术成熟可靠	耐火材料使用温度限制及三相烧嘴使用寿命短，需设置备炉。长期生产运行的业绩及改进和完善，表明该技术成熟可靠
D	存在不足	水煤浆进料增加氧气消耗；气化室热壁炉耐火材料保温局限，不能使用高灰熔点煤种，气液固三相流对烧嘴端部磨损大，使用寿命短；为长周期运行，需设置备炉等

三、多元料浆炉商业应用业绩

多元料浆新型加压气化技术在中国市场气化专利技术许可 41 家，投入生产运行及建设的多元料浆炉 114 台。多元料浆炉商业化运行最早时间 2002 年，单炉最大投煤量为 2200 t/d，于 2014 年投料生产运行。多元料浆炉已经投产项目和设计及建设项目主要业绩分别见表 14-9A 和表 14-9B。

表 14-9A 多元料浆炉已经投产项目主要商业应用业绩（截至 2021 年）

序号	企业名称	建厂地点	气化压力/MPa	气化炉台数(开+备)及单炉投煤量/(t/d)	单炉合成气 CO+H_2/(m^3/h)	设计规模/(万 t/a)	投产日期
1	浙江丰登化工有限公司	浙江金华	1.0	(1+1)/150	8000	合成氨 3	2002
2	浙江巨化集团有限公司	浙江衢州	2.8	(1+1)/500	18500	甲醇 6	2003
3	山东华鲁恒升化工公司 1 期	山东德州	4.0	(1+1)/1000	70000	合成氨 30,尿素 52	2004
4	山东华鲁恒升化工公司 2 期	山东德州	6.5	(1+1)/1500	95000	甲醇 30	2007
5	山东华鲁恒升化工公司 3 期	山东德州	6.5	2/1500	95000	甲醇 60	2008
6	内蒙古三维集团有限公司 1 期	鄂尔多斯	4.0	(1+1)/1000	70000	甲醇 20	2008
7	安徽淮化集团有限公司	安徽淮南	4.0	(2+1)/750	46000	合成氨 30,尿素 52	2008
8	内蒙古伊泰煤制油有限公司	鄂尔多斯	4.0	(2+1)/1000	70000	油品 16	2008
9	陕西咸阳化学工业有限公司	陕西咸阳	6.5	(2+1)/1500	105000	甲醇 60	2008
10	山西华鹿煤炭化工公司	山西华鹿	4.0	(1+1)/750	46000	甲醇 20	2009
11	甘肃华亭中熙煤化甘肃	甘肃华亭	6.5	(2+1)/1500	105000	甲醇 60,丙烯 20	2009
12	鄂尔多斯蒙华能源公司	鄂尔多斯	4.0	(1+1)/750	46000	甲醇 20	2009
13	山东阿斯德化工公司（已搬迁）	山东肥城	4.0	(2+1)/750	46000	氨 18,尿素 52	2009
14	贵州鑫晟煤化工公司	贵州六盘水	4.0	(1+1)/1500	105000	甲醇 30	2009
15	合肥四方集团公司	安徽合肥	4.0	(1+1)/750	46000	甲醇 20	2009
16	新疆立业天富热电股份公司	新疆石河子	4.0	(1+1)/1500	105000	甲醇 30	2010
17	贵州盘江煤电股份公司	贵州盘江	4.0	(2+1)/1500	105000	甲醇 60	2010
18	宁夏宝塔联合化工公司	宁夏宁东	6.5	(2+1)/1500	105000	甲醇 60	2010
19	内蒙古伊化集团公司	内蒙古	4.0	(2+1)/1500	105000	甲醇 60	2011
20	华电榆林天然气化工有限公司	陕西榆林	4.0	(2+1)/1500	105000	甲醇 60	2011
21	内蒙古东华能源集团公司 1 期	准格尔	6.5	(2+1)/1500	105000	甲醇 60	2012
22	内蒙古中煤蒙大新能源化工	鄂尔多斯	6.5	(2+1)/1500	105000	甲醇 60	2013
23	内蒙古天润化肥公司 1 期	鄂尔多斯	4.0	(2+1)/750	46000	合成氨 30,尿素 52	2013
24	内蒙古博大实地煤化学公司	鄂尔多斯	6.5	(2+1)/1000	70000	合成氨 50,尿素 80	2013
25	长春大成生物科技开发有限公司	吉林长春	4.0	(2+1)/500	18500	合成氨 12	2014
26	内蒙古汇能煤化工有限公司 1 期	鄂尔多斯	6.5	(2+1)/2000	118000	天然气 34	2014

续表

序号	企业名称	建厂地点	气化压力/MPa	气化炉台数(开+备)及单炉投煤量/(t/d)	单炉合成气 CO+H$_2$/(m^3/h)	设计规模/(万 t/a)	投产日期
27	陕西延长中煤榆林能源化工 1 期	陕西榆林	6.5	(2+1)/2200	148000	甲醇 120, 烯烃 60	2014
28	宁夏捷美丰友化工公司	宁夏宁东	6.5	(2+1)/1500	105000	氨 40, 甲醇 20	2014
29	山东华鲁恒升化工 80 万 t 醋酸	山东德州	6.5	(2+1)/2000	118000	甲醇 45, CO70	2015
30	内蒙古伊东九鼎化工有限公司	鄂尔多斯	4.0	(3+1)/500	18500	甲醇 20	2018
31	伊泰杭锦旗能源有限公司	内蒙古杭锦旗	4.0	(2+1)/1000（二种炉型）	70000	精细化学品 120	2018
32	内蒙古久泰能源有限公司	准格尔	6.5	(3+1)/1500	105000	甲醇 100	2019
33	陕西延长中煤榆林能源化工 2 期	陕西榆林	6.5	(3+1)/2200	148000	甲醇 180, 烯烃 60	2021
34	陕西延长榆神能化煤基乙醇	陕西榆林	6.5	(2+1)/1500	105000	乙醇 50	2021
	小计			61+33=94			

表 14-9B 多元料浆炉设计及建设项目主要商业应用业绩（截至 2021 年）

序号	企业名称	建厂地点	气化压力/MPa	气化炉台数(开+备)及单炉投煤量/(t/d)	单炉合成气 CO+H$_2$/(m^3/h)	设计规模/(万 t/a)	投产日期
1	陕西奥维乾元化工有限公司	陕西府谷	6.5	(2+1)/1500	105000	氨 30, 甲醇 20	建设
2	陕西陕化煤化工有限公司	陕西渭南	6.5	(2+1)/1500	105000	甲醇 60	建设
3	陕西榆林天然气化工公司 2 期	陕西榆林	6.5	(2+1)/1500	105000	甲醇 60	建设
4	黑龙江龙煤东东化股份公司	双鸭山	6.5	(1+1)/1500	105000	甲醇 30	建设
5	延长石油延安能源化工	陕西延安	6.5	(2+1)/1500	105000	甲醇 60	建设
6	鄂托克旗建元煤焦化有限责任公司	鄂托克旗	6.5	(2+1)/1500	105000	合成氨 60, 尿素 40	建设
7	内蒙古天润化肥公司 2 期	鄂尔多斯	4.0	(2+1)/750	46000	合成氨 30, 尿素 52	建设
	小计			13+7=20			

第六节 清华水煤浆加压气化技术

清华水煤浆加压气化技术（清华炉）是具有完全自主知识产权的国产化洁净煤气化专利技术，在中国煤化工市场的推广应用较早。清华炉的工业示范装置和商业化项目建设和生产运行，表明该技术先进成熟可靠，是国际先进的洁净煤气化技术之一。

一、清华炉发展历程

2013 年，由清华大学和北京盈德清大科技有限公司（简称盈德清大）签署专利合作协议，双方共同拥有清华炉专利权，授权盈德清大在专利有效期内对外拥有专利许可及转让和工程设计权力。非熔渣-熔渣二级水煤浆加压气化技术（简称清华炉）早期由清华大学、北京达立科科技有限公司和山西丰喜肥业（集团）有限责任公司临猗分公司共有自主知识产权。在对引进的 Texaco 水煤浆气化技术消化吸收的过程中，清华大学和北京达立科科技有限公司提出了非熔渣-熔渣二级煤气化工艺的技术概念，以解决水煤浆湿法气化工艺喷嘴磨损严重，使用寿命短，气化炉容积利用率低等缺陷。若采用非熔渣-熔渣两段式低温（灰熔点下）气化和高温（灰熔点上）气化过程的技术概念，则可较好解决水煤浆气化存在的一些缺陷，提高水煤浆气化的性能指标和转化能效，降低消耗和成本。该工艺既可进行水煤浆气化，也可进行干煤粉及其他含碳物质的气化。该技术依托山西丰喜肥业（集团）有限责任公司临猗分公司 10 万 t/年甲醇项目，并进行工业示范装置验证和推广。

2001 年，针对大规模气化技术用于发电和化工等领域，基于对气化反应过程控制因素深入分析及其热过程深刻理解，清华大学创新性地将燃烧领域的分级送风概念和立式旋风炉的结构引入煤气化中，将热能工程领域的自然循环和膜式水冷壁凝渣保护原理扩展到煤气化领域，提出了分级供氧水煤浆气化技术（一代清华炉）和水煤浆水冷壁煤气化技术（二代清华炉）。与其他气化技术不同，清华炉的研究是从锅炉燃烧演化而来的，其他气化技术是由化工反应器发展而来的。早期对非熔渣-熔渣气化炉技术基础研究，是对国外水煤浆气化技术的优化和完善。北京达立科公司和清华大学热能研究所首先进行基础理论研究和冷热态试验，以验证该技术的可行性和先进性，该项目得到国家"863"计划支持。在非熔渣-熔渣气化基础理论研究的基础上完成了数学模型，建立冷态实验和热态实验装置。

2002 年，在非熔渣-熔渣气化基础理论研究的基础上，根据冷态实验和热态实验获取基础数据并进行验证的基础上开展清华炉工艺包和方案的基础设计。这一阶段除完成非熔渣-熔渣二级气化工艺包和基础设计外，还同步开展了后续 10 万 t/a 甲醇项目示范工程的详细设计，为后续示范工程建设奠定了基础。

2003 年 7 月 29 日，示范项目破土动工正式开始工程建设，建设工期 28 个月。其中气化工艺采用非溶渣-溶渣二级气化专利技术，以国产化技术和设备为依托，设备国产化率达 98.5%以上。气化炉直径 $\varPhi$2800 mm，气化压力 4.0 MPa，单台投煤量 550 t/d，设计 2 台炉子，一开一备。经过 30 个月的建设，完成全部建设项目，工程竣工验收，具备投料试车的条件。

2006 年 1 月 23 日，山西丰喜肥业（集团）有限责任公司临猗分公司 10 万 t/年甲醇工程，煤气化示范项目一次化工投料试车成功。在试运行过程中，为减少示范项目风险，试运行分两步进行。第一步氧气不分级开车，暴露并整改系统问题；第二步氧气分级开车，预混气体采用二氧化碳或氧气，中环隙进水煤浆，外环进氧，侧壁喷嘴加入氧气。各项运行指标达到预期要求。截至 2007 年 10 月，已累计运行了 600 天，生产粗甲醇 20 余万吨，仅停车 34 天，平均负荷率为 88.68%（含停车时间，设计值为 82.19%）。开工运转率为 94.66%，达到了国内外水煤浆为原料的同类装置运行的先进水平。

二、清华炉主要技术特征

清华水煤浆加压气化技术包括原煤运输、水煤浆制备与输送、煤气化与冷却、除尘与余热回收、黑水处理循环利用等工序。原料（水煤浆、干煤粉或者其他含碳物质）通过给料机构进入气化炉的非熔渣区，采用纯氧作为气化剂，CO_2、N_2、水蒸气等作为喷嘴雾化介质。在非熔渣区控制氧气的加入比例中，使该区的气化温度保持在煤的灰熔点以下。生成的合成气以及未反应的固体混合物进入熔渣区，在熔渣区再补充部分氧气，使熔渣区的温度保持在煤的灰熔点以上，在该区完成全部的气化过程。目前国内已投产的气化炉能力最大为 2000 t/d，清华炉主要技术特征见表 14-10。

表 14-10 清华炉主要技术特征

序号	主要特征	描述
A	原料适用范围广	原料煤适用范围：烟煤、次烟煤、长焰煤、气煤、石油焦及褐煤等均能用作气化原料，此外煤化工、石油炼化有机废水等含碳氢的各种有机废水作为制备水煤浆的原料；由于水煤浆气化既有热壁炉，也有水冷壁结构，对高灰熔点煤也能适应。一般灰熔融温度 FT 1100～1500 ℃ 和含灰量 10%～15% 为宜
B1	水煤浆进料二级气化	水煤浆进料，有机废液可作为制备水煤浆的原料，水煤浆浓度有一定要求，55%～65% 为宜，可溶性金属离子含量需 $<10000×10^{-6}$；$Cl<1200×10^{-6}$；COD 含量没有限制要求
B2	多通道单喷嘴及分级喷氧	由于喷嘴附近温度是由燃料量和氧气量及其混合效果决定的。采用多通道单喷嘴及二级供氧，可以抑制喷嘴出口火焰温度。然后再沿燃料流动方向的适当位置二次补氧，提高温度促进气化反应，形成熔渣。喷嘴预混程度调节气体可以采用 CO_2、N_2、水蒸气等其他气体，结合氧气的分级供给，降低喷嘴附近的温度，延长喷嘴的使用寿命
B3	热壁炉或水冷壁（冷壁炉）	热壁炉：气化室非熔渣区和熔渣区内壁采用耐火砖衬里，热壁炉保温蓄热性能好，气化反应热损失小，非熔渣区气化温度低，耐火保温材料完全能够满足要求；熔渣区气化温度高与煤的灰熔点有关，为延长热壁炉耐火材料使用寿命，煤灰熔点尽可能降低，不大于 1300 ℃ 水冷壁：气化炉内部仅有 30 mm 厚的 SiC 涂层，运行时不需进行更换，也不会脱落，对环境无害；水冷壁气化炉的耐火材料烘炉时间短，一般 1 h 即可直接投料，放空废气量少。水煤浆制备可以采用有机废水，如环己酮装置含苯废水、甲醇精馏残液等
C1	气化室设非熔渣及熔渣区，流场设计合理	气化温度为 1000～1300 ℃，气化室内由多层特种耐火砖砌筑。气化室分为非熔渣气化区、熔渣气化区和激冷室，气化室流场结构合理。水煤浆和氧气通过喷嘴首先进入非熔渣气化区，在区内控制氧气的比例，形成 1000 ℃ 左右不超过灰熔点的燃烧室。燃料在低于灰熔点下燃烧气化，不产生熔渣，以"灰"的形式经过连接管进入熔渣气化区。在该区内，来自非熔渣气化区含有未反应物料的气流与补入熔渣气化区的氧进一步反应，炉内温度升至 1300 ℃ 达到煤的灰熔点以上进行气化反应，使燃料在气化炉内形成沿壁流淌而下的熔渣进入激冷室。最后反应得到的合成气经激冷饱和后送出气化炉
C2	煤气热量回收激冷流程	激冷室采用复合床技术，无上升管。高温合成气采用水激冷方式，下降管上有激冷水喷头，对高温合成气的初级降温，减少激冷水液位波动和合成带水。气体从下降管下口鼓泡出升后被破泡线条分割，避免形成大的气泡，也增加了气液接触面积，强化了洗涤传热效果，合成气中的灰含量大大降低；当气体从下降管下口出来后流通面积迅速增大，流速迅速降低，也就不产生带水现象，对激冷室的液位冲击也较小
C3	三废排放环境影响小	熔渣区高温气化在 1300 ℃ 以上，使煤中所含灰分全部熔化经下降管激冷流到炉底，由于碳转化率高，渣中含碳量低，容易进行渣、水分离，可有效减轻环保压力。气化废水中不含焦油、酚等污染物，工艺废水经处理后可作为原料水制备水煤浆
C4	合成气质量好	合成气有效气（$CO+H_2$）约 83%，不含烯烃及高级烃，有利于合成气能耗降低，以及保证下游产品的质量
C5	单系列设备炉长周期运行	对于热壁炉由于烧嘴和耐火材料使用寿命局限，需停车更换维修。喷嘴寿命平均 120 天，为保证长周期稳定生产需设备炉
C6	能源利用率高	清华炉与干煤粉气化技术相比，水煤浆气化的氧耗和煤耗较高，煤耗比干粉气化高 5%～6%，氧耗高 12%～20%
C7	技术成熟可靠	热壁炉受煤的灰熔点限制及三相流烧嘴使用寿命短，需设置备炉。水冷壁则不需要设置备炉，长期生产运行的业绩及改进和完善表明该技术成熟可靠
D	存在不足	水煤浆进料增加氧气消能；热壁炉耐火材料保温局限，不能使用高灰熔点煤种，气液固三相流对烧嘴端部磨损大，使用寿命短；为长周期运行，需设置备炉等。水冷壁炉则主要是喷嘴使用寿命短

三、清华炉商业应用业绩

清华水煤浆加压气化技术在中国市场气化专利技术许可 16 家,投入生产运行及建设的清华炉 34 台。清华炉商业化运行最早时间 2006 年,单炉最大投煤量 1500 t/d,于 2015 年投料生产运行。清华炉已经投产项目和设计及建设项目主要业绩分别见表 14-11A 和表 14-11B。

表 14-11A 清华炉已经投产项目主要商业应用业绩(截至 2021 年)

序号	企业名称	建厂地点	气化压力/MPa	气化炉台数(开+备)及单炉投煤量/(t/d)	单炉合成气 CO+H$_2$/(m^3/h)	设计规模/(万 t/a)	投产日期
1	阳煤丰喜集团 第一代炉二级进氧	山西临猗	4.0	(1+1)/500	26000	合成氨 18	2006
2	阳煤丰喜集团 第二代炉水冷壁	山西临猗	4.5	1/1000	52000	合成氨 18	2011
3	大唐呼伦贝尔化肥 1 期	呼伦贝尔	4.0	(1+1)/500	26000	合成氨 18	2012
4	鄂尔多斯金诚泰化工 1 期	鄂尔多斯	4.0	(2+1)/1500	70000	甲醇 50	2013
5	河北迁安化肥股份氨醇项目	河北迁安	6.5	2/1500	70000	合成氨 30,醇 20	2015
6	阳煤集团寿阳化工	山西寿阳	4.5	(1+1)/1000	52000	乙二醇 20	2016
7	新疆克拉玛依盈德气体有限公司	克拉玛依	4.0	(2+1)/1000	52000	氢气 4	投产
8	石家庄盈德气体有限公司	河北石家庄	6.5	(2+1)/1500	70000	氢气 6	投产
9	昌邑盈德气体有限公司	山东昌邑	4.0	(1+1)/1000	52000	丁辛醇 50	投产
10	中石油天野化工有限公司	呼和浩特	6.5	(1+1)/1500	70000	合成氨 30	投产
11	阳泉煤业集团平定化工 1 期	山西平定	6.5	(1+1)/1500	70000	乙二醇 20	2017
12	山西阳煤丰喜泉稷能源	山西运城	4.0	(1+1)/1000	52000	合成氨 18	2017
13	新疆国泰新华矿业公司 1 期	新疆昌吉	6.5	2/1500	70000	甲醇 25	2018
14	山东旭阳方明化工有限公司	山东菏泽	6.7	2/1000	52000	氨 40,己内酰胺 60	2022
15	江苏德邦兴华科技有限公司	江苏连云港	6.5	2/1500	70000	合成氨 50,尿素 80	2022
	小计			22+10=32			

表 14-11B 清华炉设计及建设项目主要商业应用业绩(截至 2021 年)

序号	企业名称	建厂地点	气化压力/MPa	气化炉台数(开+备)及单炉投煤量/(t/d)	单炉合成气 CO+H$_2$/(m^3/h)	设计规模/(万 t/a)	投产日期
1	河北阳煤正元化工	河北石家庄	3.5	(1+1)/1000	45000	氨 12,甲醇 8	待定
	小计			2			

注:待定炉子 1 台,备炉 1 台,合计 2 台;运行及待定炉子总计 34 台。

第七节 晋华水冷壁水煤浆加压气化技术

晋华水冷壁水煤浆加压气化技术(晋华炉)是具有完全自主知识产权的国产化洁净煤气化专利技术,在中国煤化工市场的推广应用较早。晋华炉的工业示范装置和商业化项目建设和生产运行,表明该技术先进成熟可靠,是国际领先的洁净煤气化技术之一。

一、晋华炉发展历程

北京清创晋华科技有限公司(简称"清创晋华"),以水煤浆气化技术为核心,专业从事煤、焦、渣油等含碳物质气化技术研发、技术推广、工程总承包的公司。清创晋华成立于2017年，拥有水煤浆水冷壁直连废锅气化炉（晋华炉3.0）全部自主知识产权，专利许可、转让和工艺包设计及工程总承包。该技术是由清创晋华和清华大学山西清洁能源研究院、山西阳煤化工机械（集团）有限公司、阳煤丰喜肥业（集团）有限责任公司联合研发。2017年12月25日中国石油和化学工业联合会对水煤浆水冷壁直连废锅气化炉（晋华炉3.0）通过了组织的科技成果鉴定，鉴定委员会认为"总体技术处于国际领先水平"。晋华炉获授权专利50余项；获得美国、日本、欧盟等国15项PCT专利授权；入选2019年国家工业节能技术应用指南与案例。

晋华炉的前身是清华炉，因此晋华炉煤气化技术自2001年投入研发开始，经过了专利研究、数学模型建立、冷态试验、热态试验及工程化等各阶段。

2006年1月，非熔渣-熔渣耐火砖二级气化技术第一代晋华炉（第一代清华炉）工业示范装置在山西阳煤丰喜肥业（集团）有限责任公司临猗分公司投料试运行。

2011年8月，非熔渣-熔渣水冷壁二级气化技术第二代晋华炉（第二代清华炉）工业示范装置第二代晋华炉示范装置在山西阳煤丰喜肥业（集团）有限责任公司临猗分公司投料试运行。首次投料开车就稳定运行了140天，达到了设计指标；第二代晋华炉克服了水煤浆的两个瓶颈：水煤浆气化耐火砖不适合高灰熔点煤的高温气化；单炉年运转率低，为达到装置年运转要求，须设备炉；同时也克服了干煤粉气化的两个缺陷：干煤粉制备中的粉煤易爆危险性；气化系统压力一般在4.0 MPa。

2016年4月，水煤浆水冷壁直连废锅气化炉（晋华炉3.0）第三代晋华炉在山西阳煤丰喜肥业（集团）有限责任公司临猗分公司投料试运行成功。三代晋华炉采用水煤浆进料，气化炉由上部气化室，采用水冷壁结构；中部从气化室出来的高温煤气进入辐射废热锅炉回收热量，并产生高压蒸汽；下部进入激冷段，进行煤气激冷分离。与激冷型气化炉相比，三代晋华炉可以回收高压蒸汽，更适合高灰熔点煤和低浓度水煤浆气化工艺。

二、晋华炉主要技术特征

晋华水冷壁水煤浆加压气化技术由水煤浆制备单元、气化单元、除尘与余热回收单元、灰水处理单元组成。第三代晋华炉解决了水煤浆气化的难题，实现了水煤浆直连废锅的应用，在赶超世界先进的水煤浆气化技术领域跨出了重要的一步。晋华炉示范项目被认为在煤种适应性、试车运行、节能降耗、技术经济等方面与同行业水煤浆气化技术有较强的竞争优势。目前国内已投产的气化炉能力最大为2000 t/d，晋华炉主要技术特征见表14-12。

表14-12 晋华炉主要技术特征

序号	主要特征	描述
A	煤种适用范围广	水煤浆气化炉采用膜式水冷壁结构，拓宽了水煤浆气化炉适用原料范围。除一般的烟煤、次烟煤、长焰煤、气煤、石油焦外，对高灰分、高灰熔点和高硫煤、低灰熔点煤、半焦、焦炭、褐煤和高碱性渣煤等均能气化
B1	水煤浆进料	水煤浆进料，可利用高浓度有机废水和有机固体废物制备气化原料，COD含量没有限制要求，协同处置有机废物既经济又环保。水煤浆浓度为50%~65%，可溶性金属离子含量需<10000×10^{-6}，Cl含量<1200×10^{-6}
B2	双功能组合喷嘴	采用启动、工作双功能组合工艺喷嘴和独特的燃料气雾化点火系统，在投料时燃料气与水煤浆同轴伴燃，稳燃后切断燃料气。双功能组合喷嘴在一个喷嘴中完成气化炉的点火、升温和投料全过程，3 h内可实现气化炉从冷态到满负荷运行。喷嘴整体夹套式冷却，与水冷壁冷却水共用一套循环水系统，基本解决了露点腐蚀、硫腐蚀和应力腐蚀等问题。喷嘴使用寿命可提至140天以上

续表

序号	主要特征	描述
B3	水冷壁（冷壁炉）	采用膜式水冷壁结构可以替代传统昂贵易损的耐火绝热砖层，避免了复杂耗时的耐火砖更换造成的定期停炉维护。膜式水冷壁液态挂渣，遇水冷壁冷却成固态渣层，当其超过煤灰熔点时，固态渣层表面又发生液化形成液态渣层，液渣在重力的作用下向下流动到渣口排出。渣层的厚度在颗粒沉积和液流流动的双重影响下达到平衡，形成稳定的固液态渣层，以渣抗渣。年运行时间提至 8000 h
C1	气化室流场设计合理	采用气化室流场和渣口优化设计，实现灰渣在气化室复循环，即顶部烧嘴嘴回流，底部渣口回流，回流区强化了碳颗粒的返混，增大了碳颗粒的停留时间，在不增加气化炉容积时，提高了气体停留时间，从而提高碳转化率。由于水煤浆进料稳定、安全可靠，燃烧室气化火焰和流场结构设计合理，水冷壁挂渣均匀。水冷壁采用热能工程领域成熟的垂直悬挂膜式水冷壁结构，水力循环采用自然循环设计，强制循环运行，既保证了水冷壁的高效冷却，又避免了强制循环泵失电时水冷壁无法得到有效冷却的问题。气化炉外壁温度仅 100 ℃ 左右，比耐火砖炉壁温度低 150 ℃ 左右，不会发生气化炉外壳超温、鼓包，安全性能好
C2	热量回收半废锅流程	采用半废锅流程将煤气化过程中煤气 1300 ℃ 的显热予以回收，产生高品位蒸汽后煤气温度降至 700 ℃，根据《气流床水煤浆气化能效计算方法》半废锅流程能效达 79.06%，比传统水煤浆激冷流程提高约 4.39%。每标千方有效气副产（锅炉水回收能量）10 MPa 饱和蒸汽 $0.6 \sim 0.8$ t，比传统水煤浆激冷流程提高约 24%。半废锅底部出来的高温合成气采用水激冷方式降温，下降管上有激冷水喷头，对高温合成气初级降温，可减少激冷水液位波动和合成气带水
C3	环境友好，达标排放	由于气化温度高，粗渣残炭含量低。水煤浆气化粗渣比例高、固体废渣易于处理。废水中不存在焦油和酚类物质，也不含有六价铬，废水污染小易于处理。相对于耐火砖结构，减少了烘炉时间和烘炉废气的排放，也没有干粉干燥过程的大量废气排放
C4	合成气质量好	合成气有效气（$CO+H_2$）约 76.83%，不含烯烃及高级烃，有利于合成气能耗降低，以及保证下游产品的质量
C5	单系列长周期运行	对于冷壁炉由于水冷壁使用寿命长，不需停车维修。使用寿命超过 8000 h，可保证长周期稳定生产运行，可不需设备炉
C6	技术成熟可靠	水冷壁炉不需要设置备炉，较长时间生产运行改进和完善表明该技术成熟可靠
D	存在不足	水煤浆进料增加氧气消耗，能耗增加；气液固三相流对烧嘴端部磨损大，单个烧嘴负荷大，使用寿命短

三、晋华炉商业应用业绩

晋华水冷壁水煤浆加压气化技术在中国市场气化专利技术许可 34 家，投入生产运行及建设的晋华炉 74 台。第三代晋华水冷壁水煤浆加压气化技术商业化运行最早时间 2016 年，单炉最大投煤量为 2000 t/d，于 2020 年投料生产运行。晋华炉已经投产项目和设计及建设项目主要业绩分别见表 14-13A 和表 14-13B。

表 14-13A 晋华炉已经投产项目主要商业应用业绩（截至 2021 年）

序号	企业名称	建厂地点	气化压力/MPa	气化炉台数及单炉投煤量/(t/d)	单炉合成气 $CO+H_2$/(m³/h)	设计规模/(万 t/a)	投产日期
1	山西阳煤丰喜肥业（集团）有限责任公司临猗分公司	山西临猗	6.5	1/1000	52000	合成氨 18	2016
2	湖北钟祥金鹰能源科技公司	湖北钟祥	6.5	2/1000	52000	甲醇 40	2017
3	湖北荆门盈德煤制氢项目	湖北荆门	6.5	3/1500	70000	氢气 10	2019
4	河南金大地合成氨 3 期	河南漯河	6.5	3/1500	70000	合成氨 50	2019
5	河南金大地 60 万 t 小苏打 4 期	河南漯河	6.5	3/1500	70000	氨 50	2020
6	山东金诚石化有限公司	山东淄博	6.5	2/1500	70000	氢气 5	2020
7	兴安盟乌兰泰安能源化工 1 期	内蒙古兴安盟	6.5	2/2000	100000	氨 100，尿素 160	2020

续表

序号	企业名称	建厂地点	气化压力/MPa	气化炉台数及单炉投煤量/(t/d)	单炉合成气 CO+H$_2$/(m^3/h)	设计规模/(万t/a)	投产日期
8	新疆天业化工乙二醇项目2期	新疆石河子	6.5	4/2000	100000	乙二醇100	2020
9	兰石化张掖晋源昌焦油加氢项目	甘肃张掖	2.5	2/500	24000	氢气1.7	2021
10	阳煤集团淄博齐鲁一化	山东淄博	4.5	2/1000	52000	丁辛醇50	2022
11	沧州旭阳化工有限公司	河北沧州	6.7	3/1500	70000	合成氨50	2022
12	重庆湘渝盐化股份有限公司	重庆万州	6.5	2/1000	52000	合成氨40	2022
13	山西南耀集团昌晋苑焦化公司	山西长治	6.5	1/1500	70000	醋酸40, 氢0.89	2022
14	浙江晋巨化工有限公司	浙江衢州	6.5	2/1000	47000	氨18, 甲醇15	2022
	小计				31		

表14-13B　晋华炉设计及建设主要项目商业应用业绩（截至2021年）

序号	企业名称	建厂地点	气化压力/MPa	气化炉台数（开+备）及单炉投煤量/(t/d)	单炉合成气 CO+H$_2$/(m^3/h)	设计规模/(万t/a)	投产日期
1	山西通州煤焦集团焦氨醇	山西通洲	4.0	1+1/1000	52000	氨10, 甲醇10	建设
2	陕西清水银泉煤业公司	陕西榆林	6.5	2+1/2000	100000	氨60, 氨水20	设计
3	陕煤集团龙华矿业分质利用	陕西神木	6.8	2+1/1500	70000	合成氨50	建设
4	山西一丁煤化工科技公司	山西长治	6.5	2/1500	70000	乙二醇40	建设
5	内蒙古安捷新能源科技	内蒙古赤峰	4.5	2/1000	46500	乙二醇30	推进
6	宁波科元塑料	浙江宁波	4.5	1/1000	52000	制氢3.7	推进
7	山西松蓝化工	山西朔州	4.5	2/1500	70000	乙二醇40	设计
8	山东广饶胜星化工有限公司	山东广饶	6.5	2/1500	70000	乙二醇40	推进
9	内蒙古开滦化工有限公司	鄂尔多斯	6.5	2/1500	70000	乙二醇40	推进
10	重庆宜化化工有限公司	重庆	6.5	2/1500	70000	合成氨50	建设
11	大唐呼伦贝尔化肥2期	呼伦贝尔	6.5	2/1500	70000	合成氨50	建设
12	阳煤平原化工公司技改项目	山东平原	6.5	2/1500	70000	合成氨50	推进
13	陕延能源子长化合成氨项目	陕西子长	6.5	2/2000	100000	合成氨70	建设
14	浙江江山市双氧水有限公司	浙江江山	2.2	1+1/500	16000	双氧水60	建设
15	山东巨铭能源有限公司	山东菏泽	4.0	1+1/1500	70000	合成氨24	待定
16	山东圣奥化学科技有限公司	山东	2.2	2/1500	70000	合成氨50	待定
17	江苏连云港碱业有限公司	江苏连云港	6.5	2+1/1500	70000	合成氨50	设计
18	出口朝鲜合成氨项目	朝鲜	4.0	1+1/500	26000	合成氨10	建设
19	新疆中泰新材料股份有限公司	新疆托克逊	6.5	2+1/1500	117000	甲醇100	建设
20	内蒙古东北阜丰生物科技有限公司	呼伦贝尔	6.5	2/1500	42500	合成氨30	建设
	小计			35+8=43			

注：建设炉子小计35台，备炉8台，合计43台，运行和建设炉子共计74台。

第八节 SE 水煤浆加压气化成套技术

SE 水煤浆加压气化成套技术（SE 水煤浆炉）是具有完全自主知识产权的国产化洁净煤气化专利技术，在中国煤化工市场的应用较晚。SE 水煤浆炉的工业示范装置和商业化项目建设和生产运行，表明在多元煤种适应性、节能降耗、技术经济等方面有较强的竞争优势；同时也表明该技术先进成熟可靠，是先进的洁净煤气化技术之一。

一、SE 水煤浆炉发展历程

SE 水煤浆加压气化成套技术专利由中国石化集团有限公司（简称中国石化）和华东理工大学共同拥有。SE 水煤（焦）浆气化成套技术核心是以双浆双氧喷嘴、平推流气化炉流场结构、煤浆自动分配三大创新点，攻克水煤浆喷嘴易烧蚀的难题，研发的新型喷嘴使用寿命可达一年以上，碳转化率大于 99%，能协同处理液固废弃物，且工艺流程简单、投资低。

2009 年，华东理工大学洁净煤技术研究所针对国内外水煤浆生产运行中的瓶颈进行科研攻关。首先是将煤浆和氧气输送至气化炉的喷嘴使用寿命短瓶颈。由于水煤浆气化炉内温度高达 1300 ℃，特别是使用后期喷嘴烧蚀严重、磨损大、雾化效果差等，必须停车更换维修。喷嘴是制约气化炉长周期运行的问题之一，若能有效降低喷嘴端部燃烧强度，则可大幅延长喷嘴寿命。

基于对气化炉内颗粒反应特性和炉内流场调控的研究，研发了以炉内平推流为主的流场结构，显著优化颗粒停留时间分布和炉温分布，将碳转化率提高到了大于 99%，细灰与粗灰的比例也降低为 2∶8（现有技术约 4∶6），灰渣中残炭也降至 20% 左右（现有技术约 30%）。

基于对水煤浆复杂流变性的研究，建立了高精度的煤浆流量和阻力分配数学模型，研发了采用分支流和节流部件组合的煤浆多通道的分配技术，实现了在无泵和无调节装置的情况下，双股煤浆的精确自动分配。

2012 年，中国石化与华东理工大学合作建设中国石化-华东理工大学气化技术研究中心，通过产学研合作开发高效煤气化技术，SE 水煤（焦）浆气化成套技术就是其中之一。

2013 年，华东理工大学和中国石化宁波技术研究院开展具有自主知识产权 SE 水煤浆（焦）气化成套技术的工艺包设计工作，经过一年多的科技攻关，SE 水煤浆（焦）气化成套技术开发完成，并同时完成了日处理煤千吨级的"SE 平推流水煤浆气化技术"工艺包的设计工作。

2015 年，SE 水煤浆气化成套技术得到中石化高度重视，该水煤浆技术创新改进的三大亮点非常适用于煤、石油焦等多种原料的气化，能充分利用双煤浆通道烧嘴直接处理油浆、污泥、有机废液等废弃物。该技术将对推动我国煤化工和制氢技术的发展具有重要意义，为此，被列入中国石化"十条龙"科技攻关项目，首次用于中国石化镇海炼化公司的石油焦煤制氢项目。

2019 年 1 月 30 日，中国石化镇海炼化公司煤焦制氢装置（POX 项目）全流程一次打通，并成功产出合格产品，标志着采用国产化自主攻关高压水煤（焦）浆气化成套技术的煤焦制氢装置开车成功。3 台千吨级 SE 水煤（焦）浆气化炉成功投运，装置运行稳定可靠，高硫石油焦最高掺烧比例 75%。目前，SE 水煤（焦）浆气化成套技术已推广应用于镇海炼化二期制氢项目，双料浆通道烧嘴具有内外两个独立的料浆通道，可同时处理两种不同性质的物料，同时具备使用寿命长的特点，为利用煤气化装置耦合处理油渣提供了可靠的技术支持。

二、SE 水煤浆炉主要技术特征

SE 水煤浆加压气化成套技术由水煤浆制备单元、气化冷却单元、除尘与余热回收单元、灰水处理单元组成。通过双浆双氧喷嘴、平推流气化炉流场结构、煤浆自动分配的创新点，较好解决了水煤浆气化的一些瓶颈，实现了水煤浆（焦）混合进料共用，在先进的水煤浆气化技术领域跨出了重要的一步。目前国内已投产的气化炉能力最大为 2000 t/d，SE 水煤浆炉特征见表 14-14。

表 14-14　SE 水煤浆炉主要技术特征

序号	主要特征	描述
A	煤种适用范围广	烟煤、次烟煤、长焰煤、气煤、石油焦、高硫石油焦、油浆、污泥、有机废液等废弃物等均能气化，受热壁炉限制，高灰熔点煤不宜气化
B1	水煤浆进料	水煤浆进料，可利用高浓度有机废水和有机固体废物制备气化原料，COD 含量没有限制要求，协同处理有机废物既经济又环保。水煤浆浓度为 55%～65%，可溶性金属离子含量需 $<10000\times10^{-6}$；Cl 含量 $<1200\times10^{-6}$
B2	双煤（焦）浆通道气化喷嘴	采用双煤（焦）浆通道气化喷嘴，喷嘴四通道走的原料由内至外分别为氧、浆、氧、浆，这种排列最大的好处就是，最外侧通道的水煤浆作为冷却介质强化了喷嘴自冷却保护，使得喷嘴使用寿命得以大幅延长
B3	耐火砖衬里（热壁炉）	采用热壁炉结构，气化室内壁采用耐火砖衬里，热壁炉保温蓄热性能好，气化反应热损失小，气化温度高低与煤的灰熔点有关，为延长热壁炉耐火材料使用寿命，煤灰熔点尽可能降低，不大于 1300 ℃
C1	气化炉内平推流为主结构	采用炉内平推流为主的流场结构，优化颗粒停留时间分布和炉温分布，碳转化率可提高到 99%，细灰与粗灰的比例降低为 2:8（现有技术约 4:6），灰渣中残炭降至 20% 左右（现有技术约 30%）。由于水煤浆进料稳定、安全可靠，气化室火焰和流场结构设计合理，采用热壁炉结构，气化炉外壁温度 250 ℃ 左右。气化炉温度控制≤1300 ℃
C2	热量回收激冷流程	高温合成气采用水激冷方式，下降管有激冷水喷头，对高温合成气初级降温，可减少激冷水液位波动和合成气带水。合成气中的灰含量大大降低，当气体从下降管下口出来后流通面积迅速增大，流速迅速降低，不产生带水现象，对激冷室液位冲击较小
C3	环境友好，达标排放	气化温度高，粗渣残碳含量低。水煤浆气化粗渣比例高、固体废渣易于处理。废水中不存在焦油和酚类物质，废水污染小易于处理并回用制剂浆
C4	合成气质量好	合成气有效气（CO+H_2）约 76.83%，不含烯烃及高级烃，有利于合成气下游产品的质量
C5	单系列长周期运行	采用热壁炉，控制煤的灰熔点，延长使用寿命长，需停车维修设备炉
C6	技术成熟可靠	较长时间生产运行改进和完善，表明该技术成熟可靠
D	存在不足	水煤浆进料增加氧气消能，能耗增加；气液固三相流对烧嘴端部磨损大，单个烧嘴负荷大，使用寿命短

三、SE 水煤浆炉商业应用业绩

SE 水煤浆加压气化成套技术在中国市场气化专利技术许可 5 家，投入生产运行及建设的 SE 水煤浆炉 13 台。SE 水煤浆加压气化成套技术商业化运行最早时间 2019 年，单炉最大投煤量为 2000 t/d，于 2019 年投料生产运行。SE 水煤浆炉已经投产项目和设计及建设项目主要业绩分别见表 14-15A 和表 14-15B。

表 14-15A　SE 水煤浆炉已经投产项目主要商业应用业绩（截至 2021 年）

序号	企业名称	建厂地点	气化压力/MPa	气化炉台数(开+备)及/单炉投煤量/(t/d)	单炉合成气 $CO+H_2/(m^3/h)$	设计规模/(万 t/a)	投产日期
1	镇海炼化配套制氢一期	浙江镇海	6.5	(2+1)/1000 激冷	70000	煤制氢 10	2019
2	镇海炼化配套制氢二期	浙江镇海	6.5	(2+1)/2000 激冷	145000	煤制氢 20.7	2021
	小计			4+2=6			

表 14-15B　SE 水煤浆炉设计及建设项目主要商业应用业绩（截至 2021 年）

序号	企业名称	建厂地点	气化压力/MPa	气化炉台数(开+备)及/单炉投煤量/(t/d)	单炉合成气 $CO+H_2/(m^3/h)$	设计规模/(万 t/a)	投产日期
1	巴陵石化煤制氢	江苏南京	6.5	(2+1)/1500	210000	煤制氢 12.9	建设
2	新疆宜东煤制氢项目	新疆哈密	6.5	(1+1)/1100 激冷	77000	煤制氢 4.73	建设
3	鄂尔多斯市乌兰鑫瑞煤制氢	内蒙古鄂尔多斯	6.5	(1+1)/600 激冷	42000	煤制氢 2.58	设计
	小计			4+3=7			

注：建设炉子小计 4 台，备炉 3 台，合计 7 台，运行及建设共计 13 台。

第九节　东昱经济型水煤浆气化技术

东昱经济型水煤浆气化成套技术（东昱炉）是具有完全自主知识产权的国产化洁净煤气化专利技术，在中国煤化工市场商业化应用还没有。东昱炉中试装置建设和投料试验运行，表明气化炉各项指标基本达到设计要求，其先进性和可靠性还有待进一步通过工业运行装置的验证。

一、东昱炉发展历程

东昱经济型水煤浆气化技术专利技术由中国东方电气集团有限公司东方电气中央研究院（简称东方研究院）和江西昌昱实业有限公司（江西昌昱）共同拥有。东昱炉水煤浆气化技术核心是以经济性为突破口，将先进的水煤浆气化理念应用于改造和提升传统煤化工产业，降低水煤浆气化技术同比投资，解决水煤浆气化瓶颈，提高气化性能指标，协同处理煤化工液固废弃物。

2007 年，中国东方电气集团有限公司成立东方电气中央研究院。属于国家高新技术企业、国家海外高层次人才创新创业基地，也是中国东方电气集团有限公司顶层研发平台、技术创新中心等。

2010 年，东方研究院依托集团公司强大的能源技术装备研发和设计制造能力以及丰富的研发资源支持，建成了碳基燃料清洁高效利用基础实验室和工业试验室，开始进行清洁、高效、煤种适应性强的气流床加压气化技术研究工作，涵盖基础理论研究、数值模拟、小试试验和工业试验研究。先后对水煤浆气化、煤粉高压密相气力输送、等离子高温熔融气化以及化学链气化技术进行攻关，成功开发了系列煤气化关键技术、核心设备以及清洁燃煤气化系统，建立了一套适用于煤质指标体系和相应的煤质评价程序，以及较为完整的气化用煤理论体系。

2016 年，东方电气与江西昌昱强强联合，充分发挥双方在能源技术创新研发、工程技术转化、装备制造以及煤化工行业的开拓能力与资源，在煤气化领域建立了全面的产学研合作关系，决定共同开发工业经济型水煤浆气化技术及装备并成功研制出东昱炉，在江西南昌昌昱实业有限公司工业气化试验基地建设了投煤量 20 t/d 中试装置。

2018 年 5 月 28 日，依托中国东方电气集团中央研究院与江西昌昱产学研合作开发的东昱炉工业中试装置一次开车成功，产出合格的粗煤气产品，经过 72 h 连续稳定运行，碳转化率等各项指标全部达到设计要求，新一代经济型水煤浆气化技术取得重大突破。该中试装置的成功运行，进一步加强对气化炉工作特性研究；关键设备及部件开发和性能验证；气化系统关键控制参数设置及控制逻辑开发；不同煤种气化实验特性研究；操作条件对气化性能影响的规律研究；煤气化系统物料平衡研究；工程设计验证及持续改进研究，且均具有重要意义。

二、东昱炉主要技术特征

东昱经济型水煤浆气化技术由水煤浆制备单元、气化冷却单元、除尘与余热回收单元、灰水处理单元组成。通过自主研发的 DLS 分散剂配套新型制浆工艺；水煤浆气泡雾化新型喷嘴；气化室和激冷室独立设计等较好解决了水煤浆气化的一些瓶颈，实现了水煤浆（高浓度废水）混合进料，在先进的水煤浆气化技术领域跨出了重要的一步。目前国内已投产的气化炉中试装置能力为 20 t(干煤)/d，东昱炉主要技术特征见表 14-16。

表 14-16　东昱炉主要技术特征

序号	主要特征	描述
A	煤种适用范围广	烟煤、次烟煤、长焰煤、气煤、有机废液等废弃物等均能气化，受热壁炉限制，高灰熔点煤不宜气化（对热壁炉）
B1	水煤浆进料	水煤浆进料，可利用高浓度有机废水制备气化原料，COD 含量没有限制要求。采用自主研发的 DLS 分散剂配套新型制浆工艺，可有效利用废水制备性能优良的高浓度水煤浆。在气化炉内高温状态下充分反应，将有害物质变废为宝，处理废水量 $0.3\sim0.4$ t/km^3(CO+H$_2$)，协同处置有机废水既经济又环保
B2	水煤浆气泡雾化喷嘴	采用水煤浆气泡雾化喷嘴和新型烧嘴冷却水系统，能够针对煤气化反应特性，对烧嘴与气化炉型进行匹配开发设计，确保气化装置稳定运行、性能良好
B3	耐火砖衬里（热壁炉）	采用热壁炉结构，气化室内采用耐火砖衬里，热壁炉保温蓄热性能好，气化反应热损失小，气化温度高低与煤的灰熔点有关，为延长热壁炉耐火材料使用寿命，煤灰熔点尽可能降低，不大于 1300℃。中试装置采用水冷壁结构，气化温度为 1200～1500℃。燃烧室保温可选择
C1	气化炉流场温度场合理	气化炉内气化室与激冷室设计成独立结构，大幅降低了气化炉制造、运输与安装难度，布置紧凑完善，造价大幅降低，维护及检修方便。气化炉采用特殊炉膛结构，强化物料在炉膛内的"三传一反"过程，优化颗粒停留时间分布和炉温分布，碳转化率可提高到 99%。采用热壁炉（可选择），气化炉外壁温度 250℃左右。气化炉温度控制≤1300℃，气化强度＞5200 m^3/(m^2·h)(CO+H$_2$, 2.5 MPa)
C2	热量回收激冷流程	高温合成气采用水激冷方式，下降管有激冷水喷头，对高温合成气初级降温，可减少激冷水液位波动和合成气带水。合成气中的灰含量大大降低，当气体从下降管下口出来后流通面积迅速增大，流速迅速降低，不产生带水现象，对激冷室液位冲击较小
C3	环境友好，可达标排放或循环利用	气化温度高，粗煤残碳含量低。废水中不存在焦油和酚类物质，废水污染小易于处理并回用制剂浆
C4	合成气质量好	合成气有效气（CO+H$_2$）约 81.5%，不含烯烃及高级烃，有利于合成气下游产品的质量
C5	单系列长周期运行	采用热壁炉，控制煤的灰熔点，使用寿命长，需停车维修设备炉
C6	技术成熟可靠	仅通过中试装置投料运行，还有待完善。该技术还需经工业示范装置进一步验证
D	存在不足	水煤浆进料增加氧气消耗，能耗增加；气液固三相流对烧嘴端部磨损大，单烧嘴负荷大，使用寿命短

三、东昱炉商业应用业绩

东昱经济型水煤浆气化成套技术投入运行的中试装置 1 台。东昱炉运行最早时间 2018 年，单炉最大投煤量为 20 t/d，东昱炉的可行性与先进性有待于工业装置运行的进一步验证。东昱炉中试装置运行业绩见表 14-17。

表 14-17 东昱炉中试装置运行业绩（截至 2021 年）

序号	企业名称	建厂地点	气化压力/MPa	气化炉台数及单炉投煤量/(t/d)	单炉合成气 H_2+CO/(m^3/h)	设计规模	投产日期
1	江西南昌实业有限公司	江西南昌	1.0～4.0	1/2	180	小试装置	投料
2	江西南昌实业有限公司	江西南昌	1.0	1/20	1800	中试装置	2018
3	江西南昌实业有限公司	待定	4.5	1/2000	180000	设计	
小计				1			

注：1. 2 台中试装置 2 t/d 炉和 20 t/d 炉。
2. 中试装置投料运行验证。

第十节 新奥浆粉耦合气化技术

新奥浆粉耦合气化技术（新奥粉浆炉）是具有完全自主知识产权的国产化洁净煤气化专利技术，通过新奥浆粉耦合气化技术中试装置建设和投料试验运行，表明气化效率、碳转化率等各项指标基本达到设计要求。新奥粉浆炉在改进型水煤浆气化技术方面取得重大突破，新奥粉浆炉是国内外首套干法和湿法煤气化混合气化的先进洁净煤气化技术之一。

一、新奥粉浆炉发展历程

新奥浆粉耦合气化技术/新奥粉浆炉专利技术由新奥科技发展有限公司（简称新奥科技）拥有。新奥粉浆炉气化的核心是以成熟的水煤浆气化技术和粉煤加压密相输送技术耦合集成。相比单一的水煤浆气化技术，通过粉浆耦合，提高水煤浆入炉浓度，降低水煤浆气化过程的氧耗和煤耗进行攻关，达到了提升水煤浆能效的目的。粉浆耦合提高了冷煤气效率和有效气组分含量，增加了气化炉产气能力，同时也拓宽了原料煤种的适用范围，将水煤浆气化过程中湿法进料存在的不足进行局部改进，解决水煤浆气化能耗高的瓶颈，从而实现煤炭的清洁高效转化利用。

2006 年，新奥集团成立新奥科技发展有限公司。依托新奥集团强大的能源技术研发和丰富的集团能源科技资源支持，新奥科技建立了煤基低碳能源国家重点实验室，国际科技合作基地，国家认定企业技术中心等科技创新平台。专注于前瞻性清洁能源技术研发创新、无碳能源颠覆性技术创新以及清洁高效水煤浆加压气化技术创新，涵盖基础理论研究、小试和工业试验研究。先后在水煤浆气化、煤粉高压密相气力输送耦合提高能效的研究等方面取得了重大突破。

2012 年，经过前期水煤浆气化基础研究，逐步形成了粉浆炉两种原料进料气化技术、多通道喷嘴组合及进料控制技术、CO_2 粉煤密相输送工艺等为粉浆耦合气化相配套的专利技术。同时完成了 1500 t/d 投煤量的粉浆气化工艺包设计，为下一步工业示范项目的建设奠定了基础。

2017年，依托新奥集团在内蒙古鄂尔多斯煤基低碳循环经济生产基地进行新奥粉浆炉示范项目建设。经过两年多建设，示范项目于2020年计划投料试车。示范项目投料运行，表明粉浆耦合气化技术达到预期的设计目标，水煤浆进料有效浓度可提至68%左右，比氧耗下降15%左右，有效气浓度和冷煤气效率提高4%左右，总体气化能耗降低6%左右。

二、新奥粉浆炉主要技术特征

新奥浆粉耦合气化技术由煤粉（占总煤量33%）制备单元、水煤浆（占总煤量77%）制备单元、气化及冷却单元、除尘与余热回收单元、灰水处理单元组成。通过自主研发的水煤浆及干煤粉耦合进料工艺技术；三相物料（干煤粉、水煤浆和氧气）匹配比调控系统；气化炉特殊的炉膛结构设计；5喷嘴组合进料系统及控制系统及激冷室设计等较好解决了水煤浆气化的一些瓶颈，实现了高浓度水煤浆混合进料，在先进的水煤浆气化技术领域取得了重要突破。新奥粉浆炉主要技术特征见表14-18。

表14-18 新奥粉浆炉主要技术特征

序号	主要特征	描述
A	煤种适用范围宽	烟煤、次烟煤、长焰煤、气煤等均能气化，受热壁炉限制，高灰熔点煤不宜气化（对热壁炉）
B1	水煤浆干煤粉耦合进料	采用水煤浆和干粉煤耦合进料，提高水煤浆入炉有效浓度。采用自主研发的浆粉调配控制系统及关键控制部件，可有效控入炉粉氧比、浆氧比以及粉浆比，使得水煤浆浓度比传统水煤浆浓度提高4%~5%。由此可降低水煤浆的比氧耗和比煤耗
B2	5喷嘴组合进料	采用5喷嘴组合进料，顶置单喷嘴干粉氧气进料，炉壁则均布4喷嘴水煤浆氧气进料，烧嘴与气化炉型匹配设计，确保气化装置稳定运行
B3	耐火砖衬里（热壁炉）	采用热壁炉结构，气化室耐火砖衬里，具有保温蓄热性能好、气化反应热损失小等特点。为延长热壁炉耐火材料使用寿命，煤灰熔点尽可能降低，不大于1300℃
C1	气化炉流场温度场优化	气化炉由气化室与激冷室两部分组成，气化室是耐火材料及耐火砖衬里，采用特殊的炉膛结构，强化三相流、干煤粉、水煤浆及氧气在炉膛内的充分混合均匀，优化颗粒停留时间分布和炉温分布，碳转化率可提高到97%
C2	热量回收激冷流程	高温合成气采用水激冷方式冷却，煤气穿过激冷水分布环及下降管进入激冷室水浴，对高温合成气进行冷却降温，大部分灰渣冷却后进入激冷室底部，经渣锁斗排出。煤气中的灰含量大大降低，气体沿着下降管与上升管环隙出去，离开气化炉
C3	环境友好，可达标排放或循环利用	气化温度高，粗渣残碳含量低。废水中不存在焦油和酚类物质，废水污染小易于处理并回用制剂浆
C4	合成气质量好	合成气有效气（$CO+H_2$）约86.6%，不含烯烃及高级烃，有利于合成气下游产品的质量
C5	单系列长周期运行	采用热壁炉控制煤的灰熔点，使用寿命长，需设备炉
C6	技术成熟可靠	仅通过示范装置投料运行，还有待完善。该技术还需经工业生产装置进一步验证其优良的性能指标
D	存在不足	干煤粉制备和水煤浆制备导致双物料制备复杂；三相物料（干煤粉、水煤浆和氧气）匹配调控系统复杂；尽管水煤浆进料浓度增加，但氧气消耗还是比干煤粉增加能耗；水煤浆气液固三相流对烧嘴端部磨损大，单烧嘴负荷大，使用寿命短。高灰熔点煤使用范围受限

三、新奥粉浆炉商业应用业绩

新奥浆粉耦合气化技术在中国市场气化专利技术许可还没有进展，投入生产运行中试装置1台。新奥粉浆炉运行最早时间2020年，新奥粉浆炉中试装置运行业绩见表14-19。

表 14-19　新奥粉浆炉中试装置业绩（截至 2021 年）

序号	企业名称	建厂地点	气化压力/MPa	气化炉台数及单炉投煤量	单炉粗合成气（干基）/(m³/h)	设计规模	投产日期
1	新奥新能源有限公司	鄂尔多斯	6.5	1/240 kg/d	示范	示范装置验证	2020
2	新奥新能源有限公司	鄂尔多斯	6.5	3/1500 t/d	125000	待定	设计
	小计			1			

注：1. 240 kg/d 气化。
2. 示范装置已经投料运行验证。
3. 设计工业装置，1/3 干煤粉进料，2/3 水煤浆进料，计入水煤浆气流床类型。

参考文献

[1] 张涛, 赵岐. 石油焦在多喷嘴水煤浆气化装置中的应用[J]. 中氮肥, 2016, 191(5): 50-51.
[2] 国家标准化管理委员会. 气化水煤浆：GB/T 31426—2015[S]. 2015-05-15.
[3] 吴波. 投煤量 2500t/d 四喷嘴水煤浆气化装置试运行总结[J]. 煤炭加工与综合利用, 2015(6): 73-75.
[4] 吴秀章. 煤制低碳烯烃工艺与工程[M]. 北京：化学工业出版社, 2014.
[5] 李战学, 韩喜民, 孟令兵, 等. 水煤浆水冷壁气化技术综述[J]. 中氮肥, 2012(2): 7-10.
[6] 汪家铭. 水煤浆水冷壁气化技术及其应用[J]. 化学工业, 2012, 30(10): 30-33.
[7] 国家标准化管理委员会. 水煤浆试验方法 第 1 部分：采样：GB/T 18856.1—2008[S]. 2008-07-29.
[8] 国家标准化管理委员会. 水煤浆试验方法 第 2 部分：浓度测定：GB/T 18856.2—2008[S]. 2008-07-29.
[9] 国家标准化管理委员会. 水煤浆试验方法 第 3 部分：筛分试验：GB/T 18856.3—2008[S]. 2008-07-29.
[10] 国家标准化管理委员会. 水煤浆试验方法 第 4 部分：表观黏度测定：GB/T 18856.4—2008[S]. 2008-07-29.
[11] 李波, 潘荣, 吕传磊. 新型烧嘴的开发及在水煤浆气化装置中的应用[J]. 大氮肥, 2007, 30(5): 355-357.
[12] 于广锁, 于尊宏. 多喷嘴对置式水煤浆气化技术开发与产业化应用[J]. 中国科技产业, 2006(2): 28-31.
[13] 王利君. 德士古气化炉工艺烧嘴损坏原因分析[J]. 炼油与化工, 2006, 17(4): 37-39.
[14] 于广锁, 龚欣, 刘海峰, 等. 多喷嘴对置式水煤浆气化技术[J]. 现代化工, 2004, 24(10): 46-49.
[15] 龚欣, 王辅臣, 刘海峰, 等. 新型撞击流气流床水煤浆气化炉[J]. 燃气轮机技术, 2002, 15(2): 23-24.
[16] 胡祖荣, 史启祯. 热分析动力学[M]. 北京：科学出版社, 2001.
[17] 皮银安. 低温甲醇洗相平衡模型和气液平衡计算(1)——相平衡模型[J]. 湖南化工, 1997, 27(4): 1-5.
[18] 皮银安. 低温甲醇洗相平衡模型和气液平衡计算(2)——气液平衡模型[J]. 湖南化工, 1998, 28(1): 15-18.

第十五章

煤气化比选计算范例

本章以煤制油为例,针对煤制油所需要的合成气,提出两种煤气化工艺进行比较和选择,即干煤粉气化工艺和水煤浆气化工艺。干煤粉气化工艺以神宁炉、航天炉、壳牌炉和五环炉为参照系,但不针对具体的一种炉型,也不评价因选择干煤粉气化和煤制油工艺组合的先进性;水煤浆气化工艺以多喷嘴炉、多元料浆炉、GE 炉为参照系,但不针对具体的一种炉型,也不评价因选择干煤粉气化或水煤浆气化和煤制油工艺组合的先进性。其目的是推出新型煤气化及气化煤技术如何进行煤气化和气化煤匹配比选的一种方法演示,供读者借鉴和参考,其中有些数据的选择和考核验收数据可能存在误差。

第一节 煤气化比选概述

一、比选范围

比选项目拟选煤制油产品,主要是合成气规模和 H_2/CO 比差异。规模:100 万吨油品/年;年操作时间:8000 h。比选范围:以煤为原料,纯氧气化反应制合成气,粗合成气净化,酸性气体回收作为比选界区。煤气化采用气流床干煤粉气化和气流床水煤浆气化,激冷流程,水冷壁或热壁炉,顶烧式单烧嘴或多烧嘴,湿法除渣技术;CO 变换采用 Co-Mo 系耐硫变换催化剂,CO 部分变换,调节氢碳比,以满足费托合成油对氢碳比的要求;变换气经余热回收后,送低温甲醇洗,脱除 CO_2 和 H_2S 等杂质脱除,$CO_2<10\times10^{-6}$,总硫$<0.1\times10^{-6}$,酸性气送湿法硫回收装置,同时为费托合成提供合格的净化气送出界区。

二、比选概况

煤制油以煤炭为原料,通过化学加工过程生产油品,主要生产方法包含煤直接液化法和煤间接液化法两种工艺。煤直接液化法是将煤在高温高压条件下,通过催化剂加氢直接液化合成液态烃类燃料。该法反应及操作条件苛刻,产出燃油的芳烃、硫和氮等杂质含量高,十六烷值低等。煤间接液化法是以煤气化得到的合成气为原料制备烃类化合物的过程,首先煤气化,再通过费托合成转化为烃类燃料。生产的油品具有十六烷值高、H/C 含量较高、低硫和低芳烃以及能和普通柴油以任意比例互溶等特点。

以煤为原料的煤制油工艺非常成熟，我国已经运行的典型煤制油项目有：国家能源集团神华煤化工能源公司鄂尔多斯煤直接液化项目、兖矿集团的陕西未来能源化工有限公司榆林煤间接液化项目、国家能源集团的宁东能源化工基地煤间接液化项目、伊泰化工有限公司杭锦旗煤间接液化项目和山西潞安高硫煤间接液化项目。据统计2021年我国煤制油产量达679.5万t，虽然煤制油产量占我国成品油产量的1.81%左右，但煤制油的战略意义非常重大。

三、煤制油项目

1. 神华煤直接液化

项目位于内蒙古鄂尔多斯市伊金霍洛旗，建设规模为一期第一条生产线生产108万t油品/年，2011年12月项目一期第一条生产线投产生产试运行，持续维持85%左右负荷运行。煤直接液化所需要的氢气采用壳牌干煤粉气化工艺获取。该项目于2004年8月25日正式开工建设，2008年12月31日完成整体投料试车，2008年12月31日打通生产流程，生产出合格的产品。

2. 陕西未来能源化工煤间接液化

项目位于陕西榆林市，建设规模为年产115万t油品，其中年产合成柴油79万t、石脑油26万t、液化石油气10万t，年转化利用煤炭500万t。未来能源煤制油项目由兖矿集团和延长石油共同投资，采用兖矿研发的低温费托合成技术和多喷嘴水煤浆气化技术，项目总投资164.06亿元。该项目于2012年7月开工建设，2015年8月一次投料成功，生产出合格的产品。

3. 神华宁东能源化工煤间接液化

项目位于宁夏宁东能源化工基地，建设规模为年产405万t油品，副产27.5万m^3/h合成气。项目占地面积561公顷（1公顷=$10^4 m^2$），总投资约550亿元，采用中科合成油费托高温合成技术和GSP粉煤加压气化+神宁炉干煤粉气化技术。项目于2013年9月18日获国家核准，9月28日开工建设，2016年10月25日投料试车，12月17日油品A、B线打通流程并产出合格的产品。

4. 内蒙古伊泰化工煤间接液化

项目位于内蒙古杭锦旗独贵塔拉工业园区，建设规模为年产120万t油品，其中主要产品为高熔点费托合成蜡、环保型低芳溶剂、黏度指数改进剂等化学品，采用中科合成油费托高温合成技术和航天炉干煤粉加压气化+多元料浆水煤浆气化技术，总投资198.16亿元。项目于2014年7月23日开工建设，2017年12月投料试车，产出合格的产品。

5. 山西潞安高硫煤间接液化

项目位于山西长治市襄垣县，建设规模为100万t油品/年和115 MW余热发电装置，采用中科合成油费托高温合成技术和壳牌干煤粉加压气化技术，总投资236.7亿元。山西潞安高硫煤清洁利用油化电热一体化示范项目于2012年7月获发改委路条，2017年10月建设完成，2017年12月29日产出合格产品。

从煤气化制油品示范工程生产运行的项目和正在建设的项目分析，用于煤气化的工艺有神宁炉、多喷嘴炉、航天炉、壳牌炉和多元料浆炉等，目前这几种气流床干煤粉气化和水煤浆气化制油品总产能超过 1400 万 t/a，气化总投煤量能力超过 14.00 万 t/d。气化工艺成熟，生产装置运行可靠性高，业绩多，是煤制油气化工艺选择的主要技术。

第二节　比选基础数据

比选基础重点依据所选煤种及煤质工业分析和煤质工艺性质分析和工艺配置所确定的工艺流程，以及由工艺流程所进行的物料平衡计算数据，尤其是选择了独立的化学反应式和由入炉原料和出系统组分及合成气的氢平衡、CO 平衡、碳平衡、CO_2 平衡、水蒸气平衡等多种平衡，有些平衡如氧平衡、硫平衡、N_2 平衡等对工艺性能的计算和评价影响有限，故予以忽略，但对具体确定的煤气化炉时，则应该精准计算。

两种煤气化工艺原料煤工业分析数据如下。

一、原料煤工业分析

原料煤工业分析见表 15-1。

表 15-1　原料煤工业分析

序号	项目名称	单位	收到基(ar)	备注
一	工业分析			
1	全水分(M_t)	%（质量分数）	13.00	
2	空干基水分(M)	%（质量分数）	6.51	为空干基数据
3	灰分(A)	%（质量分数）	9.21	
4	挥发分(V)	%（质量分数）	31.66	
5	固定碳(FC)	%（质量分数）	46.13	
二	元素分析			
1	碳(C)	%（质量分数）	63.57	
2	氢(H)	%（质量分数）	3.91	
3	氧(O)	%（质量分数）	7.86	
4	硫(S_t)	%（质量分数）	1.72	
5	氮(N)	%（质量分数）	0.73	
三	有害物质分析			
1	Cl	%（质量分数）	0.024	
2	P	%（质量分数）	0.0034	
3	As	μg/g	2.923	
4	F	μg/g	67.338	
5	Hg	ng/g	0.614	

注：原料煤工业分析数据作为已知条件，为煤气化比选计算提供设计依据。

二、煤的工艺性质分析

煤的工艺性质分析见表 15-2。

表 15-2 煤的工艺性质分析

序号	项目名称	单位	指标	备注
1	发热量			
	收到基低位发热量 $Q_{net,ar}$	MJ/kg	24.10	已知条件
	空干基低位发热量 $Q_{net,ad}$	MJ/kg	26.07	折 6226.71 kcal/kg
2	灰熔点			
	变形温度（DT）/T_1	℃	1190	
	软化温度（ST）/T_2	℃	1220	
	半球温度（HT）/T_3	℃	1230	
	流动温度（FT）/T_4	℃	1240	
3	灰组分			
	SiO_2	%（质量分数）	41.70	
	Al_2O_3	%（质量分数）	14.77	
	Fe_2O_3	%（质量分数）	14.04	
	TiO_2	%（质量分数）	0.75	
	K_2O	%（质量分数）	1.65	
	Na_2O	%（质量分数）	0.97	
	CaO	%（质量分数）	12.29	
	MgO	%（质量分数）	0.64	
	SO_3	%（质量分数）	10.08	
4	焦渣特征 $CRC_{(1\sim8)}$	—	2	
5	黏结指数 $G_{R,I}$	—	5	
6	煤对 CO_2 反应活性			
	800 ℃	α%	6.0	
	950 ℃	α%	45.2	
	1100 ℃	α%	88.3	
7	热稳定性			
	TS_{+6}	%	73.54	中高热稳定性煤
	$TS_{3\sim6}$	%	21.50	
	TS_{-3}	%	4.96	
8	哈氏可磨性指数 HGI	—	55	
9	灰黏度特性指数 Rn		0.97	
10	煤灰黏温曲线			
	<1245 ℃（临界黏度 T_{cv}）	Pa·s	>40	黏度快速升高
	1250 ℃	Pa·s	25.0	
	1489 ℃	Pa·s	2.5	
11	成浆浓度 C	%	62	

三、煤气化比选界区范围

（1）设计范围

煤气化工艺比选（设计）范围：从原料煤制备、空分、煤气化、变换至低温甲醇洗结束为物料平衡界区范围，包括冷冻和硫回收。

(2) 设计规模：煤制油产品（油品）：100 万 t/a，125 t/h；
(3) 年操作时间：8000 h；
(4) 其他参数见表 15-3 配置数据，供比选时参考；
(5) 根据煤质基础数据和煤气化及净化系统配置进行比选计算；
(6) 干煤粉气化设定为方案一（或干煤粉炉），水煤浆气化设定为方案二（或水煤浆炉）。

表 15-3 两种煤气化工艺界区主要装置配置表

装置名称	方案一	方案二
1. 空分	需氧量 20.41 万 m³/h，选择制氧量 8.3 万 m³/h，配置 3 系列，每系列一套空分	需氧量 26.22 万 m³/h，选择制氧量 10.0 万 m³/h，配置 3 系列，每系列一套空分
2. 煤气化	有效气 65.82 万 m³/h，投煤量 9876 t/d，选择神宁炉，单炉投煤量 2000 t/d。配置 2 系列，每系列 3 台气化炉，5 开 1 备	有效气 65.83 万 m³/h，投煤量 10414 t/d，选择多喷嘴炉，单炉投煤量 2800 t/d。配置 2 系列，每系列 3 台气化炉，4 开 2 备
3. 变换	粗煤气化 132.20 万 m³/h，CO+H₂ 49.79%（湿基），单系列处理粗煤气量 66.10 万 m³/h，配置 2 系列	粗煤气化 167.66 万 m³/h，CO+H₂ 39.26%（湿基），单系列处理粗煤气量 83.83 万 m³/h，配置 2 系列
4. 低温甲醇洗	变换气量 94.07 万 m³/h，单系列处理量 47.04 万 m³/h。生产净化气 66.15 万 m³/h。配置 2 系列	变换气量 92.92 万 m³/h，单系列处理量 46.46 万 m³/h。生产净化气 66.03 万 m³/h。配置 2 系列
5. 冷冻站	单系列冷量 14295 kW，配置 2 系列	单系列冷量 14295 kW，配置 2 系列
6. 硫回收	酸性气体 1.53 万 m³/h。装置规模约 220 t/d。配置 1 个系列	酸性气体 1.55 万 m³/h。装置规模约 220 t/d。配置 1 个系列

第三节　两种气化工艺物料平衡计算

煤制油工艺采用煤间接液化法技术，以煤为原料，通过煤气化得到含有 CO+H₂ 的粗合成气，将粗合成气经 CO 变换，调节 H/C 比为 H₂/CO=1.7 左右，低温甲醇洗脱硫脱碳得到净化气，再通过费托合成转化为油品。生产的油品具有十六烷值高、H/C 含量高、低硫和低芳烃等特点。根据提供的原料煤工业分析数据、煤工艺性质分析数据和界区工艺配置数据用 Aspen 物料平衡工艺软件进行模拟计算。

一、方案一物料平衡

1. 界区内工艺方框物料流程

采用干煤粉炉气化工艺，方案一界区内干煤粉炉工艺方框物料流程见图 15-1 所示。

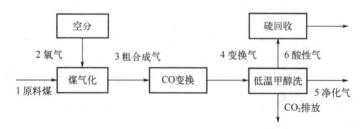

图 15-1　方案一界区内方框物料流程示意图

2. 界区内工艺物料平衡

方案一界区内工艺物料平衡数据见表15-4所示。

表15-4 方案一界区内工艺物料平衡数据

名称	原料煤		氧气		粗合成气		变换气		净化气		酸性气	
物料点	1		2		3		4		5		6	
组分	摩尔分数/%	原料煤产量	摩尔分数/%	体积流量/(m³/h)	摩尔分数/%	体积流量/(m³/h)	摩尔分数/%	体积流量/(m³/h)	摩尔分数/%	体积流量/(m³/h)	摩尔分数/%	体积流量/(m³/h)
H_2					14.53	192087	43.85	412475	62.04	410413	0.00	0.03
CO					35.26	466138	26.13	245750	36.48	241327	0.00	0.15
CO_2					4.05	53541	29.00	272834	0.76	5000	68.49	10500
N_2			0.029	61	0.28	3702	0.39	3702	0.56	3694	0.03	3.75
CH_4					0.01	132	0.01	132	0.02	132		
H_2S					0.34	4429	0.48	4429	≤0.1×10⁻⁶		28.89	4429
COS					0.03	397	0.04	397			2.59	397
Ar/Ma			0.359	755	0.07	926	0.09	926	0.14	926		
NH_3/O_2			99.612	209183	0.01	132	≤2×10⁻⁶					
H_2O					45.42	600520	0.01	55				
CH_3OH											0.00	0.50
小计		411.5	100.00	209999	100.00	1322004	100.00	940700	100.00	661492	100.00	15330
温度/℃			30.0		210		40		−30		30	
压力/MPa			4.90		4.00		3.50		3.25		0.18	

二、方案二物料平衡

1. 界区内工艺方框物料流程

方案二界区内水煤浆炉工艺方框物料流程见图15-2所示。

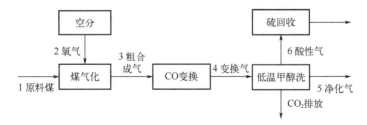

图15-2 方案二界区内水煤浆炉工艺方框物料流程示意图

2. 界区内工艺物料平衡

方案二界区内工艺物料平衡数据见表15-5所示。

表 15-5　方案二界区内工艺物料平衡数据

名称	原料煤		氧气		粗合成气		变换气		净化气		酸性气	
物料点	1		2		3		4		5		6	
组分	摩尔分数/%	原料煤产量	摩尔分数/%	体积流量/(m³/h)	摩尔分数/%	体积流量/(m³/h)	摩尔分数/%	体积流量/(m³/h)	摩尔分数/%	体积流量/(m³/h)	摩尔分数/%	体积流量/(m³/h)
H_2					16.74	280659	44.39	412475	62.16	410413	0.00	0.025
CO					22.52	377566	26.45	245750	36.54	241327	0.00	0.15
CO_2					7.85	131612	28.24	262374	0.76	5000	67.59	10500
N_2			0.031	79	0.13	2178	0.235	2180	0.33	2175	0.02	3.75
CH_4					0.03	503	0.054	503	0.08	502		
H_2S					0.27	4527	0.487	4527	$\leq 0.1\times 10^{-6}$		29.15	4527
COS					0.03	503	0.054	503			3.24	503
Ar/Ma			0.379	974	0.05	838	0.09	838	0.13	838		
NH_3/O_2			99.59	255887	0.01	168	$\leq 2\times 10^{-6}$					
H_2O					52.37	878025	0.006	55				
CH_3OH											0.00	0.50
小计		433.9	100.00	256940	100.00	1676579	100.00	929205	100.00	660.255	100.00	15534
温度/℃			30.0		235		40		−30		30	
压力/MPa			8.20		6.46		5.96		5.71		0.18	

第四节　公用工程消耗及投资估算

一、方案一公用工程消耗及投资估算

根据界区内工艺方框物料流程、界区内工艺物料平衡数据及界区内煤气化、空分及净化主要生产系列配置条件,并参考相关 100 万 t 煤制油(公称能力)投产项目和相关设计资料等,分别估算消耗、投资和定员。

1. 主要生产装置公用工程消耗

界区内煤气化、空分及净化主要生产系列配置的公用工程消耗分别见表 15-6～表 15-11 所示。

表 15-6　方案一气化界区内空分装置公用工程消耗表

序号	名称	规格	单位	物料消耗	备注
1	高压蒸汽	11.5 MPa(G)、525 ℃	t/h	550.00	透平驱动
2	中压过热蒸汽	4.0 MPa(G)	t/h	3.38	透平驱动
3	低压蒸汽	1.40 MPa(G)	t/h	20.93	
4	低低压蒸汽	0.5 MPa(G)	t/h	15.75	
5	蒸汽冷凝液		t/h	−564.3	
6	电	380 V/10 kV	kW	7425.0	
7	新鲜水		t/h	12.6	
8	循环冷却水	0.45 MPa(G)、$t=10$ ℃	t/h	12398.63	
9	除盐水		t/h	9.98	
10	仪表、工厂空气		m³/h	3825.0	

表 15-7　方案一气化界区内煤气化装置公用工程消耗表

序号	名称	规格	单位	物料消耗	备注
1	原料煤	含水量 13%	t/h	411.5	
2	高压蒸汽	11.5 MPa(G)、525 ℃	t/h	13.15	
3	中压蒸汽	4.0 MPa(G)	t/h	−5.7	
4	低压蒸汽	1.40 MPa(G)	t/h	7.63	
5	低压蒸汽	0.5 MPa(G)	t/h	20.75	
6	电	380 V/10 kV	kW	20429.25	
7	新鲜水		t/h	24.13	
8	循环冷却水	0.45 MPa(G)、t=10 ℃	t/h	8713.50	
9	除盐水		t/h	437.86	
10	锅炉给水		t/h	5.87	
11	仪表空气		m^3/h	3750	
12	氧气		万 m^3/h	20.41	
13	氮气		m^3/h	1740	
14	燃料气		万 m^3/h	1.09	

表 15-8　方案一气化界区内变换装置公用工程消耗表

序号	名称	规格	单位	物料消耗	备注
1	中压蒸汽	4.0 MPa(G)	t/h	−125.33	
2	低压蒸汽	1.40 MPa(G)	t/h	−192.74	
3	低压蒸汽	0.5 MPa(G)	t/h	−180	
4	电	380 V/10 kV	kW	2990.86	
5	新鲜水		t/h	0.75	
6	循环冷却水	0.45 MPa(G)、t=10 ℃	t/h	1744.31	
7	除盐水		t/h	642.95	
8	锅炉给水		t/h	49.63	
9	仪表空气		m^3/h	400	
10	氮气		m^3/h	10125	

表 15-9　方案一气化界区内低温甲醇洗装置公用工程消耗表

序号	名称	规格	单位	物料消耗	备注
1	中压蒸汽	4.0 MPa(G)	t/h	38.5	
2	低压蒸汽	1.40 MPa(G)	t/h	12.7	
3	低压蒸汽	0.5 MPa(G)	t/h	21.55	
4	电	380 V/10 kV	kW	5140.0	
5	循环冷却水	0.45 MPa(G)、t=10 ℃	t/h	2212.5	
6	除盐水		t/h	14.4	
7	蒸汽冷凝液		t/h	−72.5	
8	仪表空气		m^3/h	550	
9	氮气		m^3/h	39500	

表 15-10　方案一气化界区内冷冻装置公用工程消耗表

序号	名称	规格	单位	物料消耗	备注
1	中压蒸汽	4.0 MPa(G)	t/h	20.35	
2	低压蒸汽	1.40 MPa(G)	t/h	7.50	
3	低压蒸汽	0.5 MPa(G)	t/h	0.50	
4	电	380 V/10 kV	kW	266.75	
5	循环冷却水	0.45 MPa(G)、t=10 ℃	t/h	955.50	
6	除盐水		t/h	6.50	
7	蒸汽冷凝液		t/h	−20.85	
8	仪表空气		m³/h	143.25	
9	氮气		m³/h	124	

表 15-11　方案一气化界区内硫回收装置公用工程消耗表

序号	名称	规格	单位	物料消耗	备注
1	中压蒸汽	4.0 MPa(G)	t/h	−10.88	
2	低压蒸汽	0.5 MPa(G)	t/h	−3.75	
3	电	380 V/10 kV	kW	797.25	
4	新鲜水		t/h	1.75	
5	循环冷却水	0.45 MPa(G)、t=10 ℃	t/h	110	
6	除盐水		t/h	4.0	
7	锅炉给水		t/h	22.75	
8	氧气		m³/h	2400	
9	仪表空气		m³/h	1000	
10	氮气		m³/h	500	

2. 主要生产装置投资估算

方案一界区内煤气化、空分及净化主要生产系列配置的投资估算见表 15-12。

表 15-12　方案一气化界区内主要生产系列投资估算

序号	装置名称	估算价值/亿元			
		设备购置费	安装工程费	建筑工程费	合计
1	空分装置	11.70	1.25	0.95	13.90
2	煤气化装置	15.20	2.60	2.10	19.90
3	变换工序	2.75	1.08	0.49	4.32
4	低甲洗工序	5.64	1.94	0.88	8.46
5	冷冻工序	0.93	0.46	0.22	1.61
6	硫回收	0.89	0.22	0.16	1.27
	小计	37.11	7.55	4.80	49.46

3. 界区生产装置定员

方案一界区内煤气化、空分、变换、低温甲醇洗、冷冻及硫回收装置定员见表 15-13 所示。

表 15-13　方案一气化界区内主要生产装置定员

序号	装置名称	生产人员			管理人员	小计	备注
		生产工人	辅助员工	技术员工			
1	空分	30	10	2	3	45	3系列
2	宁煤炉气化	110	16	8	6	140	2系列
3	CO变换	20	8	2	2	32	2系列
4	低温甲醇洗	20	8	2	2	32	2系列
5	冷冻站	6	3	2	1	12	2系列
6	硫回收	9	9	2	1	21	1系列
	小计	195	54	18	15	282	

二、方案二公用工程消耗及投资估算

根据方案二气化界区内工艺方框物料流程、界区内工艺物料平衡数据及界区内煤气化、空分及净化主要生产系列配置条件，并参考相关100万t煤制油（公称能力）投产项目和设计资料等，分别估算消耗、投资和定员。

1. 主要生产装置公用工程消耗

方案二界区内煤气化、空分、变换、低温甲醇洗、冷冻及硫回收装置公用工程消耗分别见表15-14～表15-19所示。

表 15-14　方案二气化界区内空分装置公用工程消耗表

序号	名称	规格	单位	物料消耗	备注
1	低压蒸汽	1.40 MPa(G)、260 ℃	t/h	14.5	
2	蒸汽凝液	1.0 MPa(G)、饱和	t/h	−733.5	
3	高压蒸汽	11.5 MPa(G)、525 ℃	t/h	719	透平驱动
4	循环冷却水	0.45 MPa(G)、Δt=10 ℃	t/h	20000	
5	电	380 V/10 kV	kW	7850	
6	仪表空气		m^3/h	4250	

表 15-15　方案二气化界区内煤气化装置公用工程消耗表

序号	名称	规格	单位	物料消耗	备注
1	原料煤	收到基，含水13%（质量分数）	t/h	433.83	
2	氧气	纯度99.6%（摩尔分数）	万 m^3/h	26.33	
3	锅炉给水	6.0 MPa(G)、120 ℃	t/h	120.00	
4	脱盐水	1.0 MPa(G)、40 ℃	t/h	180	
5	循环冷却水	0.45 MPa(G)、Δt=10 ℃	t/h	11200	
6	新鲜水	0.4 MPa(G)、常温	t/h	76.40	
7	低压蒸汽	1.4 MPa(G)、260 ℃	t/h	6.0	
8	电	380 V/10 kV	kW	15400	
9	仪表、工厂空气		m^3/h	3750	
10	氮气		m^3/h	1740	

表 15-16　方案二气化界区内变换装置公用工程消耗表

序号	名称	规格	单位	物料消耗	备注
1	中压蒸汽	4.0 MPa(G)、385 ℃	t/h	−57.75	
2	低压蒸汽	1.40 MPa(G)、260 ℃	t/h	−36.15	
3	低低压蒸汽	0.5 MPa(G)、180 ℃	t/h	−299.63	
4	锅炉给水	6.0 MPa(G)、120 ℃	t/h	428.5	含洗氨塔
5	脱盐水	1.0 MPa(G)、40 ℃	t/h	6	
6	循环冷却水	0.45 MPa(G)、Δt=10 ℃	t/h	2950	
7	电	380 V	kW	560	
8	仪表空气		m^3/h	400	

表 15-17　方案二气化界区内低温甲醇洗装置公用工程消耗表

序号	名称	规格	单位	物料消耗	备注
1	低压蒸汽	1.25 MPa(G)、260 ℃	t/h	21	
2	低低压蒸汽	0.5 MPa(G)、180 ℃	t/h	50	
3	蒸汽凝液	1.0 MPa(G)、饱和	t/h	−71	
4	脱盐水	1.0 MPa(G)、40 ℃	t/h	25	
5	循环冷却水	0.4 MPa(G)、Δt=10 ℃	t/h	1750	
6	电	380 V/10 kV	kW	8790	
7	仪表空气		m^3/h	550	
8	氮气		m^3/h	39500	

表 15-18　方案二气化界区内冷冻装置公用工程消耗表

序号	名称	规格	单位	物料消耗	备注
1	中压蒸汽	4.0 MPa(G)、385 ℃	t/h	100	
2	蒸汽凝液	1.0 MPa(G)、饱和	t/h	−100	
3	循环冷却水	0.4 MPa(G)、Δt=10 ℃	t/h	3700	
4	电	380 V	kW	570	
5	仪表空气		m^3/h	143.25	
6	氮气		m^3/h	124	

表 15-19　方案二气化界区内硫回收装置公用工程消耗表

序号	名称	规格	单位	物料消耗	备注
1	中压蒸汽	4.0 MPa(G)、385 ℃	t/h	12	
2	低压蒸汽	1.40 MPa(G)、260 ℃	t/h	−7	
3	低低压蒸汽	0.5 MPa(G)、180 ℃	t/h	32	
4	蒸汽冷凝液	1.0 MPa(G)、饱和	t/h	−44	
5	锅炉给水	2.0 MPa(G)、120 ℃	t/h	7.13	
6	循环冷却水	0.45 MPa(G)、Δt=10 ℃	t/h	650	
7	脱盐水	1.0 MPa(G)、40 ℃	t/h	18	
8	电	380 V	kW	2000	
9	仪表空气		m^3/h	1000	
10	氮气		m^3/h	500	
11	氧气		m^3/h	600	

2. 主要生产装置投资估算

方案二界区内煤气化、空分、变换、低温甲醇洗、冷冻及硫回收装置投资估算见表 15-20 所示。

表 15-20 方案二气化界区主要生产装置投资估算

序号	装置名称	估算价值/亿元			
		设备购置费	安装工程费	建筑工程费	合计
1	空分装置	13.10	2.33	1.09	16.52
2	煤气化装置	15.32	2.98	2.10	20.40
3	变换工序	3.02	1.20	0.54	4.76
4	低甲洗工序	5.64	1.94	0.88	8.46
5	冷冻工序	0.82	0.50	0.28	1.60
6	硫回收	0.66	0.43	0.19	1.28
	小计	38.56	9.38	5.08	53.02

3. 界区主要生产装置定员

方案二界区内煤气化、空分、变换、低温甲醇洗、冷冻及硫回收装置定员见表 15-21 所示。

表 15-21 方案二气化界区内主要生产装置定员

序号	装置名称	生产人员			管理人员	小计	备注
		生产工人	辅助员工	技术员工			
1	空分	36	13	3	4	56	3 系列
2	水煤浆气化	104	18	6	5	133	2 系列
3	CO 变换	20	8	2	2	32	2 系列
4	低温甲醇洗	20	8	2	2	32	2 系列
5	冷冻站	6	3	2	1	12	2 系列
6	硫回收	9	9	2	1	21	1 系列
	小计	195	59	17	15	286	

第五节 基础数据计算

一、煤发热量计算

由表 15-1 和表 15-2 煤的工业分析和煤的工艺性质分析数据得：$Q_{net,ar}=24.10$ MJ/kg。$Y_{H_{ad}}=4.20\%$，$Y_{M_t}=13.0\%$，$Y_{M_{ad}}=6.51\%$，$Y_{A_{ad}}=9.90\%$，$Y_M \approx Y_{M_{ad}}=6.51\%$。

计算 $Q_{gr,ad}$，$Q_{gr,ar}$，$Q_{gr,d}$，$Q_{gr,daf}$，$Q_{net,ad}$，$Q_{net,d}$，$Q_{net,daf}$，$Q_{gr,maf}$ 值。

由煤的发热量计算公式得：

$$Q_{gr,ad} = [(Q_{net,ar}+23M_t) \times (100-M_{ad})/(100-M_t)] + 206H_{ad}$$

$$Q_{gr,ar} = Q_{gr,ad} \times (100-M_t)/(100-M_{ad})$$

$$Q_{gr,d} = Q_{gr,ad} \times 100/(100-M_{ad})$$
$$Q_{gr,daf} = Q_{gr,ad} \times 100/(100-M_{ad}-A_{ad})$$
$$Q_{net,ad} = Q_{gr,ad} - 206 H_{ad} - 23 M_{ad}$$
$$Q_{net,d} = Q_{gr,ad} \times 100/(100-M_{ad})$$
$$Q_{net,daf} = Q_{net,d} \times 100/(100-A_d)$$

将公式中各单位统一，煤的发热量换算为 $Q_{net,ar}$=24100 J/g。煤中组分物质和元素物质的质量分数按下式换算：

$$i = 100 \times Y_i \tag{15-1}$$

式中，i 为煤中物质的质量在 100 份中所占分数；Y_i 为煤中物质的质量分数，%。

如 $M_t = 100 \times Y_{M_t} = 100 \times 13\% = 13$，其他组分以此类推，将 M_t、M_{ad}、H_{ad}、A_d 已知数据代入上述各式，便能计算出原料煤在各种基条件下的发热量，计算结果列入表 15-22 所示。

表 15-22 原料煤在各种基条件下的发热量

序号	项目名称	单位	指标	备注
一	煤发热量已知数据			
1	收到基低位发热量 $Q_{net,ar}$	MJ/kg	24.10	已知
二	煤发热量换算指标			
2	空干基低位发热量 $Q_{net,ad}$	MJ/kg	26.07	计算
3	干燥基低位发热量 $Q_{net,d}$	MJ/kg	27.88	计算
4	干燥无灰基低位发热量 $Q_{net,daf}$	MJ/kg	30.94	计算
5	收到基高位发热量 $Q_{gr,ar}$	MJ/kg	25.21	计算
6	空干基高位发热量 $Q_{gr,ad}$	MJ/kg	27.08	计算
7	干燥基高位发热量 $Q_{gr,d}$	MJ/kg	28.98	计算
8	干燥无灰基高位发热量 $Q_{gr,daf}$	MJ/kg	32.41	计算
9	恒湿无灰基高位发热量 $Q_{gr,maf}$	MJ/kg	28.62	计算

二、原料煤各种基换算表

原料煤各种基换算系数公式见表 15-23 所示。

表 15-23 各种基换算系数公式

项目	空干基(ad)	收到基(ar)	干基(d)	干燥无灰基(daf)	干燥无矿物基(dmmf)
空干基（ad）		$(100-M_{ar})/(100-M_{ad})$	$100/(100-M_{ad})$	$100/(100-M_{ad}-A_{ad})$	$100/(100-M_{ad}-MM_{ad})$
收到基（ar）	$(100-M_{ad})/(100-M_{ar})$		$100/(100-M_{ar})$	$100/(100-M_{ar}-A_{ar})$	$100/(100-M_{ar}-MM_{ar})$
干基（d）	$(100-M_{ad})/100$	$(100-M_{ar})/100$		$100/(100-A_d)$	$100/(100-MM_d)$
干燥无灰基（daf）	$(100-M_{ad}-A_{ad})/100$	$(100-M_{ad}-A_{ar})/100$	$(100-A_d)/100$		$(100-A_d)/(100-MM_d)$
干燥无矿基（dmmf）	$(100-M_{ad}-MM_{ad})/100$	$(100-M_{ar}-MM_{ar})/100$	$(100-MM_d)/100$	$(100-MM_d)/(100-A_d)$	

三、各种基换算系数及组分计算

在煤的各种基换算过程中，全水分，内水和灰分是三个重要的数据，一般对收到基进行换算，可得到空干基、干燥基和干燥无灰基等数据。由表 15-1 煤的工业分析可知：全水分 Y_{M_t}=13.0%，空干基水分 $Y_{M_{ad}}$=6.51%，空干基灰分 $Y_{A_{ad}}$=9.90%，由此可以计算灰分收到基 A_{ar}、灰分干燥基 A_d、固定碳干燥无灰基 FC_{daf} 等。按式（15-2）～式（15-4）计算：

$$A_{ar}=\eta_{ar}\times A_{ad} \quad (15\text{-}2)$$

$$A_d=\eta_d\times A_{ad} \quad (15\text{-}3)$$

$$FC_{daf}=\eta_{daf}\times FC_{ad} \quad (15\text{-}4)$$

首先各种基的换算系数 η_{ar}、η_d、η_{daf}，可由表 15-23 换算系数公式得到。

（1）灰分收到基与灰分空干基换算系数 η_{ar}

按式（15-5）计算换算系数：

$$\eta_{ar}=(100-M_{ar})/(100-M_{ad}) \quad (15\text{-}5)$$

由式（15-1）计算 M_{ar}、M_{ad}

$$M_{ar}=100\,Y_{M_{ar}}=100\times13.00\%=13$$

$$M_{ad}=100\,Y_{M_{ad}}=100\times6.51\%=6.51$$

$$A_{ad}=100\,Y_{A_{ad}}=100\times9.90\%=9.90$$

将已知数据代入式（15-5）得换算系数 η_{ar}：

$$\eta_{ar}=(100-M_{ar})/(100-M_{ad})$$
$$=(100-13)/(100-6.51)=0.931$$

将换算系数 η_{ar} 代入式(15-2)得：

$$A_{ar}=\eta_{ar}\times A_{ad}$$
$$=0.931\times9.90=9.22$$

（2）灰分干燥基与灰分空干基换算系数 η_d

换算系数 η_d 按式（15-6）计算：

$$\eta_d=100/(100-M_{ad}) \quad (15\text{-}6)$$

同理，将已知数据代入式（15-6）得：

$$\eta_d=100/(100-6.51)$$
$$=1.070$$

将换算系数 η_d 代入式得：

$$A_d=\eta_d\times A_{ad}$$
$$=1.070\times9.90=10.59$$

（3）固定碳干燥无灰基与固定碳空干基换算系数 η_{daf}

换算系数按式（15-7）计算：

$$\eta_{daf}=100/(100-M_{ad}-A_{ad}) \quad (15\text{-}7)$$

将已知数据代入式（15-7）得：

$$\eta_{daf}=100/(100-M_{ad}-A_{ad})$$
$$=100/(100-6.51-9.9)=1.196$$

通过上述各种基的换算系数计算，以及在各种基准下的灰分质量分数（%）有下列关系，

$$A_{ar}<A_{ad}<A_d$$
$$A_{ar}=9.22<A_{ad}=9.90<A_d=10.59$$

收到基组分质量分数最小,其次为空干基,干燥基组分质量分数最大。

煤中其他组分的各种基计算同上,如:$Y_{S_{t,ad}}$=1.98%、$Y_{V_{ad}}$=34.02%、$Y_{FC_{ad}}$=49.57%等,可通过上述换算系数 η_{ar}=0.931、η_d=1.070、η_{daf}=1.196 分别计算出硫分 $S_{t,ar}$、$S_{t,d}$、$S_{t,daf}$ 及挥发分、固定碳、以及元素组分的各种基组分含量。计算结果列入表 15-24 所示。

表 15-24 原料煤工业分析各种基计算指标

序号	项目名称	单位	收到基(ar)	空干基(ad)	干基(d)	干燥无灰基(daf)
一	工业分析					
1	全水分（M_t）	%（质量分数）	13.00			
2	空干基水分（M_{ad}）	%（质量分数）		6.51		
3	灰分（A）	%（质量分数）	9.21	9.90	10.59	
4	挥发分（V）	%（质量分数）	31.66	34.02	36.40	40.68
5	固定碳（FC）	%（质量分数）	46.13	49.57	53.02	59.32
	小计		100.00	100.00	100.00	100.00
二	元素分析					
1	碳（C）	%（质量分数）	63.57	68.32	73.08	81.73
2	氢（H）	%（质量分数）	3.91	4.20	4.49	5.02
3	氧（O）	%（质量分数）	7.86	8.45	9.03	10.10
4	硫（S_t）	%（质量分数）	1.72	1.84	1.98	2.21
5	氮（N）	%（质量分数）	0.73	0.78	0.84	0.94
	小计		77.79	83.59	89.42	100.00
三	有害物质分析					
1	Cl	%（质量分数）	0.024	0.026	0.028	0.0313
2	P	%（质量分数）	0.0034	0.0037	0.004	0.0047
3	As	μg/g	2.923	3.144	3.360	3.757
4	F	μg/g	67.338	72.43	77.400	86.556
5	Hg	ng/g	0.614	0.661	0.706	0.789

注:1. 已知原料煤工业组分分析收到基,空干基水分。
2. 其他基为计算所得。

第六节 物料平衡及主要消耗计算

一、气化过程独立化学反应式

煤气化过程生成的组分产物可以由化学反应式得到,通过对输入组分和煤气化反应生成的组分产物按选择的独立化学反应组分物料快速平衡计算,可以得到反应组分产物量。因此,所有的产物组分都应该有对应的化学反应式,但有些微量的反应产物组分在化学反应组分物料平衡过程中的影响很小,故可以忽略不计。由此可使得化学反应组分物料的平衡计算得以减少。对本节具体的煤气化反应组分物料平衡由前所述,气化反应独立的反应式及副反应可选择如下几个主要的反应式。这些反应式必须涵盖煤气化主要产物,这样在物料平衡时不会遗漏。如果选择其他的一些独立反应式进行化学反应组分物料快速平衡也可以,计算结果原则上不会出现较大的误差，因为这些反应式可通过其他反应式组合得到，基本不影响计算结果。

煤气化主反应有式（2-1）、式（2-2）和式（2-3）。

煤气化主要副反应有式（2-7）、式（2-19）、式（2-18）和式（2-21）。

二、方案一物料平衡计算

（一）原料煤及合成气组分计算

原料煤各组分质量流量（以收到基为基准）如下：

Y_{iM_t}=13.00%，Y_{iA}=9.21%，Y_{iV}=31.66%，Y_{iFC}=46.13%，Y_{iC}=63.57%，Y_{iH}=3.91%，Y_{iO}=7.86%，Y_{iS_t}=1.72%，Y_{iN}=0.73%，$Q_{net,ar}$=24.10 MJ/kg，W_1=411.5 t/h。

原料煤中各组分质量流量按下式计算：

$$N_{ij} = W_n \times Y_{ij} \qquad (15\text{-}8)$$

式中 N_{ij}——表示原料煤 i 中 j 组分的质量流量，$j=M_t$、A、V、C、H、H_2、O、O_2、N、N_2、S_t、H_2O 等，kg/h；

　　　W_n——表示方案 n 消耗原料煤质量流量（n=1，表示方案一），kg/h；

　　　Y_{ij}——表示方案 n 消耗原料煤 i 质量分数，$j=M_t$、A、V、C、H、H_2、O、O_2、N、N_2、S_t、H_2O 等，%。

按式（15-8）计算原料煤中各组分的质量流量如下：

1. 原料煤各组分质量流量计算

$N_{iM}=W_1 \times Y_{iM_t}$=411.5×13.00%=53.50 t/h
$N_{iA}=W_1 \times Y_{iA}$=411.5×9.21%=37.90 t/h
$N_{iV}=W_1 \times Y_{iV}$=411.5×31.66%=130.28 t/h
$N_{iFC}=W_1 \times Y_{iFC}$=411.5×46.13%=189.82 t/h
小计　　　　　　　　　　411.50 t/h

2. 原料煤各元素组分质量流量计算

$N_{iC}=W_1 \times Y_{iC}$=411.5×63.57%=261.59 t/h
$N_{iH}=W_1 \times Y_{iH}$=411.5×3.91%=16.09 t/h
$N_{iS_t}=W_1 \times Y_{iS_t}$=411.5×1.72%=7.08 t/h
$N_{iN}=W_1 \times Y_{iN}$=411.5×0.73%=3.00 t/h
$N_{iO}=W_1 \times Y_{iO}$=411.5×7.86%=32.34 t/h
小计　　　　　　　　　　320.1 t/h

3. 挥发分热解后各元素组分流量计算

$N_{iC\,挥发分}=N_{iC}-N_{iFC}$=261.59-189.82=71.77 t/h
$N_{iH}=W_1 \times Y_{iH}$=411.5×3.91%=16.09 t/h=16090 kmol/h
$N_{iS_t}=W_1 \times Y_{iS_t}$=411.5×1.72%=7.08 t/h
$N_{iN}=W_1 \times Y_{iN}$=411.5×0.73%=3.00 t/h=214.5 kmol/h
$N_{iO}=W_1 \times Y_{iO}$=411.5×7.86%=32.34 t/h=2021.5 kmol/h
合计　　　　　　　　　　130.28 t/h

4. 原料煤中 H_2、N_2、O_2 组分质量流量计算

$N_{iH_2} = N_{iH}/2 = 8045$ kmol/h

$N_{iN_2} = N_{iN}/2 = 107.25$ kmol/h

$N_{iO_2} = N_{iO}/2 = 1010.75$ kmol/h

5. 合成气中各组分体积流量计算

合成气各组分体积分数（湿基）：$Y_{H_2}=14.53\%$，$Y_{CO}=35.26\%$，$Y_{CO_2}=4.05\%$，$Y_{H_2O}=45.43\%$，$Y_{CH_4}=0.01\%$，$Y_{NH_3}=0.01\%$，$Y_{N_2}=0.28\%$，$Y_{Ar}=0.07\%$，$Y_{H_2S}=0.335\%$，$Y_{COS}=0.03\%$。

合成气 $V_1=132.2\times10^4$ m³/h，有效合成气 $V_{CO+H_2}=65.82\times10^4$ m³/h。

合成气中各组分体积流量按式（15-9）计算：

$$N_j = V_n \times Y_j \tag{15-9}$$

式中 N_j——表示合成气 j 组分的体积流量，j=H_2、CO、CO_2、N_2、CH_4、H_2S、COS、Ar、NH_3、H_2O 等，m³/h；

V_n——表示方案 n 生产合成气体积流量（n=1,表示方案一），m³/h；

Y_j——合成气中 i 体积分数，j=M_t、A、V、C、H、H_2、O、O_2、N、N_2、S_t、H_2O，%。

按式（15-9）计算合成气中各组分的体积流量如下：

$N_{H_2} = V_1 \times Y_{H_2} = 132.2\times10^4\times14.53\% = 192087$ m³/h=8575.31 kmol/h

$N_{CO} = V_1 \times Y_{CO} = 132.2\times10^4\times35.26\% = 466137$ m³/h=20809.70 kmol/h

$N_{CO_2} = V_1 \times Y_{CO_2} = 132.2\times10^4\times4.05\% = 53541$ m³/h=2390.22 kmol/h

$N_{H_2O} = V_1 \times Y_{H_2O} = 132.2\times10^4\times45.43\% = 600585$ m³/h=26811.95 kmol/h

$N_{CH_4} = V_1 \times Y_{CH_4} = 132.2\times10^4\times0.01\% = 132$ m³/h=5.89 kmol/h

$N_{NH_3} = V_1 \times Y_{NH_3} = 132.2\times10^4\times0.01\% = 132$ m³/h=5.89 kmol/h

$N_{N_2} = V_1 \times Y_{N_2} = 132.2\times10^4\times0.28\% = 3702$ m³/h=165.27 kmol/h

$N_{Ar} = V_1 \times Y_{Ar} = 132.2\times10^4\times0.07\% = 925$ m³/h=41.34 kmol/h

$N_{H_2S} = V_1 \times Y_{H_2S} = 132.2\times10^4\times0.335\% = 4429.70$ m³/h=197.76 kmol/h

$N_{COS} = V_1 \times Y_{H_2S} = 132.2\times10^4\times0.03\% = 396.60$ m³/h=17.71 kmol/h

6. 氧气流量

$N_{O_2} = 220248$ m³/h=9832.5 kmol/h

7. 各物质的比热容（表 15-25）

表 15-25 气化炉进出各物质的比热容

物质	干煤/[kJ/(kg·℃)]	残炭/[kJ/(kg·℃)]	灰渣/[kJ/(kg·℃)]	CO/[kJ/(kmol·℃)]	H_2/[kJ/(kmol·℃)]	CO_2/[kJ/(kmol·℃)]
比热容	1.338	1.69	1.05	32.74	30.52	52.33
物质	N_2/[kJ/(kmol·℃)]	NH_3/[kJ/(kmol·℃)]	H_2S/[kJ/(kmol·℃)]	H_2O/[kJ/(kmol·℃)]	CH_4/[kJ/(kmol·℃)]	N_2/[kJ/(kmol·℃)]
比热容	32.4	35.9	40.61	40.19	2.22	32.4

（二）H_2 平衡计算

由式（2-2）可知是反应生成 H_2，式（2-7）、式（2-19）、式（2-21）是反应消耗 H_2，煤炭中 H 元素折 H_2 提供 H_2，由此得氢平衡如下：

水蒸气分解 H_2+煤炭中 H 元素折 H_2 =合成气中外供 H_2+生成 CH_4 消耗 H_2+生成 H_2S 消耗 H_2+生成 NH_3 消耗 H_2，氢平衡见式（15-10）所示：

$$N_{WH_2} + N_{iH_2} = N_{H_2} + N_{CH_4,H_2} + N_{H_2S,H_2} + N_{NH_3,H_2} \qquad (15\text{-}10)$$

式中 N_{W,H_2} ——水蒸气分解氢气摩尔流量，kmol/h；

N_{iH_2} ——煤中氢元素折氢气摩尔流量，kmol/h；

N_{H_2} ——合成气中氢气摩尔流量，kmol/h；

N_{CH_4,H_2} ——生成 CH_4 消耗氢气摩尔流量，kmol/h；

N_{NH_3,H_2} ——生成 NH_3 消耗氢气摩尔流量，kmol/h；

N_{H_2S,H_2} ——生成 H_2S 消耗氢气摩尔流量，kmol/h。

式（15-10）中，已知 N_{H_2}=8575.31 kmol/h，N_{iH_2}=8045 kmol/h，N_{CH_4}=5.89 kmol/h，N_{CH_4,H_2} 由式（2-7）计算，N_{NH_3}=5.89 kmol/h，N_{NH_3,H_2} 由式（2-21）计算，N_{H_2S}=197.76 kmol/h，N_{H_2S,H_2} 由式（2-19）计算。

（1）生成 CH_4 消耗 N_{CH_4,H_2} 计算

由式（2-7）可知，生成甲烷消耗氢气量如下：

$$C+2H_2 \longrightarrow CH_4+74.90 \text{ MJ/kmol}$$

1 kmol C 和 1 kmol H_2 反应，生成 1 kmol CH_4。已知合成气 N_{CH_4}=5.89 kmol/h，则生成甲烷消耗 H_2 为：

$N_{CH_4,H_2} = 2 \times 5.89 = 11.78$ kmol/h

同时由式（2-7）可知，消耗碳为：

$N_{CH_4,C}$ = 5.89 kmol/h

（2）生成 NH_3 消耗 N_{NH_3,H_2} 计算

由式（2-21）可知，生成氨消耗氢气量如下：

$$1/2N_2+3/2H_2 \longrightarrow NH_3$$

0.5 kmol N_2 和 1.5 kmol H_2 反应，生成 1 kmol NH_3。已知合成气 N_{NH_3}=5.89 kmol/h，则生成氨消耗 H_2 为：

$N_{NH_3,H_2} = 5.89 \times 1.5 = 8.84$ kmol/h

同时由式（2-21）可知，消耗氮气为：

$N_{NH_3,N_2} = 5.89/2 = 2.95$ kmol/h

（3）生成 H_2S 消耗 N_{H_2S,H_2} 计算

由式（2-19）可知，生成 H_2S 消耗氢气量如下：

$$S+O_2+3H_2 \longrightarrow H_2S+2H_2O$$

1 kmol S 与 1 kmol O_2 和 3 kmol H_2 反应，生成 1 kmol H_2S 和 2 kmol H_2O。已知合成气 N_{H_2S}=197.76 kmol/h，则生成 H_2S 消耗 H_2 为：

$N_{H_2S,H_2} = 197.76 \times 3 = 593.28$ kmol/h

同时由式（2-19）可知，消耗 S 为：

$N_{H_2S,S}$=197.76 kmol/h

消耗 O_2 为：

N_{H_2S,O_2}=197.76 kmol/h

生成 H_2O 为：

N_{H_2S,H_2O}=197.76×2=395.52 kmol/h

（4）水蒸气分解提供 H_2

将上述已知数据和计算数据代入式（15-10）中，计算水蒸气分解提供 H_2 量：

$$N_{WH_2} + N_{iH_2} = N_{H_2} + N_{CH_4,H_2} + N_{H_2S,H_2} + N_{NH_3,H_2}$$

由上式得：

$$N_{WH_2} = N_{H_2} + N_{CH_4,H_2} + N_{H_2S,H_2} + N_{NH_3,H_2} - N_{iH_2}$$

$$=8575.31+11.78+593.28+8.84-8045=1144.21 \text{ kmol/h}$$

由式（2-2）得：

$$C+H_2O \longrightarrow CO+H_2-135 \text{ MJ/kmol}$$

1 kmol C 与 1 kmol H_2O 蒸汽反应，生成 1 kmol CO 和 1 kmol H_2。

则有：

N_{W,H_2O}=1144.21 kmol/h

$N_{W,C}$=1144.21 kmol/h

$N_{W,CO}$=1144.21 kmol/h

（三）CO 平衡计算

水蒸气分解生成 CO（$N_{W,CO}$），CO_2 还原反应生成 CO（$N_{CO_2,CO}$），合成气中 CO 需要量（N_{CO}）平衡如下：

水蒸气分解生成 CO 量+CO_2 还原生成 CO 量 =合成气中外供 CO 量，物料平衡见式（15-11）所示：

$$N_{W,CO}+ N_{CO_2,CO} =N_{CO} \tag{15-11}$$

式中　$N_{W,CO}$——水蒸气分解产 CO 摩尔流量，kmol/h；

　　　$N_{CO_2,CO}$——CO_2 还原反应产 CO 摩尔流量，kmol/h；

　　　N_{CO}——外供合成气需要 CO 摩尔流量，kmol/h。

式（15-11）中，已知 N_{CO}=20809.70 kmol/h，$N_{W,CO}$=1144.21 kmol/h，$N_{CO_2,CO}$ 由式（15-11）计算，将已知数据代入式（15-11）得：

$N_{CO_2,CO}$=N_{CO}-$N_{W,CO}$=20809.70-1144.21=19665.49 kmol/h

由此可知，生成 19665.49 kmol/hCO 量，需要消耗的 CO_2 和 C 量可由式（2-3）得到

1 kmol C 与 1 kmol CO_2 进行还原反应，生成 2 kmol CO。

已知：$N_{CO_2,CO}$=19665.49 kmol/h

则　$N_{CO_2,C}$= $N_{CO_2,CO}$/2=19665.49/2=9832.75 kmol/h

　　N_{CO_2,CO_2} = $N_{CO_2,CO}$/2=19665.49/2=9832.75 kmol/h

（四）C 平衡计算

由式（2-2）可知水蒸气分解反应生成 CO+H_2 消耗 C（$N_{W,C}$），式（2-3）CO_2 还原反应生成 CO 消耗 C（$N_{CO_2,C}$），式(2-6)氧化反应生成 CO_2 消耗 C（$N_{O_2,C}$），式(2-7)生成 CH_4 消耗 C（$N_{CH_4,C}$），

煤中 C 元素供 C(N_{iC})，煤渣排残炭量 $N_{损耗}$，由此碳平衡如下。

1. C 平衡方程式

煤炭中 C 元素供 C ＝水蒸气分解消耗 C＋CO_2 还原反应消耗 C＋氧化反应消耗 C＋生成 CH_4 消耗 C＋煤渣排残炭量，碳平衡由式（15-12）所示：

$$N_{iC} = N_{W,C} + N_{CO_2,C} + N_{O_2,C} + N_{CH_4,C} + N_{残炭,C} \tag{15-12}$$

式中 N_{iC}——煤中 C 元素提供反应所需 C 摩尔流量，kmol/h；

$N_{W,C}$——水蒸气分解反应消耗 C 摩尔流量，kmol/h；

$N_{CO_2,C}$——CO_2 还原反应消耗 C 摩尔流量，kmol/h；

$N_{O_2,C}$——氧化反应消耗 C 摩尔流量，kmol/h；

$N_{CH_4,C}$——生成甲烷反应消耗 C 摩尔流量，kmol/h；

$N_{残炭,C}$——煤未完全反应排渣中的残炭摩尔流量，kmol/h。

2. 气化炉渣灰排放残炭估算

参照相关干粉煤气化炉考核数据，气化炉灰渣由粗渣和细灰渣组成，粗渣约占 2/3，灰渣约占 1/3，灰渣中平均碳质量分数 $Y_{灰渣,C}$=6.05%，原料煤 W_1=411.5 t/h，灰分含量 N_{iA}=37.89 t/h，碳含量 $N_{iC\,入炉}$=261.59 t/h。

总排灰渣量按式（15-13）计算：

$$总排灰渣量\ W_{渣灰} = N_{iA} \times 100 / (100 - Y_{渣灰}) \tag{15-13}$$

式中 N_{iA}——煤中灰分质量流量，t/h；

$Y_{渣灰}$——渣灰中平均碳质量分数，渣灰由粗渣＋细灰组成。

将已知数据代入上式得：

$$W_{渣灰} = 37.89 \times 100 / (100 - 6.05) = 40.33\ \text{t/h}$$

其中：

粗渣量：$W_{粗渣} = W_{渣灰} \times 2/3 = 40.33 \times 2/3 = 26.89$ t/h

细灰量：$W_{细灰} = W_{渣灰} \times 1/3 = 40.33 \times 1/3 = 13.44$ t/h

则灰渣中残炭含量为：

$N_{iC\,出炉} = W_{渣灰} - N_{iA} = 40.33 - 37.89 = 2.44$ t/h＝203.3 kmol/h。

式（15-12）中，已知 $N_{W,C}$=1144.21 kmol/h，$N_{CO_2,C}$=9832.5 kmol/h，$N_{CH_4,C}$=5.89 kmol/h，N_{iC}=261.59 t/h =21799.17 kmol/h，$N_{残炭,C}$= 203.3 kmol/h，则 C 的氧化反应消耗 C 量（$N_{O_2,C}$）由式（15-12）计算，将已知数据代入式（15-12）得：

$$N_{O_2,C} = N_{iC} - (N_{W,C} + N_{CO_2,C} + N_{CH_4,C} + N_{残炭,C})$$
$$= 21799.17 - (1144.21 + 9832.5 + 5.89 + 203.3) = 10613.27\ \text{kmol/h}$$

由此可知，碳的氧化反应，消耗 $N_{O_2,C}$，需要消耗的 O_2 和生成 CO_2 量可由式（2-1）得到。1 kmol C 与 1 kmol O_2 还原反应，生成 1 kmol CO_2。

已知：$N_{O_2,C}$=9832.5 kmol/h

则 $N_{O_2,O_2} = N_{O_2,C}$ =9832.5 kmol/h

$N_{O_2,CO_2} = N_{O_2,C}$ =9832.5 kmol/h

（五）CO_2 平衡计算

由式（2-1）可知，碳氧化反应生成 CO_2 量（N_{O_2,CO_2}），式（2-3）CO_2 还原反应消耗 CO_2 量（N_{CO_2,CO_2}），合成气中 CO_2 量（N_{CO_2}），粉煤流动带入 CO_2 载气量（$N_{载气,CO_2}$），由此可得 CO_2 平衡如下：

碳氧化反应生成的 CO_2 量-粉煤带入 CO_2 载气量= CO_2 还原消耗的 CO_2 量+合成气中的 CO_2，CO_2 平衡见式（15-14）所示：

$$N_{O_2,CO_2} + N_{载气,CO_2} = N_{CO_2,CO_2} + N_{CO_2} \tag{15-14}$$

式中　N_{O_2,CO_2}——碳氧化反应生成 CO_2 摩尔流量，kmol/h；
　　　N_{CO_2,CO_2}——CO_2 还原反应消耗的 CO_2 摩尔流量，kmol/h；
　　　N_{CO_2}——合成气中的 CO_2 摩尔流量，kmol/h；
　　　$N_{载气,CO_2}$——载气带入的 CO_2 摩尔流量，kmol/h。

在式（15-13）中，已知 N_{CO_2,CO_2}=9832.75 kmol/h，N_{CO_2}=2390.22 kmol/h，N_{O_2,CO_2}=9832.5 kmol/h，由式（15-12）计算，将已知数据代入式（15-12）得：

$N_{载气,CO_2}$=(N_{CO_2,CO_2} + N_{CO_2})− N_{O_2,CO_2} =(9832.75+2390.22)−9832.5=2390.47 kmol/h

（六）方案一物料平衡汇总

方案一化学反应式各组分计算物料平衡列入表 15-26。

表 15-26　方案一化学反应式各组分计算物料平衡汇总

反应式号	反应式	N_{ij} 组分质量流量/(kmol/h)	各组分物质平衡方程式
（2-7）	C+2H_2 ⟶ CH_4		$N_{W,H_2} + N_{iH_2} = N_{H_2} + N_{CH_4,H_2} + N_{H_2S,H_2} + N_{NH_3,H_2}$
		N_{CH_4,H_2}=11.78	
		$N_{CH_4,C}$=5.85	
		N_{CH_4}=5.85	
（2-21）	1/2N_2+3/2H_2 ⟶ NH_3		
		N_{NH_3,H_2}=8.84	
		N_{NH_3,N_2}=2.95	
		N_{NH_3}=5.85	
（2-19）	S+O_2+3H_2 ⟶ H_2S+2H_2O		
		N_{H_2S,H_2}=593.28	
		$N_{H_2S,S}$=197.76	
		N_{H_2S,O_2}=197.76	
		N_{H_2S,H_2O}=395.52	
		N_{H_2S}=197.76	
（2-2）	C+H_2O ⟶ CO+H_2		$N_{CO} = N_{W,CO} + N_{CO_2,CO}$
		N_{W,H_2}=1144.21	
		N_{W,H_2O}=1144.21	
		$N_{W,CO}$=1144.21	
		$N_{W,C}$=1144.21	

续表

反应式号	反应式	N_{ij}组分质量流量/(kmol/h)	各组分物质平衡方程式
(2-3)	C+CO$_2$ ⟶ 2CO		$N_{iC} = N_{W,C} + N_{CO_2,C} + N_{O_2,C} + N_{CH_4,C} + N_{残炭,C}$
		$N_{CO_2,CO}$=19665.49	
		$N_{CO_2,C}$=9832.5	
		N_{CO_2,CO_2}=9832.5	
(2-1)	C+O$_2$ ⟶ CO$_2$		$N_{O_2,CO_2} + N_{载气,CO_2} = N_{CO_2,CO_2} + N_{CO_2}$
		$N_{O_2,C}$=9832.5	
		N_{O_2,O_2}=9832.5	
		N_{O_2,CO_2}=9832.5	

注：1. 本物料平衡仅选择了氢平衡、碳平衡、一氧化碳平衡和二氧化碳平衡，其他平衡还有硫平衡、氧平衡、水平衡等。

2. N_{ij}表示物质在 i 化学反应中生成或参与反应的 j 组分的质量数或质量流量，其中 i 表示反应式类型，CH$_4$ 表示反应式（2-7），NH$_3$ 表示反应式（2-21），H$_2$S 表示反应式（2-19），W 表示反应式（2-2），CO$_2$ 表示反应式（2-3），O$_2$ 表示反应式（2-1）；j 表示在 i 反应式中 j 组分物质，j=H$_2$、CO、CO$_2$、C、O$_2$ 等。

三、方案一气化性能指标计算

根据物料平衡计算结果和煤质分析数据及合成气物料平衡数据进行气化性能计算。气化性能指标主要包括：碳转化率、比煤耗、比氧耗、氧煤比、汽煤比、蒸汽分解率、合成气产率、合成气产出率、冷煤气效率、热煤气效率等。方案一气化性能指标计算涉及这些指标所需要的基础数据如下。N_{H_2} = 8575.31 kmol/h，N_{CO} = 20809.70 kmol/h，N_{CO_2} = 2390.22 kmol/h，N_{H_2O} = 26808.93 kmol/h，N_{CH_4} = 5.89 kmol/h；Y_{H_2} = 14.53%，Y_{CO} = 35.26%，Y_{CO_2} = 4.05%，Y_{H_2O} = 45.43%，Y_{CH_4} = 0.01%，Y_{iC} = 63.57%，Y_{iH} = 3.91%，Y_{i,H_2O} = 13%；W = 411500 kg/h，V_1 = 132.2×10^4 m^3/h，$V_{合成气}$ = 65.8×10^4 m^3/h，V_{O_2} = 22.03×10^4 m^3/h，$R_{H_2O/C}$ = 0.12。

（一）碳转化率

碳转化率由式（7-16）计算。

将已知数 $N_{iC,出炉}$=2.44 t/h，$N_{iC\,入炉}$=261.59 t/h 代入式（7-6）得：

$$\eta_C = (1 - N_{iC\,出炉}/N_{iC\,入炉}) \times 100\% = (1 - 2.44/261.59) \times 100\% = 99.07\%$$

（二）比煤耗

比煤耗由式（7-13）计算：

$$R_C = W/V_{合成气}$$

将已知数 W=411500 kg/h，$V_{合成气}$=65.8×10^4 m^3/h 代入式（7-13）得：

$$R_C = W/V_{合成气} = 411500/65.8×10^4 = 625 \text{ kg/1000 m}^3(CO+H_2)$$

（三）比氧耗

比氧耗由式（7-14）计算。

将已知数 V_{O_2} = 9832.5 kmol/h=22.03×10^4 m^3/h，$V_{合成气}$=65.8×10^4 m^3/h 代入式（7-13）得：

$$R_{O_2} = V_{O_2}/V_{合成气}$$
$$= 22.03×10^4/65.8×10^4 = 335 \text{ m}^3/1000 \text{ m}^3(CO+H_2)$$

（四）氧煤比

氧煤比由式（7-15）计算。

将上述计算的 R_{O_2}、R_C 数代入式（7-15）得：

$R_{OC}=1.4286 \times R_{O_2}/R_C$

$\quad\quad =1.4286 \times 335/625=0.766$

（五）冷煤气效率

冷煤气效率由式（7-17）计算。

已知：$Q_{net,ar}=24.10$ MJ/kg，$C_{p,H_2}=10.7426$ MJ/m³，$C_{p,CO}=12.6821$ MJ/m³，$C_{p,CH_4}=35.7892$ MJ/m³。

煤气化学能由下式计算：

$$E_{煤气化学能}=\sum_j V_j \times C_{p,j} V_j \quad\quad (15-15)$$

式中　V_j——合成气中 j 组分体积流量，m³/h；

C_{pj}——合成气中 j 组分热容，MJ/m³。

将已知数代入式（15-15）中得：

$E_{煤气化学能}=\sum_j V_j \times C_{pj} V_j = 192087 \times 10.7426+466138 \times 12.6821+132 \times 35.7892=2063.51+5911.61+4.72$

$\quad\quad =7979.84$ GJ/h

$E_{煤化学能}=411.5 \times 1000 \times 24.10=9917.15$ GJ/h

将计算数值代入式（7-17）中得：

$\eta_e=E_{煤气化学能}/E_{煤化学能} \times 100\%=7979.84/9917.15 \times 100\%=80.47\%$

（六）热煤气效率

热煤气效率由式（7-18）计算。

采用激冷流程，激冷水被饱和成蒸汽，蒸汽分压=4.0×45.43%=1.8 MPa，温度 209.1 ℃，查饱和蒸气压和激冷水焓值（进水 4 MPa，40 ℃）$H_{蒸汽}=2796.1$ kJ/kg，$H_{激冷}=40 \times 4.18=167$ kJ/kg。

蒸汽焓值的增量由下式计算：

$E_{蒸汽焓值增量}=Q_{蒸汽}-Q_{激冷水焓}=W_{激冷水} \times H_{蒸汽}-W_{激冷水} \times H_{激冷水}$

$\quad\quad =(459.93 \times 1000 \times 2796.1-459.93 \times 1000 \times 167)/(1 \times 10^6)$

$\quad\quad =1286.01-76.81=1209.20$ GJ/h

将计算数值代入式（7-18）中得：

$\eta_{re}=(E_{煤气化学能}+E_{蒸汽焓值增量})/E_{煤化学能} \times 100\%=(7979.84+1209.20)/9917.15 \times 100\%=92.66\%$

（七）CO 变换率

CO 变换率是衡量煤气化中 H_2/CO 对后续净化系统和产品的影响，与产品合适的 H_2/CO 匹配是降低变换负荷率的关键因素。CO 变化率（X_{CO}）由式（15-16）计算：

$$X_{CO}=(Y_{CO}-Y_{CO'})/[(1+Y_{CO'}) \times Y_{CO'}] \times 100\% \quad\quad (15-16)$$

式中　Y_{CO}——合成气中 CO 的体积（干基），%；

$Y_{CO'}$——变换气中 CO 的体积，%。

将已知数值代入式（15-15）中得：

$Y_{CO} = Y_{CO湿基}/(1-Y_{H_2O}) = 35.26\%/(1-45.43\%) = 64.61\%$

$X_{CO} = (Y_{CO}-Y_{CO'})/[(1+Y_{CO'}) \times Y_{CO}] \times 100\%$

$= (0.6461-0.2612)/[(1+0.26) \times 0.6461] \times 100\% = (0.3849/0.8141) \times 100\% = 47.28\%$

（八）有效气产率 P_{CO+H_2}

有效气产率按式（7-20）计算。

将比煤耗 $R_C = 625$ kg/1000 m³(CO+H₂)代入式（7-20）中得：

$P_{CO+H_2} = 1 \times 1000/625 = 1.60$ m³/kg

（九）有效气产出率

有效气产出率，按式（7-23）计算。

（1）计算 N_{iC}

按式（7-25）计算 $N_{iC} = (X_C \times R_C)/12$

其中 $X_C = WY_C = 411500 \times 63.57\% = 261590.55$ kg

$N_{iC} = (X_C \times R_C)/12 = 261590.55 \times 99.07\%/12 = 21596.48$ kmol

（2）计算 N_{CO}

按式（7-27）计算，将已知数据代入得：

$N_{CO} = N_{iC}/(1+Y_{CO_2}/Y_{CO}+Y_{CH_4}/Y_{CO})$

$= 21596.48/(1+4.05/35.26+0.01/35.26) = 21596.48/(1+0.1149+0.00028)$

$= 19367.30$ kmol

（3）计算 N_{iH_2}

按式（7-28）计算，将已知数代入得：

$N_{iH_2} = X_H/2 = W \times Y_H/2$

$= 411500 \times 0.0391/2 = 8045$ kmol

（4）计算 N_{W,H_2}

由式（7-29）计算，将已知数据代入得：

$N_{W,H_2} = N_{H_2} + 2N_{CH_4} - N_{iH_2}$

$= 8575.31 + 2 \times 5.89 - 8045 = 542.09$ kmol

（5）计算 P_e

将上述数值代入式（7-23）得：

$P_e = (N_{CO} + N_{H_2})/(N_{iC} + N_{W,H_2} + N_{iH_2}) \times 100\%$

$= [(20809.70+8575.31)/(21799.17+542.09+8045)] \times 100\%$

$= (29385.05/30386.26) \times 100\% = 96.71\%$

（十）蒸汽分解率 β_{H_2O}

由式（7-21）得：

$\beta_{H_2O} = N_{W,H_2} \times 18/(w \times R_{H_2O/C})$

$= 542.09 \times 18/[411500 \times (1-13\%) \times 0.12]$

$= 9757.62/42960.6 \times 100\% = 22.71\%$

（十一）激冷水消耗

由水平衡得：

原料煤带入水量+激冷水量+水蒸气代入水量=合成气带出水量+水蒸气分解反应消耗水量，有下列平衡方程式：

$$W_{煤,H_2O} + W_{激冷,H_2O} + W_{蒸汽,H_2O} = W_{合成气,H_2O} + W_{H_2O} \tag{15-17}$$

式中　$W_{煤,H_2O}$——原料煤带入水质量流量，kg/h；

$W_{激冷,H_2O}$——激冷带入水质量流量，kg/h；

$W_{蒸汽,H_2O}$——加入蒸汽带入水质量流量，kg/h；

$W_{合成气,H_2O}$——合成气带出水质量流量，kg/h；

$W_{蒸汽,H_2O}$——蒸汽分解反应消耗水质量流量，kg/h。

（1）原煤带入水量

已知原煤含水量 Y_{i,H_2O}=13%，原煤 W_1=411.5 t/h，预干燥后5%入炉。原煤带入水量：

干煤量 $W_{干煤}=W_1(1-13\%)$=358.01 t/h

$W_{煤,H_2O}$=411.5×5%=20.58 t/h

$W_{煤,入炉}=W_{干煤}+W_{煤,H_2O}$=358.01+20.58=378.59 t/h

原煤需要用燃气蒸发的水分为：

$W_{蒸发,H_2O}=W_1-W_{煤,入炉}$=411.5−378.59=32.91 t/h

（2）加入蒸汽带入水分

由前所述，入炉蒸汽/煤比取 $R_{H_2O/C}$=0.12 kg/kg，蒸汽带入水量为：

$W_{H_2O} = W_{煤,入炉} \times R_{H_2O/C}$ = 0.12×378.59=45.43 t/h

实际参加反应时蒸汽：

$W_{实际蒸汽}=W_{H_2O}+W_{煤,H_2O}$=45.43+20.58=66.01 t/h

实际蒸汽/煤比 $R_{H_2O/C'}$ 为：

$R_{H_2O/C'}= W_{实际蒸汽}/W_{煤,入炉}$=66.01/378.59=0.1744 t/h

（3）合成气带出水分

已知合成气中蒸汽量 N_{H_2O}=600585 m³/h

$W_{合成气,H_2O}$=600585×18/(22.4×1000)=482.61 t/h

（4）蒸气分解消耗水量

由物料平衡已知 N_{W,H_2O}=1144.21 kmol/h，N_{H_2S,H_2O}=395.52 kmol/h

工艺蒸汽消耗水量：$W_{H_2O} = N_{W,H_2O} - N_{H_2S,H_2O}$=1144.21−395.52=748.69 kmol/h=13.48 t/h

激冷水量由式（15-15）得：

$W_{激冷,H_2O} = W_{合成气,H_2O}+W_{H_2O}-W_{煤,H_2O}-W_{蒸汽}$

=482.61+13.48−20.58−45.43=430.08 t/h

由式（7-15a）得汽/氧比计算公式：

已知 R_{O_2} = 335 m³/1000 m³(CO+H_2)，$W_{蒸汽}$=45.43 t/h=56535.11 m³/h，V_{CO+H_2}=65.82×10⁴ m³/h。

比蒸汽耗：

$R_{H_2O} = W_{蒸汽}/V_{CO+H_2}$

$=56535.11/65.82\times10^4=86\ m^3/1000\ m^3(CO+H^2)$

将已知数代入式（7-15a）得

$$R_{H_2O,O_2} = R_{H_2O}/R_{O_2} = 86/335 = 0.257$$

四、方案二物料平衡计算

（一）原料煤及合成气组分计算

方案二为水煤浆气化，原料煤各组分体积分数（收到基），Y_{iM_t}=13.00%，Y_{iA}=9.21%，Y_{iV}=31.66%，Y_{iFC}=46.13%，Y_{iC}=63.57%，Y_{iH}=3.91%，Y_{iO}=7.86%，Y_{iSt}=1.72%，Y_{iN}=0.73%，$Q_{net,ar}$=24.10 MJ/kg，W_2=433.9 t/h，合成气体积流量（湿基）V_2=167.6×10⁴ m³/h，有效合成气 $V_{合成气}$=65.83×10⁴ m³/h。

1. 原料煤各组分质量流量

$N_{iM}=W_2\times Y_{iM_t}$ =433.9×13.00%=56.41 t/h
$N_{iA}=W_2\times Y_{iA}$=433.9×9.21%=39.96 t/h
$N_{iV}=W_2\times Y_{iV}$=433.9×31.66%=137.37 t/h
$N_{iFC}=W_2\times Y_{iFC}$=433.9×46.13%=200.16 t/h
小计　　　　　　　　　　433.9 t/h

2. 原煤中各元素组分摩尔流量

$N_{iC}=W_2\times Y_{iC}$=433.9×63.57%=275.83 t/h
$N_{iH}=W_2\times Y_{iH}$=433.9×3.91%=16.96 t/h=16960 kmol/h
$N_{iS_t}=W_2\times Y_{iSt}$=433.9×1.72%=7.46 t/h=233.22 kmol/h
$N_{iN}=W_2\times Y_{iN}$=433.9×0.73%=3.17 t/h=226.43 kmol/h
$N_{iO}=W_2\times Y_{iO}$=433.9×7.86%=34.11 t/h=2131.88 kmol/h
小计　　　　　　　　　　337.53 t/h

3. 原煤中 H_2、N_2、O_2 组分摩尔流量

$N_{iH_2} = N_{iH}/2$=8480 kmol/h
$N_{iN_2} = N_{In}/2$=113.22 kmol/h
$N_{iO_2} = N_{iO}/2$=1065.94 kmol/h

4. 挥发分热解后各元素组分摩尔流量

$N_{iC,灰发分}=N_{iC}-N_{iFC}$=275.83−200.16=75.67 t/h
$N_{iH}=W_2\times Y_{iH}$=16.96 t/h
$N_{iS_t}=W_2\times Y_{iSt}$=7.46 t/h
$N_{iN}=W_2\times Y_{iN}$=3.17 t/h
$Y_{iO}=W_2\times Y_{iO}$=34.11 t/h
小计　　　　　　　　　　137.37 t/h

5. 合成气中主要组分质量流量

N_{H_2}= 280659 m³/h =12529.42 kmol/h
N_{CO} = 377566 m³/h=16855.63 kmol/h

P_{H_2+CO} = 658225 m³/h

N_{CO_2} = 131612 m³/h=5875.54 kmol/h

N_{H_2O} = 878025 m³/h=39197.55 kmol/h=705.56 t/h

N_{CH_4} = 503 m³/h=22.45 kmol/h

N_{NH_3} = 168 m³/h=7.50 kmol/h

N_{N_2} = 2178 m³/h=97.23 kmol/h

N_{H_2S} = 4527 m³/h=202.9 kmol/h

6. 氧气流量

N_{O_2}=263388 m³/h=11758.39 kmol/h

（二）H_2 平衡计算

由前所述，氢平衡如下：

水蒸气分解 H_2+煤炭中 H 元素折 H_2=合成气中外供 H_2+生成 CH_4 消耗 H_2+生成 H_2S 消耗 H_2+生成 NH_3 消耗 H_2。氢平衡见式（15-10）所示：

已知 N_{H_2}=12529.42 kmol/h，N_{iH_2}=8480 kmol/h，N_{CH_4}=22.46 kmol/h，N_{CH_4,H_2} 由式（2-7）计算，N_{NH_3}=7.50 kmol/h，N_{NH_3,H_2} 由式（2-21）计算，N_{H_2S}=202.9 kmol/h，N_{H_2S,H_2} 由式（2-19）计算。

（1）生成 CH_4 消耗 N_{CH_4,H_2} 计算

由式(2-7)可知，1 kmol C 和 2 kmol H_2 反应，生成 1 kmol CH_4。已知合成气 N_{CH_4}=22.46 kmol/h，则生成甲烷消耗 H_2 为：

N_{CH_4,H_2}=2×22.46=44.92 kmol/h

由式（2-7）知，消耗碳为：

$N_{CH_4,C}$=22.46 kmol/h

（2）生成 NH_3 消耗 N_{NH_3,H_2} 计算

由式（2-21）可知，0.5 kmol N_2 和 1.5 kmol H_2 反应，生成 1 kmol NH_3。已知合成气 N_{NH_3}=7.50 kmol/h，则生成氨消耗 H_2 为：

N_{NH_3,H_2}=7.50×1.5=11.25 kmol/h

同时由式（2-21）可知，消耗氮气为：

N_{NH_3,N_2}=7.5/2=3.75 kmol/h

（3）生成硫化氢消耗 N_{H_2S,H_2} 计算

由式(2-19)可知，1 kmol S、1 kmol O_2 和 3 kmol H_2 反应，生成 1 kmol H_2S 和 2 kmol H_2O。已知合成气 N_{H_2S}=202.9 kmol/h，则生 H_2S 消耗 H_2 为：

N_{H_2S,H_2}=202.9×3=608.7 kmol/h

同时由式（2-19）可知，消耗 S 为：

$N_{H_2S,S}$=202.9 kmol/h

消耗 O_2 为：

N_{H_2S,O_2}=202.9 kmol/h

生成 H_2O 为：

N_{H_2S,H_2O}=202.9×2=405.8 kmol/h

（4）水蒸气分解提供 H_2

将上述已知数和计算数代入式（15-10）中，计算水蒸气分解提供 H_2 量：

$$N_{W,H_2} + N_{iH_2} = N_{H_2} + N_{CH_4,H_2} + N_{H_2S,H_2} + N_{NH_3,H_2}$$

由上式得：

$$N_{W,H_2} = N_{H_2} + N_{CH_4,H_2} + N_{H_2S,H_2} + N_{NH_3,H_2} - N_{iH_2}$$
$$= 12529.42 + 44.92 + 608.7 + 11.25 - 8480 = 4714.29 \text{ kmol/h}$$

由式（2-2）得：

1 kmol C 与 1 kmol H_2O 蒸汽反应，生成 1 kmol CO 和 1 kmol H_2。

则有：

N_{W,H_2O} =4714.29 kmol/h

$N_{W,C}$= 4714.29 kmol/h

$N_{W,CO}$=4714.29 kmol/h

（三）CO 平衡计算

由式（2-2）知水蒸气分解生成 CO（$N_{W,CO}$），式（2-3）CO_2 还原生成 CO（$N_{CO_2,CO}$），合成气中 CO 需要量（N_{CO}），CO 平衡如下：

水蒸气分解生成 CO 量+CO_2 还原生成 CO 量 =合成气中外供 CO 量

物料平衡见式（15-11）所示。

已知 N_{CO}=16855.63 kmol/h，$N_{W,CO}$=4714.29 kmol/h，$N_{CO_2,CO}$ 由式（15-11）计算，将已知数代入式（15-11）得：

$N_{CO_2,CO} = N_{CO} - N_{W,CO}$ =16855.63−4714.29=12141.34 kmol/h

由此可知，生成 12141.34 kmol/h CO 量，需要消耗的 CO_2 和 C 量可由式（2-3）得。

1 kmol C 与 1 kmol CO_2 进行还原反应，生成 2 kmol CO。

已知：$N_{CO_2,CO}$ =12141.34 kmol/h

则 $N_{CO_2,C} = N_{CO_2,CO}$ /2=12141.34/2=6070.67 kmol/h

$N_{CO_2,CO_2} = N_{CO_2,CO}$ /2=12141.34/2=6070.67 kmol/h

（四）C 平衡计算

由前所述，C 平衡见式（15-12）：

煤炭中总含 C 量=水蒸气分解消耗 C 量+CO_2 还原消耗 C 量+氧化反应消耗 C 量+生成 CH_4 消耗 C 量+$C_{损耗,C}$ 量

参照相关水煤浆气化炉考核数据，气化炉灰渣由粗渣和细灰渣组成，粗渣约占 78%，灰渣约占 22%，灰渣中平均碳质量分数 $Y_{灰渣,C}$=10.24%，已知原料煤中灰分质量流量 N_{iA}= 39.96 t/h。

$W_{灰渣总量}$=39.96×100/(100−10.24)=44.52 t/h，其中粗渣 34.72 t/h，细灰 9.79 t/h。

则灰渣中残炭含量为：

$N_{iC 出炉} = W_{渣灰} - N_{iA}$
=44.52−39.96=4.56 t/h

式（15-12）中，已知 $N_{W,C}$=4714.29 kmol/h，$N_{CO_2,C}$=6070.67 kmol/h，$N_{CH_4,C}$=22.46 kmol/h，N_{iC}=275.83 t/h =22985.83 kmol/h，$N_{残炭,C}$= 380 kmol/h，则 C 的氧化反应消耗 C 量（$N_{O_2,C}$）由式（15-12）计算，将已知数据代入得：

$$N_{O_2,C} = N_{iC} - (N_{W,C} + N_{CO_2,C} + N_{CH_4,C} + N_{残炭,C})$$

$= 22985.83-(4714.29+6070.67+22.46+380)=11798.41$ kmol/h

由此可知，碳的氧化反应，消耗 $N_{O_2,C}$，需要消耗的 O_2 和生成 CO_2 量，可由式（2-1）得。1 kmol C 与 1 kmol O_2 还原反应，生成 1 kmol CO_2。

已知：$N_{O_2,C}$=11798.41 kmol/h

则 $N_{O_2,O_2} = N_{O_2,C}$ =11798.41 kmol/h

$N_{O_2,CO_2} = N_{O_2,C}$ =11798.41 kmol/h

（五）CO_2 平衡计算

碳氧化反应生成 CO_2 量（N_{O_2,CO_2}），CO_2 还原反应消耗 CO_2 量（N_{CO_2,CO_2}），合成气中 CO_2 量（N_{CO_2}），由此可得 CO_2 平衡如下：

碳氧化反应生成的 CO_2 量-粉煤带入 CO_2 载气量=CO_2 还原消耗的 CO_2 量+合成气中的 CO_2，CO_2 平衡见式（15-13）所示。

在式（15-13）中，已知 N_{CO_2,CO_2}=6070.67 kmol/h，N_{CO_2}=5875.54 kmol/h，N_{O_2,CO_2}=11798.41 kmol/h，由式（15-12）计算，将已知数据代入式（15-12）得：

$N_{O_2,CO_2} = N_{CO_2,CO_2} + N_{CO_2}$

$=6070.67+5875.54=11946.21$ kmol/h

误差=(11946.21-11798.41)/11946.21=1.24%

（六）方案二物料平衡汇总

化学反应式各组分计算物料平衡如表 15-27 所示。

表 15-27 方案二化学反应式各组分计算物料平衡汇总

反应式号	独立的化学反应式	N_{ij} 组分质量流量/(kmol/h)	各组分物质平衡方程式
(2-7)	C+2H_2 ⟶ CH_4		$N_{W,H_2} + N_{iH_2} = N_{H_2} + N_{CH_4,H_2} + N_{H_2S,H_2} + N_{NH_3,H_2}$
		N_{CH_4,H_2}=44.92	
		$N_{CH_4,C}$=22.46	
		N_{CH_4}=22.46	
(2-21)	1/2N_2+3/2H_2 ⟶ NH_3		
		N_{NH_3,H_2}=11.25	
		N_{NH_3,N_2}=3.75	
		N_{NH_3}=7.50	
(2-19)	S+O_2+3H_2 ⟶ H_2S+2H_2O		
		N_{H_2S,H_2}=608.7	
		$N_{H_2S,S}$=202.90	
		N_{H_2S,O_2}=202.9	
		N_{H_2S,H_2O}=405.8	

续表

反应式号	独立的化学反应式	N_{ij} 组分质量流量/(kmol/h)	各组分物质平衡方程式
		N_{H_2S}=202.9	
(2-2)	$C+H_2O \longrightarrow CO+H_2$		$N_{CO} = N_{w,CO} + N_{CO_2,CO}$
		N_{w,H_2}=4714.29	
		N_{w,H_2O}=4714.29	
		$N_{w,CO}$=4714.29	
		$N_{w,C}$=4714.29	
(2-3)	$C+CO_2 \longrightarrow 2CO$		$N_{iC} = N_{w,C} + N_{CO_2,C} + N_{O_2,C} + N_{CH_4,C} + N_{残炭,C}$
		$N_{CO_2,CO}$=12141.34	
		$N_{CO_2,C}$=6070.67	
		N_{CO_2,CO_2}=6070.67	
(2-6)	$C+O_2 \longrightarrow CO_2$		$N_{O_2,CO_2} + N_{载气,CO_2} = N_{CO_2,CO_2} + N_{CO_2}$
		$N_{O_2,C}$=11798.41	
		N_{O_2,O_2}=11798.41	
		N_{O_2,CO_2}=11798.41	

注：1. 本物料平衡仅选择了氢平衡、碳平衡、一氧化碳平衡和二氧化碳平衡，其他平衡还有硫平衡、氧平衡、水平衡等。

2. N_{ij} 表示物质在 i 化学反应中生成或参与反应的 j 组分的质量数或质量流量，其中 i 表示反应式类型，CH_4 表示反应式 (2-7)，NH_3 表示反应式 (2-21)，H_2S 表示反应式 (2-19)，W 表示反应式 (2-2)，CO_2 表示反应式 (2-3)，O_2 表示反应式 (2-6)；j 表示在 i 反应式中 j 组分物质，$j=H_2$、CO、CO_2、C、O_2 等。

五、方案二气化性能指标计算

方案二气化性能指标计算涉及这些指标所需要的基础数据如下。

N_{H_2}=12529.42 kmol/h，N_{CO}=16855.63 kmol/h，N_{CO_2}=16855.63 kmol/h，N_{H_2O}=39197.55 kmol/h，N_{CH_4}=22.45 kmol/h，N_{H_2S}=202.9 kmol/h；Y_{H_2}=16.74%，Y_{CO}=22.52%，Y_{CO_2}=7.85%，Y_{H_2O}=52.37%，Y_{CH_4}=0.03%，Y_{iC}=63.57%，Y_{iH}=3.91%，Y_{i,H_2O}=13%；w_2=433900 kg/h，V_2=167.66×10⁴ m³/h，$V_{合成气}$=65.8×10⁴ m³/h，V_{O_2}=25.69×10⁴ m³/h，$R_{H_2O/C}$=0.613。

（一）碳转化率

碳转化率由式（7-16）计算：

将已知数 $N_{iC 出炉}$=4.56 t/h，$N_{iC 入炉}$=275.83 t/h 代入式（7-16）得：

$$\eta_C = (1 - N_{iC 出炉}/N_{iC 入炉}) \times 100\% = (1 - 4.56/275.83) \times 100\% = 98.35\%$$

（二）比煤耗

比煤耗由式（7-13）计算。

将已知数 w=433900 kg/h，$V_{合成气}$=65.8×10⁴ m³/h 代入式（7-13）得：

$$R_C = w_2/V_{合成气} = 433900/(65.8 \times 10^4) = 659.42 \text{ kg}/1000 \text{ m}^3(CO+H_2)$$

（三）比氧耗

比氧耗由式（7-14）计算。

将已知数 V_{O_2} = 26.33×10⁴ m³/h，$V_{合成气}$=65.8×10⁴ m³/h 代入式（7-13）得：

$R_{O_2} = V_{O_2}(N_{O_2,O_2})/V_{合成气}$

=26.33×10⁴/(65.8×10⁴)=400.15 m³/1000 m³(CO+H₂)

（四）氧煤比

氧煤比由式（7-15）计算：

将上述计算 R_{O_2}、R_C 数代入式（7-15）得：

R_{OC}= 1.4286× R_{O_2}/R_C

=1.4286×400.15/659.42=0.867

（五）冷煤气效率

冷煤气效率由式（7-17）计算。

已知：$Q_{net,ar}$=24.10 MJ/kg，C_{p,H_2}=10.7426 MJ/m³，$C_{p,CO}$=12.6821 MJ/m³，C_{p,CH_4}=35.7892 MJ/m³。

煤气化学能按式（15-15）计算：

将已知数代入式（15-15）中：

$E_{煤气化学能} = \sum_i V_i \times Cpi$ V_i = 280659×10.7426+377566×12.6821+503×35.7892 = 3015007.37+4788292.01+18001.97=7821.3 GJ/h

$E_{煤化学能}$=433.9×1000×24.10=10456.9 GJ/h

将计算数值代入式（7-17）中得：

η_e=($E_{煤气化学能}/E_{煤化学能}$)×100%=(7821.3/10456.9)×100%=74.80%

（六）热煤气效率

热煤气效率由式（7-18）计算。

气化激冷水按下式计算：

原料煤带入水量+水煤浆带入水量+激冷水量=合成气带出水量+水蒸气反应消耗水量，有下列平衡方程式：

$$W_{煤,H_2O} + W_{W,H_2O'} + W_{激冷,H_2O} + W_{蒸汽,H_2O} = W_{合成气,H_2O} + W_{H_2O} \tag{15-18}$$

式中　$W_{煤,H_2O}$——原料煤带入水质量流量，kg/h；

　　　$W_{W,H_2O'}$——水煤浆带入水质量流量，kg/h；

　　　$W_{激冷,H_2O}$——激冷带入水质量流量，kg/h；

　　　$W_{蒸汽,H_2O}$——蒸汽带入水质量流量，kg/h，对水煤浆气化，$W_{蒸汽,H_2O}$=0 kg/h；

　　　$W_{合成气,H_2O}$——合成气带出水质量流量，kg/h；

　　　W_{H_2O}——蒸汽分解反应消耗水质量流量，kg/h。

（1）原煤带入水量

已知原煤含水量 Y_{i,H_2O}=13%，原煤 W_2=433.9 t/h。原煤带入水量：

$W_{煤,H_2O}$=433.9×13%=56.41 t/h

（2）水煤浆带入水分

干煤量 $W_{干煤}=W_2-W_{煤,H_2O}$=433.9-56.41=377.49 t/h

已知水煤浆浓度 $C_{水煤浆}$=62%，水煤浆量由下式计算：

$$C_{水煤浆} = W_{干煤}/(W_{干煤}+W_{W,H_2O}) \tag{15-19}$$

式中 $C_{水煤浆}$——水煤浆浓度,%。

$$W_{W,H_2O}=(1-C_{水煤浆})\times W_{干煤}/C_{水煤浆}$$

将已知数代入得:

$W_{W,H_2O}=(1-0.62)\times 377.49/0.62=231.36$ t/h

扣除原煤带入水分,水煤浆实际加入水量

$W_{W,H_2O'}=W_{W,H_2O}-W_{煤,H_2O}=231.36-56.41=174.95$ t/h

(3)合成气带出水分

已知合成气蒸汽量 $N_{H_2O}=878025$ m³/h

$W_{合成气,H_2O}=878025\times 18/(22.4\times 1000)=705.56$ t/h

(4)水蒸气分解消耗水量

由物料平衡已知 $N_{W,H_2O}=1144.21$ kmol/h,$N_{H_2S,H_2O}=395.52$ kmol/h

工艺消耗水量:$W_{反应消耗}=N_{W,H_2O}-N_{H_2S,H_2O}=1144.21-395.52=748.69$ kmol/h =13.47 t/h

激冷水量由式(15-18)得:

$W_{激冷,H_2O}=W_{合成气,H_2O}+W_{H_2O}-(W_{煤,H_2O}+W_{W,H_2O'})=705.56+13.47-56.41-174.95=487.67$ t/h

蒸汽焓值的增量由下式计算:

$E_{蒸汽焓值增量}=Q_{蒸汽焓}-Q_{激冷水焓}=W_{激冷水}\times H_{蒸汽}-W_{激冷水}\times H_{激冷水}$
$\quad=(487.67\times 1000\times 2796.1-487.67\times 1000\times 167)/(1\times 10^6)$
$\quad=1363.57-81.44=1282.13$ GJ/h

将计算数值代入式(7-18)中得:

$\eta_{re}=(E_{煤气化学能}+E_{蒸汽焓值增量})/E_{煤化学能}\times 100\%=(7821.3+1282.13)/10456.9\times 100\%$
$\quad=87.06\%$

(七)CO 变化率

CO 变化率是衡量煤气化中 H_2/CO 对后续净化系统和产品的影响,与产品合适的 H_2/CO 匹配是降低变换负荷率的关键因素。CO 变化率按式(15-16)计算。

将已知数值代入式(15-16)中得:

$Y_{CO}=Y_{CO湿基}/(1-Y_{H_2O})=22.52\%/(1-52.37\%)=47.28\%$

$X=(Y_{CO}-Y_{CO'})/[(1+Y_{CO'})\times Y_{CO}]\times 100\%$
$\quad=(0.4728-0.2645)/[(1+0.2645)\times 0.4728]\times 100\%=(0.2083/0.5979)\times 100\%=34.84\%$

(八)有效气产率 P_{CO+H_2}

有效气产率按式(7-20)计算。

将比煤耗 $R_C=659.42$ kg/1000 m³(CO+H₂)代入式(7-20)中得:

$P_{CO+H_2}=1\times 1000/659.42=1.52$ m³/kg

(九)有效气产出率

有效气产出率,按式(7-23)计算。

(1)计算 N_{iC}

按式(7-25)计算 $N_{iC}=(X_C\times R_C)/12$

其中 $X_C = WY_C = 433900 \times 63.57\% = 275830.23$ kg

$N_{iC} = (X_C \times R_C)/12 = 275830.23 \times 98.35\%/12 = 22606.59$ kmol

（2）计算 N_{CO}

按式（7-27）计算：

$$N_{CO} = N_{iC}/(1 + Y_{CO_2}/Y_{CO} + Y_{CH_4}/Y_{CO})$$
$$= 22606.59/(1 + 7.85/22.52 + 0.03/22.52) = 22606.59/(1 + 0.3486 + 0.00133)$$
$$= 16746.49 \text{ kmol}$$

（3）计算 N_{iH_2}

由式（7-28）得：

$$N_{iH_2} = X_H/2 = W \times Y_H/2$$
$$= 433900 \times 0.0391/2 = 8482.75 \text{ kmol}$$

（4）计算 N_{W,H_2}

由式（7-29）得：

$$N_{W,H_2} = N_{H_2} + 2N_{CH_4} - N_{iH_2}$$
$$= 12529.42 + 2 \times 22.46 - 8482.75 = 4091.59 \text{ kmol}$$

（5）计算 Pe

将上述数值代入式（7-23）得：

$$P_e = (N_{CO} + N_{H_2})/(N_{iC} + N_{W,H_2} + N_{iH_2}) \times 100\%$$
$$= (16855.63 + 12529.42)/(22985.83 + 4714.29 + 8482.75) \times 100\%$$
$$= (29385.05/36262.86) \times 100\% = 81.03\%$$

（十）蒸汽分解率 β_{H_2O}

由前所述，水煤浆浓度 $C=62\%$，$W_{干煤}=377.49$ t/h，水煤浆加水 $W_{H_2O}=231.36$ t/h。

水煤比：$R_{H_2O/C} = 231.36/377.49 = 0.6128$ kg/kg

蒸汽分解率由式（7-21）计算，将已知数代入式（7-21）：

$$\beta_{H_2O} = N_{W,H_2} \times 18/(W \times R_{H_2O/C})$$
$$= 4091.59 \times 18/[433900 \times (1-13\%) \times 0.6128]$$
$$= 73648.62/231327.71 \times 100\% = 31.84\%$$

第七节　气化煤质与拟选气化炉匹配分析

在前述煤质分析数据和物料平衡及煤气化性能计算数据的基础上，对气化炉（或两种气化方案）进行气化煤分析和气化炉及气化炉与煤质匹配分析。

一、煤质分析概述

煤质对气化工艺的选择有非常重要的影响，选择合适的原料煤是评价确定煤气化工艺的关键环节，只有这样才能使煤气化装置投产后做到"安稳长满优低"。大型煤制油气化工艺选择属于现代煤化工范畴，要求气化强度高，气化能力大，装置规模大，而新型主流气流床煤气化工艺是煤制油装置的最佳选择，因此基本排除固定床和流化床气化工艺。而适应气流床气化的煤种较广，按我国煤炭分类标准划分，三类煤种均有可能作为气化煤使用，主要由气化煤的技术经济性和煤气化技术的适应性匹配决定。三类气化煤的主要特征如下：

褐煤含有大量的内水和外水，以及数量不等的腐殖酸，挥发分高，热值较低，属于变质程度较低的煤。加热时不产生胶质体，不软化，不熔融；气化时不黏结，但产生焦油；烟煤除少部分炼焦煤外，按煤炭分类中的大部分烟煤：如长焰煤、不黏煤、弱黏煤、中黏煤、气煤、瘦煤、贫瘦煤和贫煤，属于中等变质程度的煤种，热值较高。在气化时有黏结，并产生焦油，煤气中的不饱和烃、碳氢化合物较多，导致煤气净化系统较为复杂；无烟煤（焦炭、半焦和贫煤）含水量低，挥发分低，含碳量较高，煤的热值较高，属于变质程度高的煤种。加热时不产生胶质，所产煤气中含少量的甲烷，不饱和碳氢化合物极少，气化时不黏结，不产生焦油，煤气热值较低。

了解不同气化煤种的评价内容及所对应的气化类型对煤质的要求指标是非常重要的，通常情况下，煤质评价分析的主要指标包括：煤质类型以及煤的含碳量、水分、灰分、挥发分、含硫、碱金属成分、煤的热值、煤的灰熔融性温度、煤灰组成、黏结性、焦渣特征 $CRC_{1\sim 8}$、黏结指数 $G_{R.I}$ 及黏温特性曲线、煤的反应活性、水煤浆成浆性、哈氏可磨性指数 HGI、热稳定性、冲刷磨损指数 Ke、煤灰比电阻、煤的真密度 $\rho_{c,ac}$、煤的堆积密度 ρ_{pc} 等等。这些煤质指标我们可以从煤的工业分析数据和煤的气化工艺性质数据或者煤的工业试烧数据中获得，作为判断煤种性质及质量指标的重要依据之一。

二、气化煤煤质分析

依据已知的煤质工业分析数据和煤工艺性质数据，得知该气化煤的主要特征有如下几方面。

（1）水分

煤种的全水分 $M_t=13.0\%$，$M_{ad}=6.51\%$，在 $12\leqslant M_t<20.0\%$ 范围内，属于中高全水分煤。一般情况下，降低 1% 左右的全水能够增加煤热值 60~80 cal，因此煤的水分应越低越好。煤的内在水分一般约为 5%，与煤的变质程度有关，变质程度越大，煤的内在水分就越低，煤的内水用一般的方法较难脱除。中高全水和内水略高对煤热值和气化有一定影响，会增加能耗。

（2）灰分

煤种的灰分 $A_d=10.59\%$，在 $10<A_d<20.0\%$ 范围内，属于低灰分煤。灰分是有害物质，越低越好，对干法气流床气化，不宜太低，否则炉壁挂渣困难。低灰分煤有利于煤的气化，发热量高、排渣少，不易结渣。

（3）挥发分

收到基挥发分 $V_{ar}=31.66\%$，计算 $V_{daf}=40.68\%$，在 $37\%<V_{daf}<50.0\%$ 范围内，属高挥发分煤。按照煤炭分类标准，$V_{daf}>37\%$ 是烟煤与褐煤的划分线，在这种情况下，用烟煤黏结性指数 G 区分，0~5 为不黏结煤；当 $V_{daf}>37\%$，$Q_{gr,maf}\leqslant 24$ MJ/kg，划分为褐煤，$Q_{gr,maf}>24$ MJ/kg，划分为长焰煤。确定为长焰煤，变质程度较低，水分含量较高，反应活性较高。

（4）固定碳

煤固定碳 $FC_{ar}=46.13\%$，计算 $FC_{daf}=53.02\%$，在 $45.01\%<V_{daf}<55.00\%$ 范围内，属于固定碳低的煤。这是衡量煤转化的重要指标，会影响煤气化装置的技术经济性和气化负荷及粗

煤气组分。固定碳含量高的煤种能够产生更多的有效合成气,需要原煤的量会降低,反之需要更多的原煤,而消耗的氧气也会增加。此外,还要分析挥发分中碳源,由于元素总碳含量 C_d=73.08%,元素总碳含量较高,有利于煤气化生成更多的 CO 和反应热。

(5) 硫含量

煤种的总硫含量 $S_{t,ar}$=1.84%,计算 $S_{t,d}$=1.98%,在 1.51%<$S_{t,d}$<3.0%范围内,属于中高硫煤。煤中的硫含量是一种有害物质,对煤气化产品质量和设备管道等会产生腐蚀作用。尽管气流床煤气化技术对硫含量的指标没有特别的限制要求,而且对 $S_{t,d}$>3.0%的高硫煤也能够进行气化,通过气体净化技术都能将硫予以回收,变废为宝。

(6) 煤发热量

煤种的收到基低位发热量 $Q_{net,ar}$=24.10 MJ/kg,在 24.01 MJ/kg<$Q_{net,v,ar}$≤27.00 MJ/kg 范围内,属高发热量煤。煤的发热量是评价煤质和煤气化的重要指标。在煤的转化过程中,采用煤的发热量计算热平衡、耗煤量和热效率、估算气化反应的理论耗氧量及燃烧温度等。煤的发热量随煤化度的增加呈规律性变化,从褐煤到焦煤,发热量随煤化度加深而增加,到焦煤阶段出现最大值;然后从焦煤到无烟煤随煤化程度进一步加深,煤的发热量又逐渐降低,但变化幅度较小。煤的发热量随挥发分呈抛物线变化,当 V_{daf} 小于 20%时,发热量随 V_{daf} 减小而略有下降;当 V_{daf} 在 20%~30%时,相当于焦煤阶段,发热量最高;当 V_{daf} 大于 30%时,发热量随 V_{daf} 的增加而显著下降。一般工况下,煤的灰分每增加 1%,发热量约降低 0.37 MJ/kg;煤中水分增加 1%,发热量约降低 0.37 MJ/kg。煤的热值高,单位耗煤能够提供更多的反应热,有利于煤的气化反应,降低煤的能耗。

(7) 煤灰熔点及煤灰组分

煤灰熔融流动温度(FT)=1240 ℃,在 1150 ℃<FT≤1300 ℃范围内,属于较低流动温度的煤灰,煤的灰熔点温度整体较低。灰熔点是煤气化的一个重要指标,当气化炉正常操作时,不致使灰熔融影响正常生产的最高气化温度。

灰熔点的大小与灰的组成有关,可用 R=(SiO_2+Al_2O_3)/(Fe_2O_3+CaO+MgO) 表示,(SiO_2+Al_2O_3)是酸性成分的灰,(Fe_2O_3+CaO+MgO)是碱性成分的灰,用 R 表示酸度。灰中 SiO_2 和 Al_2O_3 的占比越大,R 值越大,其熔化温度范围越高;而 Fe_2O_3 和 MgO 等碱性成分占比越高,R 值越小,则熔化温度越低;R 值越大,灰熔点越高,灰分越难结渣,反之灰熔点越低,灰分越易结渣。一般说来,当 R 接近 1 时,灰熔点低;当 R>5 时,灰熔点将超过 1350 ℃;此外,灰分在还原性气氛中的熔点比在氧化性的气氛中高,二者相差 40~170 ℃。对于大部分煤灰而言,首先要关注的是煤灰成分中的 Al_2O_3、Fe_2O_3、CaO 的含量,其次是 SiO_2 和碱性氧化物含量。当 Al_2O_3>20%时,软化温度 ST>1250 ℃;Al_2O_3>30%时,软化温度 ST>1350 ℃;Al_2O_3>35%时,软化温度 ST>1400 ℃;Al_2O_3>40%的,软化温度 ST>1500 ℃。

Fe_2O_3 是降低熔点的组分,该组分越高熔点越低,当 Fe_2O_3>50%,其熔点反而增高。CaO 和 MgO 是降低熔点的组分,随着氧化钙和氧化镁增高熔点降低。但当 CaO 含量大于 35%时,熔点反而增高。二氧化硅在煤灰中的比例较高,一般在 10%~80%之间。当 SiO_2<40%时,随着 SiO_2 增加熔点降低,当 SiO_2>40%时,熔点反而会增高。

(8) 煤反应活性

煤对二氧化碳的反应活性,950 ℃时,α=45.2%,在 α>30 ℃范围内,属于反应活性强的煤。煤的反应活性是指在一定温度条件下,煤对二氧化碳的化学反应性,即在一定的高温条件下煤炭对二氧化碳的还原能力较强。反应活性强的煤在气化过程中，起始反应温度较低，反应速度越快，能耗越低。对于采用新型气化炉，反应性的强弱直接影响到煤的耗氧量、耗煤量及煤气中的有效成分等。煤的反应活性与煤化程度、挥发分、灰分固定碳有直接关系，反应活性强的煤，起始温度低，褐煤反应活性大于烟煤，烟煤大于无烟煤。褐煤起始温度约650 ℃，气化温度就低，有利于甲烷生成反应，由此降低了氧耗。高反应性的褐煤比反应性差的烟煤耗氧量低约50%。当使用具有相同的灰熔点而活性较高的原煤时，气化反应可在较低的温度下进行，容易避免结渣现象。

（9）黏结指数、煤灰黏度

煤黏结指数 G=5。依据黏结指数分级，在 $G \leqslant 5$ 范围内，属于不黏结煤的煤。G 值用于评价煤的塑性的一个重要指标，根据煤的黏结指数，可以大致确定该煤的主要用途。由此判断该煤质属于不黏结煤的特征，适用于气化煤。

煤灰黏度是指煤灰在高温熔融状态下流动时的内摩擦系数，是气化用煤的重要指标，其大小取决于气化温度、煤中的矿物质组成及相互之间的作用，可用煤灰黏温特性曲线表示，随灰渣成分中 SiO_2、Al_2O_3 含量增加，灰黏度增加；Fe_2O_3、CaO、MgO、N_2O 等增加，灰黏度降低。该煤种在 1250 ℃时的煤灰黏度为 25.0 Pa·s，在 1489 ℃时的煤灰黏度为 2.5 Pa·s，当温度低于 1245 ℃时，煤灰黏度会迅速超过 40.0 Pa·s；当温度高于 1489 ℃时，煤灰黏度基本保持在 2.50 Pa·s。由此可知，在 1250~1489 ℃范围内，灰黏度变化范围在 25.0~2.5 Pa·s，是完全能够避免气化反应过程的煤灰结渣。

（10）哈氏可磨性指数

哈氏可磨性指数 HGI=55。依据 HGI 指数分级，在 40＜HGI≤60 范围内，属于较难磨的煤。煤的可磨性是指煤研磨成粉的难易程度，该煤研磨较困难，磨机的能耗和消耗较高。它主要与煤的变质程度有关，不同的煤种具有不同的可磨性。一般而言，无烟煤和褐煤的可磨性指数较低，不易磨细，HGI=40 左右；长焰煤、不黏煤的可磨性指数次之，较不易磨细，HGI=50~80；焦煤和肥煤的可磨性指数较高，即容易磨细，其中焦煤最高，HGI= 100 左右。由此可知煤化程度中等的可磨性最高，过高过低的煤都不易磨碎。煤的可磨性指数还随煤的水分和灰分的增加而减小，同一种煤，水分和灰分越高，其可磨性指数就越低。

（11）煤的成浆浓度

水煤浆灰分计算：

$$A_{cwm}=A_{ad}\times(100-M_{cwm})/(100-M_{ad})$$

式中 M_{cwm}—水煤浆水分的质量分数，%。

$$A_{cwm}=9.9\times(100-38)/(100-6.51)=6.57\%$$

煤的成浆浓度 62%，计算水煤浆灰分为 A_{cwm}=6.57%，在这种工况下，按照气化水煤浆技术要求分级，即 6%＜A_{cwm}≤12%，水煤浆浓度在 59%≤C＜63%范围内，该水煤浆浓度属于二级，较适合水煤浆气化的浓度范围。若对于难制浆煤种，按常规气化水煤浆制备工艺应加入一定量的添加剂和助熔剂，如加入 0.5%（干煤基）CCRI-2 添加剂，水煤浆成浆浓度会提高至适合的煤浆浓度范围内，但流动性和气化性能可能会变差，能耗和成本会增加。

通过对已知条件下气化煤的工业分析及工艺性质数据的评价分析，该煤种的主要特征及气化适应性列入表 15-28。

表 15-28 煤种主要特征及气化适应性

序号	名称	指标	煤质主要特征和适应性
1	水分 M_t/%	13.00	属中高全水分,对煤热值和气化有一定影响,会增加水分蒸发能耗
2	空干基水分 M_{ad}/%	6.51	属内水略高,煤变质程度较低,对气化反应有一定影响
3	挥发分 V_{ar}/%	31.66	属高挥发分煤,为长焰煤,变质程度较低,反应活性较高
4	灰分 A_{ar}/%	9.21	属低灰分,有利于煤的气化,发热量高、排渣少,不易结渣
5	固定碳 FC_{ar}/%	46.13	属固定碳含量较低的煤,虽然固定碳源低,但要判断元素总碳源量
6	元素 C_{ar}/%	63.57	总碳源随高挥发分增加,较高碳源有利于气化反应和碳转化率
7	元素 H_{ar}/%	3.91	H 的发热量很高,占煤中一部分发热量,越高越好,一般占 2%~4%
8	元素 O_{ar}/%	7.86	O 起到助燃的作用
9	元素 $S_{t,ar}$/%	1.72	属于中高硫煤,对产品和设备管道有影响,但对气化没有限制
10	元素 N_{ar}/%	0.73	N 会产生副反应,生产 NO_x、NH_3,以及损失热量,一般在 1%~2%
11	$Q_{net,ar}$/(MJ/kg)	24.10	属高发热量煤,单位耗煤供更多热量,有利于气化,降低煤耗能耗
12	变形温度 DT/℃	1190	属低煤灰熔点变形温度煤
13	软化温度 ST/℃	1220	属低煤灰熔点软化温度煤
14	半球温度 HT/℃	1230	属低煤灰熔点半球温度煤
15	流动温度 FT/℃	1240	属低煤灰熔点煤,有利于低温下气化,但灰分易结渣,碳转化率低
16	焦渣特征 $CRC_{1~8}$	2	属灰渣黏着,用手指轻碰呈粉末状不黏结性煤,易作气化煤
17	黏结指数	5	属不黏结性煤,易作气化煤
18	1250℃灰黏度/(Pa·s)	25.0	属此低温灰流动性能好,不易黏结结焦,适合于大于此温度下气化
19	1480℃灰黏度/(Pa·s)	2.5	属此高温灰流动性能好,不易黏结结焦,适合于在此温度下气化
20	反应活性(800℃)a/%	6.0	属反应活性起始温度较低的煤
21	反应活性(950℃)a/%	45.2	属反应活性强煤,可降低耗氧量、耗煤量及提高煤气中的有效成分
22	可磨性 HGI	55	属于较难磨的煤,可磨性较差,增加煤磨机的能耗和消耗
23	水煤浆浓度/%	62	属煤浆浓度二级,较适合水煤浆气化的浓度范围

三、干煤粉炉对气化煤的质量要求

干煤粉炉均为气流床干煤粉气化类型,对气化煤的适应性强,如褐煤、次烟煤、烟煤到石油焦等都能气化,尤其对高灰熔点的劣质煤种也能气化,即高灰分≤35%、高水分≤40%、高硫煤≤3%。但从技术经济的角度分析,干粉炉气化用煤指标见表 15-29。

表 15-29 干煤粉气化用煤的指标

序号	项目	单位	指标范围	干煤粉炉
1	气化煤种	—	褐煤、烟煤、无烟煤等	长焰煤
2	黏结指数 $G_{R.I}$	$G_{R.I}$	≤50	5,适用于干法气化
3	排渣特征	—	液态排渣	液态排渣
4	入炉煤水分 M_t	%	2~5.0	13.0,需要干燥
5	干基灰分	%	≤20	10.59,低灰
6	干基全硫 $S_{t,d}$	%	1~2	1.98,中高硫
7	磷[$w(P_d)$]	%	≤0.100	0.004,满足
8	氯[$w(Cl_d)$]	%	≤0.100	0.028,满足

续表

序号	项目	单位	指标范围	干煤粉炉
9	砷[$w(As_d)$]	μg/g	≤20	3.36，满足
10	汞[$w(Hg_d)$]	μg/g	≤0.600	0.706，不满足
11	灰熔融性流动温度 FT	℃	<1450	1240，低灰熔点
12	灰黏度	Pa·s	25～2.5	1250～1489 ℃
13	煤粒度 5～90 μm	%	90%	满足要求
14	煤粒度 >90 μm	%	5%	满足要求
15	煤粒度 <5 μm	%	5%	满足要求
16	哈氏可磨性指数 HGI	—	>60	55，难磨煤，能耗高
17	CO_2 反应活性（950 ℃）α	%	反应活性尽可能强	45.2，活性强
18	$Q_{net,ar}$	MJ/kg	发热量尽可能高	24.1，高发热煤
19	固定碳 FC_d	%	固定碳尽可能高	53.02，低固定碳
20	元素 C_d	%	元素碳尽可能高	73.08，较高碳

由表 15-29 可知，通过对该煤种提供的工业分析数据和工艺性质分析数据的判断，该煤种作为长焰煤，变质程度较低，属于中高含水量，高挥发分含量，高偏中发热量，中偏高元素碳含量，中高硫气化煤。

煤的灰熔点较低，煤对 CO_2 反应活性强，可以在较低的气化温度 1350～1400 ℃的条件下操作，气化操作温度与煤灰熔点匹配，高于煤灰熔点 100～150 ℃。煤的 CO_2 反应活性在 1100 ℃时，还原度可达 88.3%，在 1350～1400 ℃范围内，CO_2 反应还原度可达 100%，能实现较好的碳转化率和气化性能。

煤灰的黏温特性要求与气化操作温度也完全匹配，煤灰的黏温曲线为 1250～1489 ℃时，黏度值范围在 25～2.5 Pa·s 范围，低于 1250 ℃时，黏度值会快速升高，远超过 25 Pa·s 的控制要求，而在高于 1489 ℃时，黏度值会非常缓慢地下降，略低于 2.5 Pa·s 范围。由此可知在 1350～1400 ℃气化温度范围内，煤灰的流动性能较好，不会黏结和结焦，堵塞排渣口。

煤的可磨性指数 HGI=55，为难磨煤，磨机的能耗要比易磨煤高。入炉煤粉的全水应在 2.0%～5.5% 之间，虽然对煤的含水量无特殊要求，但过多的水分进入炉内会影响气化反应，增加能耗。要通过对煤粉制备过程中过多的水分进行干燥预处理后，才能达到入炉煤的水分控制指标。

通过以上煤质分析，该煤种作为气化煤原料，非常适合气流床干煤粉炉的气化工艺，气化煤质量指标与气化炉工艺对气化煤的性能基本要求吻合。

四、水煤浆炉对气化煤质的要求

对于气流床水煤浆炉气化用煤适应性较广，原料煤的反应活性、水煤浆成浆性和灰熔融性温度是衡量气化煤种适应性的主要指标。最合适的水煤浆气化原料煤一般为长焰煤、弱黏煤、不黏煤等。但受气化炉耐火砖耐温因素的影响，对高灰熔点及高灰煤种使用范围受到一定的限制。从技术经济的角度分析，水煤浆气化用煤指标要求见表 15-30。

表 15-30　水煤浆炉气化用煤指标要求

序号	项目	单位	指标范围	水煤浆炉
1	气化煤种	—	烟煤、无烟煤和石油焦	长焰煤
2	黏结指数 $G_{R.I}$		≤50	5，适用于水煤浆气化
3	排渣特征	—	液态排渣	液态排渣
4	入炉煤水分	%	—	对原料煤水分无特别要求
5	干基灰分	%	≤20	10.59，低灰煤适用于水煤浆
6	干基全硫 $S_{t,d}$	%	1~2	1.98，中高硫
7	磷 $[w(P_d)]$	%	≤0.100	0.004，满足要求
8	氯 $[w(Cl_d)]$	%	≤0.100	0.028，满足要求
9	砷 $[w(As_d)]$	μg/g	≤20	3.36，满足要求
10	汞 $[w(Hg_d)]$	μg/g	≤0.600	0.706，不满足要求，偏高
11	灰熔融性流动温度 FT	℃	1100<FT≤1350	1240，低灰熔点适用水煤浆
12	煤灰黏度	Pa·s	25~2.5	1250~1489 ℃，在 1300 ℃内
13	煤粒度 5~90 μm	%	90%	满足要求
14	煤粒度 >90 μm	%	5%	满足要求
15	煤粒度 <5 μm	%	5%	满足要求
16	哈氏可磨性指数 HGI	—	40~65	55，较难磨煤，能耗较高
17	水煤浆浓度 C	%	>55	62，高挥发分长焰煤，满足要求
18	CO_2 反应活性 950 ℃ α	%	反应活性尽可能强	45.2，反应活性强，满足要求
19	$Q_{net,ar}$	MJ/kg	发热量尽可能高	24.1，高发热煤
20	固定碳 FC_d	%	固定碳尽可能高	53.02，低固定碳
21	元素 C_d	%	元素碳尽可能高	73.08，较高元素碳

由表 15-30 可知，通过对该煤种提供的工业分析数据和工艺性质分析数据的判断，该煤种作为长焰煤，变质程度较低，属于中高含水量，高挥发分含量，高发热量，中高元素碳含量，中高硫气化煤。

煤的灰熔点低，FT=1240 ℃，煤的灰分低 A_d=10.59%，煤的 CO_2 反应活性强，可在较低的气化温度≤1350 ℃的条件下操作，非常适合水煤浆气化的工艺要求。水煤浆气化温度在高于煤灰熔点 50~100 ℃下操作，气化温度 1300~1350 ℃范围内与煤灰熔点 1240 ℃及煤灰黏温特性范围 1250~1489 ℃内，即气化操作温度与灰熔点和煤灰黏度温度非常匹配。煤的 CO_2 反应活性在 1100 ℃时，还原度可达 88.3%，在 1300~1350 ℃范围内，CO_2 反应还原度基本能达 100%，能实现较好的碳转化率和气化性能。

煤灰的黏温特性要求与气化操作温度匹配，煤灰的黏温曲线在 1250~1489 ℃时，黏度值范围在 25~2.5 Pa·s 范围，在气化操作温度 1300~1350 ℃时，黏度值会控制在<25 Pa·s 的范围内。由此可知在 1300~1350 ℃气化操作温度范围内，该煤种的煤灰的流动性能较好，不会黏结和结焦，能够确保水煤浆气化炉排渣顺利。此外，对低灰熔融性温度、高黏度的工况条件时，则应以液态炉渣黏度作为控制目标，控制气化炉温度在最佳操作温度所对应的灰渣黏度，在 25.0~40.0 Pa·s 范围内。再通过对煤灰黏温特性曲线分析，结合灰渣黏度控制范围确定最佳气化炉操作控制温度。对高灰熔融性温度的工况，可通过配煤和增加添加剂的措施降低煤的灰熔点在控制温度范围内。如：通过水煤浆添加剂控制，对灰熔融性温度过高的煤

种，加入适量的助熔剂石灰石可以降低灰熔融性温度。一方面为了熔融态排渣所需，另一方面也是为了在较低的气化炉温下操作，保护耐火砖的使用寿命。对水煤浆助熔剂的控制：水煤浆流变性是影响水煤浆雾化和燃烧特性的重要因素，既要有较好的剪切稀化效应，还要保证浆体泵送和雾化特性。由于煤是疏水性的，添加剂是改善煤表面亲水性，降低煤水表面张力，使煤粒充分润湿和均匀分散在少量水中，改善水煤浆的流动，降低水煤浆黏度，同时使煤粒在水中保持长期均匀分散。不同的煤种使用的添加剂、助熔剂各不相同，添加量和添加方式也不相同。

煤的可磨性指数 HGI=55，为较难磨煤，水煤浆制备对较难磨煤的可磨性指数要求为 HGI>40，能够满足要求。水煤浆气化对原料煤全水分无特别要求，主要是控制水煤浆浓度。虽然对煤的含水量无特殊要求，但过多的原料煤水分会增加输送过程中的能耗。水煤浆制备浓度 $C=62\%$，对长焰煤，高挥发分 $V_{daf}>20\%$ 原料煤，要求水煤浆浓度 $C>55\%$，该水煤浆浓度已经超过该指标的控制要求，能够满足气化煤水煤浆浓度的基本质量要求。

通过以上煤质分析，该煤种作为气化煤原料，非常适合气流床水煤浆多喷嘴炉的气化工艺，气化煤质量指标与水煤浆气化炉工艺要求吻合。采用水煤浆进料，约38%的水分在气化过程中会消耗一定量的氧气和碳耗。从而使湿法气化工艺在煤耗、氧耗方面比干煤粉气化要增加许多，特别是氧气要增加 23% 以上。由于水煤浆气化炉在煤气化方面其他的性能指标及优势，如技术成熟、耐火砖、烧嘴、煤浆泵耐磨件等新材料和技术进步及发展，使其成为煤气化工艺中的一种重要气化技术。

第八节　两种气化工艺性能比选

气化工艺比选评价分析主要包括：从所选定的气化炉的结构特征分析及主要指标数据、气化工艺性能比选分析及主要指标、合成气主要成分分析及对气体净化影响分析、界区范围内工艺系统配置分析、界区公用工程消耗分析、投资及技术经济分析等内容。

一、两种气化炉结构特征比选分析

气化炉结构主要包括：炉子结构特征、炉型、气化温度及压力、原料要求、输煤安全性及加工、易损件及使用寿命、备用特性、大型化等方面。两种煤气化工艺采用"粉煤或水煤浆气化+激冷流程+旋风分离+水洗"技术路线，在保证技术可靠性及装置长周期稳定运行的前提下，实现对合成气中的热量回收利用。鉴于两种工艺均按激冷流程设置，虽然与半废锅流程或废锅流程在高品位热能回收方面要逊色些，但也便于更直观地比较。激冷流程是在气化炉内将气体用水激冷降温的同时，洗涤除尘，使得出气化炉的气体带有大量的饱和水蒸气，因此，在后续变换单元基本不再补加蒸汽。由于气化炉气体温度较低，可降低气化设备投资，减少维修工作量。灰水处理可采用四级闪蒸，其中高压闪蒸将气化炉黑水和碳洗塔黑水分开进行，澄清槽沉淀、真空过滤机分离细渣。

干煤粉炉采用干煤粉进料、盘管式水冷壁、顶置单烧嘴、湿法除渣，在 1350~1450 ℃ 范围、4.0 MPa 下进行气化反应。由于气化炉采用水冷壁结构，可以形成稳定的固渣层 3~5 mm，以渣抗渣，抵抗气体和熔渣的冲刷和磨损，水冷壁也可回收少量的低压蒸汽，这种结构更加有利于对高灰熔点的煤进行气化。水煤浆炉采用水煤浆进料，有利于提高气化的安全性，装置操作更加稳定。水煤浆气化炉内壁采用耐火砖衬里结构，这种结构有利于低灰熔点煤的气化，可在灰熔点≤1350 ℃ 的温度下进行气化。气化炉烧嘴可采用单喷嘴或多喷嘴、湿法除渣，气化压力采用 6.5 MPa（G）及以上压力，由于气化压力高，净化后合成气压力仍可保持在 5.7 MPa（G），有利于后续产品的加工。无论干法气化，还是湿法气化，采用激冷流程及灰渣水循环利用等技术，能够实现合成气灰分、硫等有害元素的有效处理和灰渣的综合利用，达到洁净环保要求，气化设备基本国产化，拥有自主知识产权，建设投资少，运行维护费用低。两种气化炉结构主要特征及技术参数见表 15-31。

表 15-31 两种气化炉结构主要特征及技术参数

序号	项目	干煤粉炉	水煤浆炉
1	气化炉特征	干煤粉进料，顶部单烧嘴，承压外壳内设有水冷壁，可回收少量低压蒸汽，水激冷，粗合成气可饱和较多的水蒸气	水煤浆进料，顶部对置式四烧嘴，承压外壳内设有耐火砖保温，受耐火砖温度限制，煤灰熔点低，水激冷，粗合成气可饱和大量的水蒸气
2	气化炉型	气流床+水冷壁	气流床+耐火砖
3	气化温度/℃	1350～1600	1200～1400
4	气化压力/MPa	≤4.0	≤6.5
5	原料范围	褐煤到无烟煤	除高黏结性煤、高灰熔点煤
6	灰熔点 FT/℃	≤1450	1100＜FT≤1350
7	灰分/%（干基）	＜20	＜15
8	入炉煤水分 M_t/%	2～5	一般无要求
9	进料方式	干煤粉+载气	55%～65%水煤浆
10	输煤安全性	CO_2 或 N_2 输送，较安全	水煤浆泵送，安全性强
11	煤加工方法	磨煤干燥	湿磨
12	粒度（5～90 μm）	90%	90%
13	排渣特性	液态排渣	液态排渣
14	气体与炉渣流向	顺流	顺流
15	气化剂，90%～99%O_2	氧+蒸汽	氧
16	气化炉内壁保温性能	水冷壁+挂渣，耐温强	耐火衬里，耐温较强
17	气化炉烧嘴配置	可调节组合式单烧嘴	三流道对置式多烧嘴
18	烧嘴寿命及易损件	烧嘴寿命高	耐火砖衬里和烧嘴寿命较高
19	煤气除尘冷却方式	水激冷+水洗涤	水激冷+水洗涤
20	粗煤气离开温度/℃	210～235	238～255
21	气化炉备用特性	无备用	需备用
22	炉子大型化，投煤量/(t/d)	3000	4000
23	气化炉操作弹性/%	70～110	75～110

从表 15-31 可看出，干煤粉炉与水煤浆炉在炉型结构、灰熔点、原料应用范围、气化温度、气化压力、磨煤方式及安全性等方面有一定的差异。

① 气化压力：水煤浆炉气化压力可达 6.5 MPa 及以上，干煤粉炉气化压力为 4.0 MPa，显然水煤浆炉气化压力比干煤粉炉压力高，有利于提高气化反应速度。提高气化压力，有利于提高生产能力，尤其对后续合成气加工产品的能耗、消耗和产品成本有一定的影响。显然多喷嘴炉在气化压力提高具有优势。

② 磨煤方式及安全性：水煤浆炉为湿磨，干煤粉炉为干磨，从动力学角度分析，在气化原料制备方面，干煤粉炉的能耗略高于水煤浆制备，并且干法对入炉煤中的水分有一定的

要求。尤其对含水量高的煤种需要进行预干燥，含水量越高，干燥所消耗的能量会越高。此外，干煤粉制备和输送方面对安全性会提出更高的要求和措施，其安全措施方面的投资要高于水煤浆炉。

③ 气化炉结构：水煤浆炉采用耐火砖衬里（个别类型也有水冷壁结构），干煤粉炉采用水冷壁及挂渣结构，由于水冷壁及挂渣结构能够适应在更高温度下的气化，从而较好地保护了气化炉材料的耐高温，使得干煤粉气化的煤种灰熔点可以更高些，煤种适应范围更广些，同时在高温下气化，碳的转利率会更高，因此，在高温气化、高碳转化率、煤应用范围和高灰熔点方面，干煤粉炉比水煤浆炉更具有优势。

④ 烧嘴寿命及易损件：由于水煤浆炉采用耐火砖衬里和水煤浆进料，受耐火砖材料的限制，不可能长期在高温或高灰熔点煤气化的条件下进行气化，同时受水煤浆进料和气体冲蚀磨损的影响，使用寿命较短，维修周期较短和维修工作量较大，尤其是水煤浆炉喷嘴头的使用寿命受气固液的冲蚀磨损，属于易损件，要定期维修和更换。而干煤粉炉采用水冷壁及挂渣保护和干煤粉进料，气固二相流对水冷壁的磨损影响较低。由于以渣抗渣和气体冲蚀磨损的影响比水煤浆气化和耐火砖的影响要小得多。因此，使用寿命较长。

⑤ 气化炉备用率：基于气化炉的结构特征及气化炉内易损件的使用寿命和已经运行的气化炉长周期运行考核数据，表明干煤粉炉气化工艺，烧嘴易损件的连续运行使用寿命均超过 8000 h，水冷壁连续运行寿命会更长。在一个年度运行周期内，基本能够保证长周期运行。而水煤浆气化炉则受耐火砖材料的限制和烧嘴在三相流的气蚀磨损下，易损件的使用寿命均较短，难以保证一个年度内长周期运行，必须设置备用炉。而干煤粉炉基本不用设置备用炉，由此可降低气化炉的投资，而水煤浆炉须设置备炉，备用率为 30%~50%，生产规模越大，备用率越低。

⑥ 气化炉规模大型化：两种气化工艺技术均成熟可靠，随着煤化工项目的大型化，对气化炉的大型化也提出了更高要求，通过大型化炉子的开发和工程示范，目前已经形成了公称投煤量为 750 t/d、1000 t/d、1500 t/d、2000 t/d、2500 t/d、3000 t/d、4000 t/d 等不同规模的炉型。其中水煤浆炉在气化炉大型化方面处于领先地位，如投煤量 4000 t/d 的炉子已经工业化，干煤粉炉均已经有了投煤量 3000 t/d 左右的气化炉。

二、两种气化工艺性能指标比选分析

气化工艺性能主要包括：气化炉生产强度、单炉投煤量、单炉产能；比煤耗、比氧耗、蒸汽耗；煤转化率、冷煤气效率、热煤气效率、有效气产出率等指标进行比选分析。比选基准为：以长焰煤作为气化原料，灰熔点 1240 ℃，收到基水分 13.0%，收到基灰分 9.21%，假定两种气化工艺生产有效气均为 65.82 万 m³/h。实际上受炉型匹配选择，有效气生产量在保证产品规模的前提下是有一定区别的。两种气化炉主要工艺性能指标及技术参数见表 15-32。

表 15-32 两种气化炉主要工艺性能指标及技术参数

序号	项目	干煤粉炉	水煤浆炉
1	原料煤	长焰煤	长焰煤
2	灰熔点/℃	$FT \leqslant 1240$	$FT \leqslant 1240$
3	气化温度/℃	1400	1300
4	全水分(收到基)/%	13	13

续表

序号	项目	干煤粉炉	水煤浆炉
5	灰分(收到基)/%	9.21	9.21
6	挥发分(收到基)/%	31.66	31.66
7	有效气量/(万 m^3/h)	65.82	65.82
8	气化炉台数	5+1	4+2
9	气化炉操作弹性/%	70~110	70~110
10	投煤量/[t/(d·台)]	1975/2200	2603/2860
11	合成气量/[m^3/(h·台)]	131645/145000	164556/1810000
12	投煤量/(t/h)	411.50	433.90
13	干基投煤量/(t/h)	358.01	377.49
14	耗碳量/(t/h)	261.59	275.83
15	耗氧量/(万 m^3/h)	22.05	26.34
16	耗蒸汽量/(t/h)	13.48	78.99
17	激冷水量/(t/h)	430.08	487.67
18	气化炉排渣灰量/(t/h)	40.33	44.52
19	残炭损耗量/(t/h)	2.44	4.56
20	比煤耗/[kg(干基)/km^3(CO+H_2)]	543.75	573.35
21	比氧耗/[m^3/km^3(CO+H_2)]	335.00	400.15
22	蒸汽耗/[m^3/km^3(CO+H_2)]	13.48	78.99
23	碳转化率/%	99.07	98.35
24	有效气产出率/%	96.71	81.03
25	有效气产率/(m^3/kg)	1.60	1.52
26	冷煤气效率/%	80.47	74.80
27	热煤气效率/%	92.66	87.06
28	氧煤比/(kg/kg)	0.766	0.867
29	汽/氧比/(m^3/m^3)	0.257	0.373-

从表 15-32 可看出，干煤粉炉与水煤浆炉在满足有效合成气产量时的投煤量、耗氧量、耗蒸汽量、激冷水耗量、比煤耗、比氧耗、冷煤气效率、热煤气效率、有效气产出率以及碳转化率等有一定的差异。

① 投煤量及碳耗量：在生产相同的有效气产量时，两种气化炉工艺的投煤量和碳耗量尽管差异不大，但还是存在一定的区别。按照投煤量消耗从高到低排序：水煤浆炉＞干煤粉炉；碳耗量消耗从高到低排序：水煤浆炉＞干煤粉炉。显然生产相同的有效合成气，干煤粉炉在投煤量和碳消耗量指标上比水煤浆炉具有优势。

② 耗氧量：两种气化炉工艺的耗氧量差异较大，尤其是干煤粉气化比水煤浆气化普遍要低 20%左右，这是因为水煤浆气化需要加 35%~45%的水，而要消耗更多的原煤和氧气，使得水分蒸发则需要提供热量。按照耗氧量从高到低排序为水煤浆炉＞干煤粉炉。显然生产相同的有效合成气，干煤粉炉在氧耗指标上比水煤浆炉要具有优势。

③ 耗蒸汽量：两种气化炉工艺的耗蒸汽量是不同的，水煤浆气化由于需要加入 35%~

45%水分,在气化过程中均被汽化成蒸汽,一方面满足气化需要的反应蒸汽,还原生成氢气,另一方面大量的水蒸气可调节炉子温度,保持炉温稳定生产。而干煤粉气化,尽管入炉煤会带入少量的水分,但若水分在2%左右时,则不能满足气化反应所需要的蒸汽;若控制在5%左右时,虽能够基本满足气化所需的蒸汽,但对控制炉温及稳定生产方面,缺乏控制手段,一般是通过汽/氧比来调节的。显然按照外部供耗蒸汽量从高到低排序,干煤粉炉需要蒸汽,而水煤浆炉不需要补充蒸汽。

④ 激冷水耗量:两种气化工艺均采用激冷流程回收高温合成气热量,将水直接蒸发成饱和蒸汽,属于低品位热回收,而且热回收效率较低。其中水煤浆气化的工艺特点,决定了要多消耗约5%的原料煤和25%左右的氧气。因此水煤浆炉产生的气化反应热要远高于干粉煤气化所产生的反应热,移走这部分热量就需要更多的激冷水量。按照激冷水消耗从高到低排序为:水煤浆>干煤粉炉。显然干煤粉炉在激冷水消耗指标上比干煤粉炉要具有优势。

⑤ 比煤耗(干基):是衡量气化炉工艺指标的一个重要参数,即生产$1km^3(CO+H_2)$的煤炭消耗,该值越低越好。两种不同气化炉工艺的比煤耗存在一定的差异,按照比煤耗指标从高到低排序:水煤浆炉>干煤粉炉。其中水煤浆炉为573.33 kg(干基)/1000 m^3(CO+H_2),显然干煤粉炉在比煤耗(干基)543.75 kg(干基)/1000 m^3(CO+H_2)指标上比水煤浆炉要具有优势。

⑥ 比氧耗:是衡量气化炉工艺指标的一个重要参数,即生产$1 km^3(CO+H_2)$的氧气消耗,该值越低越好。两种不同气化炉工艺的比氧耗存在一定的差异,按照比氧耗指标从高到低排序:水煤浆炉>干煤粉炉。其中水煤浆炉为400.15 m^3/1000 m^3(CO+H_2),显然干煤粉炉在比氧耗指标335 m^3/1000 m^3(CO+H_2)上比水煤浆炉要具有优势。

⑦ 碳转化率:是衡量气化炉工艺指标的一个重要参数,即煤气中含碳量与煤中总含碳量的比值,该值应越高越好。两种不同气化炉工艺的碳转化率存在一定的差异,按照碳转化率指标从高到低排序:干煤粉炉>水煤浆炉。其中干煤粉炉碳转化率为99.07%,在碳转化率指标上比水煤浆炉要具有优势。

⑧ 有效气产出率:是衡量气化炉工艺指标的一个重要参数,即煤气中的有效气(CO+H_2)含碳量与煤中总含碳量的比值,该值应越高越好。两种不同气化炉工艺的有效气产出率存在一定的差异,按照有效气产出率指标从高到低排序:干煤粉炉>水煤浆炉。其中干煤粉炉碳产出率为96.71%,在有效气产出率指标上比水煤浆炉要有优势。

⑨ 冷煤气效率:是衡量气化炉中煤的化学能转化的一个重要参数,即煤气中有效气(CO+H_2)的化学能与煤的化学能的比值,该值应越高越好。两种不同气化炉工艺的冷煤气效率存在一定的差异,按照冷煤气效率指标从高到低排序:干煤粉炉>水煤浆炉。其中干煤粉炉冷煤气效率为80.47%,在冷煤气效率指标上比水煤浆炉要有优势。该指标直观反映了气化炉的化学能转化性能。

⑩ 热煤气效率:是衡量气化炉中煤的化学能转化和热量回收的一个重要参数,即煤气中有效气(CO+H_2)的化学能+蒸汽焓值增量之和与煤的化学能的比值,该值应越高越好,除转化为有效气化学能外,还对气化反应热的回收能量指标进行统计。两种不同气化炉工艺的热煤气效率存在一定的差异,按照热煤气效率指标从高到低排序:干煤粉炉>水煤浆炉。其中干煤粉炉热煤气效率为92.66%,在热煤气效率指标上比水煤浆炉要有优势。该指标更直观反映了气化炉的化学能转化及回收效率。

三、两种气化工艺合成气组分比选分析

合成气成分比选主要包括：合成气有效组分、激冷水含量、汽/气比、汽/CO 比、H_2/CO 比、CO 变化率等指标进行比选分析。两种气化炉工艺合成气及技术参数见表 15-33。

表 15-33　两种气化炉工艺合成气分析

序号	组分	干煤粉炉		水煤浆炉	
		摩尔分数/%	产量/(m³/h)	摩尔分数/%	产量/(m³/h)
1	H_2	14.53	192087	16.74	280659
2	CO	35.26	466138	22.52	377566
3	CO_2	4.05	53541	7.85	131612
4	N_2	0.28	3702	0.13	2178
5	CH_4	0.01	132	0.03	503
6	H_2S+COS	0.36	4826	0.30	5030
7	Ar	0.07	925	0.05	838
8	NH_3	0.01	132	0.01	168
9	H_2O	45.43	600585	52.37	878025
10	合计（湿基）	100.00	1322014	100.00	1676579
11	合成气（干基）		721494		798554
12	有效气 H_2+CO（干基）	91.23	658225	82.42	658225
13	H_2/CO		0.4121		0.7433
14	汽/气比		0.8323		1.0995
15	汽/CO 比		1.2882		2.3255
16	CO 变换率/%	47.28		34.84	
17	合成气温度/℃		210		236

从表 15-53 可看出，干煤粉炉与水煤浆炉在满足有效合成气产量时的合成气组分、有效气成分以及对变换工艺等是有一定影响的。

① H_2+CO（干基）：是衡量气化炉工艺指标的一个重要指标，即煤气中的有效气（CO+H_2）的摩尔分数，该值越高越好。两种不同气化炉工艺的有效气（CO+H_2）的摩尔分数存在一定的差异，按照有效气（CO+H_2）的摩尔分数指标从高到低排序：干煤粉炉，水煤浆炉。其中干煤粉炉有效气（CO+H_2）的摩尔分数为 91.23%，比水煤浆炉要有优势。

② H_2/CO 比：是衡量有效气生产下游产品的一个指标，即煤气中的有效气（CO+H_2）的摩尔分数，该值越接近产品化学反应物摩尔比值越好。通常煤制油低温费托合成的 H_2/CO=1.7 左右。若合成气中 H_2/CO 偏低，意味着粗煤气在后续变换反应中需要更多的 CO 变换为 H_2 的量越多，变换负荷就越高。按照 H_2/CO 指标从高到低排序：水煤浆炉＞干煤粉炉。其中水煤浆炉 H_2/CO 比为 0.7433，比干煤粉炉高出 0.3312%。

③ 汽/气比：是衡量粗煤气下游变换反应中蒸汽的一个指标，即煤气中蒸汽摩尔分数与干基煤气 mol%比值。若汽/气比偏低，意味着合成气在后续变换反应中要补充更多的蒸汽参加 CO 变换反应，使蒸汽消耗增加。按照汽/气比指标从高到低排序：水煤浆炉＞干煤粉炉。其中水煤浆炉汽/气比为 1.0995，比干煤粉炉高出 0.2672。

④ 汽/CO 比：是衡量合成气下游变换反应中蒸汽的一个指标，即合成气中蒸汽摩尔分数

与干基煤气 CO 摩尔分数比值。若参加变换反应的汽/CO 摩尔分数比为 1 时，意味着合成气在变换反应中不需要补充加入蒸汽或加入少量蒸汽（蒸汽过量，依据变换催化剂参数确定）参加 CO 变换反应。按照汽/CO 比指标从高到低排序：水煤浆炉＞干煤粉炉。其中水煤浆炉汽/CO 比是 2.3255，比干煤粉炉高出 1.0373。

⑤ CO 变换率：是衡量合成气下游变换反应中 CO 变换转化为 H_2 和消耗蒸汽的一个重要指标，即合成气中干基 CO 摩尔分数减去变换气中 CO 摩尔分数与合成气中干基 CO 摩尔分数比值的百分数。若 CO 变换率为 50%，意味着合成气中 CO 有一半量需要进行变换反应。按照 CO 变换率指标从低到高排序：水煤浆炉＞干煤粉炉。其中水煤浆炉 CO 变换率为 34.84%，比干煤粉炉低 12.44%，因此，水煤浆炉的 CO 变换负荷低。采用钴钼耐硫催化剂非常适用于原料气中硫含量较高的变换工艺。钴钼耐硫催化剂起活温度较低，一般宽温变换催化剂起活温度为 240℃，最高温度可耐 480℃，低温变换催化剂起活温度 180℃，最高温度可耐 450℃，较宽的温度范围适应于 CO 浓度高而引起温升大的特点。由于两种煤气化工艺合成气中 H_2/CO=1.7 的要求，都要对部分 CO 进行变换，提高 H_2 含量，从而达到调整煤制油对合成气组成的要求。合成气经洗涤后含尘量为 1~2 mg/m³，温度为 220~243℃，并被水蒸气饱和，水/汽比约为 0.83~1.1（其中水煤浆炉变换负荷低），直接加热升温后少量补充蒸汽，即可进入变换炉进行反应，大量的 CO 变换反应热可用来副产中、低压蒸汽、预热脱盐水等。

四、两种气化界区工艺配置比选分析

选择不同的煤气化工艺，其后续界区范围内的工艺净化全过程方案会有较大的差异。对拟选的干煤粉炉和水煤浆炉净化全过程生产装置，从原料煤制备、煤气化开始至低温甲醇洗和硫回收结束。主要包括：空分、煤气化、变换、低温甲醇洗、硫回收和冷冻等。两种气化炉工艺界区内主要装置配置见表 15-3 所示。

从表 15-3 可看出，干煤粉炉与水煤浆炉在满足有效合成气产量时，其后续配置的净化装置受气化工艺的影响，配置上还是有一定的差异。

① 气化炉配置：拟选气化技术在气化炉生产强度及规模选择上有一定区别，干煤粉炉拟选 2000 t/d 的气化炉 5 开 1 备，水煤浆炉拟选 2610 t/d 的气化炉 3 开 2 备。对干煤粉气化，实际入炉煤进料量，按干燥后煤中含水量为 5.5% 计，单炉入炉煤量可选择 2000 t/d 级别的气化炉型。对水煤浆气化，水煤浆炉实际入炉干基煤进料量为 2466.45 t/d，可选择 2500 t/d 或 3000 t/d 级别的气化炉型。从气化炉关键设备生产规模和单炉生产强度分析，水煤浆炉生产能力最大，特别对煤化工大型化选择煤气化具有重要的意义和使用价值。

② 空分配置：由于湿法气化工艺，水煤浆进料，增加了能耗，需要消耗更多的气化反应热，由此也增加了氧气的消耗。一般情况下，湿法气化氧消耗量比干法气化氧消耗量要增加 20%~25%。因此干法气化，空分选择 8.3 万 m³/h，3 台能够满足气化对氧消耗的要求，理论产氧量约 24.9 万 m³/h，氧气富裕系数约为 1.2 倍。湿法气化，空分选择 10 万 m³/h，3 台能够满足气化对氧消耗的要求，理论产氧量约 30 万 m³/h，氧气富裕系数约为 1.14 倍。

③ 变换装置配置：由于干煤粉气化与水煤浆气化对合成气的组分影响较大，干煤粉气化，有效气 CO+H_2 含量为 90% 以上，CO 含量（干基）为 60%~65%。水煤浆气化，有效气 CO+H_2 含量在 83% 左右，CO 含量（干基）为 44%~47%。由于 H_2/CO 比均不能满足费托合成对合成气组分要求，故通过变换装置来调节 H_2/CO 比，以满足煤制油对合成气的要求。其中干法气化变换负荷是湿法气化变换负荷的 1.7 倍左右。

综上所述，依据两种不同的气化工艺比选性能优势分为明显和较明显，比选项目气化性能优势明显给★，较明显给☆。干煤粉炉气化性能优势明显有 18 项，较明显有 12 项；水煤浆炉气化性能优势明显有 12 项，较明显有 18 项。因此，在所比较的前置条件下，干煤粉炉性能优势要略高于水煤浆炉。两种气化工艺性能优势比较汇总见表 15-34。

表 15-34　两种气化工艺性能优势比较汇总

序号	比选项目名称	干煤粉炉 性能优	干煤粉炉 性能良	水煤浆炉 性能优	水煤浆炉 性能良
1	气化温度高	★			☆
2	气化压力高		☆	★	
3	原料范围适应性宽	★			☆
4	耐高灰熔点煤特性好	★			☆
5	输煤安全性好		☆	★	
6	入炉煤原料加工能耗低		☆	★	
7	炉内壁保温耐高温性能	★			☆
8	烧嘴寿命及易损件维修周期长	★			☆
9	气化炉备用特性	★			☆
10	炉子大型化应用		☆	★	
11	单位产品耗煤量低	★			☆
12	单位产品耗氧量低	★			☆
13	单位产品气化耗蒸汽量低		☆	★	
14	单位产品耗激冷水量低	★			☆
15	单位产品排渣量低	★			☆
16	比煤耗低	★			☆
17	比氧耗低	★			☆
18	蒸汽耗低		☆	★	
19	碳转化率高	★			☆
20	有效气产出率高	★			☆
21	冷煤气效率高	★			☆
22	热煤气效率高	★			☆
23	有效气（H_2+CO）含量高	★			☆
24	粗合成气中 H_2/CO 高		☆	★	
25	粗合成气中汽/气比高		☆	★	
26	粗合成气中汽/CO 比高		☆	★	
27	CO 变换率低		☆	★	
28	粗合成气出口温度高		☆	★	
29	空分产能配置低	★			☆
30	CO 变换负荷低		☆	★	
	合计	18	12	12	18
		优势明显		优势较明显	

注：本表性能优势比较仅限于本案例在特定煤质条件和工艺配置参数条件下的工况；所选择的计算参数和计算结果也可能存在一定的误差。

五、两种气化界区公用工程消耗比选分析

两种气化方案，在界区范围内主要公用工程的消耗也有一定的差异。对干煤粉炉和水煤浆炉界区内全过程生产装置，从原料煤制备、煤气化开始至低温甲醇洗和硫回收结束，包括空分、煤气化、变换、低温甲醇洗、硫回收和冷冻等公用工程消耗。两种气化炉工艺界区内公用工程消耗和人员配备见表 15-35。

表 15-35 两种气化炉界区内公用工程消耗表

序号	物料名称	单位	干煤粉炉	水煤浆炉
一	装置主要产出			
1	主产品			
（1）	净化气	万 m³/h	65.17	65.17
2	副产品			
（1）	硫黄	万 t/a	7.33	7.33
二	装置主要消耗			
1	原料消耗			
（1）	原料煤	t/h	411.50	433.90
2	公用工程消耗			
（1）	电	kW	37048.86	35570.00
（2）	高压蒸汽 11.5 MPa	t/h	563.15	719.00
（3）	中压蒸汽 4.0 MPa	t/h	−79.68	54.43
（4）	低压蒸汽 1.4 MPa	t/h	−143.98	−7.65
（5）	低低压蒸汽 0.5 MPa	t/h	−125.20	−211.63
（6）	新鲜水	t/h	39.20	76.00
（7）	除盐水	t/h	1115.68	229.00
（8）	蒸汽冷凝液	t/h	−657.65	−945.50
（9）	循环水	t/h	27024.44	40250
（10）	锅炉给水	t/h	78.25	548.50
（11）	氧气	万 m³/h	20.99	25.69
（12）	氮气	m³/h	51989	52864
（13）	仪表、工厂空气	m³/h	9668	10093
（14）	燃料气	m³/h	10900	0
3	三废排放			
（1）	炉渣	t/h	26.89	34.73
（2）	飞灰	t/h	13.44	9.79
（3）	污水	t/h	1244.10	1349.50
4	界区装置定员	人	292	310

注：1. 仪表空气和工厂空气、氮气仅给出界区内所需量，实际空分给出量大于界区内量。
2. 空分型号干法选择和湿法依据用氧量确定。
3. 设定两种净化工艺基本一致，公用工程配置略有差异。
4. 设定冷冻和硫回收工艺一致，消耗略有差异。
5. 设定公用工程物料参数如蒸汽等级、冷凝液、锅炉给水基准一致。

① 高压蒸汽消耗：由于湿法气化耗氧量高，需要空分多，空压机功率大，蒸汽透平需要蒸汽量大，按高压蒸汽消耗高排序：水煤浆炉＞干煤粉炉。水煤浆炉比干煤粉炉要多消耗高压蒸汽。

② 干法气化耗电量比湿法气化要高，按照界区内耗电量高排序：干煤粉炉＞水煤浆炉。干煤粉炉比水煤浆炉要多消耗电。

③ 循环水排放量按照界区内循环水排放量高排序：水煤浆炉＞干煤粉炉。水煤浆炉比干煤粉炉要多排放循环水量。

④ 污水排放量：由于湿法气化污水排放量比干法气化污水排放量要多，按照界区内污水排放量高排序：水煤浆炉＞干煤粉炉。水煤浆炉比干煤粉炉要多排放污水量。

⑤ 燃料气：由于干法气化，需要对原煤13%的水分干燥到5.0%左右，需要消耗燃料气。而水煤浆炉无燃料气消耗。

六、两种气化界区单位产品综合能耗比选分析

两种煤气化界区单位产品综合能耗以合成气产量65.82万 m^3/h 及油品产量125 t/h 为基准，煤气化界区单位产品综合能耗先计算出吨油品的综合能耗，然后换算为1000 m^3 有效合成气的能耗。

1. 干煤粉炉

原煤411.5 t/h,低位热值24.1 MJ/h,折标煤：(24.1/29.31)×411.5/125=2.7068 tce/油品；

燃料煤121.5 t/h, 低位热值17.80 MJ/h, 折标煤：(17.80/29.31)×121.5/125 =0.5903 tce/油品；

锅炉产蒸汽：选3台420 t/h 粉煤炉，产蒸汽1260 t/h[其中空分用蒸汽563 t/h，油品加工用蒸汽(460+348)t/h(6.47 t/t 油)，发电5.5万 kW 用蒸汽237 t/h(1.89 t/t 油)]；

煤气化界区：副产蒸汽348.75 t/h（中低压蒸汽），折吨油耗蒸汽2.79 t/t 油；

外供电：总用电量10.8万 kW，自发电5.50万 kW，外购电5.30万 kW；

循环水：6.46万 t/h，其中煤气化界区27025 t/h，油品界区37575 t/h；

新水：750 t/h（全厂用一次水）；

油品界区：单位油综合能耗1.1887 tce/t 油品。

依据上述条件，干煤粉炉100万 t 油品单位产品综合能耗计算如15-36所示。

表15-36 方案一100万 t 油品单位产品综合能耗（产油品125 t/h）

序号	名称及规格	单位	吨油品消耗	能耗指标/MJ	吨油能耗/MJ
一	单位产品原煤能耗				
1	原料煤（收到基低位发热量24.1 MJ）	t	3.292	24100	79337.20
	小计（吨油耗原料能耗）	tce/t 油			2.7068
二	气化界区单位产品综合能耗				
2	电	kW·h	296.384	3.600	1066.98
3	蒸汽				
	高压蒸汽 11.5 MPa,540 ℃	t	4.505	3852	17353.26
	中压蒸汽 4.0 MPa, 410 ℃	t	−0.64	3768	−2411.52

续表

序号	名称及规格	单位	吨油品消耗	能耗指标/MJ	吨油能耗/MJ
	低压蒸汽 1.4 MPa, 197 ℃	t	-1.15	3349	-3851.35
	低低压蒸汽 0.6 MPa, 158 ℃	t	-1.00	3014	-3014.00
4	循环水	t	216.20	4.190	905.88
5	一次水	t	0.31	6.3	1.95
6	除盐水	t	8.93	41.87	373.90
7	锅炉给水	t	0.63	272.14	171.45
8	蒸汽冷凝液	t	-5.26	152.8	-803.73
9	仪表空气	m^3	77.34	1.50	116.01
10	氮气	m^3	415.91	6.28	2611.92
11	氧气	m^3	1679.2	6.28	10545.38
12	燃料气	m^3	87.2	4.55	396.76
13	硫黄	t	-0.073	9.211	-0.67
	小计	MJ			23462.22
	气化界区单位产品能耗	tce/t 油			0.8005
三	气化界区单位产品综合能耗	tce/t 油			3.5071 tce/t 油

注：1. 标煤热值折算系数：29310 MJ/t。
　　2. 气化界区吨油能耗仅包括煤气化界区生产装置，不含费托合成、油品加工、公用工程装置。

由上表可知，神宁炉气化界区综合能耗及主要消耗指标如下：

① 单位产品综合能耗（含原料煤耗和油品综合能耗）：
原煤折能耗+气化界区综合能耗+油品界区综合能耗=2.7068+0.8005+1.1887=4.696 tce/油品

② 单位产品煤耗：
原料煤+燃料煤 = 2.7068+0.5903 = 3.2971 tce/油品

③ 单位产品综合能耗：
气化界区综合能耗+原煤折能耗 = 0.8005+2.7068 = 3.5073 tce/油品

④ 单位产品循环水耗：516 t/t；

⑤ 单位产品一次水耗：6 t/t；

⑥ 合成气综合能耗为：666.05 kgce/km³。

2. 水煤浆炉

原煤 433.9 t/h，低位热值 24.1 MJ/h，折标煤：(24.1/29.31)×433.9/125=2.8542 tce/油品；

燃煤 138.85 t/h，低位热值 17.80 MJ/h，折标煤：(17.80/29.31)×138.85/125 =0.6749 tce/油品；

锅炉产蒸汽：选 3 台 480 t/h 粉煤炉，产蒸汽 1440 t/h[其中空分用蒸汽：743 t/h，油品加工用蒸汽(590+218.75)t/h(6.47 t/t)，发电 2.0 万 kW 用蒸汽：107 t/h(0.856 t/t)]；

煤气化界区：副产蒸汽 218.75 t/h（中低压蒸汽），折吨油耗蒸汽 1.75 t/t；

外供电：总用电量 11.0 万 kW，自发电 2.0 万 kW，外购电 9.0 万 kW；

循环水 6.46 万 t/h，其中煤气化界区 28097.5 t/h，油品界区 36502.5 t/h。单位产品耗循环水 516.8 t/t；

新水：820 t/h，单位产品耗循环水 6.56 t/t；

油品界区：单位油品界区综合能耗 1.0939 tce/t 油品。

依据上述条件，水煤浆炉 100 万 t 油品单位产品综合能耗计算如表 15-37 所示。

表 15-37 水煤浆炉 100 万 t 油品单位产品综合能耗（小时产油品 125 t/h）

序号	名称及规格	单位	吨油品消耗	能耗指标/MJ	吨油能耗/MJ
一	单位产品原煤能耗				
1	原料煤（收到基低位发热量 24.1 MJ）	t	3.471	24100	83655.92
	小计（吨油耗原料能耗）	tce/t 油			2.8542
二	气化界区单位产品综合能耗				
2	电	kW·h	284.56	3.600	1024.42
3	蒸汽				
	高压蒸汽 11.5 MPa,540 ℃	t	5.75	3852	22156.70
	中压蒸汽 4.0 MPa, 410 ℃	t	0.44	3768	1640.74
	低压蒸汽 1.4 MPa, 197 ℃	t	−0.06	3349	−204.96
	低低压蒸汽 0.6 MPa,158 ℃	t	−1.69	3014	−5102.82
4	循环冷却水	t	322	4.190	1349.18
5	一次水	t	0.61	6.3	3.83
6	除盐水	t	1.83	41.87	76.71
7	锅炉给水	t	4.39	272.14	1194.15
8	蒸汽冷凝液	t	−7.56	152.8	−1155.78
9	工艺余热	MJ	−4630		−4630
10	仪表空气	m³	80.74	1.50	121.12
11	氮气	m³	422.91	6.28	2655.89
12	氧气	m³	2055.20	6.28	12906.66
13	燃料气	m³	0	4.55	0
14	硫黄	t	−0.073	9.211	−0.68
	小计	MJ			32035.16
	气化界区单位产品能耗	tce/t 油			1.0930
三	气化界区单位产品综合能耗	tce/t 油			3.9472 tce/t 油

注：1. 标煤热值折算系数：29310 MJ/t。
2. 气化界区吨油能耗仅包括煤气化界区生产装置，不含费托合成、油品加工、公用工程装置。

由上表可知，多喷嘴炉气化界区综合能耗及主要消耗指标如下：

① 单位产品综合能耗（含原料煤耗）：

单位产品综合能耗=原煤折能耗+气化界区综合能耗+油品界区综合能耗
　　　　　　　　　=2.8542+1.0930+1.0939 =5.0411 tce/t 油品

气化界区单位产品综合能耗=原煤折能耗+气化界区综合能耗
　　　　　　　　　=2.8542+1.0930=3.9472 tce/t 油品

② 单位产品煤耗：

单位产品煤耗=原料煤+燃料煤=2.8542+0.6749=3.5291 tce/t 油品

③ 单位产品综合能耗：

单位产品综合能耗=气化界区综合能耗+油品界区综合能耗

$$=1.0930+1.0939=2.1869 \text{ tce/t 油品}$$

④ 单位产品循环水耗：613.6 t/t 油品。

⑤ 单位产品一次水耗：6.56 tce/t 油品。

⑥ 合成气综合能耗为：749.62 kgce/km³（CO+H$_2$）。

通过对两种方案的能耗进行计算，数据列入表 15-38。

表 15-38 两种气化工艺单位产品能耗消耗比选

序号	项目	干煤粉炉	水煤浆炉
1	单位产品原煤能耗/(tce/t 油品)	2.7068	2.8542
2	单位产品燃煤能耗/(tce/t 油品)	0.5903	0.6749
3	单位产品原煤燃煤能耗/(tce/t 油品)	3.2971	3.5291
4	气化界区单位产品能耗/(tce/t 油品)	0.8005	1.0930
5	气化界区单位产品综合能耗/(tce/t 油品)	3.5071	3.9472
6	气化单位产品循环水耗/(t/t 油品)	216.20	322.00
7	气化单位产品一次水耗/(t/t 油品)	6.00	6.56
8	气化单位产品电耗/(kW·h/t 油品)	296.384	284.56
9	单位产品有效合成气消耗/(m³/t 油品)	5265.80	5265.80
10	合成气原煤能耗/[kgce/km³(CO+H$_2$)]	514.03	542.03
11	合成气综合能耗/[kgce/km³(CO+H$_2$)]	666.05	749.62

由表 15-38 可知，气化界区内，干煤粉炉单位产品综合能耗低，为 3.5073 tce/t 油品，水煤浆气化炉能耗要高，干煤粉炉合成气综合能耗 666.05 kgce/1000 m³(CO+H$_2$)。

七、两种气化界区总投资估算比选分析

两种方案煤气化工艺，其界区范围内主要工艺及公用工程的投资有一定的差异。对上述两种方案界区内生产装置投资进行对比，并参考了有关百万吨煤制油总项目投资数据。两种方案界区投资估算见表 15-39。

表 15-39 两种方案界区投资估算　　　　　　　　　　　　　　　单位：亿元

序号	装置名称	干煤粉炉	水煤浆炉
一	界区内主要生产装置		
1	空分装置	13.90	16.52
2	原料煤制备储运	4.60	5.16
3	煤气化	19.70	20.70
4	变换工序	4.52	4.46
5	低甲洗工序	8.46	8.46
6	冷冻工序	1.61	1.60
7	硫回收	1.27	1.28
	小计	54.06	58.18

续表

序号	装置名称	干煤粉炉	水煤浆炉
二	界区内配套公用设施分摊		
1	界区内配套分摊，分摊比例按70%	4.33	4.66
	界区内投资估算合计	58.39	62.84

注：1. 兖矿115万t煤制油项目投资156亿元。
2. 宁煤405万t煤制油项目及外送28万m^3/h合成气制甲醇投资505亿元。
3. 伊泰105万t煤制油项目投资198.16亿元。
4. 潞安180万t煤制油项目投资236.7亿元。
5. 伊泰新疆乌鲁木齐200万t煤制油项目投资326亿元。
6. 伊泰新疆伊利100万t煤制油项目投资190亿元。
7. 伊泰鄂尔多斯200万t煤制油项目投资300亿元。

第九节 两种方案界区技术经济比选分析

一、计算基准

1. 概述

根据原料煤工业分析数据和界区工艺配置数据等，对干煤粉炉和水煤浆炉的技术经济进行比选和分析经济性。在保证两个方案可比性的前提下，为便于分析，煤气化技术经济比选界区范围界定为：空分装置、煤贮运装置、煤气化装置、变换工序、低温甲醇洗工序、冷冻站、硫回收装置。

煤气化技术经济比选界区产品为净化合成气，各气化工艺技术方案的产气量相当，即产出效益相当。为简化计算，经济比选仅比较各方案的投资及成本费用。从经济角度考虑，费用最小的方案为最优方案。

2. 界区内投资估算

煤气化比选界区内各装置的工程投资数据均来源于目前已有的类似装置的实际投资数据或概算、可研投资估算数据资料。煤气化比选界区内，两方案的工程建设投资数据汇总见表15-40。

表15-40 两种气化工艺界区内投资估算　　　　　　单位：万元

序号	工程项目	方案一	方案二
1	空分装置	139000	165200
2	原料煤贮运	46000	51590
3	煤气化装置	197001	207001
4	变换工序	45200	44610
5	低温甲醇洗工序	84601	84601
6	冷冻站	16121	16021
7	硫回收装置	12696	12796
8	工程建设其他费用	43249	46546
	合计	583868	628365

3. 界区内产品及原料、公用工程消耗

以煤气化比选的范围作为界区，汇总各装置的物料消耗数据、各方案的产品及原料、公用工程消耗和人员配备。

4. 原材料及动力价格

外购原辅材料、动力均为到煤气化比选界区价。以上述气化工艺技术方案比选的范围作为界区，由煤制油项目其他公用工程装置生产的蒸汽、循环水、脱盐水等从外部进入界区内的公用工程物料价格以市场价格作为参考。各种原料及公用工程价格见表 15-41 所示。

表 15-41 两种气化工艺界区内产品及原料、公用工程消耗

序号	物料名称	单位	单价（含税）	备注
一	原料及化学品			
1	原料煤	元/t	430	
二	燃料动力			
1	电	元/(kW·h)	0.48	
2	高压蒸汽 11.5 MPa	元/t	130	
3	中压过热蒸汽 4.0 MPa	元/t	85	
4	低压蒸汽 1.4 MPa	元/t	65	
5	低低压蒸汽 0.5 MPa	元/t	45	
6	新鲜水	元/t	3.0	
7	除盐水	元/t	9	
8	循环水	元/t	0.30	
9	锅炉给水	元/t	12	
10	燃料气	元/m^3	0.52	
三	三废处理费			
1	炉渣	元/t	70	
2	飞灰	元/t	70	
3	污水	元/t	12	
四	副产品			
1	硫黄	元/t	800	
五	人均工资	元/(人·年)	120000	

5. 其他计算参数

项目建设期 4 年，生产期 15 年。
年操作时间按 8000 h 计。
基准折现率按 10% 计取。

二、合成气成本分析

两种气化工艺总成本费用计算、净化合成气单位成本计算略，根据计算，两种气化工艺各方案的净化合成气成本数据汇总见表 15-42。

表 15-42　两种气化工艺净化合成气成本汇总　　　　　　　　　　单位：元/m³

序号	项目	方案一 （干煤粉炉）	方案三 （水煤浆炉）
一	单位成本		
1	单位完全成本	0.558	0.627
2	其中：单位经营成本	0.471	0.535
3	单位可变成本	0.435	0.496
二	经营成本分析		
1	原料煤及化学品	0.284	0.297
2	电	0.027	0.026
3	蒸汽	0.079	0.135
4	锅炉给水、循环水等	0.019	0.019
5	燃料气	0.009	0
6	三废处理	0.027	0.030
7	副产品（硫黄）	−0.011	−0.011
8	管理及其他	0.037	0.039
	小　计	0.471	0.535

根据计算结果，方案一的单位完全成本及单位经营成本低，而方案二的单位完全成本及单位经营成本要高。

三、费用现值分析

对持续性运营的投资项目，经济分析以动态分析为主，即根据资金的时间价值，采用折现的方法，将建设期及生产期各年的费用及效益进行折现，进而计算出相应的动态评价指标。

各气化工艺技术方案的净化气产气量相当，即产出效益相同，为简化计算，两种方案经济比选采用费用现值法，即比较两个方案在整个经济寿命期内的所有支出（包括建设期投资费用及生产期运营费用）的费用现值，以费用现值较低（即花费最小）的方案为优。两种气化工艺总费用现值计算略，根据计算，两种方案建设及运营费用现值计算汇总见表 15-43。

表 15-43　两种气化工艺费用现值计算汇总　　　　　　　　　　单位：万元

序号	项目	方案一	方案二
1	费用现值（I_e=10%）	1553070	1738850

根据计算结果，方案一的费用现值低，即在整个寿命期的费用支出最少。方案二的费用现值高，即在整个寿命期的费用支出要多。从静态投资及成本数据分析表 15-40 给出的两种气化工艺界区内投资估算：方案一的投资费用及单位运营成本均较低，方案二比方案一投资要高 4.45 亿元，单位运营成本较高。根据两个方案在整个经济寿命期的费用投入情况，经综合计算，方案一的费用现值最低，说明方案一在包括建设期和运营期在内的整个寿命期内费用投入最少。从经济性的角度比选分析，方案一经济性要略优于方案二。

综上所述，本章通过对煤质工业分析数据和工艺性质数据及特征、工艺物料平衡数据和气化反应方程式为基础的气化性能范例进行了指标解析及示范案例演示分析，为煤气化工艺比选进行了有益的探索。煤气化炉选择应按照碳转化率高、有效合成气产出率高、有效气产率高、气化能耗低、节能降耗突出、投资运行成本性价比高等因素对煤质匹配性能和煤气化炉进行筛选。同时参考在中国煤化工市场上各种新型煤气化应用业绩，成熟度和长周期稳定运行验证业绩。新型煤化工大型化气化炉应以气流床加压气化炉为主，其中，干法气化具有代表性的气化炉如 Shell 炉（激冷炉）、宁煤炉、航天炉、东方炉等；湿法气化具有代表性的气化炉如 GE 炉、多喷嘴炉、多元料浆炉、晋华炉等。对于第二类流化床气化炉，由于生产强度低，有效气成分低，不适应大型化新型煤化工产业。第三类固定床气化在煤制天然气方面具有一定的优势，如鲁奇炉、赛鼎炉和 BGL 熔渣炉等炉型。

我国由于煤质种类繁多、煤化工产品路线多元化、项目建厂条件复杂等因素影响，因此煤气化技术也正呈现出一种多元化的发展趋势，仅目前存在而言，各种煤气化炉有其生存的理由。但应在众多煤气化炉中，由于煤质适应性条件、气化工艺性能和气化炉结构设计是选择特定煤质气化工艺的重要因素。特别是对后续净化工艺配置也有其关联的关系，由此引起的全过程原料、物料消耗、水电气及公用工程消耗和三废排放处理消耗的影响因素对产品静态成本及费用现值敏感程度以及煤气化项目投资的影响，这应该引起业主高度关注。目前还很难找到一种既能够适应各种煤质条件，又能够实现气化效率高，利用效率高，工程投资省，以及全过程消耗低的"万能气化炉"。但相对而言，选择一种相对能耗低、性能好、产能大、绿色环保的先进煤气化技术和关键气化炉设备则是现代煤化工发展中非常关键的一项工作。

参考文献

[1] 袁渭康，王静康，费维扬，等．化学工程手册[M]．3 版．北京：化学工业出版社，2019．
[2] 中国石化集团上海工程有限公司．化工工艺设计手册：下册[M]．3 版．北京：化学工业出版社，2007．
[3] 中国石化集团上海工程有限公司．化工工艺设计手册：上册[M]．3 版．北京：化学工业出版社，2007．
[4] 陈冠荣．化工百科全书[M]．北京：化学工业出版社，1998．

散文卷